工业软件系列丛书

工业软件导论

——工业软件的技术架构与实践应用

梅清晨 编著

机 械 工 业 出 版 社

本书针对我国工业软件产品当前普遍存在的高端应用少、性能稳定性差、标准化程度低等困局，根据工业软件特征和设计开发规律，结合工业软件发展趋势和我国工业软件发展现状，提出了一套面向研发设计类工业软件、生产控制类工业软件、经营管理类工业软件、嵌入式工业软件与新型架构工业软件，以基本功能规划、技术架构设计、关键技术应用为核心内容的工业软件设计开发范式。本书可为我国工业软件企业开展工业软件设计、开发、迭代优化提供参考模型，为我国工业企业开展工业软件选型、系统集成应用提供参考依据。

本书可供工业软件企业从事软件设计、软件开发、软件项目管理的人员参考，也可供工业企业数字化转型工程师、信息化工程师、智能制造工程师阅读，还可供高等院校相关专业师生使用。

图书在版编目（CIP）数据

工业软件导论：工业软件的技术架构与实践应用 /
梅清晨编著. -- 北京 ：机械工业出版社，2024. 9.
(工业软件系列丛书). -- ISBN 978-7-111-76289-8

Ⅰ. TP311. 52
中国国家版本馆 CIP 数据核字第 2024G8X864 号

机械工业出版社（北京市百万庄大街22号　邮政编码100037）
策划编辑：孔　劲　　　　　责任编辑：孔　劲　卜旭东　王春雨
责任校对：郑　雪　梁　静　　封面设计：马精明
责任印制：刘　媛
涿州市京南印刷厂印刷
2024年9月第1版第1次印刷
184mm×260mm · 25.75印张 · 638千字
标准书号：ISBN 978-7-111-76289-8
定价：79.00 元

电话服务　　　　　　　　　网络服务
客服电话：010-88361066　　机　工　官　网：www.cmpbook.com
　　　　　010-88379833　　机　工　官　博：weibo.com/cmp1952
　　　　　010-68326294　　金　书　网：www.golden-book.com
封底无防伪标均为盗版　　　机工教育服务网：www.cmpedu.com

序

当前，信息化与工业化深度融合，工业软件作为"智改数转"的核心支撑力量，正引领着我国工业变革的新浪潮。从产品设计、生产制造到服务运维，工业软件的广泛应用极大地提升了工业领域的创新能力和生产率。然而，工业软件的技术复杂性和应用多样性也给其研发、实施与优化带来了诸多挑战。

在此背景下，《工业软件导论——工业软件的技术架构与实践应用》一书应运而生，它汇聚了作者在工业软件领域的深厚积累与独到见解，旨在为读者提供一部兼具理论深度与实践广度的专业指南。

该书基于工业软件的特征和设计开发规律，紧密结合工业软件的发展趋势和我国工业软件的发展现状，提出了一套面向研发设计类、生产控制类、经营管理类、嵌入式及新型架构工业软件的设计开发与实践应用新范式。这套新范式涵盖了基本功能规划、技术架构设计、关键技术应用等核心内容，旨在为我国工业软件企业提供一套科学、系统、实用的设计开发指南，同时也为我国工业企业开展工业软件选型、系统集成应用提供有力的参考依据。

该书作者拥有丰富的实践经验和深厚的学术背景，先后在军工央企、科研院所和本科高校工作，曾多年担任制造型企业高管和科研院所数字化工厂技术团队带头人。他不仅深谙工业软件的技术架构与实践应用，还对工业软件在制造型企业"智改数转"中的高效应用有着深刻的理解和独到的见解。该书作者参与创建了河南工程学院工业软件产业研究院并担任首任执行院长，迄今为止，已为50余家制造型企业成功实施了"智改数转"项目，积累了丰富的工业软件实践经验和成功案例。

该书是作者主持承担的河南省软科学研究计划项目"基于精益智造理念的制造型企业数字化转型升级路径研究"（项目编号：232400410276）的主要研究成果之一，也是作者近年来对工业软件开发与系统集成应用的经验总结。书中内容充实、语言简洁易懂、实践案例丰富，非常值得一读。

为了更好地发挥该书的指导作用，建议读者在阅读过程中，不仅仅要关注书中的理论阐述和技术细节，更要注重将所学知识与实际工作相结合，探索工业软件在各个工业领域的实践应用与创新。

同时，我也希望读者能够带着批判性的思维去阅读该书。尽管该书作者已经尽力确保内容的准确性、实用性和前瞻性，但鉴于工业软件技术的高速发展和快速迭代，某些工业软件技术可能很快就会有新的进展，因此，读者在阅读时应当结合工业软件的最新行业动态和技术趋势，进行内容扩充和更新。

最后，读者可以将该书作为一本工具书，随时翻阅、随时实践。无论是在工业软件开发初期进行技术选型、架构设计，还是在软件调测、上线实施过程中遇到疑惑，都可以试着通过该书去寻找有价值的参考和启示。相信通过不断的学习和实践，读者一定能够在工业软件领域取得更大的成就和突破。

杨义先　教授

国家杰青、长江特聘教授

北京邮电大学博士生导师

河南工程学院工业软件学院院长

前　言

工业软件，是指在工业领域里应用的软件，是工业技术、知识、经验和流程软件化的结果。

工业软件是工业企业"强脑健身""强基固本"的重要支撑力量，是我国工业发展由要素驱动向创新驱动转变的必然要求，也是我国打造新质生产力、实现工业现代化、由制造大国迈向制造强国的重要推动力。

工业软件在工业企业的应用贯穿从产品研发、工艺设计、生产管理、采购供应到市场营销、客户服务等整个价值链。工业软件实现了从管理层的企业运营到车间层的生产控制的全面贯通，实现了与客户、供应商和合作伙伴的互联互通和供应链协同。可以说，工业企业所有的经营活动都离不开工业软件的应用，工业软件在工业企业重塑中扮演的角色越来越重要。

由于我国工业软件起步晚、积累少，当前，我国工业软件产品存在高端应用少、性能稳定性差、标准化程度低等困局，导致我国工业软件产业大而不强、多而不精，国内工业软件市场多被国外工业软件巨头企业所占据。造成当前局面的一个重要原因就是我国工业软件普遍存在功能模块规划不健全、技术架构设计不合理、关键技术应用不规范等问题，限制甚至阻碍了工业软件产品的迭代升级和性能提升，因此，急需一套工业软件系统技术架构设计方法来提升我国工业软件产品性能水平和产业发展水平。

本书共分为7章，以作者提出的"工业软件系统集成应用路径"为逻辑，将研发设计类工业软件、生产控制类工业软件、经营管理类工业软件、嵌入式工业软件与新型架构工业软件按照其在工业企业价值链中的应用顺序进行撰写。第1章介绍了工业软件的定义、分类和基本特征；第2章对我国工业软件产业发展现状进行了分析；第3章介绍了CAD、CAE、CAPP、CAM、EDA、PDM等研发设计类工业软件的基本功能、技术架构、关键技术和主要应用领域；第4章介绍了MES、WMS、APS、SCADA等生产控制类工业软件的基本功能、技术架构、关键技术和主要应用领域；第5章介绍了ERP、CRM、SRM等经营管理类工业软件的基本功能、技术架构、关键技术和主要应用领域；第6章介绍了嵌入式工业软件与新型架构工业软件；第7章对我国工业软件发展进行了展望。

作者在本书撰写过程中参阅了大量中外参考资料，在此对这些资料的作者表示诚挚的敬意和衷心的感谢。河南工程学院的常景景、高辉帮助整理相关资料，山东外事职业大学信息工程学院王瑾，以及河南工程学院工业工程系娄莹莹、刘权威、白景文、郝甜甜、赵厚俊等同学为本书图表整理做了大量相关工作，在此一并表示感谢。

本书为教师教学提供了 PPT 课件，可以联系作者（邮箱：190219571@qq.com）获取。

梅清晨

目　录

第1章
工业软件概述

当前，我国工业正在进入新旧动能加速转换的关键阶段，随着新一代信息技术的高速发展和工业企业的大规模转型升级，工业软件作为关键要素之一，逐渐在大规模的工业生产中发挥着越来越重要的作用，工业软件已经渗透并广泛应用于绝大多数工业领域的核心环节。

我国"十四五"期间，工业和信息化部组织实施产业基础再造工程，将工业软件中的重要组成部分——工业基础软件与传统"四基"（即关键基础材料、基础零部件、先进基础工艺及产业技术基础）合并为新"五基"，工业软件对我国现代产业高质量发展的重要支撑作用越来越凸显。

1.1　工业软件的定义与特征

工业软件是一种应用于工业领域的软件，旨在帮助企业提高生产率、降低生产成本、提高产品质量、优化资源配置、实现精准营销等。它通常针对特定的工业领域，如制造业、能源、化工等，具有优化工艺流程、辅助产品设计和仿真模拟、控制设备运行等多种功能。

1.1.1　工业软件的定义

由于近年来工业软件才逐渐受到越来越多的关注，目前业界对工业软件定义的界定还没有统一，缺乏标准描述，存在多定义现象。当前，业界对于工业软件定义的共识是"工业软件是工业技术软件化的成果"。

《工业技术软件化白皮书（2020）》对工业软件的定义是：工业技术软件化是一种充分利用软件技术，实现工业技术/知识的持续积累、系统转化、集智应用、泛在部署的培育和发展过程，其成果是产出工业软件，推动工业进步。

《中国工业软件产业白皮书（2020）》对工业软件的定义是：工业软件是工业技术、知识和流程的程序化封装与复用，能够在数字空间和物理空间定义工业产品和生产设备的形状、结构，控制其运动状态，预测其变化规律，优化制造和管理流程，变革生产方式，提升全要素生产率，是现代工业的"灵魂"。

本书对工业软件的定义采用简明定义，即工业软件是工业技术、知识、流程和经验的程序化封装与复用。工业软件定义的内涵如图1.1所示。

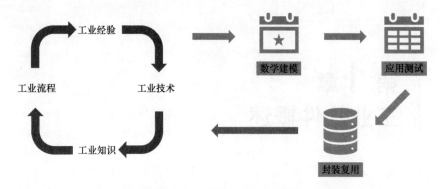

图1.1　工业软件定义的内涵

对于工业软件定义的内涵解读如下。

1. 工业技术

工业技术是指在工业生产中应用的技能、工具和方法，可以分为不同的类型，如机械制造技术、电子技术、化学技术等。这些工业技术是实现工业生产的基础，也是工业发展的推动力。在工业生产中，工业技术是实现生产目标的重要手段和方法。

例如，在钢铁制造领域，有一个非常重要的环节是高炉炼铁。在这个环节，工业技术具有至关重要的作用。首先，涉及的工业技术为冶炼技术。生产操作人员需要掌握不同的冶炼方法，以便在不同的原材料和生产条件下实现高效、低耗的炼铁过程。其次，相关的工业技术还包括自动化控制技术、计算机技术和大数据分析技术等。高炉冶炼需要使用各种自动化控制设备和控制技术，对高炉炼铁过程进行实时监测和控制，以确保生产过程的稳定性和高效性；同时，钢铁制造企业还需要利用计算机技术和大数据分析技术，对高炉炼铁数据进行处理和分析，从而提高高炉冶炼效率和质量。

2. 工业知识

工业知识是指在工业生产过程中总结、归纳、积累的，具有非常高的实践性和应用价值的各种知识，包括制造方法、管理方法、工艺流程等。在工业生产中，工业知识的积累和应用可以帮助企业提高生产率、降低生产成本、提高产品质量及提升企业的竞争力。这些工业知识是工业技术不断进步的基础，也是工业生产顺利进行的核心支撑。

例如，在汽车制造企业，生产过程中有一个重要的环节是汽车外壳焊接。生产操作人员需要使用各种焊接手段将汽车外壳的各个组成部分焊接在一起。在这个过程中，工业知识起到了至关重要的作用。首先，涉及的工业知识包括各种焊接方法和技巧。生产操作人员需要了解不同的焊接方法和技巧，以便在不同的形状、材料、厚度下实现高质量的焊接。其次，相关的工业知识还包括材料科学和机械工程等方面的，它们可以帮助生产操作人员更好地理解汽车外壳的材料性质、结构特点和性能要求，从而更好地选择焊接方法和参数。另外，汽车制造企业还需要生产管理、质量控制、设备维护和工艺流程等方面的工业知识。生产操作人员需要了解整个生产线的工艺流程，以便在焊接环节中与其他环节实现协同作业；同时，生产操作人员还需要掌握质量管理标准和质量控制方法，以便在焊接过程中对产品质量进行管理与控制。

3. 工业流程

工业流程是指在工业生产中一系列连续的步骤，包括产品设计、原材料采购、生产制造、质量控制、仓储物流等。每个步骤都有其特定的任务和目标，以确保最终产品的质量和性能符合要求。这些步骤是工业生产的基础，也是企业运作的重要环节。通过对工艺流程的深入理解和分析，可以找出潜在的改进点，优化流程，提高生产率，降低生产成本，并减少浪费。

例如，在自行车制造企业，工业流程主要包括原材料采购、切割和成形、焊接、表面处理、组装、质量控制、仓储和物流等步骤。自行车制造的工业流程如图 1.2 所示。

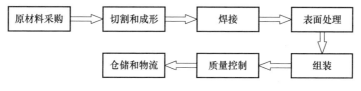

图 1.2　自行车制造的工业流程

（1）原材料采购　自行车制造企业需要从供应商处采购钢、铝等金属原材料，以及油漆、涂料等非金属原材料。

（2）切割和成形　生产车间的生产操作人员使用切割机和成形设备，将金属原材料切割成适合制造车架的形状和尺寸。

（3）焊接　生产车间的生产操作人员使用电弧焊等技术将切割和成形后的金属零件焊接在一起，形成车架的框架。

（4）表面处理　生产车间的生产操作人员使用油漆、涂料等对车架进行表面处理，以保护车架免受腐蚀和磨损。

（5）组装　生产车间的生产操作人员将车轮、座椅、把手等其他零部件安装到车架上，完成自行车组装。

（6）质量控制　企业质量检验人员对每一步生产过程进行质量检查，确保产品质量符合要求。

（7）仓储和物流　企业仓储与物流管理人员对成品进行存储和管理，并通过物流公司将自行车送达客户手中。

4. 工业经验

工业经验是指在工业领域中所积累的实践知识、技能和智慧，包括工业生产、经营管理、技术研发、市场营销等各个方面的经验，是在长期的工业活动中通过不断探索、尝试和总结而形成的宝贵财富。

通过充分利用工业经验，工业软件企业可以打造出更优质、更实用的工业软件产品。工业经验对于工业软件的开发、应用和推广都具有重要意义。

在工业生产中，工业技术、工业知识、工业流程、工业经验是相互关联和影响的，只有将它们有机地结合起来，才能实现工业生产的优化和升级，从而提高生产率、降低成本、提高产品质量及提升企业的竞争力。

5. 程序化封装与复用

程序化封装是指将工业技术、知识、经验和流程转化为计算机代码，并封装成一个独立的模块或组件，旨在保护内部，实现细节，同时提供一种简洁、一致的接口供其他程序或系统使用。

复用指的是在多个项目或系统中重复使用相同的代码或组件。通过复用，可以显著提高开发效率、减少错误和降低成本，因为经过测试和验证的代码或组件可以在新项目中直接使用，而无须重新开发。

程序化封装和复用可以通过各种计算机编程语言和技术来实现，如 C++、Java、Python 等编程语言及各种工业自动化控制软件、仿真软件等。通过程序化封装和复用，可以实现对各种工业设备、机器人、传感器等设备的集中控制和管理，实现生产过程的自动化和智能化。

在程序化封装和复用中，工业技术、知识、经验和流程被转化为计算机可识别的数据和指令，存储在计算机系统中。当需要使用这些工业技术、知识、经验和流程时，可以通过调用计算机系统中的数据和指令来自动化地实现工业生产过程。

例如，在钢铁制造中，程序化封装和复用可以应用于高炉炼铁、轧制等环节，实现生产过程的自动化和智能化；在汽车制造中，程序化封装和复用可以应用于焊接、装配等环节，提高生产率和质量；在电子制造中，程序化封装和复用可以应用于贴片、检测等环节，实现生产过程的自动化和智能化。

1.1.2　工业软件的认知误区

工业软件包括系统、应用、中间件、嵌入式等多个类别，可以为工业生产提供强大的支持和优化支持，使生产过程更加高效、精确和可控。

目前，对工业软件的认知，主要存在以下几个误区。

1. 误区一：工业软件就是一个工业信息化工具

工业软件的确是一个重要的工业信息化工具，但是它的价值远远超出了工具本身。

工业软件作为工业技术、知识、经验和流程复用的载体，能够将人们在工业生产过程中积累的技术、知识、经验和流程等进行整理、归纳和优化，并以程序化的方式进行封装和复用，使这些技术、知识、经验和流程能够被更多人方便地使用和继承，进而提高生产率、降低成本、提升产品质量。

另外，通过工业软件的应用，企业还可以将工业生产过程中涉及的各种技术、知识、经验和流程进行数字化、网络化和智能化改造，实现生产过程的自动化、智能化和透明化。

同时，工业软件还可以为企业提供数据管理和分析的能力，帮助企业更好地了解市场需求、产品品质和生产情况等信息，进而做出更加科学、合理的决策。

2. 误区二：工业软件就是一类软件

工业软件不是一种软件或一类软件，而是一个大的范畴，不同环节对应的工业软件差异比较大，标准化程度也不一样。

1）在工业领域，工业软件被广泛应用于各种场景，包括但不限于研发设计、生产制造、质量管理、仓储物流、能源管理、设备远程监控和维护等。

2）在研发设计领域，工业软件通常用于产品研发、设计、仿真和优化等环节，如计算机辅助设计（Computer Aided Design，CAD）、计算机辅助工程（Computer Aided Engineering，CAE）、计算机辅助工艺规划（Computer Aided Process Planning，CAPP）、计算机辅助制造（Computer Aided Manufacturing，CAM）、电子设计自动化（Electronic Design Automation，EDA）等软件。

3）在生产制造领域，工业软件通常用于生产流程的计划、调度、执行和监控等环节，如高级计划与排程（Advanced Planning and Scheduling，APS）、制造执行系统（Manufacturing Execution System，MES）、企业资源计划（Enterprise Resource Planning，ERP）等软件。

4）在质量管理领域，工业软件通常用于产品品质的检测、控制和优化等环节，如质量管理系统（Quality Management System，QMS）、MES等软件。

5）在仓储物流领域，工业软件通常用于仓库管理、库存控制、物流规划和配送管理等环节，如仓储管理系统（Warehouse Management System，WMS）、运输管理系统（Transportation Management System，TMS）等软件。

6）在能源管理领域，工业软件通常用于能源的监测、分析和优化等环节，如能源管理系统（Energy Management System，EMS）等软件。

7）在设备远程监控和维护领域，工业软件通常用于设备的远程监控、故障诊断和维护等环节，如数据采集与监视控制系统（Supervisory Control and Data Acquisition，SCADA）等软件。

除此之外，工业软件还包括一些特定的行业应用软件，如汽车制造、半导体制造、石油化工等领域的专业软件。这些行业应用软件通常针对特定行业的需求和特点进行开发，具有较高的专业性和应用价值。

3. 误区三：工业软件依附于工业

从工业软件诞生起，工业软件到底是姓"工"还是姓"软"，在学界一直争论不休，截至目前，一直没有定论。

随着工业软件应用的逐渐普及，以及大家对工业软件的理解越来越深入，越来越多的专家学者更倾向于认为工业软件的工业属性更多一些。其实，对工业软件来说，不存在是"软件"依附于"工业"，还是"工业"依附于"软件"的问题。对于工业软件，不应仅仅是从工业或者软件的单向角度去理解，而是应该从这两个要素相互影响的双向角度来理解。"工业"和"软件"之间是相互影响、双向作用的关系，如图 1.3 所示。

工业软件=工业+软件

工业 ⇌ 软件

图 1.3　工业与软件的关系

一方面，工业的发展推动了软件技术的进步。随着工业生产的复杂化和精细化，工业生产过程中需要处理的数据和信息量越来越大，这就促进了数据处理、信息管理、自动化控制等软件技术的不断发展和创新。同时，工业生产过程中积累的经验、知识和技术等也成为软件技术的重要来源，为软件的研发和应用提供了宝贵的资源和支持。

另一方面，软件技术的发展也促进了工业的进步。软件技术为工业生产提供了强大的数据采集、处理、分析和优化能力，使工业生产过程更加高效、精确和可控。同时，软件技术也使工业设备更加智能化、网络化和可视化，提高了设备的可靠性和稳定性，降低了生产成本和资源消耗。此外，软件技术还为工业企业的管理和运营提供了强大的支持，提高了企业的运营效率和服务质量。

总而言之，"工业"和"软件"之间的相互影响是一个双向的过程，它们相互促进、共同发展。未来，随着工业技术和软件技术的不断创新和发展，二者之间的相互作用也将更加紧密和高效，推动着工业领域和软件技术的不断进步与创新，为工业企业提供更加全面、高效、智能化的服务。

1.1.3　如何区别工业软件与其他软件

工业软件相比于办公软件、社交软件等其他软件具有明显的工业属性。判断一个软件是不是属于工业软件，可以从核心内容、应用领域、功能特点等方面进行判断。

1. 核心内容

工业软件中的技术、知识以工业内容为主，包括工业设计、工艺流程、生产计划、生产调度、质量控制等，它们都是针对工业领域的特定应用场景进行优化和定制的，因此具有很强的专业性和应用价值，推动了工业生产的数字化、智能化和网络化发展。

2. 应用领域

工业软件主要应用于工业领域，主要用于解决工业设计和生产过程中的专业问题，如工艺技术、装备制造、生产管理、质量控制等。如果一个软件主要用于这些领域，并且能够满足特定的工业应用需求，那么它就有可能属于工业软件。

3. 功能特点

工业软件通常具备特定的服务于工业过程增值的功能特点。工业过程包含研发设计、生产控制、经营管理等工业领域的各个环节。工业软件能够解决特定领域或行业中关键工艺技术与装备过程中的问题，满足特定的工业应用需求，针对特定的工业应用场景进行优化和定制，直接为工业过程和产品增值。

一些可以在某种场合用于部分工业目的或业务过程的通用软件，如 Office、WPS、微信、钉钉、视频软件、图片软件、渲染软件、常用操作系统等，就不属于工业软件。

1.1.4　工业软件的本质

工业软件的本质是工业技术、知识、经验和流程软件化，即将工业企业在产品规划、设计、生产、管理、销售和服务等核心业务中的认知进行显性化表述、结构化分析、系统化整理与抽象化提炼，实现知识化、模型化、算法化、代码化、软件化。这个过程使工业技术、知识、经验和流程得以沉淀、积累、复用和优化，为企业提供更高效、更精准、更智能的服务，如图 1.4 所示。

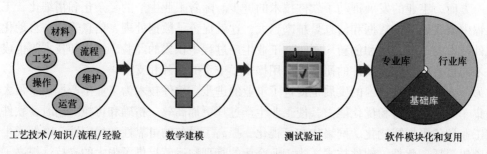

图 1.4　工业软件的本质

通过软件化，软件企业可以将工业企业最佳的工业技术、知识、经验和流程进行提炼和封装，形成可复用的工业软件模块，从而实现工业技术、知识、经验和流程的沉淀和积累。这样，工业企业可以在发展和创新的过程中，不断积累和丰富自己的知识库，形成持续的竞争优势。

1.2 工业软件的基本特征

工业软件与其他软件相比，有其显著的基本特征，主要表现在工业软件是工业核心元素的容器、工业软件是对模型的高效最优复用、工业软件与工业发展双向促进等几个方面。

1.2.1 工业软件是工业核心元素的容器

工业软件中包含了大量的工业技术、知识、经验和流程等工业核心元素，这些元素被程序化封装和复用，使工业软件能够自动化地执行各种生产任务，并通过对生产过程的实时监控和优化，提高生产率、降低成本、提升产品和服务质量等。因此，工业软件不仅仅是一段代码，或者一个软件工具，它实际上是工业技术、知识、经验和流程等核心元素的无形容器。这些核心元素是通过长期工程实践和经验积累而来的，对于工业生产和运营管理具有重要意义。工业软件将这些核心元素进行程序化封装，使其能够以数字化、自动化的方式在工业生产中发挥作用。

通过工业软件这个"容器"，工业生产可以更加高效、精准地进行，同时也为工业技术的传承和创新提供了有力支持。因此，可以说工业软件是工业技术、知识、经验和流程等工业核心元素的最佳"容器"，其源于工业领域的真实需求，是对工业领域研发、生产、装配、管理等工业技术、知识、经验和流程的积累、沉淀与高度凝练。

没有丰富的工业技术、知识和经验积累，对于只掌握计算机专业知识的工程师来说，难以设计出先进的工业软件。

1.2.2 工业软件是对模型的高效最优复用

模型是对现实世界事物的抽象、简化和模拟，由与其所分析问题有关的因素构成，体现了各有关因素之间的关系。在软件开发中，模型是一种非常重要的工具，它可以帮助软件开发人员更好地理解和描述软件系统的行为和结构。因此，模型是软件的基础和灵魂、是软件的核心生命力所在。

通过建立模型，软件开发人员可以更好地分析问题、设计解决方案，并对系统进行测试和验证。没有模型，就无法对现实世界进行抽象和建模，也就无法开发出符合需求的软件，可以说，没有模型就没有软件。

而对于工业软件来说，模型是一种非常重要的资产。工业软件中的模型来源于工业实践的过程和具体的工业场景，是对客观现实事物的某些特征与内在联系所作的一种抽象、简化和模拟，它可以对工业生产过程中的各种参数和指标进行实时监控和优化，帮助工业企业实现自动化、智能化和可视化控制。

在工业软件中，模型的作用更加重要。工业软件通常需要处理复杂的工业过程和控制问题，如果没有模型的支持，很难实现高效的控制和优化。通过建立模型，工业软件可以更好地模拟工业生产过程，对生产过程中的各种参数和指标进行实时监控和优化，提高生产率和质量，降低生产成本和资源消耗。

另外，工业软件的核心优势之一是对模型的最优复用。工业软件通过对工业技术、知识、经验和流程进行封装和抽象化，形成了可复用的模型，可以在不同的场景和项目中加以重复使用，避免了工业软件的重复开发。工业软件研发工程师可以更快地进行产品开发、设计、模拟和测试，能够缩短产品开发周期、节约产品开发成本、提高软件上市速度，也可以提高产品的质量和稳定性。同时，工业软件研发工程师可以基于对工业技术、知识、经验和流程的深入理解，以及对数据的精准分析，对模型进行持续优化和改进，以便提高工业软件的性能。

例如，在汽车制造过程中，工业软件中的模型可以对生产过程进行监控和优化，通过可编程逻辑控制器（Programmable Logic Controller，PLC）等工业控制软件，实现对汽车生产线的自动化控制。

工业软件用到的模型有很多种，应用较多的模型主要为机理模型和数据分析模型。

1. 机理模型

机理模型是根据对象、生产过程的内部机制或物质流的传递机理建立起来的精确数学模型，它表达明确的因果关系，是工业软件中最常用的模型，如图 1.5 所示。

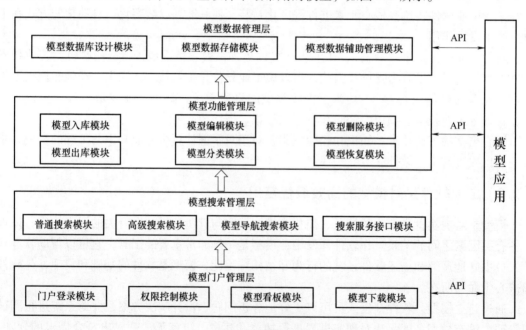

图 1.5　机理模型

机理模型是基于对物理过程、化学反应、生物行为等内在机制的深入理解而构建的模型，用于描述工业生产过程中的本质规律和特征，表达明确的因果关系。通过机理模型，工业软件可以实现对生产过程的精确控制和优化，提高生产率和质量。

机理模型可以基于对工业流程和系统的深入理解，通过物理和化学等基本规律来描述系统的行为，如流体动力学模型用于模拟流体流动，热力学模型用于分析热传导和能量转换等。机理模型通常用于预测系统在未来一段时间内的行为，以及优化系统性能，如用于预测机械部件寿命的机械寿命预测机理模型。机械寿命预测机理模型首先会根据机械部件的工作原理和历史数据建立数学模型，同时考虑部件的材料性质、应力分布、疲劳特性等多种因素，然后通过输入新的工作条件和环境因素，就可以预测机械部件的寿命。

综上所述，机理模型是将大量工业技术原理、行业知识、基础工艺、模型工具等规则化、软件化、模块化，并封装为可重复使用的组件。机理模型是工业软件中的重要组成部分，被广泛应用于工业生产过程的自动化、智能化和可视化控制。

2. 数据分析模型

数据分析模型是在大数据分析中通过降维、聚类、回归、关联等方式建立起来的逼近拟合模型。数据分析模型表达明确的相关关系，通常以人工智能算法的形式被用于工业软件之中。通过数据分析模型，可以对大量工业数据进行处理和分析，挖掘数据中的规律和特征，为工业生产提供指导和支持。数据分析模型示例如图 1.6 所示。

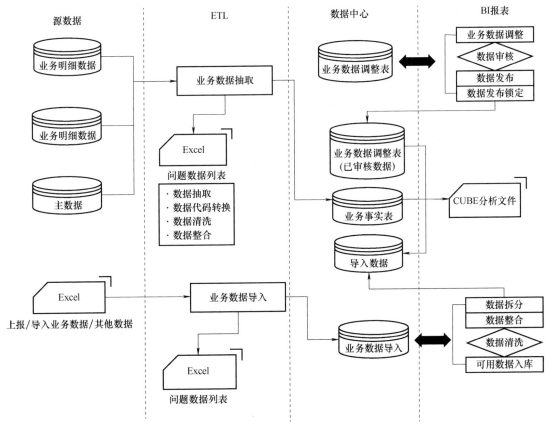

图 1.6　数据分析模型示例

数据分析模型是基于大量历史数据，通过统计和机器学习等方法来构建的模型，主要用于发现数据中的模式和趋势，以及基于这些数据做出决策。

数据分析模型可以帮助工业软件进行更有效的数据处理和分析，从而更好地指导工业生产。例如，通过数据挖掘技术，可以发现隐藏在大量数据中的有用信息，如消费习惯、市场趋势等，从而帮助企业更好地理解市场和客户需求，优化产品设计和市场营销策略。

另外，数据分析模型还可以帮助工业软件实现更精细化的生产控制和优化。例如，通过数据分析技术，可以对生产过程中的各种参数进行实时监控和优化，提高生产率和质量，降低生产成本和资源消耗。

注意，机理并不保证对错，而是为了有用。通过自学习，在特定场景下，数据分析模型通常也能达到可用状态。

机理模型和数据分析模型在工业软件中都有广泛的应用，机理模型主要用于精确模拟和预测系统行为，而数据分析模型则主要用于挖掘数据中的价值和规律。根据实际需求和场景，工业软件可能会使用其中一种或两种模型的结合来解决问题。

在工业软件中，机理模型和数据分析模型相互融合是一个发展趋势。机理模型可以保证对生产过程的精确控制和优化，而数据分析模型则可以实现对大量数据的处理和分析，挖掘数据中的规律和特征。通过将机理模型和数据分析模型相结合，可以更好地发挥两者的优势，提高工业生产的效率和品质。

需要注意的是，工业软件中还可能使用其他类型的模型，如仿真模型、优化模型等，以满足不同的工业需求。不同类型的模型各有优劣，需要根据实际情况选择合适的模型进行应用。

1.2.3 工业软件与工业发展双向促进

工业软件来源于工业，应用于工业。工业软件在工业中的应用，促进了工业的高质量发展，同时，工业软件也是在工业应用中逐步迭代升级、优化成熟的。因此，工业软件与工业发展是双向促进的关系。

1. 工业软件来源于工业需求

工业软件最初起源于工业实践，是为了满足工业生产、制造、管理等实际需求而产生的。早期的工业软件主要用于自动化生产线的控制和监视，随着工业的发展和进步，工业软件逐渐覆盖了更多的领域和应用场景。业界比较公认的第一款工业软件，是1957年出现的一款名为PRONTO的数控程序编制软件，该软件是由"CAD/CAM之父"帕特里克·J. 汉拉蒂（Patrick J. Hanratty）博士在美国通用电气公司工作时开发的。

20世纪六七十年代，国际上诞生了很多知名工业软件，大多数都是工业企业巨头根据自己产品研制上的迫切需求而自主开发或重点支持的，如美国通用电气公司开发的CALMA、美国波音公司支持的CV、法国达索公司开发的CATIA、美国航空航天局（NASA）支持的I-DEAS等。

当前看到的很多类型的工业软件，都是从工业领域实际需求和应用中诞生的，并由工业企业巨头主导整个工业软件市场，而不是软件企业。这个基本格局至今没有太大变化。

2. 工业软件应用于工业场景

工业软件的主要应用对象是工业企业，包括制造业、能源、化工、物流等各个领域。工业软件可以帮助企业实现生产过程的自动化、信息化、数字化、智能化，提高生产率和产品质量，降低制造成本和风险。同时，工业软件也可以帮助企业实现供应链管理、客户关系管理、人力资源管理等业务流程的数字化和智能化，提升企业整体竞争力。

工业软件在工业场景中的应用十分广泛，几乎涵盖了产品研发设计、生产管理、质量控制、供应链管理、设备维护等工业生产的各个环节。

（1）产品研发设计　CAD、CAE 等研发设计类工业软件可以帮助产品研发工程师进行产品设计和仿真，从而更好地满足客户需求和优化产品设计。研发设计类工业软件能够详细描述产品的形状、大小、材料等各项特性，并通过仿真测试来预测产品的性能。

（2）生产管理　APS、MES 等生产控制类工业软件可以帮助企业实时掌握生产现场的情况，包括设备状态、生产进度、产品质量等各项数据，帮助企业及时发现和解决问题，避免生产过程中断和产生浪费。

（3）质量控制　QMS、MES 等生产控制类工业软件可以对生产过程中的产品质量情况进行实时检测和数据分析，如果出现质量异常问题，这类软件能够迅速识别并定位问题来源，从而及时进行改进。

（4）供应链管理　SRM、SCM 等经营管理类工业软件可以实现供应链的数字化管理，包括采购、库存、物流、销售等各个环节，帮助企业更好地掌握供应链情况，及时应对市场变化。

（5）设备维护　SCADA 等生产控制类工业软件可以通过对设备数据的监控和分析，预测设备的维护需求，从而提前进行设备预防维护，避免设备故障导致的生产中断。

如今，我国已建成门类齐全、独立完整的现代工业体系，在 B、C、D 类中拥有 41 个工业大类、207 个中类、666 个小类，成为全世界唯一拥有联合国产业分类中所列全部工业大类和软件信息大类的国家。

工业软件作为一个数字化的产品创新工具，自身不断吸收最新工业技术和信息与通信技术（Information and Communications Technology，ICT），不断快速按照工业场景的要求反复迭代，不断在工业的各个细分领域得到快速部署和应用。

目前，据有关资料显示，中国规模以上工业企业（指年主营业务收入在 2000 万元以上的工业企业）几乎都在应用各类工业软件，即使是在中小企业的工作场景中，大部分也使用了 1~2 种工业软件。

当前，工业品与工业软件的基本关系是：没有交互式工业软件就没有复杂工业品的设计与开发，没有嵌入式工业软件就没有复杂工业品的生产与运行。即使是前面提到的 666 个小类工业品，几乎没有哪一类在研发、生产、测试等关键环节与场景中未用到工业软件。

3. 工业软件的成熟来自于工业应用

工业软件与其他面向个人用户的办公软件、社交软件等应用软件存在显著的差异，其中最主要的差异在于其终端用户是工业企业。

个人用户软件，如办公软件、社交软件等，主要服务于个人的日常需求，如文档处理、沟通交流、娱乐消遣等。这些软件的设计通常注重用户体验的直观性、操作的简便性及功能的多样性，以满足广大个人用户的不同需求。

工业软件则是专门为工业企业用户设计，用于解决工业企业复杂的工业问题，如优化生产流程、提高产品质量等。因此，工业软件的开发和成熟是一个长期且复杂的过程，其中最重要的环节之一就是工业企业用户的深入应用。如果没有工业企业用户的深入应用，工业软件开发者就很难获得真实的反馈和数据，无法对工业软件进行有效的优化和改进。

工业企业用户的深入应用还能够帮助工业软件开发者发现软件中存在的缺陷和漏洞

（如顶层设计缺陷、机理模型算法缺陷等），从而及时进行修复和完善，促进工业软件更新迭代、增强可靠性和稳定性。这些缺陷和漏洞如果不能及时得到解决，在实际应用过程中可能会导致严重后果，甚至可能引发质量事故、设备事故、安全事故。

因此，工业软件的开发和成熟离不开工业企业用户的深入应用。只有通过与工业企业用户的紧密合作，不断收集用户的反馈和数据，才能不断优化和改进工业软件，使其更加符合工业生产的实际需求。这也是工业软件与其他类型软件的重要区别之一。

4. 工业软件是现代工业水平的体现

工业软件中包含"工业"和"软件"两个要素。对于工业软件，不应该仅从工业或软件的单向角度去理解，而应该从两个要素双向相互影响的角度去理解。

一方面，现代化工业水平决定了工业软件的先进程度。

首先，随着生产工艺和设备的发展，生产过程中产生的数据量不断增加，需要工业软件能够实时、准确地采集和传输这些数据。为了满足这一需求，工业软件需要不断更新数据采集和传输技术，以适应不同设备和工艺的要求。

其次，生产工艺和设备的进步往往伴随着对控制精度和实时性的更高要求。例如，在高端制造业中，生产设备的精度和速度不断提升，需要工业软件能够实现对设备的精准控制和高速响应。这要求工业软件具备更高的计算能力和更快的响应速度。

最后，生产工艺和设备的发展为企业提供了更多的数据资源，通过对这些数据进行分析和挖掘，可以为企业提供智能化的决策支持。工业软件需要具备强大的数据处理和分析能力，以及先进的机器学习和人工智能算法，以实现智能化决策和预测。

另一方面，工业软件的先进程度决定了工业的效率水平。

首先，工业软件的先进程度决定了生产过程的自动化程度。具有高度自动化功能的工业软件可以实现对生产设备的智能控制、生产流程的自动化管理，以及生产数据的实时监控和分析，从而大大提高生产率和质量。通过减少人工干预和避免人为错误，自动化生产可以降低成本和风险，并提高生产的一致性和稳定性。

其次，工业软件的先进程度决定了生产过程的优化程度。通过对生产数据的收集、整理和分析，工业软件可以发现生产中存在的问题和瓶颈，提出改进和优化方案。例如，通过对生产设备的运行数据进行监控和分析，可以预测设备的维护需求并提前进行维护，从而避免设备故障导致的生产中断；通过对生产流程的优化，可以减少生产中的浪费和不必要的环节，提高生产率和资源利用率。

最后，工业软件的先进程度还决定了企业的管理和决策效率。通过对生产、销售、库存等各个环节的数据进行集成和分析，工业软件可以为企业提供全面的业务视图和决策支持。企业可以根据实时数据进行调整和优化生产计划、库存管理等，以适应市场需求的变化。通过数据驱动的决策，企业可以更快速地响应市场变化并做出正确的决策，从而提高竞争力。

为了满足现代工业的需求，工业软件需要不断更新和升级，以适应生产工艺和设备的变化和发展。同时，工业软件的发展也将进一步推动生产工艺和设备的进步，形成良性互动的发展格局。

5. 工业软件是先进软件技术的交汇融合

工业软件不仅仅是先进工业技术的集中展现，更是各种先进软件技术的交汇融合。

工业软件作为先进工业技术的载体，集成了诸多领域的专业知识和技术成果。例如，在机械设计领域，工业软件可以实现复杂的三维建模、仿真分析和优化设计等功能，这些功能背后蕴含着材料科学、力学原理、制造工艺等深厚的工业技术基础。因此，工业软件的发展水平往往代表着一个国家或地区在工业技术领域的综合实力。

同时，工业软件也是各种先进软件技术的交汇融合之地。随着新一代信息技术的飞速发展，云计算、大数据、人工智能等前沿技术不断涌现，为工业软件的创新升级提供了强大动力。例如，通过引入云计算技术，工业软件可以实现更高效的计算资源管理和协同工作；利用大数据分析技术，工业软件可以挖掘海量数据中的潜在价值，为决策优化提供有力支持；而人工智能技术的融入，则使工业软件具备了更强的自主学习和智能优化能力。

1.3　工业软件对现代产业发展的重要意义

工业软件对现代产业发展的重要意义主要体现在工业软件赋能工业企业高质量发展、工业软件赋能工业产品价值提升、工业软件驱动工业产品创新、工业软件促进工业企业转型这四个方面。

1.3.1　工业软件赋能工业企业高质量发展

工业软件对促进工业企业高质量发展具有极其重要的意义，主要体现在技术赋能、杠杆放大与行业带动作用等方面。

1. 工业软件对工业企业高质量发展的技术赋能作用

工业软件是工业企业实现数字化、智能化的重要支持技术之一，工业软件可以推动企业实现"智改数转"（即智能化改造、数字化转型），帮助工业企业及时高效地完成产品设计、产品仿真测试、生产计划与进度管控、设备数据采集与运行监控、质量分析与控制、资源优化配置等各个环节。工业软件对工业发展的技术赋能作用主要体现在提高生产率、提升产品质量、优化资源配置、推动"智改数转"和增强市场竞争力五个方面。

（1）提高生产率　工业软件能够帮助工业企业实现生产过程的自动化、信息化、数字化和智能化，从而大大提高生产率。例如，通过应用 CAD、CAE 等高端研发设计类工业软件能够提升产品设计的效率和精度，缩短产品研发周期，从而加快产品上市速度，提高研发效率；通过应用 MES、SCADA 等工业软件对生产数据进行收集、分析和处理，企业可以快速、准确地制订生产计划，优化生产流程，减少生产过程中的浪费和损失，提高生产率。

（2）提升产品质量　工业软件可以实时采集、分析和监测生产过程数据，帮助工业企业实现生产过程的数据化、可视化、透明化，从而帮助工业企业及时发现异常问题、优化生产过程、提高产品质量水平。例如，通过 SCADA、设备故障诊断系统等工业软件对生产设备进行运行状态实时监测和故障诊断，帮助工业企业提前预测和预防可能出现的设备故障，避免因设备故障导致出现产品质量问题。

（3）优化资源配置　工业软件可以通过生产资源数据库、生产资源实时利用数据和生产资源配置模型对工业企业的生产资源进行实时监测、分析和优化配置，从而提高生产资源利用效率、降低运行成本、提升企业经营效益。例如，通过 WMS、ERP 等工业软件对市场订单、生产计划、物流库存等情况进行实时监测和数据分析，工业企业可以合理安排物料采购计划、物料到货计划及生产计划，避免出现因物料库存积压、呆滞、变质等造成的浪费，或因物料短缺、断供等导致的生产计划延迟、生产中断、订单无法按时交付等经济损失。

（4）推动"智改数转" 工业软件是推动工业企业"智改数转"的重要驱动力，是推动工业企业数字化、智能化转型升级的关键因素之一。工业软件能够收集、分析和处理大量生产数据，为工业企业决策提供科学依据，助力企业实现生产过程的自动化、数字化和智能化，提高产品质量和性能，从而推动工业产业的整体创新和发展。

（5）增强市场竞争力 通过工业软件的帮助，企业可以更好地满足市场需求，提高产品竞争力和市场占有率。例如，通过工业软件对市场数据进行综合分析，企业可以及时了解市场需求和趋势，从而制定更加精准的生产和销售计划，增强市场竞争力。

2. 工业软件对工业企业高质量发展的杠杆放大作用

工业软件能够帮助工业企业更好地利用先进技术手段，实现生产过程的自动化、信息化和数字化，提高管理效率和生产率，从而获得更多的商业机会和竞争优势。工业软件对工业企业高质量发展的杠杆放大作用主要体现在放大企业技术能力和放大企业管理优势两个方面。

（1）放大企业技术能力 首先，工业软件可以增强工业企业的技术集成能力。一家工业企业可能拥有多种技术和系统，但如何将这些技术和系统整合在一起，发挥其最大效能，是一个挑战。工业软件不但集成了人工智能、大数据分析、云计算等新一代先进信息技术，还提供了一个集成平台，能够将不同的技术、系统和数据整合在一起，使其协同工作，从而增强企业的技术集成能力。

其次，工业软件可以加快工业企业的技术创新速度。工业软件为工业企业提供了强大的设计、仿真和测试工具，使工业企业能够迅速验证新的技术想法和产品概念，从而大大加快技术创新的速度。

最后，工业软件可以帮助工业企业拓展技术应用范围。很多时候，企业可能拥有某些先进的技术，但不知道如何应用到实际业务中去，工业软件可以帮助工业企业发现新的技术应用场景，拓展技术的应用范围，从而为企业创造更多的商业价值。

💡 案例解析

某汽车制造商在面临市场竞争激烈、客户需求多样化的情况下，决定采用先进的工业软件来提升自身的技术能力。

首先，该制造商引入集成了人工智能和大数据分析功能的工业软件，用于优化生产计划和供应链管理。通过软件的智能化分析和预测，制造商能够实时掌握市场需求变化，精确调整生产计划，并优化库存水平。这种技术集成能力的提升使制造商能够更快速地响应市场变化，并减少成本和浪费。

其次，该制造商利用工业软件的仿真和测试工具，加快了新产品开发的速度。传统上，新产品开发需要经过多轮的物理原型测试和验证，耗时且成本高昂。而通过工业软件，制造商可以在虚拟环境中进行产品设计、仿真和测试，大大缩短了开发周期，并降低了开发风险。这种技术创新速度的加快使制造商能够更快速地推出符合市场需求的新产品。

最后，该制造商还通过工业软件实现了生产过程的可视化和实时监控。工业软件能够收集生产线上的各种数据，通过数据分析和可视化呈现，帮助制造商实时了解生产状态、设备运行情况和产品质量。这种技术应用范围的拓展使制造商能够及时发现和解决问题，提高生产率和产品质量。

综上所述，该汽车制造商通过采用先进的工业软件，放大了自身的技术能力，实现了技术集成能力的增强、技术创新速度的加快及技术应用范围的拓展，提升了生产率，降低了成本，增强了市场竞争力。

（2）放大企业管理优势　首先，工业软件可以帮助企业实现流程自动化和流程信息化。MES、ERP、供应商关系管理（Supplier Relationship Management，SRM）、客户关系管理（Customer Relationship Management，CRM）等工业软件能够帮助工业企业优化内部流程，实现各部门之间的信息流通和协同工作，从而提高管理效率。

其次，工业软件可以帮助企业实现数据驱动决策，工业软件提供的数据分析功能可以使企业更好地利用数据来驱动决策。与传统的决策方式相比，数据驱动的决策更为科学、精确，有助于企业更好地把握市场动态，优化产品策略。

再次，工业软件可以帮助企业提升供应链管理质量，通过 SRM、ERP 等工业软件，工业企业可以实时监控供应链的各个环节，包括物料采购、生产进度、物流配送等，这种透明化的管理方式有助于工业企业及时发现和解决问题，确保供应链的稳定和高效。

最后，工业软件可以帮助企业提高精益生产管理水平，MES、WMS、APS 等工业软件中包含很多数据统计和分析功能，通过对生产过程中数据的精确、实时分析，企业能够精准找到生产过程中的瓶颈和问题，帮助企业进行有的放矢的持续改进，减少浪费、提高效率，从而提高企业精益生产管理水平。

另外，工业软件还能够帮助企业进行人才培养与知识管理，很多工业软件还包含了培训和知识管理功能，这些功能不仅可以帮助企业培养专业的人才，还能够沉淀和传承企业的管理经验和知识，从而增强企业的持续竞争优势。

💡 案例解析

某机械制造企业在生产过程中面临着流程烦琐、效率低下的问题。为了解决这些问题，企业决定引入工业软件进行流程优化。

在引入工业软件之前，企业的生产流程涉及多个部门和众多环节，沟通成本高且容易出错。每个部门都有自己的数据和信息，缺乏统一的平台进行管理，导致数据冗余和不一致。

引入工业软件后，企业进行了以下流程优化措施。

流程整合：利用工业软件将各个部门的工作流程整合到一个统一的平台上，实现了信息的共享和协同。各部门可以实时查看和更新数据，提高了数据的准确性和一致性。

自动化与智能化：通过工业软件自动化和智能化的功能，帮助企业简化了一些烦琐、重复的任务。例如，工业软件可以自动进行生产排程、物料需求计算等，减少了人工操作和人为错误。

数据分析与优化：工业软件提供了强大的数据分析工具，帮助企业分析生产过程中的瓶颈和问题。通过数据的可视化展示，企业能够迅速找到改进的方向，并进行流程优化。

实时监控与反馈：工业软件可以实时监控生产流程的执行情况，及时发现问题并进行调整。同时，工业软件还提供了报警和提醒功能，确保关键任务得到及时处理。

通过工业软件的帮助，该企业成功实现了流程优化，获得了以下成果：生产周期缩短了20%，提高了生产率；减少了数据冗余和不一致，提高了数据的准确性；降低了沟通成本和出错率，提高了工作质量。

3. 工业软件对工业企业高质量发展的行业带动作用

工业软件能够提高行业生产率、推动行业技术创新、促进工业互联网发展和优化行业供应链管理，从而带动整个工业行业高质量发展。

（1）提升行业生产率　工业软件可以帮助工业企业实现生产过程的自动化、信息化、数字化和智能化，能够显著提高工业生产的效率。例如，通过精确的数据分析和预测模型，工业软件能够优化生产计划和调度，减少资源浪费，从而提高整个行业的生产率。

（2）推动行业技术创新　工业软件往往集成了众多先进技术，如人工智能、大数据分析等。这些技术的应用不仅提升了工业软件自身的功能性和智能性，也为工业企业提供了技术创新的基础和工具。在工业软件的推动下，行业内的企业能够更快地采用新技术、新工艺，从而推动行业整体的技术创新。

（3）促进工业互联网发展　工业软件是实现工业互联网的关键技术之一。通过工业软件，可以实现设备连接、数据收集、数据分析和智能决策等功能，推动工业企业向数字化、网络化、智能化方向转型。这种转型不仅提升了单个企业的竞争力，也推动了整个行业的高质量发展。

（4）优化行业供应链管理　SRM 等工业软件可以帮助工业企业实现供应链的优化和智能管控、对供应商进行全面的评估、进行合同与订单管理、协同计划与预测管理、风险管理、数据分析与决策支持等。在供应链日益全球化的背景下，工业软件对供应链管理的提升作用愈发重要，有助于行业内的企业更好地应对供应链风险和挑战。

1.3.2　工业软件赋能工业产品价值提升

工业软件对于工业品价值提升有着重要影响，不仅仅是因为产品研发、生产控制等工业软件可以有效地提高工业品的产品质量和降低成本，更因为工业软件已经作为"软零件""软装备"嵌入众多的工业品之中。

工业软件作为一个"大脑"，为其所嵌入的人造系统赋智——从机器、生产线、汽车、船舶、飞机等大型工业产品，到手机、血压计、测温枪、智能水杯等小型工业品，其中都内置了大量的工业软件。世界著名产品工业软件代码行数如图 1.7 所示。

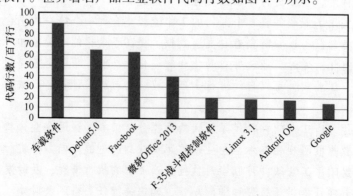

图 1.7　世界著名产品工业软件代码行数

当前，一辆普通轿车的电子控制单元（Electronic Control Unit，ECU）数量多达 70~80 个，代码约几千万行。在高端轿车中，工业软件的价值占整车价值的 50% 以上，代码超过 1 亿行，其复杂度已超过 Linux 系统内核。例如，特斯拉新能源电动汽车中工业软件价值占整车价值的 60%。目前轿车中软件代码增速远远高于其他人造系统。未来几年，车载软件代码行数有可能突破 10 亿行，发展趋势如图 1.8 所示。

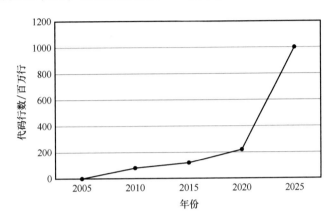

图 1.8　车载软件代码行数发展趋势

目前的工业品发展规律是，在常规物理产品中嵌入工业软件之后，不仅可以有效地提升产品的智能化程度，也可以有效提高产品附加值。同时，往往代码数量越多，该产品的智能程度和附加值就越高。

工业软件对于工业品价值提升的赋能作用主要体现在提高产品功能性、增强产品创新性、实现定制化生产、优化生产率和成本、强化售后服务和客户关系管理等几个方面。

1. 提高产品功能性

工业软件可以帮助用户更精确、高效地进行产品设计和开发。通过先进的建模、仿真和分析工具，工业软件能够确保产品在设计阶段就达到高性能、高质量和高可靠性。这种功能性的提升直接增加了工业品的价值。例如，海尔集团利用工业软件开发智能家居系统，将各种家电、传感器和控制系统连接起来。通过对家庭环境的实时监测和用户行为的分析，系统可以自动调整家电的工作模式，提供更加舒适和节能的居住环境。这大大提高了海尔产品的功能性和用户体验。

2. 增强产品创新性

工业企业利用 CAD、CAE、CAPP、EDA 等工业软件能够进行快速原型设计、仿真和迭代，探索更多的设计可能性。这不仅缩短了新产品上市时间，而且有助于企业开发出独特、创新的产品特性，从而在市场上树立独特的品牌形象，提升产品价值。例如，某知名运动鞋品牌的设计师使用 CAD 软件进行鞋底、鞋面和鞋带的详细设计，并利用该软件进行材料选择、结构设计、颜色搭配及仿真测试等。他们设计了一款运动鞋，其鞋底采用了独特的材料和结构设计，能够根据运动员的步态和地面条件进行自适应调整，提供更加稳定和舒适的支撑；同时，鞋面采用了透气性良好的材料，并配备了智能传感系统，能够实时监测运动员的脚部状态和运动表现，为运动员提供更加个性化的运动体验。

3. 实现定制化生产

工业软件能够促进生产过程的自动化、信息化和数字化,使企业能够实现小批量、定制化的生产。这种定制化生产可以满足客户日益增长的个性化需求,从而提高产品的感知价值和市场竞争力。例如,某某重工以 U9 cloud 系统为依托,与集团总部的产品数据管理(Product Data Management,PDM)系统进行系统集成,可以通过 PDM 系统搭建结构化、模块化的超级物料清单(Bill of Material,BOM),并与 U9 cloud 系统无缝集成,形成 U9 cloud 系统的超级 BOM,可根据客户订单的个性化需求进行快速选配,满足客户的定制化需要。

4. 优化生产率和成本

通过工业软件对生产过程进行精细化管理,企业可以提高生产率,减少浪费。这种效率和成本的优化直接影响了产品的成本结构和定价策略,从而提升了产品的经济价值。例如,某汽车企业利用 MES 进行生产计划和调度,根据实时生产数据和需求预测,智能化调整生产线的运行速度和节拍,实现生产过程的动态优化。同时,通过实时监控生产设备的状态和性能,预测设备故障并提前进行维护,降低了设备故障率和维修成本。

5. 强化售后服务和客户关系管理

工业软件还可以帮助企业改进售后服务和客户关系管理。通过远程监控、数据分析和预测性维护,企业能够提供更精准、高效的售后服务,增强客户满意度和忠诚度,进一步巩固和提升产品价值。

综上所述,工业软件通过提高产品功能性、增强产品创新性、实现定制化生产、优化生产率和成本,以及强化售后服务和客户关系管理等,对工业品价值的提升产生了重要影响。为了实现这种价值提升的最大化,企业应积极采用先进的工业软件解决方案,并结合自身业务战略,推动数智化转型。

1.3.3 工业软件驱动工业产品创新

发展工业软件是复杂产品研发创新之必需。工业软件已经成为驱动工业产品创新的关键因素。从设计到制造,再到产品的使用和维护,工业软件都为企业提供了创新的能力和工具,助力企业在激烈的市场竞争中脱颖而出。

1. 实现虚拟设计与原型验证

基于当前产品的结构复杂程度、技术复杂程度及产品更新换代的迭代速度,如果抛开各类工业软件的辅助支撑,仅依靠人力进行产品设计已经是不可能实现的了。

利用先进的建模和仿真工具,工业软件允许工程师在虚拟环境中进行产品设计。这种虚拟设计不仅可以加速设计进程,还能在早期阶段识别潜在的问题,从而减少物理原型的需求,降低成本并减少开发时间。

诸如飞机、高铁、卫星、火箭、汽车、手机、核电站等复杂工业品,研发方式已经从"图样+样件"的传统方式转型到完全基于研发设计类工业软件的全数字化"定义产品"的阶段。以飞机研制为例,由于采用了"数字样机"技术,设计周期由常规的 2.5 年缩短到 1 年,设计返工量减少 40%,制造过程中的工程更改单由常规的六七千张减少到一千多张,大大加快了飞机的研制进度。

2. 智能化算法驱动的高效率设计优化

工业软件通过集成遗传算法、深度学习等先进算法，为产品设计优化带来了革命性的变革。这些算法的强大计算能力和高效优化方法，使得在短时间内找到设计的最佳方案成为可能。

传统的设计方法往往依赖于工程师的经验和直觉，虽然也能达到一定的设计目标，但在面对复杂的产品和系统时，往往难以找到最优的设计方案。而工业软件中的先进算法，通过对设计参数的自动调整和优化，能够在庞大的设计空间中进行高效的搜索和迭代，快速找到满足性能、成本、可制造性等多目标要求的最优设计。这种优化能力不仅提高了产品设计的效率和质量，还降低了对工程师经验和直觉的依赖，使设计过程更加科学、可靠和可重复。可以说，工业软件推动产品设计向更加高效、智能、创新的方向发展，为企业提升工业产品的竞争力和创造更高的附加值发挥重要作用。

3. 提供嵌入式系统与物联网集成能力

工业软件能够为产品提供与嵌入式系统和物联网的集成能力，为现代产品赋予全新的维度。这种集成不仅使产品在使用过程中能够实时收集数据，更重要的是，它允许产品与用户进行前所未有的交互。通过这种方式，产品可以根据收集到的数据提供定制化的功能或服务，从而满足用户的个性化需求。同时，这种集成也增加了产品的智能性和功能性，还为现代制造业和服务业带来了巨大的商业价值和市场潜力。这种集成能力是未来产品创新和市场竞争的关键要素之一。

4. 实现先进的制造工艺与自动化

通过工业软件在设计与建模、仿真与分析、工艺流程规划、自动化控制，以及实时监控与优化等方面的功能和应用，企业可以实现先进的制造工艺和自动化生产。

利用 CAD、CAE 等工业软件中的设计与建模功能，企业能够准确、高效地创建产品图样、构建 3D 模型等，为制造工艺的制定和优化奠定基础。

利用 CAE 等工业软件的仿真功能，企业可以在虚拟环境中模拟产品的制造过程，帮助企业发现潜在的问题，如工艺冲突、材料缺陷等，并提前进行改进，减少物理样机的制作和测试成本。

CAPP 等工业软件能够帮助企业设计最优化的生产线布局、工作流程和资源配置，包括选择合适的加工设备、确定工艺顺序、计算物料需求等，以确保生产过程的高效和顺畅。

另外，通过工业软件与自动化设备和生产系统的集成，可以实现企业生产过程的自动化控制，如机器人编程、自动化流水线管理、生产调度等，从而帮助企业大幅提高生产率，降低人工成本。

利用 MES、APS 等工业软件中的生产管理模块，企业可以实时监控生产现场的状态和数据，包括设备状态、产量统计、质量信息等。基于这些数据，企业可以及时发现问题，进行调整和优化，确保生产过程的稳定性和高质量。

上述工业软件功能的综合应用，可以使企业能够借助工业软件实现先进的制造工艺和自动化生产，从而提高生产率和产品质量，降低生产成本，提升企业竞争力。

5. 为企业产品创新决策提供数据支持

工业软件能够收集并分析大量的产品使用数据、客户反馈数据等，为企业决策提供强有力的数据支持。

CRM 等工业软件具备市场分析功能，能够收集、整理和分析大量的市场数据，包括消费者需求、竞争对手动态、行业趋势等。这些数据可以帮助企业了解市场现状和未来趋势，从而在产品创新决策中做出更明智的选择。

CAD、CAE 等工业软件支持产品的设计和仿真。通过这些工业软件，企业可以在虚拟环境中对产品进行建模、分析和优化，生成的数据可以为企业决策者提供关于产品设计可行性、性能表现等方面的信息，帮助企业制定更合理的产品创新策略。

MES、QMS 等工业软件中的质量管理模块可以帮助企业建立严格的质量控制体系，实现产品质量的实时监控和追溯。通过收集和分析生产过程中的质量数据，企业可以及时发现质量问题并采取相应的改进措施。这些数据为企业决策者提供了关于产品质量水平、客户满意度等方面的信息，帮助企业在产品创新决策中关注质量因素，提升产品竞争力。

工业软件通过提供市场分析、产品设计与仿真、质量控制与追溯等方面的数据支持，能够为企业产品创新决策提供有力的依据。

1.3.4　工业软件促进工业企业转型

工业软件具有鲜明的行业特色，广泛应用于机械制造、电子制造、工业设计与控制等众多细分行业中，支撑着工业技术和硬件、软件、网络、计算机等多种技术的融合，是加速两化融合、推进企业转型升级的重要手段。

1. 工业软件促进企业研发模式转型变革

在研发设计环节中，工业软件不断推动企业向研发主体多元化、研发流程并行化、研发手段数字化、工业技术软件化转变。

（1）研发主体多元化　在传统的研发设计中，往往以单一的研发团队或部门为主体，然而，工业软件促进了跨部门、跨地域，甚至跨企业的协作。通过工业软件的协同平台，不同领域的专家可以实时交流和合作，使企业能够充分利用内外部资源，实现研发主体的多元化。

（2）研发流程并行化　传统的研发流程往往是线性的，即一个环节完成后，下一个环节才开始，但工业软件实现了各个环节的并行处理。通过工业软件的仿真和建模功能，研发团队可以在设计初期就预测产品的性能、制造过程等，从而提前发现并解决问题，大大缩短了研发周期。

（3）研发手段数字化　工业软件提供了全面的数字化工具，如 3D 建模、虚拟仿真、数据分析等，使研发团队能够摒弃传统的物理样机试制，直接进行数字化设计和验证。这种数字化的研发手段不仅提高了设计精度，还降低了原型制作的成本和时间。

（4）工业技术软件化　越来越多的工业技术、经验和知识被嵌入工业软件中，形成了"软件化的工业技术"，这意味着企业可以通过升级或定制工业软件，快速获取并应用最新的工业技术，而无须从零开始研发。这种软件化的工业技术大大加速了企业的技术创新速度，并提升了其市场竞争力。

工业软件在推动企业的研发转型中起到了至关重要的作用。它促进了企业研发主体的多元化合作，实现了研发流程的并行处理，使研发手段全面数字化，并将工业技术转化为软件形态，便于广泛应用和快速更新。这些转变为企业带来了更高的研发效率、更低的研发成本和更大的市场机会。

2. 工业软件促进企业生产模式转型升级

在生产制造过程中，生产控制类工业软件的深度应用，促进了企业生产模式的转型升级，使生产呈现敏捷化、柔性化、绿色化、智能化的特点，能够提高企业产品质量水平和生产制造快速响应能力。

（1）敏捷化　通过生产控制类工业软件的深度应用，企业能够迅速响应市场需求变化，实现快速调整和灵活生产。这种敏捷性使企业能够及时满足客户需求，减少库存积压，并提高生产率。

（2）柔性化　生产控制类工业软件支持企业实现多品种、小批量的生产模式，轻松应对产品多样化和个性化需求。柔性化的生产模式提高了生产线的适应性和灵活性，使企业能够根据市场需求灵活调整生产计划。

（3）绿色化　生产控制类工业软件通过优化生产流程和资源管理，降低能源消耗和废弃物排放，推动企业生产向绿色、可持续发展方向转型。这种绿色化的生产方式不仅有助于保护环境，也降低了企业的运营成本。

（4）智能化　生产控制类工业软件集成了先进的人工智能、大数据等技术，实现了生产过程的自动化、智能化监控和优化。通过实时数据分析和预测，企业能够精确控制生产过程，降低故障率，提高产品质量和生产率。

（5）加强企业信息化集成度　生产控制类工业软件作为企业信息化的重要组成部分，与生产管理、供应链管理、质量管理等各环节紧密集成。这种集成度提高了企业内部的协同效率，实现了信息的共享和快速流通，进一步提升了企业的整体竞争力。

3. 工业软件促进企业经营管理能力提升

在企业经营管理上，经营管理类工业软件推动企业管理思想软件化、企业决策科学化（智能化）、部门工作协同化，能够帮助企业提高经营管理水平。

（1）企业管理思想软件化　随着信息化的发展，很多先进的管理思想和方法逐渐被嵌入经营管理类工业软件中。这种软件化的管理思想确保了方法的标准化和持续优化。通过ERP、CRM等经营管理类工业软件，企业可以更加系统地贯彻管理策略，确保各部门、各岗位都按照统一、高效的管理方法进行操作。

（2）企业决策科学化（智能化）　目前，ERP、CRM、SRM等经营管理类工业软件大量应用大数据、云计算、人工智能等先进技术。通过深度应用这类工业软件，能够为企业提供更加准确的市场预测、经营分析和风险评估，能够让企业的决策过程变得更加科学和智能，帮助企业避免或减少决策风险。

（3）部门工作协同化　通过实施工业软件系统集成，部门之间的信息壁垒被打破，确保数据、资源在企业内部得到充分利用，能够让企业内部各个部门之间的沟通、协作变得更加紧密和高效。同时，这种协同化还促进了企业内部的知识共享，使各部门能够相互学习、共同进步。

1.4　工业软件的分类

就工业软件本身而言，由于工业门类复杂，脱胎于工业的工业软件种类繁多，分类维度和方式一直呈现多样化趋势。目前，国内外均没有公认、适用的统一分类方式。

当前，工业软件无论在功能还是种类上，都发展迅速。原本的特定领域工具型软件已从狭义概念向工具链上下游和端到端的全生命周期软件方向演进，进而发展到"数字工业软件平台"。如此丰富种类的工业软件已经形成了一种客观存在，以某种维度和视角来对其进行分类是必须要做的工作。

1.4.1 国家标准提出的工业软件分类方法

在 GB/T 36475—2018 中，将工业软件（F 类）分为工业总线、计算机辅助设计、计算机辅助制造等 9 类，见表 1.1。

表 1.1　GB/T 36475—2018 中工业软件分类示例（F 类）

分类号	名称	说明
F	工业软件	在工业领域辅助进行工业设计、生产、通信、控制的软件
F.1	工业总线	偏嵌入式/硬件，用于将多个处理器和控制器集成在一起。实现相互之间的通信，包括串行总线和并行总线
F.2	计算机辅助设计	采用系统化工程的方法，利用计算机辅助设计人员完成设计任务的软件
F.3	计算机辅助制造	利用计算机对产品制造作业进行规划、管理和控制的软件
F.4	计算机集成制造系统	综合运用计算机信息处理技术和生产技术，对制造型企业经营的全过程（包括市场分析、产品设计、计划管理、加工制造、销售服务等）的活动、信息、资源、组织和管理进行总体优化组合的软件
F.5	工业仿真	模拟将实体工业中的各个模块转化成数据并集合到一个虚拟体系中的软件，模拟实现工业作业中的每一项工作和流程，并与之实现各种交互
F.6	可编程逻辑控制器	采用一类可编程的存储器，用于其内部的存储程序，执行逻辑运算、顺序控制、定时、计算与算术操作等面向用户的指令，并通过数字或模拟式输入/输出控制各种类型的机械或生产过程
F.7	产品生命周期管理	支持产品信息在产品全生命周期内的创建、管理、分发和使用
F.8	产品数据管理	用来管理所有与产品相关信息（包括零件信息、配置、文档、CAD 文件、结构、权限信息等）和所有与产品相关的过程（包括过程定义和管理）的软件
F.9	其他工业软件	不属于上述类别的工业软件

该分类的优点是较大限度地集合了工业领域中的常用工业软件；缺点是没有明确列出嵌入式工业软件（可能归类于 F.9），缺失了能源业和探/采矿业工业软件。

1.4.2 工业和信息化部给出的工业软件分类

2019 年 11 月，经国家统计局批准，工业和信息化部发布了《软件和信息技术服务业统计调查制度》，其中将工业软件划分为产品研发设计类软件、生产控制类软件、业务管理类软件，见表 1.2。

表 1.2 《软件和信息技术服务业统计调查制度》中的工业软件分类示例

软件代码	名称	备注
E101050000	1.5 工业软件	—
E101050100	1.5.1 产品研发设计类软件	用于提升企业在产品研发工作领域的能力和效率。包括 3D 虚拟仿真系统、计算机辅助设计、计算机辅助工程、计算机辅助制造、计算机辅助工艺规划、产品生命周期管理、过程工艺模拟软件等
E101050200	1.5.2 生产控制类软件	用于提高制造过程的管控水平，改善生产设备的效率和利用率。包括制造执行系统、产品数据管理、操作员培训仿真系统、调度优化系统、先进控制系统等
E101050300	1.5.3 业务管理类软件	用于提升企业的管理治理水平和运营效率。包括企业资源计划、供应链管理、客户关系管理、人力资源管理、企业资产管理等

该分类的优点是三类工业软件的分类比较简明，缺点是以制造业为主，忽略了能源业和探/采矿业工业软件。

1.4.3 基于产品生命周期的聚类分类方法

通常情况下，工业软件可以按照产品生命周期的阶段或环节，大致划分为研发设计类、生产制造类、运维服务类和经营管理类，这是一种在业界较为常用的聚类划分方法，见表 1.3。

表 1.3 工业软件按照聚类划分

类型	包含软件
研发设计类	计算机辅助设计、辅助分析、辅助工艺规划、产品数据管理、产品生命周期管理、电子设计自动化等
生产制造类	可编程逻辑控制器、分布式数控、集散控制系统、数据采集与监视控制系统、生产计划排产、环境管理体系、制造执行系统等
运维服务类	资产性能管理、维护维修运行管理、故障预测与健康管理等
经营管理类	企业资源计划、财务管理、供应链管理、客户关系管理、人力资源管理、企业资产管理、知识管理等

但是，需要注意的是，这种聚类划分方法并不严谨，也并未完整地覆盖工业所有的生命周期（如工厂生命周期、订单生命周期等），即使是产品生命周期，也缺乏前期客户需求和后期产品报废等阶段。

该分类方式的优点是比较简明易懂，缺点是分类集中于制造业，基本上是"制造业信息化软件"的划分，忽略了能源业和探/采矿业工业软件。

1.4.4 基于不同的软件架构进行分类

从软件架构的角度来看，工业软件可以分为两大类：一是传统架构工业软件，二是新型架构工业软件。

近几年，工业软件发展迅猛，一些诸如工业 App 之类的新型架构工业软件应运而生，工业软件所涉及和覆盖的范围在逐步扩大。

1. 传统架构工业软件

传统架构工业软件基于单机或局域网本地部署，遵从 ISA-95 的五层体系，软件采用紧耦合单体化架构，软件功能颗粒度较大，同时功能综合且强大。但这样的传统架构也有一定的局限性，例如，只针对特定的操作系统，安装和卸载流程较复杂，以及需要在不同机器上重复配置软件以获得相同的软件体验等。

2. 新型架构工业软件

新型架构工业软件往往是基于 Web 或云端部署，从五层体系渐变为扁平化体系，松耦合多体化微服务架构，这种架构使软件功能更加精细且独立，每个微服务都可以独立运行和更新，降低了系统的复杂性和耦合度。同时，这种架构也使软件功能更加简明或单一，可以更好地满足企业的实际需求。扁平化体系和微服务架构还可以更好地支持工业互联网的发展。通过将工业软件架构与云计算、大数据、人工智能等新一代信息技术深度融合，可以实现更加高效、智能、灵活的生产和管理，助力企业数字化转型和升级。

无论是传统架构还是新型架构的工业软件，都扮演着极其重要的工业基础和工业赋能器的作用，都是现阶段工业产品研发和生产不可或缺的数字化生产要素。

即使新型架构的软件在不断涌现，软件上云是一个大趋势，但是从目前工业软件的基本格局来看，担纲工业发展的工业软件还是以传统架构的工业软件为主。未来会逐渐进入两种架构的工业软件长期并存的时期。至于是否所有的工业软件全部都会进化到云端，要看具体的应用场景、用户的需求，以及算法、算力、微服务架构等相关技术的演进程度。

1.4.5 基于嵌入式与非嵌入式的角度进行分类

基于嵌入式与非嵌入式的角度进行分类，工业软件可以分为嵌入式工业软件和非嵌入式工业软件两大类。

1. 嵌入式工业软件

嵌入式工业软件是指嵌入硬件设备中的软件，与设备紧密结合，实现特定的功能和控制，为工业设备的智能化、自动化和高效运行提供有力的支持。

嵌入式工业软件通常被用于控制、监测和调度工业设备的运行，确保设备的正常工作和高效性能。它们与硬件设备进行交互，通过接收传感器数据、执行控制算法、发送控制信号等方式，实现对设备的精确控制。

由于嵌入式工业软件与硬件设备的紧密结合，因此对于软件的可靠性、实时性和安全性要求非常高。这些软件需要经过严格的测试和验证，确保在各种恶劣的工业环境下都能正常运行，不会出现故障或错误。

此外，嵌入式工业软件还需要具备高效的处理能力和优化的算法，以满足实时性要求。同时，它们也需要具备灵活的配置和扩展能力，以适应不同设备和应用场景的需求。

2. 非嵌入式工业软件

非嵌入式工业软件则是安装在通用计算机或者工业控制计算机之中的设计、编程、工艺、监控、管理等软件。这些软件主要用于产品设计、成套装备设计、厂房设计、工业系统设计等场景，可以提高工业企业研发、制造、生产管理的水平，提升工业管理性能和设计效率，有效节约成本，并实现可视化管理。

非嵌入式工业软件可以在各种工业场景中发挥重要作用，如产品设计、成套装备设计、工业系统设计等。与嵌入式工业软件相比，非嵌入式工业软件不直接与硬件设备进行交互，而是通过操作系统与硬件进行通信。

非嵌入式工业软件具有广泛的应用范围，可以涵盖产品的全生命周期及企业生产经营的各个环节。非嵌入式工业软件可分为研发设计类、生产控制类和信息管理类。例如，CAD、CAE 等软件属于研发设计类，用于支持产品设计和工程分析；ERP、MES 等软件属于生产管理类，用于优化企业资源计划和生产执行过程。

1.4.6 基于应用范围和功能特点对工业软件进行分类

根据应用范围和功能特点，工业软件可以分为研发设计类工业软件、生产控制类工业软件、经营管理类工业软件和运维管理类工业软件四种。

1. 研发设计类工业软件

研发设计类工业软件主要应用于产品的设计和研发阶段，其核心目标是提高设计和研发效率。研发设计类工业软件的主要功能包括三维建模、性能模拟、设计优化等。

常见的研发设计类工业软件主要有 CAD、CAE、CAPP、CAM、EDA、PDM 等。它们能够帮助用户更快、更准确地进行产品设计和分析，从而缩短产品的研发周期，提高研发设计效率和质量。

2. 生产控制类工业软件

生产控制类工业软件主要应用于产品的制造和生产阶段，其主要目标是提高生产率、减少浪费、降低成本。生产控制类工业软件主要包括生产管理、调度优化、质量控制等功能。

常见的生产控制类工业软件主要有 MES、APS、WMS、SCADA 等。这些生产控制类工业软件能够帮助企业实时监控生产过程，优化生产计划和资源分配，从而提高生产率。

3. 经营管理类工业软件

经营管理类工业软件主要应用于企业的运营管理层面，其核心目标是优化企业资源分配，提升运营效率。经营管理类工业软件的核心功能主要包括供应链管理、销售与客户关系管理、人力资源管理、财务管理等。

常见的经营管理类软件有 ERP、CRM、SRM 等。这些工业软件能够整合企业的各种资源，优化业务流程，提高企业的决策效率和准确性。

4. 运维管理类工业软件

运维管理类工业软件是用于设备和系统运维管理的软件。它们的主要目标是确保设备和系统的正常运行，提高设备的可用性和可靠性。

运维管理类工业软件通常包括故障诊断、预测性维护、资产管理等核心功能，可帮助企业实时监测设备状态、分析数据，并提供运维决策支持。

1.4.7 常用的工业软件分类

目前，应用最多的工业软件分类方法是基于"嵌入式与非嵌入式"与"应用范围和功能特点"二者相结合的方式进行分类，将工业软件分为研发设计类、生产控制类、经营管理类和嵌入式工业软件（设备控制类）四类，见表1.4。本书采用这种常用的工业软件分类。

表 1.4　常用的工业软件分类

工业软件的类型	主要种类
研发设计类	计算机辅助设计、计算机辅助工程、计算机辅助工艺规划、计算机辅助制造、电子设计自动化、产品数据管理等
生产控制类	制造执行系统、高级计划与排程、仓储管理系统、数据采集与监视控制系统、分散控制系统等
经营管理类	企业资源计划、客户关系管理软件、供应商关系管理软件等
嵌入式工业软件（设备控制类）	嵌入式软件系统、嵌入式支撑软件、嵌入式应用软件等

1.4.8　工业软件、嵌入式软件与工业互联网的关系

　　工业软件是提高工业企业研发、制造、生产、服务与管理水平，以及提升工业产品使用价值的软件系统，而嵌入式软件是工业软件的一部分，它嵌入工业设备或系统中，用于控制和监视设备的运行。同时，工业互联网是连接工业设备、系统和人员的网络，它依赖于工业软件和嵌入式软件来实现设备的互联互通、数据的收集和分析及智能化决策。因此，工业软件、嵌入式软件和工业互联网共同构成了现代工业体系的基石，推动着工业的发展和进步。

　　工业互联网平台与工业软件的交集主要是工业互联网 App（以下简称工业 App），工业 App 是基于工业互联网，承载工业知识和经验，满足特定需求并运行于工业互联网平台的新型工业软件，既是工业互联网的重要构件，又是工业软件的组成部分。

　　嵌入式软件与工业软件的交集主要是工业控制软件（即嵌入式工业软件），工业控制软件是工业软件的重要组成部分，可分为上位机（可以直接发出操控命令的计算机）工业控制软件和嵌入控制器/工业设备的工业软件。

　　在工业互联网体系中，无论是进行业务数据采集、网络传输还是进行闭环控制，都需要嵌入在入网设备的软件来实现，将其称为入网设备内嵌软件。

　　工业软件、嵌入式软件、工业互联网三者都服务于工业体系，都由工业机理制约和驱动，其关系如图 1.9 所示。

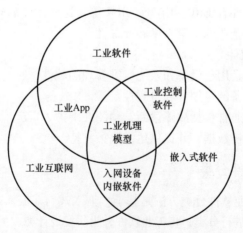

图 1.9　工业软件、嵌入式软件与工业互联网的关系

　　综上所述，工业软件、嵌入式软件与工业互联网紧密相连，共同推动工业智能化进程。工业软件提供设计、仿真、生产管理等核心功能，嵌入式软件赋予设备智能与通信能力，而工业互联网则实现设备、软件与服务的全面互联。三者协同工作，不仅可以提升生产率与质量，还能够促进工业数据的深度分析与利用，为工业创新与发展提供强大动力。

第 **2** 章
我国工业软件产业发展现状

随着新一代信息技术的快速发展和企业数字化转型升级的加快，工业软件已成为推动现代工业发展的关键因素，为我国企业提供了广阔的发展空间。

近年来，我国工业软件产业发展迅速，取得了一系列显著成绩，诞生了一大批优秀的国产工业软件企业，个别类别工业软件和少量单点技术达到国际先进水平。同时，越来越多的企业开始主动、积极应用工业软件，以提升企业自身效率，改善经营状况，为工业软件产业发展提供了丰富的应用场景。

但是，我国工业软件仍处于较多关键核心技术缺失、由引进应用向自主研发转换、技术迭代能力建立的关键阶段。我国工业软件产业在发展过程中仍然面临巨大的挑战。与国外先进工业软件相比，国产工业软件在某些方面还存在一定的差距，特别是高端、复杂工业软件。因此，我国工业软件企业需要不断加强自主创新，提高产品技术水平，提升市场竞争力。

2.1 我国工业软件产业规模及国产化推进情况

近年来，随着制造业数字化转型的加速推进，以及国家政策对工业软件产业发展的大力支持，我国工业软件产业规模呈现持续增长态势。同时，我国工业软件企业数量也在不断增加，产品种类不断丰富，技术水平持续提升，市场竞争力逐渐增强。

2.1.1 我国工业软件产业规模

1. 我国工业软件产业整体规模

近年来，随着我国工业技术的不断发展及国家相关政策的大力推动，工业软件的需求持续增加，市场规模保持高速发展。目前，国产工业软件已经在制造业、能源、交通等多个领域取得了显著成果，为我国经济社会发展提供了强有力支持。

中商产业研究院发布的《2024—2029 全球及中国工业设计软件行业研究及十四五规划分析报告》显示，2023 年我国工业软件市场规模达到 2824 亿元，2019—2023 年的年均复合增长率达 13.20%。据中商产业研究院分析师预测，2024 年我国工业软件市场规模将达到 3197 亿元，如图 2.1 所示（数据来源：中商情报网）。

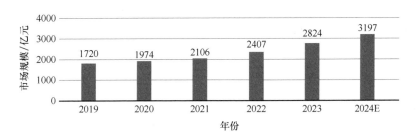

图 2.1　2019—2024 年我国工业软件市场规模

与此同时，自 2016 年以来，我国工业软件产品业务收入占我国软件业务总收入的比例逐年攀升。2021 年，我国工业软件产品业务收入占我国软件业务总收入的 2.54%，较 2020 年的 2.42% 提升了 0.12%。2022 年，我国工业软件市场占全行业比例约为 2.23%。

2. 我国工业软件市场结构分析

按照本书第 1 章中对工业软件的分类，工业软件主要分为研发设计类、生产控制类、经营管理类和嵌入式四大类。

从市场结构来看，中商产业研究院发布的《2024—2029 全球及中国工业设计软件行业研究及十四五规划分析报告》显示，当前，我国工业软件中的嵌入式工业软件市场份额最大，占比达 57.4%；经营管理类工业软件市场占比为 17.1%；生产控制类工业软件市场占比为 17.0%；研发设计类工业软件占比较小，仅为 8.5%，如图 2.2 所示（数据来源：中商情报网）。

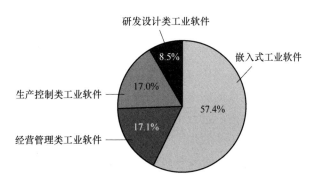

图 2.2　我国工业软件细分市场占比情况

2.1.2　工业软件国产化推进情况

2020 年 5 月，哈尔滨工业大学、哈尔滨工程大学等国内高校被美国禁止使用 MATLAB 软件，自此，工业软件国产化替代工作提上日程，并加速推进。

1. 流程型行业工业软件国产化应用已相对成熟

当前，我国流程型行业工业软件的产品线已经相当丰富，能够覆盖从研发、设计、工程到生产的全生命周期。这些软件不仅具有强大的功能，而且能够很好地满足我国流程型企业的实际需求。

我国工业软件厂商针对流程型行业的生产管理、资源计划等需求，开发了一系列具有自主知识产权的工业软件，如 APS、MES、WMS 等。这些软件不仅在功能上能够满足企业的需求，而且在性能上也得到了不断的优化和提升。

石化、钢铁等流程型生产企业业务耦合性（相互依赖性）强，在生产管理方面的经验积累丰富，自主研发优势明显，具有剥离培育行业国产工业软件公司的天然优势。例如，中控技术股份有限公司的控制系统在化工行业的国内市场占有率达到 40.7%。

但是，需要注意的是，尽管我国流程型行业工业软件国产化应用取得了一定的成果，但与国际先进水平相比，仍存在一定差距。我国工业软件厂商的技术水平和创新能力还需要不断提升，以更好地满足企业的需求并推动工业软件产业的发展。

2. 家具服贸行业工业软件国产化进程加快

在家具设计方面，我国已经出现了一些自主研发的设计软件，如三维家等，这些工业软件能够实现高效的设计、模拟和优化，使家具设计师可以更加便捷地进行工作。同时，在生产管理方面，国内厂商也开发了一些具有自主知识产权的工业软件，如 APS、MES、WMS 等，这些工业软件可以帮助家具服贸企业实现生产过程的精细化管理，提高生产率和质量。

除此之外，一些国内工业软件厂商还针对家具服贸行业的特殊需求，开发了一系列具有家具服贸行业特色的工业软件，如定制家具设计软件、智能裁剪软件等。这些工业软件不仅提高了生产率，而且也提高了产品的质量和客户满意度。

总的来说，家具服贸行业工业软件国产化进程的加快，得益于我国软件企业的不断努力和国家政策的支持。未来，随着技术的不断进步和应用的不断深化，国产工业软件在家具服贸行业的应用前景将更加广阔。

3. 船舶行业工业软件国产化基础相对较好

船舶产品型号多、批量小、体型大，但对精度要求不高，产品个性化强，而且国产船舶工业软件基础相对较好，在推动国产化应用方面具有很大潜力。

首先，船舶行业对于工业软件的需求非常明确，而且应用场景也相对固定，这有利于我国工业软件企业针对船舶行业的需求进行定向开发和优化。同时，船舶行业在工业设计、制造、仿真等方面的技术积累也为工业软件国产化提供了良好的基础。

其次，我国已经有一些船舶行业工业软件企业具备了较强的技术实力和市场份额，这些企业在推动工业软件国产化方面起到了重要的引领作用。例如，一些企业在船舶设计软件、制造执行系统等方面已经取得了重要突破，为国产工业软件在船舶行业的应用奠定了坚实基础。

最后，政府对于船舶行业工业软件国产化的支持力度也在不断加大。政府通过出台相关政策、加大资金投入等方式，积极推动船舶行业工业软件的国产化进程。这种政策支持和市场需求的双重驱动，使船舶行业工业软件国产化的基础更加坚实。

我国工业软件厂商与本土造船企业的紧密协作、积极探索，促使我国在船舶行业工业软件方面取得了长足的进步。

另外，我国船舶工业软件企业在产品研发、生产制造、售后服务等方面也具备了较强的能力。例如，沪东中华造船（集团）有限公司自主研发的完全拥有自主知识产权的最新一代船舶工业软件——HDSPD 6.0 旗舰版，打破了国外软件对船舶三维 CAD 软件领域的绝对垄断，实现了弯道超车，极大提升了中国船舶工业的自主研发能力。

4. 电子行业开始推进工业软件国产化

电子行业对国外工业软件依赖度相对较高，面对工业软件供应链面临的禁用风险，电子行业企业工业软件国产化意识逐步提高，开始主动寻找国内工业软件厂商合作，提早化解断供风险。

近年来，我国电子行业工业软件国产化工作取得了一定的进展，涌现出一批优秀的电子行业工业软件，例如，北京华大九天科技股份有限公司开发的 EDA 软件，主要用于集成电路（Integrated Circuit，IC）的设计、制造、封装和测试等环节，在我国电子设计领域具有广泛的应用；本源量子计算科技（合肥）股份有限公司开发的量子芯片设计工业软件，支持超导和半导体量子芯片版图自动化设计，填补了我国量子芯片设计工业软件领域的空白。

但是，与国际先进水平相比，我国电子行业工业软件在技术创新方面还存在较大的差距。这主要是由于我国工业软件企业不了解背后的设计原理，缺乏基础工艺研发数据的长期积累，导致基础技术原理数据积累存在明显差距，呈现出技术空心化的趋势，使用的工业软件大多来自 ANSYS、西门子、达索、PTC、Autodesk 等国外知名企业，国产化程度不容乐观。

5. 汽车、航空、航天等复杂装备行业工业软件国产化程度不容乐观

汽车、航空、航天等行业属于复杂装备行业。复杂装备行业装配复杂、建模精度要求高、产品安全责任大。因此，复杂装备行业对工业软件的要求非常高，需要具备高度的专业性和复杂性，包括精密的算法、高效的数据处理能力及强大的计算和控制能力等。在该领域，国外工业软件厂商具有较大的技术优势和品牌影响力，短期内，我国工业软件厂商还暂时难以与之抗衡。

汽车、航空、航天行业中使用的传统的复杂设计类软件、仿真模拟类软件和流体计算类软件等关键软件过去绝大多数采购国外产品。但航天领域由于长期被国外封锁，所以在该领域工业知识自主化程度高，在系统设计与仿真软件牵引发展方面取得显著成果，在管理软件方面大多基于国外 ERP 等基础平台做二次开发，自主可控程度较低，面临较大的"卡脖子"风险。

2.1.3 国产工业软件重点企业

近年来，伴随着工业软件产业的高速发展，我国出现了一大批工业软件上市企业。"十四五"规划对工业软件行业的具体要求主要集中在加强产业基础能力建设、加强关键数字技术创新应用和加快推动数字产业化三个方面，为我国工业软件产业发展带来了新的机遇和挑战。

2022 年，我国工业软件企业及其品牌、产品排行榜前 50 名见表 2.1（数据来源：中商情报网）。

表 2.1　2022 年我国工业软件企业及其品牌、产品排行榜前 50 名

排名	企业名称	品牌（核心产品）
1	海尔卡奥斯物联科技有限公司	卡奥斯 COSMOPlat（工业互联网平台）
2	国电南瑞科技股份有限公司	国电南瑞（电网自动化及工业控制）
3	广联达科技股份有限公司	广联达（建筑工程信息化）
4	用友网络科技股份有限公司	用友网络（ERP、CRM、SCM 等）
5	北京华大九天科技股份有限公司	华大九天（集成电路 EDA）
6	上海宝信软件股份有限公司	宝信软件（钢铁信息化）
7	广州中望龙腾软件股份有限公司	中望软件（CAD、CAE、CAM）
8	中控技术股份有限公司	中控技术（DCS、MES、PLC）
9	杭州广立微电子股份有限公司	广立微电子（集成电路 EDA）
10	朗坤智慧科技股份有限公司	朗坤智慧（智慧能源、智慧制造）
11	上海柏楚电子科技股份有限公司	柏楚电子（激光切割控制）
12	上海概伦电子股份有限公司	概伦电子（集成电路 EDA）
13	东华软件股份公司	东华软件（WMS、工业 SCADA）
14	和利时科技集团有限公司	和利时（DCS、设备管理）
15	远光软件股份有限公司	远光软件（能源管理）
16	金航数码科技有限责任公司	金航数码（航空工业信息化）
17	北京神舟航天软件技术股份有限公司	神舟软件（军工航天领域）
18	上海汉得信息技术股份有限公司	汉得信息（工业管理软件）
19	鼎捷软件股份有限公司	鼎捷软件（智能制造 ERP）
20	安世亚太科技股份有限公司	安世亚太（CAE 领军企业）
21	安徽容知日新科技股份有限公司	容知日新（设备管理）
22	上海霍莱沃电子系统技术股份有限公司	霍莱沃（CAE 仿真验模）
23	南京维拓科技股份有限公司	维拓科技（制造业数字化）
24	信华信技术股份有限公司	信华信（MOM、PHM）
25	北京数码大方科技股份有限公司	数码大方（CAD 电子图板）
26	立方数科股份有限公司	立方数科（工程数字化云）
27	苏州浩辰软件股份有限公司	浩辰软件（CAD 软件与云方案）
28	上海合见工业软件集团有限公司	合见工软（EDA）

（续）

排名	企业名称	品牌（核心产品）
29	广州赛意信息科技股份有限公司	赛意信息（工业管理软件）
30	北京安怀信科技股份有限公司	安怀信（CAE 软件）
31	上海哥瑞利软件股份有限公司	哥瑞利（半导体 MES、CIM）
32	山东山大华天软件有限公司	华天软件（三维 CAD/PLM）
33	北京芯愿景软件技术股份有限公司	芯愿景（集成电路 EDA）
34	能科科技股份有限公司	能科科技（工业管理软件）
35	上扬软件（上海）有限公司	上扬软件（半导体 MES）
36	广东美云智数科技有限公司	采购云（MES、MES、APS 等）
37	北京索为系统技术股份有限公司	索为系统（工程中间件）
38	中车信息技术有限公司	中车信息（PDM/PLM）
39	北京亚控科技发展有限公司	亚控科技（组态软件）
40	浙江舜云互联网技术有限公司	舜云互联（设备智慧运维等）
41	武汉天喻软件有限公司	天喻软件（PDM/加密软件）
42	天河智造（北京）科技股份有限公司	天河智造（机械 CAD）
43	依柯力信息科技（上海）股份有限公司	依柯力 inkelink（MIM、工业 SaaS）
44	北京国信会视科技有限公司	国信会视（高端装备智慧运维）
45	北京兰光创新科技有限公司	兰光创新（MES）
46	青岛华正信息技术股份有限公司	华正信息（工业设备检维修管控）
47	北京盈建科软件股份有限公司	盈建科（建筑结构设计）
48	上海黑湖科技有限公司	黑湖制造（制造协同 SaaS 软件）
49	北京云道智造科技有限公司	云道智造（工业仿真平台）
50	深圳十沣科技有限公司	十沣科技（CFD/CSD、工程仿真云）

2.2　工业软件产业细分化领域市场格局

　　目前，从工业软件各个细分领域的横向比较来看，我国工业软件产品类别齐全但发展不均衡。国产工业软件细分领域占国内市场份额情况如图 2.3 所示。

　　目前，在国内市场前十大工业软件供应商中国内外企业数量对比情况如图 2.4 所示。

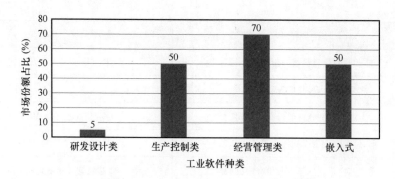

图 2.3　国产工业软件细分领域占国内市场份额情况

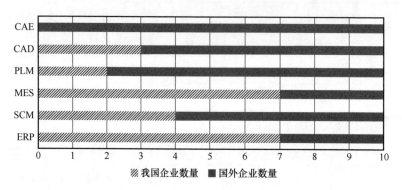

图 2.4　国内市场前十大工业软件供应商中国内外企业数量对比情况

2.2.1　我国工业软件产业细分领域市场格局概况

1. 研发设计类工业软件

研发设计类工业软件主要包括 CAD、CAE、CAPP、CAM、EDA、PDM 及新兴的系统级设计与仿真软件等，主要应用于产品研发设计、优化改进等方面，以提升产品设计和研发领域的能力和效率，是工业软件中技术含量最高的一类。目前，我国研发设计类工业软件市场主要由国外厂商主导，国内厂商在技术上相对落后，但正在逐步追赶。

从龙头企业数量的角度来看，研发设计类各细分领域的前十大工业软件供应商中，我国的企业数量处于明显的劣势，约95%的研发设计类工业软件依赖进口。国产可用的研发设计类工业软件主要应用于工业机理简单、系统功能单一、行业复杂度低的领域。例如，广州中望龙腾软件股份有限公司、山东山大华天软件有限公司、北京数码大方科技股份有限公司等公司的三维 CAD 工业软件在模具、家具家电、通用机械、电子电器等行业应用较为广泛。

2. 生产控制类工业软件

生产控制类工业软件主要包括 MES、WMS、APS、SCADA 等，主要应用于生产过程控制、设备控制等方面，是工业软件中专业性最强的一类。我国生产控制类工业软件市场正在逐步扩大，国内工业软件厂商在部分领域已经取得一定优势，但整体上仍需加强技术研发和市场拓展。

国产生产制造类工业软件占据约50%的国内市场份额，在部分领域已经具备一定实力，涌现了上海宝信软件股份有限公司、和利时科技集团有限公司、浙江中控技术股份有限公司等行业领军企业，但在高端市场中还不占优势。

3. 经营管理类工业软件

经营管理类工业软件主要包括 ERP、SCM、CRM 等，主要应用于企业生产管理、供应链管理等方面，是工业软件中应用范围最广的一类。我国经营管理类工业软件市场发展较为成熟，国内工业软件厂商在技术上已经具备一定实力，但在高端市场方面仍需提高。

国产经营管理类工业软件占有约 70% 的国内市场份额，但高端市场领域仍以德国思爱普（SAP）、美国甲骨文（Oracle）为主。国内有些制造型企业在创建初期使用国产 ERP 软件，但当企业发展到一定规模时，因国产软件功能难以支撑业务需求，企业便将国产 ERP 软件替换成 SAP 等国外知名品牌的 ERP 软件，出现了逆国产化现象，这一点必须引起高度重视。

4. 嵌入式工业软件

嵌入式工业软件主要包括 PLC、DCS，以及数控装置、全自动柔性生产线、智能测量仪表、工业机器人、机电一体化机械设备等方面的软件，主要应用于设备控制、生产过程优化等方面，能够提高企业智能化程度，有效提升设备、生产线运行水平。

当前，我国嵌入式工业软件市场发展迅速，已经成为全球最大的嵌入式工业软件市场之一。我国工业软件中的嵌入式软件市场份额最大，占比超 50%，但我国嵌入式工业软件厂商在技术上还是相对落后，仍需加强技术创新和市场拓展。

2.2.2 我国研发设计类工业软件市场格局

目前，国内部分研发设计类工业软件厂商虽然有了一定的产品和客户积累，但传统国产研发设计类软件还存在整体水平不高、关键技术对外高度依存等突出问题。国产新兴系统级设计与仿真软件整体水平与国外差距不大，但目前尚处于技术导入推广阶段与市场培育成长期，市场规模不大，暂归入 CAE 一并阐述。

1. CAD/CAM 软件市场格局

国外 CAD/CAM 软件在我国市场中占据主导地位，尤其是 Autodesk、Dassault Systemes、美国参数技术公司（PTC）等知名国际企业。这些企业凭借其强大的技术实力和市场占有率，在我国 CAD/CAM 软件市场中具有显著的影响力。

近年来，我国国产 CAD/CAM 软件企业也在快速发展，如广州中望龙腾软件股份有限公司、北京数码大方科技股份有限公司等。这些企业在技术研发和市场推广方面也取得了一定的成绩，逐渐在国内外市场崭露头角。

此外，定制化需求、云化和智能化趋势在我国 CAD/CAM 软件市场中也表现得尤为明显。随着我国制造业数字化转型的加速，企业对 CAD/CAM 软件的定制化需求不断增长。同时，大数据、云计算、人工智能等新一代信息技术的不断进步也为 CAD/CAM 软件的发展提供了新的机遇。

然而，与国外知名工业软件企业相比，我国国产 CAD/CAM 软件企业在技术实力、市场份额等方面仍存在一定的差距，尤其在功能上与国外 CAD/CAM 软件相差较大，未能实质性地打破国外工业软件的垄断。

2. CAE 软件市场格局

全球 CAE 软件市场的 12 大领导厂商处于垄断地位，占据国际市场的 95% 以上，有美国 ANSYS、MathWorks，德国 Siemens，法国 Dassault Systemes、法国国际工程科学集团（ESI Group）等。

国外 CAE 软件覆盖范围广、功能完善，并逐渐在数据传输等技术上与其上下游产品打通，形成了 CAD/CAE/CAM/PDM 一体化综合工业软件平台。

国产通用 CAE 软件有安世亚太 PERA SIM（自主仿真软件，支持结构、流体、电磁、声学四大物理场）、英特仿真 INTE SIM、前沿动力 ADISimWork、中船重工奥蓝托前后处理 simWorks 等，主要包括多款多物理场仿真及优化平台软件和综合仿真及优化平台，相比于国外通用 CAE 软件产品，关键技术自主可控程度较低，并且在产品化、集成化和规模化上与国外 CAE 软件还有非常大的差距。

国产专用 CAE 软件主要有大连理工大学开发的 JIGFEX、中国飞机强度研究所开发的 HAJIF、中国科学院数学与系统科学研究所开发的 FEPG 等，但这些专用 CAE 软件在覆盖度、成熟度、易用性等方面，相比国外 CAE 软件仍有较大差距。

国产新兴系统级设计与仿真工业软件有同元软控 MWorks，该软件的自主程度较高并具有底层求解内核，已在系列重大型号工程中开展验证应用，并出口欧美地区，为国外大型工业软件厂商提供内核授权，整体水平位居国际前列。

3. EDA 软件市场格局

目前，EDA 软件市场主要由美国新思（Synopsys）、美国楷登电子（Cadence）和德国明导国际公司（Mentor Graphics）三家厂商垄断，它们占据全球市场份额的 60% 以上，占据我国市场份额的 95% 以上，华大九天、芯禾科技、广立微等国产 EDA 软件厂商占据我国市场份额不足 5%。

国产 EDA 软件厂商以提供点工具为主，仅有华大九天一家可以提供面板和模拟集成电路全流程设计平台，其他的厂商只能提供其制程内的点工具，如芯禾科技仅可以提供射频设计中的二维电磁仿真、模号完整性分析、电源完整性分析及参数分析工具。

Synopsys、Cadence 和 Mentor Graphics 三大巨头经过一系列收购并购，基本打通了 EDA 全流程工具链，能够覆盖全领域的设计需求。相比之下，国产 EDA 软件厂商还需要进一步加快研发覆盖全领域的全流程设计平台。

2.2.3 我国生产控制类工业软件市场格局

由于我国生产控制类工业软件企业起步较晚、技术积累相对较少等多方面原因，导致我国生产控制类工业软件在高端市场表现乏力。但在细分领域，我国生产控制类工业软件还是有一定的优势，特别是在 MES、SCADA 等生产控制类工业软件领域。

1. MES 市场格局

MES 属于一种承上启下的工业软件。MES 上接 ERP、PLM 等软件，下接 PLC、DCS、SCADA 等软件。

目前，国产 MES 产品种类较多，在流程型行业和离散型行业均得到了广泛应用。

从竞争格局来看，2022 年，西门子、宝信软件、SAP 在我国 MES 市场排名前三。黑湖科技、新核云、汉得信息、赛意信息等分列第四到第七位。其他典型服务商包括鼎捷软件、浪潮通软、第四范式-艾普工华等都在各自细分领域有不错的成绩。

当前，国产 MES 厂商在某些细分领域具有行业竞争优势，但与国外 MES 产品相比，在技术深度与应用推广方面还存在一定差距。

2. SCADA 市场格局

SCADA 是以计算机为基础的实时分布式系统，可对现场设备进行远程控制和监控，并为安全生产、调度、管理、优化和故障诊断提供依据。

SCADA 系统重点突出数据采集和监控处理，集成了数据采集系统、数据传输系统和人机界面软件，以提供集中的监视和控制，以便进行过程的输入和输出。

SCADA 国产品牌渗透率较高。国内市场品牌方面，国产渗透率达到 60% 以上，在市政、石油、基础设施等应用领域形成了相对稳定成熟的市场。外资品牌市场占有率约为 38%，在电子半导体、轨道交通、烟草、食品饮料、水处理等行业应用较多。

SCADA 市场的主要领导企业包括艾默生电气、施耐德电气、ABB、罗克韦尔自动化、欧姆龙、西门子、霍尼韦尔、横河电机、三菱电机等。国产 SCADA 企业主要有力控、台达电子、研华、安控、昆仑纵横、紫金桥软件等。

未来，随着技术的不断进步和市场需求的不断变化，国产生产控制类工业软件有望实现更快的发展，并在更多领域实现广泛应用。

2.2.4 我国经营管理类工业软件市场格局

近年来，随着企业对管理水平的日益重视，越来越多的企业将目光投向 ERP 软件市场，希望通过 ERP 系统的建设增强企业的综合竞争力，从而推动国内 ERP 软件市场的稳定增长。

根据阿里云创新中心发布的《2021 中国工业软件发展白皮书》公布的数据，ERP 软件市场占据了经营管理类工业软件市场约 85% 的市场份额，我国 ERP 软件市场较为成熟，目前已经涌现出一批高质量的国产 ERP 软件厂商，占有一定的市场地位。

但是，国产 ERP 软件厂商的产品主要占据中小企业市场，大中型企业的高端 ERP 软件仍以 SAP、Oracle 等国外厂商为主，占有高达 60% 的国内高端市场份额。

目前，在国产 ERP 软件领域，用友是国内行业的龙头企业。根据《2021 年中国工业软件发展白皮书》公布的数据，2021 年，中国国产 ERP 软件占整体市场的近 70%，其中，用友的市场占有率最高，达到了 40%；其次是浪潮，市场占有率达 20%；再次是金蝶，市场占有率为 18%。

由于国产 ERP 软件厂商起步较晚，我国高端 ERP 软件的技术水平、产品能力和产业规模均与我国制造大国地位不相匹配。超过半数的跨国企业、集团型央企和大型企业都在使用国外 ERP 软件。在军工领域，浪潮和用友具有 ERP 软件解决方案与应用案例，但核心业务模块（如供应链和生产管理）仍在使用 SAP。

2.2.5 我国嵌入式工业软件市场格局

我国嵌入式工业软件市场在工业软件领域中占比最高，且呈现出百花齐放的态势。这主要得益于嵌入式系统在智能化转型中的广泛应用，使其成为工业软件市场中最大的受益者之一。

嵌入式工业软件是指嵌入到工业设备、产品或系统中的软件，用于实现设备的智能化、自动化和网络化。随着工业 4.0、智能制造、数字化转型等概念的兴起，嵌入式工业软件在工业自动化、智能制造、物联网等领域的应用越来越广泛，市场需求不断增长。

近年来，众多企业纷纷涌入嵌入式工业软件领域，推出了各种类型、各具特色的嵌入式工业软件产品。这些产品不仅覆盖了工业自动化、智能制造、物联网等多个领域，而且在技术水平、功能完备性、稳定性等方面也不断提升，满足了不同行业、不同企业的实际需求。

据《中国工业软件发展白皮书（2020）》显示，在我国嵌入式工业软件市场中，华为营业收入规模达到 16%，其次是西门子（9%），再次是国电南瑞（7%）及 ABB 集团（5%）。

未来，随着技术的不断进步和市场需求的不断变化，嵌入式工业软件市场有望实现更快的发展，为推动我国工业企业数字化转型升级做出更大的贡献。

2.3 国产工业软件面临的问题

当前，工业软件领域的产品种类繁多、技术更新迭代频繁、市场竞争加剧。从发展的角度来看，我国工业软件主要面临以下挑战。

一是需要解决新一代数字化变革技术的迎头赶上与传统工业软件基础薄弱的问题，我国工业软件肩负着推动工业"数字化与自主化"发展的责任。

二是需要解决工业软件种类繁多与自主替代策略的问题，要求工业软件从共性根基出发进行自主发展，在自顶向下集成模式之外，更加强调工业软件自底向上生长与生态模式。

从当前发展形势看，未来一段时间内，国产工业软件面临的具体问题主要体现在缺乏体系化竞争力、核心技术缺失、工业软件人才短缺、工业软件和工业深度融合不足等几个方面。

2.3.1 国产工业软件缺乏体系化竞争力

当前，与国际先进工业软件相比，我国的国产工业软件缺乏体系化竞争力，主要表现在核心技术能力不足、产品线不完整、供应链不健全、标准化和协同性不足等几个方面。

1. 核心技术能力不足

目前，国产工业软件在算法、模型等核心技术能力方面尚未达到国际先进水平，这直接影响了产品的功能、性能和稳定性。由于技术积累相对较少，我国工业软件企业在面对国际竞争时往往处于不利地位。

2. 产品线不完整

目前，我国绝大多数工业软件厂商的产品线相对较为单一，缺乏覆盖全流程、全领域的工业软件产品，为用户提供整体解决方案的能力较弱，从而造成了"生态效应"壁垒。在这种情况下，我国工业软件厂商在构建完整的工业软件体系时，就需要整合多个工业软件供应商的产品，这不仅增加了系统的复杂性，还提高了成本。

3. 供应链不健全

目前，国外大型工业软件厂商已经形成坚固的竞争壁垒。一方面，厂商通过大量并购加速拓展产品线，逐步形成从研发设计、生产制造到运维管理的全产业链供应闭环，构筑起进入壁垒，导致以点工具为主要发展模式的国产工业软件进入市场更加困难。另一方面，因用户路径依赖、转换成本巨大，构成了"锁定效应"壁垒，导致用户黏性较强。

4. 标准化和协同性不足

国产工业软件在标准化和协同性方面也存在不足。由于缺乏统一的数据格式、接口标准等，不同工业软件之间的兼容性差，即使通过中性 STEP 格式标准转换也存在重要特征信息丢失的问题，难以实现信息的共享和协同工作。这不仅影响了国产工业软件在复杂工业场景中的应用效果，还限制了其体系化竞争力的提升，导致国产工业软件之间无法形成合力，难以与国外一体化的平台软件相抗衡。

2.3.2　国产工业软件核心技术缺失

由于我国在工业软件领域的发展相对较晚，技术积累相对较少，当前，我国的国产工业软件存在最为严重的核心技术缺失问题，主要体现在基础技术研发能力不足、缺乏创新能力与核心技术突破、对国外技术依赖性强等几个方面。

1. 基础技术研发能力不足

工业软件是一种技术密集型产品，需要深厚的技术积累和研发实力。由于我国在工业软件领域的发展时间相对较短，一些关键的基础技术尚未完全掌握，这就导致国产工业软件在性能、稳定性等方面暂时难以达到国际先进水平。

2. 缺乏创新能力与核心技术突破

随着工业 4.0、智能制造等新一代信息技术的快速发展，工业软件面临着不断升级和创新的压力。由于我国工业软件企业在创新能力和核心技术突破方面的不足，导致国产工业软件难以满足新兴市场的需求。

3. 对国外技术依赖性强

目前，一些国产工业软件企业在开发过程中大量使用国外开源技术或引进国外技术，虽然这有助于缩短研发周期和提高产品性能，但也增加了对国外技术的依赖，不利于国产工业软件的自主可控发展。

2.3.3　工业软件人才短缺

工业软件人才短缺问题是制约我国工业软件产业发展的重要因素之一。造成我国工业软件人才短缺的主要原因包括以下几方面。

1. 工业软件人才培养体系不健全

工业软件是一个高度专业化的领域，需要具备深厚的工业知识和计算机技术。当前，我国高校没有设置工业软件专业，还没有形成健全的工业软件人才培养体系，导致工业软件人才供给能力严重不足。

资深工业控制专家宋华振指出："大学培养的软件人才基本上都是计算机工程、软件工程专业培养的，缺乏工业基础，而工业软件一定是一个跨学科的，包括数学、机械、电气传动与控制、工艺的融合的应用方向，而我们可能懂软件又不懂工艺，懂工艺的完全不懂软件，懂电气的不懂工艺。"

2. 工业软件人才供需失衡

工业软件人才的培养需要时间和实践经验的积累，培养难度大、周期长。新入行的工业软件人才需要经过很长一段时间的学习和实践才能成为合格的工业软件工程师，这极大地限制了工业软件人才的快速增加。

随着工业信息化的加速推进和智能制造的快速发展，工业软件行业的人才需求迅速增长，而工业软件人才培养的速度无法满足这种快速增长的需求。这进一步加剧了工业软件人才的短缺问题。

3. 工业软件人才流失严重

近年来，消费互联网行业的快速发展和强大吸引力导致了大量优秀工业软件人才的流失。许多传统工业出身的软件工程师、设备物联网工程师和工业软件研发人员被消费互联网企业吸收，导致工业软件人才缺口日益扩大。

另外，工业软件行业本身的技术更新迅速，这就要求从业人员具备不断学习和创新的能力。然而，一些工业软件企业在人才培养和投入方面严重不足，缺乏系统的培训机制和激励机制，导致一些工业软件人才感到职业发展受限，从而选择离开。

2.3.4 工业软件和工业深度融合不足

工业软件和工业深度融合不足是我国国产工业软件面临的重要问题之一，主要表现在与企业实际需求脱节、与工业设备集成度不高、缺少良性迭代优化环境等几个方面。

1. 与企业实际需求脱节

我国很多工业软件厂商对国内工业企业"刚需"研究不够，脱离用户实际需求，与工业应用需求结合不紧密，难以满足复杂多变的工业实际业务与特定场景需求，导致产品和用户需求的脱节。一些工业软件在设计和开发过程中，未能充分考虑到工业实际生产的需求和流程，导致软件功能与工业生产实际不匹配，难以满足企业的实际需求。这种脱节现象限制了工业软件在工业生产中的应用效果和范围。

2. 与工业设备集成度不高

在工程应用中，工业软件需要与各种工业设备进行深度集成，从而实现自动化、数字化、智能化生产。目前，由于我国很多的国产工业软件与工业设备之间的接口标准不统一、兼容性差，导致集成难度大，极大地影响了国产工业软件在工业生产中的深度应用。

3. 缺少良性迭代优化环境

我国的工业软件企业和工业企业缺乏紧密联合机制，导致国内工业软件产业化和商业化受阻。工业企业认为国产工业软件不够成熟，不愿意使用，国产工业软件缺少在工业企业中迭代优化成熟的机会，形成恶性循环。当前，国企是我国工业软件的主要用户，迫于考核指标的压力，国企对于国产工业软件的使用非常谨慎，这在无形中压缩了国产工业软件成长迭代的空间。

第3章
研发设计类工业软件

研发设计类工业软件旨在提升企业在产品研发领域的技术能力和工作效率，以 CAD、CAE、CAPP、CAM、EDA、PDM 等软件为代表，具有体量小、集中度高、开发难度大、开发周期长、资金需求高等特征，是工业软件中技术壁垒最高、最重要的一个类别，也是国产工业软件领域最薄弱的一个环节。据有关资料显示，该类国产工业软件在国内工业市场份额仅为 5% 左右，且大多数国产研发设计类工业软件普遍应用于工业机理简单、系统功能单一、行业复杂程度低的产业领域。

CAD 软件主要应用于企业的前端设计环节，通过计算机快速的数值计算和图文处理能力，辅助企业工程技术人员进行工程绘图、产品设计、仿真分析、数据管理等。

CAE 软件主要应用于企业的设计研发中端环节，为企业产品研发提供数字化仿真验证功能。

CAPP 软件主要应用于产品设计完成之后、制造加工开始之前的中间环节，其主要任务是根据产品设计结果进行产品的加工方法设计和制造过程设计，是连接 CAD 软件和 CAM 软件的桥梁。

CAM 软件主要应用于企业生产制造环节，是一种利用计算机辅助技术，完成从毛坯到产品制造过程中各种活动的软件系统。

EDA 软件则主要应用于电子产品设计领域，是一种利用计算机软件完成大规模集成电路设计、仿真、验证等流程的设计软件。

PDM 软件主要侧重于管理整个产品生命周期中的数据，包括设计数据、零部件信息、工艺流程、质量控制和变更管理等动态数据。它不仅仅关注产品的设计环节，还涉及产品的制造、维护和支持等多个阶段，旨在通过对产品数据的集中管理，实现数据的共享、协同和高效利用。

3.1 计算机辅助设计（CAD）软件

3.1.1 CAD 的概念

CAD（Computer Aided Design），即计算机辅助设计，是利用计算机技术来辅助进行设计和绘图的技术。

CAD 用计算机代替传统的图板设计，充分借助计算机的高速计算、大容量存储和强大的图像处理功能来分担人的部分劳动，帮助设计者更多地将主要精力集中于创造性设计工作中。

现代 CAD 具有一定的智能化功能，能对设计工作起到一定的参谋作用，但由于产品设计的对象千变万化，要想实现用计算机完全代替人而独立从事产品设计工作，短期来看是不可能的。因此，在 CAD 中，"人"仍然是设计的主体，而"计算机"仅仅是一种设计工具，其作用是帮助人更好、更快地完成产品设计，而不是用计算机取代人。所以，"辅助（Aided）"一词对人和计算机的地位做了明确界定。

1. 广义 CAD 和狭义 CAD 的概念

根据应用的范围和深度不同，CAD 的概念有广义和狭义之分。

广义上的 CAD 不仅包括了图形设计和绘图，还扩展到了设计过程的各个阶段，包括设计的概念化、分析、评估和修改等。在这个层面上，CAD 系统可能集成了计算机辅助工程（CAE）和计算机辅助制造（CAM）的功能，使设计师不仅能够完成设计绘图，还能进行材料属性分析、力学性能测试、制造过程模拟等工作。广义的 CAD 更侧重于整个产品开发过程的优化，涉及从概念设计到产品交付的全过程。

随着计算机应用技术的不断发展，在计算机辅助软件中不断纳入新内容，例如，将工程分析内容纳入 CAE 技术，把设计过程和数据的管理纳入 PDM 技术进行专门研究等。广义 CAD 概念说明如图 3.1 所示。

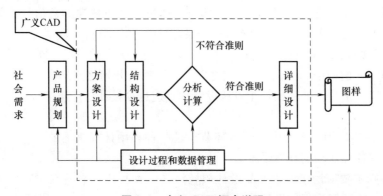

图 3.1 广义 CAD 概念说明

与广义 CAD 相比，狭义 CAD 的定义更为具体，指利用计算机进行图形设计和绘图的技术和过程，包括二维（2D）绘图和三维（3D）建模，主要应用于机械设计、建筑设计、电子工业等领域的图样绘制和模型构建。在这个意义上，CAD 主要是作为传统手绘图样和模型的替代工具，强调的是设计的效率和精确性的提高，以及修改和存储的便利性。狭义 CAD 概念说明如图 3.2 所示。

本书论述的对象主要是指狭义上的 CAD，即 CAD 软件系统（以下简称 CAD 软件）。

2. CAD 与 CAD 软件之间的关系

CAD 是一个广泛的术语，它指的是使用计算机技术来辅助设计过程的各种方法和工具。CAD 涵盖了从二维绘图到三维建模、从概念设计到详细设计、从单一零件设计到整个系统设计的广泛领域。

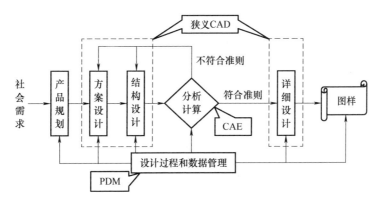

图 3.2　狭义 CAD 概念说明

CAD 软件则是实现 CAD 的具体工具，是运行在计算机上的应用程序，提供了创建、修改、分析和优化设计的功能。CAD 软件通常具有丰富的绘图和编辑工具，可以帮助用户快速准确地创建复杂的几何图形。此外，CAD 软件还支持各种标准和文件格式，方便与其他设计软件和制造系统进行数据交换。

简言之，CAD 是一个广义的概念，描述了使用计算机技术进行设计的方法和过程；而 CAD 软件则是实现这一过程的具体工具。没有 CAD 软件，CAD 就无法实施；同样，没有 CAD 的概念和方法指导，CAD 软件也就失去了存在的意义。

3. CAD 软件在实践应用中的作用与价值

在现代制造中，特别是在产品设计中，CAD 软件具有非常重要的地位，在实践应用中的作用与意义主要体现在提高设计效率、提升设计精度、降低设计成本、改进设计质量、便于项目管理等几个方面。

（1）提高设计效率　CAD 软件可以自动执行设计过程中的计算、分析和比较等任务，能够帮助用户更准确、更快速地完成各种产品设计任务。例如，CAD 软件可以快速创建、编辑和修改 2D 图样和 3D 模型，从而大大提高设计效率。

（2）提升设计精度　CAD 软件具有高精度的绘图和建模能力，可以确保设计图样的准确性和可靠性。这对于机械制造、建筑等领域尤为重要，因为这些领域的设计至少需要精确到毫米级别。

（3）降低设计成本　CAD 软件可以通过数学模型自动计算出各种尺寸和角度，能够更加精确地呈现设计想法，既可以降低错误率，还可以避免因设计错误而产生的其他额外成本，从而帮助企业降低综合设计成本。

（4）改进设计质量　CAD 软件提供了丰富的设计工具和功能，可以帮助用户创建更准确、更详细、更合理的设计方案，从而能够有效改进设计质量。

（5）便于项目管理　CAD 软件可以生成详细的设计报告和文档，方便项目管理者对项目进度和质量进行跟踪和管理。

3.1.2　CAD 软件分类

CAD 软件的分类方式可以按照不同的维度进行划分。通常情况下，CAD 软件的分类方法主要有按照功能不同分类、按照使用场景不同分类两种，如图 3.3 所示。

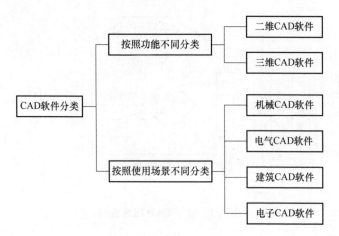

图 3.3　CAD 软件的分类方法

1. 按照功能不同分类

按照功能的不同进行分类，CAD 软件可以分为二维 CAD 软件和三维 CAD 软件。

（1）二维 CAD 软件　二维 CAD 软件主要应用于平面图形的设计，可以将手绘草图转化为数字化图形，并进行编辑、修改、尺寸标注、样式修改等操作。它通常包含直线、圆、弧、矩形、多边形等基本图形元素，并可以通过插件或外部数据接口实现与其他软件的集成和数据共享。

（2）三维 CAD 软件　三维 CAD 软件主要应用于立体图形的设计，可以创建具有三维空间坐标的几何模型，并进行旋转、缩放、移动、复制等操作。它通常包含球体、圆柱体、立方体、圆锥体、环体等基本几何元素，并可以创建组合成复杂几何模型。在航空航天、汽车、模具、建筑施工等行业有着广泛应用。

2. 按照使用场景不同分类

按照使用场景的不同进行分类，CAD 软件可以分为机械 CAD 软件、电气 CAD 软件、建筑 CAD 软件、电子 CAD 软件等几类。

（1）机械 CAD 软件　机械 CAD 软件主要用于机械工程和制造领域，它主要用来设计和编辑机械零件和设备的模型、图样和装配体，为用户提供丰富的设计工具和功能，以支持他们快速、准确地进行设计和制图。

此外，机械 CAD 软件还包含各种分析工具，如有限元分析、流体动力学分析等，能够对设计方案进行分析和优化，从而增强产品设计的创新性、合理性和实用性。通过机械 CAD 软件，用户可以更加高效地进行设计，减少错误和浪费，提高产品的质量和性能。

常用的机械 CAD 软件主要有 SolidWorks、AutoCAD Mechanical 和 CATIA 等。

（2）电气 CAD 软件　电气 CAD 软件主要用于电气工程设计领域，主要帮助电气设计用户进行电路图、控制图和接线图等电气图样的设计和模拟。

电气 CAD 软件具有丰富的电气符号和元件库，用户可以直接使用这些电气符号和元件来构建电路图、控制图和接线图。同时，电气 CAD 软件还具备自动布线、电气规则检查和仿真模拟等功能，可以帮助用户在设计过程中发现潜在的问题并进行优化。电气 CAD 软件的使用可以大大提高电气工程设计的效率和准确性，减少设计错误和修改次数，从而节省时间和成本。

常用的电气 CAD 软件主要有 AutoCAD Electrical、EPLAN、SolidWorks Electrical 等。

（3）建筑 CAD 软件　建筑 CAD 软件主要用于建筑和土木工程领域，帮助建筑设计用户创建建筑物的平面图、立面图、施工图和三维模型。

建筑 CAD 软件具有丰富的建筑元素和符号库，用户可以直接使用这些元素和符号来构建建筑图样。同时，建筑 CAD 软件还提供了自动尺寸标注、自动图层管理、自动生成剖面图等功能，可以大大提高设计效率和质量。此外，建筑 CAD 软件还可以与其他建筑信息模型（Building Information Model，BIM）软件进行集成，实现更高级别的协同设计和信息管理。

常见的建筑 CAD 软件主要有 AutoCAD Architecture、ArchiCAD、SketchUp Pro 等。

（4）电子 CAD 软件　电子 CAD 软件主要用于电子工程和电路设计领域，帮助电子设计用户进行电路图设计、印制电路板（Printed Circuit Board，PCB）设计、电子系统仿真等工作。

电子 CAD 软件具有丰富的电子元件库和电路符号库，用户可以直接使用这些元件和符号来构建电路图。同时，电子 CAD 软件还具备自动布线、电路规则检查、电子系统仿真等功能，可以帮助用户在设计过程中发现潜在的问题并进行优化。通过电子 CAD 软件，用户可以方便地创建、编辑和优化电子设计方案，提高工作效率和设计质量。此外，电子 CAD 软件还可以与其他工程设计软件（如 FloTHERM、Icepak 等热仿真软件）进行集成，实现多专业协同设计和信息管理。

常见的电子 CAD 软件主要有 AutoCAD Electrical、Altium Designer、EAGLE、KiCad 和 CircuitStudio 等。

3.1.3　CAD 软件发展历程

CAD 软件随着计算机及其外围设备、图形设备及软件技术的发展而发展，其发展历程可以追溯到 20 世纪 50 年代的早期计算机技术。

1. CAD 软件国外发展历程

CAD 软件国外发展历程主要包括第一次 CAD 技术革命、第二次 CAD 技术革命、第三次 CAD 技术革命和第四次 CAD 技术革命四个阶段（见图 3.4）。

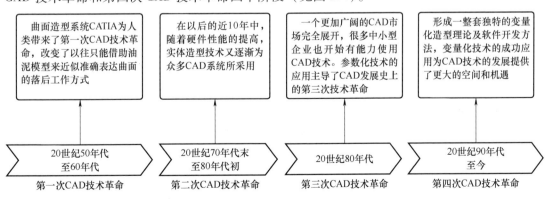

图 3.4　CAD 软件国外发展历程

（1）第一次 CAD 技术革命——曲面造型系统（20 世纪 50 年代至 60 年代）　CAD 技术起步于 20 世纪 50 年代后期。此时，CAD 技术的出发点是用传统的三视图方法来表达零件，以图样为媒介进行技术交流，这就是典型的二维计算机绘图技术。

20 世纪 60 年代出现的三维 CAD 软件系统只是极为简单的线框式系统，只能表达基本的几何信息，不能有效表达几何数据间的拓扑关系。由于缺乏形体的表面信息，计算机辅助制造及计算机辅助工程均无法实现。这时，法国人提出了贝塞尔算法，使人们使用计算机处理曲线及曲面问题变为可能，同时也使法国的达索飞机制造公司的开发者能在二维绘图系统 CADAM 的基础上，开发出以表面模型为特点的自由曲面建模法，推出了三维曲面造型系统 CATIA。CATIA 的出现标志着计算机辅助设计技术从单纯模仿工程图样的三视图模式中解放出来，首次实现以计算机完整描述产品零件的主要信息，同时也使 CAM 技术的开发有了实现的基础。

曲面造型系统 CATIA 为人类带来了第一次 CAD 技术革命，改变了以往只能借助油泥模型来近似准确表达曲面的落后工作方式。

（2）第二次 CAD 技术革命——实体造型技术（20 世纪 70 年代末至 80 年代初）　20 世纪 70 年代末，CAD 软件系统价格依然令一般企业望而却步，这使 CAD 技术无法拥有更广阔的市场。

20 世纪 70 年代末到 80 年代初，由于计算机技术的大跨步前进，CAE、CAM 技术也开始有了较大发展。但是新技术的发展往往是曲折和不平衡的。实体造型技术既带来了算法的改进和未来发展的希望，也带来了数据计算量的极度膨胀。在当时的硬件条件下，实体造型的计算及显示速度很慢，在实际应用中做设计显得较为勉强。

由于以实体模型为前提的 CAE 本来就属于较高层次技术，普及面比较窄，反映还不强烈；另外，在算法和系统效率的矛盾面前，许多赞成实体造型技术的公司并没有大力去开发它，而是转去攻克相对容易实现的表面模型技术。各公司的技术取向再度分道扬镳。实体造型技术也因此没能迅速在整个行业全面推广。

但是，在以后的近 10 年中，随着硬件性能的提高，实体造型技术又逐渐为众多 CAD 软件系统所采用。

（3）第三次 CAD 技术革命——参数化技术（20 世纪 80 年代）　20 世纪 80 年代之前的造型技术都属于无约束自由造型。20 世纪 80 年代中期，有人提出了一种比无约束自由造型更新颖、更好的算法——参数化实体造型方法。它主要的特点是基于特征、全尺寸约束、全数据相关、尺寸驱动设计修改等。

20 世纪 80 年代末，计算机技术迅猛发展，硬件成本大幅度下降，CAD 技术的硬件平台成本从二十几万美元直接下降到只需几万美元。一个更加广阔的 CAD 市场完全展开，很多中小型企业也开始有能力使用 CAD 技术。因此，也可以说，参数化技术的应用主导了 CAD 软件发展史上的第三次技术革命。

（4）第四次 CAD 技术革命——变量化技术（20 世纪 90 年代至今）　参数化技术的成功应用，使其在 20 世纪 90 年前后几乎成为 CAD 业界的标准，许多软件厂商纷纷起步追赶。但是技术理论上的认可并非意味着实践上的可行性。

由于 CATIA、CV、UG、EUCLID 都在原来的非参数化模型基础上开发或集成了许多其他应用，包括 CAM、PIPING 和 CAE 接口等，在 CAD 方面也做了许多应用模块开发。但是这些公司把线框模型、曲面模型及实体模型叠加在一起的复合建模技术并非完全基于实体，只是主模型技术的雏形，难以全面应用参数化技术。

在现代设计和制造领域，参数化技术和非参数化技术是两种本质不同的建模方法。参数化技术依赖于定义明确的几何参数和关系来创建模型，而非参数化技术则不依赖于这样的参数，通常基于直接的几何操作。这两种技术的内核差异导致在将参数化建模转换为非参数化格式时必须进行内部数据转换，以确保模型在不同系统中的兼容性。然而，这种转换过程往往伴随着数据丢失或其他不利影响，尤其是在复杂模型的转换中。

系统尝试同时支持参数化技术和非参数化技术时，可能会在两方面都不具有明显的优势。这是因为，尽管在全参数化的环境中按顺序解决方程组相对容易，但在欠约束的情况下，联立求解方程组的数学处理及其软件实现变得更加复杂，并且挑战性更大。欠约束问题指的是模型中的变量和约束条件数量不足，无法唯一确定一个解的情况，这在参数化建模中是一个常见问题。处理这种情况不仅需要复杂的数学方法来找到可能的解集，还需要高级的软件算法来有效管理这些解，确保设计的意图得到正确的实现。SDRC（Structural Dynamics Research Corporation）公司⊖攻克了这些难题，并就此形成了一整套独特的变量化造型理论及软件开发方法。

变量化技术既保持了参数化技术的原有优点，同时又克服了它的许多不足之处。变量化技术的成功应用，为 CAD 软件的发展提供了更大的空间和机遇。

2. CAD 软件国内发展历程

CAD 软件在我国的起步相对较晚，20 世纪 80 年代初，我国开始接触 CAD 软件，并在 20 世纪 90 年代开始进行广泛应用，主要经历了初步探索阶段、"甩图板"阶段、CAD 软件攻关阶段、CAD 软件自主创新阶段和国产 CAD 软件崛起与全球竞争阶段五个阶段（见图 3.5）。

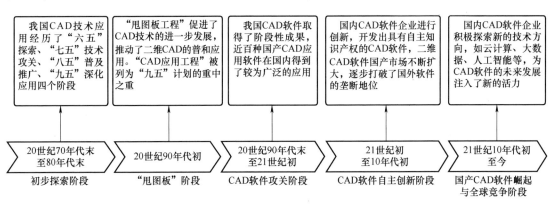

我国CAD技术应用经历了"六五"探索、"七五"技术攻关、"八五"普及推广、"九五"深化应用四个阶段	"甩图板工程"促进了CAD技术的进一步发展，推动了二维CAD的普和应用。"CAD应用工程"被列为"九五"计划的重中之重	我国CAD软件取得了阶段性成果，近百种国产CAD应用软件在国内得到了较为广泛的应用	国内CAD软件企业进行创新，开发出具有自主知识产权的CAD软件，二维CAD软件国产市场不断扩大，逐步打破了国外软件的垄断地位	国内CAD软件企业积极探索新的技术方向，如云计算、大数据、人工智能等，为CAD软件的未来发展注入了新的活力
20世纪70年代末至80年代末	20世纪90年代初	20世纪90年代末至21世纪初	21世纪初至10年代初	21世纪10年代初至今
初步探索阶段	"甩图板"阶段	CAD软件攻关阶段	CAD软件自主创新阶段	国产CAD软件崛起与全球竞争阶段

图 3.5　CAD 软件国内发展历程

（1）初步探索阶段（20 世纪 70 年代末至 80 年代末）　20 世纪 70 年代末，我国计算机应用尚处于萌芽阶段，二维 CAD 图样设计是我国最早应用的 CAD 软件。

自 20 世纪 80 年代初开始，我国 CAD 技术应用经历了"六五"探索、"七五"技术攻

⊖　SDRC 公司已于 2001 年 5 月被美国电子数据系统公司（EDS）收购。

关、"八五"普及推广、"九五"深化应用四个阶段。

"七五"期间,我国原机械工业部投入 8200 万元,组织浙江大学、中国科学院沈阳计算所、北京自动化所、武汉外部设备所分别开发四套 CAD 通用支撑软件,并由 34 家下属厂、所、校合作开发 24 种重点产品的 CAD 应用系统。1983 年,8 个部委在南通联合召开首届 CAD 应用工作会议,会上高校要求自主开发软件的呼声很高。1986 年,我国启动国家高技术研究发展计划,其中提到进一步深入研究 CAD 软件的可实施计划。

(2)"甩图板"阶段(20 世纪 90 年代初) 1991 年,时任国务委员宋健提出"甩掉绘图板"(后被简称为"甩图板")的号召,我国政府开始重视 CAD 软件的应用推广,并促成了一场在工业各领域轰轰烈烈的企业革新。"甩图板工程"促进了 CAD 技术的进一步发展,推动了二维 CAD 软件的普及和应用。

1992 年,国家启动"CAD 应用工程",并将它列为"九五"计划的重中之重,掀起自主开发 CAD 软件的新热潮。随后,众多国产 CAD 软件企业如雨后春笋般地建立起来。

(3)CAD 软件攻关阶段(20 世纪 90 年代末至 21 世纪初) 从"七五"到"九五",一些高校和科研院所虽然已经开发了一些 CAD 通用支撑软件,但在当时的环境下没有很好地商品化和市场推广。随着国外推出个人计算机 CAD 软件,国内涌现了一大批基于国外产品的二次开发商。也正是这些二次开发商推动了"甩图板工程"的进一步发展,同时也将国外的产品引入我国。

1996—2000 年,我国 CAD 软件取得了阶段性成果,近百种国产 CAD 应用软件在国内得到了较为广泛的应用,其中包括大量的基于 AutoCAD 的二次开发产品,如中望 CAD、CAXA、浩辰 CAD、开目 CAD 等。

(4)CAD 软件自主创新阶段(21 世纪初至 10 年代初) 2000 年后,国外 CAD 软件企业不断并购,与 CAD 软件二次开发商形成直接竞争,致使 CAD 软件二次开发商的生存越来越艰难。例如,Autodesk 公司收购了德国的 GENIUS 机械软件后,一些 CAD 软件二次开发商的产品逐步退出市场,许多二次开发商最终成了 Autodesk 的经销商。

2001 年,我国加入世界贸易组织以后,逐步融入世界经济主流,国产 CAD 软件企业纷纷进行自主创新,开发出具有自主知识产权的 CAD 软件,国产 CAD 软件企业发展迅速,二维 CAD 软件国产市场不断扩大,逐步打破了国外 CAD 软件的垄断地位。

(5)国产 CAD 软件崛起与全球竞争阶段(21 世纪 10 年代初至今) 2010 年以来,国产 CAD 软件在技术创新方面取得了重要突破,在三维建模、参数化设计、协同设计等领域逐渐缩小了与国际知名 CAD 软件的差距。同时,国产 CAD 软件企业也积极探索新的技术方向,如云计算、大数据、人工智能等,为 CAD 软件的未来发展注入了新的活力。

3. CAD 软件发展方向与趋势

CAD 软件未来的发展方向与趋势主要体现在三维设计与仿真、智能化与自动化、云端化和移动化、虚拟现实(Virtual Reality,VR)与增强现实(Augmented Reality,AR)集成、多学科协同设计、数据驱动的设计优化等几个方面(见图 3.6)。

(1)三维设计与仿真 未来,随着计算机计算能力的提升和算法的进步,三维设计在 CAD 软件领域的应用将更加广泛。通过三维建模和仿真技术,用户能够更直观地展示产品或建筑的设计概念,提前发现并修正可能存在的问题。

(2)智能化与自动化 未来,可以预见的是,人工智能(Artificial Intelligence,AI)和

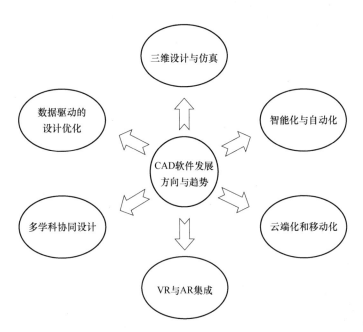

图 3.6　CAD 软件发展方向与趋势

机器学习（Machine Learning，ML）技术的进步，为 CAD 软件智能化和自动化的实现提供了可能。智能化 CAD 软件可以自动理解用户的设计需求，提供智能化的设计建议和优化方案，减少用户的工作量，并提高设计质量。自动化 CAD 软件则可以通过脚本和自动化工具来加速常规设计任务，提高设计效率。

（3）云端化和移动化　随着云计算和移动互联网技术的快速发展，CAD 软件正在逐渐云端化、移动化。云端 CAD 软件可以实现跨平台、跨设备的使用，提高灵活性和协作效率；而移动 CAD 软件则可以让用户随时随地进行设计工作，提高工作效率。

（4）VR 与 AR 集成　未来，VR 和 AR 技术的发展将为 CAD 软件发展带来新的可能性。通过 VR 设备，用户可以沉浸到设计环境中，更真实地感受设计成果，更直观地查看和修改设计。通过 AR 技术，用户可以将虚拟对象叠加到真实世界中，使用户能够更好地了解设计与周围环境的关系，以便更好地评估设计效果。

（5）多学科协同设计　在工程应用中，复杂产品的设计往往需要多个学科的协同合作。未来 CAD 软件将更加注重多学科协同设计，提供跨学科的协作工具和平台，让不同领域的用户可以在同一环境下进行协作，共同完成复杂产品的设计。

（6）数据驱动的设计优化　未来，大数据技术和数据分析技术的兴起使数据驱动设计成为可能。大数据技术和数据分析技术的发展将为 CAD 软件提供丰富的数据来源和分析工具，用户可以利用这些数据来优化设计方案，做出更明智的设计决策，以提高产品的性能和质量。

3.1.4　CAD 软件基本功能

在工程设计和产品研发过程中，CAD 软件可以帮助用户担负计算、信息存储和制图等多项工作。CAD 软件的基本功能主要包括平面绘图、参数化设计、三维建模、图形分析和仿真、数据交换等（见图 3.7）。

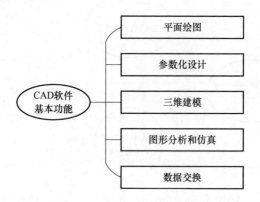

图 3.7　CAD 软件基本功能

1. 平面绘图功能

平面绘图功能是 CAD 软件最基本且核心的功能之一。平面绘图功能允许用户以多种方式创建和编辑二维图形对象，这些对象包括但不限于直线、圆、椭圆、多边形（包括正多边形）、样条曲线等。

CAD 软件提供了丰富的绘图辅助工具，如正交、对象捕捉、极轴追踪、捕捉追踪等，这些工具可以帮助用户更精确地绘制图形。例如，正交功能使用户能够方便地绘制水平和垂直的直线；对象捕捉功能可以帮助用户快速准确地拾取几何对象上的特殊点；而追踪功能则使绘制斜线或沿特定方向定位点变得更为容易。

除了基本的图形创建和编辑功能，CAD 软件的平面绘图功能通常还包括对图形进行标注和注释的能力。用户可以创建各种类型的尺寸标注，并自定义标注的外观。同时，用户还可以在图形中的任何位置添加文字注释，并设置文字的字体、大小、倾斜角度等属性。

总的来说，CAD 软件的平面绘图功能为用户提供了一个强大而灵活的工具集，使用户能够高效地创建、编辑和标注二维图形。这在建筑设计、机械设计、电气设计等领域中都是至关重要的。

2. 参数化设计功能

CAD 软件的参数化设计功能是一种强大的工具，它允许用户通过定义参数和建立参数之间的关系来创建和修改几何图形。这种设计方法使模型可以根据不同的参数值进行实时调整，从而大大提高了设计的灵活性和效率。

在参数化设计中，用户可以使用各种变量和公式来定义实体的特征和关系。这些参数可以是尺寸、角度、位置等几何特性，也可以是材料属性、载荷条件等非几何特性。通过修改这些参数的值，用户可以轻松地调整模型的整体或局部特征，而无须手动重新绘制图形。

CAD 软件的参数化设计功能通常包括参数管理器、参数表、参数驱动模块等工具，这些工具可以帮助用户集中管理和编辑参数，以及扩展和增强参数化设计的能力。此外，一些高级的 CAD 软件还提供了宏命令、脚本语言等功能，以进一步自动化和优化整个参数化设计过程。

参数化设计的优势在于它可以快速修改和调整模型，减少重复劳动和人为错误。通过合理地定义和使用参数，用户可以更加灵活地创建和修改复杂的几何图形，提高设计效率和质量。同时，参数化设计还有助于实现设计的标准化和模块化，降低生产成本和维护难度。

在实际应用中，参数化设计被广泛应用于各种领域和项目，如建筑设计、机械设计、产品设计等。

3. 三维建模功能

三维建模功能是 CAD 软件的基本功能之一，它允许用户在计算机环境中创建、编辑和分析三维实体和曲面模型。三维建模功能对于产品设计、建筑设计、机械设计等领域来说至关重要，因为它可以帮助用户更直观地理解和呈现设计构思，并进行精确的空间布局和性能分析。

CAD 软件的三维建模功能通常包括三维实体建模、曲面建模、参数化建模、装配建模、渲染和可视化等几个方面。

4. 图形分析和仿真功能

除了平面绘图、参数化设计和三维建模功能，CAD 软件还具备强大的图形分析和仿真功能，允许用户对创建的二维或三维模型进行更深入的分析和模拟，以评估设计的性能、可靠性及其在实际环境中的行为。

CAD 软件的图形分析和仿真功能主要包括结构分析、计算流体动力学（Computational Fluid Dynamics，CFD）仿真、热分析、运动仿真、优化设计等。

需要注意的是，CAD 软件本身可能不包含所有的分析和仿真功能，但通常可以与专业的分析和仿真软件（如有限元分析软件、CFD 软件等）进行集成，以实现更全面的设计验证和优化。此外，使用 CAD 软件进行图形分析和仿真通常需要一定的专业知识和经验，以便正确设置模型、载荷和边界条件等参数，并准确解释仿真结果。

5. 数据交换功能

数据交换功能是 CAD 软件中一项非常重要的基本功能，它使 CAD 软件能够与其他应用程序或系统进行数据共享和交互。数据交换功能对于多专业协同设计、设计数据的重用和标准化，以及与制造、分析等其他环节的集成至关重要。

数据交换功能通常支持多种文件格式，如 DWG、DXF、IGES、STEP 等，这些格式是不同 CAD 软件之间，以及 CAD 软件与其他工程软件之间进行数据交换的标准。通过数据交换，用户可以将在一个 CAD 软件中创建的模型导入到另一个 CAD 软件中，或者将 CAD 模型导入分析软件、制造设备或仿真软件中，以实现设计数据的无缝流转。

此外，CAD 软件的数据交换功能还支持与其他文档格式（如 Word、Excel 等）的交互，以及通过应用程序编程接口（Application Programming Interface，API）或插件与外部系统进行集成。这使用户可以在更广泛的上下文中利用 CAD 数据，例如将设计数据嵌入到技术文档或电子表格中，或者与 ERP、PDM 等系统进行集成，以实现设计数据的全面管理和利用。

除了上述的五项核心功能，CAD 软件还包括图层管理、打印和输出等重要基础功能。这些功能相互协作，形成了 CAD 软件的全面功能体系，使其在建筑、机械、电气和电子等多个领域的设计与绘图工作中得到了广泛应用。这一功能体系的整合不仅提升了设计的效率和质量，还极大地简化了修改和管理工作流程，证明了 CAD 软件在现代设计和工程领域中的重要性。

3.1.5 CAD 软件技术架构

CAD 软件技术架构呈现出高度的复杂性，并且缺乏一个统一或固定的标准。在实际的工程应用中，CAD 软件的技术架构可能会根据不同的软件供应商、版本及用户的特定需求展现出显著的差异性。此外，CAD 软件的技术架构并非一成不变，它可以依据特定的需求和设计理念进行灵活调整。因此，在应用过程中，技术架构的层次划分和功能配置需要针对实际情况进行精确确定。

为了便于理解，本书将介绍一个典型的 CAD 软件技术架构模型（见图 3.8）。这一模型通常包含五个主要层次：用户界面层、应用逻辑层、数据管理层、集成与接口层及系统支持层。这种分层的架构不仅反映了 CAD 软件在设计和功能实现上的逻辑性和层次性，还体现了其在满足不同工程需求上的灵活性和扩展性。

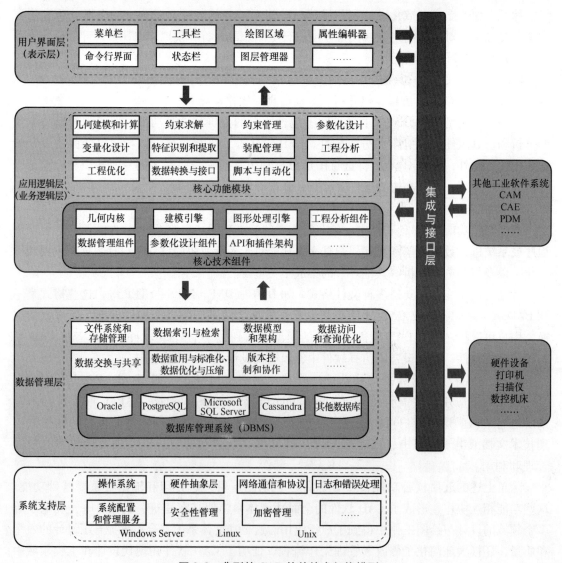

图 3.8　典型的 CAD 软件技术架构模型

在图 3.8 中，用户界面层、应用逻辑层、数据管理层、集成与接口层和系统支持层之间存在着紧密的关系。

用户界面层负责接收用户的输入并将其传递给应用逻辑层进行处理。应用逻辑层执行相应的业务逻辑和计算，然后将结果传递回用户界面层进行显示。这两个层次之间的紧密合作确保了用户操作的及时响应和准确执行。

应用逻辑层依赖于数据管理层来存储和检索 CAD 设计数据。数据管理层提供数据访问接口和机制，确保应用逻辑层能够高效、安全地访问和操作数据。这种依赖关系保证了数据的一致性和完整性，以及设计过程中数据的有效管理。

集成与接口层作为桥梁，连接 CAD 软件与其他工业软件系统或平台。它与用户界面层、应用逻辑层和数据管理层交互，将外部系统的数据引入 CAD 环境或将 CAD 数据导出到其他系统。集成与接口层的存在促进了不同系统之间的信息共享和协同工作。

系统支持层提供了 CAD 软件运行所需的基础设施和支持服务。无论是用户界面层、应用逻辑层、数据管理层还是集成与接口层，它们都依赖于系统支持层提供的操作系统、数据库、网络通信等资源和服务。系统支持层的稳定性和性能会直接影响到整个 CAD 软件系统的运行效果和用户体验。

上述这些层次在 CAD 软件技术架构中相互依赖、相互支持，共同构成了一个完整、高效的 CAD 软件。每个层次都扮演着特定的角色，通过协作和交互，实现 CAD 软件的各种功能和特性。

1. 用户界面层

在 CAD 软件技术架构中，用户界面层（也称表示层）是用户与 CAD 软件进行交互的主要平台，它具有丰富的功能组件，为用户提供图形化的操作界面，使用户能够方便地进行设计、编辑、分析和数据管理等操作，以提供直观、流畅、高效的用户体验。

CAD 软件的用户界面层包含多个功能组件，核心功能组件主要有菜单栏、工具栏、绘图区域、属性编辑器、命令行界面、状态栏、图层管理器等。

（1）菜单栏　菜单栏是 CAD 软件中最常见的用户界面层功能组件之一，它提供了对 CAD 软件各种功能和命令的访问选项。菜单栏通常采用下拉菜单、级联菜单或右键菜单的形式，用户可以通过单击菜单选项来选择需要执行的操作。

菜单栏的设计应该清晰、直观，并按照功能和用途进行合理的分类和组织，以方便用户快速找到所需的命令。

（2）工具栏　工具栏是 CAD 软件中另一个重要的用户界面层功能组件，它提供了常用命令的快捷方式，使用户能够以图形化的方式快速访问这些命令。

工具栏包含一系列按钮、图标或下拉菜单，每个按钮或图标代表一个特定的命令或操作。用户可以通过单击或拖动工具栏上的按钮来执行相应的命令。

工具栏的布局和自定义性也是用户界面层设计的重要考虑因素。

（3）绘图区域　绘图区域是 CAD 软件用户界面层中的核心功能组件之一，它为用户提供了一个直观、灵活的工作环境，使用户能够方便地进行图形设计和编辑工作。

绘图区域通常占据 CAD 软件用户界面层的大部分空间，是用户进行图形设计的主要工作区域。用户可以在绘图区域内创建、编辑和修改 2D 或 3D 图形。绘图区域提供了一个空白的画布，用户可以使用各种绘图工具、命令和选项来绘制线条、圆、弧、多边形等基本图形元素，也可以创建更复杂的实体和曲面模型。

此外，绘图区域还支持对图形的各种编辑操作，如移动、旋转、缩放、修剪、延伸等。用户可以利用选择工具选择图形对象，并使用相应的编辑命令来修改其属性或几何形状。绘图区域还具备撤销和重做功能，使用户能够方便地修改设计历史。

在绘图区域中，用户可以设置不同的视图模式，如正交视图、透视视图等，以便更好地查看和编辑图形。同时，绘图区域还提供了图层管理的功能，允许用户通过建立多个图层来有效地对图形对象进行组织与管理，同时也能够自由控制各图层中对象的显示状态和属性设置，进一步提高了设计的灵活性和效率。

（4）属性编辑器　在 CAD 软件的用户界面层中，属性编辑器是一个重要的功能组件，它允许用户查看和编辑选定对象的各种属性信息。

属性编辑器通常以一个对话框或面板的形式出现在 CAD 软件的用户界面层中，当用户选择某个对象（如线条、圆、块、图层等）后，属性编辑器会显示该对象的详细信息，如尺寸、位置、颜色、图层归属、线型等。用户可以直接在属性编辑器中修改这些属性值，从而改变对象在绘图区域中的显示和特性。

此外，属性编辑器还支持批量编辑功能，用户可以同时选择多个对象，并在属性编辑器中统一修改它们的属性值，这大大提高了设计工作的效率。同时，属性编辑器还具备撤销和重做功能，方便用户在设计过程中进行反复修改和调整。

（5）命令行界面　在 CAD 软件的用户界面层中，命令行界面是一个非常重要的功能组件，它提供了一个文本交互环境，使用户可以通过输入命令和参数来执行各种 CAD 操作。

命令行界面通常位于 CAD 软件用户界面层的底部，由一个文本输入框和输出区域组成。用户可以在文本输入框中输入命令，然后按下 <Enter> 键或相应的快捷键来执行该命令。输出区域会显示命令的执行结果和反馈信息，帮助用户了解命令的执行情况。

通过命令行界面，用户可以执行各种 CAD 操作，如绘图、编辑、查询、设置等。例如，用户可以输入"LINE"命令来绘制直线，输入"CIRCLE"命令来绘制圆，输入"MOVE"命令来移动对象等。同时，命令行界面还支持自动完成和历史记录功能，方便用户快速输入命令和查找之前执行过的命令。

此外，命令行界面还提供了一些高级功能和选项，如宏录制、脚本执行等。用户可以通过录制宏来自动化执行一系列 CAD 操作，提高设计效率。同时，用户还可以编写脚本文件来扩展 CAD 软件的功能，实现更复杂的设计任务。

（6）状态栏　在 CAD 软件技术架构中，状态栏也是用户界面层中的一个重要的功能组件，它位于应用程序窗口的底部，用于显示当前 CAD 绘图环境的各种状态和提示信息。

状态栏通常包含多个部分，如坐标显示、对象捕捉状态、图层信息、正交模式和极轴追踪状态等，每个部分都提供有关当前操作或所选对象的特定信息。

状态栏的存在使用户在进行 CAD 绘图时能够随时了解当前的操作环境和对象状态，从而更加高效地进行设计工作。不同的 CAD 软件可能会根据用户需求和设计理念的差异对状态栏的布局和功能进行不同的设置和优化。

（7）图层管理器　在 CAD 软件的用户界面层中，图层管理器是一个关键的功能组件，它允许用户有效地组织、管理和控制图形中的各个图层。

图层是 CAD 设计中的一个重要概念，可以将不同类型的图形元素（如线条、文字、块等）分配到不同的图层上，以便更好地进行组织、编辑和显示控制。

图层管理器通常以一个对话框或面板的形式出现在 CAD 软件的界面中，列出当前图形文件中所有的图层及其属性（如图层名称、颜色、线型、线宽等）。用户可以通过图层管理器创建新图层、删除不需要的图层、修改现有图层的属性，以及控制图层的可见性、锁定状态和打印设置等。

在 CAD 软件技术架构的用户界面层，除以上功能组件，一般还有对话框、块定义管理器、文档界面等功能组件，以满足 CAD 软件的具体需求和业务场景。

以上这些功能组件共同构成了用户与 CAD 软件进行交互的平台，能够为用户提供直观、流畅、高效的用户体验。需要注意的是，以上关于用户界面层的描述是基于典型的 CAD 软件技术架构进行的，实际的功能实现可能因具体的软件供应商、软件版本和用户特定需求不同而有所不同。在实际应用中，用户界面层可能会有更多的自定义选项和高级功能，以满足不同用户的特定需求。

2. 应用逻辑层

应用逻辑层，也称业务逻辑层，是整个 CAD 软件技术架构中的核心组成。它可以被细分为核心业务功能模块和核心技术组件两大部分，这些核心业务功能模块和核心技术组件共同协作，以支持 CAD 软件设计、分析和优化过程中的复杂操作。

（1）核心业务功能模块　CAD 软件的应用逻辑层封装了 CAD 软件的核心业务功能模块，主要包括几何建模和计算、约束求解和约束管理、参数化设计和变量化设计、特征识别和提取、装配管理、工程分析和工程优化、数据转换与接口、脚本与自动化等。

1）几何建模和计算模块是 CAD 软件中应用逻辑层的核心业务功能模块之一。这是 CAD 软件的基础和核心，因为它支持从概念设计到详细设计的整个设计过程。

在几何建模方面，该模块提供了一套丰富的绘图和建模工具，允许用户绘制基本的图形元素（如直线、圆弧、圆、多边形等），并通过这些基本元素创建更复杂的几何形状。用户可以利用这些工具进行精确的零件和装配设计，构建产品的整体结构。

在计算方面，几何建模和计算模块提供了各种计算工具和功能，用于对设计模型进行精确的测量和分析，包括距离、角度、面积、体积等的基本测量，以及更复杂的几何计算（如交点、切线、法线等）。这些计算功能对于确保设计的准确性和满足设计要求至关重要。

几何建模和计算模块为用户提供了创建、编辑和计算二维和三维几何模型的能力，可以使设计过程更加精确、高效和可靠，为产品的设计、分析和制造奠定了坚实的基础。

2）约束求解和约束管理模块也是 CAD 软件中应用逻辑层的核心业务功能模块之一。约束求解和约束管理模块在 CAD 软件中扮演着关键角色，尤其在设计复杂的产品和组件时。

约束求解是指根据已定义的约束条件，自动调整设计元素的位置、尺寸等属性，以满足所有约束条件的过程。这是一个复杂的数学计算过程，需要高效的算法和强大的计算能力。CAD 软件的约束求解器能够实时或交互式地处理大量约束，提供即时反馈，帮助用户快速优化设计。

约束管理则涉及对约束的创建、编辑、删除和查看等操作。用户需要能够方便地添加新的约束、修改现有约束或删除不再需要的约束。同时，CAD 软件还提供丰富的工具和功能，可以帮助用户查看和理解约束关系，如约束图示、约束报告等。

约束求解和管理模块为用户提供了强大的工具和功能，以定义、维护、求解和验证设计元素间的约束关系，确保了设计的几何形状、尺寸和位置等方面的准确性和一致性。

3）参数化设计和变量化设计模块是 CAD 软件应用逻辑层的又一个核心业务功能模块，为用户提供更高级、更灵活的设计方法。

参数化设计允许用户通过定义参数（如长度、宽度、高度、角度等）来控制模型的几何形状和尺寸。这些参数可以是数值、表达式或与其他参数相关联的公式。当这些参数的值发生变化时，模型会自动更新以反映新的设计。这种设计方法大大提高了设计的灵活性和效率，使用户能够快速进行多种设计迭代，从而找到最优的设计方案。

与参数化设计相似，变量化设计也允许用户通过定义变量来控制模型的几何特征。不同之处在于，变量化设计更加强调变量之间的关系和约束。在变量化设计中，用户可以定义一系列的变量和约束条件，然后让 CAD 软件自动求解这些变量，以满足所有的约束条件。这种方法特别适用于复杂的设计问题，其中涉及多个相互关联的变量和约束。

4）在 CAD 软件的应用逻辑层中，特征识别和提取模块是其核心业务功能模块之一。

特征识别是 CAD 软件中的一个关键技术，它允许软件自动检测并识别设计模型中的几何特征。这些特征可以是基本的形状元素（如圆、弧、直线等），也可以是更复杂的结构特征（如孔、槽、凸台、倒角等）。通过特征识别，CAD 软件能够将设计模型分解为一系列有意义的、可操作的几何特征，为后续的设计修改、分析优化和制造准备提供便利。

特征提取是在特征识别的基础上，进一步提取出设计模型中的关键几何信息和属性。这些信息包括特征的尺寸、位置、方向、关联关系等，它们对于设计过程的各个阶段都具有重要的参考价值。通过特征提取，用户可以更加直观地了解设计模型的结构和特点，同时也为后续的设计决策提供了有力的数据支持。

特征识别和提取模块通过自动识别和提取设计模型中的几何特征，为设计师提供了更加高效、准确和灵活的设计工具，促进了设计过程的自动化和智能化。

5）装配管理模块是 CAD 软件应用逻辑层的核心业务功能模块之一，尤其在复杂产品设计领域具有至关重要的作用。

装配管理模块支持用户创建和管理产品的装配模型，包括将各个零部件按照其在实际产品中的位置和关系组装在一起，形成一个完整的装配模型。用户可以通过添加、删除或替换零部件来调整装配模型的结构。

装配模型通常具有复杂的层次结构，装配管理模块提供了层次化的管理方式。用户可以建立装配树或装配层次结构，清晰地展示各个零部件之间的父子关系和依赖关系。这种层次化管理有助于用户更好地组织和理解复杂产品的结构。

在装配模型中，零部件之间存在各种约束和关系，如配合约束、对齐约束、角度约束等。装配管理模块允许用户定义、编辑和查看这些约束和关系，确保装配模型的准确性和一致性。当某个零部件的位置或形状发生变化时，相关的约束和关系会自动更新，以保持装配模型的完整性。

装配管理模块还提供干涉检测和碰撞避免功能。用户可以利用这些功能检查装配模型中各个零部件之间是否存在干涉或碰撞，在设计阶段及时发现问题并进行调整，以减少产品在实际制造和使用过程中可能出现的问题。

对于需要拆卸和组装的产品，装配管理模块支持装配序列规划和动画模拟。用户可以定义零部件的拆卸和组装顺序，以及相关的操作步骤和参数。通过动画模拟，用户可以直观地查看装配过程，并验证装配序列的可行性。

装配管理模块为复杂产品的装配设计和管理提供强大的工具支持。通过层次化管理、约束和关系管理、干涉检测和碰撞避免及装配序列规划和动画模拟等功能，用户可以更加高效地进行装配设计，减少错误和返工，提高产品质量。

6）工程分析和工程优化模块是 CAD 软件应用逻辑层的一个核心业务功能模块，它允许用户在设计阶段对产品的性能进行评估、预测和优化。

工程分析模块提供了多种分析工具和技术，用于评估产品在各种工作条件下的性能。这些分析包括静力学分析（评估产品在静态载荷下的应力和变形）、动力学分析（研究产品的振动和动态响应）、热力学分析（模拟产品在热环境中的行为）、流体动力学分析（研究产品与流体的相互作用）等。通过这些分析，用户可以在早期阶段发现潜在的设计问题，并采取相应的措施进行改进。

工程优化模块允许用户定义优化目标（如最小化重量、最大化强度等）和约束条件（如材料属性、制造成本等），然后利用优化算法自动搜索满足这些条件和目标的最佳设计方案从而大大减少设计师的手动迭代工作，提高设计效率和质量。

另外，工程分析和工程优化模块提供丰富的结果可视化工具和报告生成功能，帮助用户直观地理解分析结果。工程分析和工程优化模块还通过提供强大的分析工具和优化技术，帮助用户在设计阶段对产品的性能进行全面的评估和改进，以提高设计质量、缩短产品开发周期。

7）数据转换与接口模块在 CAD 软件的应用逻辑层中扮演着至关重要的角色，是其核心业务功能模块之一。由于不同的 CAD 软件、分析软件或制造设备可能使用不同的数据格式，数据转换功能显得尤为重要。

数据转换模块允许用户将 CAD 模型从一种格式转换为另一种格式，以确保模型在不同的系统和平台之间的兼容性和可读性。这种转换可以包括文件格式的转换（如从 DWG 转换为 STEP 或 IGES），也包括数据结构的转换（如从实体模型转换为表面模型）。

数据接口模块为 CAD 软件与其他软件应用程序或硬件设备之间的数据交换提供了桥梁。这些接口可以是标准化的（如基于 STEP 或 IGES 标准的接口），也可以是专有的（如针对某个分析软件或 CAM 系统的特定接口）。通过数据接口模块，CAD 模型可以无缝导入分析软件中进行有限元分析（Finite Element Analysis，FEA）、计算流体动力学模拟等，或者导入 CAM 软件中进行刀具路径生成和加工模拟。

在复杂的产品开发环境中，多个用户和其他利益相关者可能需要同时访问和修改 CAD 数据。因此，数据转换与接口模块通常也包括数据管理和协同工具，如版本控制、权限管理、注释和标记及基于云的协作平台等。这些工具可以确保数据的完整性、一致性和可追溯性，同时促进团队之间的有效沟通。

由于不同行业和企业的需求可能有所不同，数据转换与接口模块通常也支持一定程度的定制化和扩展性。可以通过提供 API 或软件开发工具包（Software Development Kit，SDK）来实现，以便用户可以根据自己的特定需求定制或开发新的数据转换与接口功能。

8）脚本与自动化模块是 CAD 软件中应用逻辑层的核心业务功能模块之一，它对于提升设计效率、减少重复劳动及实现设计流程的自动化具有至关重要的作用。

首先，脚本与自动化模块通常支持一种或多种脚本语言，如 LISP、VBA、Python 等。这些脚本语言允许用户编写自定义的脚本程序，以执行 CAD 软件中的一系列操作。通过脚本语言，用户可以实现复杂的设计逻辑、自动化任务及定制化的功能。除了直接编写脚本程序，脚本与自动化模块还提供宏录制功能。用户可以通过宏录制将一系列 CAD 操作记录为一个宏，并在需要时重复播放这些操作，以实现自动化。此外，用户还可以编辑已录制的宏，对其进行优化或添加自定义逻辑。

其次，脚本与自动化模块支持创建自动化工作流程，可以将一系列相关的 CAD 操作组合成一个连续的工作流程。这些工作流程可以根据预设的条件和参数自动执行，无须用户手动干预。通过自动化工作流程，用户可以大大提高设计效率，减少人为错误。

再次，脚本与自动化模块还提供批量处理功能，允许用户同时处理多个 CAD 文件或数据。该模块还支持与其他软件或系统进行数据交换，如导入导出数据、自动更新外部链接等。这些功能有助于实现 CAD 软件与其他相关工具的无缝集成。

最后，通过脚本与自动化模块，用户还可以定制 CAD 软件的用户界面，如添加自定义按钮、菜单和工具栏等。这些定制化的用户界面可以更方便地调用用户常用的功能或脚本程序，提高操作效率。

综上，脚本与自动化模块允许用户通过编写脚本程序、录制宏、创建自动化工作流程等方式实现设计的自动化和定制化，可以显著提高设计效率和质量，减少重复劳动和人为错误，为用户带来更便捷、更高效的工作体验。

需要注意的是，除了上述核心业务功能模块，CAD 软件的应用逻辑层还有数据管理、协同设计、导入和导出等其他业务功能模块。

以上功能模块紧密集成、协同工作，共同构成了 CAD 软件应用逻辑层的功能框架。另外，不同的 CAD 软件可能具有不同的业务功能模块划分和命名方式，以上仅是一些常见的核心业务功能模块示例。在实际应用中，CAD 软件的功能模块还可能根据特定行业的需求进行定制和扩展。

（2）核心技术组件 为了实现以上核心功能，CAD 软件的应用逻辑层封装了多个核心技术组件，主要包括几何内核、建模引擎、图形处理引擎、工程分析组件、数据管理组件、参数化设计组件、API 和插件架构。

1）几何内核是 CAD 软件的核心技术组件，负责处理所有的几何运算，如点、线、面、体的创建、编辑和分析。它提供了精确的几何计算和拓扑关系管理，确保设计的准确性和一致性。另外，几何内核还支持各种 CAD 数据格式，以便与其他 CAD 系统进行数据交换。

2）建模引擎基于几何内核，提供创建、编辑和修改三维模型的功能。它支持各种建模技术，如实体建模、曲面建模、参数化建模等，以满足用户的不同设计需求。建模引擎还能够提供丰富的工具集和命令，以简化设计过程并提高设计效率。

3）图形处理引擎是 CAD 软件的核心技术组件之一，它负责图形的生成、渲染、编辑和显示。图形处理引擎能够处理大量的图形数据，并将其转换为用户可以在显示器上看到的可视化图形。此外，图形处理引擎还负责处理用户的图形编辑操作，如缩放、旋转、平移等。

4）工程分析组件是 CAD 软件中的重要组成部分，用于对设计进行各种仿真和分析，如结构分析、热分析、流体分析等。它基于物理原理和数值方法，提供了强大的计算和分析能力，如 FEA、CFD 等，使用户能够在设计过程中进行模拟和分析，以验证设计的可行性和优化设计方案。工程分析组件还能够提供直观的结果展示和报告生成功能，以便用户更好地理解分析结果。

5）CAD 软件需要管理大量的设计数据，包括几何数据、非几何数据、元数据等。数据管理组件负责这些数据的存储、检索、更新和删除。它提供了数据模型的定义、数据库的连接和操作、事务管理等功能，确保数据的完整性和一致性。

数据管理组件还支持版本控制、权限管理和协同工作等功能，以满足团队设计的需求。

6）参数化设计组件是现代 CAD 软件的重要特征和核心技术组件之一，它允许用户通过修改参数来修改设计。参数化设计组件主要负责管理设计参数和约束，以确保设计的一致性和完整性。

7）API 和插件架构是 CAD 软件的重要扩展机制，允许第三方开发者和用户为 CAD 系统添加新的功能和工具。

通过 API，开发者可以访问 CAD 系统的底层功能和数据，实现自定义的扩展和集成。插件架构则提供了一种灵活的方式，允许用户根据需要安装和卸载各种插件，以扩展 CAD 系统的功能。

注意，除了上述核心技术组件，CAD 软件的应用逻辑层还可能包含其他技术组件，如协作与通信组件、文档生成与输出组件、用户定制与扩展组件、版本控制组件等，以满足 CAD 软件的具体需求和业务场景。

以上这些技术组件相互关联、相互作用、协同工作，共同构成了 CAD 系统应用逻辑层的基础，能够为用户提供强大、灵活且易于使用的 CAD 环境。需要注意的是，不同软件厂商、不同行业、不同版本的 CAD 软件可能会有不同的技术架构和技术组件划分，上述内容只是一种典型的划分方式。在实际应用中，应根据具体的 CAD 软件设计需求来确定其应用逻辑层的核心技术组件。

3. 数据管理层

CAD 软件技术架构的数据管理层是整个 CAD 软件的关键组成部分，它主要负责处理、存储、检索和维护设计数据，以确保数据的完整性、安全性和可访问性。

数据管理层的核心功能模块主要包括文件系统和存储管理、数据索引与检索、数据模型和架构、数据访问和查询优化、数据交换与共享、数据重用与标准化、数据优化与压缩、版本控制和协作、数据库管理系统（Database Management System，DBMS）等。

（1）文件系统和存储管理 文件系统和存储管理功能模块主要负责 CAD 文件的创建、存储、读取和写入操作。

文件系统是 CAD 软件的数据组织核心，它负责 CAD 图样文件、相关数据文件及元数据的存储和组织，其主要功能包括目录和分类管理、文件存储和检索、文件关联和链接管理、访问控制和权限管理等。

存储管理是确保 CAD 数据安全存储和可靠访问的关键，其主要功能包括数据备份和恢复、冗余存储和容错机制、存储性能优化、数据迁移和归档策略等。

综上，文件系统和存储管理模块共同确保 CAD 数据的组织有序、存储安全、检索高效及长期可用性，为设计功能的发挥提供稳定可靠的数据支持。

（2）数据索引与检索 在 CAD 软件技术架构中，数据索引与检索是数据管理层的核心功能模块之一，对于用户快速、准确地找到所需的 CAD 数据至关重要。

数据索引是数据检索的基础，它通过对 CAD 数据进行分析和处理，提取出关键信息，并创建相应的索引结构。这些索引结构能够帮助系统快速定位到所需的数据。在 CAD 软件中，数据索引功能主要包括文件属性索引、图样内容索引、元数据索引等。

基于上述索引结构，数据检索功能允许用户通过输入关键词、选择检索条件等方式，快速找到所需的 CAD 数据。

（3）数据模型和架构　在 CAD 软件中，数据模型和架构功能模块是数据管理层的核心功能模块之一。

数据模型是 CAD 软件中数据的抽象表示，它定义了数据的结构、关系和属性。一个有效的数据模型能够确保 CAD 数据的准确性、一致性和完整性。在 CAD 软件中，数据模型主要包括实体模型、关系模型和属性模型。

数据架构是 CAD 软件中数据的组织和管理方式，它定义了数据的存储、访问和操作流程。一个合理的数据架构能够提高系统的性能、可扩展性和可维护性。

数据模型和架构模块通过定义数据的结构、关系和属性，以及组织和管理数据的方式，为整个 CAD 软件提供稳定、可靠的数据基础，并确保数据在不同功能模块之间的顺畅流通。

（4）数据访问和查询优化　在 CAD 软件技术架构的数据管理层中，数据访问和查询优化功能模块对于确保用户高效、准确地获取所需的 CAD 数据至关重要。

数据访问优化主要关注于提高 CAD 数据的读取和写入速度，减少访问延迟，确保用户在使用 CAD 软件时能够获得流畅的操作体验。数据访问优化模块通常采用缓存管理、并发控制、数据预加载等策略。

数据查询优化则主要关注于提高 CAD 数据检索的效率和准确性，确保用户能够迅速找到所需的数据。查询优化模块通常采用索引优化、查询重写、结果缓存等策略。

（5）数据交换与共享　数据交换与共享功能模块对于实现 CAD 数据在不同系统、平台或用户之间的顺畅流通和协作具有重要意义。

数据交换功能主要关注 CAD 数据的导入、导出以及格式转换，确保数据能够在不同的 CAD 系统或软件之间无缝对接。主要包括数据导入、数据导出、格式转换等。

数据共享功能则主要关注 CAD 数据在多个用户或系统之间的实时共享和协作，提高团队的工作效率和数据的一致性。

数据交换与共享模块通过实现 CAD 数据的导入、导出、格式转换及实时共享和协作等功能，确保数据在不同系统、平台或用户之间的顺畅流通和高效利用，以提高整个 CAD 系统的工作效率和数据质量。

（6）数据重用与标准化　在 CAD 软件技术架构的数据管理层，数据重用与标准化功能模块对于提高设计效率、促进数据一致性和减少数据冗余至关重要。

数据重用功能主要关注已有 CAD 数据的再利用，避免重复创建相同或相似的数据，从而提高设计效率。数据重用功能负责建立标准件库、符号库，以及实施参数化设计、历史数据管理，以方便设计数据的重用。

数据标准化功能则主要关注制定和实施统一的 CAD 数据标准，以确保数据的一致性和互操作性。

数据重用与标准化模块能够提高设计效率、减少数据冗余和错误，并为企业内部的 CAD 数据管理提供有力支持。

（7）数据优化与压缩　CAD 软件数据管理层的数据优化与压缩功能模块对于提升数据存储效率、加快数据处理速度及减少资源消耗具有重要作用。

数据优化功能，主要是通过数据清理、数据修复、数据简化等措施提升 CAD 数据的质量和性能，以确保其在设计、分析和制造过程中的高效使用。

数据压缩功能，主要是通过无损压缩、有损压缩、增量压缩等方式减小 CAD 数据在存储和传输过程中的空间占用，以提高存储效率和传输速度。

（8）版本控制和协作　版本控制和协作功能模块主要包括版本控制功能和协作功能。

版本控制功能是 CAD 软件数据管理层中的一个核心业务功能，它允许用户跟踪和管理 CAD 数据文件的多个版本，确保设计过程中的数据一致性和可追溯性。

协作功能主要是通过实时数据共享、建立沟通和反馈机制、创建协作工作空间等措施促进团队成员之间的有效沟通和协作，确保设计项目的顺利进行。

（9）DBMS　作为数据管理层的后端支持，DBMS 主要负责数据的存储、检索、安全和完整性控制。同时，它还提供事务处理功能，确保数据的一致性和恢复能力；支持多用户并发访问和数据共享，以满足团队协作的需求。

CAD 软件数据管理层常用的 DBMS 主要是关系型数据库管理系统（Relational Database Management Sytem，RDBMS），常用的 RDBMS 有 MySQL、PostgreSQL、Microsoft SQL Server、Oracle 等。

在大型或复杂的 CAD 软件项目中，需要使用分布式数据库系统来存储和管理大量的设计数据。这些系统将数据分布在多个物理节点上，以提供更高的可扩展性、容错性和性能。常见的分布式数据库系统包括 Cassandra、CouchDB 和 HBase 等。

以上功能模块共同构成了数据管理层的功能体系。一个高效、可靠的数据管理层能够确保设计数据的安全性、可访问性和可维护性，从而提高设计效率和设计质量。

4. 集成与接口层

集成与接口层是 CAD 软件技术架构中的一个关键组成部分。

集成层主要负责将 CAD 软件内部的各个功能模块、功能组件集成在一起，确保它们能够作为一个整体协同工作。主要包括数据集成、流程集成和功能集成等几个方面。数据集成确保不同模块之间可以共享和交换必要的数据，流程集成则保证设计、分析、制造等流程能够顺畅衔接，而功能集成则使用户可以通过统一的界面或接口访问系统的所有功能。

接口层负责提供与外部系统和应用程序的交互接口。接口层提供了 CAD 软件与外部世界通信的桥梁，主要包括与其他工业软件系统的接口（如与 CAPP、CAM、CAE、PDM 等系统的接口），以及与硬件设备的接口（如与打印机、扫描仪、数控机床等设备的接口）。通过这些接口，CAD 软件能够导入外部数据、导出设计成果、与其他系统进行协同设计或制造，以及控制硬件设备执行相关操作。

集成与接口层可以位于应用逻辑层的旁边或下方，具体位置取决于集成需求。

5. 系统支持层

在典型的 CAD 软件技术架构中，系统支持层是确保 CAD 软件能够稳定运行和高效执行的关键部分。它为 CAD 软件其他各层次正常运行提供基础设施和支持服务。

系统支持层的主要功能组件和功能模块包括操作系统、硬件抽象层、网络通信和协议、日志和错误处理、系统配置和管理服务、安全性管理和加密管理等。

（1）操作系统　操作系统是一种系统软件，它是计算机硬件与上层应用程序之间的桥梁，负责管理和控制计算机的硬件资源，确保各种软件能够高效、稳定地运行。CAD 软件最常应用的操作系统主要有 Windows、Linux 和 Unix 等。

对于 CAD 软件而言，操作系统主要提供资源管理、进程管理、文件管理、设备驱动、系统性能优化等关键功能支持。具体来说，操作系统负责管理计算机的内存、处理器、硬盘空间和其他硬件资源，确保 CAD 软件在需要时能够获得足够的资源，以支持其复杂的设计和分析任务。操作系统还负责创建、调度和终止 CAD 软件中的各个进程，确保 CAD 软件中的各个功能组件能够按照优先级和顺序正确地执行。

另外，CAD 软件涉及大量的数据文件，包括设计图样、模型、材料库等，操作系统还需要提供文件系统来组织和管理这些文件，确保它们能够被快速、准确地访问和修改。同时，操作系统还包含了各种硬件设备的驱动程序，如显卡、打印机、输入设备等，这些驱动程序使 CAD 软件能够充分利用硬件设备的功能，提供高效的图形渲染、打印输出和用户交互体验。

除此之外，操作系统还提供各种工具和设置，用于优化 CAD 软件的性能。例如，通过调整内存分配、处理器调度和磁盘缓存等参数，可以提高 CAD 软件的响应速度和绘图效率。

（2）硬件抽象层　由于 CAD 软件通常对计算资源和图形处理能力有较高要求，因此，系统支持层需要提供对硬件的抽象和驱动支持。通过硬件抽象或类似的机制，将底层硬件的细节隐藏起来，使 CAD 软件能够在不同的硬件平台上运行，而无须针对每个平台进行特定的开发。

另外，硬件抽象层提供统一的接口来访问硬件设备，如显卡、打印机、输入设备等，确保 CAD 软件能够充分利用这些设备的功能。

（3）网络通信和协议　系统支持层负责处理 CAD 软件与外部世界之间的网络通信，包括与其他工业软件系统或设备之间的网络通信。系统支持层支持各种网络通信协议（如 TCP/IP、HTTP、FTP 等），用于数据交换、云服务连接、远程协作等，确保 CAD 软件数据的正确传输和同步。

（4）日志和错误处理　在 CAD 软件技术架构中，系统支持层的日志和错误处理机制是确保 CAD 软件稳定运行、提供有效故障排查手段及优化用户体验的重要组成部分，它记录 CAD 软件的运行日志和错误信息，便于故障排查和系统维护，并提供异常处理机制，确保 CAD 软件在出现错误时能够稳定地恢复或提供有用的反馈。

（5）系统配置和管理服务　系统配置和管理服务是系统支持层的另一个关键功能，它负责确保 CAD 软件能够根据不同的用户需求、硬件环境和工作流程进行灵活的配置、定制和优化。

系统配置是指设置和调整 CAD 软件的各种参数，以匹配用户的具体需求和工作环境，这些配置包括界面布局、工具选项、快捷键定义、模板使用、单位设置、图层管理等。

系统管理则是指对整个 CAD 软件进行安装、更新、维护和优化的过程。

（6）安全性管理和加密管理　系统支持层负责 CAD 软件的安全性管理，包括用户身份验证、访问控制、数据加密等，确保 CAD 软件的数据安全性，防止未经授权的访问和数据泄露。同时，它提供强大的加密算法和密钥管理机制，实施加密算法来保护敏感数据，并提供安全审计和日志记录功能，确保设计数据在存储、传输和处理过程中的保密性和完整性。

上述这些功能组件和功能模块共同构成了系统支持层的完整架构，为 CAD 软件应用提供了稳定、高效、安全的运行环境。通过系统支持层，CAD 软件能够充分发挥其设计、分析和制造等方面的功能，提升用户的工作效率和设计质量。

需要注意的是，本小节阐述的是典型的 CAD 软件技术架构，不同软件开发商、不同软件版本、不同实施项目的 CAD 软件技术架构可能会有所差异，具体取决于企业的业务需求、技术选型和实施策略。因此，在实际应用中，应根据企业的实际情况对 CAD 软件的技术架构进行定制和优化。

3.1.6 CAD 软件应用的关键技术

CAD 软件应用的技术有很多，其中关键技术主要包括几何引擎技术、几何约束求解技术、特征建模技术、显示与渲染技术等（见图 3.9）。

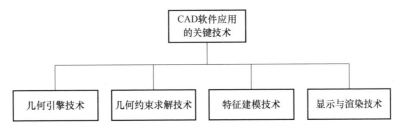

图 3.9　CAD 软件应用的关键技术

1. 几何引擎技术

几何引擎技术是一种用于处理三维模型数据的核心技术，是 CAD 软件用到的核心关键技术之一，它可以帮助设计师快速创建、操作和分析三维模型，提高设计效率和准确性。

几何引擎技术的主要功能包括几何建模、几何变换、几何分析、渲染与可视化等。

2. 几何约束求解技术

几何约束求解技术是一种用于处理几何约束问题的核心技术，也是 CAD 软件用到的核心关键技术之一。

在 CAD 软件系统中，几何约束是指将几何元素之间建立一种关联关系，以满足设计要求。例如，在机械设计中，两个零件之间需要用螺栓连接，那么它们之间的位置关系就需要通过几何约束来定义。

几何约束求解技术的主要功能包括约束建模、约束求解、约束优化、约束分析等。

3. 特征建模技术

特征建模技术是一种建立在实体建模的基础上，利用特征的概念面向整个产品设计和生产制造过程进行设计的建模方法，是 CAD 软件用到的核心关键技术之一。

特征是一种综合概念，它作为"产品开发过程中各种信息的载体"，除了包含零件的几何拓扑信息，还包含设计制造等过程所需的一些非几何信息。特征建模技术不仅包含与生产有关的信息，而且还能描述这些信息之间的关系。特征建模技术可以以工程特征术语定义，而不是仅建立低水平的 CAD 几何体。例如，面向工程的成形特征包括键槽、孔、凸垫、凸台和腔等，这些特征可以捕捉设计意图并提高生产率。

特征建模技术在 CAD 软件中的功能应用主要包括设计重用、参数化设计、高级分析、制造过程集成、设计历史记录等。

4. 显示与渲染技术

显示与渲染技术是 CAD 软件中用于将建模的图形以更真实的方式呈现出来的一项技术，也是 CAD 软件用到的核心关键技术之一，它能够将模型的几何信息、材质和光照效果以更真实、生动的方式呈现出来。这项技术不仅提高了设计的可视化效果，还为用户对模型进行更准确的评估和优化提供了便利。

显示与渲染技术在 CAD 软件中的功能应用主要包括显示、渲染、材质与纹理、光影效果和特殊效果。

除上述关键技术，CAD 软件应用的关键技术还有参数化设计技术、数据管理技术、数据交换技术、并行工程技术等，这些关键技术共同构成了 CAD 软件的技术核心。随着科技的不断发展，CAD 软件应用的关键技术也在不断更新和优化，以适应更复杂、更高效的设计需求。

3.1.7 CAD 软件主要应用领域

随着 CAD 技术的不断发展，CAD 软件的应用领域也越来越广泛，其主要应用领域包括机械设计、工程设计、电子设计等（见图 3.10）。

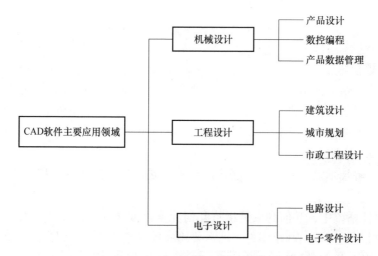

图 3.10　CAD 软件主要应用领域

1. CAD 软件在机械设计中的应用

（1）产品设计　CAD 软件可以帮助制造型企业的工程师创建产品零部件的详细图样。通过 CAD 软件，工程师能够更快速、准确地进行产品零部件设计和修改，并且可以直接将这些图样发送至机器设备进行加工，提高生产率。

（2）数控编程　CAD 软件可以生成高精度的数控编程代码，这些代码使机器设备能够准确地进行零部件的加工和制造，不仅能够提高制造的精度，还能够降低人为因素导致的错误。

（3）产品数据管理　在智能制造系统中，CAD 软件系统通常与产品数据管理系统集成在一起，以便更有效地管理产品的设计数据和相关文档，这有助于确保产品数据的准确性和一致性。

2. CAD 软件在工程设计中的应用

（1）建筑设计　建筑设计师可以通过 CAD 软件绘制出精确的平面图、剖面图和立体图等，使设计人员和相关人员可以直观地了解建筑物的结构和风貌。建筑设计师可以通过 CAD 软件构建出真实的三维模型，从而更好地模拟和展示建筑物的外观和内部布局。另外，CAD 软件还可以进行建筑结构分析，帮助建筑设计师在设计初期发现和解决潜在的结构问题，确保建筑物的安全性和稳定性。

（2）城市规划　CAD 软件可以帮助城市规划师快速绘制城市规划图，包括建筑物、道路网、公共空间等城市要素。CAD 软件提供了强大的工具来收集和分析城市的各种数据（如地形、土地利用、交通流量等），这些数据可以通过 CAD 软件转化为数字化的地图和模型，帮助城市规划师更好地理解城市现状和发展趋势，为制定城市发展的规划和决策提供依据。

（3）市政工程设计　在道路设计中，设计师可以利用 CAD 软件的三维建模功能创建道路立体交叉口模型、分析道路纵断面和横断面，确保道路设计的几何精度和行驶舒适性。在高架桥设计中，设计师可以使用 CAD 软件绘制高架桥的桥墩、桥面、引道等结构并进行结构分析和优化，还可以评估高架桥对周边环境的影响，如视觉遮挡、噪声和振动等。在地铁设计中，CAD 软件可以辅助设计师绘制隧道、站台、通风系统、逃生通道等，并通过 CAD 软件的三维建模和分析功能模拟地铁列车的运行、分析客流动态并优化站点布局。

3. CAD 在电子设计中的应用

（1）电路设计　CAD 软件可以帮助工程师绘制和分析电路原理图。利用 CAD 软件创建精确的电路原理图，并进行电路仿真和模拟，有助于工程师在设计阶段预测和解决电路中可能出现的问题，从而提高电路设计的效率和准确性。

（2）电子零件设计　工程师可以应用 CAD 软件设计和优化各种电子零件，如电阻、电容、电感等。通过使用 CAD 软件，工程师可以快速生成电子零件的几何形状、尺寸和材料等信息，并进行性能分析和优化。

3.2　计算机辅助工程（CAE）软件

3.2.1　CAE 的概念

CAE（Computer Aided Engineering），即计算机辅助工程，是一种利用计算机技术来辅助进行工程设计、分析、优化和仿真的软件工具。CAE 能够将工程（生产）的各个环节有机地组织起来，通过将有关的信息集成，使其产生并存在于工程（产品）的整个生命周期。

CAE 系统是一个包括了相关人员、技术、经营管理及信息流和物流的有机集成且优化运行的复杂系统，它广泛应用于航空航天、汽车、船舶、电子、机械等领域，以提高产品设计的质量、缩短研发周期、降低成本等。

在工程应用中，CAE 是一种在二维或三维几何形体（CAD）的基础上，运用有限元（Finite Element，FE）、边界元（Boundary Element，BE）、混合元（Mixed Element，ME）、刚性元（Rigid Element，RE）、有限差分和最优化等数值计算方法并结合计算机图形技术、建模技术、数据管理及处理技术的基于对象的设计与分析的综合技术和过程。

1. 广义 CAE 和狭义 CAE 的概念

CAE 的概念也有广义和狭义之分。

广义的 CAE 是指计算机辅助工程，是一种利用计算机技术对工程进行辅助设计、分析、优化和评估的技术。它涵盖了多个领域，包括机械、电子、土木、建筑等，可以应用于产品的整个生命周期，从概念设计到生产制造，再到测试和验证。

狭义的 CAE 主要指用计算机对工程和产品进行性能与安全可靠性分析，对其未来的工作状态和运行行为进行模拟，及早发现设计缺陷，并证实未来工程、产品功能和性能的可用性和可靠性。

广义的 CAE 和狭义的 CAE 都是利用计算机技术对工程进行辅助的技术，但广义的 CAE 涵盖的范围更广，而狭义的 CAE 主要关注分析环节。

本书论述的对象主要是狭义上的 CAE，即 CAE 软件系统（以下简称 CAE 软件）。

2. CAE 与 CAE 软件之间的关系

CAE 是一个广泛的术语，指的是使用计算机技术和软件工具来辅助工程分析和设计的过程。它涵盖了多个工程领域，如结构分析、流体动力学、热传导、电磁场分析等。CAE 的目标是通过数值模拟和分析来预测和优化工程系统的性能，从而在设计阶段提前发现问题、改进设计并减少物理原型的需求。

而 CAE 软件是实现 CAE 过程的具体工具，是一类专门开发的计算机程序，用于执行各种工程分析和设计任务。CAE 软件提供丰富的功能和工具集，使用户能够建立模型、设置分析参数、运行模拟并查看结果。

因此，CAE 与 CAE 软件之间的关系是密不可分的。CAE 提供了工程分析和设计的理论框架和方法论，而 CAE 软件则是实现这些方法论的工具和平台。通过使用 CAE 软件，用户可以更加高效、准确地进行工程分析和设计，从而提高产品质量、缩短开发周期并降低成本。

3. CAE 软件在实践应用中的作用与价值

目前，CAE 软件已广泛地应用在各个行业。在实践应用中，CAE 软件的作用与价值主要体现在提高设计质量、缩短设计周期、提高设计效率和降低制造成本等几个方面。

（1）提高设计质量　借助计算机强大的分析计算能力，CAE 软件可以确保产品设计的合理性，进而减少设计成本。同时，它还能在设计阶段预测产品的性能，使用户在制造样品之前就能了解产品的特性，从而提高设计质量。

（2）缩短设计周期　CAE 软件分析起到的"虚拟样机"作用在很大程度上替代了传统设计中资源消耗和时间消耗极大的"物理样机验证设计"过程。通过创建"虚拟样机"，不但可以预测产品在整个生命周期内的可靠性，还能够减少物理试验和样机制作的数量，大大缩短产品设计周期。

（3）提高设计效率　CAE 软件具有强大的计算和分析能力，可以快速处理大量数据并提供准确的结果。用户可以利用 CAE 软件进行设计方案的快速迭代和优化，避免了传统手工计算和分析的烦琐过程，提高了设计效率。

（4）降低制造成本　CAE 还可以对不同材料和结构进行模拟分析，帮助用户找到最优的材料和结构方案。通过在设计初期对材料和结构进行优化，可以避免在后期制造过程中出现材料浪费、重量过重或结构不合理等问题，从而降低制造成本。

3.2.2 CAE 软件分类

CAE 软件一般分为两类：专用 CAE 软件和通用 CAE 软件。

1. 专用 CAE 软件

在 CAE 软件中，针对特定类型的工程或产品所开发的用于产品性能分析、预测和优化的软件，称之为专用 CAE 软件。

专用 CAE 软件通常针对某个具体的应用领域（如航空航天、机械、土木结构等）进行深度的定制化开发，以满足特定需求。这些软件集成了先进的数值计算方法和工程专业知识，用于模拟和分析复杂工程系统的性能、行为和可靠性。专用 CAE 软件主要有计算流体类、建筑结构类、钢结构类、多体动力学类、结构优化类、转子动力学类、声场类、电磁类、铸造类、前后处理类等。各类专用 CAE 软件举例见表 3.1。

表 3.1　各类专用 CAE 软件举例

类别	常用软件
计算流体类	ANSYS Fluent、CFX、OpenFOAM
建筑结构类	ETABS、SAP2000、MIDAS
钢结构类	SAP2000、STAAD. Pro、3D3S
多体动力学类	ADAMS、Simpack、RecurDyn
结构优化类	OptiStruct、TOSCA、ANSYS DesignXplorer
转子动力学类	ANSYS Rotor Dynamics、SAMCEF Rotor、DyRoBeS
声场类	Actran、LMS Virtual. Lab Acoustics
电磁类	HFSS、CST Microwave Studio、FEKO
铸造类	ProCAST、MAGMASOFT、FLOW-3D CAST
前后处理类	ANSYS Workbench、Altair HyperMesh

2. 通用 CAE 软件

在 CAE 软件中，可对多种类型的工程和产品的物理学性能进行分析、模拟、预测、评价和优化的软件，称之为通用 CAE 软件。

这类软件集成了多种数值计算方法和工程专业知识，旨在帮助用户在设计阶段预测产品的性能，发现潜在问题，并优化设计方案。由于其覆盖的应用范围广泛，通用 CAE 软件在多个领域都有应用。常用的通用 CAE 软件包括 MSC、ANSYS、Abaqus、ADINA、ALGOR、I-DEAS、LS-DYNA 系列，见表 3.2。

表 3.2　通用 CAE 软件举例

类别	常用软件
MSC	Patran、Nastran、Dytran、Fatigue、SimManager
ANSYS	ANSYS Mechanical、ANSYS LS-DYNA 、ANSYS Autodyn
Abaqus	Abaqus/Standard、Abaqus/Explicit、Abaqus/Durabili

（续）

类别	常用软件
ADINA	ADINA Structures、ADINA Fluids、ADINA Thermal
ALGOR	ALGOR Simulation、ALGOR CAE、ALGOR FEA
I-DEAS	I-DEAS CAE
LS-DYNA	LS-DYNA CAE

注意，无论是通用 CAE 软件还是专用 CAE 软件，其核心都是有限元分析或其他数值分析方法，这些方法可以将复杂的问题离散化并求解，从而得到近似解。

在实际应用中，用户需要根据具体的工程问题和需求选择合适的 CAE 软件。对于复杂的、需要高度精确模拟的问题，专用 CAE 软件可能更合适；而对于一般性的、跨领域的问题，通用 CAE 软件可能更具灵活性和适应性。

3.2.3　CAE 软件发展历程

CAE 软件从 20 世纪 60 年代初在工程上开始应用，至今已经历了 60 多年的发展历史，其理论和算法都经历了从蓬勃发展到日趋成熟的过程。

1. CAE 软件国外发展历程

CAE 软件国外发展历程主要包括探索时期、快速发展时期、壮大成熟时期（见图 3.11）。

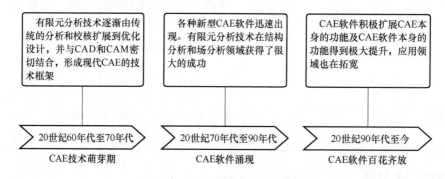

图 3.11　CAE 软件国外发展历程

（1）探索时期——CAE 技术萌芽期（20 世纪 60 年代至 70 年代）　在这个时期，CAE 的发展处于技术萌芽期。这一阶段的有限元理论处于发展阶段，分析对象主要是航空航天设备结构的强度、刚度及模态试验分析，技术条件表现为计算机的硬件内存小、磁盘的空间小、计算速度慢。1966 年，NASA 为了满足当时航空航天工业对结构分析的迫切需求，提出了发展世界上第一套泛用型的有限元分析软件 NASTRAN（NASA Structural Analysis）的计划。该计划的实施标志着 CAE 脱离学术研究，通用有限元软件第一次真正意义上投入工程实践中。1969 年，NASA 推出了其第一个 NASTRAN 版本，称为 COSMIC NASTRAN，即后来的 NASTRAN Level 12。

（2）快速发展时期——CAE 软件涌现（20 世纪 70 年代至 90 年代）　该阶段是 CAE 技术蓬勃发展的时期。这一阶段，各种新型 CAE 软件迅速出现。有限元分析技术在结构分析和场分析领域获得了很大的成功，开始从力学模型拓展到各类物理场（如温度场、磁场、声波场）的分析；从线性分析向非线性分析（如材料为非线性、几何大变形导致的非线性、接触行为引起的边界条件非线性等）发展；从单一场的分析向几个场的耦合分析发展。这一阶段出现了许多著名的 CAE 分析软件，如 MARC、MSC Nastran、I-DEAS、ANSYS、ADAMS、Abaqus、Phoenics 与 FloTHERM 等，使用者多数为专家且集中在航空航天、军事等几个领域。

（3）壮大成熟时期——CAE 软件百花齐放（20 世纪 90 年代至今）　20 世纪 90 年代至今，是 CAE 技术的壮大成熟时期。CAE 软件积极扩展 CAE 本身的功能，使其得到极大提升。同时，CAD 技术的不断升级为 CAE 技术的推广应用打下了坚实的基础，各大分析软件向 CAD 靠拢，发展与各 CAD 软件的专用接口并增强软件的前后置处理能力。CAE 应用领域拓宽，主要使用者从分析专家群体转向工程师群体。

2. CAE 软件国内发展历程

CAE 软件在我国的发展历程主要包括技术发展前期、缓慢发展期、快速发展期三个阶段（见图 3.12）。

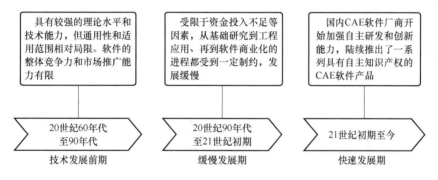

图 3.12　CAE 软件国内发展历程

（1）技术发展前期（20 世纪 60 年代至 90 年代）　这个时期为 CAE 软件技术发展前期。该时期的发展主要以算法理论及程序编制与提升计算性能为主，严格意义上说还不能称之为软件，只是科研院所为解决科研问题或产品设计中遇到的需要通过计算机模拟的相关技术问题而编写的数值计算程序，只有参与编写程序的相关课题组人员才能熟练使用，它属于专家科研程序，非一般工程师所能掌握。

这个时期，国内也开始出现具有自主知识产权的有限元分析软件，如中国飞机强度研究所开发的 HAJIF 等。这些软件具有较强的理论水平和技术能力，但通用性和适用范围相对局限。由于计算机条件限制，这一时期的 CAE 软件主要基于分析功能进行研发，软件的整体竞争力和市场推广能力有限。

（2）缓慢发展期（20 世纪 90 年代至 21 世纪初期）　该阶段，是我国 CAE 软件的缓慢发展期。在这一时期，国外商业 CAE 软件进入稳定的商业化运作期，其软件已不具备明显的行业特性，更加突出了软件的专业特性，无论是科研机构的科研人员还是工业设计部门的工程师都能够很便捷地借助国外商业 CAE 软件快速完成课题研究或产品设计，也正是在这一时期，以 ANSYS、MSC 为代表的国外 CAE 软件产品大量进入中国市场，其依靠成熟、稳定、好用的特性迅速占据了主导地位。而在国内，国产 CAE 软件逐渐退场，国外 CAE 软件迅速占领了中国市场。国内 CAE 软件厂商受到较大冲击，发展进程受阻。受限于资金投入不足等因素，从基础研究到工程应用、再到软件商业化的进程都受到一定制约，发展缓慢。

（3）快速发展期（21世纪初期至今）　进入21世纪后，随着国内工业领域的快速发展和市场需求的不断增长，CAE技术的重要性日益凸显。国内CAE软件厂商开始加强自主研发和创新能力，陆续推出了一系列具有自主知识产权的CAE软件产品，这些产品在功能、性能和易用性等方面都有了显著提升。同时，国内CAE软件厂商也开始积极拓展市场应用领域，从航空航天、汽车、机械等传统领域向电子、建筑、生物等新领域延伸，我国CAE软件进入到了快速发展期。

3. CAE软件发展方向与趋势

未来，CAE软件发展方向与趋势主要体现在集成化与平台化、智能化与自动化、云计算与高性能计算、多学科优化与系统设计、工业互联网与数字孪生、国产化替代等几个方面（见图3.13）。

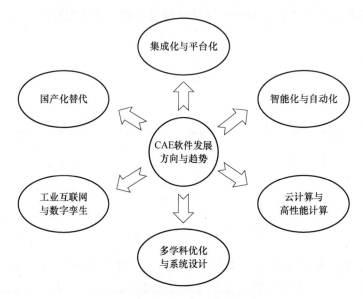

图3.13　CAE软件发展方向与趋势

（1）集成化与平台化　随着工业软件技术的不断发展，CAE软件正朝着集成化和平台化的方向发展。不同的CAE工具将被整合到一个统一的平台或环境中，可以实现多物理场耦合分析，以便更高效地进行设计、仿真和优化。此外，CAE软件与CAD、CAM等工具的集成也在不断加强，以实现设计、分析和制造的无缝衔接。同时，平台化的软件架构也有助于实现软件的模块化和可扩展性，方便用户根据需求进行定制和升级。

（2）智能化与自动化　随着人工智能、机器学习等技术的不断发展，CAE软件正逐步实现智能化与自动化。通过引入人工智能算法和模型，CAE软件可以自动处理大量数据，自动识别和分析工程问题，提供更准确的预测和决策支持。此外，通过自然语言处理技术和图形界面技术等先进技术的应用，可以降低CAE软件的使用难度；机器学习技术的应用可以减少人工干预和错误，显著提高仿真分析的效率和准确性。

（3）云计算与高性能计算　云计算与高性能计算技术的发展为CAE软件提供了强大的计算能力和存储资源。通过将CAE仿真分析任务部署到云端或高性能计算集群上，可以实现大规模并行计算和高效数据处理，提高 CAE 软件仿真分析的效率和精度。同时，云计算服务的按需付费模式也可以降低用户的使用成本。

（4）多学科优化与系统设计　随着工程问题的日益复杂化和多学科交叉性的增加，CAE 软件正朝着多学科优化和系统设计的方向发展。通过集成多个学科的仿真分析功能，CAE 软件可以实现对复杂系统的全面分析和优化。此外，基于模型的系统工程（Model-Based Systems Engineering，MBSE）方法的应用也有助于 CAE 软件实现自顶向下的系统设计和验证。

（5）工业互联网与数字孪生　工业互联网与数字孪生技术的发展为 CAE 软件提供了新的应用场景和发展机遇。通过将 CAE 软件仿真分析与实时数据采集、监控和预测等功能相结合，可以实现对工业设备的实时监控、故障诊断和预知性维护。同时，数字孪生技术的应用也可以帮助企业在虚拟环境中模拟和优化生产流程，提高生产率和产品质量。

（6）国产化替代　随着国内 CAE 软件企业的不断发展和壮大，以及国家政策的扶持和引导，国产化替代正成为 CAE 软件行业的一个重要趋势。国内 CAE 软件企业在技术研发、产品创新和市场拓展等方面取得了显著进展，逐步打破了国外软件的垄断地位，为国内用户提供了更多优质、高效、安全的 CAE 软件产品和服务。

3.2.4　CAE 软件基本功能

在产品研发和工程设计过程中，CAE 软件主要帮助用户开展集成建模、分析、仿真和优化等多项工作。CAE 软件的基本功能主要包括分析和仿真、建模和几何处理、材料属性和边界条件定义、数值求解、结果分析和可视化、优化设计等（见图 3.14）。

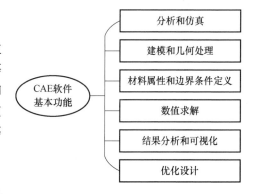

图 3.14　CAE 软件基本功能

1. 分析和仿真

CAE 软件可以用来对产品和工程设计进行各种类型的分析和仿真。它可以模拟和预测产品在不同工况下的性能和行为，包括结构强度、材料疲劳、热传导、流体动力学等。通过 CAE 软件的分析和仿真，用户可以更好地理解产品的行为和性能，及早发现潜在的问题并进行优化。

2. 建模和几何处理

CAE 软件支持创建和编辑三维几何模型，包括构建基本几何形状、进行布尔运算（如合并、切割、相交等）、特征添加和编辑等。此外，CAE 软件还可以导入和处理来自 CAD 软件的几何数据，确保产品与工程设计的精确性。

3. 材料属性和边界条件定义

在 CAE 软件中，用户可以为模型定义材料属性，如弹性模量、泊松比、密度、热膨胀系数等，用来模拟材料的真实行为。同时，CAE 软件还支持设置边界条件，如约束、载荷（力、压力、温度等）、初始条件等，用来模拟实际工程环境中的各种情况。

4. 数值求解

CAE 软件使用数值方法（如有限元法、有限体积法、边界元法等）对模型进行求解和仿真。它们能够解决多种物理问题，包括结构力学、流体力学、热传导、电磁学等。通过求解数学方程组，CAE 软件能够模拟和分析产品或工程在各种条件下的响应和行为。

5. 结果分析和可视化

在完成数值求解后，CAE 软件可以自动生成仿真结果，并提供丰富的后处理工具用于结果分析。用户可以查看和分析应力分布、位移场、温度场、流场等关键信息，以评估产品和工程的性能和行为。另外，CAE 软件的可视化工具能够以图形、图表和动画的形式展示分析结果，帮助用户更好地理解数据并做出科学决策。

6. 优化设计

CAE 软件还可以结合优化算法进行产品和工程设计优化。用户可以定义优化目标和约束条件，软件能够自动调整设计参数以找到最优解。通过优化设计，可以在满足产品和工程性能要求的同时降低成本或提高生产率。

除上述六项基本功能，CAE 软件还具有载荷与约束应用、报告与文档生成、模型验证与校准等基本功能。这些基本功能共同构成了 CAE 软件强大的功能体系，使其在工程设计、分析、优化和可靠性评估等方面发挥着重要作用。

3.2.5　CAE 软件技术架构

CAE 软件技术架构是一个多层次的结构，这种多层次的技术架构使 CAE 软件能够支持从模型建立到结果输出的整个工程分析和模拟过程。但具体的层次数量可能因不同的软件供应商、设计理念和系统需求而有所差异。

一般来说，CAE 软件技术架构大致可以归纳为用户界面层、应用逻辑层、数据管理层、集成与接口层。有时，还可以将底层的技术细节抽象为基础设施层或硬件抽象层，这一层负责隐藏底层硬件和操作系统的细节，确保 CAE 软件在不同平台上的稳定运行。然而，这一层有时也被视为底层技术实现的一部分，而不是单独的一个架构层次。

综上所述，典型的 CAE 软件技术架构通常可以划分为 4~5 层，具体取决于是否将基础设施或硬件抽象作为一个单独的层次来考虑。

本书将底层的技术细节抽象为基础设施层，把 CAE 软件技术架构分为 5 层，分别是用户界面层、应用逻辑层、数据管理层、集成与接口层、基础设施层（见图 3.15）。

在图 3.15 中，用户界面层、应用逻辑层、数据管理层、集成与接口层、基础设施层等各个层次之间协同工作，共同支撑着整个 CAE 软件的运行。各个层次之间存在着紧密的关系。

用户界面层负责与用户进行交互，接收用户的输入并展示相应的输出，它通过图形用户界面（Graphical User Interface，GUI）提供直观、易用的操作界面。

应用逻辑层是 CAE 软件的核心，它包含了执行各种分析任务所需的算法和逻辑。用户界面层将用户的输入传递给应用逻辑层，应用逻辑层根据这些输入执行相应的分析，并将结果返回用户界面层进行展示。

数据管理层负责管理 CAE 软件分析过程中涉及的所有数据，包括模型数据、分析参数、材料属性和结果数据等，确保数据的安全性、一致性和完整性。应用逻辑层在执行分析任务时需要从数据管理层获取所需的数据，并将分析结果存储至数据管理层。这两个层次之间的紧密合作确保了数据的准确性和可追溯性。

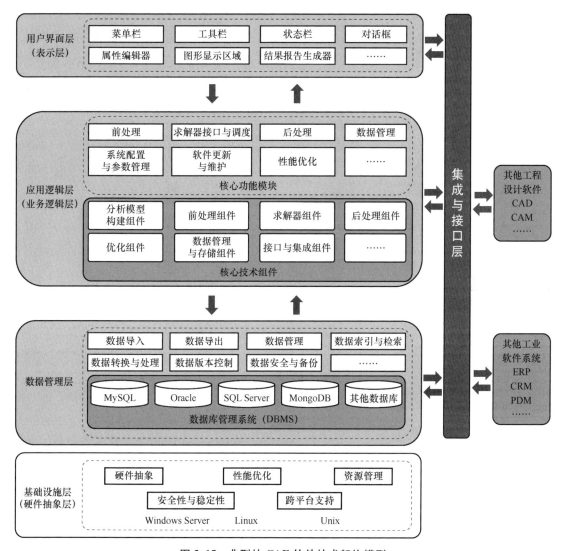

图 3.15　典型的 CAE 软件技术架构模型

集成与接口层负责与其他系统（如 CAD 软件、CAM 软件和 PDM 系统等）进行集成和交互。它提供了必要的 API 和插件机制。数据管理层和集成与接口层之间的交互主要涉及数据的导入和导出。例如，从 CAD 软件导入模型数据到数据管理层，或者将分析结果导出到 PDM 系统进行后续处理。这两个层次之间的顺畅交互确保了 CAE 软件与其他企业系统之间的无缝集成。

基础设施层（或称为硬件抽象层）负责隐藏底层硬件和操作系统的细节，为上层软件提供一个稳定、高效、统一的运行环境。所有其他层次（用户界面层、应用逻辑层、数据管理层和集成与接口层）都运行在基础设施层之上，并依赖于它提供的资源和服务。基础设施层确保这些层次能够在不同的硬件和操作系统上稳定运行，并利用底层硬件的性能进行优化。

上述这些层次相互依赖、相互协作，共同构成了一个完整而高效的 CAE 软件系统技术架构。每个层次都有其独特的功能和职责，通过层间的接口进行交互和通信，以实现整个软件系统的正常运行和高效工作。

1. 用户界面层

用户界面层（也称表示层）是整个 CAE 软件技术架构中与用户直接交互的部分，负责提供直观、易用的图形用户界面，使用户能够轻松地与 CAE 软件进行交互，完成模型建立、参数设置、分析任务提交和结果查看等操作。

在 CAE 软件用户界面层中包含的功能组件主要有菜单栏和工具栏、状态栏、对话框和属性编辑器、图形显示区域、结果报告生成器等。

（1）菜单栏和工具栏　CAE 软件用户界面层以菜单栏和工具栏的形式提供常见的操作命令和功能按钮，用户可以通过这些命令和按钮快速访问系统的各项功能，如文件操作（打开、保存、导入、导出等）、模型编辑、分析设置、求解控制、结果查看等。这些命令和按钮帮助用户快速访问常用功能，提高工作效率。

菜单栏通常按功能分类，如文件、编辑、视图、分析等。工具栏则提供常用命令的快速访问，如保存、撤销、重做等。

（2）状态栏　在 CAE 软件的用户界面层中，状态栏是一个重要的功能组件，它位于软件窗口的底部，用于显示与当前软件状态相关的信息。

状态栏中包含多种状态指示器，如进度条、图标或文本，用于显示当前操作的进度或状态。例如，在进行复杂的分析计算时，状态栏可以显示一个进度条，让用户知道计算的进度和预计剩余时间。状态栏还可以显示关于当前选定对象或操作的简短信息提示。例如，当用户选择一个模型部件时，状态栏可能会显示该部件的材料、尺寸或其他相关属性。

状态栏提供了一种便捷的方式，让用户能够随时了解软件的运行情况、当前操作的状态及其他重要信息。

（3）对话框和属性编辑器　在 CAE 软件技术架构的用户界面层中，对话框和属性编辑器是用户与系统进行交互的关键组件，提供了用户设置参数、编辑属性及执行特定任务的界面。

对话框通常是临时的弹出窗口，用于获取用户的输入或显示系统的某些信息。在 CAE 软件中，对话框常用于文件操作、参数设置、分析控制、错误和警告等场景。

属性编辑器则是一个更持久的界面元素，通常用于编辑和查看当前选中对象（如模型部分、分析结果等）的详细属性。属性编辑器的主要功能包括属性显示、属性编辑、实时更新、属性模板、搜索和过滤等。

在 CAE 软件中，对话框和属性编辑器通常紧密集成，共同提供一个直观、高效的用户界面，使用户能够顺利完成模型建立、分析设置和结果查看等任务。同时，这些组件也需要与应用逻辑层紧密配合，确保用户输入的数据和命令能够正确地被系统处理并反映在最终的模型和分析结果中。

（4）图形显示区域　在 CAE 软件技术架构的用户界面层中，图形显示区域是一个专门用于可视化展示的区域，它占据了用户界面中的大部分空间，并提供了丰富的交互功能，使用户能够直观地观察和分析模型、仿真结果及其他相关数据。

图形显示区域能够呈现三维模型的各种细节，包括几何形状、材料属性、边界条件等。用户可以通过缩放、旋转、平移等操作来自由调整视图，以便更好地观察模型的各个方面。

CAE 软件的分析结果数据会以图形化的方式展示在图形显示区域中，如颜色云图、变形图、应力分布图等。用户可以根据需要选择不同的可视化效果，以便更清晰地了解分析结果。此外，图形显示区域还支持动态展示，可以生成仿真动画，帮助用户更好地理解模型的动态行为。

在复杂的分析场景中，用户可能需要同时观察多个结果或模型的不同部分。图形显示区域支持多层叠加显示功能，允许用户在同一视图中展示多个图层，并通过调整图层的透明度、颜色等属性来区分不同的内容。

图形显示区域是 CAE 软件用户界面层中至关重要的组成部分，它提供了直观、交互式的可视化环境，使用户能够方便地观察和分析模型及仿真结果。通过高质量的渲染和丰富的交互功能，图形显示区域可以帮助用户更好地理解复杂工程问题，并做出准确的决策。

（5）结果报告生成器　在 CAE 软件技术架构的用户界面层中，结果报告生成器是一个专门用于生成、编辑和导出分析结果报告的工具，它使用户能够将复杂的分析数据以易于理解和分享的形式呈现出来。

结果报告生成器能够自动或手动从分析过程中收集关键数据，包括模型的详细信息、分析设置、求解结果及任何后处理操作的结果，并自动将分析结果数据转换为图表，如条形图、折线图、饼图、散点图等，用户可以根据需要选择图表类型，并对其进行自定义设置。在某些高级的结果报告生成器中，用户可以直接在报告中与数据进行交互，如缩放、旋转三维视图，筛选数据点或动态更新图表以反映不同的参数设置。

另外，结果报告生成器支持在不同分析结果之间进行比较，并将比较结果直观地呈现在报告中；还支持将报告导出为多种格式，如 PDF、Word、HTML 等，以便用户能够轻松地将报告分享给团队成员或外部利益相关者。

在 CAE 软件技术架构的用户界面层中，除以上功能组件，一般还有消息栏、树状视图等功能组件，以满足 CAE 软件的具体需求和业务场景。以上这些功能组件共同构成了 CAE 软件用户界面层的基础框架，能够为用户提供直观、流畅、高效的用户体验。

需要注意的是，以上关于用户界面层的描述是基于典型的 CAE 软件技术架构进行的，实际的功能实现可能因具体的软件供应商、软件版本和用户特定需求不同而有所不同。在实际应用中，用户界面层可能会有更多的自定义选项和高级功能，以满足不同用户的特定需求。

2. 应用逻辑层

在 CAE 软件技术架构中，应用逻辑层（也称业务逻辑层）是整个 CAE 软件的关键技术层次之一，主要负责处理软件系统的核心业务逻辑和功能实现。

应用逻辑层位于用户界面层之下，负责处理用户界面层的输入请求，执行相应的计算和分析任务，并返回结果至用户界面层进行展示。应用逻辑层的功能和设计对于 CAE 系统的性能、准确性和可靠性具有至关重要的作用。

CAE 软件应用逻辑层包括多个核心功能模块和核心技术组件，这些核心功能模块和核心技术组件共同协作，支持工程分析和模拟的整个过程。

（1）核心功能模块　CAE 软件应用逻辑层的核心功能模块主要包括前处理、求解器接口与调度、后处理、数据管理、系统配置与参数管理、软件更新与维护等。

1）前处理模块是 CAE 软件技术架构应用逻辑层的核心功能模块之一。前处理模块主要负责为分析准备好模型和数据，以确保后续数值计算的准确性和有效性。

前处理模块允许用户直接建立几何模型，或者从其他 CAD 软件中导入已有的几何模型。导入过程中，前处理模块会对模型进行必要的清理和修复，以确保模型的几何完整性和准确性。用户可以通过前处理模块定义模型的材料属性，如弹性模量、泊松比、密度等，这些属性是后续数值分析的基础。

网格划分是将几何模型离散化为有限个小单元（如有限元、有限体积等）的过程，这些小单元是数值计算的基本单元。前处理模块提供强大的网格划分工具，支持自动和半自动的网格划分方式，用户可以根据分析需求设置网格的疏密程度和类型。

边界条件和载荷是数值分析的重要输入条件。前处理模块允许用户定义模型的边界条件（如固定、自由、周期性等）和施加的外部载荷（如力、压力、温度等），这些设置将直接影响分析结果的准确性和合理性。

另外，在提交分析之前，前处理模块还提供模型检查功能，帮助用户发现并修复模型中的错误和问题，包括几何错误、网格质量问题、材料属性设置错误等。通过模型检查，可以确保提交给求解器的模型是正确和完整的。

2）求解器接口与调度模块作为前处理与求解器之间的协调者和桥梁，主要负责管理求解器的调用和运行，包括传递模型数据、分析参数和求解器设置，以及监控求解器的运行状态等。它提供与多种求解器的接口，确保软件能够调用不同类型的求解器进行数值分析和模拟。

求解器接口与调度模块负责处理从前处理模块传递来的模型数据、边界条件、材料属性等，并根据求解器的具体需求对这些数据进行转换或格式化。同时，该模块还负责从求解器接收计算结果，并将其转换为后处理模块可以理解和处理的格式。

在多核或多节点计算环境中，求解器接口与调度模块负责求解任务的调度，它会根据任务的优先级、预计计算时间及可用资源等因素来优化任务队列，以提高计算资源的使用效率。

另外，求解器接口与调度模块还负责实时监控求解器的运行状态，包括计算进度、资源使用情况及任何可能出现的错误或异常。如果出现错误，该模块会采取相应的措施，如停止计算、记录错误信息或触发警报，以确保数据的完整性和系统的稳定性。

3）后处理模块主要负责处理求解器计算完成后的结果数据，将其以直观、易于理解的形式展示给用户，并支持进一步的数据分析和结果评估。

后处理模块首先接收求解器输出的原始结果数据，这些数据可能包括位移、应力、应变、温度、流速等物理量的分布信息。该模块内部会对这些数据进行有效管理，确保数据的完整性和可访问性，以便进行后续的处理和展示。

后处理模块的核心功能之一是将结果数据以图形化的方式展示出来，如彩色云图、等值线图、矢量图、粒子流迹图等。用户可以通过这些可视化工具直观地了解分析对象在不同条件下的性能表现，如结构的应力集中区域、流体的流动特性等。

除了可视化展示，后处理模块还提供结果数据的查询和提取功能。用户可以根据需要选择特定的数据点、线、面或体积进行查询，获取详细的数值信息，如最大应力值、平均温度等。

另外，为了便于用户分享和归档分析结果，后处理模块提供报告生成功能。用户可以根据需要定制报告的格式和内容，将分析结果以文本、图表、图像等形式输出到报告中。

4）数据管理模块是整个 CAE 软件技术架构中非常关键的一部分，它负责有效、安全地管理 CAE 分析过程中涉及的所有数据。

数据管理模块负责从外部源（如 CAD 软件、试验数据、其他仿真软件等）导入模型数据、材料属性、边界条件等必要信息。同样，该模块也支持将分析结果、报告和其他相关数据导出到外部系统或文件格式中，以便进一步处理或共享。

数据管理模块具备数据格式转换功能，当导入数据时，它可以将来源不同、格式不同、标准不同的数据转换为 CAE 软件内部可以处理的统一格式。同样地，当导出数据时，该模块也可以将数据从内部格式转换为外部系统所需的格式。

在 CAE 分析过程中，数据的完整性和一致性至关重要。数据管理模块通过实施数据验证规则、错误检查和纠正机制来确保数据的准确性。此外，该模块还负责处理数据版本控制问题，以确保在分析过程中的任何时间点都可以访问到正确版本的数据。

5）系统配置与参数管理模块负责管理和维护系统中的各种配置参数，以确保系统在不同场景和用户需求下具有灵活性和可配置性。这些配置参数主要包括用户设置、系统选项、分析参数、界面布局、数据格式等方面。

通过有效的系统配置与参数管理，CAE 软件可以适应不同的应用场景和用户需求，提供灵活、可定制的功能和性能设置。同时，它还可以增强 CAE 软件的可维护性和可扩展性，降低系统管理和维护的复杂性。

6）软件更新与维护模块是确保 CAE 软件持续稳定运行、保持与最新技术和标准同步的关键。软件更新与维护功能模块主要包括定期的软件更新、安全补丁应用、功能增强、性能优化，以及故障排查和修复等。

通过有效的软件更新与维护策略，CAE 软件可以保持其性能的先进性，满足用户不断变化的需求，并提供持续稳定且高效的服务。这对于确保工程分析的准确性、提高设计效率及降低运营风险至关重要。

需要注意的是，除了上述核心功能模块，CAE 软件应用逻辑层还有用户交互与界面支持、性能优化、报告与文档生成等其他功能模块，以满足 CAE 软件的具体需求和业务场景。上述这些功能模块相互关联、相互作用、协同工作，共同构成了 CAE 软件的功能体系，为用户提供了一个强大而灵活的 CAE 分析环境。

（2）核心技术组件　在应用逻辑层中，技术组件是构成该层功能的基础元素，它们通过相互协作来完成特定的工程分析任务。为了实现以上核心功能，CAE 软件的应用逻辑层配有多个核心技术组件，主要包括分析模型构建组件、前处理组件、求解器组件、后处理组件、优化组件、数据管理与存储组件、接口与集成组件等。

1）分析模型构建组件是极为关键的一个技术组件，它涉及 CAE 分析的起始阶段——模型的创建与构建。用户可以通过分析模型构建组件提供的工具和功能，从头开始创建新的分析模型，或者对已有的模型进行编辑和修改，包括定义模型的几何形状、材料属性、边界条件等。

为了与其他 CAD/CAM 系统进行数据交换和共享，分析模型构建组件支持多种文件格式的数据导入和导出功能。这样，用户可以从其他系统中导入已有的模型数据，也可以在 CAE 软件中完成分析后将结果导出到其他系统进行进一步处理。

随着项目复杂性的增加，用户可能需要管理多个分析模型。分析模型构建组件提供模型的管理和组织功能，如模型的存储、检索、版本控制等，以帮助用户有效地管理和维护他们的分析模型。

在导入或创建模型后，可能会出现一些错误或不一致性。分析模型构建组件提供模型验证和修复功能，以检查和纠正这些问题，确保模型的准确性和完整性。

另外，分析模型构建组件通常提供直观易用的用户界面和丰富的交互功能，以降低使用难度和学习成本。用户可以通过界面上的各种工具和控件，轻松地进行模型的创建、编辑和管理操作。通过分析模型构建组件，用户可以方便地创建、编辑和管理分析模型，从而有效地进行工程问题的模拟和分析。

2）前处理组件在 CAE 软件技术架构的应用逻辑层中扮演着至关重要的角色。前处理组件是 CAE 分析流程中的起始环节，它负责为后续的数值求解过程准备必要的数据和模型。

前处理组件支持从 CAD 等设计软件中导入几何模型，并对导入的模型进行必要的修复和清理工作，以确保模型的几何完整性和一致性。

根据分析类型和求解精度的要求，前处理组件提供对模型进行网格划分的功能，包括选择合适的网格类型（如结构网格、非结构网格等）、设置网格密度和质量控制参数等。

前处理组件允许用户定义模型的边界条件和施加的载荷。这些边界条件可以是位移约束、力载荷、温度载荷等，它们对于后续的求解过程至关重要。同时，用户可以通过前处理组件为模型的不同部分分配材料属性，如弹性模量、泊松比、密度等，这些属性将影响求解结果的准确性。对于涉及多个部件或组件的装配体模型，前处理组件可以提供定义部件间接触和连接关系的功能，以确保在求解过程中正确传递力和位移。

在完成前处理设置后，前处理组件提供模型检查工具，帮助用户验证模型的完整性、一致性和求解可行性。另外，前处理组件还需要与求解器组件进行接口对接，将准备好的模型数据和求解参数传递给求解器进行数值计算。

3）求解器组件是 CAE 软件技术架构的应用逻辑层中的核心计算引擎，负责执行工程问题的数值分析和模拟。求解器组件接收前处理组件准备的数据和模型，并应用适当的数值方法和算法来求解物理方程，以得出工程系统的性能响应。

求解器组件实现了多种数值分析方法，如有限元法、有限差分法（Finite Difference Method，FDM）、有限体积法（Finite Volume Method，FVM）等。这些方法用于将连续的物理问题离散化为可计算的数值问题。

根据前处理阶段定义的模型、边界条件、载荷和材料属性，求解器组件可以构建并求解相应的数学方程。这些方程可以是线性或非线性的、静态或动态的，取决于分析类型。

对于非线性问题或需要迭代求解的情况，求解器组件实现适当的迭代算法，并监控迭代过程中的收敛性。它会根据预设的收敛准则自动调整迭代步骤，直到达到满意的解。同时，为了提高计算效率，求解器组件支持并行计算技术，如多线程处理、分布式计算等，并允许求解器同时利用多个计算资源来加速求解过程。

在求解过程中，求解器组件具备错误处理和诊断功能。它能够检测并报告数值计算中的异常情况，如矩阵奇异、不收敛等，并提供相应的错误信息和建议的解决方案。求解完成后，求解器组件将计算结果输出到后处理组件或数据存储系统中。这些结果可能包括位移、应力、应变、温度、压力等物理量的分布和演变。

求解器组件的设计和实现需要深厚的数学和物理知识，以及对数值分析方法和计算机编程的熟练掌握。为了提高求解器的性能和可靠性，开发人员可能需要进行大量的算法优化、代码测试和验证工作。

4）后处理组件是应用逻辑层中至关重要的一个技术组件，它主要负责处理和分析求解器组件计算得到的结果数据。后处理是将这些复杂的数值数据转换成工程师或设计师能够直观理解的图形、图像或报告的过程。

后处理组件首先需要读取求解器输出的结果文件，这些文件通常包含了大量的数值数据，如位移、应力、应变、温度等物理量的分布和变化。

为了方便用户理解和分析结果，后处理组件提供了数据可视化功能。它可以将结果数据以图形或图像的形式展示出来，如彩色云图、等值线图、矢量图、粒子流迹图等。这些图形直观地展示了物理量在模型上的分布和变化趋势。对于动态或时变的分析结果，后处理组件可以生成结果动画。通过动画，用户可以更直观地观察物理量随时间的变化过程，如结构的振动模态、流体的流动过程等。

除了图形展示，后处理组件还提供结果数据的量化和提取功能。用户可以查询特定位置或区域的物理量值，也可以提取感兴趣的数据进行进一步的分析和处理。同时，后处理组件通常还包含报告生成功能。它可以根据用户的需要，自动或半自动地生成包含分析结果、图表、动画等内容的报告文档。这些报告可以用于项目汇报、设计评审、产品优化等场景。

对于需要进行多次分析或优化的情况，后处理组件支持结果数据的比较和验证。用户可以比较不同方案或不同参数下的分析结果，以评估设计的优劣和可行性。

后处理组件通过直观的数据可视化和报告生成功能，帮助用户更好地理解和分析结果数据，从而支持工程决策和设计优化。

5）优化组件负责基于已有的分析结果对设计或工程问题进行优化。优化组件是 CAE 软件中实现设计优化、参数优化和多目标优化的关键部分，它能够帮助用户找到满足性能要求、降低成本或提高生产率的最佳设计方案。

优化组件允许用户定义设计变量，这些变量是可以在优化过程中改变的参数，如模型的几何尺寸、材料属性、边界条件等。

用户可以通过优化组件设置优化问题的目标函数，如最小化重量、最大化强度等。同时，还可以定义约束条件，确保优化结果满足特定的性能要求或设计准则。

优化组件内置了多种优化算法，如梯度优化算法、遗传算法、粒子群优化算法等。这些算法根据问题的性质和目标函数的特点选择合适的搜索策略，以找到最优解。

同时，优化组件支持灵敏度分析功能，通过计算设计变量对目标函数和约束条件的影响程度，帮助用户识别关键参数和潜在的设计改进方向。

在优化过程中，优化组件提供监控功能，允许用户实时查看优化进度、目标函数值的变化及设计变量的调整情况。优化完成后，优化组件将最优解以图形或报告的形式输出，包括最优设计变量的值、目标函数的最优值及约束条件的满足情况。这些信息对于用户进行决策和进一步的设计迭代至关重要。

优化组件能够帮助用户在设计阶段早期发现潜在的问题并提出改进方案，从而节省时间和成本。通过结合其他 CAE 技术组件（如前处理、求解器和后处理组件），优化组件可以形成一个完整的设计分析优化流程，提高产品设计的效率和质量。

6）数据管理与存储组件负责有效地管理和存储 CAE 分析过程中所涉及的大量数据。这些数据包括模型几何信息、材料属性、边界条件、载荷信息、分析结果等，对于保证分析的准确性和可追溯性至关重要。

为了有效地组织和管理数据，数据管理与存储组件首先定义了一套数据模型。这套数据模型描述了不同类型数据之间的关系、数据的存储结构及数据的访问方式。

数据管理与存储组件提供高效的数据存储机制，确保数据的安全性和完整性。同时，它还提供了灵活的检索功能，允许用户根据需求快速定位并获取所需的数据。

在 CAE 分析过程中，数据可能会经历多次修改和迭代。数据管理与存储组件支持数据版本控制功能，可以记录数据的变更历史，方便用户进行追溯和比较。同时，对于多用户或多部门协同工作的场景，数据管理与存储组件支持数据共享功能。它允许不同用户访问和修改共享的数据，同时提供了相应的权限控制和冲突解决机制。

为了防止数据丢失或损坏，数据管理与存储组件具备数据备份功能，可以定期将数据备份到安全的存储介质中，并在需要时提供数据恢复服务。另外，对于敏感或重要的数据，数据管理与存储组件提供了安全加密功能。它使用加密算法对数据进行加密存储和传输，确保数据在存储和传输过程中的安全性。

在 CAE 软件中，数据管理与存储组件是连接各个功能模块的纽带，它确保了数据在整个分析过程中的一致性和可追溯性。

7）接口与集成组件是确保不同模块、系统之间能够顺畅交互与协作的关键技术组件。该组件提供标准化的数据交换和通信机制，使 CAE 软件能够与其他工程设计软件（如 CAD、CAM 等）及企业内部的工业软件系统（如 PDM、ERP 等）进行集成。

由于不同的工程软件可能采用不同的数据格式，接口与集成组件负责在数据交换过程中进行格式转换，确保信息的准确性和一致性。例如，将 CAD 软件的几何模型数据转换为 CAE 软件能够识别的格式。

为了扩展 CAE 软件的功能，接口与集成组件提供了 API 和插件机制。这使第三方开发者或企业内部的开发团队能够为 CAE 软件添加自定义的功能模块或与其他系统进行深度集成。

在企业级的工程环境中，CAE 软件需要与其他工业软件系统进行通信，以实现数据的共享和同步。接口与集成组件通过实现标准的通信协议（如 SOAP、REST 等）或采用中间件技术，确保不同系统之间的顺畅交互。

为了提高工程设计流程的自动化水平，接口与集成组件支持工作流集成。这意味着 CAE 软件可以与其他工程设计软件协同工作，按照预定义的工作流程自动执行一系列任务，如模型导入、分析设置、结果输出等。另外，为了提供统一的用户体验，接口与集成组件还负责将 CAE 软件的用户界面与其他相关系统的用户界面进行集成。这可以通过统一的界面风格、菜单结构、工具栏等方式来实现。

接口与集成组件在 CAE 软件中扮演着"桥梁"和"纽带"的角色，它确保 CAE 软件能够与其他工程设计软件（如 CAD、CAM 等）和工业软件系统（如 PDM、ERP 等）进行顺畅的交互与协作。通过实现标准化的数据交换和通信机制、提供 API 和插件支持、支持工作流集成及用户界面集成等功能，接口与集成组件为构建一个高效、灵活、可扩展的工程设计环境奠定了基础。

上述这些技术组件在应用逻辑层中协同工作，共同实现 CAE 软件系统的核心功能。通过合理的架构设计和技术组件划分，可以提高软件系统的可维护性、可扩展性和性能表现。需要注意的是，不同软件厂商、不同行业的 CAE 软件可能会有不同的技术架构和技术组件划分，上述内容只是一种典型的划分方式。在实际应用中，应根据具体的 CAE 软件设计需求来确定其应用逻辑层的核心技术组件。

3. 数据管理层

在 CAE 软件技术架构中，数据管理层是其核心组成部分之一。数据管理层主要负责管理 CAE 软件进行性能分析或模拟时所需的数据，并确保这些数据在整个分析过程中的完整性、一致性和可访问性。数据管理层的主要功能模块包括数据导入与数据导出、数据管理、数据转换与处理、数据版本控制、数据安全与备份等。

（1）数据导入与数据导出　在 CAE 软件技术架构中，数据管理层的数据导入与数据导出功能至关重要，这些功能使用户能够轻松地将外部数据引入 CAE 软件中，并将分析结果导出以供其他应用或团队成员使用。在 CAE 软件中，需要导入的数据主要有几何数据、材料属性、边界条件和载荷等。数据管理层能够处理多种常见的 CAD 文件格式（如 STEP、IGES、DWG、DXF 等），以及特定的 CAE 文件格式（如 MSC Nastran 的 BDF、ANSYS 的 CDB 等），用户可以直接从 CAD 软件或其他 CAE 软件中导入模型数据。

CAE 分析完成后，用户通常需要将结果数据导出以供进一步分析或报告使用。数据管理层支持将结果数据导出为常见的文件格式，如 CSV、Excel、VTK 等。对于需要进行可视化的结果，如位移云图、应力云图等，数据导入与数据导出模块支持导出为图像文件（如 PNG、JPEG）或专业的可视化文件格式（如 ParaView 的 PVTU）。除了直接导出数据，数据导入与数据导出模块还可以自动生成包含分析结果和结论的报告，这些报告可以是以 PDF、Word 等格式输出的文档。

通过强大的数据导入与数据导出功能，CAE 软件的数据管理层实现了与外部世界的有效沟通，从而提高了分析流程的效率和灵活性。

（2）数据管理　数据管理层的数据管理模块是整个 CAE 软件高效运行和准确分析的核心。在 CAE 软件中，数据管理涉及多个方面，包括数据的存储、组织、索引、检索、维护和安全等。

数据管理层使用数据库系统（如关系型数据库 MySQL、Oracle、SQL Server 等，或非关系型数据库 MongoDB、Redis、Cassandra 等）来存储结构化的数据，如模型参数、材料属性、分析设置等。这些数据以表格的形式组织，便于查询和更新。对于大型的几何模型、网格数据和分析结果等非结构化数据，数据管理层采用文件系统或专门的存储解决方案（如分布式文件系统）进行高效存储。

数据管理模块定义了一套数据模型来组织和管理 CAE 数据，这些数据模型描述了不同类型数据之间的关系，如几何模型与材料属性、载荷与边界条件等。除了实际的数据内容，数据管理模块还管理着数据的元数据，包括数据的描述、创建时间、修改历史等，这些元数据对于数据的追溯非常重要。另外，为了提高数据检索的效率，数据管理模块建有索引机制，可以对存储的数据进行快速定位和访问。

（3）数据转换与处理　在 CAE 软件的技术架构中，数据管理层的数据转换与处理模块对于实现不同软件之间的数据互通和分析流程的顺畅进行至关重要。

由于 CAE 软件常常需要与 CAD 软件和其他分析软件进行数据交换，数据管理层必须能够处理多种文件格式，包括将外部文件格式（如 STEP、IGES、DWG 等）转换为 CAE 软件可识别的内部格式，以及将内部格式导出为其他软件可读的格式。在转换过程中，数据管理层需要建立源数据与目标数据之间的映射关系，从而识别不同软件中的对应实体（如几何元素、材料、边界条件等），并正确地映射它们的属性和关系。

在将数据导入 CAE 软件之前，数据管理层需要对数据进行清理，以消除冗余、错误或不一致的信息，如删除重复项、修复几何错误、填充缺失值等。当分析复杂模型时，数据管理模块从原始数据中提取关键特征（如几何特征的识别、材料属性的汇总或边界条件的抽象等），以便进行更有效的分析。分析完成后，数据管理模块对结果数据进行处理，以便进行可视化、报告或进一步的分析，如数据的滤波、统计分析、云图生成或动画模拟等。

数据管理层通过数据转换与处理功能实现了不同软件之间的数据互通、数据质量的提升和分析流程的简化，这对于提高 CAE 分析的效率和准确性具有重要意义。

（4）数据版本控制　　在复杂的工程分析过程中，数据可能会经历多次修改和迭代，因此，数据管理层的数据版本控制模块对于管理分析数据和协作流程至关重要。数据版本控制模块允许用户追踪数据的变化历史，并在必要时恢复到以前的版本。

通过数据版本控制功能，CAE 软件的数据管理层为用户提供了一个可靠、灵活和高效的数据管理解决方案，可以降低数据丢失、冲突和错误的风险，并提高协作和分析流程的效率。

（5）数据安全与备份　　在 CAE 软件技术架构中，数据管理层的数据安全与备份功能对于保护重要分析数据和确保业务连续性至关重要。

数据管理层实施严格的访问控制机制，确保只有经过授权（如身份验证、角色管理和权限分配等）的用户才能访问敏感数据，以防止未经授权的访问和数据泄露。同时，敏感数据在存储和传输过程中使用加密技术进行保护，并通过校验、哈希函数或数字签名等技术，验证数据的完整性和真实性。

数据安全与备份模块制定定期备份策略，自动或在用户指定的时间间隔内进行数据备份，备份数据存储在可靠的存储介质上，如磁带、硬盘或云空间，并定期验证备份数据的完整性和可恢复性。

通过数据安全与备份功能，CAE 软件的数据管理层确保了数据的安全性、可靠性和可恢复性，可以降低数据丢失、损坏或泄露的风险，并维护业务的连续性和正常运行。

在 CAE 软件的工作流程中，数据管理层扮演着至关重要的角色。它与用户界面层、系统支持层和其他功能组件紧密协作，确保数据的正确传递和处理，从而支持准确的工程分析和决策。上述这些功能模块相互关联、相互作用、协同工作，共同构成了 CAE 软件数据管理层的功能体系。

4. 集成与接口层

在 CAE 软件技术架构中，集成与接口层是一个至关重要的构成，它位于应用逻辑层与外层系统之间，起到了桥梁和中介的作用。

集成与接口层的主要任务是处理 CAE 软件与其他工程设计软件（如 CAD、CAM 等）及工业软件系统（如 ERP、CRM、PDM 等）之间的数据交换、通信与同步，包括从 CAD 软件导入几何模型、将分析结果导出到报告系统、与 PDM 系统同步产品配置信息等。为了确保与各种外部系统的兼容性，集成与接口层提供了一系列标准化的接口，如 API、Web

Services、数据交换格式（如 STEP、IGES、XML 等），这些接口遵循行业通用的标准和规范。

除此之外，集成与接口层一般还包括协议转换与适配、安全性与权限管理、错误处理与日志记录、可扩展性与灵活性等功能。

综上，集成与接口层不仅是 CAE 软件与外部世界进行交互的窗口，也是实现企业级工程设计流程自动化的关键环节。通过提供标准化的接口、处理数据交换与同步、确保安全性和权限管理等功能，集成与接口层为构建一个开放、高效、协同的工程设计环境提供了有力的支持。集成与接口层可以位于应用逻辑层的旁边或下方，具体位置取决于集成需求。

5. 基础设施层

在 CAE 软件技术架构中，基础设施层（有时也称为硬件抽象层或系统支持层）扮演着至关重要的角色。这一层主要负责隐藏底层硬件和操作系统的细节，确保 CAE 软件能够在不同的平台上稳定、高效地运行。基础设施层的主要功能模块包括硬件抽象、性能优化、资源管理、安全性与稳定性、跨平台支持等。

（1）硬件抽象　在 CAE 软件技术架构中，基础设施层的硬件抽象功能是实现软件与底层硬件解耦的关键。硬件抽象功能使 CAE 软件可以在不同的硬件平台上运行，而无须对软件本身进行大量修改，从而提高了软件的可移植性和灵活性。

不同的硬件平台具有不同的特性和功能。硬件抽象模块将这些特性和功能进行抽象化，为上层软件（如应用逻辑层、数据管理层等）提供了一组统一的、与硬件无关的接口。这些接口隐藏了底层硬件的具体细节，使上层软件可以通过调用这些接口来实现对硬件的访问和控制，而无须关心底层硬件的实现方式。硬件抽象模块还负责管理和分配底层硬件资源，如处理器、内存、存储设备等。它根据上层软件的需求和底层硬件的状态，动态地分配和释放硬件资源，确保上层软件能够高效、稳定地运行。

硬件抽象模块还负责处理底层硬件的错误和兼容性问题。当底层硬件出现故障或不兼容的情况时，硬件抽象模块会进行相应的处理，如切换备用硬件、调整软件配置等，以确保上层软件的正常运行。

CAE 基础设施层的硬件抽象模块为上层软件提供了一个稳定、高效、统一的运行环境，使 CAE 软件能够更好地适应不同的硬件环境，发挥出最佳的性能和功能。

（2）性能优化　CAE 软件基础设施层的性能优化功能是确保软件在各种硬件平台上都能高效运行的关键功能。性能优化模块通过资源管理与调度、内存管理、并行与分布式计算、IO 优化、算法优化、节能与功耗管理等一系列技术和策略，最大限度地提高软件的运行效率，减少资源消耗，并提供更流畅的用户体验。

通过性能优化，CAE 软件的基础设施层能够确保软件在各种硬件环境和工作负载下都能保持高效、稳定的运行性能，从而为用户提供更好的使用体验。

（3）资源管理　在 CAE 软件的基础设施层中，资源管理模块涵盖了多个方面，旨在实现资源的有效分配、监控、调度和优化，以满足上层应用的需求并提升整体系统性能。

资源管理模块通过抽象底层硬件、监控资源状态、动态分配与调度资源、优化资源使用、保障安全性与隔离性等措施，为上层软件提供了一个稳定、高效、安全的运行环境。这些功能共同协作，确保 CAE 软件能够充分利用系统资源并发挥出最佳性能。

（4）安全性与稳定性　安全性与稳定性模块旨在防止外部威胁、保护敏感数据、确保软件的持续可用性，并提供故障恢复机制，这对于保障整个软件系统的可靠运行至关重要。

在安全性方面，主要通过访问控制与身份验证、数据加密与保护、安全审计与日志记录、漏洞管理与补丁更新、网络安全防护等措施提供保障。

在稳定性方面，主要通过高可用性设计、故障检测与恢复、性能监控与优化、数据一致性与完整性保障、异常处理与容错机制等措施，共同构成了一个强大的防护体系，旨在保护软件系统免受外部威胁的侵害并确保其持续稳定运行。

（5）跨平台支持　CAE 软件基础设施层的跨平台支持功能是确保软件能够在多种操作系统、硬件架构和网络环境下无缝运行的关键。

跨平台支持模块通过操作系统兼容性（支持多种主流操作系统，如 Windows、Linux、Unix 等）、硬件架构适应性（支持多种硬件架构，包括 x86、x86-64、ARM、MIPS 等）、网络协议与通信标准（遵循通用的网络通信协议和标准，如 TCP/IP、HTTP、HTTPS 等）、图形用户界面一致性（采用跨平台的 GUI 框架，如 Qt、wxWidgets 等）、依赖管理与兼容性测试、持续集成与部署，以及文档与支持等方面的综合措施，确保软件能够在不同操作系统、多种平台和环境下稳定、高效地运行。

为了实现上述职责，跨平台支持模块采用各种技术和工具，如虚拟机、容器、中间件、设备驱动程序等。这些技术和工具可以帮助开发人员更好地管理和利用底层硬件资源，提高软件的运行效率和稳定性。

需要注意的是，不同的 CAE 软件供应商可能会采用不同的架构方法和技术来搭建基础设施层。因此，在实际应用中，这一层的具体实现可能会有所不同。但是，无论如何实现，基础设施层的目标都是为上层软件提供一个稳定、高效、易用的运行环境。以上阐述的是典型的 CAE 软件技术架构，不同厂商或不同实施项目的 CAE 软件技术架构可能会有所差异，具体取决于企业的业务需求、技术选型和实施策略。因此，在实际应用中，应根据企业的实际情况对 CAE 软件的技术架构进行定制和优化。

3.2.6　CAE 软件应用的关键技术

CAE 软件应用的关键技术在于对系统的仿真建模（也称模拟），就是对现有或未来系统进行建模及实验研究的过程。运用 CAE 软件进行仿真的典型目标包括系统性能分析、容量/约束分析、方案比较等。CAE 软件应用的关键技术主要包括有限元法、数值计算方法、计算机图形学、优化技术、多物理场耦合技术、并行计算技术和数据管理技术等（见图 3.16）。

1. 有限元法

有限元法是 CAE 软件技术的核心，其基本思想是将连续的结构离散化为有限个单元，通过对每个单元的近似求解，再将这些单元的结果组合起来，从而得到整个连续体的近似解。这种方法广泛应用于结构力学、热传导、电磁学等领域的仿真分析，能够高效地解决复杂的工程问题。

2. 数值计算方法

CAE 软件在进行仿真分析时，需要进行大量的数值计算，包括线性代数方程组的求解、微分方程的数值解法、积分方程的数值解法等。这些数值计算方法的准确性和稳定性对于 CAE 分析的精度和可靠性至关重要。

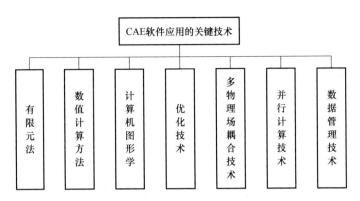

图 3.16　CAE 软件应用的关键技术

3. 计算机图形学

CAE 软件不仅需要进行计算分析，还需要将分析结果以图形的形式直观地展示给用户。因此，计算机图形学在 CAE 软件中也扮演着重要的角色，包括三维几何建模、图形渲染、动画生成等，使用户能够更直观地理解和分析仿真结果。

4. 优化技术

在产品设计和优化过程中，CAE 软件需要应用优化技术来寻找最优解。这些优化技术包括数学规划方法、遗传算法、模拟退火算法等，用于在满足约束条件下寻找使目标函数达到最优的设计变量值。

5. 多物理场耦合技术

许多工程问题都涉及多种物理场的相互作用，如结构场、流场、温度场、电磁场等。CAE 软件中的多物理场耦合技术可以模拟这些物理场之间的相互作用，从而更准确地预测产品的性能。

6. 并行计算技术

为了提高计算效率，CAE 软件通常会采用并行计算技术，利用多个计算核心同时进行计算，从而缩短计算时间。

7. 数据管理技术

CAE 软件需要处理大量的数据，包括几何模型数据、材料属性数据、边界条件数据、分析结果数据等。因此，有效的数据管理技术也是 CAE 软件的关键技术之一，包括数据的存储、检索、共享和保护等。

除上述关键技术，CAE 软件应用的关键技术还有网格生成与自适应技术、模型降阶技术、不确定性量化技术、多尺度仿真技术、耦合仿真技术等。这些关键技术共同构成了CAE 软件的技术核心，使 CAE 软件在工程仿真分析领域发挥了巨大的作用。随着科技的不断发展，CAE 软件应用的关键技术也在不断更新和优化，以适应更复杂的工程仿真分析需求。

3.2.7　CAE 软件主要应用领域

CAE 软件是一种强大的仿真分析工具，支持工程和产品设计的分析、仿真和优化，其主要应用领域包括机械设计与制造、航空航天、汽车工程、土木工程、电子工程等（见图 3.17）。

1. 机械设计与制造

在机械设计与制造领域，CAE 软件被广泛应用于产品的强度、刚度、疲劳寿命等方面的分析，以及机械零部件的优化设计。它帮助用户在设计阶段预测产品的性能，减少物理试验的需求，提高设计效率和设计质量。此外，它还可以用于模拟机械部件的运动和动力学行为，以评估其性能和寿命。

2. 航空航天

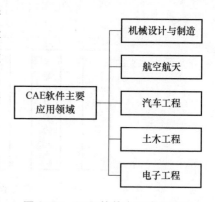

图 3.17　CAE 软件主要应用领域

航空航天领域对产品的性能要求极高，CAE 软件在该领域的应用至关重要。它可以模拟飞机、火箭等设备在各种飞行条件下的气动特性、结构应力分布等，以评估其飞行性能和稳定性，这对于设计新的飞行器、改进现有设计，以及进行飞行模拟和训练都至关重要。此外，CAE 软件还可用于航空航天器的热分析、振动分析等。

3. 汽车工程

在汽车工程领域，CAE 软件主要用于模拟和分析汽车在各种路况下的性能表现，如悬架系统的响应、车身结构的强度等，从而帮助用户优化车辆的操控性和安全性。此外，它还可以用于模拟汽车碰撞测试，以评估车辆在事故中的表现，并帮助改进设计以提高乘客安全性。通过 CAE 分析，汽车制造商可以在设计阶段优化汽车性能，提高安全性和舒适性。

4. 土木工程

在土木工程领域，CAE 软件主要用于模拟和分析建筑结构的静力、动力、稳定性及地震响应等。通过模拟地震、风载和其他环境因素对结构的影响，用户可以评估其稳定性和安全性，并据此进行优化设计，帮助用户在设计阶段预测建筑结构的性能，确保其安全性和稳定性。

5. 电子工程

在电子工程领域，CAE 软件常用于模拟和分析电路板的热性能和机械性能，以确保电子设备的可靠性和耐用性。此外，它还可以用于模拟电磁场分布和辐射特性，以优化电子设备的布局和性能。通过模拟和分析电子产品的性能表现，工程师可以在设计阶段优化产品设计，提高产品性能和可靠性。

此外，CAE 软件还广泛应用于石油、造船、医疗器械等领域，为各行各业的工程师提供了强大的分析和优化工具。随着技术的不断发展，CAE 软件的功能和应用领域也在不断扩展和深化。

3.3　计算机辅助工艺规划（CAPP）软件

3.3.1　CAPP 的概念

CAPP（Computer Aided Process Planning），即计算机辅助工艺规划，是指借助计算机软

硬件技术和支撑环境，通过数值计算、逻辑判断和推理等功能来制定零件机械加工工艺过程的一种技术。

一般来讲，CAPP 就是利用计算机技术来辅助完成工艺过程的设计并输出工艺规程，可缩短工艺设计周期，对设计变更做出快速响应，提高工艺部门的工作效率和工作质量，是如今许多先进制造技术的技术基础之一。

1. 广义 CAPP 与狭义 CAPP 的概念

根据应用范围和深度不同，CAPP 的概念可以划分为广义和狭义两个层面。

广义 CAPP 的概念是指将产品设计信息转换为各种加工制造、管理信息的关键环节，它是企业信息化建设中联系设计和生产的纽带，为企业的管理部门提供相关的数据，也是企业信息交换的中间环节。广义 CAPP 是一个集成的、并行的、智能化的计算机辅助工艺设计系统，它覆盖了企业从产品设计到生产制造的整个过程，是企业实现信息化、自动化和智能化的重要手段之一。

狭义 CAPP 是指利用计算机辅助完成工艺过程设计，输出工艺规程。这一过程主要涉及将产品设计数据转换为制造过程中所需的详细工艺规程和制造指令，从而帮助工艺人员更加高效、准确地制定工艺流程和工艺参数。

简言之，广义 CAPP 和狭义 CAPP 的主要区别在于其涉及的范围和应用的层次不同。狭义 CAPP 主要关注工艺过程设计本身，而广义 CAPP 则更加关注整个产品制造过程和企业管理层面的优化。

本书论述的对象主要是指狭义上的 CAPP，即 CAPP 软件系统（以下简称 CAPP 软件）。

2. CAPP 与 CAPP 软件之间的关系

CAPP 是一种技术或方法论，它利用计算机技术来辅助工艺人员完成从产品设计到产品制造的工艺规划工作。CAPP 的主要目的是提高工艺设计的效率和质量，减少工艺规划过程中的错误和重复劳动。

CAPP 软件则是实现 CAPP 技术的具体工具或平台。它是一种应用软件，集成了各种工艺设计的功能和工具，可以帮助工艺人员更加便捷、高效地完成工艺规划工作。CAPP 软件通常具有图形化界面，提供各种工艺设计模板和库，支持工艺数据的存储和管理，并能与其他 CAD/CAM/ERP 等系统进行集成。

简言之，CAPP 是技术和方法论层面的概念，而 CAPP 软件则是实现这种技术和方法论的具体应用工具。通过使用 CAPP 软件，企业可以更加有效地实施 CAPP 技术，提高工艺设计的效率和质量，进而提升企业的整体生产率和竞争力。

3. CAPP 软件在实践应用中的作用与价值

CAPP 软件在实践应用中的作用与价值主要体现在提高工艺设计效率、优化工艺设计方案、实现标准化和规范化工艺设计、积累和传承工艺知识、促进企业信息集成等几个方面。

（1）提高工艺设计效率　CAPP 软件能够自动化地进行工艺设计，减少人工干预，从而大大提高工艺设计的效率。它可以根据设计图样和工艺要求，快速、智能地生成最佳的工艺规程和工艺卡片，为生产提供准确的指导，减少生产时间和资源浪费。

（2）优化工艺设计方案　CAPP 软件可以对多种工艺方案进行模拟和比较，帮助工艺设计人员选择当前最优的工艺方案，帮助企业降低生产成本、提高产品质量和生产率。

（3）实现标准化和规范化工艺设计　CAPP 软件中内置了大量的工艺标准和规范，通过

CAPP 软件，企业可以建立统一的工艺设计标准和规范，使不同工艺人员设计的工艺方案具有一致性和可比性，帮助企业实现工艺设计的标准化和规范化，提高产品的一致性和互换性，从而降低生产成本。

（4）积累和传承工艺知识　CAPP 软件可以积累和存储大量的工艺知识、数据和经验，包括各种工艺方法、工艺参数、工艺标准等。这些工艺知识、数据和经验可以在企业内部进行积累、共享和传承。这对于企业来说非常重要，因为它能够避免因为人员流动而导致的经验流失，同时也能够为新员工提供学习和借鉴的机会，从而保证工艺设计质量。

（5）促进企业信息集成　随着技术的不断进步，CAPP 软件正朝着集成化和智能化的方向发展。它可以与其他 CAD、CAM、CAE、MES、QMS 等工业软件进行集成，向其提供各种工艺数据和信息，实现设计、工艺、制造等环节的协同工作，为实现企业信息集成创造条件。

3.3.2　CAPP 软件分类

CAPP 软件的分类方式可以按照不同的维度进行划分。CAPP 软件一般采用按照不同工作原理分类、按照不同应用功能分类和按照不同采用技术分类共三种方式进行分类（见图 3.18）。

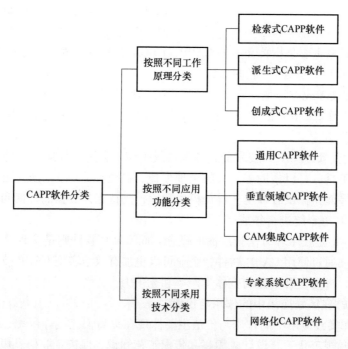

图 3.18　CAPP 软件分类

1. 按照不同工作原理分类

根据其工作原理不同，CAPP 软件可以分为检索式、派生式、创成式。

（1）检索式 CAPP 软件　检索式 CAPP 软件主要依赖于预先存储的标准工艺，在 CAPP软件中内置了一个标准工艺的数据库，每个标准工艺都与特定的零件或工艺需求相关联。当需要为某个零件制定工艺时，用户输入零件的相关信息（如尺寸、材料、加工要求等），系统根据这些信息检索数据库中最接近的标准工艺，并将其作为该零件的工艺过程。

检索式 CAPP 软件简单高效，适用于标准化程度较高的生产环境。然而，它对于非标准零件或新工艺的适应性较差，因为系统无法提供未预先定义的工艺方案。

（2）派生式 CAPP 软件　派生式 CAPP 软件利用零件之间的相似性来生成工艺过程。它存储了一组典型零件的工艺过程，这些典型零件的工艺可以被修改或派生出新零件的工艺。在用户输入新零件的信息后，系统搜索与之相似的典型零件，并根据需要对典型零件的工艺进行修改、增删或编辑，以生成新零件的工艺过程。

派生式 CAPP 软件能够处理更广泛的零件范围，并且比检索式系统更具灵活性。然而，派生出的工艺可能不是最优的，而且系统的维护和管理相对复杂。

（3）创成式 CAPP 软件　创成式 CAPP 软件根据输入的零件信息，结合内置的工艺知识和决策逻辑，自动生成零件的工艺过程，它不需要预先定义的工艺模板或典型零件的工艺。用户输入零件的详细信息后，系统利用内部的工艺规则、算法和决策树等，分析零件的加工要求，并生成符合要求的工艺过程。

创成式 CAPP 系统具有高度的灵活性和适应性，能够处理各种复杂和非标准的零件。然而，它的开发难度较大，需要大量的工艺知识和经验，以及复杂的决策逻辑支持。同时，生成的工艺过程可能需要进行人工审核和优化。

2. 按照不同应用功能分类

根据应用功能不同，CAPP 软件可以分为通用 CAPP 软件、垂直领域 CAPP 软件、CAM 集成 CAPP 软件等。

（1）通用 CAPP 软件　通用 CAPP 软件是最常见的类型，可应用于各种制造行业和产品类型。这类 CAPP 软件通用性强，适用于多种行业和领域，具备基础的工艺设计功能。它可以提供工艺路线规划、工序设计、工艺参数计算等基础工具，满足一般工艺设计需求。

通用 CAPP 软件广泛适用于各类制造企业，特别是那些需要处理多种类型零件和工艺流程的企业。

（2）垂直领域 CAPP 软件　垂直领域 CAPP 软件是针对特定行业或特定类型产品的工艺规划而设计的，具备高度专业化和定制化的功能。它针对特定行业或领域的工艺需求，提供专门的工艺知识库、经验模型、算法和工具等，支持高效、精确的工艺设计。

垂直领域 CAPP 软件适用于特定行业或领域的企业，如航空航天、汽车制造等，这些企业通常需要满足特定领域的严格标准和要求。

（3）CAM 集成 CAPP 软件　CAM 集成 CAPP 软件系统将工艺规划和 CAM 软件系统进行紧密集成。它们能够直接从产品设计数据中提取工艺信息，并将工艺规划数据传递给 CAM 软件系统，以实现无缝的制造过程。这类软件在工艺设计过程中，直接生成可用于数控加工的刀具路径和加工程序，减少数据转换和人工编程的环节，从而提高生产率和加工质量。

CAM 集成 CAPP 软件主要适用于需要进行数控加工的企业，特别是那些对加工精度和生产率有较高要求的企业。

3. 按照不同采用技术分类

根据采用的技术不同，CAPP 软件可以分为专家系统 CAPP 软件和网络化 CAPP 软件。

（1）专家系统 CAPP 软件　专家系统 CAPP 软件采用了人工智能技术，基于专家知识和规则，模拟专家的决策过程，生成工艺规划方案。它模拟人类专家的决策过程，使用知识库和推理引擎，根据产品特征和制造要求进行推理和决策，以提供工艺设计的智能支持。专家系统 CAPP 软件能够利用专家系统中的知识和规则，对输入的零件信息进行自动分析和处理，生成符合要求的工艺过程，它还可以提供工艺优化、工艺验证等功能，帮助工艺人员提高设计效率和质量。

专家系统 CAPP 软件适用于需要处理复杂工艺和具备丰富工艺经验的企业。它可以帮助企业积累和传承工艺经验，提高工艺设计的智能化水平。

（2）网络化 CAPP 软件　网络化 CAPP 软件采用了网络技术，实现了工艺设计的分布式处理和协同工作。它可以将工艺设计过程中的各个环节和角色通过网络连接起来，实现信息的实时共享和协同编辑。网络化 CAPP 软件提供了在线工艺设计、工艺数据管理、工艺资源共享等功能，工艺人员可以通过网络访问软件平台，进行实时的工艺设计和数据交互，提高工作效率和协同能力。

网络化 CAPP 软件适用于需要实现工艺设计信息共享和协同工作的企业。它可以帮助企业构建工艺设计的协同环境，促进不同部门和人员之间的合作与沟通。

需要注意的是，专家系统 CAPP 软件和网络化 CAPP 软件并不是完全独立的分类，有些 CAPP 软件可能同时具备专家系统和网络化的特点。当选择 CAPP 软件时，企业应根据自身的技术需求、工艺复杂性和协同工作要求进行综合评估。

3.3.3　CAPP 软件发展历程

CAPP 软件经历了从早期的基本自动化到现代智能化的发展过程。随着计算机技术和制造技术的不断进步，CAPP 软件在提高制造效率、质量和灵活性方面发挥着越来越重要的作用。

1. CAPP 软件国外发展历程

CAPP 软件国外发展历程主要包括起源与早期发展阶段、里程碑与系统发展阶段、技术进步与应用拓展阶段、现代化与集成化阶段四个阶段（见图 3.19）。

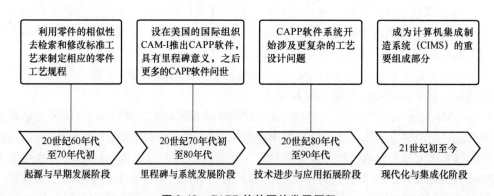

图 3.19　CAPP 软件国外发展历程

（1）起源与早期发展阶段（20 世纪 60 年代至 70 年代初）　CAPP 软件的概念最早由挪威科学家 Niebel 在 1965 年提出，但实际的开发和研制工作是从 20 世纪 60 年代末开始的。挪威是世界上最早研究 CAPP 的国家，并于 1969 年正式推出世界上第一款 CAPP 软件——AUTOPROS。该软件基于成组技术原理，利用零件的相似性去检索和修改标准工艺来制定相应的零件规程。随后，挪威在 1973 年推出了商品化的 AUTOPROS 系统。这一阶段的研究主要集中在自动检索和生成工艺过程卡片。

（2）里程碑与系统发展阶段（20 世纪 70 年代初至 80 年代）　20 世纪 70 年代，美国开始大力研究 CAPP 技术，具有里程碑意义的是设在美国的国际性组织 CAM-I（Computer Aided Manufacturing-International）于 1976 年开发的 CAPP 软件，即 CAM-I′S Automated Process Planning 系统。这一系统标志着 CAPP 软件进入了新的发展阶段，该系统为 CAPP 软件领域的发展树立了重要的标杆。

（3）技术进步与应用拓展阶段（20 世纪 80 年代至 90 年代）　随着计算机技术的飞速发展，CAPP 软件在 20 世纪 80 年代和 90 年代得到了进一步的完善和应用。在这一时期，CAPP 软件开始涉及更复杂的工艺设计问题，如加工顺序优化、切削参数选择等。另外，网络化 CAPP 软件的出现，实现了工艺设计的分布式处理和协同工作，提高了工作效率和协同能力。

（4）现代化与集成化阶段（21 世纪初至今）　进入 21 世纪，CAPP 软件开始更加注重与其他工业软件系统（如 CAD、CAM、CAE 等）的集成和协同工作，成为计算机集成制造系统（Computer Integrated Manufacturing System，CIMS）的重要组成部分。同时，CAPP 软件的应用范围也不断扩大，从最初的机械制造业扩展到航空航天、汽车、电子等多个领域。

2. CAPP 软件国内发展历程

CAPP 软件国内发展历程主要包括初始研究与开发阶段、系统成熟与推广应用阶段、技术创新与智能化发展阶段、集成化与协同化发展阶段四个阶段（见图 3.20）。

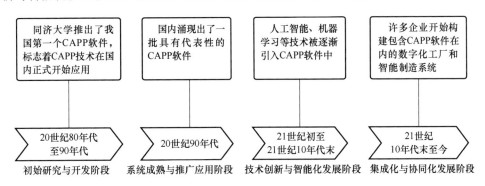

图 3.20　CAPP 软件国内发展历程

（1）初始研究与开发阶段（20 世纪 80 年代至 90 年代）　20 世纪 80 年代初，国内在这一时期开始对 CAPP 软件进行初步的研究和探索。一些高校和科研机构，如同济大学和西北工业大学等，开始尝试开发 CAPP 的原型系统。1982 年，上海同济大学推出了我国第一个 CAPP 软件——TOJICAP 系统，标志着 CAPP 技术在国内正式开始应用。随后，国内高校和企业纷纷开始研发自己的 CAPP 软件，其中具有代表性的系统包括北京航空航天大学的 BH-CAPP 系统和西北工业大学的 CAPP 框架系统等。

（2）系统成熟与推广应用阶段（20 世纪 90 年代）　20 世纪 90 年代，随着计算机技术的不断进步和普及，以及国家对制造业信息化的重视，CAPP 技术在国内得到了更广泛的关注和应用，国内 CAPP 软件的开发和应用逐渐进入高潮，许多企业和科研机构都投入了大量的人力和物力进行 CAPP 软件系统的研究和开发，国内涌现出了一批具有代表性的 CAPP 软件，如开目 CAPP、金蝶 K/3 CAPP、思普 SIPM/CAPP 等。这些 CAPP 软件在功能、性能和易用性等方面都取得了显著的进步，得到了广泛的应用和认可。

（3）技术创新与智能化发展阶段（21 世纪初至 21 世纪 10 年代末）　进入 21 世纪，国内 CAPP 软件开发更加注重创新和智能化发展。随着人工智能、机器学习等技术的不断发展，这些技术被逐渐引入 CAPP 软件中，提高了系统的智能化水平。例如，专家系统、决策支持系统等被应用于 CAPP 软件中，使其能够处理更复杂的工艺设计问题，并提供更优化的工艺方案。

（4）集成化与协同化发展阶段（21 世纪 10 年代末至今）　近年来，随着我国制造业的不断发展和升级，国内 CAPP 软件开始注重与其他工业软件系统的集成和协同工作。许多企业开始构建包含 CAPP 软件在内的数字化工厂和智能制造系统，以实现设计、工艺、制造等各个环节的无缝衔接和协同工作。

3. CAPP 软件未来发展方向及趋势

CAPP 软件未来发展方向及趋势主要体现在智能化、集成化、定制化和云端化等几个方面（见图 3.21）。

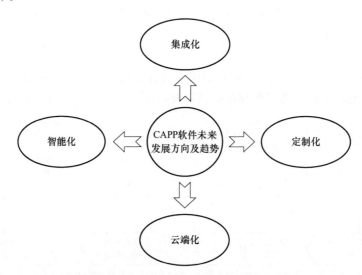

图 3.21　CAPP 软件未来发展方向及趋势

（1）智能化　当前，随着人工智能、机器学习等先进技术在计算机应用领域的不断渗透和发展，CAPP 软件的智能化程度也在不断提高。专家系统及其他人工智能技术在获取、表达和处理各种知识时表现的灵活性和有效性给 CAPP 软件的发展带来了生机。未来，CAPP 软件可能具备更强大的自主学习和优化能力，将能够自动识别工艺设计需求、自动处理更复杂的工艺设计问题、自动生成工艺流程，并根据历史数据和专家经验提供更优化的工艺方案。例如，开发基于人工神经元网络的 CAPP 软件可以使该系统具有自适应、自组织、自学习和记忆联想功能，能够避免推理过程中的组合爆炸问题；开发基于实例和知识的 CAPP 软件可以使系统能够从已设计过的实例中自动总结、归纳和记忆有关经验和知识，并以此为基础进行工艺设计，从而提高系统的设计效率。这将大大提高工艺设计的效率和精度，减少人工干预和错误。

（2）集成化　云计算、大数据等新一代信息技术的发展与应用将为 CAPP 软件的集成化和协同化提供更强大的技术支持，CAPP 软件已从单一系统向信息集成化、网络化的方向发展。未来，CAPP 软件将更加注重与其他制造系统的集成和协同工作，通过与 CAD、CAM、PDM 等工业软件系统的无缝衔接和高效协同，实现设计、工艺、制造等各个环节的数据共享和统一管理，帮助企业实现全面数字化转型，提高生产率和质量管理水平。

（3）定制化　随着制造业的多样化和个性化需求不断增加，其对 CAPP 软件的需求也逐渐转向多样化和个性化。未来，CAPP 软件将更加注重模块化和定制化发展，通过可配置的模块和个性化定制的功能，为各类企业提供更加灵活的 CAPP 个性化定制服务和解决方案，以满足不同企业的不同工艺设计需求，提高 CAPP 软件的适用性和灵活性。

（4）云端化　随着云计算技术的不断发展，未来的 CAPP 软件将逐渐迁移到云端。云端化将有助于企业实现数据集中管理和资源共享，降低 IT 成本和维护难度。同时，云端化也将为企业的全球化布局提供更好的支持。

3.3.4　CAPP 软件基本功能

CAPP 软件具有多种主要功能，旨在支持制造企业进行高效、准确和可靠的工艺规划，其基本功能主要包括工艺设计、工艺知识库管理、工艺参数优化、工序模拟、工序决策支持、自动输出工艺文件等（见图 3.22）。

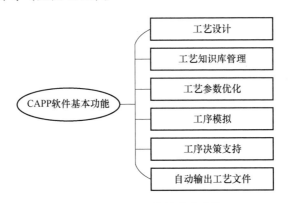

图 3.22　CAPP 软件基本功能

1. 工艺设计

工艺设计功能是 CAPP 软件的核心基本功能之一。CAPP 软件可以根据被加工零件的几何信息（如形状、尺寸等）和工艺信息（如材料、热处理、批量等），自动或半自动地生成零件的工艺路线，包括选择适当的加工方法、确定加工顺序、分配加工设备等。

在工艺设计过程中，CAPP 软件可以根据零件的材料需求和加工过程中的材料消耗，制定合理的材料定额，以优化材料使用并降低成本；可以根据加工要求和设备能力，设置和调整工艺参数，如切削速度、进给量、切削深度等，以实现加工过程的优化；还可以根据工艺设计结果自动生成工艺卡片，这些卡片包含了零件的加工工艺信息、工序内容、工艺参数等。

2. 工艺知识库管理

工艺知识库管理功能是 CAPP 软件基本功能的重要组成部分，旨在通过构建和管理工艺知识库，为工艺设计提供强大的支持和指导。

用户可以根据企业的实际情况和需求，利用 CAPP 软件提供的工具和功能，建立自己的工艺知识库，这包括定义工艺信息的分类、属性和关系，以及导入、整理和存储各种工艺知识和经验数据。CAPP 软件提供便捷的查询和检索功能，使用户能够快速找到所需的工艺知识和信息，用户可以通过关键字、属性、分类等多种方式进行查询，并获得相关的工艺知识、案例、标准等。

在工艺设计过程中，CAPP 软件可以实时调用和应用工艺知识库中的知识。根据零件的几何信息、工艺要求等条件，CAPP 软件可以自动推荐合适的工艺方案、加工方法、工艺参数等，为工艺设计人员提供决策支持和设计指导。

3. 工艺参数优化

工艺参数优化是 CAPP 软件基本功能的重要组成部分，旨在通过计算机技术和优化算法，对零件的机械加工工艺过程进行自动或半自动的优化，以提高生产率、降低生产成本、提升产品质量。

CAPP 软件可以根据零件的几何信息、工艺要求和制造资源情况，对工艺路线进行自动优化，包括选择最佳的加工方法、确定最优的加工顺序、合理分配加工设备等，以缩短加工周期、减少装夹次数和提高加工精度。CAPP 软件可以结合切削数据库和优化算法，对切削用量、切削速度、进给量等工艺参数进行优化，通过调整这些参数，可以实现加工过程的优化，提高加工效率和刀具寿命，同时降低加工成本和能耗。另外，利用 CAPP 软件的加工时间预测功能，还可以估算出每个工序的加工时间，从而对整个工艺过程的加工时间进行优化。这有助于制订更合理的生产计划，提高生产率和设备利用率。

4. 工序模拟

工序模拟功能是 CAPP 软件的高级功能之一，旨在通过计算机技术和仿真技术，对零件的加工工艺过程进行模拟，为 CAPP 软件的工艺决策支持功能的实现提供支撑。

CAPP 软件能够模拟零件在机床上的实际加工过程，包括刀具路径、切削参数、材料去除等，以验证工艺设计的可行性。在模拟过程中，软件能够检测刀具、夹具和零件之间可能发生的碰撞，并提前预警，以避免实际加工中的错误和损失。通过模拟，CAPP 软件能够预测加工后的零件形状、尺寸和表面质量，帮助工艺人员提前发现并修正潜在问题。

5. 工序决策支持

CAPP 软件的工序决策支持功能也是 CAPP 软件的高级功能之一，可以为工艺设计人员提供决策支持，以提高工艺设计的准确性和可靠性。

根据零件的几何形状、材料特性、工艺要求等信息，CAPP 软件能够自动或半自动地推荐合适的工序序列和加工方法。CAPP 软件可以根据工序的需求和可用设备的能力，智能地选择最适合的加工设备。基于工序的具体要求，CAPP 软件还能够辅助选择适当的刀具、夹具和量具，确保加工的顺利进行。

基于模拟的加工过程，CAPP 软件能够估算出工序的成本，包括材料成本、工时成本、设备折旧等，为工艺决策提供经济性分析。CAPP 软件还能够估算每个工序的加工时间，帮助企业制订更合理的生产计划和调度。

6. 自动输出工艺文件

自动输出工艺文件功能是 CAPP 软件的核心功能之一。这一功能使工艺设计过程更加高效和标准化，减少了人为错误，并提高了生产准备工作的效率。

CAPP 软件能够自动生成工艺卡片，这些卡片是指导工人进行加工操作的重要文件。工艺卡片上包含了零件的详细加工信息，如工序名称、工序内容、加工设备、工艺参数（切削速度、进给量、切削深度等）、装夹方式、刀具和夹具信息、质量要求等。

除了文字信息，CAPP 软件还能根据工艺设计的结果自动生成工序图和工艺简图，这些图形信息直观地展示了零件的加工过程，使工人更容易理解和执行工艺要求。

CAPP 软件支持工艺文件的标准化和模板化。用户可以根据企业的实际需求，定义工艺文件的格式、内容和样式，确保输出的工艺文件符合企业的标准和规范。CAPP 软件支持多种工艺文件输出格式，如 PDF、Word、Excel 等，以满足企业不同部门和不同生产现场的需求。

除上述六项基本功能，CAPP 软件还具有工艺流程优化与仿真、工艺数据管理等基本功能。这些基本功能共同构成了 CAPP 软件强大的功能体系，使其在工艺规划、设计、优化和管理等方面发挥着重要作用。

3.3.5 CAPP 软件技术架构

CAPP 软件技术架构通常是一个多层次的结构，这种结构有助于实现模块化、可维护性和可扩展性。每个层次都有其特定的功能和责任，共同协作以完成整个工艺设计过程。CAPP 软件技术架构十分复杂，且目前没有统一、固定的标准。在工程实践中，CAPP 软件技术架构可能会因软件开发商、软件版本和用户特定需求的不同而有很大差异。

本书以最典型的 CAPP 软件技术架构为例进行阐述。典型的 CAPP 软件技术架构一般分为为五层，分别是用户界面层、应用逻辑层、数据管理层、集成与接口层、基础设施层等（见图 3.23）。

在图 3.23 中，用户界面层、应用逻辑层、数据管理层、集成与接口层和基础设施层之间存在着紧密的关系。

用户界面层位于 CAPP 软件技术架构的最上层，直接面向用户，负责展示信息和接收用户输入。用户界面层与应用逻辑层紧密交互，将用户请求传递给应用逻辑层处理，并将处理结果展示给用户。

应用逻辑层是 CAPP 软件技术架构的核心，它包含了实现各种工艺设计功能的业务逻辑。这一层接收来自用户界面层的请求，根据业务规则进行处理，并调用数据管理层来获取或存储数据。处理完成后，应用逻辑层将结果返回给用户界面层展示。

数据管理层负责 CAPP 软件中数据的存储、组织和管理。它提供了数据的增删改查等操作接口，确保数据的完整性、安全性和一致性。应用逻辑层通过调用数据管理层的接口来访问和操作数据。

集成与接口层负责 CAPP 软件与其他外部系统的集成和通信。它具备标准的接口协议和数据转换机制，以确保不同系统间的数据能够顺畅交换。

基础设施层是整个 CAPP 软件的底层支撑，提供了硬件设备、操作系统、网络通信等基础设施，以及负载均衡、容错处理、日志收集等公共服务。这些基础设施和公共服务确保了 CAPP 软件的稳定运行和高效性能。

综上所述，各层之间的关系是层层递进和相互依赖的。用户界面层依赖于应用逻辑层提供的功能支持；应用逻辑层需要数据管理层来存储和检索数据；而数据管理层则依赖于基础设施层提供的硬件和网络环境来运行。同时，集成与接口层在整个架构中起到了桥梁和纽带的作用，使 CAPP 软件能够与其他外部系统进行无缝集成和通信。这种分层的技术架构设计模式有助于降低系统复杂性、提高可维护性和可扩展性。

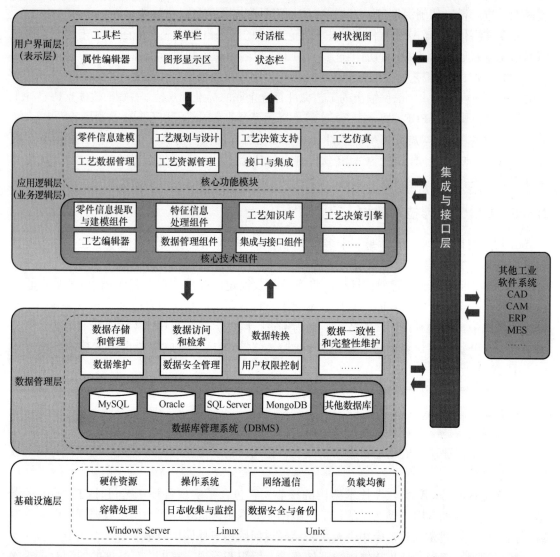

图 3.23 典型的 CAPP 软件技术架构模型

1. 用户界面层

用户界面层（也称表示层）是 CAPP 软件技术架构中与用户进行直接交互的重要部分，它具备多种交互功能组件，可以提供直观的可视化操作界面，使用户能够方便地与系统进行交互，完成各种工艺设计任务。

用户界面层主要功能组件包括工具栏、菜单栏、对话框、树状视图、属性编辑器、图形显示区、状态栏等。

（1）工具栏　工具栏通常位于用户界面层的顶部或侧边，包含一系列图标按钮，用于快速访问常用的命令和功能。例如，工艺设计工具栏主要包括创建工序、添加工步、设置工艺参数等按钮。

（2）菜单栏　菜单栏位于用户界面层的顶部，主要包含多个下拉菜单，每个下拉菜单中有一系列相关的命令。用户可以通过菜单栏访问 CAPP 软件的全部功能，包括文件操作、编辑、查看、工艺设计、工具选项等。

（3）对话框　CAPP 软件的对话框是弹出式的小窗口，用于输入信息、做出选择或设置参数等。例如，当用户需要设置切削参数时，软件会弹出一个对话框，让用户输入切削速度、进给率等具体数值。

（4）树状视图　树状视图是一种层次化的数据结构展示方式。在 CAPP 软件中，树状视图常用于展示工艺路线、工序和工步的层级关系。用户可以通过树状视图清晰地查看和编辑工艺结构，进行便捷的添加、删除和修改操作。

（5）属性编辑器　属性编辑器用于显示和编辑选中对象的属性信息。当用户在 CAPP 软件用户界面层中选择一个工序或工步时，属性编辑器会显示该对象的详细信息，如名称、描述、参数等，并允许用户进行编辑。

（6）图形显示区　图形显示区是用户查看和编辑零件模型、工艺路线图等图形化内容的主要区域。用户可以在图形显示区进行缩放、平移、旋转等操作，以便更好地查看和理解图形信息。

（7）状态栏　状态栏位于用户界面层的底部，用于显示 CAPP 软件的状态信息和提示信息。例如，当用户执行某个操作时，状态栏可能会显示操作的进度或结果。

以上这些核心功能组件共同构成了 CAPP 软件用户界面层的基础框架，为用户提供了一个直观、易用、高效的操作环境。

需要注意的是，以上关于用户界面层的描述是基于典型的 CAPP 软件技术架构进行的，但实际的功能实现可能因具体的软件供应商、软件版本和用户特定需求不同而有所不同。在实际应用中，用户界面层可能会有更多的自定义选项和高级功能，以满足不同用户的特定需求。

2. 应用逻辑层

应用逻辑层（也称业务逻辑层）是 CAPP 软件技术架构中的核心组成部分，主要负责处理工艺数据和规则、提供决策支持、进行工艺仿真与验证等工作，并与其他工业软件系统进行集成和交互。

另外，应用逻辑层还负责处理用户界面层与数据管理层之间的业务逻辑和数据交互，起着桥梁的作用，确保 CAPP 软件的正常运行和数据的一致性。

通常，CAPP 软件的应用逻辑层可以被细分为两大部分：核心功能模块和核心技术组件。

（1）核心功能模块　CAPP 软件应用逻辑层的核心功能模块主要包括零件信息建模、工艺规划与设计、工艺决策支持、工艺仿真、工艺数据管理、工艺资源管理、接口与集成等。

1）零件信息建模是 CAPP 软件技术架构应用逻辑层的一个关键的功能模块。该模块负责处理与零件相关的数据和信息，为工艺设计提供必要的基础。

首先，零件信息建模模块负责读取从用户界面层或其他系统传入的零件数据，包括几何形状、材料属性、技术要求等，对数据进行解析、验证和清洗，确保数据的准确性和一致性。

然后，零件信息建模模块应用算法对零件几何形状进行特征识别，如孔、槽、凸台等关键特征的自动识别和提取，根据识别出的特征，提取相关的尺寸、位置和方向等参数信息。同时，为零件和特征定义属性，如名称、类型、材料等，并建立它们之间的关系，在此基础上，构建零件的信息模型，包括几何模型、属性模型和关系模型等。

最后，零件信息建模模块将零件信息与工艺知识库中的标准或典型工艺进行关联和映射，并将处理后的零件信息存储在数据库中，以便后续工艺设计时能够快速检索和使用。

通过准确、完整的零件信息建模，可以为后续的工艺设计提供可靠的数据支持，提高工艺设计的效率和质量。

2）工艺规划与设计是 CAPP 软件技术架构应用逻辑层中最核心的功能模块，它负责将零件信息转化为具体的制造工艺流程和操作指导。

工艺规划与设计模块负责根据用户界面层输入的零件信息（如几何形状、材料、技术要求等）进行初步的工艺规划，确定大致的加工方法和顺序，并对规划好的工艺进行可行性分析，评估其是否满足设计要求和生产条件。

在初步工艺规划的基础上，工艺规划与设计模块进行详细的工艺设计，包括工序划分、工步定义、设备选择、刀具夹具配置等，生成具体的工艺文件和操作指导，如工艺卡片、工序图、数控（Numerical Control，NC）程序等。

工艺规划与设计模块还负责对设计好的工艺进行优化，应用各种优化算法和技术（如遗传算法、模拟退火算法、神经网络等）寻找最优的工艺方案，以提高生产率、降低成本或提升产品质量。

3）工艺决策支持模块在 CAPP 软件的应用逻辑层中负责根据输入的零件信息、工艺要求和企业资源等条件，应用决策逻辑和算法，根据零件特征、材料、设备和工艺规则等条件自动生成或辅助生成优化的工艺方案。

工艺决策支持模块能够根据零件几何形状、材料、精度要求等，自动或半自动生成加工工艺流程。应用工艺知识库和规则库，能够提供快速、准确的工艺方案生成能力。

同时，应用优化算法，如遗传算法、模拟退火算法等，工艺决策支持模块能够对生成的工艺方案进行优化，并允许用户定义优化目标（如最短加工时间、最低成本等）和约束条件（如设备可用性、工艺顺序等）。

工艺决策支持模块提供多种工艺方案的比较功能，帮助用户根据不同的评价标准（如成本、时间、资源利用率等）选择最佳方案。工艺决策支持模块还负责构建和维护工艺知识库，包括工艺规则、经验公式、设备参数等，用于支持工艺决策过程中的知识推理和计算。另外，该模块还允许用户通过图形化界面与系统进行交互，手动调整或完善自动生成的工艺方案，并负责将最终确定的工艺方案以标准格式（如工艺卡片、工艺流程图等）输出。

需要注意的是，工艺决策支持模块的具体实现可能因不同的 CAPP 软件供应商或企业需求而有所差异。此外，随着技术的发展和工艺规划需求的演变，该功能模块也会不断升级和完善。

4）工艺仿真在 CAPP 软件技术架构应用逻辑层中是一个至关重要的功能模块。该功能允许在实际生产之前对设计的工艺流程进行虚拟模拟，以验证其可行性和优化生产率。

工艺仿真功能能够建立一个虚拟的生产环境，其中包括了设备、工具、材料和零件等所有生产要素的数字化模型。在这个虚拟环境中，可以模拟真实的加工过程，包括切削、装配、检测等各个环节。

通过仿真，可以验证工艺流程的每一步是否按照预期进行，检测是否存在潜在的冲突或错误。仿真结果可以帮助发现工艺设计中的问题，并在实际生产前进行修正，从而避免资源浪费和生产延误。

工艺仿真不仅用于验证工艺的可行性，还可以用于优化工艺参数。通过模拟不同参数下的加工过程，可以找到最佳的工艺参数组合，以提高生产率和产品质量。这种优化可以基于多种算法，如遗传算法、神经网络或其他机器学习技术。

工艺仿真功能通常提供强大的可视化工具，能够以图形或动画的形式展示仿真过程和结果。用户可以根据仿真数据生成详细的报告，包括工艺性能分析、资源利用率、生产时间估算等关键指标。

5）工艺数据管理模块在 CAPP 软件技术架构的应用逻辑层中负责处理、存储、检索和管理与工艺设计相关的各种数据。

工艺数据管理模块建有结构化的数据存储系统，能够有序地组织和管理大量的工艺数据，包括工艺文件、工序信息、设备参数、材料清单等，这些数据通常以数据库的形式进行存储，确保数据的安全性、完整性和一致性。

工艺数据管理模块提供强大的检索和查询功能，支持多种查询方式，如基于零件编号、工艺类型、设备名称等进行检索，使用户能够根据特定的条件或关键词快速找到所需的工艺数据。

工艺数据管理模块负责对工艺数据进行版本控制，记录每次数据的修改和变更历史，有助于追踪数据的演变过程，确保不同版本之间的数据差异能够被有效管理和比较。

同时，工艺数据管理模块负责建立工艺数据之间的关联关系，如工序与设备、材料与工艺参数之间的映射关系，这种关联关系有助于实现数据的快速定位和交叉引用，提高数据的使用效率。为确保数据安全，工艺数据管理模块通过用户身份验证和角色分配，控制不同用户对数据的访问权限，防止数据泄露或被非法修改。

另外，工艺数据管理模块还负责定期备份工艺数据，以防止数据丢失或损坏。当数据出现问题时，能够迅速恢复数据到某个特定时间点或版本，确保数据的可用性和业务的连续性。

应用逻辑层还具备数据导入和导出功能，支持与其他工业软件系统（如 CAD、ERP 等）的数据交换，实现不同系统之间的数据共享和协同工作，提高数据的利用率和整体工作效率。

在应用逻辑层中，工艺数据管理模块为 CAPP 软件提供了一个可靠、高效的数据处理和管理平台，确保了工艺设计过程中数据的准确性、一致性和可追溯性。

6）工艺资源管理模块在 CAPP 软件技术架构的应用逻辑层中负责对企业中各类工艺资源进行统一、有效的管理，确保工艺设计的顺利进行。

工艺资源管理模块负责对企业的工艺资源进行详细的分类，如设备、刀具、夹具、量具、辅料等，并为每一类资源建立相应的数据库或库存系统。这些数据库或库存系统需要支持资源的详细信息记录，如规格、型号、性能参数、生产厂家、库存数量等。

工艺资源管理模块提供便捷的检索和查询功能，支持多种查询方式，如基于资源名称、型号、规格、生产厂家等进行检索，使用户能够根据特定的条件或关键词快速定位到所需的工艺资源。

工艺资源管理模块还负责实时跟踪工艺资源的使用状态，如是否在库、是否在使用中、是否需要维修或更换等。当资源状态发生变化时，该模块会及时更新数据库中的记录，确保数据的准确性和实时性。

同时，工艺资源管理模块还具备资源调配与优化功能，可以根据工艺设计的需求，通过分析资源的性能、可用性、成本等因素，对工艺资源进行合理的调配和优化，为工艺设计提供最佳的资源组合方案。

另外，工艺资源管理模块还负责将工艺资源的相关信息以图表、报表等形式进行可视化展示，帮助用户更直观地了解资源的状态和使用情况，并根据用户需求生成各种统计报表和分析报告，为企业的资源管理和决策提供数据支持。

在应用逻辑层中，工艺资源管理模块为 CAPP 软件提供了一个全面、高效的资源管理平台，确保了工艺设计过程中资源的可用性、可靠性和优化性。

7）接口与集成模块用于应用逻辑层与其他工业软件系统的数据交换和协同工作。它通过标准的数据交换格式和协议（如 STEP、IGES、XML 等）与 CAD、CAM、PDM、ERP 等系统进行数据交换和协同工作。

接口和集成模块支持与企业内部其他工业软件系统进行集成，如与 MES、QMS 等工业软件系统的集成，实现工艺设计与生产制造的无缝对接。这些接口和集成功能使 CAPP 软件能够与其他系统无缝连接，实现信息的共享和流程的自动化。

需要注意的是，除了上述核心功能模块，CAPP 软件应用逻辑层还有错误处理与日志记录、用户权限管理、系统监控等其他功能模块，以满足 CAPP 软件的具体需求和业务场景。

上述这些功能组件相互关联、相互作用、协同工作，共同构成了 CAPP 软件的功能体系，为用户提供了一个强大而灵活的 CAPP 应用环境。

（2）核心技术组件　在 CAPP 软件应用逻辑层中，技术组件是构成该层功能的基础元素，它们通过相互协作完成特定的工业规划任务。为了以上功能的实现，CAPP 软件应用逻辑层配有多个核心技术组件，主要包括零件信息提取与建模组件、特征信息处理组件、工艺知识库、工艺决策引擎、工艺编辑器、数据管理组件、集成与接口组件等。

1）零件信息提取与建模组件在 CAPP 软件应用逻辑层中负责从 CAD 软件或其他数据源中提取零件的几何形状、拓扑关系、尺寸参数、材料属性、精度要求等关键信息，并基于这些信息建立零件的工艺模型。这个技术组件的作用至关重要，因为它是后续工艺规划、决策和优化的基础。

基于提取的零件信息，零件信息提取与建模组件负责建立零件的工艺模型，包括定义工艺特征、确定加工余量、设置工艺基准等，以便为后续的工艺决策提供准确的模型。

除以上功能，零件信息提取与建模组件还具有数据验证与修正、与其他组件交互等功能。

2）特征信息处理组件在 CAPP 软件应用逻辑层中负责识别、提取、处理和利用零件设计模型中的特征信息，这些信息是后续工艺规划的基础。

特征信息处理组件首先从输入的零件设计模型中自动或半自动识别出各种加工特征，如孔、槽、面等，这些特征通常与特定的加工操作和设备相关联。然后，将识别出的特征从设计模型中提取出来，形成结构化的特征数据。这些数据包括特征的几何形状、尺寸、位置关系以及与其他特征的关联等。其次，对提取出的特征数据进行进一步的处理，如去重、合并相似特征、修正错误特征等，以确保特征信息的准确性和一致性。最后，将处理后的特征信息提供给工艺决策引擎和其他相关组件，用于后续的工艺规划、设备选择、工艺参数计算等。

特征信息处理组件还与 CAPP 软件中的 CAD 接口、工艺决策引擎、工艺知识库等组件进行紧密集成和数据交换，以实现信息的共享和协同工作。

特征信息处理组件在 CAPP 软件中起着至关重要的作用，它能够将复杂的零件设计模型转化为易于理解和处理的特征信息，为后续的工艺规划提供有力的支持。

3）工艺知识库是 CAPP 软件应用逻辑层的核心技术组件之一，扮演着存储、管理和应用工艺规划所需知识的关键角色，为工艺决策和自动化规划提供必要的数据和规则支持。

工艺知识库负责存储大量的工艺相关数据，包括但不限于加工方法、工艺参数、切削条件、材料属性、设备能力等。这些数据以结构化或非结构化的形式存储在数据库中，便于高效检索和更新。

工艺知识库中的信息被分类和组织成层次结构或关联网络，以便用户能够根据需要快速定位到相关的工艺知识。分类可以基于不同的维度，如加工类型、材料类别、设备类型等。

工艺知识库提供推理机制，能够根据输入的零件信息、工艺要求等条件，自动推荐适用的工艺方法和参数。这种推理一般基于规则、案例推理、模糊逻辑、机器学习等技术。

除以上功能，工艺知识库还具备版本控制与更新、安全性与权限控制、用户接口与交互、与其他组件的集成等功能。

工艺知识库在 CAPP 软件中发挥着至关重要的作用，它不仅是工艺规划人员获取和应用工艺知识的源泉，也是实现工艺规划自动化和智能化的基础。

4）工艺决策引擎是 CAPP 软件的“大脑”，负责根据输入的零件信息、工艺要求及企业资源等条件，自动或半自动生成优化的工艺方案。这个组件综合运用了工艺知识库中的数据、规则及优化算法，是 CAPP 软件实现智能化工艺规划的关键。

工艺决策引擎接收来自用户或其他系统（如 CAD）的零件信息，包括几何形状、尺寸、材料、精度要求等，并考虑企业资源（如设备、刀具、夹具等）的可用性及生产约束条件（如交货期、成本限制等）。

工艺决策引擎能够利用工艺知识库中的数据和规则，通过推理机制生成符合零件加工要求的初步工艺方案。推理可以基于规则、案例推理、人工智能算法（如机器学习、深度学习）等。如果存在多个可行的工艺方案，工艺决策引擎可以应用优化算法（如遗传算法、模拟退火算法、线性规划等）来找到最优或次优解。优化后的工艺方案能够以易于理解和执行的形式输出，如工艺卡片、工艺流程图等，输出结果还包括工艺参数、设备选择、工时估算等详细信息。

除以上功能，工艺决策引擎还具备冲突（如资源冲突、工艺规则冲突等）解决、反馈学习、与其他组件交互等功能。

工艺决策引擎是 CAPP 软件中实现智能化工艺规划的核心技术组件，它的性能和准确性直接影响到工艺规划的效率和生产的质量。

5）工艺编辑器是 CAPP 软件应用逻辑层的重要技术组件之一，它主要提供图形化界面和工具，使工艺规划人员能够手动编辑、调整和完善由工艺决策引擎自动生成的工艺方案，或从头开始创建新的工艺方案。

工艺编辑器提供一个直观、易用的图形化界面，允许用户通过拖拽、点击和输入文本等方式编辑工艺方案。用户可以添加、删除或修改工艺方案中的各个元素，如工序、工步、设备、刀具、夹具等。每个元素都有相应的属性（如名称、描述、参数等），用户可以根据需要设置这些属性。

工艺编辑器支持用户设计工艺流程，确定各个工序之间的顺序和逻辑关系。用户可以通过拖放工序图标、连接线和箭头等工具，在图形显示区域中创建清晰的工艺流程图。为了提高编辑效率，工艺编辑器还提供工艺模板功能，允许用户创建、保存和重用常用的工艺方案模板。同时，用户还可以复制、粘贴和修改已有的工艺方案或工艺元素，以便快速创建类似的工艺方案。

除以上功能，工艺编辑器还提供验证和仿真、版本管理、与其他组件集成等功能。

工艺编辑器使工艺规划人员能够灵活地调整和完善工艺方案，以满足特定的生产需求和约束条件。通过提供一个功能强大且易用的编辑环境，工艺编辑器可以显著提高工艺规划的效率和准确性。

6）数据管理组件是 CAPP 软件技术架构应用逻辑层的核心技术组件之一，它负责整个系统中数据的管理、存储、检索、更新和安全性控制。数据管理组件是确保 CAPP 软件数据一致性、完整性和可靠性的关键部分。

数据管理组件采用数据库管理系统（DBMS）来存储和组织 CAPP 软件中的所有数据，包括零件信息、工艺知识、工艺方案、用户信息、系统配置等。它提供统一的数据访问接口，使其他技术组件能够安全、一致地访问和检索所需的数据。

除以上功能，工艺编辑器还具备数据更新与维护、数据安全性控制、版本管理、数据质量与校验、与其他组件集成等功能。

数据管理组件在 CAPP 软件中扮演着至关重要的角色，是连接各个组件的桥梁和纽带。一个高效、可靠的数据管理组件能够确保 CAPP 软件中数据的准确性、一致性和安全性，从而为企业提供稳定、可信的工艺规划支持。

7）集成与接口组件是 CAPP 软件应用逻辑层的核心技术组件之一，它负责实现 CAPP 软件与其他企业工业软件系统（如 CAD、CAM、ERP、MES 等）之间的数据交换、信息共享和功能集成。

集成与接口组件提供标准的数据交换格式，确保 CAPP 软件能够与其他系统顺畅地进行数据传输。例如，CAPP 软件与 CAD 软件的集成，自动获取零件设计数据，减少数据重复输入和错误；与 ERP 系统集成，实现工艺规划与生产计划、物料管理等业务流程的无缝衔接；与 MES 集成，实时传递工艺数据和生产执行信息，支持生产过程的监控和管理。

在 CAPP 软件中，集成与接口组件是实现系统间信息流通和协同工作的关键。通过与其他工业软件系统的紧密集成，CAPP 软件能够更好地发挥其在工艺规划领域的优势，为企业创造更大的价值。

注意，除了以上核心技术组件，CAPP 软件应用逻辑层还有工艺审查与发布组件、可视化与交互组件等技术组件，可以满足 CAPP 软件系统的具体需求和业务场景。

以上这些技术组件相互关联、相互作用、协同工作，共同构成了 CAPP 软件的核心功能，为用户提供了一个强大而灵活的 CAPP 软件应用环境。

需要注意的是，不同的 CAPP 软件可能会有不同的技术架构和功能组件划分，上述内容只是一种典型的划分方式。在实际应用中，应根据具体的 CAPP 软件设计需求来确定其应用逻辑层的核心功能组件。

3. 数据管理层

数据管理层是 CAPP 软件技术架构中的重要组成部分，位于应用逻辑层之下，为上层应用程序提供数据支持，主要负责存储、管理和维护系统所需的各种数据，包括零件信息、工艺知识、工艺方案等。

数据管理层通过数据库管理系统来实现数据的组织、存储、检索和维护，确保数据的完整性、安全性和一致性。同时，数据管理层还提供数据访问接口，允许其他系统或应用程序访问和共享数据，实现系统间的数据交换和集成。

CAPP 软件数据管理层的主要功能模块包括数据存储和管理、数据访问和检索、数据转换、数据一致性和完整性维护、数据维护、数据安全管理、用户权限控制等。

（1）数据存储和管理　数据存储和管理模块负责存储和管理 CAPP 软件中所有的工艺数据和其他相关信息，包括产品设计数据、工艺规程、工艺资源、工艺知识等，确保这些数据在 CAPP 软件中得到合理组织和有效存储。

数据存储和管理模块在数据存储方面并没有特定的数据库要求，因为选择数据库通常取决于多个因素，如系统需求、性能要求、数据量大小、并发访问量、数据安全性和可靠性等。数据存储和管理模块常用的关系型数据库主要有 MySQL、Oracle、SQL Server、PostgreSQL 等，常用的非关系型数据库主要有 MongoDB、Redis、Cassandra 等。

（2）数据访问和检索　数据管理层提供高效的数据访问和检索机制，使 CAPP 软件的其他部分能够快速获取所需数据，包括支持复杂的查询操作、数据索引和缓存技术，以提高数据访问的性能。

数据访问和检索模块提供一套统一的数据访问接口，使 CAPP 软件的其他部分（如应用逻辑层）可以方便地与数据库进行交互。这些数据访问接口通常封装了底层数据库操作的复杂性，提供简洁、一致的 API 供开发者使用。

CAPP 软件技术架构中的数据管理层通过提供统一的数据访问接口、支持多种查询方式、利用索引和缓存机制、实施数据安全和权限控制策略等手段，确保 CAPP 软件能够稳定、高效地访问和检索存储在数据库中的工艺数据和其他相关信息。这些功能对于支持 CAPP 软件的工艺设计、决策优化和信息共享等核心任务至关重要。

（3）数据转换　由于不同的系统和应用可能使用不同的数据格式，数据管理层需要具备数据格式转换的功能，它能够将来自不同源的数据转换为 CAPP 软件所需的统一格式，以便进行后续的处理和分析。

在数据转换过程中，数据管理层需要建立源数据与目标数据之间的映射关系，确保数据在转换过程中能够保持正确的对应关系，避免出现数据丢失或错误的情况。

另外，在进行数据转换之前，数据管理层还需要对源数据进行清洗和整理，包括去除重复数据、修复错误数据、填充缺失值等操作，以提高数据的质量和准确性。

（4）数据一致性和完整性维护　数据管理层通过事务管理、并发控制、数据复制与同步等手段来维护数据的一致性；同时，通过数据约束、触发器与存储过程、数据校验，以及日志记录与恢复等机制来维护数据的完整性。通过这些措施，防止数据冗余、错误或冲突，确保 CAPP 软件中的数据准确、可靠且一致，为工艺设计和管理提供有力支持。

（5）数据维护　数据管理层负责定期检查和验证数据的完整性、准确性和一致性，包括定期的数据清理工作，如删除重复项、修复损坏的数据、更新过时的信息等，以确保数据库的健康状态。

为了防止数据丢失或损坏，数据维护功能模块执行定期的数据备份，并确保备份数据的安全存储。在需要时，能够快速、准确地恢复数据，减少系统停机时间和数据丢失的风险。

当CAPP系统需要升级或更换硬件/软件平台时，数据维护模块负责数据的迁移工作，包括将数据从一个数据库迁移到另一个数据库、从一个系统版本升级到另一个版本等，确保数据的平滑过渡和可用性。

（6）数据安全管理　数据管理层采用行业标准的加密算法（如AES、RSA等），对敏感数据进行加密存储和传输，确保数据的机密性。

对于非生产环境或测试环境中使用的数据，实施脱敏处理，以去除或替换敏感信息，降低数据泄露的风险。对用于加密的密钥进行安全存储和管理，确保只有授权人员能够访问。

（7）用户权限控制　数据管理层通过用户名、密码、多因素认证（MFA）等方式验证用户身份，确保只有合法用户能够访问CAPP软件。

数据管理层基于角色访问控制（Role-Based Access Control，RBAC）或基于属性访问控制（Attribute-Based Access Control，ABAC）模型，为用户和角色分配细粒度的数据访问和操作权限。当用户尝试执行任何数据操作时，实时验证其权限，确保用户只能访问和操作其被授权的数据。

注意，除了以上核心功能模块，CAPP软件数据管理层还有数据备份与恢复、数据同步与共享、数据字典与元数据管理等功能模块，以满足CAPP软件的具体需求和业务场景。

以上这些核心功能模块共同构成了CAPP软件技术架构中的数据管理层核心架构，为整个CAPP软件提供了稳定、可靠的数据支持和服务。请注意，具体的功能模块划分可能因不同的CAPP软件而有所差异。在实际应用中，还需要根据CAPP软件的具体需求和特点进行定制和扩展。

4. 集成与接口层

CAPP软件的集成与接口层，是整个系统技术架构中负责与其他系统进行数据交换和功能协作的关键部分，它的主要职责是确保CAPP软件能够顺畅地与企业其他工业软件系统（如CAD、CAM、ERP、MES等）进行集成和数据交互。

CAPP软件集成与接口层的主要功能包括系统集成、数据交互、接口定义与管理、协议适配和通信等。

（1）系统集成　集成与接口层通过与外部系统或组件的集成，实现CAPP软件与其他工业软件系统的顺畅交互和协同工作。这种集成可以确保数据的一致性和流程的连贯性，提高工作效率。

（2）数据交互　由于不同系统可能使用不同的数据格式，集成与接口层负责管理CAPP软件与其他工业软件系统之间的数据交换，以确保数据的一致性和互操作性。

集成与接口层提供了数据映射、转换和传输的机制，能够将CAPP软件内部的数据格式转换为外部系统能够理解的格式，以及实现反向转换，确保数据在不同系统之间正确、高效地流动。

（3）接口定义与管理

集成与接口层负责定义和管理与外部系统或组件进行通信的接口，明确与外部系统或组件进行数据交换和功能调用的具体方式和规则，包括接口名称、请求参数、响应格式等。同时，管理接口的版本控制和访问权限，可以确保接口的稳定性和安全性。

（4）协议适配和通信　集成与接口层支持多种通信协议，如 HTTP、HTTPS、TCP、UDP 等，以适应外部不同系统的通信需求。集成与接口层还负责处理协议转换、消息传输、消息队列、事件通知等，确保数据的可靠传输和实时性。

综上所述，通过集成与接口层的有效设计和实现，CAPP 软件能够与其他工业软件系统无缝集成，实现数据的共享和流程的协同。

集成与接口层可以位于应用逻辑层的旁边或下方，具体位置取决于集成需求。

5. 基础设施层

基础设施层是整个 CAPP 软件技术架构的底层支撑，为上层应用提供必要的技术支持和运行环境，提供 CAPP 软件运行所需的基础设施和公共服务，如硬件资源、操作系统、网络通信、负载均衡、容错处理、日志收集与监控、数据安全与备份等。

（1）硬件资源　基础设施层管理着 CAPP 软件正常运行所必需的硬件设备，如服务器、存储设备、网络设备等。这些硬件设备为 CAPP 软件的运行提供了必要的计算和存储能力，以及网络连接。

（2）操作系统　基础设施层还包括操作系统，它是 CAPP 软件运行的基础软件环境。操作系统提供了资源管理、任务调度、文件管理等基本功能，支持 CAPP 系统的各种软件组件和应用的运行。

CAPP 软件基础设施层应用的操作系统主要有 Windows Server、Linux、Unix 等。

（3）网络通信　基础设施层需要确保内部和外部的网络通信畅通无阻，包括设置和管理局域网（LAN）、广域网（WAN）连接、虚拟专用网络（VPN）隧道、防火墙规则等，以支持数据的传输和系统的互操作性。

（4）负载均衡　在 CAPP 软件的基础设施层中，负载均衡是一个关键功能组件，用于确保 CAPP 软件在高并发访问或大量数据处理时仍能保持高性能和可用性。

负载均衡通过将传入的网络请求或服务需求分布到多个服务器、网络链路、存储设备或其他计算资源上，以优化资源利用率、最大化吞吐量、减少延迟并避免单点故障。

（5）容错处理　在 CAPP 软件技术架构的基础设施层中，容错处理是一项至关重要的功能，它旨在确保 CAPP 软件在遭遇硬件故障、软件错误或其他异常情况时仍能够持续、稳定地运行。

容错处理通常涉及多个方面，包括冗余部署、故障转移和恢复机制等。

（6）日志收集与监控　为了维护系统的稳定性和安全性，基础设施层负责收集、存储和分析系统日志。这些日志记录了系统的运行状态、性能数据及任何潜在的安全事件，对于故障排除和预防未来的问题至关重要。

（7）数据安全与备份　基础设施层还负责实现数据的安全存储和定期备份策略，以防止数据丢失或损坏，包括加密存储、远程备份和灾难恢复计划等措施。

综上所述，基础设施层是 CAPP 软件技术架构中不可或缺的一部分，它是确保 CAPP 软件正常运行和持续发展的基础。通过合理配置和管理基础设施层，可以提升整个 CAPP 软件的性能、可靠性和安全性。

需要注意的是,以上阐述的是典型的 CAPP 软件技术架构,不同软件厂商、不同版本或不同实施项目的 CAPP 软件技术架构可能会有所差异,具体取决于企业的业务需求、技术选型和实施策略。因此,在实际应用中,应根据企业的实际情况对 CAPP 软件的技术架构进行定制和优化。

3.3.6 CAPP 软件应用的关键技术

CAPP 软件利用多种关键技术来支持自动化和智能化的工艺规划过程。CAPP 软件应用的关键技术主要包含成组技术、零件信息的描述与获取、数据交换和集成技术等(见图 3.24)。

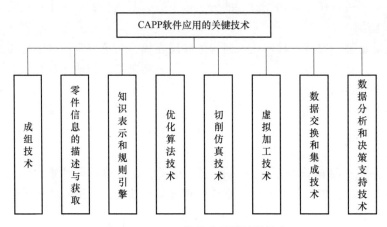

图 3.24　CAPP 软件应用的关键技术

1. 成组技术

成组技术的核心思想是揭示和利用零件间的相似性。使用成组技术把尺寸、形状、工艺相近似的零件组成一个个零件族,按零件族制定工艺进行生产制造,这样就扩大了批量,减少了品种,便于采用高效率的生产方式,从而提高了劳动生产率,为多品种、小批量生产提高经济效益开辟了一条途径。成组技术的基本原理表明,零件的相似性是实现成组工艺的基本条件。

2. 零件信息的描述与获取

输入零件信息是进行计算机辅助工艺过程设计的第一步,零件信息描述是 CAPP 软件的关键,其技术难度大、工作量大,是影响整个工艺设计效率的重要因素。零件信息描述的准确性、科学性和完整性将直接影响所设计的工艺过程的质量、可靠性和效率。CAPP 软件利用计算机视觉和几何算法等技术,从产品设计数据中提取关键的几何特征、尺寸、形状和约束等信息。这些特征信息用于工艺规划中的操作步骤、工序顺序和加工参数的确定。

3. 知识表示和规则引擎

知识表示是指将工艺设计领域中的知识以计算机能够理解的形式进行表示和存储。在 CAPP 软件中,常见的知识表示方法包括框架表示法、语义网络表示法等。这些知识表示方法使 CAPP 软件能够有效地组织和管理工艺设计知识,从而为工艺设计提供智能化的支持。

规则引擎则是 CAPP 软件中的另一个重要组件,它负责处理和管理工艺设计规则。这些规则通常以条件——动作的形式表示，即当满足一定的条件时，执行相应的动作。规则引擎能够根据输入的条件和规则库中的规则进行匹配，执行符合条件的规则，并输出结果。这使CAPP 软件能够根据工艺设计规则自动或半自动地生成工艺方案，大大提高了工艺设计的效率和质量。

4. 优化算法技术

CAPP 软件在利用优化算法进行工艺规划方案的优化时，通常会采用一些启发式或元启发式的方法，如遗传算法、模拟退火算法和禁忌搜索等。这些算法在处理复杂的、非线性的、多约束的优化问题时表现出色，能够找到接近全局最优的工艺方案，以确定最佳的加工路径、工艺参数和资源配置，以提高制造效率和质量。

5. 切削仿真技术

切削仿真是利用计算机模拟实际切削过程的技术。通过切削仿真，CAPP 软件可以模拟刀具与工件之间的相互作用，包括切削力、切削温度、切屑形成和工件表面质量等因素。这些仿真结果可以帮助工艺设计师预测切削过程中的可能问题，如刀具磨损、工件变形、加工精度等，并据此优化切削参数和刀具选择。

6. 虚拟加工技术

虚拟加工是一种在计算机环境中模拟整个加工过程的技术。通过虚拟加工，CAPP 软件可以模拟从毛坯到成品的整个加工过程，包括机床运动、夹具设计、刀具路径、切削参数等。工艺设计师可以在虚拟环境中观察和分析加工过程，检查潜在的碰撞、干涉和加工误差，并在实际加工之前对工艺方案进行调整和优化。

7. 数据交换和集成技术

CAPP 软件需要与其他工业软件系统进行数据交换和系统集成，如 CAD、CAM、PDM和 ERP 等。它利用数据交换标准和接口技术，实现与这些工业软件系统之间的无缝集成，实现从产品设计到制造过程的信息传递和共享。

8. 数据分析和决策支持技术

CAPP 软件利用数据分析和决策支持技术，对工艺规划过程中的数据进行分析和挖掘。通过对历史数据和实时数据的分析，提取关键的制造指标和决策信息，为制造企业的决策提供支持和指导。

除上述关键技术，CAPP 软件应用的关键技术还有特征识别技术、知识库与专家系统技术、工艺优化技术等。这些关键技术共同构成了 CAPP 软件的技术核心，使 CAPP 软件在计算机辅助工艺规划领域发挥了巨大的作用。随着科技的不断发展，CAPP 软件应用的关键技术也在不断更新和优化，以适应更复杂的工艺规划需求。

3.3.7 CAPP 软件主要应用领域

CAPP 软件的应用领域十分广泛，涉及制造业的多个细分领域，主要应用领域包括产品设计、数控加工、生产流程优化领域等（见图 3.25）。

1. 产品设计领域

（1）工艺规划 在产品设计初期，CAPP 软件能够根据产品的特性和要求，结合制造资源和能力，帮助设计师进行工艺规划，自动生成合理的工艺路线和制造指导文件，最终制造出符合设计要求的产品，帮助企业减少后期产品加工和调整的成本。

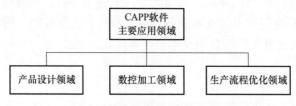

图 3.25　CAPP 软件主要应用领域

（2）自动特征识别　CAPP 软件能够自动识别和提取产品设计中的关键特征，如几何形状、尺寸、材料等，并根据这些特征推荐合适的加工工艺和方法，可以大大提高工艺设计的效率和准确性。

（3）制造可行性评估　CAPP 软件可以对产品设计进行制造可行性评估，判断设计是否符合制造要求和能力。它可以分析产品的几何特征、工艺要求等，并识别出可能存在的制造问题，为用户提供改进建议。

（4）设计数据与制造数据转换　CAPP 软件可以实现从产品设计数据（如 CAD 模型）到制造数据（如工艺卡片、NC 程序等）的自动转换。这有助于减少数据转换过程中的人工干预和错误，提高数据的一致性和准确性。

（5）设计与制造的一体化　CAPP 软件可以与 CAD、CAM 等工业软件进行系统集成，实现产品设计、工艺设计和制造过程的无缝衔接。这有助于减少信息传递的误差和延迟，提高设计与制造的协同效率。

2. 数控加工领域

（1）加工工艺规划　CAPP 软件首先读取产品的 CAD 模型数据，获取产品的几何形状、尺寸和材料等信息。然后，CAPP 软件可以根据产品的设计图样和加工要求，结合数控机床的特点，自动生成适合数控加工的工艺规划方案。它能够根据材料、刀具、夹具等因素，确定最佳的切削参数和加工顺序，优化加工效率和质量。

（2）NC 程序生成　CAPP 软件可以根据工艺规划和数控机床的编程要求，自动生成数控程序代码。它可以自动完成刀具路径的生成、坐标系的转换、速度调整等操作，减少人工编程的工作量，并确保生成的 NC 程序符合数控机床的要求。

（3）工装夹具设计　CAPP 软件可以辅助设计工装夹具，在数控加工过程中提供稳定的工件定位和夹持。它可以根据产品的几何形状、加工要求和数控机床的能力，生成合适的夹具设计方案，提高工件的加工精度和稳定性。

（4）加工过程仿真　CAPP 软件可以对数控加工过程进行仿真分析，验证工艺规划和NC 程序的正确性。通过仿真，可以检查加工路径、材料去除情况、切削力等因素，发现潜在的问题并进行优化，避免加工中的错误和损失。

3. 生产流程优化领域

（1）工艺路线优化　CAPP 软件可以根据产品的设计要求和企业的生产资源，自动或半自动生成多种可行的工艺路线方案。通过对比分析，企业可以选择最经济、最高效的方案进行生产。此外，当生产环境或要求发生变化时，CAPP 软件能够快速调整工艺路线，以适应新的生产需求。

（2）工艺参数优化　CAPP 软件可以结合切削仿真技术，对切削参数（如切削速度、进给量、切削深度等）进行优化。通过模拟不同参数组合下的切削过程，软件可以预测加工质量和刀具磨损情况，从而帮助企业选择最佳的切削参数，提高加工效率和产品质量。

（3）资源利用优化 CAPP 软件可以对企业的生产资源进行统一管理和调度，确保资源在各个工艺环节中得到合理分配和利用。这有助于避免资源浪费和瓶颈现象，提高企业的生产能力和资源利用率。

（4）工艺文件优化 CAPP 软件可以自动生成规范化、标准化的工艺文件（如工艺卡片、工序图等），减少人工编写和整理的工作量。同时，软件还支持对工艺文件进行版本控制和修改跟踪，确保数据的准确性和一致性。这有助于提高企业工艺管理的规范性和效率。

3.4 计算机辅助制造（CAM）软件

3.4.1 CAM 概念

CAM（Computer Aided Manufacturing），即计算机辅助制造，是指利用计算机辅助完成从生产准备到产品制造整个过程的活动。

具体来说，它通过直接或间接地把计算机与制造过程和生产设备相联系，用计算机系统进行制造过程的计划、管理，以及对生产设备的控制与操作的运行，处理产品制造过程中所需的数据，控制和处理物料（毛坯和零件等）的流动，对产品进行测试和检验等。CAM 的核心是计算机数值控制（简称数控），是将计算机应用于制造生产过程的过程或系统。

CAM 作为整个现代集成制造系统的重要环节，向上与 CAD 实现无缝集成，向下为数控生产系统提供服务。

1. 广义 CAM 和狭义 CAM 的概念

依据其应用的广度和深度，CAM 的概念有广义与狭义之分。

广义 CAM 是指利用计算机辅助完成从原材料到产品的全部制造过程，这涵盖了直接和间接的制造过程。其中，直接制造过程包括工艺准备、加工、装配、检验等环节，在这些环节中，CAM 技术被用来生成数控程序、控制机床进行加工。而间接制造过程则包括生产计划、销售、库存等环节，CAM 技术也在这些环节中发挥作用，但通常是通过与其他工业软件系统（如 ERP、MES 等）的集成来实现的。

狭义 CAM 主要指的是在制造过程中的某个环节应用计算机，特别是在计算机辅助设计和制造（CAD/CAM）中，通常是指计算机辅助机械加工（也称为计算机辅助数控编程）。更具体地说，它是指数控加工，其输入信息是零件的工艺路线和工序内容，输出信息是刀具加工时的运动轨迹（刀位文件）和数控程序。这是 CAM 技术最直接和最广泛的应用，主要用于生成控制数控机床的程序，实现零件的自动化加工。

狭义 CAM 系统功能模型如图 3.26 所示。

本书论述的对象主要是指狭义上的 CAM，即 CAM 软件系统（以下简称 CAM 软件）。

2. CAM 与 CAM 软件之间的关系

CAM 是一种广泛使用的技术，它涉及使用计算机软件来辅助制造过程中的各个方面，包括设计、规划、模拟、优化和控制等。CAM 技术可以显著提高生产率、降低成本、提升

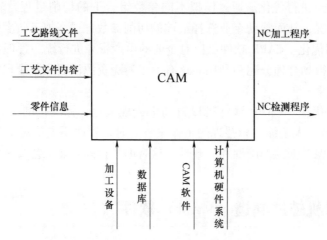

图 3.26 狭义 CAM 系统功能模型

产品质量，并实现制造过程的自动化和智能化。

CAM 软件是实现 CAM 技术的关键工具。它是一套专门开发的计算机程序，用于辅助制造过程中的各个环节。CAM 软件通常包含多个功能模块，如几何建模、刀具路径生成、加工模拟、后置处理等，这些模块共同协作，帮助用户完成从产品设计到加工制造的整个流程。

简言之，CAM 技术为制造行业带来了巨大的变革和提升，而 CAM 软件则是实现这一技术的关键工具。

3. CAM 软件在实践应用中的作用与价值

CAM 软件在实践应用中的作用与价值主要体现在提高加工效率、提升加工精度、优化资源管理、促进技术创新、方便数据交换与共享等几个方面。

（1）提高加工效率　CAM 软件可以根据三维 CAD 软件设计好的三维模型，自动生成数控机床所需要的加工程序，这个过程相比传统的手工编程，不仅速度更快，而且准确性更高。CAM 软件还能够通过对刀具路径的精确计算和优化，减少不必要的刀具移动和空行程时间，从而提高切削效率。

（2）提升加工精度　CAM 软件能够基于三维 CAD 模型生成精确的刀具路径，这些路径确保了切削工具在正确的位置进行切削，遵循工件的几何形状，从而提高了加工精度。CAD 软件允许用户根据材料类型、刀具类型和机床性能来设定和调整切削参数（如切削速度、进给率和切削深度），通过优化这些参数，可以减少切削力、振动和热变形，从而提高加工表面的质量和精度。CAM 软件还支持刀具磨损补偿和刀具长度/半径补偿。这些补偿功能可以自动调整刀具路径，以补偿刀具的磨损或几何形状，确保加工尺寸的准确性。

（3）优化资源管理　CAM 软件可以跟踪和管理刀具的使用情况，包括刀具的库存、寿命和磨损状态。通过智能调度和刀具路径优化，CAM 软件能够最大限度地延长刀具寿命，减少刀具更换次数，从而降低刀具成本和提高生产率。CAM 软件还可以监控机床的状态和性能，确保机床在最佳状态下运行。通过智能排程和任务分配，CAM 软件能够高效地利用机床资源，避免机床闲置或过度使用，提高机床的利用率和生产效益。

（4）促进技术创新　CAM 软件为用户提供了一个实验和模拟的平台，使他们能够探索和实施新的加工工艺。同时，CAM 软件具备强大的分析能力，可以对现有工艺进行深入的分析和优化，通过对比不同工艺方案的模拟结果，可以选择出更为优化的工艺方案。另外，CAM 软件能够处理复杂的几何形状和结构，生成精确的刀具路径，这使制造复杂零件成为可能，推动了产品设计的创新。

（5）方便数据交换与共享　CAM 软件通常支持多种数据格式（如 IGES、STEP 和 STL 等），可以与其他 CAD/CAM/CAE 软件进行数据交换与共享，打破了软件之间的壁垒。这有助于实现设计、制造、分析等环节的无缝对接，提高整个产品开发过程的效率。

3.4.2　CAM 软件分类

CAM 软件的分类方式可以按照不同的维度进行划分。通常情况下，CAM 软件的分类方法有按照制造工艺类型分类、按照应用领域分类、按照软件平台分类三种（见图 3.27）。

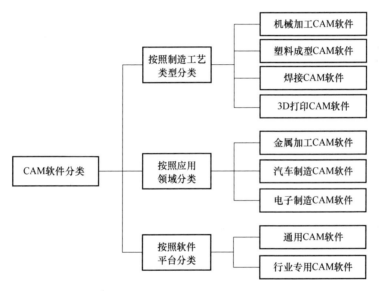

图 3.27　CAM 软件分类

1. 按照制造工艺类型分类

按照制造加工工艺类型不同，可以将 CAM 软件分为机械加工 CAM 软件、塑料成型 CAM 软件、焊接 CAM 软件、3D 打印 CAM 软件等。

（1）机械加工 CAM 软件　机械加工 CAM 软件通过将工件的几何信息与刀具路径生成算法相结合，自动生成数控机床程序，以实现机械加工过程的自动化。

机械加工 CAM 软件可以进一步细分为铣削 CAM 软件、车削 CAM 软件、钻孔 CAM 软件等几类。

铣削 CAM 软件用于铣床的加工操作。它通过优化刀具路径、切削策略及切削参数，最大限度地提高加工效率和质量。铣削 CAM 软件可以支持面铣、开槽、钻孔等各种铣削操作。

车削 CAM 软件用于车床的加工操作。它根据零件的几何形状和尺寸要求，自动生成车削的刀具路径和切削参数。车削 CAM 软件可以支持外圆车削、内孔车削、螺纹加工等各种车削操作。

钻孔 CAM 软件专门用于钻床和镗床的加工操作。它可以自动生成适用于不同孔径、深度和孔距要求的钻孔路径。钻孔 CAM 软件可以提供自动换刀、冷却液喷射等特殊功能，优化钻孔过程。

使用机械加工 CAM 软件自动生成的数控机床程序可以减少编程时间和人为误差，提高加工效率。精确的刀具路径规划和切削参数优化可以实现更高的加工精度和表面质量，大大提高了加工精度。

（2）塑料成型 CAM 软件　塑料成型 CAM 软件主要用于自动化生成塑料注塑机或挤出机的加工程序，以实现塑料制品的高效生产。

塑料成型 CAM 软件可以帮助优化塑料制品的生产过程，提高生产率和产品质量，其主要功能包括模具设计和导入、刀具路径生成、加工参数设置、预览和仿真、加工优化等几个方面。

一方面，使用塑料成型 CAM 软件系统自动生成的加工程序可以减少编程时间和人为误差，提高生产率。另一方面，通过优化切削路径和参数，可以减少塑料制品的缺陷和废品率。在加工过程中，通过切削参数设置和仿真预览，可以实现对加工过程的精确控制，保证塑料制品的准确加工和质量。

（3）焊接 CAM 软件　焊接 CAM 软件主要用于生成焊接路径和参数，以实现焊接过程的自动化和优化。

焊接 CAM 软件在焊接生产中发挥重要作用，其主要功能包括焊接路径生成、焊接参数设置、自动化程序生成、仿真和验证、质量控制和优化等。

使用焊接 CAM 软件自动生成的焊接程序可以减少编程时间和人为误差，提高焊接生产率。通过优化焊接路径和参数，可以控制焊接热量输入和焊接质量，提高焊缝的密实性和完整性，大幅提高焊接质量。另外，通过优化焊接路径和参数，可以减少焊接缺陷和废品率。通过焊接参数设置和仿真预览，可以实现对焊接过程的精确控制，保证焊接质量和一致性。

焊接 CAM 软件的功能和适用性会因厂商和软件版本而有所差异。在选择和应用时，需要根据具体焊接工艺和设备进行评估和比较，选择最适合的系统。此外，焊接过程中的安全性和人员技能也是焊接质量的关键因素，需要注意提升操作人员的安全意识并适时开展培训。

（4）3D 打印 CAM 软件　3D 打印 CAM 软件是一种应用于 3D 打印工艺的计算机辅助制造技术，一般用于基于增材制造（Additive Manufacturing，AM）的自动化，包括光固化、熔融沉积等技术。

3D 打印 CAM 软件主要用于生成打印路径和参数，以实现 3D 打印过程的优化和自动化，其主要功能包括打印路径生成、打印参数设置、自动化程序生成、仿真和验证、质量控制和优化等。

使用 3D 打印 CAM 软件自动生成的打印程序可以减少编程时间和人为误差，提高 3D 打印生产率。通过优化打印路径和参数，可以控制打印热量输入和打印质量，提高零件的精度和表面质量，进而提高打印质量。另外，通过优化打印路径和参数，可以减少打印缺陷和废品率。通过打印参数设置和仿真预览，可以实现对打印过程的精确控制，保证打印质量和一致性，更加精确地控制打印过程。

2. 按照应用领域分类

按应用领域不同，可以将 CAM 软件分为金属加工 CAM 软件、汽车制造 CAM 软件、电子制造 CAM 软件等。

（1）金属加工 CAM 软件　金属加工 CAM 软件主要用于生成加工路径和参数，涵盖金属零部件制造、模具制造、航空航天等领域的自动化制造，可实现金属零件的自动化加工和优化。

金属加工 CAM 软件的主要功能包括加工路径生成、切削参数设置、自动化程序生成、仿真和验证、质量控制和优化等。

（2）汽车制造 CAM 软件　汽车制造 CAM 软件主要用于生成和管理汽车制造过程中的加工路径、工艺规程和生产计划等，涵盖车身制造、发动机加工、车间装配等工艺的自动化。

汽车制造 CAM 软件的主要功能包括加工路径生成、工艺规程定义、设备资源管理、生产计划制订、质量控制和检验等。

（3）电子制造 CAM 软件　电子制造 CAM 软件主要针对电子产品的制造，包括 PCB 加工、表面贴装等工艺的自动化。

电子制造 CAM 软件的主要功能包括 PCB 设计、元件自动布局、表面贴装技术（Surface Mount Technology，SMT）贴片、焊接、电路仿真和调试等。

3. 按照软件平台分类

按照软件平台类型不同，可以将 CAM 软件分为通用 CAM 软件和行业专用 CAM 软件。

（1）通用 CAM 软件　通用 CAM 软件是指能够适用于多个领域和行业的计算机辅助制造软件，支持多种制造需求。通用 CAM 软件具有丰富的功能和灵活的应用范围，可以适应不同的行业和制造需求。

（2）行业专用 CAM 软件　行业专用 CAM 软件是指针对特定行业或特定加工需求开发的计算机辅助制造软件。专门用于某个特定领域或行业的 CAM 软件有针对汽车制造的 AutoForm、针对模具制造的 VISI 等。

需要注意的是，以上这些分类方式并不是互斥的，实际上，在实际应用中通常会结合多个维度进行 CAM 软件的选择和配置。不同的制造需求和行业特点会决定采用的 CAM 软件系统的具体类型和功能。

3.4.3　CAM 软件发展历程

CAM 软件在提高制造效率、降低成本、提高产品质量和实现智能制造方面发挥了重要作用。CAM 软件的发展历程可以追溯到 20 世纪 50 年代。

1. CAM 软件国外发展历程

CAM 软件国外发展历程主要包括技术准备与酝酿阶段、初步应用阶段、成熟发展阶段、集成化与智能化发展阶段四个阶段（见图 3.28）。

（1）技术准备与酝酿阶段（20 世纪 50 年代）　这一时期，得益于脉冲控制伺服电动机与计算机图形学的长足发展，以麻省理工学院（MIT）为主的美国高校及企业开始了 CAM 软件的初期研究和试验。1952 年，MIT 的伺服实验室研制出世界上第一台三坐标数控铣床，实现了数控加工。1953 年，MIT 推出自动编程工具（Automatically Programmed Tool，APT）语言，用于数控编程。

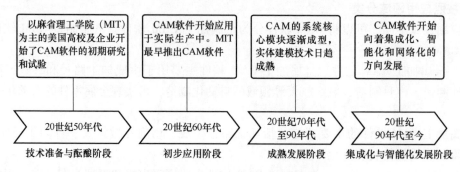

图 3.28　CAM 软件国外发展历程

（2）初步应用阶段（20 世纪 60 年代）　20 世纪 60 年代初期，CAM 软件开始应用于实际生产中。1962 年，美国 MIT 推出了"SKETCHPAD"计算机图示设计系统，这是世界上最早的 CAM 软件。此时，商品化的 CAM 软件开始出现，如 IBM 公司推出的计算机绘图设备和一些飞机制造公司采用的 CAM 软件。

（3）成熟发展阶段（20 世纪 70 年代至 90 年代）　在这一阶段，CAM 软件的系统核心模块逐渐成型，实体建模技术日趋成熟。许多知名的 CAM 软件供应商，如 AutoCAD、CATIA、UG 等，推出了功能强大的商品化软件，并实现了 CAM 软件的系统集成。这些软件被广泛应用于机械制造、航空航天、汽车等领域。

（4）集成化与智能化发展阶段（20 世纪 90 年代至今）　随着计算机技术的飞速发展和制造业的不断进步，CAM 软件开始向着集成化、智能化和网络化的方向发展。企业开始追求更高效、更精确的制造过程，CAM 软件与 CAE、CAPP 等软件的集成成为趋势。同时，人工智能、机器学习等技术的引入也进一步提高了 CAM 软件的自动化程度和智能化水平。

2. CAM 软件国内发展历程

CAM 软件国内发展历程主要包括起步阶段、引进与消化阶段、自主研发与创新阶段三个阶段（见图 3.29）。

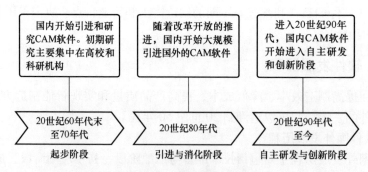

图 3.29　CAM 软件国内发展历程

（1）起步阶段（20 世纪 60 年代末至 70 年代）　在这一时期，国内开始引进和研究 CAM 软件。初期的研究主要集中在高校和科研机构，如清华大学、北京航空航天大学等。同时，一些大型企业也开始尝试引进和应用 CAM 软件，以提高生产率和加工精度。

（2）引进与消化阶段（20 世纪 80 年代）　随着改革开放的推进，国内开始大规模引进国外的 CAM 软件。这一时期，国内企业主要通过引进、消化和吸收的方式，逐步掌握 CAM 软件的核心和应用。同时，国内也开始出现了一些 CAM 软件的研发机构和企业。

（3）自主研发与创新阶段（20 世纪 90 年代至今）　进入 20 世纪 90 年代，国内 CAM 软件开始进入自主研发和创新阶段。许多高校、科研机构和企业开始致力于 CAM 软件的研发和创新，推出了一系列具有自主知识产权的 CAM 软件和产品。这些软件不仅具有强大的建模和编程功能，还能够满足国内制造业的特殊需求。

3. CAM 软件发展方向与趋势

未来，CAM 软件将朝着智能化、数字化、虚拟化、集成化和可持续发展的方向发展。它将成为制造业提高效率、降低成本、推动可持续发展的重要工具和技术支撑（见图 3.30）。

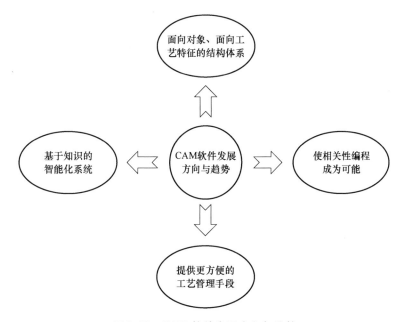

图 3.30　CAM 软件发展方向与趋势

（1）面向对象、面向工艺特征的结构体系　以传统 CAM 曲面为目标的体系结构将被改变成面向整体模型（实体对象）、面向工艺特征的体系结构。CAM 软件将能够按照工艺要求自动识别并提取所有的工艺特征及具有特定工艺特征的区域，使 CAD/CAE/CAM 的集成化、自动化、智能化达到一个新的水平。

（2）基于知识的智能化系统　未来的 CAM 软件不仅可继承并智能化地判断工艺特征，而且具有模型对比、残余模型分析与判断功能，使刀具路径更优化、效率更高。同时具有对工件和夹具的防过切、防碰撞功能，从而提高操作的安全性，更符合高速加工的工艺要求。未来的 CAM 软件将开放与工艺相关联的工艺库、知识库、材料库和刀具库，使工艺知识的积累、学习、运用成为可能。

（3）使相关性编程成为可能　未来，尺寸相关、参数式设计等 CAD 软件领域的特性有望被引入 CAM 软件之中。目前，以 Delcam 公司的 PowerMILL 及 WorkNC 为代表，采用面向工艺特征的处理方式，系统以工艺特征提取的自动化来实现 CAM 编程的自动化。当模型发生变化后，只要按原来的工艺路线重新计算，即可实现 CAM 程序的自动修改。由计算机自动进行工艺特征和工艺区域的重新判断并全自动处理，使相关性编程成为可能。目前已有成熟的产品上市，并为北美、欧洲等地区的发达国家模具界所接受。由于 CAM 软件专业化、智能化、自动化水平的提高，将导致机侧编程方式的兴起，从而改变 CAM 编程与加工人员及现场分离的现象。

（4）提供更方便的工艺管理手段　CAM 软件的工艺管理是数控生产中至关重要的一环，未来 CAM 软件的工艺管理树结构将为工艺管理及即时修改提供条件。目前，先进的 CAM 软件已经具有 CAPP 软件开发环境或可编辑式工艺模板，可由有经验的工艺人员对产品进行工艺设计，CAM 软件可按工艺规程全自动批次处理。未来，CAM 软件将能自动生成图文并茂的工艺指导文件，并能以超文本格式进行网络浏览。

3.4.4　CAM 软件基本功能

CAM 软件是以计算机硬件为基础，系统软件和支撑软件为主体，应用软件为核心的面向制造的信息处理系统，其基本功能主要包括人机交互功能、产品建模功能、图形处理功能、数控编程功能、模拟与仿真功能、工程分析与优化功能、工程信息存储与管理功能等（见图 3.31）。

1. 人机交互功能

CAM 软件的人机交互功能是指 CAM 软件与操作者之间进行信息交流和操作指导的功能。通过人机交互，可实现用户界面操作、数据输入、参数设置等。人机交互功能旨在使操作者能够方便地输入和调整加工参数，实时了解加工效果，及时获得操作反馈和帮助信息，从而提高操作的准确性和效率。

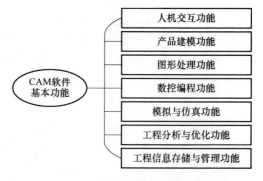

图 3.31　CAM 软件基本功能

2. 产品建模功能

在 CAM 软件中，产品建模功能是指通过各种方法和工具创建和编辑工件的几何模型。通过这些产品建模功能，操作者可以创建、编辑和调整工件的几何模型，为后续的数控编程和加工过程提供基础数据，提高产品设计和制造的效率，并确保加工过程中的准确性和质量。

3. 图形处理功能

CAM 软件中的图形处理功能主要指对产品模型进行平移、旋转、镜像等变换操作，以满足加工过程中的需求。通过这些图形处理功能，操作者可以根据具体的加工需求对产品模型进行相应变换，以达到更好的加工效果。这些操作能够帮助操作者精确调整和优化模型，提高产品的质量和准确性。

4. 数控编程功能

数控编程功能是 CAM 软件中的核心功能之一，可实现刀具路径生成、前后处理、切削参数设置等，主要用于生成数控加工所需的操作代码或机器指令。通过这些数控编程功能，CAM 软件能够自动生成适应具体工艺要求的数控程序，并提供多种工具和方法来优化加工过程，从而大大简化数控编程工作，提高加工的效率和质量。

5. 模拟与仿真功能

模拟与仿真功能是 CAM 软件中的重要功能，主要负责刀具路径模拟、机床模型模拟、材料移除模拟等，可以帮助操作者在实际加工之前进行虚拟的模拟和验证。通过使用模拟与仿真功能，操作者可以在实际加工之前进行全面的虚拟验证和优化，减少错误和损失。同时，可以提高加工的可靠性和效率，节省时间和成本。

6. 工程分析与优化功能

工程分析与优化功能是 CAM 软件系统中的关键功能之一，它可以完成切削力分析、加工精度分析、表面质量分析等，帮助操作者对加工工艺进行分析和优化。通过工程分析与优化功能，CAM 软件能够提供全面的工艺分析和改进建议。操作者可以根据分析结果做出合理的调整，以提高加工质量、减少资源消耗和提升生产率，这对于工业制造和生产管理非常重要。

7. 工程信息存储与管理功能

CAM 软件中的工程信息存储与管理功能是为了方便用户对工程数据进行组织、存储和检索，提高工作效率和数据管理的准确性，这对于多个工程项目的同时进行、团队协作及历史数据的追溯都非常有帮助。

除上述七项基本功能，CAM 软件还具有刀具路径生成与优化、碰撞检测与干涉检查、工艺参数设置、加工时间估算、后置处理与数控代码生成等基本功能。这些基本功能共同构成了 CAM 软件强大的功能体系，使其在辅助制造过程中发挥着重要作用。

3.4.5 CAM 软件技术架构

CAM 软件技术架构与 CAD、CAE、CAPP、MES、WMS、ERP 等其他工业软件系统不同，它由硬件系统和软件系统组成，并有相应的功能组件和模块进行支撑，以实现计算机辅助制造的功能。

CAM 软件的硬件系统主要包括计算机、外围设备和生产设备，这些组件共同构成了支持 CAM 软件运行和实现制造自动化的物理基础（见图 3.32）。

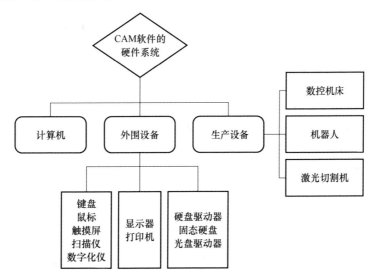

图 3.32 CAM 软件的硬件系统组成图

计算机是 CAM 软件的大脑，负责运行 CAM 软件、处理数据、执行计算任务及控制其他外围设备和生产设备。计算机的性能（如处理器速度、内存容量、存储容量等）直接影响到 CAM 软件的运行效率和制造过程的自动化程度。

外围设备是连接到计算机并扩展其功能的硬件设备，主要包括输入设备、输出设备、存储设备。输入设备主要包括键盘、鼠标、触摸屏、扫描仪、数字化仪等，用于向计算机输入数据和命令。输出设备主要包括显示器、打印机等，用于显示或打印 CAM 软件的输出结果，如加工路径、模拟图形或报告。存储设备主要包括硬盘驱动器、固态硬盘、光盘驱动器等，用于长期存储数据和程序。

生产设备是直接参与制造过程的机器设备，如数控机床、机器人、激光切割机等。CAM 软件通过生成 NC 程序来控制这些生产设备，实现自动化加工。生产设备的性能和精度直接影响到最终产品的质量和制造效率。

软件系统方面，典型的 CAM 软件技术架构模型一般为七层，分别是用户界面层、应用逻辑层、数据处理层、几何引擎层、刀具路径引擎层、后处理层和硬件接口层（见图 3.33）。

在图 3.33 中，用户界面层、应用逻辑层、数据处理层、几何引擎层、刀具路径引擎层、后处理层和硬件接口层之间存在着紧密的关系。

用户界面层是用户与 CAM 软件直接交互的层次。用户通过该层输入指令和数据，如设计图样、加工参数等，同时，CAM 软件也通过这一层向用户展示处理结果和反馈信息。

应用逻辑层负责处理用户界面层传来的指令和数据，根据用户的需求调用相应的功能模块，如几何造型、工艺规划等，完成特定的应用任务，并将数据传递给数据处理层。

数据处理层主要负责对应用逻辑层传递的数据进行预处理、转换和管理，确保数据的一致性和准确性，同时提供高效的数据访问和存储机制，并将数据传递给几何引擎层。

在几何引擎层，CAM 软件对从数据处理层接收到的几何数据进行处理和计算，如进行几何变换、求交、偏置等操作，生成用于加工的几何模型，并将几何模型提供给刀具路径引擎层。

刀具路径引擎层根据几何引擎层生成的几何模型和用户设定的加工参数规划刀具路径，生成粗加工、半精加工和精加工等阶段的刀具轨迹，并将刀具轨迹传递给后处理层。

在后处理层，CAM 软件将刀具路径引擎层生成的刀具轨迹转换为特定数控机床可识别的 NC 代码，同时添加必要的机床控制指令和工艺参数，通过硬件接口层传输给数控机床。

硬件接口层是 CAM 软件与数控机床等硬件设备通信的层次，负责将后处理层生成的 NC 代码和机床控制指令传输给数控机床，同时接收机床的反馈信息，如加工状态、故障报警等，确保加工过程的顺利进行。

总的来说，这七层之间是相互依赖、逐层递进的关系。用户界面层和应用逻辑层主要关注用户需求和应用功能的实现；数据处理层、几何引擎层和刀具路径引擎层负责数据的处理、计算和加工路径的生成；后处理层和硬件接口层则关注如何将加工路径转换为机床可执行的代码并实现与机床的通信。各层之间协同工作，共同实现 CAM 软件从设计到加工的全过程自动化。

1. 用户界面层

在 CAM 软件技术架构中，用户界面层是用户与 CAM 软件进行交互的入口，它提供可视化的操作界面和用户交互功能，主要负责显示信息、接收用户输入，并将用户操作传递给应

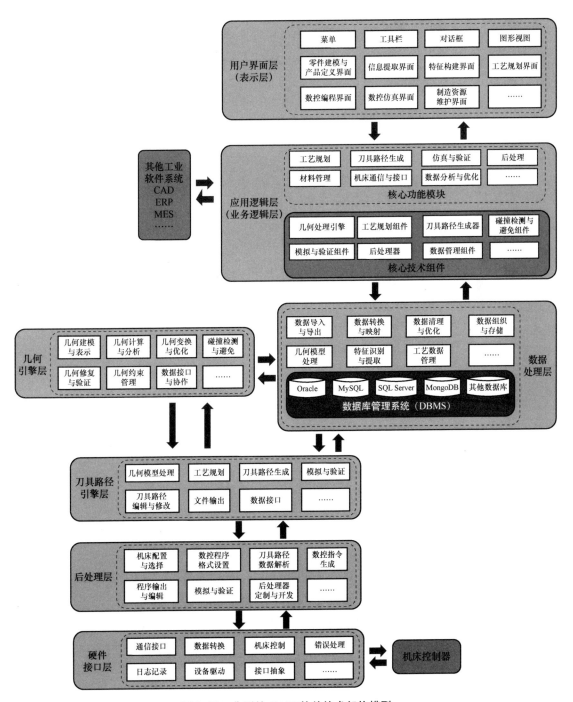

图 3.33　典型的 CAM 软件技术架构模型

用逻辑层进行处理。

　　CAM 软件用户界面层包括多个界面,如图形用户界面、零件建模与产品定义界面、信息提取界面、特征构建界面、工艺规划界面、数控编程界面、数控仿真界面及制造资源维护界面等。这些界面分别对应着不同的功能模块,用户可以通过这些界面完成相应的操作。

（1）图形用户界面　用户界面层通常提供一个直观、易用的图形用户界面，支持多种输入设备和交互方式，使用户能够方便地与 CAM 软件进行交互。图形用户界面包括各种交互元素，如菜单、工具栏、对话框、图形视图等。这些元素提供了用户输入数据、选择操作、查看结果等功能的途径。

（2）零件建模与产品定义界面　零件建模与产品定义界面允许用户进行零件的几何形状创建、编辑和修改，以及定义产品的各种属性和特征。

在零件建模方面，用户可以利用该界面提供的工具进行三维建模，包括创建基本几何体（如立方体、圆柱体、球体等）、进行布尔运算（如并集、交集、差集等）以生成复杂形状，以及应用各种变换操作（如平移、旋转、缩放等）来调整零件的位置和大小。此外，用户还可以导入外部 CAD 文件，以便在 CAM 软件中进行进一步的加工和处理。

在产品定义方面，零件建模与产品定义界面允许用户为零件添加各种属性和特征，如材料类型、表面粗糙度、尺寸标注等。这些属性和特征对于后续的工艺规划、数控编程和加工仿真等步骤至关重要，因为它们直接影响到零件的加工方法和最终质量。

（3）信息提取界面　信息提取界面是 CAM 软件中用于从 CAD 模型或其他数据源中提取零件信息和特征的关键界面。该界面允许用户导入、解析和处理与零件相关的各种数据，以便为后续的工艺规划、数控编程和加工操作提供必要的信息。

通过信息提取界面，用户可以将通过 CAD 软件创建的零件模型导入 CAM 软件中，确保 CAD 软件设计的几何数据能够被 CAM 软件正确识别和使用。信息提取界面会解析导入的 CAD 模型，从中提取出零件的几何信息（如点、线、面等）、拓扑关系（如相邻面、边界等）及其他与加工相关的属性（如材料、纹理等）。在提取信息后，用户可能需要对数据进行清理、优化或转换，以适应特定的加工需求或机床能力，包括修复模型中的错误、简化几何形状、调整尺寸单位等。提取的信息和特征最终以一定的数据结构或格式存储，并可供其他 CAM 模块（如工艺规划、刀具路径生成等）使用。

（4）特征构建界面　特征构建界面是 CAM 软件中专门用于帮助用户构建、编辑和修改零件特征的重要界面。特征构建是 CAM 编程过程中的关键步骤，它涉及将设计意图转化为具体的、可用于加工的几何形状和属性。

特征构建界面提供一系列预定义的特征类型，如孔、槽、凸台、倒角等，用户可以从库中选择需要的特征类型，并根据具体尺寸和位置参数进行实例化。它允许用户通过交互式操作创建新的特征，包括绘制草图、选择轮廓、指定深度等步骤，以便定义特征的几何形状。特征构建界面支持参数化特征的定义，使用户能够创建基于变量和关系的特征，当设计参数发生变化时，特征将自动更新，提高了设计效率和灵活性。在特征构建完成后，用户可以使用验证工具检查特征的有效性和可加工性，包括干涉检查、碰撞检测及特征间的几何关系验证等。

通过特征构建界面，用户可以将设计意图转化为具体的加工特征，为后续的工艺规划、数控编程和加工操作奠定基础。同时，特征构建界面还与其他 CAM 模块（如信息提取、工艺规划等）紧密集成，确保数据的一致性和流程的顺畅性。

（5）工艺规划界面　工艺规划界面是 CAM 软件中用于辅助用户进行工艺规划和决策的关键界面。工艺规划是将零件的设计信息转化为实际加工过程所需的一系列有序步骤的过程，它涉及选择合适的加工方法、确定工艺参数、安排加工顺序及优化工艺路线等。

工艺规划界面提供一系列预定义的工艺模板，用户可以根据零件类型和加工需求选择合适的模板作为起点，并进行必要的定制和调整。它提供加工方法的图标、描述和示例，允许用户根据零件特征和加工要求选择适当的加工方法，如铣削、车削、钻孔等，还提供用户设置和调整的各种工艺参数，如切削速度、进给率、切削深度等。

同时，工艺规划界面还提供可视化工具（如三维模拟或动画演示），支持用户通过交互式操作确定零件的加工顺序，包括选择加工面、定义加工方向、设置刀具路径等，以帮助用户理解和验证加工顺序。

另外，工艺规划界面还允许用户为加工过程选择合适的夹具和刀具。界面可能提供夹具和刀具的库，其中包含各种类型、规格和属性的选项供用户选择。

通过工艺规划界面，用户可以将设计信息转化为实际可执行的加工工艺，并为后续的数控编程和加工操作提供准确的指导。同时，工艺规划界面还与其他 CAM 模块（如特征构建、数控编程等）紧密集成，确保数据的一致性和流程的顺畅性。

（6）数控编程界面 数控编程界面是 CAM 软件中专门用于数控编程和加工操作的关键界面，允许用户将工艺规划的结果转化为具体的数控指令，并监控和控制数控机床进行零件的加工。

用户可以通过该界面将工艺规划中的加工步骤、刀具路径和工艺参数等信息自动或手动地转换为数控程序（如 G 代码、M 代码等）。数控编程界面提供三维模拟或仿真功能，使用户能够在实际加工之前在计算机上预览刀具路径和加工结果，帮助用户验证数控程序的正确性和避免潜在的碰撞或错误。

数控编程界面通常还具备与数控机床进行通信的功能，包括程序传输、开始/停止加工、实时状态监控等。用户可以通过界面控制机床的运行，并获取机床的反馈信息，如加工进度、报警信息等。

数控编程界面的价值是提供一个直观、高效的环境，使用户能够方便地进行数控编程、模拟和加工操作。通过这一界面，用户可以将工艺规划的结果转化为精确的数控指令，并实现对数控机床的精确控制和监控。同时，数控加工界面还与其他 CAM 模块（如工艺规划、仿真验证等）紧密集成，确保整个加工流程的连贯性和高效性。

（7）数控仿真界面 数控仿真界面是 CAM 软件中专门用于模拟和验证数控加工过程的关键界面，提供了一个可视化的环境，使用户能够在实际加工之前在计算机上模拟和检查数控程序的执行过程和结果。

数控仿真界面展示了一个虚拟的数控机床和加工场景，用户可以在其中观察刀具路径、工件和夹具等元素的动态模拟，帮助用户直观地理解加工过程，并检查潜在的碰撞、干涉或错误。

数控仿真界面支持常见的数控程序格式（如 G 代码、M 代码等），用户可以将生成的数控程序加载到仿真界面中，以便进行模拟和验证。该界面能够检测刀具、夹具和工件之间的潜在碰撞和干涉情况，并通过高亮显示或警告信息提醒用户，预防加工中的事故和损坏。用户还可以在仿真界面中预览加工完成后的工件形状和表面质量，验证数控程序的正确性和满足设计要求。

数控仿真界面的价值是提供一个准确、可靠的仿真环境，使用户能够在实际加工之前预测和验证数控程序的性能和结果。通过这一界面，用户可以及早发现和解决潜在的问题，提高加工效率，降低成本，并确保加工过程的安全性和质量。数控仿真界面通常与其他 CAM 模块（如数控加工、工艺规划等）紧密集成，实现数据的共享和流程的顺畅性。

（8）制造资源维护界面　制造资源维护界面是 CAM 软件中用于管理和维护制造资源的关键界面。制造资源主要包括机床、刀具、夹具、原材料等，这些资源在加工过程中起着至关重要的作用。

制造资源维护界面展示了一个制造资源库，用户可以在其中添加、编辑和删除机床、刀具、夹具等资源的信息。该界面提供实时资源状态监控功能，用户可以查看资源的当前状态，如是否可用、是否正在维修中、使用寿命等，帮助用户合理安排生产计划，避免资源冲突和浪费。

制造资源维护界面提供了资源性能分析工具，用户可以根据资源的使用数据、维修记录等信息，评估资源的性能、可靠性和寿命，从而帮助用户做出决策，如是否更换老旧设备、优化资源配置等。

制造资源维护界面的价值是提供一个集中、统一的管理平台，使用户能够方便地管理和维护制造资源。通过这一界面，用户可以实时了解资源的状态和可用性，合理安排生产计划，并及时采取维护措施，确保资源的正常运行和延长使用寿命。同时，制造资源维护界面还与其他 CAM 模块（如工艺规划、数控编程等）进行集成，实现数据的共享和流程的协同，提高整体制造效率和质量。

需要注意的是，上述界面可能会根据具体的 CAM 软件的设计和功能有所不同，但它们都旨在提供一个直观、易用的操作环境，使用户能够高效地完成各种 CAM 任务。通过用户界面层，用户可以将自己的需求和意图传达给软件，并从软件中获得所需的反馈和信息。

2. 应用逻辑层

应用逻辑层是 CAM 软件技术架构中处理核心业务逻辑和功能的关键层次，它位于用户界面层和数据处理层之间，负责接收和处理来自用户界面层的用户请求，并与数据处理层进行交互以获取或存储必要的数据。

应用逻辑层在 CAM 软件技术架构中的作用是至关重要的，因为它涉及制造过程中的核心操作，如刀具路径生成、工艺规划、材料处理等。

CAM 软件应用逻辑层包括多个核心功能模块和核心技术组件，这些核心功能模块和核心技术组件共同协作，以实现从设计到制造的高效、精确转换。

（1）核心功能模块　CAE 软件应用逻辑层核心功能模块主要包括工艺规划、刀具路径生成、仿真与验证、后处理、材料管理、机床通信与接口、数据分析与优化等。

1）工艺规划模块，在 CAM 软件应用逻辑层中负责确定整个制造过程的工艺方法和顺序，其主要功能包括工艺分析与设计、工具选择、加工策略定义、夹具与定位设计、工艺文档生成等。

通过工艺规划，CAM 软件能够实现对复杂零件或产品的高效、精确加工，提高生产率和产品质量。同时，CAM 软件还能够与 CAD 软件紧密集成，以实现设计数据与制造数据的无缝连接，进一步缩短产品开发和生产周期。

2）刀具路径生成模块在 CAM 软件应用逻辑层中负责根据用户输入的几何模型、工艺参数和刀具信息，自动计算出刀具在工件上的运动轨迹，从而生成用于实际加工的刀具路径。

通过刀具路径生成，CAM 软件能够实现对复杂几何形状的高效、精确加工，提高生产率和产品质量。

3）仿真与验证模块在 CAM 软件应用逻辑层中允许用户在实际加工之前对生成的刀具路径和整个加工过程进行虚拟仿真，其主要功能包括加工过程模拟、刀具路径验证、碰撞检测、加工结果预览、加工时间估算等。

通过模拟与验证，CAM 软件能够在加工前发现并解决潜在的问题，从而避免实际加工中出现浪费和损失。同时，该功能模块还能够提供对加工过程的深入理解，帮助用户优化工艺规划和刀具路径生成策略。

4）后处理模块在 CAM 软件应用逻辑层中负责将刀具路径数据转换为机床可读的数控代码（如 G 代码、M 代码等），以便在实际加工中使用，其主要功能包括数控代码生成、机床配置与设置、代码优化与编辑、代码验证与模拟、输出与传输等。

通过后处理，CAM 软件能够将复杂的刀具路径数据转换为机床可读的数控代码，从而实现从设计到制造的全流程自动化，可以大大提高生产率、降低错误率，提升产品质量和加工精度。

同时，后处理功能模块还提供灵活的配置选项和手动编辑功能，以满足不同机床和加工需求的多样性。

5）材料管理模块在 CAM 软件应用逻辑层中主要负责管理和跟踪制造过程中使用的各种材料，其主要功能包括材料库存管理、生成材料需求计划、材料采购与接收、材料发放与跟踪、材料回收与再利用、质量管理与追溯等。

通过材料管理功能模块，CAM 软件能够实现对制造过程中所需材料的精确管理和跟踪，提高生产率、降低成本并确保产品质量。

6）机床通信与接口模块在 CAM 软件应用逻辑层中是连接 CAM 软件与数控机床之间的桥梁，它负责实现 CAM 软件与机床控制系统之间的数据传输和通信，其主要功能包括数据格式转换、通信协议（如 RS-232、Ethernet、USB 等）支持、实时数据传输、机床状态监控、错误处理与反馈等。

通过机床通信与接口，CAM 软件能够实现与数控机床的无缝连接和高效通信，以确保加工过程的顺利进行。同时，机床通信与接口模块还提供实时监控和错误处理功能，有助于提高加工效率、降低错误率并提升产品质量。

7）数据分析与优化模块在 CAM 软件应用逻辑层中负责利用收集到的加工数据和工艺信息来优化制造过程，提高生产率，并降低制造成本。数据分析与优化模块的主要功能包括数据收集与整合、实时监控与可视化、加工效率分析、工艺参数优化、故障预测与维护、生产报告与统计等。

通过数据分析与优化，CAM 软件能够帮助用户更加深入地了解加工过程，发现潜在的问题和改进点，从而实现生产过程的持续优化和提升。

需要注意的是，除了上述核心功能模块，CAM 软件应用逻辑层还有成本估算与控制、协同设计与制造、错误处理与日志记录等其他功能模块，以满足 CAM 软件的具体需求和业务场景。

以上这些功能模块在 CAM 软件的应用逻辑层中协同工作，确保从设计到制造的整个流程能够高效、准确地执行。不同的 CAM 软件可能会有不同的模块划分和命名方式，但总体上都会涵盖类似的基本功能。

（2）核心技术组件　为了应用逻辑层功能的实现，CAM软件应用逻辑层封装了多个核心技术组件，主要包括几何处理引擎、工艺规划组件、刀具路径生成器、碰撞检测与避免组件、模拟与验证组件、后处理器、数据管理组件等。

1）几何处理引擎是CAM软件应用逻辑层中的一个核心技术组件，负责处理与几何数据相关的所有操作和计算。

几何处理引擎能够读取和解析来自CAD软件的几何数据，包括点、线、面、体等几何元素的信息，并提供平移、旋转、缩放等几何变换功能，用于调整几何模型的位置和姿态。

几何处理引擎支持对几何实体进行并、交、差等布尔运算，用于生成复杂的几何形状，还能够根据指定的距离和方向对几何形状进行偏置，以及对几何形状进行裁剪操作。

另外，几何处理引擎还能够计算不同几何元素之间的交点、交线等，为后续的加工路径生成提供必要的信息。

几何处理引擎是CAM软件中实现几何数据处理和计算的核心技术组件，它的性能和稳定性直接影响到整个CAM软件的功能和用户体验。一个优秀的几何处理引擎能够大大提高CAM编程的效率和准确性，降低加工成本，提升产品质量。

2）工艺规划组件在CAM软件技术架构应用逻辑层中负责将设计数据转化为实际的制造工艺流程，是连接设计与制造的关键环节。

工艺规划组件能够自动识别CAD模型中的加工特征，如孔、槽、轮廓等，为后续的工艺规划提供依据。

同时，工艺规划组件能够根据加工特征、材料属性、机床性能等因素，选择合适的切削方式、刀具类型、切削参数等工艺策略。工艺规划组件还可以将复杂的加工过程分解为多个简单的工序，并确定各工序的加工顺序，以确保加工的高效性和质量。

工艺规划组件能够生成详细的工艺文件，包括工序图、工步说明、刀具清单、切削参数表等，为数控编程和加工提供指导。

另外，工艺规划组件还与几何引擎层和数据处理层紧密交互，确保生成的工艺方案既符合设计要求，又能高效利用制造资源。

3）刀具路径生成器在CAM软件的应用逻辑层中是一个核心的技术组件，负责将工艺规划转化为具体的刀具运动轨迹。

刀具路径生成器可以根据零件的几何形状、尺寸和工艺要求，计算并生成粗加工、半精加工和精加工等阶段的刀具路径。刀具路径生成器能够通过考虑刀具的切削性能、机床的动态特性、材料去除率等因素，优化刀具路径以提高加工效率、减少刀具磨损并提升加工质量。

另外，在生成刀具路径的过程中，还能够实时检测刀具与工件、夹具之间的潜在碰撞，并采取必要的措施避免碰撞发生。

刀具路径生成器是CAM软件中实现加工过程自动化的关键技术组件，它能够将设计数据转化为具体的加工指令，直接驱动数控机床进行加工。

4）碰撞检测与避免组件在CAM软件应用逻辑层中是确保加工过程安全、高效进行的关键技术组件之一。

在加工前或加工过程中，碰撞检测与避免组件能够实时检测刀具、夹具、机床各轴及工件之间是否存在潜在的碰撞，包括静态碰撞检测（基于几何模型的分析）和动态碰撞检测（考虑加工过程中的运动轨迹）。

一旦发现潜在碰撞，系统会发出预警，并根据预设的安全策略自动调整刀具路径、机床运动或暂停加工，以避免实际碰撞的发生。

碰撞检测与避免组件是确保 CAM 软件加工安全性的重要环节，它能够有效预防加工过程中的碰撞事故，保护昂贵的机床设备和刀具免受损坏，同时避免因碰撞导致的加工质量问题和生产中断。随着制造业对加工精度、效率和安全性的要求不断提高，碰撞检测与避免技术在 CAM 软件中的重要性也日益凸显。

5）模拟与验证组件，在 CAM 软件应用逻辑层中负责在实际加工之前模拟整个加工过程，以确保加工的安全性和准确性。

模拟与验证组件能够根据刀具路径、切削参数和机床设置，模拟整个加工过程，包括刀具的运动轨迹、材料的去除过程及加工结果。

在模拟过程中，模拟与验证组件能够实时检测刀具、夹具和工件之间的潜在碰撞，并验证加工的安全性。如果发现碰撞，可以及时调整刀具路径或工艺参数。

通过模拟，可以预测加工后的零件形状、尺寸和表面质量，帮助用户提前发现潜在的问题并进行调整。通过多次模拟和比较，可以找到最佳的工艺参数和刀具路径，以提高加工效率和质量。

仿真与验证组件是 CAM 软件中实现加工过程可视化和优化的关键技术组件，它能够帮助用户在实际加工之前发现潜在的问题并进行调整，避免不必要的损失和浪费。

6）后处理器是 CAM 软件应用逻辑层中的一个核心技术组件，负责将计算机生成的刀具路径转换为特定机床能够识别的 NC 代码。

后处理器接收 CAM 软件生成的刀具路径数据，这些数据通常以中性文件格式（如 CL 文件）存在。后处理器将这些数据转换为特定机床控制系统能够理解的 NC 代码格式。

不同的机床具有不同的运动特性、控制系统和指令集。后处理器能够根据目标机床的特性，调整和优化 NC 代码，以确保加工过程的准确性和高效性。另外，为了提高加工效率和质量，后处理器还可以对生成的 NC 代码进行优化，包括减少空行程、优化切削参数、合并相似指令等。

最后，后处理器将优化后的 NC 代码保存为特定格式的输出文件（如 G 代码文件、M 代码文件等），这些文件可以直接被机床控制系统读取并执行。

后处理器是 CAM 软件与机床之间的桥梁和纽带，它将 CAM 软件生成的抽象刀具路径转换为具体可执行的 NC 代码，使加工过程得以在实际机床上实现。后处理器的性能和准确性直接影响到加工的质量和效率，因此在 CAM 软件中具有举足轻重的地位。

7）数据管理组件是 CAM 软件中确保整个制造过程中数据一致性、可追溯性和高效利用的关键技术组件。

数据管理组件负责存储和组织 CAM 软件中的各种数据，包括几何模型、工艺规划、刀具路径、NC 代码、加工结果等。它确保这些数据以结构化的方式保存，便于后续的检索和使用。

数据管理组件提供安全的数据访问机制，确保只有授权的用户或系统可以访问和修改数据。同时，数据管理组件支持对不同用户设置不同的数据访问权限，以满足企业内部的数据管理需求。

在制造过程中，数据可能会经历多次修改和迭代。数据管理组件通过版本控制功能，可以记录数据的变更历史，确保用户可以轻松追踪和比较不同版本之间的差异。

另外，数据管理组件通过提供标准的数据接口（如 STEP、IGES、XML 等）或专用的 API，支持与其他工业软件系统（如 CAD、ERP、MES 等）或平台进行集成和数据交换。

通过有效的数据管理，企业可以确保制造数据的准确性、一致性和可追溯性。随着智能制造和数字化转型的推进，数据管理组件在 CAM 软件中的重要性将不断提升。

除了上述核心技术组件，应用逻辑层还包括其他技术组件，如制造资源管理组件、机床控制指令优化器、工艺知识库管理组件、报告与输出组件等，以满足 CAM 软件的具体需求和业务场景。

以上这些技术组件共同构成了 CAM 软件应用逻辑层的功能体系，它们通过紧密的交互和协作，共同实现从设计到制造的高效、准确和安全转换。用户可以通过这些技术组件灵活地配置和调整加工过程，以满足不同的制造需求。同时，这些技术组件也为 CAM 软件的系统扩展和定制提供了基础。需要注意的是，在实际应用中，这些技术组件可能会根据 CAM 软件的不同和用户的特定需求而有所差异或扩展。

3. 数据处理层

数据处理层主要负责管理和处理数据，是 CAM 软件技术架构中的关键层次，它根据用户需求调用数据处理层的功能，进行数据导入、导出、转换和清理等操作。

数据处理层的核心功能模块主要包括数据导入与导出、数据转换与映射、数据清理与优化、数据组织与存储、几何模型处理、特征识别与提取、工艺数据管理等。

（1）数据导入与导出　在 CAM 软件数据管理层中，数据导入与导出模块主要包括数据导入功能与数据导出功能两部分。

数据导入指的是将外部数据（通常是 CAD 设计数据）加载到 CAM 软件中的过程。这些数据可能来自各种不同的 CAD 软件，拥有多种文件格式，如 DXF、DWG、IGES、STEP 等。数据导入模块的主要任务是将这些外部数据准确地转换成 CAM 软件内部能够处理和理解的数据结构。

数据导出则是将 CAM 软件内部的数据导出到外部文件或系统中的过程。这些数据主要包括刀具路径、加工模拟结果、后处理文件等，通常用于机床控制、生产排程或其他制造管理系统。

（2）数据转换与映射　在 CAM 软件数据管理层中，数据转换与映射模块主要包括数据转换功能和数据映射功能两部分。

数据转换功能是指将不同格式或标准的数据转换成 CAM 软件能够理解和处理的数据格式。由于 CAD 和 CAM 软件可能采用不同的数据格式，因此数据转换功能在 CAM 软件系统中显得尤为重要，它能够将外部 CAD 软件系统生成的设计数据（如 DXF、IGES、STEP 等格式）转换成 CAM 软件系统内部的数据结构，以便进行后续的加工编程和仿真。

数据映射功能则是指将转换后的数据与 CAM 软件内部的数据结构或对象进行对应或关联。例如，将 CAD 模型中的几何元素映射到 CAM 软件中的刀具路径生成算法所需的几何表示上。这个过程需要确保数据的完整性和准确性，以便在后续的加工过程中不会出现错误或偏差。

数据转换与映射模块确保 CAM 系统能够准确、高效地处理和管理来自不同来源的 CAD 数据，为后续的加工过程提供有力的数据支持。

（3）数据清理与优化　在 CAM 软件数据管理层中，数据清理与优化模块负责对导入 CAM 软件中的 CAD 数据进行清理和优化，包括去除重复数据、修复几何错误、填补漏洞、平滑表面等操作，以确保数据的质量和完整性。

数据清理是指对从 CAD 软件或其他来源导入 CAM 软件中的数据进行检查、修正和标准化，以确保数据的质量和一致性。

数据优化则是在数据清理的基础上，对 CAM 软件内部的数据进行进一步的优化处理，以提高加工效率和质量。

（4）数据组织与存储　在 CAM 软件数据处理层中，数据组织与存储模块负责有效地组织和存储大量的几何模型数据、工艺信息和加工参数，使用合适的数据结构和数据库管理系统对数据进行存储，以支持 CAM 软件高效的数据检索、访问和更新操作。

数据组织与存储模块还负责对数据进行分类，一般分为几何数据、工艺数据、刀具数据、加工参数等，每一类数据都有相应的数据结构来定义和组织。例如，几何数据可能以边界表示法（B-rep）或构造实体几何（Constructive Solid Geometry，CSG）等形式存储。

为了提高数据检索的效率，数据组织与存储模块通常会建立索引机制，如空间索引用于快速定位几何对象，属性索引用于基于材料、工具等属性的数据查询。

另外，关系型数据库（RDBMS）和非关系型数据库（NoSQL）是存储 CAM 数据的主要选择。关系型数据库提供强大的事务处理和查询能力，适合存储结构化数据，常用的关系型数据库主要有 Oracle、MySQL、SQL Server、PostgreSQL 等；非关系型数据库则更适合处理半结构化和非结构化数据，提供更高的灵活性和扩展性，常用的非关系型数据库主要有 MongoDB、Cassandra、Redis 等。

除以上功能，数据组织与存储模块还包括数据一致性与完整性、数据安全与备份、性能优化等功能。

（5）几何模型处理　在 CAM 软件的数据处理层中，几何模型处理模块是一个核心组成部分，负责处理和管理与工件几何形状相关的所有数据。

几何模型处理主要是对工件的三维模型进行各种操作，以确保其适合后续的加工编程和仿真。这些操作主要包括模型的修复、简化、特征识别、参数化，以及与其他系统的数据交换等。通过几何模型处理，确保 CAM 软件工件几何数据的准确性、完整性和优化性，为后续的加工编程和仿真提供了坚实的基础。

（6）特征识别与提取　在 CAM 软件数据处理层中，特征识别与提取模块是核心功能模块之一，负责从几何模型中识别和提取出对加工过程有关键影响的特征信息。

特征识别是指从 CAD 模型中自动或半自动地识别出预定义的形状特征，如孔、槽、凸台等，这些特征在后续的加工过程中具有特定的意义。

特征提取则是进一步从识别出的特征中提取出必要的信息，如尺寸、位置、方向等，以供后续的工艺规划和刀具路径生成使用。

（7）工艺数据管理　在 CAM 软件数据处理层中，工艺数据管理模块是确保整个制造过程流畅、高效且可控的关键功能模块。

工艺数据管理主要是对 CAM 软件中与制造工艺相关的所有数据进行有效管理，包括刀具信息、加工参数、工艺规划、材料属性、机床数据及加工结果等。这些数据的准确性和一致性对于确保产品质量、提高生产率及实现制造过程的可追溯性至关重要。

注意，除上述核心功能模块，CAM 软件数据处理层一般还有加工过程数据记录、与硬件接口层数据传输、关联更新与同步等功能模块，以满足 CAM 软件的具体需求和业务场景。

以上这些功能模块共同构成了 CAM 软件数据处理层的功能体系，确保 CAM 软件数据处理层能够高效地处理和管理复杂的几何数据，为后续的工艺规划、刀具路径生成和数控加工提供准确、可靠的数据基础。同时，也支持用户在整个 CAM 流程中对数据进行灵活的编辑、验证和管理，从而提高加工效率和质量。

需要注意的是，具体的数据管理层功能模块划分可能会因 CAM 软件的不同而有所差异。在实际应用中，还需要根据 CAM 软件的具体需求和特点进行定制和扩展。

4. 几何引擎层

在 CAM 软件技术架构中，几何引擎层是 CAM 软件中负责几何计算和处理的核心层次，它负责创建、编辑和分析几何模型，为刀具路径引擎层提供所需的几何信息。

几何引擎层的核心功能模块主要包括几何建模与表示、几何计算与分析、几何变换与优化、碰撞检测与避免、几何修复与验证、几何约束管理、数据接口与协作等。

（1）几何建模与表示　几何建模与表示模块在 CAM 软件几何引擎层占据着至关重要的位置，主要提供创建、编辑、查询和显示几何模型的功能。

几何建模是指构建、修改和分析几何模型的过程，这些模型可以是二维的，也可以是三维的。几何表示则是指如何将这些模型以计算机可以理解的方式存储和显示出来。

在 CAM 软件中，几何建模与表示模块提供了用户与几何模型交互所需的所有工具和功能。

几何建模与表示模块支持多种几何表示方法，如 B-rep、CSG 和空间分割法等，以适应不同的应用需求。

（2）几何计算与分析　在 CAM 软件几何引擎层中，几何计算与分析模块扮演着至关重要的角色，主要负责对几何模型进行各种计算和分析，以支持 CAM 过程中的决策和优化。

几何计算主要是对几何模型的数学运算，如距离、角度、面积、体积等的计算。而几何分析则是对几何模型的形状、结构、属性等进行深入研究，以评估其满足特定要求的能力。

在 CAM 软件中，几何计算与分析模块为用户提供了强大的工具来分析几何模型，并为后续的加工过程提供关键数据。

（3）几何变换与优化　在 CAM 软件几何引擎层中，几何变换与优化模块是实现几何模型调整和改善的关键功能模块。

几何变换是指对几何模型进行空间位置、方向和尺寸的调整，以满足加工需求。而几何优化则是对模型进行改进，以提高其几何质量、减少加工难度、提升加工效率或确保加工精度。

在 CAM 软件中，几何变换与优化功能模块为用户提供了进行这些操作的工具和功能。

（4）碰撞检测与避免　在 CAM 软件几何引擎层中，碰撞检测与避免模块负责确保在数控加工过程中，刀具、夹具、工件及其他相关部件之间不会发生碰撞，从而保证加工过程的安全性和加工质量。

碰撞检测是指通过软件算法实时检查加工过程中的各种潜在碰撞，包括刀具与工件、刀具与夹具、刀具与机床等之间的碰撞。碰撞避免则是基于检测结果，自动或手动调整刀具路径、加工参数或其他相关设置，以防止碰撞的发生。

（5）几何修复与验证　在 CAM 软件几何引擎层中，几何修复与验证模块主要负责处理几何模型中的错误、不一致性及其他潜在问题，以确保模型的质量、准确性和加工可行性。

几何修复是指对几何模型中的错误、缺陷或不一致性进行自动或手动修复的过程。而几何验证则是对修复后的模型进行质量检查，以确保其满足加工要求和其他相关标准。

通过自动和手动工具的结合，几何修复与验证模块帮助用户高效地处理和修复几何模型中的错误和问题，确保模型的准确性和加工可行性。

（6）几何约束管理　在 CAM 软件几何引擎层中，几何约束管理模块负责在几何建模、变换和优化过程中管理和维护几何元素之间的约束关系。

几何约束管理模块允许用户定义几何元素之间的约束关系，如平行、垂直、相切、等距、共线、同心等，并能够自动识别导入的几何模型中已存在的约束关系。

当几何模型中的某些元素被修改时，几何约束管理模块可以自动调整其他相关元素以满足约束条件。

在几何数据处理完成后，几何约束管理模块验证所有约束条件是否得到满足，并提供约束验证报告，列出所有未满足的约束及其原因。

几何约束管理模块与几何建模模块协作，确保在建模过程中约束得到正确应用；与几何变换和优化模块协作，确保在变换和优化过程中约束得到维护；与几何验证模块协作，确保在验证过程中约束得到正确检查。

（7）数据接口与协作　CAM 软件几何引擎层中的数据接口与协作模块是该层与其他层之间进行数据交换和协同工作的关键功能模块。

几何引擎层与数据处理层协作，接收来自数据处理层的几何数据，进行必要的几何处理，然后将处理后的数据传递给后续的刀具路径引擎层。

几何引擎层与刀具路径引擎层协作，为刀具路径引擎层提供精确的几何信息和计算结果，支持刀具路径的生成和优化。

注意，除以上核心功能模块，CAM 软件几何引擎层一般还有几何数据简化、错误诊断与日志记录、几何数据版本管理等功能模块，以满足 CAM 软件的具体需求和业务场景。

上述功能模块共同构成了 CAM 软件几何引擎层的功能体系，为后续的刀具路径生成、工艺规划和数控加工提供了强大的几何处理和分析能力。几何引擎层的性能和稳定性对 CAM 软件的整体性能和加工质量具有重要影响。

需要注意的是，具体的几何引擎层功能模块划分可能因 CAM 软件的不同而有所差异。在实际应用中，还需要根据 CAM 软件的具体需求和特点进行定制和扩展。

5. 刀具路径引擎层

刀具路径引擎层是 CAM 系统技术架构的核心层次之一，负责根据用户输入的几何模型、工艺参数和加工要求，生成加工过程中刀具的运动轨迹，即刀具路径。这些刀具路径随后会被后处理层转换成机床可执行的数控代码。

刀具路径引擎层的核心功能模块主要有几何模型处理、工艺规划、刀具路径生成、模拟与验证、刀具路径编辑与修改、文件输出、数据接口等。

（1）几何模型处理　在 CAM 软件刀具路径引擎层中，几何模型处理模块的责任是将原始的 CAD 模型转化为一个简化、优化且易于加工的几何表示。这个过程需要考虑加工的要求、机床的能力及刀具的特性，以确保生成的刀具路径是高效、精确且可靠的。

几何模型处理模块负责导入 CAD 软件创建的几何模型文件，如 STEP、IGES、DXF、DWG 等标准格式，并模型文件进行解析，提取出构成模型的几何元素（点、线、面、体等）及其相互关系。

几何模型处理模块能够识别并修复模型中的几何错误，如间隙、重叠、不完整的面等，还能清理不必要的小特征或细节，以简化模型并减少计算量。

几何模型处理模块还能够识别模型中的加工特征，如孔、槽、轮廓、岛屿等，并对特征进行分类和标记，以便后续的工艺规划和刀具路径生成。

同时，几何模型处理模块可以对模型的几何形状和拓扑结构进行分析，确定最佳的加工方向和顺序，同时优化模型以改善加工性（如调整倾斜面、合并相邻面等），并根据模型特征和用户需求，定义加工区域和毛坯尺寸，设置加工余量，确保加工后的零件满足设计要求。

另外，几何模型处理模块负责将处理后的几何模型以适当的格式输出，供刀具路径生成模块使用，输出信息主要包括模型的几何信息、特征信息、加工区域信息等。

通过几何模型处理，CAM 软件能够更好地理解设计数据，并为后续的刀具路径生成提供坚实的基础。

（2）工艺规划　CAM 软件刀具路径引擎层中的工艺规划模块是一个关键功能模块，它负责确定加工过程中的各种工艺参数和加工策略，以确保零件能够按照设计要求高效、精确地加工出来。

工艺规划模块提供灵活的参数设置选项，允许用户根据具体情况进行调整和优化。用户可以根据加工需求、机床性能、刀具特性等因素，设置合适的工艺参数，包括切削速度、进给率、切削深度、步距、刀具类型与尺寸等。

工艺规划模块能够根据零件的几何形状、材料特性、加工精度要求等因素，选择合适的加工策略和方法。例如，粗加工可以快速去除大量材料，而精加工则注重提高零件的表面质量和尺寸精度。此外，工艺规划模块还提供多种加工策略供用户选择，如等高线加工、轮廓加工、区域清除、钻孔加工等。

工艺规划模块负责根据加工策略和零件特征选择合适的刀具类型和尺寸（不同的刀具适用于不同的加工任务和材料），还负责优化刀具路径，以减少刀具的空行程、避免不必要的刀具更换、提高加工效率等。

另外，工艺规划模块还负责确定加工过程中各个工序的执行顺序，以确保加工过程的合理性和高效性，并提供自动或手动的加工顺序规划工具，帮助用户快速生成合理的加工顺序。

工艺规划模块最终负责将工艺规划结果输出为详细的工艺文档，包括工艺卡片、工序图、刀具清单等。

（3）刀具路径生成　在 CAM 软件刀具路径引擎层中，刀具路径生成模块负责将经过几何模型处理和工艺规划后的数据转化为机床可以执行的刀具路径。

刀具路径生成模块能够基于几何模型、工艺参数和加工策略，运用特定的算法进行刀具路径计算。这些特定算法主要考虑刀具的形状、尺寸、切削参数及加工过程中的各种约束条件。刀具路径计算确保刀具能够按照指定的路径高效、安全地切除材料，同时满足加工精度和表面质量的要求。

刀具路径生成模块支持多种刀具路径生成策略，如等距偏置、投影法、截面线法、体积铣削法等，用户可以根据具体的加工需求选择合适的策略。不同的策略适用于不同的加工场景和材料特性，提供灵活的刀具路径生成方案。

刀具路径生成模块提供丰富的编辑工具和功能，允许用户对生成的刀具路径进行手动编辑和调整，以满足特定的加工要求或解决潜在的问题。用户可以修改刀具路径的轨迹、速度、进给率等参数。

在将刀具路径输出到机床之前，刀具路径生成模块会进行刀具路径的验证与模拟，检查潜在的碰撞、超程、过切等问题，确保刀具路径的正确性和可行性。

最后，刀具路径生成模块将生成的刀具路径以特定的文件格式输出，供后处理层使用。常见的输出格式包括 CL 文件、APT 文件、NC 代码等，这些格式可以被机床控制系统识别和执行。

刀具路径生成模块在 CAM 软件中扮演着至关重要的角色，它将几何模型和工艺规划转化为实际的刀具路径，为机床提供了精确的加工指令。通过合理的刀具路径生成和优化，CAM 软件能够显著提高加工效率和质量。

（4）模拟与验证　在 CAM 软件刀具路径引擎层中，模拟与验证模块负责在实际加工之前对生成的刀具路径进行模拟和验证，以确保加工过程的正确性和可行性。

模拟与验证模块具备加工过程模拟功能，可以使用高级的图形渲染技术对刀具路径进行三维模拟，展示材料去除的整个过程。模拟内容主要包括切削、钻孔、铣削等各种加工操作，以及冷却液、夹具等辅助元素的使用。

在模拟过程中，模拟与验证功能模块能够实时检测刀具、夹具和工件之间的潜在碰撞。若发现碰撞风险，系统会提示用户并允许调整刀具路径或工艺参数以避免碰撞。

基于模拟的切削速度和进给率，模拟与验证模块可以估算整个加工过程所需的时间，帮助用户进行生产计划和成本分析。

同时，模拟与验证模块允许用户创建并模拟多个不同的刀具路径方案。通过比较这些方案的模拟结果，用户可以选择最佳方案进行实际加工。

模拟与验证模块提供丰富的可视化工具，如三维视图、剖面视图、等高线图等，帮助用户直观地理解模拟结果。模拟与验证模块还可以自动生成详细的模拟报告，包括加工时间、材料去除量、潜在问题等信息。

另外，模拟与验证模块还可以与机床控制系统进行集成，实现模拟结果与实际加工过程的高度一致性，有助于减少从设计到制造过程中的迭代次数和调试时间。

通过使用刀具路径引擎层中的模拟与验证模块，CAM 软件能够显著提高加工过程的可靠性、效率和质量。它帮助用户在实际加工之前发现并解决问题，避免成本昂贵的机床停机时间和材料浪费。

（5）刀具路径编辑与修改　在 CAM 软件刀具路径引擎层中，刀具路径编辑与修改模块允许用户对已生成的刀具路径进行手动调整和优化，以满足特定的加工需求或解决潜在的问题。

用户可以直接在图形界面上选择并编辑刀具路径上的点，调整其位置、速度和进给率等参数。通过拖动、插入、删除路径点，用户可以精细地控制刀具的运动轨迹。

刀具路径编辑与修改模块提供修剪和延伸功能，允许用户根据需要缩短或延长现有的刀具路径。这对于调整加工区域、避免干涉或优化切削顺序非常有用。

刀具路径编辑与修改模块支持刀具路径的平移、旋转、缩放和镜像等变换操作，方便用户对整体或局部的刀具路径进行调整。这些变换功能可以帮助用户快速适应不同的加工场景和工件定位。

刀具路径编辑与修改模块允许用户通过修改刀具路径的参数（如切削深度、步距、刀具半径等）来调整整个路径的属性。参数化修改大大提高了修改效率，同时保持了路径的一致性。同时，刀具路径编辑与修改模块提供曲线平滑、路径优化、自动过渡等高级编辑工具，帮助用户改善刀具路径的质量和效率。

对于复杂的编辑任务，用户可以利用宏（macros）或脚本（scripting）功能来自动化编辑过程。通过编写自定义的宏或脚本，用户可以快速应用一系列编辑操作，提高工作效率。

刀具路径编辑与修改模块是 CAM 软件中不可或缺的一部分，它为用户提供了强大的编辑能力和灵活性，确保生成的刀具路径既精确又高效。通过这个模块，用户可以根据具体的加工要求和机床性能，对刀具路径进行精细调整，以实现最佳的加工结果。

（6）文件输出　CAM 软件刀具路径引擎层中的文件输出模块负责将经过编辑、验证和优化后的刀具路径数据导出为机床可以识别和执行的文件格式。

文件输出模块支持多种标准的数控编程文件格式，如 G 代码、APT 或其他专有格式。用户可以根据所使用的机床控制系统选择适当的输出格式。

文件输出模块提供后处理器定制功能，允许用户根据特定的机床型号和控制系统配置自定义输出文件的格式和内容。用户可以定义刀具路径数据的转换规则、添加机床特定的指令和参数，以及优化输出文件的结构和可读性。

在输出过程中，用户可以通过参数设置来调整输出文件的详细程度和精度，以满足机床的要求和加工精度。这些参数包括坐标系的选择、单位制、小数点后的位数等。

文件输出模块支持批量处理，允许用户一次性导出多个刀具路径文件，提高工作效率。通过自动化脚本或宏命令，用户还可以自动化输出过程，减少重复劳动和人为错误。

文件输出模块在 CAM 软件中扮演着桥梁的角色，将刀具路径引擎层生成的加工指令转换为机床可以理解和执行的数控程序。

（7）数据接口　CAM 软件刀具路径引擎层的数据接口模块是整个 CAM 软件中非常关键的部分，负责刀具路径引擎层与其他系统组件之间的数据交换和通信。

数据接口模块提供标准的数据导入接口，能够接收来自 CAD 软件的几何模型数据，如 STEP、IGES、DXF 等格式。

数据接口模块负责将生成的刀具路径数据通过标准化的接口输出到后处理层，如 G 代码、M 代码等，以供机床控制系统使用。

数据接口模块还负责与其他系统模块的集成，通过数据接口，实现刀具路径引擎与其他 CAM 软件组件（如工艺规划模块、模拟与验证模块等）的无缝连接和数据共享。

CAM 软件刀具路径引擎层的数据接口模块是实现 CAM 软件内部各组件之间，以及与外部系统之间数据交换的关键桥梁。

除此之外，刀具路径引擎层还需要与几何引擎层、数据处理层、后处理层协作。

注意，除以上核心功能模块，CAM 软件刀具路径引擎层一般还有加工参数优化、多轴加工支持、机床后置处理等功能模块，以满足 CAM 软件系统的具体需求和业务场景。

上述功能模块协同工作，使 CAM 软件的刀具路径引擎层能够生成高效、精确且可靠的刀具路径，从而满足各种复杂工件的加工需求。同时，这些功能模块也提供了灵活性和可定制性，以适应不同用户的加工策略和偏好。

需要注意的是，具体的刀具路径引擎层功能模块划分可能因 CAM 软件的不同而有所差异。在实际应用中，还需要根据 CAM 软件的具体需求和特点进行定制和扩展。

6. 后处理层

CAM 软件技术架构中的后处理层是 CAM 工作流程中至关重要的一环，负责将 CAM 软件生成的内部表示（如刀具路径、工艺参数等）转换成能够驱动数控机床进行实际加工的 G 代码或其他机器可读格式。后处理层确保 CAM 软件中的设计能够准确地转化为机床上的物理加工过程。

后处理层的核心功能模块主要包括机床配置与选择、数控程序格式设置、刀具路径数据解析、数控指令生成、程序输出与编辑、模拟与验证、后处理器定制与开发等。

（1）机床配置与选择 机床配置与选择模块是 CAM 软件后处理层中的一个核心功能模块，主要负责确保 CAM 软件生成的加工指令能够准确地转换为特定数控机床所能理解和执行的机器代码。

机床配置是指设置和调整 CAM 软件以适应不同型号、规格和配置的数控机床。机床选择则是在加工前，根据工件的加工要求、刀具路径及可用机床资源，选择最合适的机床进行加工。

有些 CAM 软件还允许用户导入自定义的机床配置文件，以适应非标准或特殊需求的数控机床。

（2）数控程序格式设置 在 CAM 软件后处理层中，数控程序格式设置模块负责将 CAM 软件生成的刀具路径数据准确地转换为特定数控机床所需的程序代码格式，包括定义程序结构、运动指令和切削参数等，从而实现高效、精确的数控加工。

（3）刀具路径数据解析 在 CAM 软件后处理层中，刀具路径数据解析是将 CAM 软件生成的刀具路径信息（如切削工具的运动轨迹、加工参数等）提取并转换为数控机床能够理解的指令代码的关键步骤。在这一过程中，后处理器会读取路径数据文件中的几何信息、切削条件、刀具参数等，然后按照预设的规则和格式，将这些数据转换成相应的数控指令，如 G 代码或 M 代码。

（4）数控指令生成 在 CAM 软件后处理层中，数控指令生成模块负责将解析后的刀具路径数据转换为具体的数控指令，这些指令是数控机床能够直接执行并驱动刀具进行加工的代码。

在数控指令生成过程中，后处理器会根据机床的特性和语法规则，将刀具路径中的几何信息、切削参数、加工方式等转换为相应的运动指令、速度指令和刀具补偿指令等。这些指令被组合成标准的数控程序代码，如 G 代码或 M 代码，用于控制机床的主轴转速、进给速度、冷却液开关及刀具的轨迹和姿态。

此外，为了提高加工效率，数控指令生成模块还包括优化算法，用于减少空行程、优化切削参数和加工顺序等。

（5）程序输出与编辑　在 CAM 软件后处理层中，程序输出与编辑模块负责将生成的数控指令以特定格式输出，创建可用于数控机床的数控程序文件。同时，它还提供编辑功能，允许用户对输出的程序进行必要的调整或修改。通过合理的输出和编辑，用户可以高效地将设计数据转化为机床上的实际加工动作。

（6）模拟与验证　在 CAM 软件后处理层中，模拟与验证模块允许用户在将数控程序发送到实际机床之前，进行虚拟的加工模拟，以检查潜在的错误、碰撞或超出机床行程等问题。用户可以通过观察模拟结果，验证刀具路径、切削参数、加工顺序等是否符合设计要求，并及时发现和纠正错误。

（7）后处理器定制与开发　后处理器定制与开发是 CAM 软件后处理层的一个核心功能模块，它允许用户根据特定的数控机床、加工需求或工艺流程，定制或开发符合自身要求的后处理器。后处理器是将 CAM 软件生成的刀具路径数据转换为数控机床可执行的数控程序的关键组件。

注意，除以上核心功能模块，CAM 软件后处理层还有多轴加工支持、错误诊断与修复、批量处理与自动化等功能模块，以满足 CAM 软件的具体需求和业务场景。

上述功能模块共同构成了 CAM 软件后处理层的功能体系，它们相互协作，确保 CAM 软件后处理层能够准确地将刀具路径数据转换为适用于特定数控机床的数控程序，从而实现了从设计到制造的完整工作流程。后处理层的性能和灵活性对于提高加工效率、保证加工质量及适应不同制造环境至关重要。

7. 硬件接口层

在 CAM 软件技术架构中，硬件接口层是连接软件与数控机床硬件之间的桥梁，负责将后处理层生成的数控程序传输到机床控制器，并确保软件与机床之间的顺畅通信。

硬件接口层的主要功能模块包括通信接口、数据转换、机床控制、错误处理、日志记录、设备驱动与接口抽象等。

（1）通信接口　通信接口模块负责在 CAM 软件和机床控制器之间建立初始连接，主要包括配置网络参数、选择通信协议及设置端口号等。

通过实现数据传输、协议转换、错误检测与恢复，以及流量控制等关键功能，确保加工指令的准确传递和机床状态的实时监控，为数控加工的顺利进行提供坚实的通信保障。

（2）数据转换　数据转换模块的主要任务是将 CAM 软件内部生成的刀具路径数据或其他加工信息转换为数控机床能够理解和执行的指令格式，通常是 G 代码（用于几何运动）和 M 代码（用于机床辅助功能）。

数据转换主要是将高级的、抽象的加工描述转换成低级的、具体的机床动作指令。

（3）机床控制　在 CAM 软件硬件接口层中，机床控制模块是确保 CAM 软件能够有效操控数控机床执行加工任务的关键。

机床控制模块负责接收来自 CAM 软件的加工指令，并将其转换为机床能够理解的电信号，从而控制机床的各部分（如主轴、进给轴、刀具等）按照预定的加工轨迹和参数进行精确运动。

（4）错误处理　在 CAM 软件硬件接口层中，错误处理模块主要负责监测 CAM 软件与数控机床通信及控制过程中可能出现的错误或异常情况，并采取相应的处理措施来避免或减轻这些错误对加工过程的影响。

错误处理模块会实时监测通信连接、数据传输、机床状态等方面，以便及时发现任何潜在的问题。一旦检测到错误，该模块会迅速识别错误的类型和来源，如通信超时、数据格式错误、机床运动异常等。根据错误的性质和严重程度，错误处理模块会触发相应的应急响应机制，如重试传输、切换到备用通信通道、紧急停止机床运动等。处理完错误后，该模块会记录错误的详细信息，包括发生时间、错误类型、处理结果等，并通过用户界面或日志文件通知操作人员，以便进行后续的分析和处理。

（5）日志记录　在 CAM 软件硬件接口层中，日志记录模块主要负责记录 CAM 软件硬件接口层的所有重要事件和活动，包括正常的通信和操作记录，以及由错误处理模块处理的错误事件。

日志记录模块会捕获接口层中发生的所有关键事件，如通信建立与断开、数据传输开始与结束、机床状态变化等。捕获的事件信息会被存储在日志文件中，这些文件通常按照时间顺序进行组织，以便后续查看和分析。

（6）设备驱动与接口抽象　在 CAM 软件硬件接口层中，设备驱动与接口抽象模块是实现 CAM 软件与数控机床硬件之间无缝连接的关键。

设备驱动模块充当了 CAM 软件与数控机床硬件之间的"翻译官"，它负责将 CAM 软件发出的高级指令转换为硬件能够理解和执行的低级语言。

接口抽象模块为 CAM 软件提供了一个统一的、与具体硬件无关的接口，从而屏蔽了不同型号、不同厂商数控机床硬件之间的差异。

设备驱动与接口抽象模块共同协作，实现了 CAM 软件与数控机床硬件之间的无缝连接和高效通信。通过这两个模块，CAM 软件可以更加灵活地控制各种型号的数控机床硬件，提高了数控加工的效率和质量。

注意，除以上核心功能模块，CAM 软件硬件接口层还有设备状态监控、加工过程监控、远程监控与控制等功能模块，以满足 CAM 软件的具体需求和业务场景。

上述这些功能模块协同工作，使 CAM 软件能够通过硬件接口层与数控机床进行高效、准确的通信和控制，从而实现自动化、智能化的数控加工过程。

综上，以上这些层次相互关联、相互作用，共同构成了 CAM 软件技术架构，每个层次都有其特定的功能和职责，通过数据流动和指令传递来实现整个 CAM 软件的运行和工作。同时，也使得 CAM 软件能够更好地适应不同的加工需求、机床类型和制造环境。

3.4.6　CAM 软件应用的关键技术

CAM 软件使用了多种关键技术来实现自动化的制造过程，主要包含刀具路径生成算法、切削参数优化技术、工艺仿真技术、数控编程技术、碰撞检测与避免技术、机器人编程技术、数据管理与集成技术等，如图 3.34 所示。

1. 刀具路径生成算法

刀具路径生成算法是 CAM 软件系统应用的关键技术之一，它可以根据零件的几何形状、加工要求和刀具特性等信息，自动生成切削刀具在加工过程中的路径。这些算法往往以实现最优切削策略、减少刀具变动次数、减少加工时间和提高加工质量为目标。

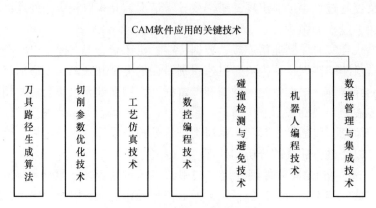

图 3.34　CAM 软件应用的关键技术

2. 切削参数优化技术

切削参数优化技术也是 CAM 软件应用的关键技术之一。在 CAM 软件中，切削参数优化技术主要用于确定最佳的切削速度、进给率、切削深度等参数，以实现最佳的加工效果。这些参数根据材料的特性、刀具性能和加工要求等进行调整，以提高加工速度、表面质量和工具寿命。

3. 工艺仿真技术

工艺仿真技术在 CAM 软件中也很关键。在 CAM 软件中，工艺仿真技术可以实现在计算机上模拟和验证加工过程。它可以显示刀具路径、材料去除过程，以及可能的碰撞和干涉情况。通过工艺仿真，CAM 软件可以预先检测潜在的问题并进行修正，以确保安全、高效的加工过程。

4. 数控编程技术

作为 CAM 软件系统应用的关键技术之一，数控编程技术主要负责将生成的刀具路径自动转换为 NC 代码，以指导数控机床进行自动化加工。数控编程技术充分考虑加工序列、切削参数和机床控制指令等因素，以确保正确和精确的加工过程。

5. 碰撞检测与避免技术

碰撞检测与避免技术是 CAM 软件应用的关键技术之一。它主要用于识别可能的碰撞或干涉情况，并采取适当的措施来避免它们的发生。碰撞检测与避免技术可以检测刀具与工件、夹具或机床结构之间的碰撞，以确保安全和可靠的加工过程。

6. 机器人编程技术

在 CAM 软件中，机器人编程技术主要用于编程和控制工业机器人进行自动化操作。它涉及路径规划、插补控制和任务调度等方面，以实现精确和高效的机器人操作。

7. 数据管理与集成技术

数据管理与集成技术也是 CAM 软件应用的关键技术。CAM 软件需要有效管理和集成各种数据，如产品设计数据、工艺参数、切削数据、设备信息等。数据管理与集成技术可以确保数据的准确性、一致性和可访问性，以提高生产过程的效率和质量。

除上述关键技术，CAM 软件应用的关键技术还有高速加工技术、虚拟制造技术、特征识别与加工技术等，这些关键技术共同构成了 CAM 软件的技术核心，使 CAM 软件在计算机辅助制造领域发挥了巨大的作用。随着科技的不断发展，CAM 软件应用的关键技术也在不断更新和优化，以适应更复杂、更高效的加工需求。

3.4.7　CAM 软件主要应用领域

CAM 软件主要应用领域包括机械装备制造、电子产品制造、模具制造、医疗设备制造、珠宝制造和艺术品制造等领域（见图 3.35）。

1. 机械装备制造

CAM 软件广泛应用于机械装备制造领域，如汽车、航空航天、船舶、重型设备等。在这些领域中，CAM 软件可以实现高效的刀具路径生成、切削参数优化和自动化的数控编程，从而提高机械零部件的生产率和质量。

2. 电子产品制造

在电子制造业中，CAM 软件主要用于加工电子产品的各种零部件，如电路板、连接器、外壳等。CAM 软件可以生成高效、精确的加工指令，以确保零部件的质量和一致性。

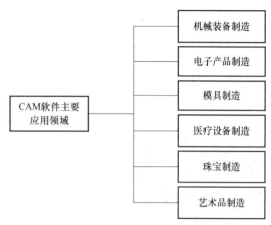

图 3.35　CAM 软件主要应用领域

3. 模具制造

CAM 软件在模具制造中起着关键作用，可用于设计和加工各种模具（如注塑模具、冲压模具等）。CAM 软件可以自动生成刀具路径，实现复杂模具的高精度加工。CAM 软件还可以进行模具的逆向工程，将实际模具的几何形状数据转化为可加工的模型。

4. 医疗设备制造

医疗设备制造需要高精度和高质量的要求，CAM 软件可以用于加工各种医疗设备，如人工关节、牙科种植体、外科工具等。CAM 软件可以帮助实现精确的加工并获得高质量的产品，以满足医疗行业的严格要求。

5. 珠宝制造

在珠宝制造中，传统的手工制作方式往往需要大量的时间和人力，而 CAM 软件能够提供高效、精确的自动化制造方式。珠宝设计师可以通过 CAM 软件进行虚拟设计，实时预览效果，并轻松调整珠宝的大小、形状、纹理等因素，从而打造独一无二的作品。此外，CAM 软件还可以生成精确的加工路径，通过数控机床等工具快速制造出样品或成品，大大缩短了生产周期。

6. 艺术品制造

在艺术品制造中，CAM 软件发挥着重要作用。例如，复杂的立体三维浮雕设计和加工可以通过 CAM 软件快速将二维构思转换成三维艺术产品。这种软件通常配备全中文用户界面，使用户能更加方便、快捷、灵活地进行三维浮雕设计和加工。此外，CAM 软件还支持多种材料（如木材、石材、金属等）的加工，使艺术品的创作更加多样化和自由化。

<table>
<tr><td>3.5</td><td>电子设计自动化（EDA）软件</td></tr>
</table>

3.5.1 EDA 的概念

EDA（Electronic Design Automation），即电子设计自动化，是指用于辅助完成超大规模集成电路芯片设计、制造、封装、测试整个流程的计算机软件工具集群，是广义 CAD 的一种，是在 20 世纪 60 年代中期从 CAD、CAM、CAE 的概念发展而来的。

EDA 软件在现代电子系统设计中起着关键作用，它们提供了强大的功能和工具，使电子产品的开发过程更加高效、精确和可靠。

1. 广义 EDA 与狭义 EDA 的概念

EDA 的概念有广义和狭义之分。

从广义上来说，EDA 技术是指以计算机和微电子技术为先导，汇集了计算机图形学、数据库管理、图论和拓扑逻辑、编译原理、微电子工艺与结构学和计算数学等多种计算机应用学科最新成果的先进技术。它涵盖了半导体工艺设计自动化、可编程逻辑器件设计自动化、电子系统设计自动化、印制电路板设计自动化、电路仿真与测试自动化等方面。

从狭义上来说，EDA 技术主要是指以大规模可编程逻辑器件为载体，利用计算机和特定的开发软件或开发系统，进行电子电路的自动化设计。它主要运用于集成电路设计环节，可粗略分为模拟类 EDA 工具与数字类 EDA 工具。

本书论述的对象主要是指狭义上的 EDA，即 EDA 软件系统（以下简称 EDA 软件）。

2. EDA 与 EDA 软件之间的关系

EDA 是一种技术，它利用计算机软件系统来辅助进行电子产品的设计、分析、验证和实现。EDA 软件则是实现这一技术的工具，它提供了各种功能和工具，帮助电子设计师在整个设计过程中进行高效、精确的工作。

EDA 与 EDA 软件的关系是密不可分的。EDA 技术是电子设计的基础，而 EDA 软件则是实现这一技术的关键工具。通过 EDA 软件，电子设计师可以更加高效、精确地完成电子产品的设计工作，提高设计质量和效率，缩短产品上市时间。

3. EDA 软件在实践应用中的作用与价值

EDA 软件在实践应用中的作用与价值主要体现在提高设计效率、降低设计成本、保障设计质量、提升数据清洗和特征选择的效率等几个方面。

（1）提高设计效率　EDA 软件提供了一整套自动化的设计工具［如集成电路（Integrated Circuit，IC）综合、仿真、加工制造等］，使用户能够快速地将电子设计从概念阶段推进到实现阶段。EDA 软件具有原理图输入、逻辑综合、自动布局布线等功能，极大地缩短了设计周期，提高了工作效率。

（2）降低设计成本　使用 EDA 软件可以大大减少对昂贵原型的需求，因为大部分设计和验证工作都可以在计算机上完成。此外，通过使用 EDA 软件，用户可以避免手工绘制电路图所带来的错误和烦琐过程，降低设计成本和缩短产品开发周期。

（3）保障设计质量　EDA 软件内置了各种设计规则和检查功能，能够在设计过程中实时发现并修正错误, 从而确保设计的正确性和可靠性。此外, EDA 软件还具备强大的仿真和验证功能, 使用户能够在设计阶段预测电路的性能和行为, 帮助用户及时发现并纠正潜在的设计问题, 从而提升设计质量。

(4) 提升数据清洗和特征选择的效率 在数据分析过程中, EDA 软件可以发现数据中存在的问题并进行相应的处理, 如填充缺失值、剔除异常值等, 从而净化数据, 提高数据的质量。同时, 通过对特征的分析和可视化, EDA 软件可以帮助用户发现与目标变量相关性较高的特征, 进行特征选择, 提高模型的预测能力。

3.5.2 EDA 软件分类

EDA 软件通常按照功能和用途分类或按照应用场景不同分类 (见图 3.36)。

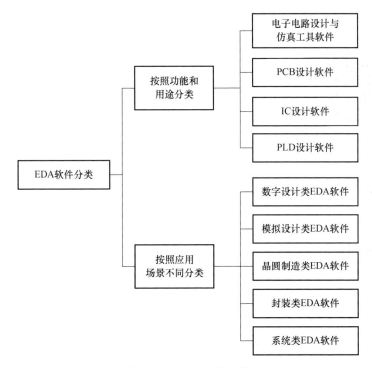

图 3.36 EDA 软件分类

1. 按照功能和用途分类

按照功能和用途不同, EDA 软件可分为电子电路设计与仿真工具软件、PCB 设计软件、IC 设计软件、可编程逻辑器件 (Programmable Logic Device, PLD) 设计软件等。

(1) 电子电路设计与仿真工具软件 电子电路设计与仿真工具软件主要用于电路的原理图设计、电路仿真和分析。用户可以使用这些工具来创建、模拟和分析电路的性能, 确保其在实际制造之前满足设计要求。常见的软件包括 PSPICE、EWB、Multisim 等, 它们提供了丰富的元件库、仿真引擎和分析工具。

(2) PCB 设计软件 PCB 设计软件主要用于设计电路板的布局和布线。用户可以在这些软件中创建电路板的物理结构, 包括元件的放置、导线的连接和层的堆栈等。常用的 PCB 设计软件种类很多, 如 Protel、OrCAD、Vewlogic 等, 目前在我国用得最多的 PCB

设计软件应属 Protel，它提供了强大的布局和布线功能，并可以与其他 EDA 工具进行集成。

（3）IC 设计软件 IC 设计软件是专门用于设计集成电路的软件工具。这些软件工具涵盖了从高层次的综合到物理布局和布线的整个设计流程。常见的 IC 设计软件主要包括 Cadence 的 Virtuoso、Synopsys 的 IC Compiler 和 Mentor Graphics 的 Calibre 等。这些工具通常与特定的制造工艺相结合，以提供从设计到制造的完整解决方案。

（4）PLD 设计软件 PLD 设计软件主要用于可编程逻辑器件的设计和编程，如现场可编程门阵列（Filed Programmable Gate Array，FPGA）和复杂可编程逻辑器件（Complex Programmable Logic Device，CPLD）。这些软件工具允许用户实现自定义的硬件逻辑功能。常见的 PLD 设计软件包括 Xilinx 的 Vivado 和 ISE、Altera（现为 Intel PSG）的 Quartus 等。这些软件工具提供了从设计输入、综合、布局布线到编程下载的一整套流程。

2. 按照应用场景不同分类

根据应用场景的不同，可以将 EDA 软件分为数字设计类、模拟设计类、晶圆制造类、封装类、系统类五大类。

（1）数字设计类 EDA 软件 数字设计类 EDA 软件主要是面向数字芯片设计，是一系列流程化点工具的集合，其功能主要包括功能定义、指标定义、架构设计、寄存器传输级（Register-Transfer Level，RTL）编辑、功能仿真、逻辑综合、静态时序分析（Static Timing Analysis，STA）、形式验证等工具，是电子设计自动化领域的重要组成部分。通过这类 EDA 软件，用户可以高效、准确地进行数字电路的设计和优化。常见的数字设计类 EDA 软件供应商有 Cadence、Synopsys、Mentor Graphics 等。

（2）模拟设计类 EDA 软件 模拟设计类 EDA 软件主要是面向模拟芯片设计，其功能主要包括版图设计与编辑、电路仿真、版图验证、库特征提取、射频设计解决方案等。通过这类 EDA 软件，用户可以进行模拟电路的原理图设计、性能仿真、版图布局和布线、设计验证等步骤，从而实现模拟芯片的设计和优化。

（3）晶圆制造类 EDA 软件 晶圆制造是半导体芯片生产中的核心环节，涉及将设计好的集成电路图案转移到硅片上，并通过一系列复杂的工艺步骤形成实际的电路结构。晶圆制造类 EDA 软件主要协助晶圆厂开发工艺，实现器件建模和仿真等功能。

晶圆制造类 EDA 软件通过模拟晶圆制造过程中的各种工艺步骤（如光刻、刻蚀、沉积等），预测工艺参数对芯片性能的影响，并优化工艺条件以获得更好的制造结果，这有助于减少试验次数，节约成本，并加速产品上市时间。同时，晶圆制造类 EDA 软件可以根据设计好的版图生成相应的掩膜版数据，供制造过程中使用。此外，晶圆制造类 EDA 软件还提供掩膜版管理和追踪功能，确保制造过程中的掩膜版正确使用和版本控制。

在晶圆制造类 EDA 软件领域，知名的供应商包括 Synopsys、Cadence、Applied Materials、ASML 等。这些公司提供了广泛的晶圆制造类 EDA 软件产品和解决方案，以满足不同用户的需求。

（4）封装类 EDA 软件 封装类 EDA 软件是 EDA 领域中的一种专业工具，主要用于辅助 IC 封装设计和分析。封装是指将芯片封装到一个小型、可安装到电路板上的封装体中，以保护芯片并提供与外部电路连接的引脚。封装设计涉及许多复杂的技术和工程挑战，因此需要使用专业的 EDA 软件来支持。

封装类 EDA 软件提供强大的封装库管理功能，允许用户创建、编辑和管理各种不同类型的封装。它通常具备热分析和热设计能力，帮助用户分析和优化封装的散热性能，这对于确保芯片在高功率工作时的稳定性和可靠性至关重要。封装类 EDA 软件还可以进行电气性能分析，包括信号完整性分析、电源完整性分析和电磁干扰（EMI）分析等，这些分析有助于确保封装设计满足电气性能要求，提高产品的质量和性能。另外，封装类 EDA 软件还可以进行可靠性分析，包括机械应力分析、热应力分析和疲劳寿命预测等，这些分析有助于评估封装的可靠性，预测潜在的问题，并指导改进设计。

在封装类 EDA 软件领域，知名的供应商主要有 Cadence、Synopsys、Siemens EDA（原 Mentor Graphics）等。

（5）系统类 EDA 软件　系统类 EDA 软件是指用于辅助电子系统级设计的自动化工具。这类软件通常涵盖了从高层次的系统架构设计到具体实现的全方位支持，旨在帮助用户快速、高效地完成复杂电子系统的设计和验证。

系统类 EDA 软件提供图形化或文本化的建模环境，支持用户创建电子系统的抽象模型，并进行系统级仿真，以预测和评估系统性能。它支持使用硬件描述语言（如 VHDL、Verilog等）来描述电子系统的结构和行为，便于硬件和软件协同设计。同时，系统类 EDA 软件提供多种验证方法，包括形式验证、仿真验证和硬件仿真等，以确保设计满足规格要求，并提供调试工具帮助定位和解决设计中的问题。另外，系统类 EDA 软件还支持将不同模块和组件集成到完整的系统中，并进行系统级测试，以确保各个部分能够协同工作。

在系统类 EDA 软件领域，知名的供应商主要有 Cadence、Synopsys、Siemens EDA（原 Mentor Graphics）等。

3.5.3　EDA 软件发展历程

EDA 软件发展历程可以追溯到 20 世纪 60 年代初期，从那时起，EDA 软件一直在不断演进和发展，逐渐成为现代电子系统设计不可或缺的一部分。

1. EDA 软件国外发展历程

EDA 软件国外发展历程主要包括起步阶段、发展阶段、成熟阶段、持续创新与扩展应用阶段共四个阶段（见图 3.37）。

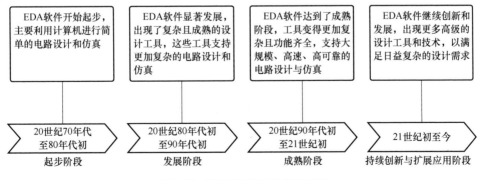

图 3.37　EDA 软件国外发展历程

（1）起步阶段（20 世纪 70 年代至 80 年代初）　在这一时期，EDA 软件开始起步，主要利用计算机进行简单的电路设计和仿真，设计工具相对有限，通常包括硬件描述语言（Hardware Description Language，HDL）的初级形式和基本的逻辑电路图编辑工具。而且，这些工具的功能相对较弱，主要用于完成布局布线等重复性任务。

（2）发展阶段（20世纪80年代初至90年代初） 20世纪80年代见证了EDA软件的显著发展，出现了更多复杂且成熟的设计工具。EDA软件开始提供模拟器、综合工具、布局工具等，这些工具支持更复杂的电路设计和仿真。另外，此阶段还引入了CAD技术，进一步提高了设计效率和准确性。PLD〔如可编程阵列逻辑电路（Programmable Array Logic，PAL）〕和通用阵列逻辑电路（Generic Array Logic，GAL）的出现，推动了EDA工具的发展，以解决电路设计的功能检测问题。

（3）成熟阶段（20世纪90年代初至21世纪初） 进入20世纪90年代，EDA软件达到了成熟阶段，工具变得更加复杂且功能齐全。EDA软件开始支持大规模、高速、高可靠性的电路设计与仿真，并能够满足各种设计需求。这一阶段出现了功能强大的全线EDA软件，涵盖了从系统级设计到物理实现的各个方面。

（4）持续创新与扩展应用阶段（21世纪初至今） 进入21世纪，随着半导体技术的不断进步和新兴市场的快速发展，EDA软件继续创新和发展。出现了更多高级的设计工具和技术，如高级综合、形式验证、低功耗设计等，以满足日益复杂的设计需求。同时，EDA软件开始与云计算、人工智能等先进技术相结合，提供更高效、智能化的设计服务。

2. EDA 软件国内发展历程

EDA软件国内发展历程主要包括起步阶段、初步发展阶段、低谷与调整阶段、复苏与加速发展阶段等四个阶段，如图3.38所示。

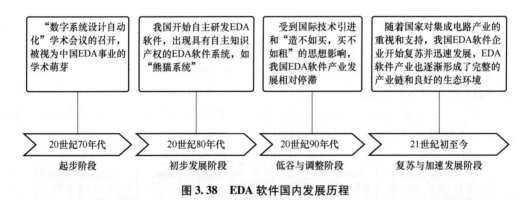

图 3.38　EDA 软件国内发展历程

（1）起步阶段（20世纪70年代） 20世纪70年代初，我国开始关注电子设计自动化技术的发展，并出现了相关的学术研究和初步实践。标志性事件如"数字系统设计自动化"学术会议的召开，被视为中国EDA事业的学术萌芽。

（2）初步发展阶段（20世纪80年代） 20世纪80年代，我国开始自主研发EDA软件，出现了具有自主知识产权的EDA软件系统，如"熊猫系统"。这一时期的EDA软件虽然相对简单，但为后续的发展奠定了基础。

（3）低谷与调整阶段（20世纪90年代） 进入20世纪90年代，受国际技术引进和"造不如买，买不如租"思想的影响，我国EDA软件产业陷入了低谷期。这段时间内，我国EDA软件产业的发展相对停滞。

（4）复苏与加速发展阶段（21 世纪初至今）　进入 21 世纪，随着国家对集成电路产业的重视和支持，我国 EDA 软件企业开始复苏并加速发展。同时，政府出台了一系列政策扶持 EDA 软件产业的发展，包括"核高基"等重大专项的实施。在这个阶段，我国 EDA 软件企业逐渐形成了自己的特色和优势，并开始与国际 EDA 软件巨头展开竞争与合作。同时，我国 EDA 软件产业也逐渐形成了完整的产业链和良好的生态环境。

3. EDA 软件发展方向与趋势

未来，EDA 软件发展方向与趋势主要集中在集成化、智能化、云端化和国产化四个方面（见图 3.39）。

（1）集成化　现代 EDA 软件趋向于集成多个设计工具和功能模块，形成一个统一的设计平台。这种集成化的趋势有助于用户在设计流程中无缝切换不同的工具和功能，提高设计效率和协同工作能力。

（2）智能化　未来，AI 和 ML 技术在 EDA 软件中的应用将会逐渐增多，用于优化电路设计、快速故障检测及提高设计可靠性。EDA 软件开始集成 AI 算法，以改进自动化和设计优化。例如，使用 ML 算法进行电路优化、布局布线、功耗分析等，可以提高设计效率和质量。

（3）云端化　随着云计算技术的发展，未来 EDA 软件会向云端化和远程化

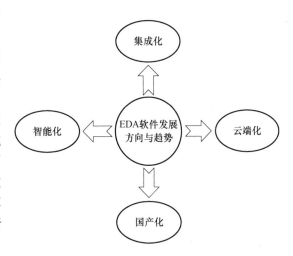

图 3.39　EDA 软件发展方向与趋势

发展，设计人员可以在任何地方进行设计工作，同时也能够更好地利用计算资源。

（4）国产化　随着我国半导体产业的快速发展，国产 EDA 软件的需求也在不断增加。未来，国产 EDA 软件可能会在更多的领域得到应用，并逐渐实现进口替代。

3.5.4　EDA 软件基本功能

EDA 软件被誉为"芯片之母"，是电子设计的基石产业。EDA 软件提供了一系列的功能，以支持电子系统的设计和开发。EDA 软件的基本功能主要包括电路设计、电路仿真、逻辑设计、物理设计与布局布线、芯片验证与调试、可测性设计等（见图 3.40）。

1. 电路设计

EDA 软件具有丰富的元件库，使用户能够轻松地选择和放置所需的电子元件，如电阻、电容、电感、晶体管等。用户在完成电路原理图设计后，EDA 软件可以进一步帮助用户进行 PCB 布局。此外，EDA 软件还支持布线功能，帮助用户在 PCB 上完成导线连接。

2. 电路仿真

EDA 软件中的仿真工具可以对设计好的电路进行模拟测试，以验证电路的功能和性能，这些仿真工具可以模拟电路在不同工作条件下的行为，如直流分析、交流分析、瞬态分析等。对于包含模拟电路和数字电路的混合信号系统，EDA 软件提供了专门的混合信号仿真工具，这些工具能够同时模拟模拟电路和数字电路的行为，帮助用户分析和优化整体系统的

性能。通过仿真，用户可以在实际制造之前发现潜在的问题并进行优化。

3. 逻辑设计

EDA 软件可以帮助用户从高层次抽象开始，使用硬件描述语言（如 VHDL、Verilog 等）来描述电路的逻辑功能和行为，通过这些语言，用户可以定义电路的输入/输出关系、数据流、控制流及各种逻辑操作。在逻辑设计阶段，EDA 软件能够自动将用户的逻辑描述转化为门级实现（EDA 流程中的一个环节），并进行逻辑优化，以减少逻辑资源的使用，提高电路性能，包括逻辑化简、逻辑分割、逻辑重定时等操作。另外，EDA 软件支持知识产权（Intellectual Property，

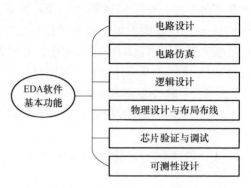

图 3.40　EDA 软件基本功能

IP）复用，这使用户可以重用已有的设计模块或购买第三方提供的 IP 核，从而帮助设计者将这些 IP 核集成到他们的设计中，并进行必要的修改和优化。

4. 物理设计与布局布线

EDA 软件的物理设计与布局布线功能是指将逻辑设计转化为实际可制造的集成电路或电子系统的物理布局和布线的过程。EDA 软件可以帮助用户确定芯片上各个电路元件（如逻辑门、触发器、存储器等）的位置，以实现最佳的性能、功耗和面积等目标，即进行布局。在布局完成后，EDA 软件会自动或手动地进行布线，即确定各个元件之间连接的金属线路的路径和宽度。物理设计完成后，EDA 软件可以生成用于制造的版图文件，这些版图文件描述了芯片上各层的图形和尺寸，包括金属层、绝缘层、接触孔等。

5. 芯片验证与调试

EDA 软件还可用于芯片验证，验证代码是否符合芯片的功能设计；也可以用于查看芯片设计代码或仿真波形，进行调试。此外，EDA 软件还支持静态时序分析（Static Timing Analysis，STA）和形式验证等。

6. 可测性设计

可测性设计（Design for Testability，DFT）是 EDA 软件中的一个关键功能，它允许设计者在电路或系统设计的早期阶段就考虑测试的需求。通过 DFT，可以在设计过程中添加特定的测试结构和机制，从而使电路在制造后更易于测试。

除上述六项基本功能，EDA 软件还具有电路优化、图像采集与处理、版图设计等基本功能，这些基本功能共同构成了 EDA 软件强大的功能体系。

3.5.5　EDA 软件技术架构

EDA 软件技术架构通常是一个复杂的、多层次的体系，以便更好地组织和管理复杂的电子设计流程。实际应用中，不同的 EDA 软件系统可能会有不同的技术架构和层次划分，具体取决于系统的设计理念、功能需求和技术实现等因素。

本书给出一个典型的 EDA 软件技术架构模型（见图 3.41），该技术架构主要包含用户界面层、应用层、核心算法与引擎层、硬件仿真与验证层、数据模型与库管理层、操作系统与硬件支持层、系统集成与流程管理层等。

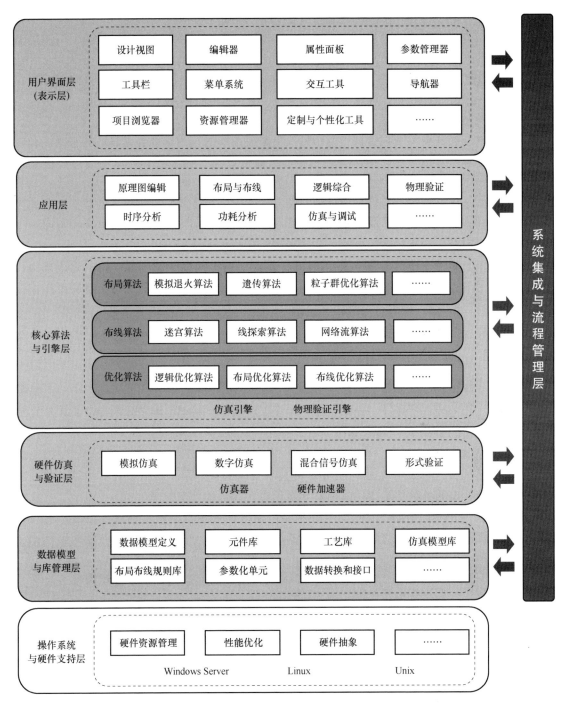

图 3.41 典型的 EDA 软件技术架构模型

在图 3.41 中，用户界面层、应用层、核心算法与引擎层、硬件仿真与验证层、数据模型与库管理层、操作系统与硬件支持层、系统集成与流程管理层之间存在着紧密的关系。

用户界面层是用户与 EDA 软件直接交互的界面，负责接收用户的输入和展示输出结果。它与应用层紧密相连，将用户的操作转换为应用层可以理解的指令。

应用层包含 EDA 软件的各种应用程序和工具，如原理图编辑、布局与布线、逻辑综合等。这些应用程序基于核心算法与引擎层提供的服务来执行具体的电子设计任务。应用层是用户界面层与实际设计工作之间的桥梁。

核心算法与引擎层是 EDA 软件的核心部分，提供设计自动化所需的关键算法和计算引擎，如优化算法、布局与布线算法、仿真引擎等。它支持应用层执行复杂的设计任务，并提供高效的计算能力。

硬件仿真与验证层负责在虚拟环境中模拟电路或系统的行为，以验证设计的正确性和性能。它与核心算法与引擎层、应用层紧密合作，确保设计在实际硬件环境中的可行性和可靠性。

数据模型与库管理层负责管理设计数据和库文件，为其他各层提供统一的数据访问和存储接口。无论是用户界面层、应用层，还是核心算法与引擎层，都需要与数据模型与库管理层进行交互，以获取和存储设计数据。

操作系统与硬件支持层为整个 EDA 软件提供底层的操作系统和硬件支持。无论是用户界面层的图形渲染、应用层的工具运行，还是核心算法与引擎层的计算任务，都需要操作系统与硬件支持层的支持才能正常运行。

系统集成与流程管理层负责将 EDA 软件中的各个组件和工具集成在一起，形成一个完整的设计流程。它协调各个层次之间的数据交换和流程控制，确保设计工作能够按照预定的流程高效进行。

各层次之间相互依赖、相互协作，共同构成了 EDA 软件的完整技术架构，为用户提供稳定、高效、易用的电子设计自动化工具。在实际应用中，需要根据具体的设计需求和系统环境来选择合适的 EDA 软件技术架构方案。

1. 用户界面层

用户界面层（也称表示层）是 EDA 软件技术架构的最上层，提供设计、仿真、验证和实现电子系统所需的各种功能组件的用户界面。

EDA 软件用户界面层的核心功能组件主要包括设计视图与编辑器、属性面板与参数管理器、工具栏与菜单系统、交互工具与导航器、项目浏览器与资源管理器、定制与个性化工具等。

（1）设计视图与编辑器　设计视图是 EDA 软件用户界面层的一个重要组成部分，它为用户提供了一个直观的可视化环境，用于展示电子设计的各个方面。设计视图通常支持多种视图模式，以满足用户在不同设计阶段的需求。

编辑器（主要包括属性编辑器、布线编辑器、元件库编辑器、脚本编辑器等）提供丰富的功能和命令，使用户能够对设计进行详细的编辑和修改。

在 EDA 软件中，设计视图与编辑器通常无缝集成，为用户提供流畅的设计体验。用户可以在设计视图中直观地查看和导航设计，然后使用编辑器对设计进行精确的编辑和修改。这种协同工作方式使用户能够更加高效地进行电子设计工作，减少错误并提高设计质量。

（2）属性面板与参数管理器　属性面板是 EDA 软件用户界面层的一个关键组成部分，它允许用户查看和编辑当前选中设计对象的详细信息。属性面板通常以一种直观且易于理解的方式展示对象的各种属性，如几何尺寸、电气特性、材料属性等。用户可以通过属性面板快速了解对象的状态，并根据需要进行修改。

参数管理器是 EDA 软件中用于集中管理和控制设计参数的工具。在复杂的设计项目中，往往需要处理大量的参数，这些参数可能影响到设计的各个方面。参数管理器提供了一个统一的界面，让用户能够方便地查看、编辑和管理这些参数。

属性面板与参数管理器在 EDA 软件中通常紧密集成，二者协同工作以提供强大的设计支持。用户可以通过属性面板快速查看和编辑对象的局部属性，而参数管理器则提供了全局的视角，让用户能够管理和控制影响整个设计的参数。

（3）工具栏与菜单系统　工具栏与菜单系统是 EDA 软件用户界面层的核心功能组件之一，它们为用户提供了直观、便捷的操作界面，使用户能够轻松访问软件的各种功能和命令。

工具栏通常位于 EDA 软件用户界面层的顶部或侧边，包含一系列图标按钮，每个按钮代表一个特定的命令或功能。用户可以通过单击这些按钮来快速执行常用的操作，而无须通过菜单系统进行多级选择。

菜单系统是 EDA 软件系统用户界面中的另一个重要组成部分，它通常以分级菜单的形式组织软件的各项功能和命令。用户可以通过单击菜单项来访问更加详细和全面的功能集合。

在 EDA 软件中，工具栏与菜单系统通常紧密集成、相互补充。工具栏提供了快速访问常用功能的便捷途径，而菜单系统则提供了更加全面和详细的功能访问方式。用户可以根据自己的需求和习惯，在工具栏与菜单系统之间灵活切换，从而高效地完成设计任务。

（4）交互工具与导航器　交互工具是 EDA 软件用户界面层中的重要组成部分，它们允许用户通过鼠标、键盘或其他输入设备与软件进行直接交互，从而执行各种设计操作。

导航器是 EDA 软件用户界面层中的一个关键功能组件，它提供了设计视图的快速定位和导航功能。对于复杂的设计项目，导航器可以帮助用户轻松地在不同部分或层次之间切换。

在 EDA 软件中，交互工具和导航器通常紧密集成，共同为用户提供流畅、高效的设计体验。用户可以通过交互工具对设计进行精确的编辑和修改，而导航器则确保用户始终能够在复杂的设计中保持清晰的方向感。这种协同工作使用户能够更加专注于设计本身，而不是在烦琐的导航和编辑操作上浪费时间。

（5）项目浏览器与资源管理器　在 EDA 软件中，项目浏览器与资源管理器是用户界面层的核心功能组件，它们帮助用户有效地组织、管理和浏览设计项目中的各种资源。

项目浏览器通常以一个树状结构或层级视图的形式展示设计项目中的文件、模块、元件等资源。它提供了一个集中的界面，让用户能够清晰地看到项目的组织结构和各个组成部分。

资源管理器是一个更广泛的工具，它不仅包括项目浏览器中的功能，还可能涵盖库管理、版本控制和其他与设计资源相关的功能。资源管理器帮助用户管理、搜索和利用项目中的各种资源，如元件库、设计模板、脚本文件等。

在 EDA 软件中，项目浏览器与资源管理器通常紧密集成，共同为用户提供一个统一且高效的设计环境。用户可以通过项目浏览器快速浏览项目的结构和内容，然后通过资源管理器深入管理、搜索和利用这些资源。

（6）定制与个性化工具　定制与个性化工具是 EDA 软件用户界面层提高用户体验和工

作效率的关键组件。定制与个性化工具允许用户根据个人偏好、工作习惯和项目需求，自定义和调整界面元素、布局、快捷键等，从而创造更加符合个性化需求的工作环境。

除了以上核心功能组件，EDA 软件用户界面层还包括报告与文档生成器、搜索与替换工具、版本控制与协同工作支持等功能组件，以满足 EDA 软件的具体需求和业务场景。

上述功能组件共同构成了 EDA 软件用户界面层的基础架构，为用户提供直观、灵活且高效的用户界面体验。注意，在实际应用中，这些功能组件可能会根据 EDA 软件的具体用途和用户群体的不同而有所差异或扩展。

2. 应用层

应用层是 EDA 软件技术架构中的关键层次，包含了各种用于执行特定设计任务的应用程序和工具，主要包括原理图编辑、布局与布线、逻辑综合、物理验证、时序分析、功耗分析、仿真与调试等。

（1）原理图编辑　应用层提供原理图编辑器，使用户能够创建和编辑电路原理图。原理图是电路设计的基础，描述了电路元件之间的连接关系和电路功能。

（2）布局与布线　布局与布线工具用于将原理图转化为实际的物理布局和布线。布局工具确定电路元件在芯片上的位置，而布线工具则负责连接这些元件，形成完整的电路。布局与布线过程需要考虑多种因素，如电路性能、功耗、可靠性及制造成本等。

（3）逻辑综合　逻辑综合是将高层次的设计描述（如 RTL 代码）转化为低层次的门级实现的过程。应用层中的逻辑综合工具通过优化算法和工艺映射，将设计转化为可实现的电路结构，并考虑时序、面积和功耗等约束条件。

（4）物理验证　物理验证是指利用物理验证工具来验证设计的物理正确性和可制造性。应用层经常采用的物理验证工具主要包括设计规则检查（Design Rule Check，DRC）、布局与原理图对比（Layout Versus Schematic，LVS）和电学规则检查（Electrical Rule Checking，ERC）等。通过物理验证，确保设计符合制造工艺的要求，并避免潜在的设计错误。

（5）时序分析　时序分析是 EDA 工具中用于验证电路时序正确性的程序。在集成电路设计中，时序问题往往直接影响到电路的功能和性能。

时序分析工具可以对电路进行静态时序分析，以检查电路在不同工作条件下的时序路径是否满足要求，主要检查建立时间、保持时间等时序参数是否满足制造工艺和电路设计的要求。通过时序分析，用户可以了解电路的时序性能，发现并修正潜在的时序问题，以确保电路在实际工作中能够稳定、可靠地运行。

（6）功耗分析　功耗分析是 EDA 软件中用于评估电路功耗的应用程序。随着集成电路规模的不断增大和工艺技术的不断发展，功耗问题已经成为设计中需要重点考虑的因素之一。

功耗分析工具可以对电路进行静态和动态功耗分析，以了解电路在不同工作条件下的功耗情况。静态功耗主要考虑电路中的漏电流等因素，而动态功耗则与电路的工作频率、负载电容等因素有关。通过功耗分析，用户可以优化电路设计、降低功耗、提高能效比，从而满足产品对功耗和性能的要求。

（7）仿真与调试　应用层还提供电路仿真功能，模拟电路在不同条件下的行为。仿真工具可以生成波形、性能指标和其他相关数据，帮助设计师验证设计的正确性和性能。同时，调试工具支持设计师对设计进行故障定位和问题解决。

除以上应用程序和工具，EDA 软件应用层还包括形式验证、系统级建模与仿真、可制造性设计等其他应用程序和工具，以满足特定设计任务的需求。

在应用层中，上述这些 EDA 软件应用程序和工具通过与其他层次的协同工作，支持电子设计的整个流程。需要注意的是，不同软件供应商、不同版本的 EDA 软件技术架构可能会有所不同，具体的应用程序和工具的名称也可能会有所差异。

3. 核心算法与引擎层

核心算法与引擎层是 EDA 软件技术架构的核心组成部分，负责提供各种核心算法和计算引擎以支持电子设计的自动化处理。

核心算法与引擎层的核心技术组件主要包括布局算法、布线算法、优化算法、仿真引擎、物理验证引擎等。

（1）布局算法　在典型 EDA 软件技术架构的核心算法与引擎层中，布局算法是一个至关重要的组成部分。布局算法负责在芯片上合理地安排电路元件（如逻辑门、触发器、存储器等）的位置，以便在后续的布线阶段能够高效地完成电路连接。

布局算法的种类很多，常见的主要包括模拟退火算法、遗传算法、粒子群优化算法、力导向布局算法、划分算法等。这些算法各有优缺点，在实际应用中可能会根据设计需求和电路特性选择合适的布局算法或结合多种算法进行布局优化。随着集成电路设计的不断发展，布局算法也在持续改进和创新，以适应更高性能、更低功耗和更小面积的芯片设计要求。

（2）布线算法　在典型 EDA 软件技术架构的核心算法与引擎层中，布线算法也是一个关键部分。布线算法负责在已经确定好元件布局的芯片上，根据电路的连接需求找到合适的路径，将各个元件连接起来以形成完整的电路。

布线算法的种类很多，常见的主要包括迷宫算法、线探索算法、网络流算法等。这些算法各有优缺点，在实际应用中需要根据设计需求和电路特性选择合适的布线算法。

（3）优化算法　在典型 EDA 软件技术架构的核心算法与引擎层中，优化算法的目标是在给定的约束条件下，通过调整设计参数、改进电路结构或优化布局布线等方式，提高电路的性能、减小面积、降低功耗或满足其他设计目标。

优化算法在 EDA 软件中广泛应用于各个设计阶段，包括逻辑综合、布局、布线和物理验证等。优化算法的种类很多，常见的主要包括逻辑优化算法、布局优化算法、布线优化算法、物理优化算法和多目标优化算法等。

这些优化算法通常与 EDA 软件工具中的其他组件（如布局器、布线器、逻辑综合工具等）紧密集成，形成一个自动化的设计优化流程。通过不断迭代和改进，优化算法有助于提高设计的效率和质量，实现更好的电路设计目标。

（4）仿真引擎　在典型 EDA 软件技术架构的核心算法与引擎层中，仿真引擎是一个关键组成部分。仿真引擎负责对电路设计进行模拟和分析，以验证其功能和性能。通过仿真，用户可以在实际制造之前预测电路的行为，并及早发现并纠正潜在的设计错误。

仿真引擎能够模拟电路在不同条件下的行为，包括输入信号的变化、时序关系、功耗等，它可以根据电路的描述和模型，生成相应的仿真结果，如波形图、性能指标等。仿真引擎支持多种仿真方法，如逻辑仿真、混合信号仿真、射频仿真等，不同的仿真方法适用于不同类型的电路和设计阶段，仿真引擎能够灵活切换和应用这些方法。

除了功能验证，仿真引擎还能够对电路的性能进行分析和评估。它可以测量关键路径的时延、功耗、面积等性能指标，并提供相应的报告和数据，帮助用户优化电路性能。

仿真引擎在 EDA 软件中的作用至关重要，它能够帮助用户在实际制造之前发现潜在的设计错误，减少修改和迭代的成本。同时，通过仿真结果，用户可以对电路的性能进行预测和评估，从而指导后续的优化工作。

（5）物理验证引擎　在典型 EDA 软件技术架构的核心算法与引擎层中，物理验证引擎负责对设计进行一系列的检查和验证，主要包括 DRC、LVS、ERC、天线效应检查、时序验证、可制造性检查、功耗和热分析等，以确保设计在制造前没有错误或违规，确保设计的物理实现满足制造工艺的要求、设计的规格和标准。

物理验证引擎通常与 EDA 软件中的其他工具紧密集成，如布局工具、布线工具、逻辑综合工具等。它使用这些工具生成的设计数据进行自动化检查，并生成详细的报告，指出设计中存在的问题和违规之处，用户可以根据这些报告对设计进行修改和优化，直到满足所有的验证要求。

除了上述核心技术组件，核心算法与引擎层还可能包括其他技术组件，如功耗分析引擎、时序分析引擎、故障测试与诊断引擎等，以满足 EDA 软件的具体需求和业务场景。

上述这些技术组件协同工作，使 EDA 软件能够高效、准确地完成复杂的电子设计任务。

核心算法与引擎层通过应用层提供的用户界面与用户进行交互，接收用户的输入并返回相应的结果。同时，核心算法与引擎层也依赖于数据模型与库管理层提供的数据支持和系统集成与流程管理层的流程控制，以确保整个设计流程的顺畅进行。

4. 硬件仿真与验证层

在 EDA 软件技术架构中，硬件仿真与验证层是非常关键的一层，它主要负责在系统设计和实现阶段对硬件设计进行仿真和验证，以确保设计的正确性和性能。

硬件仿真与验证层的主要功能模块包括模拟仿真、数字仿真、混合信号仿真、形式验证，主要技术组件包含仿真器、硬件加速器等。

（1）模拟仿真　在硬件仿真与验证层中，模拟仿真用于模拟和分析模拟电路（如放大器、滤波器等）的行为和性能，包括直流（Direct Current，DC）、交流（Alternating Current，AC）、瞬态和噪声分析等，以预测电路在实际工作条件下的性能。模拟仿真器使用电路元件的模型（如 SPICE 模型）来执行仿真，并生成波形、电流和电压分布等结果。

（2）数字仿真　数字仿真用于模拟和分析数字电路（如微处理器、数字信号处理器等）的逻辑行为。数字仿真允许用户在电路实现之前验证其功能和时序，通常包括 RTL 仿真和门级仿真。数字仿真器可以处理 Verilog、超高速集成电路硬件描述语言（Very High Speed Integrated Circuit Hardware Description Language，VHDL）等硬件描述语言编写的设计，并生成时序图、逻辑状态等结果。

（3）混合信号仿真　混合信号仿真结合了模拟和数字仿真，用于同时模拟包含模拟和数字组件的电路系统。它允许在单一环境中对模拟和数字电路进行协同仿真，以评估它们之间的交互。混合信号仿真能够处理模拟和数字信号之间的转换，并在统一的仿真环境中模拟整个系统的行为。

（4）形式验证　在硬件仿真与验证层中，形式验证使用数学方法来证明或反驳设计的某些属性，提供了比仿真更严格的验证手段。它可以检测设计中的逻辑错误、死锁和不可达状态，以及验证设计的等价性和一致性。形式验证工具使用形式化方法（如定理证明、模型检查等）来自动化验证过程，并生成验证报告。

（5）仿真器　仿真器是硬件仿真与验证层的一个核心技术组件，用于模拟电子设计的行为并进行功能验证。仿真器通过模拟电路的运行，帮助用户在设计阶段发现并修复潜在的问题，从而提高设计的可靠性和性能。

仿真器通常分为逻辑仿真器和混合信号仿真器两种类型。逻辑仿真器主要用于数字电路设计的仿真，混合信号仿真器主要用于模拟包含模拟电路和数字电路的混合信号系统。

（6）硬件加速器　硬件加速器用于加速仿真和验证过程，特别是在处理大规模和复杂设计时。它可以将部分仿真或验证任务卸载到专用硬件上，如 FPGA 或专用集成电路（Application Specific Integrated Circuit，ASIC），以显著提高仿真速度。硬件加速器可以与仿真和验证工具无缝集成，提供灵活的加速选项，并支持多种硬件平台。

上述功能模块与技术组件为用户提供了一个全面、高效的设计环境，从模拟、数字到混合信号电路的仿真，再到严格的形式验证和硬件加速，支持用户在整个设计流程中进行快速迭代和验证。

5. 数据模型与库管理层

数据模型与库管理层是 EDA 软件技术架构的重要组成部分，主要负责管理设计过程中所需的各种数据模型和库，并提供设计所需的基础元件、工艺参数和可重用模块等，为 EDA 软件提供必要的数据支持和资源支持。

数据模型与库管理层的主要功能与作用包括数据模型定义、库管理、参数化单元、数据转换和接口等。

（1）数据模型定义　数据模型与库管理层定义了设计数据的结构和表示方式，包括电路元件、连接关系、属性参数等的设计数据模型，以及用于描述设计层次和模块化的数据模型。这些数据模型是 EDA 软件进行设计、模拟和分析的基础，数据模型与库管理层确保这些模型的准确性、一致性和可访问性。

（2）库管理　数据模型与库管理层管理着设计所需的各种库资源，包括元件库、工艺库、仿真模型库、布局布线规则库等。

元件库包含了电路设计所需的各种基础元件和模块，如电阻、电容、电感、二极管、晶体管及更复杂的集成电路等。库管理功能负责元件的添加、删除、编辑和分类，确保元件信息的准确性和完整性。

工艺库存储了与特定制造工艺相关的参数和规则，这些参数对于确保设计的可制造性至关重要。库管理功能负责工艺数据的导入、导出和更新，保持与最新制造工艺的同步。

仿真模型库包含了用于电路仿真的各种模型，如 SPICE 模型、IBIS 模型等。库管理功能负责模型的添加、验证和版本控制，确保模型的准确性和可用性。

布局布线规则库定义了电路设计在物理实现过程中必须遵循的规则，主要包括最小线宽、最小间距、层叠规则等，对于确保电路的正确布局和布线至关重要。库管理功能负责规则的添加、编辑和查询，帮助用户在布局布线过程中遵循正确的规则。

除了以上提到的库资源，库管理功能还可能涉及其他类型的库，如封装库、测试向量库等，这些库资源同样对于电子设计的完整性和可靠性具有重要意义。另外，库管理层还负责库的更新、维护和版本控制，确保用户使用的是最新版本、正确版本的库。

（3）参数化单元　参数化单元是指那些在设计中可以重复使用，并且其行为和特性可以通过参数进行调整的电路或系统模块。通过参数化，相同的电路结构可以在不同的设计项目或场景中重复使用，用户无须从头开始创建每个电路模块，可以通过调整参数快速生成所需的电路实例。

在数据模型与库管理层中，参数化单元通常以库的形式存在，用户可以通过配置不同的参数来实例化这些单元，以适应不同的设计需求。参数化单元也可以在一定范围内进行性能、功耗、面积等指标的优化。

（4）数据转换和接口　由于 EDA 软件中涉及多个工具和设计阶段，不同的工具可能使用不同的数据格式和标准，数据模型与库管理层需要提供数据转换和接口功能，以实现不同格式数据之间的转换和共享，确保设计数据在不同工具之间的兼容性和流畅性。

在 EDA 软件技术架构中，数据模型与库管理层同其他层次（如核心算法与引擎层、用户界面层等）紧密协作。数据模型与库管理层的设计目标是提供灵活、可扩展和高效的数据模型和库管理功能，以满足不同设计项目和团队的需求。

通过统一的数据表示和丰富的库资源，数据模型与库管理层为 EDA 软件提供了强大的设计支持能力。

6. 操作系统与硬件支持层

在典型 EDA 软件技术架构中，操作系统与硬件支持层是整个架构的基础，它为 EDA 软件的工具和应用程序提供必要的运行环境和资源，确保系统能够高效地执行设计任务。

操作系统与硬件支持层在 EDA 软件技术架构中的主要功能包括操作系统支持、硬件资源管理、硬件抽象、性能优化、可扩展性和兼容性等。

（1）操作系统支持　EDA 软件通常运行在特定的操作系统上，如 Windows、Linux 或 Unix。操作系统负责管理计算机硬件资源，为 EDA 软件提供稳定的运行环境。操作系统还支持多任务处理和进程调度，使多个 EDA 软件能够同时运行并共享系统资源。

（2）硬件资源管理　在 EDA 软件技术架构中，操作系统与硬件支持层负责管理和分配计算机硬件资源，包括处理器、内存、存储设备和输入/输出设备等。这些资源是 EDA 软件执行设计任务所必需的。通过有效的资源管理和分配，操作系统能够确保 EDA 软件获得足够的计算能力和存储空间，以满足复杂设计需求。

（3）硬件抽象　在 EDA 软件技术架构中，操作系统与硬件支持层的硬件抽象模块扮演着关键角色。

硬件抽象是指将底层硬件设备的具体实现细节隐藏起来，为上层软件提供一个统一、标准的接口。硬件抽象的主要目的是简化软件与硬件之间的交互，降低软件对特定硬件的依赖，从而增强软件的兼容性和可移植性。在 EDA 软件中，硬件抽象主要涉及设备模型、接口标准化、资源管理等。

驱动则是实现这些接口的软件程序，它负责与硬件设备进行通信，使上层软件能够正确地控制和使用这些设备。驱动是实现硬件抽象接口的软件程序，它直接与硬件设备通信，完成上层软件发出的指令。在 EDA 软件中，驱动的作用包括设备识别与初始化、指令翻译与执行、数据传输与处理、错误检测与处理、性能优化等。

在 EDA 软件的操作系统与硬件支持层中，硬件抽象与驱动是实现软件与硬件之间高效、稳定通信的关键环节。通过合理的硬件抽象和优质的驱动实现，可以显著提升 EDA 软件的性能和兼容性。

（4）性能优化　为了提高 EDA 软件的性能，操作系统与硬件支持层采用一系列措施进行性能优化。例如，利用多核处理器并行处理技术来加速设计任务的执行；使用高速存储设备和缓存技术来减少数据访问延迟；优化系统内存使用，提高内存访问效率等。

（5）可扩展性和兼容性　随着技术的不断发展，新的硬件平台和操作系统不断涌现。操作系统与硬件支持层必须具备良好的可扩展性和兼容性，以便能够适应新的硬件和操作系统环境，从而延长 EDA 软件的使用寿命，并降低升级和维护成本。

在典型 EDA 软件技术架构中，操作系统与硬件支持层发挥着重要作用，它为 EDA 软件系统提供了稳定的运行环境和高效的资源管理，确保系统能够顺利执行设计任务并满足复杂设计需求。

7. 系统集成与流程管理层

系统集成与流程管理层是 EDA 软件技术架构的核心组成部分，负责将各个设计工具、组件和流程整合在一起，以支持从设计输入到设计输出的整个设计流程。系统集成与流程管理层负责定义标准的接口和数据交换格式，以实现不同工具之间的无缝集成。

另外，系统集成与流程管理层还负责设计流程的定义、控制和执行，确保设计数据在流程中的正确传递和转换。它同数据模型与库管理层紧密合作，确保设计过程中使用的数据和资源的一致性。

（1）系统集成　系统集成与流程管理层通过定义标准的接口和数据交换格式，将来自不同供应商或技术领域的 EDA 工具集成在一起。这些工具主要包括原理图编辑器、布局与布线工具、逻辑综合工具、物理验证工具等。

通过系统集成，用户可以在一个统一的环境中访问和控制所有工具，提高设计效率。

（2）流程管理　系统集成与流程管理层提供了一套完整的流程管理机制，用于定义、控制和执行设计流程，包括从设计输入、逻辑综合、物理设计到验证和签核的整个流程。系统集成与流程管理层可以确保设计数据在流程中的正确传递和转换，同时监控流程的执行状态并提供必要的错误处理和恢复机制。

（3）自动化与脚本支持　为了提高设计效率，系统集成与流程管理层通常支持自动化和脚本化操作。用户可以使用脚本语言或宏编写自定义的设计规则和流程，实现设计任务的自动执行和批量处理，以减少人工干预，缩短设计周期。

（4）用户界面与交互　系统集成与流程管理层可以提供一个统一的用户界面，使用户能够方便地与 EDA 软件进行交互。通过这个界面，用户可以管理设计项目、监控流程进度、查看设计结果和执行其他相关操作，以提高用户体验和工作效率。

（5）配置与版本控制　在复杂的设计过程中，版本控制和配置管理至关重要。系统集成与流程管理层支持对设计数据和 EDA 软件的版本控制，用户可以定义和管理不同的设计配置，如工艺角、工作条件等，并在需要时切换到特定的配置进行设计和验证，确保在整个设计过程中使用正确版本的数据和工具。同时，该层还提供版本控制功能，确保设计数据的可追溯性和一致性。

系统集成与流程管理层在 EDA 软件技术架构中起着桥梁和纽带的重要作用，它将各个设计工具和流程紧密地连接在一起，为用户提供一个高效、可靠和灵活的设计环境。

3.5.6 EDA 软件应用的关键技术

EDA 软件应用的关键技术主要包括硬件描述语言、逻辑综合技术、物理设计技术、电路仿真技术等（见图 3.42）。

1. 硬件描述语言

硬件描述语言（如 VHDL 和 Verilog）是用于描述硬件结构和行为的标准化语言，允许设计者以文本形式描述电路，使设计更加灵活和可重用。硬件描述语言可以帮助用户以文本形式描述电路，进而进行模拟、验证和实现，是 EDA 软件应用的关键技术之一。

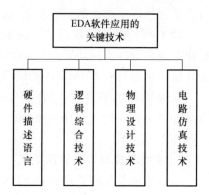

图 3.42　EDA 软件应用的关键技术

2. 逻辑综合技术

EDA 软件应用的另一项关键技术是逻辑综合技术。逻辑综合是将 HDL 描述转化为门级实现的过程，它涉及优化、映射和时序分析等步骤，以确保设计在目标工艺下满足性能要求。逻辑综合技术是实现电路元件之间互联和复杂电路功能的关键技术，它使电路的设计更加符合实际需求。

3. 物理设计技术

物理设计技术是 EDA 软件应用的关键技术之一。物理设计包括布局设计和布线设计。布局设计主要是将逻辑电路转换为实际硅芯片上的电路物理布局，而布线设计是在芯片布局的基础上进行金属线的布线。物理设计技术的目标是在满足电路速度、功耗、信噪比等要求的前提下，实现电路的高效布局和布线。

4. 电路仿真技术

电路仿真技术是 EDA 软件应用的一项非常关键的技术，这项技术主要利用计算机来模拟和分析电路的行为和性能，从而在设计阶段预测电路的实际表现。应用电路仿真技术，可以验证电路的性能和可靠性，有助于在设计阶段发现并解决问题，提高设计效率。

除上述关键技术，EDA 软件应用的关键技术还有布图规划与布线技术、时序分析技术、形式验证技术、高层次综合技术等。这些关键技术共同构成了 EDA 软件的技术核心，使 EDA 软件在电子设计领域发挥了巨大的作用。随着科技的不断发展，EDA 软件应用的关键技术也在不断更新和优化，以适应更复杂、更高效的电路设计需求。

3.5.7 EDA 软件主要应用领域

EDA 软件主要应用领域包括集成电路设计、系统级芯片（System-on-a-Chip，SoC）设计、数字电路设计、FPGA 设计、嵌入式系统设计等几个方面（见图 3.43）。

1. 集成电路设计

EDA 软件是 IC 设计的核心工具，用于实现从原理图到物理布局的整个设计流程，包括逻辑设计、电路模拟、物理验证和版图生成等步骤。

2. 系统级芯片（SoC）设计

随着 SoC 的复杂度不断提高，EDA 软件在 SoC 设计中的重要性也日益凸显。SoC 设计需

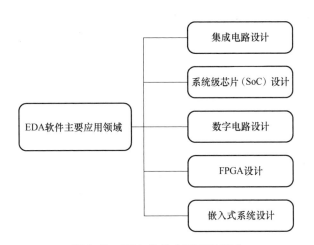

图 3.43　EDA 软件主要应用领域

要将多个功能模块集成到一个芯片中，而 EDA 软件提供了必要的工具和方法来实现这种复杂的集成。

3. 数字电路设计

EDA 软件在数字电路设计中也扮演着重要角色，包括逻辑综合、时序分析、自动布局布线（Auto Place and Route，APR）等功能，能够帮助用户快速实现和优化数字电路的设计。

4. FPGA 设计

在 FPGA 设计中，EDA 软件主要用于实现逻辑设计、综合、布局布线及比特流生成等步骤，帮助加速 FPGA 设计的迭代和优化过程。

5. 嵌入式系统设计

EDA 软件为嵌入式系统设计提供必要的设计工具和方法，包括处理器设计、外设设计、驱动程序设计、通信协议设计等。

此外，EDA 软件的应用领域也在不断扩展，如 PCB 制作、电子设备研制与生产、电路板焊接、ASIC 制作过程等，甚至渗透到机械、航空、化工、矿产、生物、医学、军事等各个领域。

3.6　产品数据管理（PDM）系统

3.6.1　PDM 的概念

PDM（Product Data Management），即产品数据管理，是一门用来管理所有与产品相关信息（包括零件信息、配置、文档、CAD 文件、结构、权限信息等）和所有与产品相关过程（包括过程定义和管理）的技术。

PDM 可以帮助企业在整个产品生命周期内对产品数据和开发过程实施有效的管理，从而提高产品研发管理水平，减少工程更改，提高产品质量，缩短产品研发周期。

1. 广义 PDM 和狭义 PDM 的概念

广义的 PDM 覆盖了产品的全生命周期，包括从市场需求分析、产品设计、制造、销售、服务与维护的整个过程。它不仅关注产品设计阶段的信息管理，还延伸到产品的市场需求、生产计划、采购、销售等各个环节。广义的 PDM 强调对产品全生命周期内所有与产品相关的数据和流程进行统一、集成的管理，以支持企业的并行化设计、制造和协同工作环境。

狭义的 PDM 则主要关注与工程设计相关的领域内的信息管理，侧重于对产品设计阶段的数据和流程进行管理，是一个软件系统。它强调对产品结构、配置、文档等信息的控制，以及与设计相关的审批、发放、工程更改等流程的管理。

本书论述的对象主要是狭义上的 PDM，即 PDM 软件系统（以下简称 PDM 系统）。

2. PDM 系统在实践应用中的作用与价值

PDM 系统在实践应用中的作用与价值主要体现在实现产品数据集中管理、提高设计效率、提高产品质量可追溯性、优化产品开发流程、增强数据安全性、促进企业信息化建设等几个方面。

（1）实现产品数据集中管理　PDM 系统能够集中管理所有与产品相关的信息，包括设计文档、图样、CAD 文件、结构、配置、权限等。这种集中管理的方式可以确保数据的准确性、一致性和安全性，同时使团队成员可以方便地访问和共享这些数据，提高工作效率。

（2）提高设计效率　PDM 系统通过电子仓库和文档管理，实现了文件的检入检出、动态浏览及导航、分布式文件管理/分布式数据仓库。元文件中存储对应电子资料、文档的管理数据及描述这些电子资料、文档的物理信息的指针用户查询检索完全透明，用户不用考虑文件的具体存放位置就可以方便地访问文件信息。这些功能减少了用户在寻找和检索信息上花费的时间，提高了设计效率。

（3）提高产品质量可追溯性　PDM 系统记录了产品设计和制造的全过程，并提供了完整的数据追溯能力。这使得在出现质量问题时，企业可以迅速定位并找出原因，及时采取措施进行改进。同时，通过对历史数据的分析，企业还可以不断优化产品设计和制造过程，提升产品质量。

（4）优化产品开发流程　通过 PDM 系统，企业可以更加规范地管理产品开发流程，包括设计审查、批准、变更、工作流优化及产品发布等过程。这有助于减少重复劳动和错误，缩短产品开发周期，提高生产率。

（5）增强数据安全性　PDM 系统可以对数据进行权限管理，确保只有授权人员才能访问敏感信息。此外，通过版本控制和审计跟踪功能，PDM 还可以帮助企业防止数据被篡改或损坏。

（6）促进企业信息化建设　PDM 系统是企业信息化建设的重要组成部分，它可以与其他信息系统进行集成，如 ERP、CRM 等。通过实现信息的共享和协同工作，PDM 系统可以推动企业的信息化建设进程，提高企业的整体竞争力。

3. PDM 与 PLM 的关系

PDM 和 PLM 都是产品生命周期管理的重要组成部分，它们之间存在紧密的关系。

PDM 是产品数据管理，主要负责管理产品的设计、制造和测试等过程中产生的各种数据和文档。PDM 系统通常包括数据管理、版本控制、协作和审批管理、工作流管理、文档管理、检索和查询、数据安全和权限控制等功能，主要面向产品开发和生产的过程控制。

PLM 是产品生命周期管理，涵盖了从产品概念设计到退役的整个产品生命周期，包括产品定义、产品规划、产品设计、产品制造、产品服务、产品退役等各个环节。PLM 系统主要负责整个产品生命周期的管理，涉及产品设计、制造、销售、服务等多个方面，旨在提高产品质量和竞争力，降低生产成本，增加企业价值。

PDM 和 PLM 的关系是，PDM 是 PLM 的一个重要组成部分，负责产品开发和生产过程中的数据管理和控制，而 PLM 则涵盖了整个产品生命周期的管理。PDM 系统可以为 PLM 系统提供产品开发和生产过程中的数据支持，为整个产品生命周期提供数据基础。同时，PLM 系统可以整合和管理 PDM 系统的数据，形成一个全面的产品生命周期管理平台。

3.6.2 PDM 系统分类

PDM 系统的分类方式可以按照不同的维度进行划分。PDM 系统一般有按照 PDM 功能分类、按照不同行业分类、按照管理范围分类共三种分类方式（见图 3.44）。

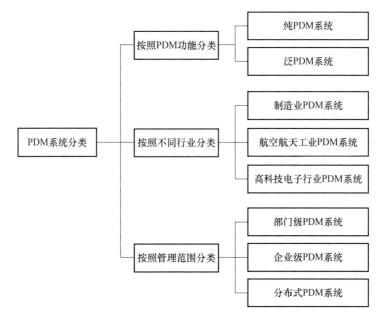

图 3.44　PDM 系统分类

1. 按照 PDM 功能分类

按照 PDM 系统不同功能进行分类，可分为纯 PDM 系统和泛 PDM 系统。

（1）纯 PDM 系统　纯 PDM 系统专注于产品数据的核心管理功能，如产品结构管理、配置管理、版本控制、工作流程管理、数据仓库和文档管理等。这些功能旨在确保产品数据的准确性、一致性和可追溯性，并优化产品开发流程。纯 PDM 系统通常不涉及与 PLM 相关的更广泛的功能，如需求管理、质量管理或维修服务等。它们更多地关注于产品设计阶段的数据管理需求。

纯 PDM 系统的优势在于其专注性和深度。由于功能范围相对较小，这些系统通常更容易实施和维护，它们也更适合那些只需要基本数据管理功能的企业或部门。

（2）泛 PDM 系统　泛 PDM 系统不仅涵盖了纯 PDM 系统的所有核心功能，还扩展了与

PLM 相关的其他功能，包括需求管理、项目管理、质量管理、供应链管理、维修服务等。通过整合这些功能，泛 PDM 系统提供了更全面的产品数据管理解决方案，支持从概念设计到产品报废的整个产品生命周期。

泛 PDM 系统的优势在于其广泛性和集成性。这些系统能够支持更复杂的产品开发流程，并促进不同部门之间的协作和沟通。然而，由于功能范围更广，实施和维护这些系统可能更具挑战性。

2. 按照不同行业分类

按照应用行业不同进行分类，可分为制造业 PDM 系统、航空航天工业 PDM 系统、高科技电子行业 PDM 系统等。

（1）制造业 PDM 系统　在制造业中，PDM 系统被用于管理产品设计、制造、装配和质量控制的全过程。它可以帮助企业跟踪各个部件的设计、测试和验证，并确保满足产品质量和生产率。

（2）航空航天工业 PDM 系统　在航空航天领域，PDM 系统被用于管理飞机、卫星和其他航空器的设计和制造数据。它可以帮助组织跟踪各个部件的设计、测试和验证，并确保满足航空安全和质量标准。

（3）高科技电子行业 PDM 系统　在电子设备制造领域，PDM 系统可以用于管理电子产品（如手机、计算机和消费电子产品）的设计和规格数据。PDM 系统可以确保各个部门之间的协作，促进快速的产品开发和市场推出。

除了上述行业，PDM 系统还在其他领域得到广泛应用，如汽车制造、医疗器械制造、能源行业等。在这些行业中，PDM 系统通常用于管理产品设计、工艺流程、质量数据等信息，并确保数据的一致性和可追溯性。

3. 按照管理范围分类

按照管理范围分类，可分为部门级 PDM 系统、企业级 PDM 系统、分布式 PDM 系统。

（1）部门级 PDM 系统　部门级 PDM 系统是一种特定范围的产品数据管理系统，主要用于管理某个具体部门所涉及的产品数据。这种系统通常在设计部门中使用，以管理由 CAD/CAM 等工具产生的电子文档为主，其主要功能和应用特点包括文档管理及一些简单的工作流程管理。

部门级 PDM 系统在使用上存在一些局限性，如不能准确、及时地记录加工、制造、维修和服务过程中发生的各种各样的更改。此外，由于该系统主要局限于部门内部使用，与其他部门或外部的信息交换通常需要依赖人工方法，这可能导致信息流通不畅，进而影响到企业的整体运营效率。例如，财务部门可能无法实时控制产品设计和制造过程中的成本，物资部门可能无法提前做好生产材料的准备，计划部门可能无法准确预测各种生产计划。

因此，部门级 PDM 系统更适合数据量和管理需求相对较小的部门或项目使用。对于需要跨部门协作、管理大量产品数据及实现更高级别业务流程管理的企业来说，可能需要考虑更高级别的 PDM 系统，如企业级 PDM 系统。

（2）企业级 PDM 系统　与部门级 PDM 系统相比，企业级 PDM 系统管理范围更广泛，涵盖了整个企业所涉及的产品数据。

企业级 PDM 系统不仅具备部门级 PDM 系统的基本功能（如文档管理、工作流程管理等），还提供了更高级的功能（如产品结构管理、配置管理、权限管理等）。这些功能使企业能够更有效地管理产品数据，确保数据的一致性、准确性和安全性。

此外，企业级 PDM 系统还具备良好的集成性和扩展性，可以与其他企业信息系统（如 ERP、CRM 等）进行集成。这种集成能够实现数据的共享和交换，打破信息孤岛，提高企业整体运营效率。

（3）分布式 PDM 系统　分布式 PDM 系统是一种特殊类型的产品数据管理系统，它旨在满足跨地区、跨部门的产品数据管理需求。与传统的集中式 PDM 系统不同，分布式 PDM 系统能够将数据分散存储在多个地点，同时提供统一的数据访问和管理界面。

这种系统不仅考虑了各个部门所关心的数据统一管理问题，还充分考虑到跨地区的分布式管理要求。在分布式 PDM 系统的支持下，企业中的任何用户在任何地点都可以进入系统，并根据自己的权限对相应地区的产品数据进行操作，而无须知道产品数据具体存放在哪个地区。

此外，分布式 PDM 系统通常基于分布式数据库平台实现，它可以分为全分布式 PDM 系统和准分布式 PDM 系统。这种系统的实施可能需要几个月或几年的时间，并且费用较高，但它为大型企业或跨国企业提供了高效、可靠的产品数据管理解决方案。

3.6.3　PDM 系统发展历程

PDM 系统的发展历程经历了从早期作为 CAD 工具的辅助管理系统，到逐渐专业化并成为独立产业，再到追求标准化以提升系统功能和性能的过程。这一发展轨迹体现了企业对有效管理产品数据需求的不断增长，以及技术在满足这些需求方面的不断进步。

1. PDM 系统国外发展历程

PDM 系统国外发展历程主要包括起源阶段、快速发展阶段、PDM 标准化阶段和现代 PDM 发展阶段四个阶段（见图 3.45）。

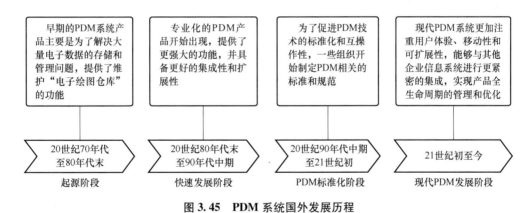

图 3.45　PDM 系统国外发展历程

（1）起源阶段（20 世纪 70 年代至 80 年代末）　PDM 技术起源于 CAD 系统的发展。20 世纪 70 年代，PDM 系统主要关注产品设计数据的管理，包括文件版本控制、协作设计和数据共享等功能。早期的 PDM 系统产品主要是为了解决大量电子数据的存储和管理问题，提供了维护"电子绘图仓库"的功能。但是，这些产品在系统功能、集成能力和开放程度等方面存在一定的局限性。

（2）快速发展阶段（20 世纪 80 年代末至 90 年代中期）　20 世纪 80 年代末，随着 CAD、CAE 等技术的普及，PDM 系统开始与之整合，形成了 CAD/CAE/PDM 一体化系统。

同时，在这一时期，专业化的 PDM 产品开始出现，提供了更强大的功能，如产品结构管理、工程变更管理、BOM 管理等，并具备更好的集成性和扩展性。具有代表性的专业 PDM 系统包括 SDRC 公司的 Metaphase 和 UGS 公司的 iMAN 等。

（3）PDM 标准化阶段（20 世纪 90 年代中期至 21 世纪初）　20 世纪 90 年代中期至 21 世纪初，PDM 技术得到了迅猛的发展，并出现了许多专业开发、销售和实施 PDM 系统的公司。为了促进 PDM 技术的标准化和互操作性，一些组织开始制定 PDM 相关的标准和规范。例如，对象管理组织（Object Management Group，OMG）在 1997 年公布了其 PDM Enabler 标准草案，标志着 PDM 技术在标准化方面迈出了重要的一步。

（4）现代 PDM 发展阶段（21 世纪初至今）　进入 21 世纪后，随着云计算、大数据、人工智能等新技术的发展，PDM 系统也在不断演进和升级。现代 PDM 系统更加注重用户体验、移动性和可扩展性，能够与其他企业信息系统（如 ERP、PLM 等）进行更紧密的集成，实现产品全生命周期的管理和优化。

2. PDM 系统国内发展历程

PDM 系统国内发展历程主要包括起步与引进阶段、自主研发与探索阶段、成熟与应用推广阶段、创新与发展阶段共四个阶段（见图 3.46）。

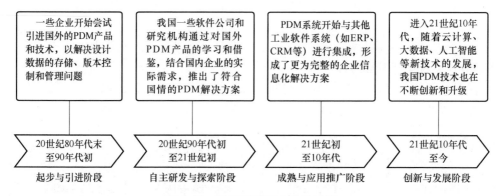

图 3.46　PDM 系统国内发展历程

（1）起步与引进阶段（20 世纪 80 年代末至 90 年代初）　20 世纪 80 年代末至 90 年代初，我国企业开始引进和应用 CAD 技术，随着电子图样数量的激增，企业逐渐意识到有效管理这些设计数据的重要性。于是，一些企业开始尝试引进国外的 PDM 产品和技术，以解决设计数据的存储、版本控制和管理问题。

（2）自主研发与探索阶段（20 世纪 90 年代初至 21 世纪初）　20 世纪 90 年代初至 21 世纪初，随着对 PDM 技术需求的不断增长，我国一些软件公司和研究机构开始自主研发 PDM 产品。他们通过对国外 PDM 产品的学习和借鉴，结合国内企业的实际需求，推出了符合国情的 PDM 解决方案。这一时期，我国 PDM 系统市场逐渐活跃起来，涌现出了一批优秀的 PDM 系统供应商。

（3）成熟与应用推广阶段（21 世纪初至 10 年代）　进入 21 世纪后，我国 PDM 技术逐渐成熟，并在各行各业得到了广泛应用。PDM 系统不仅成为企业产品设计部门的重要工具，还逐渐扩展到生产、采购、销售等其他部门，实现了产品全生命周期的管理。此外，随着企业信息化建设的深入推进，PDM 系统开始与其他工业软件系统（如 ERP、CRM 等）进行集成，形成了更为完整的企业信息化解决方案。

（4）创新与发展阶段（21 世纪 10 年代至今） 进入 21 世纪 10 年代，随着云计算、大数据、人工智能等新技术的发展，我国 PDM 技术也在不断创新和升级。一方面，PDM 系统开始采用云计算架构，实现了数据的集中存储和共享，提高了系统的可用性和可扩展性；另一方面，通过引入人工智能和大数据分析技术，PDM 系统能够提供更智能的数据分类、搜索和预测功能，为企业的决策和创新提供有力支持。

3. PDM 系统发展方向与趋势

未来，PDM 系统的发展方向与趋势主要是朝着更加云端化、集成化、移动化、平台化和智能化的方向迈进，以满足企业日益复杂的产品数据管理需求，提升产品开发效率和质量（见图 3.47）。

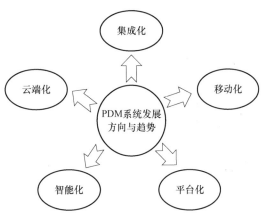

（1）云端化 随着云计算技术的普及，PDM 系统越来越倾向于云端部署。云端 PDM 系统可以将各种类型的产品数据（如设计文档、CAD 模型、工程数据等）集中存储在云端数据库中，方便用户随时随地进行访问和管理，这种集中存储方式还可以降低数据丢失和损坏的风险。另外，云端 PDM 系统支持多用户同时访问和编辑数据，促进不同部门、团队和地点之间的协作和沟通，用户可以通过云端平台共享设计文件、评审图样和进行实时反馈，提高工作效率和质量。

图 3.47 PDM 系统发展方向与趋势

（2）集成化 随着信息化技术的发展，PDM 系统需要与其他工业软件系统（如 ERP、MES、CRM 等）进行更紧密的集成，实现数据的无缝流动和共享，这种集成有助于打破信息孤岛，提高企业整体运营效率。另外，为了实现更高效的集成，PDM 系统将越来越倾向于采用标准化和开放性的接口和协议。这将有助于降低集成难度和成本，同时提高系统的可扩展性和灵活性。

（3）移动化 随着移动互联网的普及，PDM 系统的移动化趋势也日益明显。移动 PDM 应用可以支持用户在移动设备上进行数据查询、审批、协同等操作，这些趋势将有助于企业在移动互联网时代更好地管理和利用产品数据，提高工作效率和市场竞争力。

（4）平台化 PDM 系统正逐渐演变为一个开放、可扩展的平台。通过提供丰富的 API 和插件机制，PDM 平台可以支持第三方开发者和企业内部 IT 团队进行定制开发，满足企业个性化的需求。

（5）智能化 人工智能技术（如机器学习、深度学习等）在 PDM 系统中的应用日益增多。这些技术可以帮助系统实现自动化的数据分类、搜索、预测等功能，提高数据管理的效率和准确性。

3.6.4 PDM 系统基本功能

PDM 系统可以管理企业内部所有与产品相关的信息（如零件、BOM、配置、文档、CAD

文件、结构、权限等），同时还能管理所有与产品相关的过程（如常见的过程定义和管理）。

PDM 系统基本功能主要包括电子数据仓库与文档管理、产品结构与配置管理、工作流与过程管理、设计检索与零件库访问、版本控制与变更管理、项目管理等。其中，电子仓库与文档管理是 PDM 系统中最基本、最核心、最重要的基本功能，是实现其他相关功能的基础（见图 3.48）。

1. 电子数据仓库与文档管理

在 PDM 系统中，电子数据仓库与文档管理是其最基本、最核心、最重要的基本功能。在企业中，大量不同格式的数据分散在不同地方，如何收集和管理这些数据，确保数据不致丢失和混乱，并使各部门之间协同工作时能够及时得到所需数据是非常重要的。在 PDM 系统中，各应用程序所生成的各类数据先是存放在由操作系统管理的文件中，随后 PDM 系统生成管理这些文件的元数据和文件指针，复制这些文件并存放于电子数据仓库中。

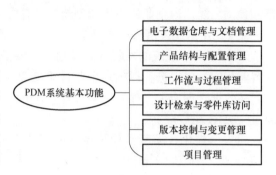

图 3.48　PDM 系统基本功能

电子数据仓库是 PDM 系统中最核心的模块，通常建立在关系型数据库（如 Oracle、SQL Server）的基础上，用以连接数据库和数据使用界面。电子数据仓库是一个连接数据库和文件系统的逻辑单元，能对存放在它内部的数据的全部变化过程进行监控和记录，它为用户和应用程序之间的数据传递提供了一种安全的工具和手段，确保了所管理数据的完整性。借助于分布式数据库技术，它还允许用户迅速地访问其权限内全企业的所有产品信息，而不必考虑用户和数据的物理位置。电子数据仓库与文档管理能提供多用户的并行访问。

为了防止多个用户同时对同一产品数据进行修改，PDM 系统采用入库（checkin）和出库（checkout）登记机制。当一个用户打开某个数据进行编辑时，必须首先从电子数据仓库中检出该数据，将数据放在自己的工作空间内，同时系统对被检出的数据加锁，禁止其他用户对该数据进行编辑，但允许其他用户对数据进行读操作。通过这样的设计规则，就可以实现多用户并行访问，同时也确保了数据的一致性。

文档管理还可以提供全企业内的文档检索，由文档与产品的关联性还可以进一步查询相关的产品数据。

在 PDM 系统中，电子数据仓库与文档管理是整个系统的数据基础，同时也是系统的核心。

2. 产品结构与配置管理

一般情况下，一个产品是由众多的零件构成的。在 PDM 系统中，通过产品结构与配置管理，以电子数据仓库为基础，以 BOM 为框架，通过产品的装配和组成关系将产品的各个零部件管理起来，并以图形化方式展现给用户，使用户对整个产品各部分及其相互关系有一个总体了解。另外，通过各零部件与相关文档的关系，在对产品结构进行管理时，也对文档进行了有效的组织，当用户希望得到某一零件的相关文档时，只需利用产品结构图检索出该零件，就可以得到相关文档资料（包括设计图样、设计文档、上级批文等）。由于产品结构零部件本身存在着不同的版本，也就出现了不同版本的产品结构和配置问题。从不同的角度分析，一个产品可以有不同的结构配置。

PDM 系统通过产品结构图中上下级节点的约束关系实现配置管理。只要给定不同的约束条件，PDM 系统就可以生成不同的产品结构图。常见的有以下几种约束条件：按产品版本配置、按设计配置、按加工配置、按装配配置、按零件有效时间配置等。PDM 系统的产品结构与配置管理还具有支持互换件和替换件使用的功能，企业可以通过使用标准件、通用件，减少产品设计的工作量。

3. 工作流与过程管理

工作流与过程管理主要是用来定义和控制数据操作的基本过程。它主要管理用户对数据进行操作时会发生什么、人与人之间的数据流向、跟踪和管理流程及过程内所有事务和数据的活动，是支持工程更改必不可少的工具。PDM 系统通过对企业内产品开发过程的分析，抽取一些构成产品开发过程的基本任务单元来构造不同的产品开发过程，如设计评审、工程更改等。

工作流与过程管理的原则就是围绕设计对象定义其工作流程，并定义所提交产品数据的版本和修改权限控制。工作流与过程管理可以根据所定义的工作流程、工作人员和工作权限及时地通知每一个人。每个用户在登录后检查自己的任务表（系统通过内部电子信箱和电子公告的方法进行通知），就能清楚地知道自己应做的工作和完成期限。

同时，项目负责人可以通过 PDM 系统随时了解项目的进展情况。在整个设计过程中，产品的设计和每一次修改都通过历史版本记录而保存下来，工程人员可以根据记录查询以前所做的所有工作，以便进行更好的设计。

4. 设计检索与零件库访问

PDM 系统的设计检索与零件库访问提供了通过分类和编码来有效地组织产品数据的功能。零件库是利用成组技术将具有相同或相似特征的零件归并入库，更好地支持原有设计资源的重新利用，从而提高设计效率。设计检索则可以通过多种检索途径来获取产品零部件及其相关的设计数据。

PDM 系统能够提供分类规则的定义方法，以适应每个企业的信息管理要求，同时提供有力的检索工具，可以根据产品对象的名称、属性、编码等进行产品信息的查询，并能查询零件的各种信息，如状态信息、创建者信息、被哪些产品所使用或零件的使用频率等。设计检索与零件库访问是在开发新产品时重新利用已有的设计信息及提高产品标准化的关键。

5. 版本控制与变更管理

当用户在 CAD 软件中创建或修改一个文件时，PDM 系统会自动为该文件生成一个初始版本，并为其分配一个版本号，随着文件的修改和更新，PDM 系统会生成新的版本，并将其与之前的版本进行关联，通过版本版次的管理，用户可以轻松地跟踪每个文件的版本历史，通过查看文件的不同版本，比较它们之间的差异，并回溯到以前的版本。此外，还可以锁定特定版本的文件，以防止其他人对其进行修改。PDM 系统可以跟踪和管理产品数据的版本和变更情况。当进行设计修改或更新时，PDM 系统可以自动记录和跟踪变更历史，以便团队成员随时查看和比较不同版本的数据，确保数据的准确性和一致性。

PDM 系统还可以对文件生成变更记录，包含变更的原因、时间、责任人等信息，从而跟踪和控制文件的变更，并确保变更的正确性和一致性。

6. 项目管理

PDM 系统的项目管理功能可以将一个产品开发项目及其有关的数据结构转化为一个面向对象的项目模型，对产品开发全过程进行全面的控制和协调，并确保整个产品开发过程中产品数据的安全。PDM 系统能在项目实施过程中对其计划、组织、人员、资金、设备等进行动态监视，并能对计划的完成情况进行动态反馈，从而为管理者提供实时的项目动态信息和统计决策依据。注意，项目管理建立在流程管理的基础之上。

除上述六项基本功能，PDM 系统还具有协同办公、数据迁移与备份、统计分析等基本功能。这些基本功能共同构成了 PDM 系统强大的功能体系。

3.6.5 PDM 系统技术架构

PDM 系统技术架构也是层次化的，典型的 PDM 系统技术架构模型共由六层构成，分别是用户界面层、应用组件层、框架核心层、数据管理层、集成与接口层、底层平台层（见图 3.49）。

在图 3.49 中，用户界面层、应用组件层、框架核心层、数据管理层、集成与接口层、底层平台层之间存在着紧密的关系。

用户界面层是用户与 PDM 系统进行交互的界面，负责展示数据和接收用户输入。用户界面层通过与应用组件层的交互，将用户的请求传递给 PDM 系统进行处理，并将处理结果展示给用户。

应用组件层封装了一系列的功能组件，如查询与检索组件、工作流管理组件、安全性与权限管理组件等。这些组件负责处理用户界面层传递过来的用户请求，执行相应的业务逻辑，并与框架核心层进行交互，以获取或存储数据。

框架核心层是 PDM 系统的核心，提供了实现各种功能的核心结构和架构。框架核心层与应用组件层进行交互，接收应用组件的请求，并调用数据管理层来访问或操作数据。同时，它还负责 PDM 系统的整体流程控制和事务管理。

数据管理层主要负责 PDM 系统中的数据管理，包括数据的存储、访问、验证和更新等。数据管理层与框架核心层进行交互，根据框架核心层的请求来执行相应的数据操作，并将结果返回给框架核心层。此外，数据管理层还需要确保数据的安全性、完整性和一致性。

集成与接口层负责 PDM 系统与其他工业软件系统（如 CAD、ERP、CRM 等）之间的集成和接口管理。集成与接口层通过与其他工业软件系统的交互，实现数据的共享和交换，以确保各个工业软件系统之间的协同工作和数据一致性。

底层平台层是 PDM 系统的底层支持平台，通常包括操作系统、网络通信等基础设施。底层平台层为上层提供稳定、可靠的运行环境，确保 PDM 系统的正常运行和数据的安全存储。

综上所述，各层之间相互协作、相互依赖，共同构成了典型的 PDM 系统技术架构模型。用户通过用户界面层与应用组件层进行交互，应用组件层调用框架核心层和数据管理层来处理用户请求和数据操作，集成与接口层负责与其他系统的集成和通信，而底层平台层则为整个系统提供稳定、可靠的运行环境。

1. 用户界面层

用户界面层（又称为客户端使用层、表示层）是用户与系统交互的界面，可以是 Web

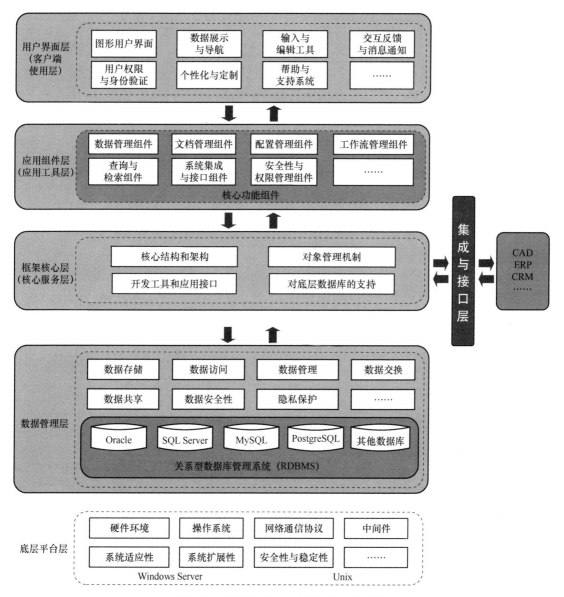

图 3.49 典型的 PDM 系统技术架构模型

界面、桌面客户端等。用户界面层位于 PDM 系统技术架构的最上层，负责展示数据、接收用户输入，并将用户请求发送到服务器进行处理。

用户界面层的核心功能组件主要有图形用户界面、数据展示与导航、输入与编辑工具、交互反馈与消息通知、用户权限与身份验证、个性化与定制、帮助与支持系统等。

（1）图形用户界面 图形用户界面功能组件提供标准的窗口、对话框、菜单、工具栏等，使用户能够通过直观的图形界面与系统进行交互。同时，图形用户界面功能组件支持拖拽、单击、双击等常见操作及快捷键等高级功能，从而提高用户操作效率。

（2）数据展示与导航 数据展示与导航功能组件可以利用表格、列表、树状图、缩略图等方式展示产品数据，便于用户快速浏览和定位，同时还提供数据排序、过滤和搜索功能，帮助用户迅速找到所需信息。

（3）输入与编辑工具 输入与编辑工具功能组件主要负责提供文本输入框、下拉列表框、复选框等控件，用于接收用户输入的数据或选择操作。同时，输入与编辑工具功能组件还集成了图形编辑器、文档查看器等工具，允许用户直接在用户界面层编辑和查看文件。

（4）交互反馈与消息通知 交互反馈与消息通知功能组件通过弹出窗口、提示框、进度条等方式，向用户提供操作反馈，确保用户了解当前系统状态。交互反馈与消息通知功能组件还具备发送通知或警报功能，可以提醒用户注意重要事件或即将到来的任务。

（5）用户权限与身份验证 用户权限与身份验证主要负责管理用户登录和身份验证过程，确保只有合法用户能够访问系统，并能够根据用户角色和权限动态调整界面元素和功能，实现细粒度的访问控制。

（6）个性化与定制 个性化与定制功能组件允许用户根据个人喜好调整界面布局、颜色主题、字体大小等，以提高用户体验。同时，还可以提供界面皮肤、模板或插件下载服务，以支持用户进一步定制和扩展系统功能。

（7）帮助与支持系统 帮助与支持系统功能组件提供集成功能，将用户手册、在线帮助文档和教程集成在一起，为用户提供操作指导和问题解答。另外，该功能组件还提供技术支持联系方式或在线客服功能，确保用户在使用过程中能够及时获得帮助。

除以上核心功能组件，PDM系统的用户界面层还有其他功能组件，如智能助手与推荐系统、协作与通信工具、高级搜索与数据分析工具等，以满足PDM系统的具体需求和业务场景。

以上这些功能组件共同协作，为用户提供一个友好、直观且高效的操作环境。它们不仅简化了用户与系统的交互过程，还提高了用户的工作效率和满意度。同时，这些功能组件还确保了系统的安全性和数据的机密性，为企业级应用提供了坚实的基础。

2. 应用组件层

应用组件层（又称为应用工具层、功能模块及开发工具层）位于用户界面层之下、框架核心层之上。应用组件层封装了各种功能组件，这些功能组件通过框架核心层与数据管理层进行交互，实现具体的业务功能。应用组件层封装的核心功能组件主要包括数据管理组件、文档管理组件、配置管理组件、工作流管理组件、查询与检索组件、系统集成与接口组件、安全性与权限管理组件等。

（1）数据管理组件 在PDM系统技术架构中，应用组件层的数据管理组件是确保产品数据在整个生命周期中得到有效、一致和安全管理的核心部分。

数据管理组件负责集中存储来自各个源头的产品数据，如CAD文件、设计文档、BOM、工程变更请求、测试报告等。这些数据以结构化的方式被整合到系统中，确保它们的关联性和可访问性。

数据在存储之前需要被分类和组织，以便后续能够快速检索和使用。数据管理组件支持用户定义数据的分类标准，如按项目、产品系列、设计阶段等进行分类，并提供灵活的文件夹和标签系统来组织数据。

数据管理组件通过用户认证和权限控制来确保数据的安全性。系统管理员可以定义不同用户角色和权限级别，如只读、编辑、管理等，以限制用户对数据的访问和操作。

为了快速找到所需的产品数据，数据管理组件提供强大的检索和查询功能。用户可以使用关键词搜索、属性筛选、高级查询等方式来定位数据。数据管理组件还支持全文搜索和索引功能，以便更精确地查找包含特定文本或元数据的文件。

另外，为了保持数据集的清洁和高效，数据管理组件提供数据维护和清理功能。用户可以定期归档不再活跃但仍需保留的数据，以释放主存储空间的压力。同时，数据管理组件还提供数据清理工具来检测和删除过时、冗余或无效的数据。

综上所述，通过集中存储、数据分类与组织、安全性管理、检索查询及数据维护等功能，数据管理组件为用户提供一个可靠的产品数据管理平台。

（2）文档管理组件　PDM 系统应用组件层中的文档管理组件是一个用于管理产品相关的文档和文件的重要工具。

文档管理组件支持对文档进行详细的分类，如设计文档、用户手册、技术规范、测试报告等，并提供一个集中化的存储库进行保存。用户可以根据项目、产品、部门或其他自定义属性来组织文档结构。

文档在产品开发过程中可能会经历多次修改和更新。文档管理组件会自动跟踪每个文档的版本历史，包括修改时间、修改者、修改内容等信息。

对于需要审查或批准的文档，文档管理组件提供了一套完整的审批流程。用户可以提交文档进行审批，系统会根据预设的流程自动或手动将文档发送给相应的审批人员。一旦文档获得批准，它可以被发布到 PDM 系统中供其他用户访问和使用。

在产品开发过程中，不同的文档之间可能存在关联关系。文档管理组件允许用户建立文档之间的关联和链接，以便在查看一个文档时能够快速访问到与其相关的其他文档。

另外，在多人协作的开发环境中，文档管理组件支持文档的实时共享和协作。用户可以同时访问和编辑同一份文档，PDM 系统通过锁定机制或并发控制来避免冲突。此外，用户还可以创建共享链接或共享文件夹来与团队外部的成员共享文档。

文档管理组件提供了对与产品相关的文档资料进行全面管理的功能，包括存储与组织、版本控制、审批与发布、检索与查询、共享与协作等。这些功能共同确保文档在产品开发过程中的一致性、可追溯性和安全性，提高了团队的工作效率和产品的质量。

（3）配置管理组件　配置管理在产品开发和生产过程中起着至关重要的作用，因为它涉及产品不同版本、不同变体及与其他相关元素之间的关系。

配置管理组件是 PDM 系统应用组件层中一个专门用于管理产品配置信息的重要工具，负责管理和控制产品的配置信息。

配置管理组件会对产品的各个配置项进行识别，包括硬件部件、软件组件、文档、服务和其他与产品相关的元素。每个配置项都会被赋予一个唯一的标识符，以便在整个产品生命周期中进行跟踪和管理。

配置管理组件支持对产品的各个配置项进行版本控制。当产品的配置需要更改时（例如，由于设计修改、客户需求变更或法规要求更新），配置管理组件会提供一个流程来管理和审批这些变更。

配置管理组件能够生成关于产品配置状态的报告，这些报告提供了关于当前配置、历史配置变更及未来计划变更的详细信息。

另外，配置管理组件通常需要与其他工业软件系统（如 CAD、ERP、CRM 等）进行集成，并通过 API 接口或中间件技术实现系统间的数据交换和同步，以确保数据的一致性、准确性和可追溯性。

（4）工作流管理组件　工作流是指一系列按照特定顺序执行的任务和活动，这些任务和活动共同完成了某个业务目标。

在 PDM 系统应用组件层，工作流管理组件是一个重要的组成部分，负责协调、控制和优化与产品相关的业务流程。

工作流管理组件允许用户根据业务需求定义和设计各种工作流程，如设计审批流程、变更管理流程、发布流程等。用户可以通过图形化界面或模板来创建流程，并指定流程中的各个任务、活动的执行顺序、负责人及相关的输入/输出信息。

当需要启动一个工作流程时，工作流管理组件会根据预定义的流程模板创建一个流程实例。用户可以指定流程实例的相关参数（如产品版本号、申请人等），并启动流程实例。

同时，工作流管理组件会自动将流程中的任务分配给相应的负责人，并通过电子邮件、系统通知等方式通知他们有新任务需要处理。负责人可以在 PDM 系统中查看自己的任务列表，了解任务的详细信息，并进行相应的处理。

工作流管理组件提供流程监控和跟踪功能，允许管理员或相关用户实时查看流程的执行状态、进度及历史记录。用户可以通过图形化界面直观地了解流程中各个任务的完成情况、是否存在瓶颈等问题，以便及时进行调整和优化。

当业务流程需要变更时（如调整审批顺序、添加新的审核环节等），工作流管理组件支持对流程定义进行版本控制。用户可以创建新的流程版本，并对新版本进行修改和审批。同时，旧版本的流程定义仍然保留在系统中以供查阅和参考。

另外，工作流管理组件需要与其他应用组件（如文档管理组件、数据管理组件等）进行集成，以实现数据的共享和交互。例如，当审批设计文档时，工作流管理组件可以从文档管理组件中获取文档信息，并将审批结果和意见写入文档管理组件中。

工作流管理组件还提供报表和统计分析功能，可以帮助用户了解流程的执行情况、效率及潜在的改进点。用户可以根据需要生成各种统计报表和图表，如流程执行时间统计、任务完成率分析等。

在 PDM 系统中，工作流管理组件确保团队成员能够按照既定的流程高效地协作，从而推动产品从设计到生产的整个过程。

（5）查询与检索组件　在 PDM 系统技术架构中，应用组件层的查询与检索功能组件是帮助用户快速、准确地找到所需产品数据的关键工具。查询与检索组件通过提供强大的搜索和查询功能，使用户能够方便地访问、分析和利用存储在 PDM 系统中的大量产品数据。

查询与检索组件支持多种查询方式，如关键词搜索、属性筛选、全文检索等。用户可以根据产品数据的不同特征（如名称、编号、创建日期、修改者等）进行组合查询，以精确定位所需信息。

除了基本的查询方式，查询与检索组件还提供高级搜索功能，如模糊搜索、通配符搜索、正则表达式搜索等。这些功能可以帮助用户处理复杂的查询需求，即使在不完全确定数据具体细节的情况下也能找到相关信息。

同时，查询与检索组件会以清晰、直观的方式展示查询结果，如列表、树状结构或缩略图等。用户可以对查询结果进行排序、过滤、分组等操作，以便进一步缩小结果范围或找到最相关的数据。用户还可以直接对查询结果进行预览、编辑、下载等操作，以满足不同的工作需求。

为了提高查询效率，查询与检索组件通常会对产品数据进行索引。索引可以帮助系统快速定位到满足查询条件的数据，从而提高检索速度。此外，该组件还会进行性能优化，如缓存常用查询结果、优化数据库查询语句等，以确保在大数据量的情况下仍能保持高效的查询性能。

另外，查询与检索组件需要与其他应用组件（如数据管理组件、文档管理组件等）进行集成，以实现数据的共享和交互。这样，用户可以在查询结果中直接访问到与产品数据相关的文档、图样等信息，无须在不同的系统或界面之间切换。

查询与检索组件通过提供多种查询方式、高级搜索功能、直观的查询结果展示与处理，以及与其他组件的集成，能够极大地提高用户在 PDM 系统中访问和利用产品数据的效率。

（6）系统集成与接口组件　PDM 系统应用组件层中的系统集成与接口组件是实现 PDM 系统与其他工业软件系统（如 CAD、ERP、CRM 等）之间数据交换和协同工作的关键组件。

系统集成与接口组件负责确保各个系统之间的顺畅通信和数据一致性，从而提高企业整体的信息管理效率和准确性。通过建立和维护系统连接、支持数据交换与同步、定义和管理接口、确保安全性与权限控制，以及提供监控和日志记录功能，系统集成与接口组件能够有效地促进企业内部各个系统之间的无缝集成和高效协作。

（7）安全性与权限管理组件　在 PDM 系统应用组件层，安全性与权限管理组件是保障系统数据安全和实现细粒度访问控制的重要工具。

安全性与权限管理组件通过身份验证、授权、角色与权限管理、访问控制、数据加密以及与其他组件的集成，确保只有合法的用户才能访问和操作特定的产品数据，从而有效地保护企业的核心资产免受未经授权的访问和潜在的安全威胁。

除以上核心功能组件，PDM 系统应用组件层还可能包含其他功能组件，如协同工作组件、定制与开发工具组件、通知与提醒组件等，以满足系统的具体需求和业务场景。

以上这些功能组件共同构成了 PDM 系统应用组件层的核心内容，支持着产品数据管理的各个方面。企业可以根据自身的需求和规模选择适合的组件进行部署和实施，以提高产品开发和制造的效率和质量。需要注意的是，不同软件厂商、不同软件版本的 PDM 系统可能在具体组件和功能上有所差异。

3. 框架核心层

框架核心层（又称为核心服务层、中间件层）是 PDM 系统技术架构的关键组成部分，它提供了实现 PDM 系统各种功能的核心结构和架构，同时负责处理系统的核心业务逻辑，与数据库进行交互，并提供上层应用所需的接口和服务。另外，框架核心层还负责同集成与接口层进行交互。

框架核心层主要提供核心结构和架构、对象管理机制、开发工具和应用接口，以及对底层数据库的支持等功能。

（1）核心结构和架构　框架核心层定义了 PDM 系统的整体结构和各个组件之间的关系，确保了系统的稳定性和可扩展性，使不同功能模块能够协同工作。

框架核心层使用面向对象的建模方法和技术来建立系统的管理模型和信息模型，这些模型是 PDM 系统数据管理和功能实现的基础。

（2）对象管理机制　框架核心层提供对象管理机制，用于实现产品信息的管理。这种机制允许系统以一致和高效的方式处理、存储和检索与产品相关的数据。

对象管理机制还支持数据的一致性和完整性，确保在多人协作和并发访问的情况下，数据不会发生冲突或丢失。

（3）开发工具和应用接口　为了满足不同的应用要求和实现用户定制功能，框架核心层提供了一系列开发工具和应用接口。这些工具和接口允许用户根据特定需求扩展和增加新的功能。

开发工具可以帮助用户创建自定义的工作流程、报表和查询等，而应用接口则允许外部应用系统与 PDM 系统集成，实现数据的共享和交换。

（4）对底层数据库的支持　框架核心层通过关系数据库提供的数据操作功能来支持 PDM 系统对象在底层数据库的管理。这意味着 PDM 系统可以利用数据库的强大功能来实现数据的存储、检索和处理。同时，框架核心层还屏蔽了异构操作系统、网络和数据库的特性，使用户可以在不同的硬件和软件环境下使用 PDM 系统，而无须关心底层技术的细节。

综上所述，PDM 系统的框架核心层是实现系统功能和数据管理的基础。它提供的上述功能确保了 PDM 系统的稳定性、可扩展性和易用性。

4. 数据管理层

数据管理层是整个 PDM 系统技术架构中的关键层次之一，专注于数据的存储、访问和管理。数据处理层的主要职责包括数据存储、数据访问、数据管理、数据交换与数据共享、数据安全性与隐私保护等。

（1）数据存储　数据管理层负责将各种与产品相关的数据持久化地存储在数据库中。这些数据包括设计文档、图样、BOM、工艺路线、变更记录、审批流程等。

为了确保数据的可靠性和安全性，数据管理层通常采用关系型数据库管理系统或基于云的数据库服务来存储数据，并利用备份和恢复策略来防止数据丢失。PDM 系统常用的关系型数据库主要有 Oracle、SQL Server、MySQL、PostgreSQL 等。

（2）数据访问　数据管理层提供了对存储数据的访问接口，允许应用层通过 SQL 查询、API 调用等方式检索和获取所需的数据。同时，为了提高数据访问的效率，数据管理层通常应用缓存机制、索引优化等技术手段。

（3）数据管理　数据管理层不仅关注数据的存储和访问，还负责数据的管理和维护工作，包括数据的完整性校验、一致性保证、安全性控制等。此外，数据管理层还支持数据的版本控制、权限管理、审批流程等高级功能，以满足企业对产品数据的精细化管理需求。

（4）数据交换与数据共享　数据管理层通过与其他外部工业软件系统（如 CAD、ERP、CRM 等）的集成接口，实现数据的交换和共享，确保不同系统之间的数据一致性和协同工作。

数据管理层通常采用标准的数据交换格式（如 XML、JSON 等）或特定的数据集成技术（如中间件、ETL 工具等）来实现数据的顺畅流通。

（5）数据安全性与隐私保护　数据管理层非常重视数据的安全性和隐私保护，它实施严格的访问控制策略，确保只有经过授权的用户才能访问敏感数据。同时，数据管理层还采用加密技术、审计日志等手段来防止数据泄露和非法访问。

综上所述，PDM 系统的数据管理层在整个体系架构中扮演着至关重要的角色，它确保产品数据的完整性、一致性、安全性和可用性，为企业的产品研发和生产提供了坚实的数据支撑。

5. 集成与接口层

集成与接口层是 PDM 系统技术架构中的一个重要组成部分，负责实现 PDM 系统与其他外部工业软件系统（如 CAD、ERP、CRM 等）之间的数据交换和集成。

集成与接口层的核心功能模块主要包括系统集成、数据交换与共享、接口管理、定制与扩展等。

（1）系统集成 集成与接口层负责将 PDM 系统与其他外部系统进行连接，确保不同系统之间的数据能够无缝传输和共享，以消除信息孤岛，提高数据的准确性和一致性。通过集成与接口层，PDM 系统可以与企业现有的其他工业软件系统（如 CAD、ERP、CRM 等）进行集成，实现业务流程的自动化和协同工作。

（2）数据交换与共享 集成与接口层支持多种数据交换格式和标准，以便在不同系统之间进行数据交换和共享，包括文件交换、数据库连接、API 调用等方式。通过数据交换和共享，PDM 系统可以获取其他工业软件系统中的产品信息、工艺数据、生产计划等，同时也可以将 PDM 系统中的数据提供给其他工业软件系统使用。

（3）接口管理 集成与接口层提供了与其他工业软件系统连接的接口和协议，确保数据的安全传输和正确性，包括身份验证、加密传输、错误处理等功能。另外，集成与接口层还负责接口的维护和更新，以适应外部系统的变化或升级。这可以确保 PDM 系统与外部系统的持续集成和稳定运行。

（4）定制与扩展 集成与接口层支持定制开发，以满足企业特定的集成需求。企业可以根据自身的业务流程和数据需求，定制接口功能和数据交换方式。同时，集成与接口层也具有良好的扩展性，可以方便地添加新的接口和功能，以适应企业业务的发展和变化。

综上所述，PDM 系统的集成与接口层在实现 PDM 系统与其他外部工业软件系统的数据交换和集成方面发挥着重要作用，可以确保不同系统之间的数据一致性、准确性和实时性，提高企业的协同工作效率和数据管理水平。

在典型的 PDM 系统技术架构中，集成与接口层主要与框架核心层进行交互。当 PDM 系统需要与其他工业软件系统进行数据交换或协同时，集成与接口层会接收到来自框架核心层的请求，并根据请求与其他工业软件系统进行交互。同时，集成与接口层也会将其他系统的响应或数据返回给框架核心层，以便进一步处理或展示给用户。集成与接口层与框架核心层之间的交互是实现 PDM 系统与其他系统无缝集成的关键。

集成与接口层可以位于应用组件层的旁边或下方，具体位置取决于集成需求。

6. 底层平台层

底层平台层（又称为支持层、系统支撑层）是整体 PDM 系统技术架构中的基础层级，它为 PDM 系统提供了运行所必需的基础环境和支持，主要包括异构分布的计算机硬件环境、操作系统与网络通信协议、中间件、系统适应性与系统扩展性、安全性与稳定性等。

（1）异构分布的计算机硬件环境 底层平台层支持在不同的计算机硬件上运行，包括各种类型的工作站、服务器和个人计算机。这种异构性确保了 PDM 系统可以在企业现有的硬件基础设施上部署，无须进行大规模的硬件更换。

（2）操作系统与网络通信协议 底层平台层涵盖了各种操作系统（如 Windows、Unix 等）及网络通信协议（如 TCP/IP、HTTP 等）。这使 PDM 系统能够在不同的操作系统和网络环境下稳定运行，并实现与其他系统的通信和数据交换。

（3）中间件　中间件在底层平台层中扮演着重要角色，它负责协调应用程序与操作系统、数据库之间的交互。通过中间件，PDM 系统可以更加高效地处理数据访问请求、管理事务和确保系统的安全性。

（4）系统适应性与系统扩展性　底层平台层的设计考虑了系统适应性与系统扩展性。随着企业业务的发展和技术的更新，底层平台层能够支持新的硬件、操作系统和数据库技术，确保 PDM 系统的持续运行和升级。

（5）安全性与稳定性　底层平台层还负责保障系统的安全性和稳定性。通过实施严格的安全策略、访问控制和数据备份机制，底层平台层确保 PDM 系统中的数据不被未经授权的用户访问或篡改，并在发生故障时能够迅速恢复。

综上所述，PDM 系统的底层平台层为整个系统提供了稳定、安全且可扩展的基础运行环境，可以确保 PDM 系统能够在不同的硬件、操作系统和网络环境下正常运行，并与其他系统进行无缝集成和数据交换。

需要注意的是，以上阐述的是典型的 PDM 系统技术架构，不同软件厂商或不同实施项目的 PDM 系统技术架构可能会有所差异，具体取决于企业的业务需求、技术选型和实施策略。因此，在实际应用中，应根据企业的实际情况对 PDM 系统的技术架构进行定制和优化。

3.6.6　PDM 系统应用的关键技术

从 PDM 系统的发展趋势可以看出，PDM 系统的发展离不开其他技术的应用，这其中主要包含数据集成技术、高性能计算技术、云计算技术、大数据分析技术、成组技术、数据交换标准技术、CORBA 技术等关键技术（见图 3.50）。

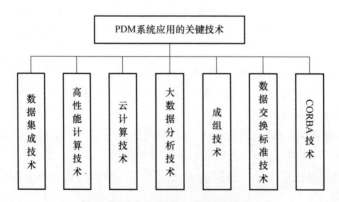

图 3.50　PDM 系统应用的关键技术

1. 数据集成技术

数据集成技术是 PDM 系统应用的一项关键技术，它涉及将来自不同源头、不同格式、不同质量标准的产品数据进行有效整合，以确保这些数据在 PDM 系统中的一致性、准确性和可用性。

数据集成技术是实现企业内部各部门之间，以及企业与外部合作伙伴之间数据共享和协同工作的基础。

数据集成技术在 PDM 系统中的应用对于提高企业内部的工作效率、减少数据冗余和错误、促进协同工作、加强企业与外部合作伙伴之间的数据交换和合作都具有重要意义。它是实现产品数据管理现代化、提升企业竞争力的关键技术之一。

2. 高性能计算技术

高性能计算技术在 PDM 系统中的应用，主要是为了处理大规模的复杂产品数据，以及进行高性能的数值模拟、分析和优化等计算任务。

高性能计算技术提供了强大的计算能力，使 PDM 系统能够更快速地响应用户请求，处理海量的产品数据，并支持复杂的数据处理、模拟和分析需求。

高性能计算技术在 PDM 系统中的主要作用包括处理大规模数据、支持复杂计算任务、提高系统响应速度、促进多学科协同设计等。

高性能计算技术在 PDM 系统中的应用对于提高产品开发效率、优化产品设计、降低产品开发成本都具有重要意义。它是实现 PDM 系统高性能、高效率的关键技术之一。

3. 云计算技术

云计算技术在 PDM 系统中的应用为企业带来了弹性、可扩展的计算和存储资源，以及更高效、更灵活的数据管理方式。

云计算技术通过虚拟化、分布式计算等技术手段，将计算资源、存储资源和应用程序等整合到一个统一的云平台上，用户可以通过网络按需访问和使用这些资源，这是未来 PDM 系统发展的重要趋势之一。

4. 大数据分析技术

大数据分析技术在 PDM 系统中的应用主要涉及对产品生命周期中产生的大量数据进行收集、存储、处理、分析和挖掘，以发现数据中的模式、趋势和关联性，从而为企业的决策和产品设计优化提供支持。

大数据分析技术在 PDM 系统中的应用主要包括数据收集与存储、数据处理与清洗、数据分析与挖掘、结果可视化与决策支持等。

大数据分析技术在 PDM 系统中的应用可以帮助企业更好地理解和利用产品数据，提高决策的科学性和准确性，优化产品设计流程，降低生产成本，提升市场竞争力。这也是未来 PDM 系统发展的重要方向之一。

5. 成组技术

成组技术是 PDM 系统应用的一项关键技术，它主要研究和发掘生产活动中相关事务的相似性，并对这些相似的事务进行归类分组，以寻求相对统一且最优的解决方案，从而达到提高经济效益的目的。

在 PDM 系统中，成组技术主要体现在信息的编码管理和产品族管理两个方面。信息分类编码是企业信息化的基础，也是企业实现计算机集成的基本条件之一。编码的优劣会直接影响到企业是否能有效地利用 PDM 系统。通过成组技术，可以将具有相似结构、功能或生产工艺的产品、部件和零件进行归类，形成标准化的产品族，并为它们定义统一的信息编码。

成组技术在 PDM 系统中的应用，不仅可以提高企业零部件的重用水平，减少重复设计和生产，还能帮助设计人员根据用户需求快速生成产品结构树和 BOM，从而实现对用户需求的快速响应。此外，成组技术还有助于企业实现模块化设计、标准化生产和规模化定制，提高生产率和产品质量。

6. 数据交换标准技术

数据交换标准技术是 PDM 系统中实现不同部门、不同系统之间数据共享和交换的关键技术之一。PDM 系统作为一个集成化的产品信息管理平台，需要实现不同部门、不同工业软件系统之间的数据共享和交换，而数据交换标准技术则是确保这一过程顺利进行的关键。

数据交换标准技术的主要作用是为 PDM 系统提供一个统一的数据交换格式和标准，它涉及不同系统间的数据模型转换、数据格式转换及数据映射等方面。通过建立统一的数据交换标准，PDM 系统可以确保不同工业软件系统之间的数据能够准确、完整地传递和共享。

在实际应用中，PDM 系统通常采用一些国际通用的数据交换标准（如 STE）。STEP 标准提供了一种中性的数据描述机制，用于描述产品整个生命周期中的数据，从而实现了不同工业软件系统之间的数据交换和共享。

7. CORBA 技术

PDM 系统中的功能集成及 PDM 系统同其他各外部系统之间的集成，是建立企业信息集成系统的重要组成部分。基于公共对象请求代理结构（Common Object Request Broker Architecture，CORBA）技术建立标准的中间件模块，为 PDM 系统与其他系统的集成提供了方便的手段。

CORBA 技术是当今计算机业界最令人关注的中间件技术规范，得到了许多大公司的广泛支持，已成为一种产业标准，它借助 C/S 模式和面向对象技术，利用标准接口定义语言，将所有的应用程序封装成独立的对象，其界面定义了该对象可提供的操作，客户方只需知道目标对象及其界面，就可获得目标对象所提供的服务，有效地实现了分布应用程序之间的互操作性。利用 CORBA 技术不仅有利于现有系统的集成，而且有利于将来系统的扩展。

除上述关键技术，PDM 系统应用的关键技术还有可视化与虚拟现实技术、协同工作技术、数据库与存储管理技术、信息安全技术等。这些关键技术共同构成了 PDM 系统的技术核心，使 PDM 系统在产品数据管理领域发挥了巨大的作用。随着科技的不断发展，PDM 系统应用的关键技术也在不断更新和优化，以适应更复杂的产品数据管理需求。

3.6.7 PDM 系统主要应用领域

PDM 系统通常应用于制造业和工程设计领域，特别是在制造业中应用最为广泛（见图 3.51）。

1. PDM 系统在制造业中的应用

（1）产品数据管理　PDM 系统能够集中管理产品相关的各类数据，包括设计数据、工艺数据、质量数据等。这种集中管理确保了数据的准确性、一致性和安全性，提高了数据的可追溯性和可重用性。同时，通过权限控制和版本管理，PDM 系统实现了对产品数据的精细化控制，可以有效防止数据泄露和误操作。

（2）产品结构与配置管理　PDM 系统支持产品结构与配置管理，能够清晰地展示产品的层次结构和关联关系，管理产品的装配关系和零部件属性。此外，PDM 系统还提供强大的配置管理功能，支持产品的个性化和定制化需求，快速生成符合市场需求的产品配置方案。

（3）流程优化与管理　PDM 系统能够优化和管理制造型企业中的各类流程，如设计流程、生产流程、采购流程等。通过流程自动化和协同工作，PDM 系统能够提高流程的执行

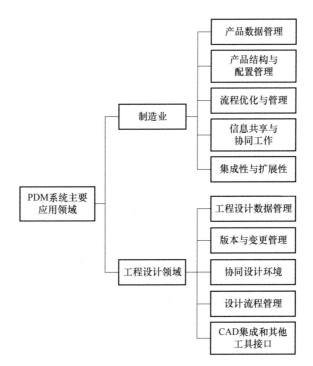

图 3.51　PDM 系统主要应用领域

效率和透明度，减少流程中的瓶颈和资源浪费，为企业带来显著的成本节约和时间效益。

（4）信息共享与协同工作　PDM 系统打破了制造型企业中的信息孤岛，实现了企业内部各部门之间的信息共享与协同工作。通过在线协作、实时沟通和数据共享等功能，PDM系统能够促进团队协作和沟通，提高工作效率和创新能力。

（5）集成性与扩展性　PDM 系统具有良好的集成性和扩展性，能够与其他工业软件系统（如 CAD/CAM/CAE、ERP、MES 等）进行无缝对接和协同工作。通过与这些系统的集成，PDM 系统可以实现数据的自动传递和更新，避免数据重复录入和错误传递，提高数据的准确性和一致性。

总的来说，PDM 系统在制造型企业中的应用涵盖了产品数据管理、产品结构与配置管理、流程优化与管理、信息共享与协同工作、集成性与扩展性等多个方面。这些功能共同构成了一个完整、高效的产品数据管理平台，为制造型企业提供了强大的技术支持。

2. PDM 系统在工程设计领域中的应用

（1）工程设计数据管理　PDM 系统能够集中管理工程设计过程中产生的各种数据，包括 CAD 图样、技术规格书、BOM 等。这种集中管理的方式确保了数据的一致性和准确性，避免了数据分散和重复的问题，提高了设计效率。

（2）版本与变更管理　在工程设计过程中，设计变更频繁。PDM 系统能够跟踪和管理这些变更，确保每次变更都有记录，并且可以将设计恢复到任何一个历史版本。这对于追溯问题、比较不同设计方案及管理产品生命周期非常关键，可以保证设计过程的可控性和可追溯性。

（3）协同设计环境　PDM 系统为工程设计提供了一个协同设计环境，支持多个设计人员同时访问和修改设计数据，促进了团队之间的沟通和协作。这种协同设计的方式不仅可以提高设计效率，还可以减少因沟通不畅而导致的设计错误，提升设计质量。

（4）设计流程管理　PDM 系统能够支持工程设计过程中的各种审批流程，如设计变更审批、图样审查等。通过设计流程管理，可以确保设计的每一步都符合企业的规范和要求，从而提高设计质量和可靠性。

（5）CAD 集成和其他工具接口　PDM 系统通常与 CAD 软件紧密集成，可以实现设计数据的自动传递和更新。此外，它还可以提供与其他工程设计工具的接口，如 CAE、CAM 软件等，使设计数据能够在不同工具之间无缝传递，提高了设计的连贯性和效率。

综上所述，PDM 系统在工程设计领域的应用涵盖了工程设计数据管理、版本与变更管理、协同设计环境、设计流程管理、CAD 集成和其他工具接口等多个方面，为工程设计人员提供了强大的技术支持，提升了工程设计的效率和质量。

第4章
生产控制类工业软件

生产控制类工业软件是专为优化和管理生产流程而设计的系统软件，旨在通过精确监控和控制生产活动，促进企业生产自动化与信息化的实现。这种软件的核心功能涵盖了生产计划和调度、制造执行、质量管理、设备维护与管理，以及物料需求规划等多个方面。通过这些功能，生产控制类工业软件可以为企业提供一站式解决方案，助力企业流程优化，提高生产率，降低成本，提升产品质量，并缩短产品上市周期。

作为工业软件领域的关键组成部分，生产控制类工业软件包括但不限于 MES、APS、WMS和 SCADA 等系统。这些系统以其实时性、整合性和开放性等显著特点，在工业软件中占据了极其重要的地位。随着国内生产控制类工业软件行业的快速发展，众多国产软件供应商凭借其创新能力和技术实力，逐渐崭露头角，为我国的制造业和生产行业提供了强有力的技术支持和服务。

MES 系统主要应用于制造型企业的生产执行环节，它通过对生产现场进行实时监控和数据采集，帮助企业追踪生产过程中的异常情况，并根据数据进行调整和优化，以确保生产能够按时、按量完成。

APS 系统主要应用于制造型企业的生产计划和调度环节，对于解决多工序、多资源的优化调度问题及顺序优化问题具有重要意义。

WMS 系统主要应用于企业的仓库管理环节，可以大大提高仓储管理效率，减少库存积压和浪费，提高库存周转率，降低企业的运营成本。

SCADA 系统主要应用于现场设备的控制与监测环节，它可以对现场的运行设备进行监视和控制，以实现数据采集、设备控制、测量、参数调节及各类信号报警等各项功能。

4.1 制造执行系统（MES）

4.1.1 MES 的概念

MES（Manufacturing Execution System），即制造执行系统，是一套面向制造型企业生产执行层的生产信息化管理系统。MES 系统可以为制造型企业提供一个全面、立体的制造协调管理平台。

目前，MES 的概念还没有统一的定义，应用比较多的主要是 AMR（Advanced Manufacturing Research，美国先进制造研究中心）和 MESA（Manufacturing Execution System Association，制造执行系统协会）提出的 MES 概念。

AMR 将 MES 定义为"位于上层的计划管理系统与底层的工业控制之间的面向车间层的管理信息系统"，它为操作人员、管理人员提供计划的执行、跟踪及所有资源（人、设备、物料、客户需求等）的当前状态。

MESA 对 MES 所下的定义为"MES 能通过信息传递对从订单下达到产品完成的整个生产过程进行优化管理。当工厂发生实时事件时，MES 能对此及时做出反应、报告，并用当前的准确数据对它们进行指导和处理。这种对状态变化的迅速响应使 MES 能够减少企业内部没有附加值的活动，有效地指导工厂的生产运作过程，从而使其既能提高工厂及时交货能力，改善物料的流通性能，又能提高生产回报率。MES 还通过双向的直接通信在企业内部和整个产品供应链中提供有关产品行为的关键任务信息。"

1. 广义 MES 和狭义 MES 的概念

MES 作为连接企业计划层和控制层的关键信息系统，在概念上存在广义和狭义的区别。

广义上，MES 不仅仅是一套生产信息化管理系统，它还涉及与该系统相关的理论、标准和方法。这些理论、标准和方法为 MES 系统的设计和实施提供指导和规范，确保 MES 系统能够在不同的制造环境中有效地运行，并帮助企业实现生产过程的优化和管理。

狭义上，MES 是一套面向制造型企业生产执行层的生产信息化管理软件系统，主要负责对从订单下达到产品完成的整个产品生产过程进行优化管理。通过对实时事件的处理和报告，MES 系统能够用准确的数据对生产过程进行指导和处理。

简言之，无论是广义还是狭义，MES 概念的核心主要包括 MES 是对整个车间制造过程的优化，而不是单一的解决某个生产瓶颈；MES 必须提供实时收集生产过程中数据的功能，并做出相应的分析和处理；MES 需要与计划层和控制层进行信息交互，通过企业的连续信息流来实现企业信息全集成。

本书论述的对象主要是狭义上的 MES，即 MES 软件系统，以下简称"MES 系统"。

2. MES 系统在实践应用中的作用与价值

MES 系统在实践应用中发挥着重要的作用并具有巨大的价值，主要体现在数据采集与集成、生产可视化与决策支持、流程优化与减少浪费、提高设备利用率、提高信息流通效率等方面。

（1）数据采集与集成　MES 系统可以获取并集成来自不同数据源的数据，如 ERP、QMS、SRM 系统等，实现高效的数据协同，帮助企业打破信息孤岛，实现数据的共享和一致性。

（2）生产可视化与决策支持　通过 MES 系统，企业可以实时了解生产进度、设备状态、质量情况等关键信息，从而实现生产的可视化，帮助企业做出更准确的决策，如调整生产计划、优化资源配置等。

（3）流程优化与减少浪费　MES 系统可以帮助企业优化生产流程，减少生产过程中的各种浪费。例如，通过电子 SOP（Standard Operating Procedure，标准作业程序）为一线操作人员提供准确的作业指导，提高生产率并避免操作错误；质量管理功能可以在质量问题发生前进行预警和处理，实现质量预防，降低质量成本。

（4）提高设备利用率　MES 系统可以收集设备数据，帮助企业了解设备的运行状态和实际利用率。通过合理的调度和维护，企业可以提高设备的可靠性和寿命，降低设备故障率，从而提高整体生产率。

（5）提高信息流通效率　MES 系统可以实现工厂的数字化和无纸化生产。这不仅可以节省印刷成本，还可以提高各部门间的信息流通效率。例如，财务部门可以高效获取绩效数据，生产部门可以更快获取最新的 SOP，管理部门可以实时了解生产情况等。

综上所述，MES 系统在实践应用中可以提高企业的生产率、质量水平、设备利用率和管理水平，为企业带来巨大的经济效益和管理效率提升。

4.1.2　MES 系统分类

MES 系统的分类方式可以按照不同的维度进行划分。一般来说，MES 系统的分类方法主要有按照功能和应用场景分类、按照集成能力分类、按照应用领域分类、按照技术特点分类等，如图 4.1 所示。

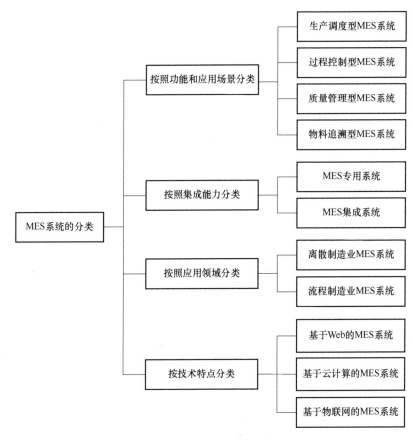

图 4.1　MES 系统的分类

1. 按照功能和应用场景分类

按照功能和应用场景分类，MES 系统可以分为生产调度型 MES 系统、过程控制型 MES

系统、质量管理型 MES 系统、物料追溯型 MES 系统等。

（1）生产调度型 MES 系统　生产调度型 MES 系统以生产调度为核心，主要包括订单管理、生产计划排程、物料管理、工序管理等功能。它通过对生产调度的优化，帮助企业合理规划生产计划，提高生产率，降低生产成本。

（2）过程控制型 MES 系统　过程控制型 MES 系统主要关注生产过程的实时监控和数据采集，包括生产数据采集、过程监控、质量追溯等功能。它通过对生产过程的实时监控和数据采集，帮助企业及时发现问题，快速做出调整，确保生产过程的稳定和产品质量的可控。

（3）质量管理型 MES 系统　质量管理型 MES 系统以质量管理为核心，主要包括质量检验、质量分析、异常处理等功能。它通过对质量数据的采集和分析，帮助企业提高产品质量，降低不良品率，从而提升客户满意度和企业竞争力。

（4）物料追溯型 MES 系统　物料追溯型 MES 系统以物料追溯为核心，主要包括物料批次追溯、供应链管理、批次管理等功能。它通过对物料流向和批次的追踪和管理，确保原材料的质量和合规性，同时满足行业和客户对产品质量追溯的要求。

2. 按照集成能力分类

按照集成能力分类，MES 系统可以分为 MES 专用系统和 MES 集成系统两类。

（1）MES 专用系统　MES 专用系统是为解决某个特定领域的问题而设计和开发的自成一体的系统。它通常针对某个单一的生产问题或特定的生产环境提供有限的功能，例如物料管理、质量管理、设备维护和作业调度等。MES 专用系统通常具有实施快、投入少等优点，因为它们是为特定任务或环境量身定制的。然而，这类 MES 系统的通用性和可集成性相对较差，很难随着业务过程的变化进行功能配置和动态改变。

（2）MES 集成系统　与 MES 专用系统不同，MES 集成系统旨在实现不同系统之间的集成和互操作，具有良好的集成性、可扩展性、可重构性和客户化特性。MES 集成系统能够方便地实现不同厂商之间的集成和原有系统的保护作用，同时提供即插即用等功能。由于其模块化、消息机制和组件技术的应用，MES 集成系统更加灵活，并可以根据企业的需要进行定制和扩展。企业可以从一些比较成熟的、扩展性好的套装软件中选择适合其文化和需求的 MES 系统。

3. 按照应用领域分类

按照应用领域分类，MES 系统可以分为离散制造业 MES 系统和流程制造业 MES 系统。

（1）离散制造业 MES 系统　离散制造业的特点是生产过程中物品离散，产品由多个零件经过一系列不连续的工序加工装配而成。MES 系统在离散制造业中广泛应用于车间作业管理、生产计划与调度、物料管理、质量管理等方面，以提高生产率、降低成本和提升产品质量。

（2）流程制造业 MES 系统　流程制造业的特点是生产过程中原料和产品连续流动，产品通常是通过一系列的加工装置使原材料进行规定的化学反应或物理变化而得到的。MES 系统在流程制造业中主要用于实现生产过程的优化调度、实时监控、质量控制和能源管理等功能，以确保生产过程的稳定性和产品的一致性。

4. 按照技术特点分类

按照技术特点分类，MES 系统可以分为基于 Web 的 MES 系统、基于云计算的 MES 系统、基于物联网的 MES 系统。

（1）基于 Web 的 MES 系统　　基于 Web 的 MES 系统利用 Web 技术，如 HTML、CSS、JavaScript 等，以及 Web 服务器和数据库，为用户提供基于浏览器的交互界面。用户无须安装专门的客户端软件，只需要通过浏览器即可访问系统，便于跨平台使用和远程管理。基于 Web 的 MES 系统适用于需要远程监控和管理生产过程的场景，以及多用户、多地点协同工作的环境。

（2）基于云计算的 MES 系统　　基于云计算的 MES 系统利用云计算技术，将数据和应用程序部署在云端服务器上，用户通过互联网访问和使用这些资源。它可以提供弹性可扩展的计算和存储资源，减少企业的 IT 基础设施投资和维护成本，实现数据集中管理和备份，提高数据安全性。基于云计算的 MES 系统适用于需要快速部署、灵活扩展和高效运维的生产环境，以及希望降低 IT 成本的企业。

（3）基于物联网的 MES 系统　　基于物联网的 MES 系统利用物联网技术，通过传感器、RFID（Radio-Frequency Identification，射频识别）标签、智能设备等实现生产现场的数据采集和设备监控。它可以实时获取生产现场的各种数据，提高生产过程的透明度和可追溯性，实现设备之间的互联互通，提高生产自动化和智能化水平。基于物联网的 MES 系统适用于需要实时监控生产过程、优化生产调度、提高产品质量的生产环境，以及希望实现智能制造的企业。

4.1.3　MES 系统发展历程

MES 系统发展历程可以追溯到 20 世纪 70 年代，随着制造业的不断发展和信息技术的进步，MES 系统逐渐成为现代制造业中不可或缺的一部分。

1. MES 系统国外发展历程

MES 系统国外发展历程主要包括起源与初期发展阶段、概念明确与标准化阶段、技术融合与创新阶段、全球化应用推广阶段与智能化发展阶段，如图 4.2 所示。

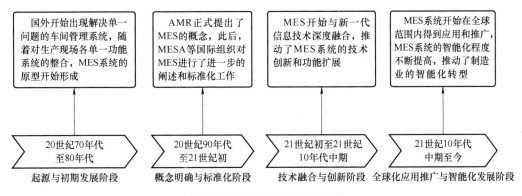

图 4.2　MES 系统国外发展历程

（1）起源与初期发展阶段（20 世纪 70 年代至 80 年代）　　20 世纪 70 年代，国外开始出现解决单一问题的车间管理系统，但这些系统通常作为独立的软件产品或系统被引入，导致信息孤岛和与上层系统断层等问题，推广应用不够理想。到了 20 世纪 80 年代中期，随着对生产现场各单一功能系统的整合，MES 系统的原型开始形成。

（2）概念明确与标准化阶段（20 世纪 90 年代至 21 世纪初）　　1990 年，AMR 正式提出了 MES 的概念，并将其定位为位于上层计划管理系统与底层工业控制之间的执行层。此后，MESA 等国际组织对 MES 进行了进一步的阐述和标准化工作。

（3）技术融合与创新阶段（21 世纪初至 21 世纪 10 年代中期） 进入 21 世纪，随着云计算、物联网、大数据等新一代信息技术的快速发展，MES 开始与这些技术深度融合，推动了 MES 系统的技术创新和功能扩展。

（4）全球化应用推广与智能化发展阶段（20 世纪 10 年代中期至今） 随着全球化的推进，MES 系统开始在全球范围内得到应用和推广。不同国家和地区的企业逐渐认识到 MES 系统在提升生产率、降低成本和提高产品质量方面的重要作用。近年来，随着智能制造和工业 4.0 等概念的提出和实施，MES 系统作为实现智能制造的关键系统之一，得到了更广泛的关注和应用。同时，MES 系统智能化程度的不断提高，也推动了制造业的智能化转型。

2. MES 系统国内发展历程

MES 系统在国内的发展历程可以追溯到 20 世纪 80 年代中期，经历了初始阶段、成长阶段、成熟阶段和智能化发展阶段的发展和演变，如图 4.3 所示。

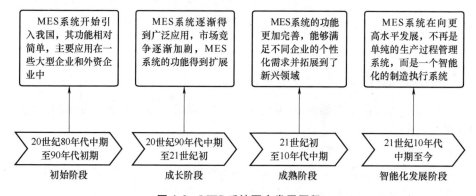

图 4.3　MES 系统国内发展历程

（1）初始阶段（20 世纪 80 年代中期至 90 年代初期） 20 世纪 80 年代中期，MES 系统开始引入我国，但由于国内企业对信息化建设的认识和投入程度较低，MES 系统的应用还很有限。这个阶段的 MES 系统主要是基于传统的计算机技术，功能相对简单，主要应用在一些大型企业和外资企业中。

（2）成长阶段（20 世纪 90 年代中期至 21 世纪初） 20 世纪 90 年代中期，随着国内制造业的快速发展和信息化水平的提高，MES 系统逐渐得到广泛应用。国内 MES 厂商开始崛起，一些国际 MES 厂商也相继进入我国市场，市场竞争逐渐加剧。同时，在该阶段，MES 系统的功能得到扩展，除了基本的生产计划管理外，还增加了工艺流程管理、质量控制等模块。

（3）成熟阶段（21 世纪初至 10 年代中期） 随着工业 4.0 和中国制造 2025 的提出，国内 MES 系统进入了成熟阶段。在该阶段，MES 系统的功能更加完善，智能化程度更高，能够实现与上层计划管理系统（例如 APS）和底层控制系统（例如 SCADA）的无缝集成。国内 MES 系统的定制化服务也得到了快速发展，能够满足不同企业的个性化需求。同时，MES 系统的应用领域也逐渐扩大，不仅应用在传统的制造业领域，还拓展到了新兴领域，如食品、医药、化工等行业。

（4）智能化发展阶段（21世纪10年代中期至今） 如今，随着智能制造的快速发展和5G、人工智能等新技术的应用，MES系统不再是单纯的生产过程管理系统，而是一个智能化的制造执行系统。MES系统能够实现生产过程的自动化、智能化和可视化，可提高生产率和产品质量。国内MES厂商和解决方案提供商也在不断创新和升级产品，推动MES系统向更高的水平发展。

3. MES系统的发展方向与趋势

MES系统未来的发展方向与趋势主要体现在数字化与智能化、模块化与可配置化、云端部署与SaaS（软件即服务）化、集成化与协同化、安全性与可靠性设计等几个方面，如图4.4所示。

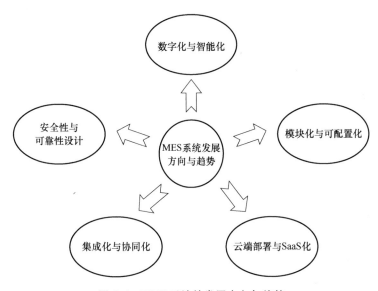

图 4.4 MES系统的发展方向与趋势

（1）数字化与智能化 未来，随着数字化技术的不断发展，MES系统将更加注重数字化、智能化技术的应用。通过自动化数据采集、实时监控和大数据分析等技术手段，MES系统将实现生产过程的全面数字化，为企业提供准确、实时的生产指标和决策支持。

同时，利用人工智能和机器学习等技术，MES系统将实现更高级别的智能化。这种智能化可以体现在设备故障预测、生产工艺优化、生产计划制定等多个方面，以帮助制造型企业实现更高效、精准的生产管理。

（2）模块化与可配置化 未来，为了满足不同企业的个性化需求，MES系统将更加注重模块化和可配置化。通过将系统功能划分为多个独立的模块，企业可以根据自身需求选择所需的模块进行组合，构建适合自己的MES系统。

同时，MES系统还将提供丰富的配置选项，允许企业根据自身的业务流程和生产特点进行自定义设置。

（3）云端部署与SaaS化 随着互联网技术的不断发展和普及，云端部署将成为MES系统的一个重要趋势。通过云端部署，企业可以实现MES系统的快速部署和升级，降低IT成本和管理成本。同时，云端部署还可以实现更好的数据共享和协同工作，提高企业的生产率和产品质量。

此外，随着 SaaS 模式的兴起，越来越多的 MES 厂商将开始提供 SaaS 化的 MES 服务，为企业提供更加灵活和高效的生产管理解决方案。

（4）集成化与协同化　为了实现生产过程的全面优化和管理，MES 系统需要与其他企业系统进行紧密集成和协同工作。未来，MES 系统将更加注重与其他系统的集成化，例如与 ERP、PDM、SRM 等系统的集成。通过实现系统之间的数据共享和流程协同，MES 系统将能够更好地支持企业的整体运营和管理。

（5）安全性与可靠性设计　随着网络安全风险的日益加剧，MES 系统的安全性和可靠性将成为企业关注的重点。未来，MES 系统将更加注重数据安全和系统可靠性方面的设计和实施。通过采用先进的加密技术、访问控制机制和数据备份恢复技术等手段，MES 系统将确保企业的数据安全和业务连续性。

4.1.4　MES 系统基本功能

MES 系统主要用于制造型企业车间执行层的生产信息化管理，其本身也是各种生产管理的功能软件集合，其基本功能主要包括生产计划管理、资源管理、工艺管理、质量管理、物料管理、设备管理和绩效管理等，如图 4.5 所示。

1. 生产计划管理

MES 系统能够根据企业的整体战略目标、市场需求、订单信息、库存状况及生产能力等因素，自动生成合理的生产计划，将其分解为具体的生产任务工单，并且能够根据实际情况对生产计划进行动态调整，以适应市场的变化和生产的需要。

2. 资源管理

MES 系统能够根据生产计划和订单需求，对所需资源进行合理计划和调度，包括确定所需资源的种类、数量和使用时间，以及资源的分配和调度方式。

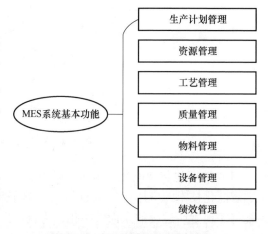

图 4.5　MES 系统的基本功能

MES 系统可以根据生产现场的实际情况进行动态调整，以确保资源的有效利用和生产的高效进行。MES 系统还可以实时监控生产现场各种资源的状态，包括设备的运行状态、物料的库存情况、人力资源的可用性等，通过实时数据采集和监控，系统可以及时发现资源短缺、设备故障等问题，并采取相应的措施进行处理，以确保生产的连续性和稳定性。

3. 工艺管理

MES 系统能够定义、维护和优化产品的制造工艺流程，包括确定工序的顺序、操作指南、所需的资源（如设备、工装、物料）及工艺参数（如温度、压力、时间），以确保工艺流程的准确性和一致性，支持生产的高效执行。

MES 系统还具备工艺文件（如工艺规程、作业指导书、工艺图样等）的管理功能，用户可以在系统中创建、修订、批准和发布这些文件，并确保在生产现场使用的是文件的最新版本，以维护文件的完整性和可追溯性。另外，通过与生产设备和其他自动化系统的集成，MES 系统能够实时采集工艺数据，如设备的运行状态、工艺参数的实际值、产量和质量指标等。这些数据可以用于监控生产过程的稳定性和效率，并支持对生产异常的及时发现和处理。

4. 质量管理

通过与生产设备、检测仪器和其他自动化系统的集成，MES 系统能够实时采集生产过程中的关键质量数据（原料质量、工艺参数、产品测试结果等）。通过对采集到的关键质量数据进行统计分析，系统能够及时发现潜在的质量问题，预测趋势，并帮助质量管理人员做出相应的调整和改进。

MES 系统支持对生产过程中的质量问题进行追溯、分类和处理，一旦发现质量问题，MES 系统可以追踪问题的来源，识别受影响的批次和产品，并采取适当的措施，如隔离、返工或报废。另外，MES 系统能够生成各种质量报告和分析图表，提供对产品质量状况的全面视图，这些质量报告和分析图表可以帮助质量管理人员评估质量绩效，识别问题区域，并推动持续改进。

5. 物料管理

MES 系统能够根据生产计划和销售预测，生成物料需求计划，确定所需物料的种类、数量和时间，以确保生产过程中的物料供应及时、稳定。

MES 系统支持对物料进行追溯和批次管理，通过记录物料的来源、生产日期、批次号等信息，可以追踪物料的流向和使用情况，这对于质量控制、问题追溯和召回管理至关重要。MES 系统还可以根据生产计划和物料需求，对物料进行合理的配送和调度。系统可以确定物料的配送路线、时间和数量，确保物料按时到达生产现场，满足生产需求。

6. 设备管理

通过与 SCADA 系统连接，MES 系统可以实时监控设备的运行状态，包括设备的开机时间、运行时间、停机时间，以及各种工艺参数和故障信息，可以及时发现设备故障和异常情况，减少生产事故的发生。

MES 系统具备设备维护保养管理功能，包括制订设备的维护计划、保养标准和维修流程等，可以根据设备的使用情况和维护周期，自动生成保养提醒和维修工单，确保设备的定期维护和及时维修。另外，通过对设备运行数据的采集和分析，MES 系统可以评估设备效率、产能和利用率等，这些指标可以帮助管理人员了解设备的性能状况，发现生产瓶颈，为设备优化和升级提供依据。

7. 绩效管理

MES 系统能够实时采集生产过程中的关键数据，如产量、设备运行时间、质量指标等，这些数据为绩效评估提供了客观、准确的基础。通过对采集到的数据进行深度分析，MES 系统能够生成各种绩效报告和图表，可以帮助管理人员快速了解生产状况，评估员工、生产线及整个企业的绩效表现。同时，MES 系统还可以提供趋势分析和预测，帮助企业做出更明智的决策。

除上述七项基本功能外，MES 系统还具有订单管理、追溯管理、资源管理、人员管理等基本功能。这些基本功能共同构成了 MES 系统强大的功能体系。

4.1.5　MES 系统技术架构

MES 系统技术架构通常是一个多层次的结构，设计用于整合企业内部的各个信息系统，并与生产现场的设备和控制系统进行交互。

典型的 MES 系统的技术架构共有六个层次，分别是用户界面层、应用逻辑层、数据处理层、数据采集层、集成与接口层、系统支持层，如图 4.6 所示，各层之间存在着紧密的关系和依赖。

用户界面层是 MES 系统与用户进行交互的窗口，可提供直观的图形界面和友好的用户体验，使用户能够方便地访问 MES 系统的功能和服务。它根据用户的角色和权限，定制不同的界面和功能，以满足用户的需求。

应用逻辑层是 MES 系统的核心部分，包含实现各种 MES 功能所需的业务逻辑。它根据从数据处理层获取的数据，执行生产计划与排程、物料管理、质量管理、设备管理等核心业务逻辑，并将处理结果传递给其他层次或系统。

数据处理层接收来自数据采集层的数据，并进行清洗、整合和存储等操作。数据处理层确保数据的准确性和一致性，为上层系统——应用逻辑层提供可靠的数据支持。

数据采集层是 MES 系统的底层基础，负责从生产现场采集各种数据，如生产设备状态、生产过程参数、原材料消耗量等。它通过各种数据采集设备（如传感器、RFID、扫码枪等）获取实时数据，并将这些数据传输到上层系统——数据处理层。

对外部，集成与接口层负责 MES 系统与其他工业软件系统（如 ERP、SRM、PDM、WMS 等）、下层控制系统（如 SCADA、PLC、DCS）之间的集成和交互；对内部，集成与接口层负责与数据处理层、应用逻辑层之间的集成和交互。它提供了标准化的接口和协议，以确保不同系统之间的数据交换和业务流程的协同。集成与接口层在 MES 系统与其他系统之间建立桥梁，实现信息的共享和互通。

系统支持层为 MES 系统提供基础设施和支持服务（包括硬件平台、操作系统、网络通信等），确保 MES 系统的稳定运行和安全性，并提供系统备份、恢复和故障处理等功能，是整个 MES 系统的基础支撑。

简言之，数据采集层为数据处理层提供原始数据，数据处理层为应用逻辑层提供可靠的数据支持，应用逻辑层根据数据处理层提供的数据执行核心业务逻辑，并将结果通过集成与接口层与其他系统进行交互。用户界面层展示应用逻辑层的处理结果，并提供用户与 MES 系统的交互界面。系统支持层为整个 MES 系统提供基础设施和支持服务，确保系统的稳定运行和安全性。集成与接口层负责与外部系统和内部数据处理层、应用逻辑层之间的集成和交互。

以上各层次紧密协作、相互依赖、共同协作，以支持 MES 系统的整体运行。

1. 用户界面层

用户界面层（也称展示层），位于整个 MES 系统技术架构的顶层，为生产线现场操作人员和管理人员提供直观的用户界面，展示生产状态、报警信息、生产统计报表等，并支持用户的输入和交互操作。

用户界面层的核心功能组件主要有生产监控与可视化组件、生产计划与调度组件、生产执行与跟踪组件、质量管理与控制组件、报警与通知组件、数据查询与报表组件、用户管理

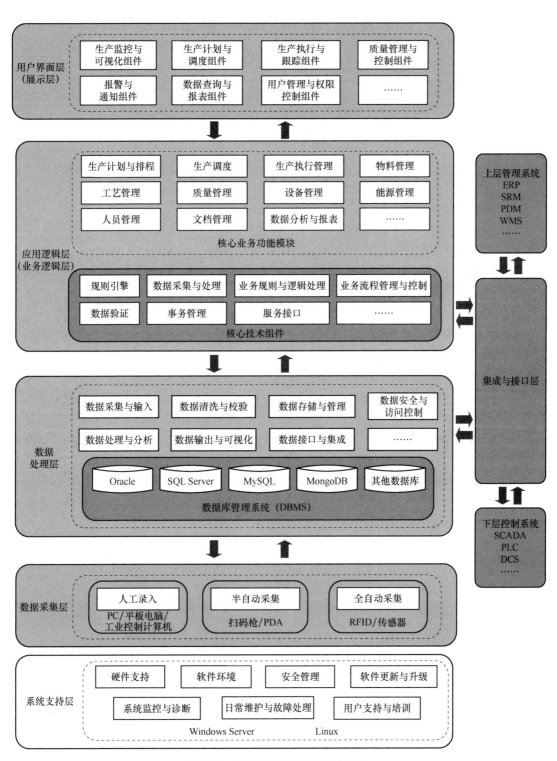

图 4.6　典型 MES 系统的技术架构

与权限控制组件等。

（1）生产监控与可视化组件　在 MES 系统用户界面层，生产监控与可视化功能组件可以实时监控生产线的状态、设备效率、生产进度、订单完成情况等关键指标，提供实时数据展示、生产看板、报警与通知、历史数据查询与回放、交互式数据分析工具、移动端支持等功能。

该功能组件为用户提供了一个强大而灵活的工具集，以支持生产过程的实时监控、分析和优化，能够帮助企业显著提高生产透明度、减少停机时间、提高设备效率，并最终提升整体生产性能。

（2）生产计划与调度组件　在 MES 用户界面层，生产计划和调度功能组件提供生产计划的制订、发布、调整，生产任务的调度和分配，生产进度监控与反馈等功能。其中，管理人员可以创建、编辑、发布和调整生产计划；操作人员可以查看自己负责的生产任务，了解生产顺序、物料需求、工艺要求等信息。

通过上述功能，企业能够实现生产过程的优化和资源的合理配置，提高生产率和交付速度。

（3）生产执行与跟踪组件　MES 系统用户界面层的生产执行与跟踪功能组件是确保生产过程顺利进行、实现生产计划和生产控制之间有效衔接的关键功能组件。

在生产执行方面，生产执行与跟踪功能组件主要提供任务分配与接收、生产数据录入、生产过程控制等功能；在生产跟踪方面，生产执行与跟踪功能组件主要提供实时进度展示、订单跟踪与追溯、异常处理与报警等功能。

上述功能可提高生产过程的透明度和可追溯性，为企业提供一个直观、易用的操作平台。通过该平台，企业可以实现对生产过程的精细化管理和控制，提高生产率和产品质量。

（4）质量管理与控制组件　MES 系统用户界面层的质量管理与控制功能组件是确保产品质量、满足客户需求及实现持续改进的关键功能组件。

在质量管理方面，质量管理与控制功能组件主要提供质量数据录入与查询、质量标准与规范、质量统计与分析等功能；在质量控制方面，质量管理与控制功能组件主要提供过程质量控制、产品检验与追溯、质量改进与预防等功能。

上述功能可促进企业质量管理的有效性和持续改进能力的提升，为企业提供一个全面、高效的质量管理平台。通过该平台，企业可以实现对产品质量的严格控制和管理，提高产品质量水平和客户满意度，同时降低质量成本和风险。

（5）报警与通知组件　在 MES 系统用户界面层，报警与通知功能组件是确保生产过程中及时响应和处理异常情况的关键功能组件。

在报警方面，报警与通知功能组件主要提供实时监控与报警触发、报警信息展示、报警阈值设置等功能；在通知方面，报警与通知功能组件主要提供通知方式多样化、通知内容定制化、通知记录与追踪等功能。

通过上述功能，报警与通知功能组件能够促进生产过程中异常情况得到迅速响应和处理，提高生产过程的稳定性和安全性，降低故障损失和生产成本。

（6）数据查询与报表组件　MES 系统用户界面层的数据查询与报表功能组件为用户提供强大的数据检索、分析和报告生成能力。

在数据查询方面，数据查询与报表功能组件主要提供多源数据整合、多种查询方式、实时数据更新、数据导出与共享等功能；在报表方面，数据查询与报表功能组件主要提供预设报表模板、自定义报表、图表展示、定时生成与自动发送、历史数据对比等功能。

上述功能为用户提供了一个强大、灵活的数据分析平台。通过该平台，用户可以轻松地获取生产过程中的各种数据，生成所需的报表和图表，从而更好地了解生产状况、分析问题，并做出明智的决策。

（7）用户管理与权限控制组件　在 MES 系统用户界面层，用户管理与权限控制功能组件负责用户账号的管理、角色定义和权限分配。通过严格的权限控制，确保不同用户只能访问其被授权的数据和功能，从而保障系统的安全性和数据的保密性。

除以上核心功能组件外，MES 系统用户界面层还有其他功能组件，如配置与定制化功能组件、帮助与支持功能组件等，以满足 MES 系统的具体需求和业务场景。

上述功能组件共同构成了 MES 系统用户界面层的功能体系，确保用户能够高效、准确地与 MES 系统进行交互，从而满足生产现场的管理和操作需求。请注意，MES 系统用户界面层的具体实现可能会因不同的 MES 系统供应商和版本而有所差异。

用户界面层是 MES 系统技术架构中的一部分，与其他层次（如应用逻辑层、数据库层等）紧密关联。用户界面层的设计和实现对于提高用户体验、促进用户与系统之间的有效沟通至关重要。

2. 应用逻辑层

应用逻辑层（也称业务逻辑层），位于 MES 系统技术架构的中间层，起到了承上启下的作用。它负责接收来自用户界面层的请求，处理相关的业务逻辑，并与数据处理层进行交互，获取或存储必要的数据。同时，应用逻辑层还负责将处理结果返回给用户界面层，供用户查看和操作。

通常，MES 系统应用逻辑层可以被细分为两大部分：核心业务功能模块、核心技术组件。

（1）核心业务功能模块　MES 系统应用逻辑层封装了 MES 系统的核心业务功能模块，主要包括生产计划与排程、生产调度、生产执行管理、物料管理、工艺管理、质量管理、设备管理、能源管理、人员管理、文档管理、数据分析与报表等。

1）生产计划与排程模块。生产计划与排程模块是 MES 系统应用逻辑层的核心功能模块，它负责接收来自 ERP、APS 系统（或人工输入）的销售订单，根据企业的生产能力和资源情况进行生产计划和排程。该模块会智能化考虑设备的可用性、工人的技能、物料的库存情况等因素，以优化生产流程并提高生产率。

2）生产调度模块。在 MES 系统应用逻辑层，生产调度模块负责将生产计划与排程模块生成的生产计划具体落实到生产车间的实际操作中。

生产调度模块根据设备的可用性、工序的先后关系、工人的技能要素等条件，将公司主生产计划转换成车间作业计划，并下发至机台或操作工位。同时，它还能够实时监控生产进度，确保生产按计划进行，遇到突发异常时，能够及时调整计划。

3）生产执行管理模块。在 MES 系统应用逻辑层，生产执行管理模块主要负责监控生产现场的执行情况，包括工单的开始和结束、设备的运行状况、产品的质量检测等。通过实时采集生产数据，该模块可以为企业生产管理人员提供准确的生产进度、设备状态、质量控制等信息。

4）物料管理模块。物料管理模块是 MES 系统应用逻辑层的一个重点功能模块，主要负责管理生产过程中的所有物料，包括原材料的采购、库存的管理、物料的配送等。通过与 SRM 系统的集成，该模块还可以实现实时的库存更新和精确的物料追溯，为生产计划的正常进行提供物料资源支持。

5）工艺管理模块。在 MES 系统应用逻辑层，工艺管理模块主要负责管理产品的工艺路线、工艺参数、工艺流程等信息，为生产计划与排程模块提供工艺数据支持，确保生产按照既定的工艺要求进行。同时，工艺管理模块还可以对工艺数据进行版本控制，便于工艺的防错、更新和优化。

6）质量管理模块。质量管理模块也是 MES 系统应用逻辑层的一个重点功能模块，主要负责全面管理生产过程中的质量活动，包括质量计划的制订、质量检测的执行、质量数据的采集、质量问题的分析和处理等。通过与生产执行管理模块的集成，可以实现实时的质量检测、分析和控制，确保产品质量稳定。

7）设备管理模块。在 MES 系统应用逻辑层，设备管理模块主要负责管理生产过程中的所有设备，包括设备的维护计划、保养计划、故障报告等。通过实时采集设备的运行数据，该模块还可以为设备管理人员提供准确的设备状态信息，以提高设备的运行效率和延长设备的使用寿命。

8）能源管理模块。随着绿色制造越来越受到重视，MES 系统的能源管理功能也越来越被企业所重视。在 MES 系统应用逻辑层，能源管理模块负责监控和管理企业的能源消耗，包括水、电、气等。它可以实时采集能源数据，进行能源统计和分析，帮助企业节能减排、降低生产成本、实现绿色制造。

9）人员管理模块。人员，是企业最重要的资源之一。人员管理模块也是 MES 系统应用逻辑层的一个重点功能模块，主要负责管理生产相关的人员信息，如员工档案、技能矩阵、培训计划等。它可以与其他功能模块集成，如与生产管理模块集成以实现人员自动排班和考勤管理。

10）文档管理模块。在 MES 系统应用逻辑层，文档管理模块主要负责管理生产过程中的各类文档，如工艺文件、图样、作业指导书等。文档管理模块提供文档的存储、检索、版本控制等功能，确保生产中使用的是最新、正确的文档，以保障生产进度和产品质量。

11）数据分析与报表模块。数据分析与报表模块也是 MES 系统应用逻辑层的一个重点功能模块，主要负责对 MES 系统中收集的大量数据进行分析和挖掘，以提供有价值的信息和洞察。通过生成各种报表和图表，该模块可以帮助企业管理人员了解生产过程中的效率、质量、成本等方面的情况，为管理决策提供支持。

需要注意的是，除了上述核心业务功能模块，MES 系统应用逻辑层还有模具管理、项目管理、用户权限管理、系统集成与接口等其他业务功能模块，以满足 MES 系统的具体需求和业务场景。

以上业务功能模块相互独立但又相互关联，共同构成了 MES 系统应用逻辑层的功能体系。

另外，不同软件厂商、不同版本的 MES 系统可能具有不同的应用逻辑层功能模块划分和命名方式，上述仅是对一些常见的业务功能模块的阐述。在实际应用中，MES 系统的功能模块还可能根据特定行业的需求进行定制和扩展。

（2）核心技术组件　为了以上业务功能的实现，MES 系统应用逻辑层封装了多个核心技术组件，主要包括规则引擎组件、数据采集与处理组件、业务规则与逻辑处理组件、业务流程管理与控制组件、数据验证组件、事务管理组件、服务接口组件等。

1）规则引擎组件。MES 系统应用逻辑层的规则引擎组件是一个核心的技术组件，它的主要功能是处理和管理 MES 系统中的业务规则和逻辑。

规则引擎组件允许用户定义和配置业务规则。这些规则可以是基于各种条件和参数的，如设备状态、生产数量、质量参数等。用户可以通过友好的界面或特定的规则语言来定义这些规则，以满足企业的实际生产需求。当规则被定义和配置后，规则引擎组件负责将这些规则实例化，即将其转换为计算机可执行的代码或逻辑。这样，当特定的条件或事件发生时，规则引擎组件可以自动触发相应的动作或决策。

规则引擎组件与 MES 系统的数据采集与处理组件紧密集成，可以实时监控生产现场的数据。当数据满足某个规则的条件时，规则引擎组件可以立即触发相应的动作，如发送警报、调整生产参数等。

MES 系统应用逻辑层的规则引擎组件通过处理和管理业务规则和逻辑，可以实现生产过程的自动化、智能化。

2）数据采集与处理组件。在 MES 系统应用逻辑层，数据采集与处理组件是 MES 系统的核心组成部分之一，它负责从生产现场采集实时数据，并对这些数据进行处理、分析和存储，以支持生产过程的监控、控制和优化。

数据采集与处理组件通过与生产现场的设备、传感器和控制系统等数据源进行连接和通信，实时地采集生产过程中的各种数据，包括设备状态、生产数量、质量参数、物料信息、工艺数据等。这些数据反映了生产现场的实际情况和动态变化。

采集到的原始数据往往包含噪声、异常值或缺失值等问题，数据采集与处理组件能够对其进行预处理（包括数据清洗、数据转换和数据聚合等步骤）以确保数据的准确性和可用性。

同时，数据采集与处理组件具备实时处理能力，可以对采集到的数据进行即时分析和处理。这包括数据的实时监控、报警和通知、实时数据统计分析等功能，以便及时发现生产过程中的问题、异常情况或潜在风险，并采取相应的措施进行调整和优化。处理后的数据需要被妥善存储和管理，以便后续的查询、分析和报表生成。数据采集与处理组件将数据存储在适当的数据库或数据仓库中，并建立相应的数据索引和管理机制，以确保数据的高效访问、安全性和一致性。

另外，数据采集与处理组件提供与其他系统或应用程序的数据接口，实现数据的共享和交换。这包括与 ERP 系统、QMS 系统等其他工业软件系统的集成，以及与上级管理系统或云平台的连接，实现数据的远程监控和管理。

MES 系统应用逻辑层的数据采集与处理技术组件通过实时采集、预处理、实时处理、存储管理和数据共享等功能，为生产过程提供了全面、准确和及时的数据支持。

3）业务规则与逻辑处理组件。MES 系统应用逻辑层的业务规则与逻辑处理组件是确保 MES 系统中各种业务流程按照既定规则和逻辑正确执行的关键技术组件。

业务规则与逻辑处理组件允许用户根据业务需求定义各种业务规则。这些规则可以基于各种参数和条件，如设备状态、产品类型、工艺要求等。一旦定义，这些规则将被解析成系统可理解的逻辑表达式或决策树。

在 MES 系统执行各种业务流程时，业务规则与逻辑处理组件会根据已定义的规则对实时数据进行逻辑判断和处理。例如，它可以确定某个产品是否满足生产标准，或者某个设备是否需要进行维护。除了对单个事件或数据进行逻辑处理外，此组件还能控制整个业务流程的走向。例如，在生产过程中，它可以根据产品的加工状态和质量数据决定下一步的操作，如继续加工、暂停、返工或报废。

当业务流程中出现不符合规则的情况时，此组件能够触发异常处理机制，包括发送警报通知相关人员、自动调整设备参数以尝试纠正问题，或者暂停生产以等待人工干预。

随着业务需求的变化或生产环境的调整，已定义的业务规则可能需要修改或更新。业务规则与逻辑处理组件提供了易于使用的界面和工具，允许用户轻松地管理和维护这些规则。

此组件需要与其他 MES 系统组件紧密协作，如数据采集与处理组件、用户界面组件等。它接收来自这些组件的数据和请求，并根据业务规则进行处理后返回相应的结果或指令。

业务规则与逻辑处理组件通过定义、解析、应用和维护业务规则，确保了 MES 系统中各种业务流程的正确性和高效性。它是 MES 系统实现智能化、自动化和灵活生产的关键技术之一。

4）业务流程管理与控制组件。在 MES 系统应用逻辑层，业务流程管理与控制组件是确保 MES 系统中各种业务流程高效、规范执行的核心组件。

业务流程管理与控制组件提供了流程建模和设计工具，允许用户根据业务需求创建、编辑和修改各种业务流程模型。这些模型包括生产流程、质量检测流程、设备维护流程等，确保企业的生产和管理活动按照既定的流程进行。

一旦业务流程模型设计完成，该组件可以将其实例化为可执行的流程实例，并根据预设的条件或事件触发流程的启动。例如，当接收到新的生产订单时，可以自动启动生产流程实例。

在流程执行过程中，此组件会实时监控流程的状态和进度，包括各个环节的执行情况、资源使用情况等。同时，它还提供了流程控制功能，如暂停、恢复、终止流程等，以应对各种异常情况或业务需求变化。另外，当流程执行过程中出现异常或错误时，此组件会及时捕获并处理这些异常，同时触发告警机制通知相关人员进行处理。

业务流程管理与控制组件需要与其他 MES 系统组件进行紧密集成和交互，如数据采集与处理组件、业务规则与逻辑处理组件等。它接收来自这些组件的数据和请求，并根据业务流程进行处理后返回相应的结果或指令。同时，它也可以将流程执行过程中的数据和信息反馈给其他组件，实现信息的共享和协同工作。

MES 系统应用逻辑层的业务流程管理与控制组件通过流程建模、实例化、监控、优化和异常处理等功能，确保了 MES 系统中各种业务流程的高效、规范执行。

5）数据验证组件。MES 系统应用逻辑层的数据验证组件是确保 MES 系统中数据准确性和一致性的关键技术组件。

数据验证组件首先会检查数据的完整性，确保所有必要的信息都已被正确输入，没有遗漏。例如，在生产订单的数据中，所有必要的字段如订单号、产品数量、交货日期等都必须完整无缺。数据验证组件还会检查数据是否符合预期的格式，包括检查数据类型（如数字、文本、日期等）是否正确，以及数据是否符合特定的格式标准（如日期格式等）。

对于某些数据字段，可能存在有效的值范围。数据验证组件会检查这些数据是否在预期的范围内。例如，温度、压力等物理参数的数值必须在设备可以安全操作的范围内。

除了基本的完整性和格式验证外，数据验证组件还会根据预定义的业务规则来验证数据。这些规则可能涉及复杂的逻辑，例如检查库存数量是否足够满足生产订单的需求。

当数据验证失败时，此组件能够触发异常处理机制，如发送错误通知给相关人员，或在用户界面上显示错误信息。同时，它还会生成详细的验证报告，帮助用户了解哪些数据通过了验证，哪些数据存在问题及需要如何纠正。

另外，数据验证组件需要与其他 MES 系统组件紧密协作。例如，它可以从数据采集与处理组件接收原始数据，然后将验证后的数据传递给业务规则与逻辑处理组件或数据存储组件。这种交互确保了整个 MES 系统的数据准确性和一致性。

MES 系统应用逻辑层的数据验证组件通过执行完整性、格式、范围和业务规则验证等任务，确保了系统中数据的准确性和一致性。这对企业生产决策、质量控制和流程优化等方面都至关重要。

6）事务管理组件。MES 系统应用逻辑层的事务管理组件是确保 MES 系统中数据操作正确性和一致性的核心，它负责事务的启动、执行、控制和回滚，通过隔离性管理避免并发冲突，利用日志记录确保可追溯性，从而保障在异常情况下数据的完整性和业务处理的可靠性。

事务管理组件主要提供事务定义与启动、事务控制与协调、事务隔离性管理、事务持久化、事务回滚与恢复、事务日志与审计等功能。

另外，事务管理组件还与其他 MES 系统组件进行交互，如数据采集与处理组件、业务规则与逻辑处理组件等。它接收来自这些组件的事务请求，并在事务执行完成后将结果返回给相应的组件。同时，它还与数据库管理系统（DBMS）紧密合作，确保事务的正确执行和数据的持久化存储。

MES 系统应用逻辑层的事务管理组件通过定义、控制、协调和管理事务的执行过程，确保 MES 系统中数据的完整性和一致性，是实现可靠、高效和安全的业务处理的关键技术之一。

7）服务接口组件。在 MES 系统应用逻辑层，服务接口组件是连接 MES 系统与其他外部系统或应用程序的桥梁，它提供了一组标准化的接口和功能，以实现系统间的数据交换、业务集成和流程协同。

服务接口组件主要提供接口定义与注册、接口映射与转换、接口调用与处理、接口安全与认证、接口监控与日志记录、接口版本管理等功能。

MES 系统应用逻辑层的服务接口组件通过定义、注册、映射、调用、安全认证、监控和版本管理等功能，实现了 MES 系统与其他外部系统或应用程序之间的无缝集成和协同工作，它是构建企业信息化生态系统和实现业务流程自动化的重要组成部分。

除了上述核心技术组件外，MES 系统应用逻辑层还可能包含其他技术组件，如报表引擎、安全组件等，以满足系统的具体需求和业务场景。

以上这些技术组件和功能模块共同协作，确保 MES 系统能够高效地处理企业的业务流程和数据，为企业的运行和决策提供有力支持。

需要注意的是，不同软件厂商、不同版本的 MES 系统可能会有不同的技术架构、功能模块和技术组件划分，上述内容只是一种典型的划分方式。在实际应用中，应根据具体的

MES 系统设计需求来确定其应用逻辑层的技术架构、功能模块和技术组件。

3. 数据处理层

MES 系统数据处理层是整个 MES 系统技术架构中非常关键的层次，它负责处理、管理和存储来自各种数据源的信息。

数据处理层的核心功能模块主要包括数据采集与输入、数据清洗与校验、数据存储与管理、数据处理与分析、数据输出与可视化、数据安全与访问控制、数据接口与集成等。

（1）数据采集与输入　在 MES 系统数据处理层，数据采集与输入功能模块是 MES 系统中的一个重要功能模块，它负责从各种数据源中收集数据，并将其输入系统中以供进一步处理和分析。

数据采集与输入功能模块能够从多种数据源中采集数据，包括生产设备、传感器、PLC（可编程逻辑控制器）、条形码扫描器、RFID（无线射频识别）标签读取器等。此外，它还可以支持手动输入数据，以便处理那些无法通过自动方式采集的信息。

该模块能够实时或近似实时地采集数据，确保 MES 系统能够获取到最新的生产信息。这对于监控生产过程、做出及时调整及实现即时决策至关重要。

在数据采集过程中，该模块会对原始数据进行必要的格式化和标准化处理，以确保数据的一致性和可读性，减少后续数据处理和分析的复杂性。

数据采集与输入功能模块通常还包含一些基本的数据验证和清洗功能，以确保输入系统中的数据的准确性和完整性。例如，它可以检查数据是否在合理范围内，是否包含必要的字段等。

为了与其他系统进行数据交换和集成，数据采集与输入功能模块提供了标准的接口和协议支持，使 MES 系统能够轻松地与企业的其他信息系统（如 ERP、WMS、SRM 等）进行连接和数据共享。

通过数据采集与输入功能模块，MES 系统能够获取到全面、准确且及时的生产数据，为后续的数据处理、分析和决策支持提供坚实的基础。

（2）数据清洗与校验　MES 系统数据处理层的数据清洗与校验功能模块负责确保数据的准确性和完整性。

数据清洗与校验功能模块主要提供数据清洗、数据校验、异常处理、自定义规则、性能优化等功能。

通过上述功能，MES 系统能够确保输入系统中的数据是准确、完整且符合业务规则的，从而为后续的数据分析、决策支持等提供可靠的基础。

（3）数据存储与管理　在 MES 系统数据处理层，数据存储与管理功能模块是 MES 系统中的核心组成部分，负责数据的持久化存储、组织、管理和维护，以确保数据的安全性、可靠性和高效性。

数据存储与管理功能模块主要提供数据存储、数据管理、数据安全、数据优化、数据扩展等功能。

数据存储与管理功能模块使用关系型数据库（RDBMS）或非关系型数据库（NoSQL）来存储和处理大量数据，包括结构化数据和非结构化数据。常用的关系型数据库（RDBMS）主要有 Oracle、SQL Server、MySQL 等，常用的非关系型数据库（NoSQL）主要有 MongoDB、Cassandra、Redis 等。

需要注意的是，选择哪种数据库取决于具体的业务需求和技术要求。关系型数据库提供了严格的数据一致性、完整性和事务支持，适用于需要处理结构化数据和复杂事务的场景。而非关系型数据库则更适合处理非结构化数据、大规模数据和需要高并发读写操作的场景。在实际应用中，有时还可以将关系型数据库和非关系型数据库结合使用，以满足 MES 系统的多样化需求。

（4）数据处理与分析　MES 系统数据处理层的数据处理与分析功能模块是 MES 系统中的关键功能模块，它负责对已采集和存储的数据进行深度加工，提取有价值的信息，以支持生产过程的优化和决策制定。

数据处理与分析功能模块主要提供数据预处理、数据统计分析、数据挖掘与模式识别、数据可视化与报表生成、决策支持与优化等功能。

通过数据处理与分析功能模块，MES 系统能够将海量的生产数据转化为有价值的信息和知识，为企业的生产决策和持续改进提供有力支持。同时，该模块还能够提高生产过程的透明度和可追溯性，降低生产成本和风险。

（5）数据输出与可视化　在 MES 系统数据处理层，数据输出与可视化功能模块负责将经过处理和分析的数据以直观、易懂的方式呈现给用户。

数据输出与可视化功能模块主要提供数据可视化、交互式数据探索、自定义报表生成、实时数据监控与预警、数据导出与共享等功能。

通过数据输出与可视化功能模块，MES 系统能够将经过处理和分析的数据以直观、交互的方式呈现给用户，提高生产过程的透明度，帮助用户更好地理解数据、发现问题并做出决策。

（6）数据安全与访问控制　MES 系统数据处理层的数据安全与访问控制功能模块是确保 MES 系统中数据的安全性、完整性和保密性的关键功能模块。

数据安全与访问控制功能模块主要提供用户身份认证、访问控制、数据加密、审计与日志、数据备份与恢复、安全策略管理等功能。

通过数据安全与访问控制功能模块，MES 系统能够确保数据的机密性、完整性和可用性，防止数据泄露、篡改和非法访问。同时，该模块还能够提高系统的可靠性和稳定性，为企业的生产运营提供坚实的数据安全保障。

（7）数据接口与集成　MES 系统数据管理层通过标准化的数据接口和高效的数据集成技术，实现了与多种数据源及企业其他管理系统的无缝连接，确保了生产数据的实时共享和业务流程的顺畅进行，为企业生产管理提供了强大而统一的数据支撑。

上述功能模块共同构成了 MES 系统数据处理层的核心能力体系，它们协同工作以确保数据的准确性、完整性和可用性，从而支持生产过程的监控、优化和控制。需要注意的是，不同软件厂商、不同版本 MES 系统的具体实现和技术架构可能会有所差异，因此上述功能模块可能在不同系统中有所调整或扩展。

4. 数据采集层

在 MES 系统技术架构中，数据采集层是 MES 系统的最底层和基础层，负责从生产现场采集实时数据（设备运行状态、生产产量、质量指标、物料消耗、工艺参数等），为 MES 系统的后续处理、分析和决策提供基础数据支撑。

数据采集层通常通过多种方式获取生产数据，包括人工录入、半自动采集（如扫码枪、

PDA 等）和全自动采集（如 RFID、传感器等）。这些数据涵盖了部件加工状况、物料使用状况、设备运行情况、订单进度等，通过实时数据库或关系数据库进行存储，为生产决策人员提供数据源。

数据采集层不仅要确保数据的准确性和完整性，还要考虑到数据采集的效率和实时性。因为生产现场的数据是不断变化的，所以数据采集层需要能够实时地获取这些数据，并将其传输到 MES 系统的其他层次进行处理。

另外，数据采集层还具备一定的灵活性和可扩展性。因为不同的生产设备和工艺可能需要不同的数据采集方式，所以数据采集层需要能够支持多种采集方式和设备。同时，随着生产规模的扩大和生产设备的增加，数据采集层也需要能够方便地扩展和升级。

数据采集层的性能和稳定性直接影响到 MES 系统的整体性能和可靠性。因此，在设计和实施 MES 系统时，需要充分考虑数据采集层的需求。

5. 集成与接口层

集成与接口层在 MES 系统技术架构中扮演着关键的角色。集成与接口层主要负责 MES 系统与其他工业软件系统（如 ERP、SRM、PDM、WMS 等）及底层自动化设备之间的集成和交互。

（1）系统集成　集成与接口层负责将 MES 系统与企业上层管理系统（如 ERP、SRM、PDM、WMS 等）进行集成和下层控制系统（如 SCADA、PLC、DCS）进行无缝集成。通过集成，MES 系统能够接收和发送必要的数据，确保企业内各个工业软件系统之间的数据共享、流程协同和信息一致。

通过系统集成功能，MES 系统能够与企业内其他信息系统和硬件设备实现高效、准确的数据交互与集成，为企业的生产管理和决策提供全面、及时的数据支持。

（2）数据接口管理　集成与接口层提供了标准化的数据接口（如使用 OPC UA、MT-Connect、Web Services 或 RESTful API 等），用于与各种设备和系统（如生产设备、传感器、质量检测设备等）进行通信。这些接口确保了数据的准确、实时传输，使 MES 系统能够获取到生产现场的第一手数据，为生产管理提供有力支持。

（3）数据转换与映射　MES 系统集成与接口层的数据转换与映射功能是实现企业内部信息系统间数据交互的关键功能。

MES 系统与其他工业软件系统（如 ERP、SRM、PDM、WMS 等）或生产设备可能采用不同的数据格式、编码标准或数据模型，而数据转换功能则负责将这些异构数据转换成 MES 系统能够理解和处理的标准格式，包括数据类型的转换、数据单位的统一、编码映射等，以确保数据的一致性和可用性。

数据映射功能负责建立不同系统间数据字段的对应关系，它定义了源系统字段与目标系统字段之间的映射规则，确保在数据交互过程中，正确的数据被传输到正确的位置。

数据转换与映射功能支持实时和批量两种处理方式。实时处理适用于对实时性要求较高的场景，如生产现场的实时数据采集和传输；而批量处理则适用于定期或周期性的数据交互任务，如日报、月报等数据的汇总和传输。

数据转换与映射功能负责将不同系统间的异构数据转换成统一的标准格式，并建立数据字段的对应关系，以确保在 MES 系统与其他企业信息系统或设备间实现准确、高效的数据交互，为企业的生产管理和决策提供关键的数据支持。

（4）安全性与可靠性保障　在数据传输和交互过程中，集成与接口层实施严格的安全措施，如数据加密、身份验证和访问控制，以保护数据免受未经授权的访问和篡改。同时，它还提供故障恢复和容错机制，确保数据传输的可靠性和稳定性。

（5）监控与日志记录　集成与接口层还提供实时的监控功能，可以追踪和记录数据交互的状态、性能和异常情况，能够及时发现并解决问题，提高系统的可用性和可维护性。详细的日志记录也为故障排查和性能优化提供了有力支持。

MES 系统的集成与接口层在实现企业信息化整体解决方案中扮演着至关重要的角色。它通过提供标准化的接口、高效的数据处理能力和协同工作流管理功能，确保 MES 系统与其他系统之间的顺畅交互和业务协同工作。

集成与接口层可以位于应用逻辑层的旁边或下方，具体取决于集成需求。

6. 系统支持层

在 MES 系统技术架构中，系统支持层是整个 MES 系统的基石，它为 MES 系统运行提供了必要的硬件和软件环境，确保系统的安全、稳定、高效运行。

（1）硬件支持　系统支持层提供数据采集所需的硬件设备，如 RFID 阅读器、传感器、条码打印机和扫描枪等。这些设备能够实时捕获生产现场的数据，确保数据的准确性和及时性。系统支持层还提供网络设备和通信设施，确保数据的顺畅传输和系统的互联互通。

（2）软件环境　系统支持层负责部署 MES 系统所需的服务器和操作系统（如 Windows、Linux 等），为 MES 系统提供稳定、高效的计算和存储能力。

系统支持层还负责搭建网络环境，包括内部局域网和外部互联网连接，以实现系统的远程访问和数据共享。

（3）安全管理　系统支持层通过实施访问控制、数据加密、防火墙配置、入侵检测系统（IDS）/入侵防御系统（IPS）等安全措施，防止未经授权的访问和数据泄露，保护 MES 系统免受外部威胁和内部滥用。

（4）软件更新与升级　随着业务的发展和技术的进步，MES 系统可能需要进行功能扩展或升级。系统支持层负责评估新版本的功能、性能和兼容性，并制定详细的升级计划。在升级过程中，确保数据的完整性和系统的稳定性。

（5）系统监控与诊断　系统支持层负责实时监控 MES 系统的运行状态，包括服务器性能、网络连通性、数据库健康等，确保系统处于最佳工作状态。一旦发现异常情况或潜在问题，立即进行诊断并采取相应的措施。

（6）日常维护与故障处理　系统支持层定期对 MES 系统进行维护，包括清理冗余数据、优化数据库性能、检查系统安全性等。在发生故障时，迅速定位并修复问题，最小化故障对生产的影响。

（7）用户支持与培训　系统支持层提供全面的用户手册、操作指南、常见问题解答（FAQ）等文档，帮助用户快速了解系统功能和操作方法。

系统支持层为整个 MES 系统的运行提供了必要的底层支撑，为企业的稳定运营和高效管理提供了坚实的基础。但不同软件厂商、不同版本的 MES 系统技术架构中的系统支持层可能会有较大差异。

需要注意的是，以上阐述的是典型的 MES 系统六层技术架构，不同软件厂商或不同实施项目的 MES 系统技术架构可能会有所差异，具体取决于企业的业务需求、技术选型和实施策略。因此，在实际应用中，应根据企业的实际情况对 MES 系统的技术架构进行定制和优化。

4.1.6　MES 系统应用的关键技术

MES 系统应用的关键技术主要包括数据采集和传输技术、数据集成技术、数据处理和分析技术、作业调度技术和人机界面技术等，如图 4.7 所示。

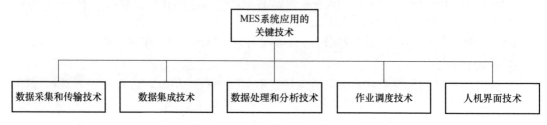

图 4.7　MES 系统应用的关键技术

1. 数据采集和传输技术

数据采集和传输技术是 MES 系统的基础，负责从生产现场收集各种数据（如设备状态、工艺参数、生产进度、产品质量等），并将其传输到系统中进行处理和分析。

通过数据采集技术（主要包括传感器技术、RFID 技术、条码扫描技术等），MES 系统可以采用多种方式进行数据收集。传感器技术可以用于监测设备的运行状态、生产环境的参数等，并将实时数据传递给 MES 系统；RFID 技术则可以通过无线射频识别标签或卡片，实现对物料、产品等信息的快速、准确读取；条码扫描技术则可以通过扫描产品上的条形码或二维码，获取产品的相关信息。

MES 系统需要通过数据传输技术确保数据能够实时、准确地传输到系统中。数据传输技术可以采用有线或无线通信技术，如以太网、Wi-Fi 等。通过这些数据传输技术，MES 系统可以与生产设备、传感器、数据采集设备等进行连接，以实现数据的实时传输和共享。

2. 数据集成技术

数据集成技术是 MES 系统应用的关键技术之一，对于实现生产数据的管理和整合至关重要。通过数据集成技术，MES 系统能够收集、存储、处理和分析生产过程中的各种数据，包括实时数据、离线手工数据及其他外部应用数据，这些数据可以来自不同的数据源，如生产设备、传感器、质量检测设备等，也可以来自其他信息系统，如 ERP 系统、PDM 系统等。

数据集成技术能够实现不同软件系统之间的数据共享和交互，确保数据的一致性和完整性。同时，通过集成多个异构数据库和数据源，MES 系统可以提供一个统一的数据平台，使用户能够方便地访问和管理生产数据。此外，数据集成技术还可以实现数据的实时更新和同步，确保生产数据的准确性和及时性。

3. 数据处理和分析技术

数据处理和分析技术是 MES 系统用到的核心技术之一，该技术对于提升生产率和产品质量具有重要意义。

通过应用数据处理技术（主要包括数据采集技术、数据清洗技术、数据转换技术、数据存储技术等），MES 系统能够对从各个数据源收集到的原始数据进行清洗、整理和转换，以确保数据的准确性和一致性，主要包括去除重复数据、处理缺失值、异常值检测等步骤。经过清洗后的数据将被存储在 MES 系统的数据库中，以供后续的分析和处理。

应用数据分析技术（主要包括数据预处理技术、数据挖掘技术、可视化分析技术、统计分析技术等），MES 系统开发了多种数据统计和分析方法，以提取生产数据中的有价值信息。例如，通过对设备运行状态数据的分析，可以预测设备的维护需求和故障风险；通过对生产效率和产品质量数据的分析，可以识别生产过程中的瓶颈和优化潜力。此外，MES 系统还支持对历史数据的趋势分析和比较，以帮助企业了解生产状况的变化和改进方向。

4. 作业调度技术

作业调度技术是 MES 系统中应用的关键技术之一，主要用于根据生产计划和资源情况，合理地安排生产任务的执行顺序和时间，以优化生产过程和提高生产率。

通过应用作业调度技术，MES 系统可以根据生产计划和工艺要求，将生产任务智能地分解为具体的工序和操作步骤，并根据任务的优先级、资源的可用性和效率，合理地分配任务给可用的生产资源。

通过应用作业调度技术，MES 系统可以实时监控和管理生产设备、人力和原材料等生产资源，根据任务的优先级和资源的可用性，选择最佳的资源组合和调度策略，以确保生产任务按时、高效地完成。

5. 人机界面技术

人机界面技术为操作人员提供了一个直观友好的交互环境，使他们能够在 MES 系统中更加便捷地进行生产作业和其他相关操作。通过人机界面，操作人员可以在 MES 系统中轻松选择工序、输入产量、记录异常情况等，并将这些信息实时反馈给 MES 系统。同时，MES 系统也会通过人机界面向操作人员展示处理结果和决策建议，帮助他们更好地监控和管理生产过程。

除上述关键技术外，MES 系统应用的关键技术还有实时监控技术、自动识别技术、工作流技术等。这些关键技术共同构成了 MES 系统的技术核心，使 MES 系统在生产智能管理领域发挥了巨大的作用。随着科技的不断发展，MES 系统应用的关键技术也在不断更新和优化，以适应更复杂的生产管理需求。

4.1.7　MES 系统主要应用领域

随着 MES 系统技术的不断成熟和发展，其应用领域也越来越广泛，无论是离散型制造业，还是流程型制造业，都在积极应用 MES 系统，如图 4.8 所示。

1. MES 系统在离散型制造业中的应用

（1）订单管理　MES 系统可以对订单进行分解和排产，根据产品的工艺流程和设备能力制订生产计划，同时可以根据订单的紧急程度和优先级进行合理的调整，以优化生产顺序，帮助企业更好地掌握订单进度和生产计划，提高订单的执行效率和客户满意度。

（2）生产调度　MES 系统可以实现生产调度的智能化和自动化，根据订单情况和设备能力进行动态调度，同时考虑生产过程中的各种约束条件，帮助企业优化设备资源和人员配置，提高生产率和质量。

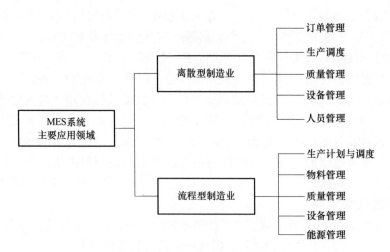

图 4.8　MES 系统主要应用领域

（3）质量管理　MES 系统可以实现质量管理的全面覆盖，从原材料的质量检验到生产过程中的质量控制，再到产品的质量检测，全程监控并记录质量数据，帮助企业提高产品质量和合格率，减少质量问题和投诉。

（4）设备管理　MES 系统可以对设备的使用情况进行实时监控和维护，对设备的故障和异常情况进行预警和处理，帮助企业提高设备的使用寿命和可靠性，减少设备故障对生产的影响。

（5）人员管理　MES 系统可以对员工的工作情况进行实时监控和评估，对员工的培训需求和职业发展规划进行管理和规划，帮助企业提高员工的工作积极性和效率，减少人员流失对生产的影响。

2. MES 系统在流程型制造业中的应用

（1）生产计划与调度　MES 系统能够根据市场需求、产品配方和生产能力等因素，智能地生成生产计划和调度方案，帮助流程制造企业合理安排生产资源，提高生产率和响应速度。

（2）物料管理　在流程型制造业中，原料的精准投放和库存管理至关重要。MES 系统能够实时监控原料的消耗和库存情况，并根据生产需求自动调整物料投放计划，确保生产的连续性和稳定性。

（3）质量管理　MES 系统通过采集和分析生产过程中的关键质量数据，能够及时发现并处理潜在的质量问题。同时，系统还支持对产品的质量进行追溯，帮助企业快速定位问题原因并采取有效措施。

（4）设备管理　流程型制造业中的生产设备通常较为复杂且维护成本高。MES 系统能够实时监控设备的运行状态和性能参数，预测并提前处理潜在的故障风险，从而降低设备的维修成本和停机时间。

（5）能源管理　在流程型制造业中，能源消耗大的企业比较多，如钢铁、化工、冶炼等行业。MES 系统能够实时监控和分析生产过程中的能源消耗情况，帮助企业优化能源使用方案，降低生产成本并减少对环境的影响。

4.2　仓库管理系统（WMS）

4.2.1　WMS 的概念

WMS（Warehouse Management System），即仓库管理系统，主要用于实现仓库的进货、出货、库存等环节的信息化、自动化管理。它通过入库与出库业务、库存调拨及仓库调拨、虚仓管理等操作，实现综合批次管理、库存盘点、物料对应、质检管理及虚拟仓库管理等功能，在跟踪仓库管理过程中，发挥着非常重要的作用。

WMS 是供应链管理的重要组成部分，能够帮助企业实时了解整体库存情况，包括仓库库存和在途库存。除库存管理功能外，WMS 还提供了许多其他工具，用于支持拣配和包装流程、管理资源使用情况、执行分析等。

1. 广义 WMS 和狭义 WMS 的概念

WMS 是一种用于优化仓库操作和管理的信息系统，其概念根据应用范围和深度存在广义与狭义之分。

广义上，WMS 不仅包括软件部分，还包含硬件和管理经验。传统的仓储管理系统概念中往往忽略了管理经验和自动识别硬件的重要性，但在现代的 WMS 中，这些都是不可或缺的组成部分。软件部分支持整个系统运作，包括收货处理、上架管理、拣货作业、月台管理、补货管理、库内作业等；而硬件部分则可能包括条码扫描器、RFID 设备、自动化设备等，用于提高仓库作业的效率和准确性。管理经验则体现在系统的设计和优化上，比如，如何根据企业的实际情况和需求，制定合理的管理策略和作业流程，使 WMS 发挥最大的效益。

狭义上，WMS 是指 WMS 软件系统，是一个实时的计算机软件系统，它能够按照仓库管理运作的业务规则和运算法则，对信息、资源、行为、存货等进行更完美地管理，提高效率。其主要功能包括日常仓库管理流程，如出库、入库、盘点、库内作业等，以及商品、库位、耗材等的管理。此外，它还包括核心配置，如货主策略配置、订单类型、属性配置、入库策略、出库策略等，以及报表管理，如入库报表、出库报表、库存报表等。

简言之，广义的 WMS 是一个包含软件、硬件和管理经验在内的综合解决方案，而狭义的 WMS 则更侧重于软件系统的功能和性能。

本书论述的对象主要是狭义上的 WMS，即 WMS 软件系统，以下简称"WMS 系统"。

2. WMS 系统在实践应用中的作用与价值

WMS 系统在实践应用中的作用与价值主要体现在提高仓库管理效率、精准控制仓库作业过程、提升仓库质量管理水平、降低仓储成本、提高订单处理效率等几个方面。

（1）提高仓库管理效率　WMS 系统通过条码技术、PDA 智能终端等应用，结合仓库区域规划、仓库运营流程优化等服务，可以全面有效地控制和跟踪仓库业务的物流和成本管理全过程，实现物流和仓储的智能化、精细化和可视化管理，能够显著提高仓库的出入库、盘点等操作的效率，减少人工错误，节省人力物力，提高仓库管理效率。

（2）精准控制仓库作业过程　WMS 系统可以对仓库作业过程进行精准控制，确保每一步操作都符合规范，防止出现操作失误或遗漏。比如，WMS 系统可以实时监控仓库中的库存情况，包括物料的位置、数量、状态等信息，使仓库管理员能够随时了解库存情况，及时发现并解决库存问题，如积压、缺货等；WMS 系统可以根据仓库作业的需求和优先级，自动分配和调度作业任务，确保作业按照计划进行，避免作业冲突和延误；WMS 系统可以为仓库作业人员提供作业指导，如拣货路径、上架位置等，以实现对仓库作业过程的精准控制。

（3）提升仓库质量管理水平　通过精确的数据记录和管理，WMS 系统能够跟踪每个商品或原材料从入库到出库的全过程，确保每一件商品或原材料都有明确的来源和去向，这有助于及时发现并处理可能存在的质量问题。WMS 系统可以对商品或原材料进行批次管理和有效期管理，可以确保先入库的商品或原材料先出库，避免过期或变质的商品或原材料进入生产或销售环节，从而提升产品质量。另外，通过 WMS 系统，企业可以建立完善的质量追溯体系，一旦发生质量问题，可以迅速定位并召回问题产品，最大限度地减少损失，同时也有助于企业查找问题原因并进行改进。

（4）降低仓储成本　WMS 系统通过实时跟踪和记录库存数据，能够对仓库中的各仓位物料库存情况实时掌握，可以避免过量库存和缺货现象，从而减少了因库存积压和紧急补货而产生的额外成本。WMS 系统还可以根据历史销售数据和市场需求预测，智能地调整库存策略，优化库存结构，以提高库存周转率，减少资金占用和仓储空间。另外，WMS 系统可以与 ERP、SCM 等其他工业软件系统集成，实现供应链各环节的协同和优化，帮助企业更好地协调供应商、生产商、分销商等各方资源，降低整体库存成本。

（5）提高订单处理效率　WMS 系统可以与企业的其他工业软件系统（如 ERP、MES、SCM 等）进行集成，实现订单信息的实时共享和处理，提高订单处理效率。在此基础上，WMS 系统能够实现订单的集中管理和自动处理，将订单快速分配给合适的仓库，并自动进行拣货、包装、发货等一系列流程。这种自动化的处理方式不仅减少了人工操作的干预，也降低了因为人为疏忽而导致的错误率，如发错货、漏发等问题，可以显著提高订单处理的准确性和速度。

4.2.2　WMS 系统分类

WMS 系统的分类方式可以按照不同的维度进行划分。一般情况下，WMS 系统的分类方法主要有按照部署方式分类、按照集成度分类、按照技术架构分类等几种，如图 4.9 所示。

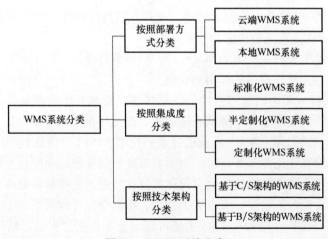

图 4.9　WMS 系统分类

1. 按照部署方式分类

按照部署方式的不同，WMS 系统可以分为云端 WMS 系统和本地 WMS 系统两种类型。

（1）云端 WMS 系统　云端 WMS 系统是一种基于云计算技术的仓库管理系统，它将 WMS 系统的功能和数据存储在云端服务器上，用户可以通过网络访问和使用该系统，无须在本地安装和维护软件。

云端 WMS 系统具有许多优势，例如，云端 WMS 系统采用订阅模式，用户只需按需支付费用，降低了初始投资和后期维护成本；云端 WMS 系统提供了高度的灵活性，用户可以根据业务需求随时调整系统配置和功能；云端 WMS 系统具有良好的可扩展性，随着业务的发展，用户可以随时扩展 WMS 系统的存储容量和功能模块，满足不断增长的仓库管理需求。

（2）本地 WMS 系统　本地 WMS 系统是一种部署在用户本地服务器或计算机上的仓库管理系统。与云端 WMS 系统不同，本地 WMS 系统的数据存储和处理都在用户本地的硬件设备上完成。

使用本地 WMS 系统，用户可以完全控制自己的数据，所有的交易记录、库存信息和其他敏感数据都存储在用户自己的服务器上，有助于确保数据的安全性和隐私性。本地 WMS 系统可以根据用户的特定需求进行高度定制，用户可以根据自己的业务流程、仓库布局和作业习惯等，对系统进行个性化配置和优化。与云端 WMS 系统相比，本地 WMS 系统的初期投资通常较大，用户需要购买服务器、网络设备等硬件设备，并可能需要支付额外的软件许可费用。

2. 按照集成度分类

根据 WMS 系统与其他工业软件系统的集成程度高低，可以分为标准化 WMS 系统、半定制化 WMS 系统和定制化 WMS 系统。

（1）标准化 WMS 系统　标准化 WMS 系统是一种基于标准化流程和功能的仓库管理软件系统。与定制化 WMS 系统相比，标准化 WMS 系统提供了更为通用和预设的仓库管理功能和流程，以适应广泛的行业和场景需求。

标准化 WMS 系统被设计成适应大多数仓库和物流中心的基本需求，具有良好的通用性，它通常包括标准的入库、出库、库存管理、订单处理、拣货、包装和发货等功能模块，可以满足不同行业和企业的基本仓库管理需求。标准化 WMS 系统提供了一系列预设的标准流程和操作规范，如先进先出（First In First Out，FIFO）、后进先出（Last In First Out，LIFO）等库存管理策略，以及标准的订单处理流程，这些预设流程可以帮助企业快速实施系统，并减少定制开发的成本和时间。与定制化 WMS 系统相比，标准化 WMS 系统通常具有更低的实施成本和更短的实施周期。由于它是基于通用功能和预设流程构建的，企业可以快速部署系统并开始使用，而无须等待长时间的定制开发。

（2）半定制化 WMS 系统　半定制化 WMS 系统是一种介于标准化 WMS 系统和完全定制化 WMS 系统之间的解决方案。它结合了标准化 WMS 系统的通用性和可配置性，以及一定程度上的定制开发，以满足企业的特定需求。

半定制化 WMS 系统通常基于一个成熟的标准化 WMS 平台，并根据企业的具体业务流程、仓库布局和管理要求，进行一定程度的定制开发，这样可以保留标准化 WMS 系统的稳定性和可靠性，同时增加一些特定的功能和流程，以满足企业的个性化需求。半定制化

WMS 系统提供了一定的灵活性和可扩展性,可以根据企业的需求进行定制开发,同时保留标准化 WMS 系统的可配置性,用户可以根据自身的发展需求,逐步扩展系统的功能和范围。另外,由于半定制化 WMS 系统基于成熟的标准化 WMS 平台,开发成本低实施周期短,节省成本和时间。

(3)定制化 WMS 系统 定制化 WMS 系统是为适应企业的特定需求和业务流程而量身定制的仓库管理软件解决方案。与标准化 WMS 系统相比,定制化 WMS 系统更加符合企业的个性化要求,能够更精确地满足其仓库管理和物流运作的需求。

定制化 WMS 系统根据企业的实际业务流程、仓库布局、物料特性等因素进行开发,确保 WMS 系统能够紧密贴合企业的具体需求,避免功能冗余或不足。当业务规模扩大或流程变更时,定制化 WMS 系统可以进行功能扩展或模块升级,保持与企业需求的同步。另外,定制化 WMS 系统可以与其他工业软件系统(如 ERP、MES、SCM 等)进行无缝集成,实现数据共享和流程协同,提升整体供应链管理的效率和可见性。

需要注意的是,定制化 WMS 系统的开发和实施过程可能比标准化 WMS 系统更为复杂和耗时,同时成本也可能更高。因此,在决定是否进行定制化开发时,企业需要综合考虑自身需求、预算、时间等因素,并进行充分的评估和规划。

3. 按照技术架构分类

根据技术架构的不同,可以分为基于 C/S 架构的 WMS 系统、基于 B/S 架构的 WMS 系统。

(1)基于 C/S 架构的 WMS 系统 基于 C/S 架构的 WMS 系统是指采用客户端/服务器(Client/Server)架构进行设计和部署的仓库管理系统。在这种架构下,WMS 系统的操作功能和数据处理任务被合理分配到客户端和服务器端,以实现更高效、稳定和安全的仓库管理。

在 C/S 架构的 WMS 系统中,客户端通常是安装在仓库管理人员的计算机或移动设备上的应用程序,而服务器端则是部署在企业的服务器或云平台上的系统后台,客户端和服务器端通过网络连接进行通信和数据交换。由于客户端和服务器端各自承担不同的任务,通过合理的任务分配和并行处理,可以提高 WMS 系统的整体运行效率。

(2)基于 B/S 架构的 WMS 系统 基于 B/S 架构的 WMS 系统是指采用浏览器/服务器(Browser/Server)架构进行设计和部署的仓库管理系统。在这种架构下,WMS 系统的操作界面和功能通过 Web 浏览器呈现给用户,而系统的数据处理和存储则在服务器端完成。

由于操作界面通过 Web 浏览器展示,用户可以在任何支持 Web 浏览器的设备上访问系统,无须安装特定的客户端软件,实现了跨平台和跨地域的仓库管理。另外,B/S 架构使得 WMS 能够实时地响应用户的操作请求,并及时更新仓库数据和状态,可以随时随地查看最新的库存信息、订单状态和作业进度。

4.2.3 WMS 系统发展历程

WMS 系统经历了从初步形成到技术成熟、功能丰富,再到智能化和自动化的发展历程。

1. WMS 系统国外发展历程

WMS 系统国外发展历程主要包括起源与初期发展阶段、技术进步与功能丰富阶段、成熟与普及阶段、自动化与智能化阶段四个阶段,如图 4.10 所示。

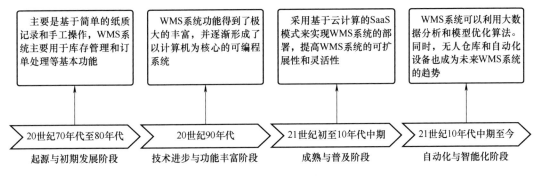

图 4.10　WMS 系统国外发展历程

（1）起源与初期发展阶段（20 世纪 70 年代至 80 年代）　20 世纪 70 年代，美国开始开发能够对仓库进行自动化监控和管理的系统，标志着 WMS 系统的初步形成。20 世纪 80 年代，随着计算机技术的发展和 ERP 系统的兴起，WMS 系统开始与现代化技术相结合，仓库监控功能逐渐完善，大量环境数据可以通过传感器收集并传输至监控端。这个阶段，主要是基于简单的纸质记录和手工操作，WMS 系统主要用于库存管理和订单处理等基本功能。

（2）技术进步与功能丰富阶段（20 世纪 90 年代）　20 世纪 90 年代，随着无线通信技术的迅速发展，基于无线网络的仓库监控系统逐渐占据主流市场。这个阶段的 WMS 系统功能得到了极大的丰富，包括入库管理、出库管理、库存管理、订单处理等，并逐渐形成了以计算机为核心的可编程系统。

（3）成熟与普及阶段（21 世纪初至 10 年代中期）　进入 21 世纪，随着数据库、云计算、物联网等技术的快速发展，WMS 系统逐渐走向成熟和普及。WMS 系统逐渐具备了智能化、标准化和安全化的远程监控与管理能力。例如，通过与 RFID 和传感器等设备的连接，WMS 系统可以实时监控仓库的温湿度、库存状况和货物位置等数据。同时，现代 WMS 系统不仅提供传统的仓库管理功能，还能与其他系统集成，提供更全面的物流解决方案。该阶段，许多企业开始采用基于云计算的 SaaS 模式（WMSaaS）来实现 WMS 系统的部署，降低了 IT 投资和运维成本，提高了 WMS 系统的可扩展性和灵活性。

（4）自动化与智能化阶段（21 世纪 10 年代中期至今）　近年来，随着人工智能、机器学习等技术的不断发展，WMS 系统开始进入自动化与智能化阶段。这个阶段的 WMS 系统可以利用大数据分析和模型优化算法，实现更精细的预测和计划，提高仓库资源的利用率和运作效率。同时，无人仓库和自动化设备也成为未来 WMS 系统的趋势，例如 AGV 自动引导车和机器人拣选系统可以实现仓库内货物的自动搬运和拣选，减少人为错误和人力成本。

2. WMS 系统国内发展历程

WMS 系统国内发展历程主要经历了萌芽期、探索期、快速发展与升级改造期三个阶段，如图 4.11 所示。

（1）萌芽期（20 世纪 80 年代至 20 世纪末）　20 世纪 80 年代末至 90 年代初，WMS 系统开始在国内大型企业中应用，但系统功能相对简单，主要用于解决基本的货物存储、提取和配送需求。北京汽车厂于 1980 年建立了国内首个全自动立体仓库，标志着仓库管理的现代化理念开始在中国萌芽。进入 20 世纪 90 年代后期，随着计算机技术的飞速发展和自动化

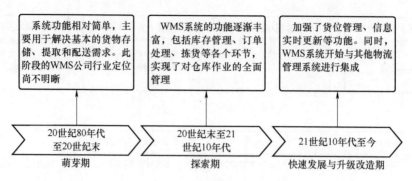

图 4.11　WMS 系统国内发展历程

控制的实现，一些先锋企业如联想等，开始成功应用较为先进的物流系统，为中国企业的 WMS 系统的发展奠定了基石。

（2）探索期（20 世纪末至 21 世纪 10 年代）　进入 21 世纪，随着物流业的快速发展和企业对仓库管理效率的要求提高，WMS 系统开始在我国得到更广泛的应用。这一阶段，WMS 系统的功能逐渐丰富，包括库存管理、订单处理、拣货、打包、发货等各个环节，实现了对仓库作业的全面管理。同时，随着 RFID 技术、条码技术等的应用，WMS 系统的数据采集和识别能力得到提升，进一步提高了仓库管理的准确性和效率。

（3）快速发展与升级改造期（21 世纪 10 年代至今）　2010 年以来，随着电商行业的迅速崛起和物流行业的持续发展，WMS 系统迎来了快速发展的机遇。这一阶段，WMS 系统不断进行升级改造，加强了货位管理、信息实时更新等功能，解决了爆仓、错发漏发等问题，提高了仓库管理的顺畅性和效率。同时，WMS 系统开始与其他物流管理系统进行集成，如 TMS（Transportation Management System，运输管理系统）、OMS（Order Management System，订单管理系统）等，实现了物流信息的共享和协同作业，进一步提升了整体物流运作的效率。此外，随着人工智能、大数据分析等技术的不断发展和应用，WMS 系统也开始向智能化方向升级和转型，为仓库管理带来了更多的创新价值。

3. WMS 系统的发展方向与趋势

当前，随着信息技术的高速发展，WMS 系统成为企业广泛应用的一项重要的工业软件系统。WMS 系统通过对仓库存货的管理和控制，实现了原材料和成品的有效利用和规划管理。目前，WMS 系统已经被广泛应用于物流和仓储管理领域，并逐渐成为物流业和制造业的主要管理工具之一。

未来，WMS 系统的发展方向与趋势主要表现在智能化、云端化、集成化、数字化等几个方面，如图 4.12 所示。

（1）智能化　随着人工智能技术的不断进步，WMS 系统将越来越智能化。通过引入机器学习、深度学习等先进技术，WMS 系统能够自动优化仓库布局、提高拣货效率、预测库存需求等，从而减少人工干预，提高仓库作业的自动化水平。例如，利用历史数据和流量预测，

图 4.12　WMS 系统的发展方向与趋势

WMS 系统可以实现自动化的库存管理和货物分配，避免货物积压和滞留。

（2）云端化　随着云计算技术的普及，越来越多的 WMS 系统将采用云端部署方式。云端 WMS 系统不仅可以实现数据的集中存储和备份，还可以提供灵活的扩展能力和高可用性，满足企业不断增长的业务需求。同时，云端 WMS 系统还可以降低企业的 IT 成本，提高系统的可伸缩性和可靠性，同时也方便企业进行远程管理和移动办公。

（3）集成化　未来，为了更好地适应企业复杂的业务流程和多样化的需求，WMS 系统将向集成化方向发展。通过与其他工业软件系统（如 MES、APS、TMS、OMS 等）的集成，WMS 系统能够实现物流信息的共享和协同作业，提高整体物流运作效率。同时，集成化的 WMS 系统能够提供丰富的 API 接口和模块化功能，方便企业进行定制化和二次开发。此外，WMS 系统还将与各种自动化设备和新型物流设备进行集成，如 AGV、传输带、升降机等，以实现仓库作业的智能化。

（4）数字化　数字化是现代仓库管理的重要趋势，数字化使仓库的各项数据和信息能够被实时记录、分析和共享。WMS 系统将通过引入数字孪生、三维可视化等先进技术，实现对仓库作业的实时监控和可视化管理。这不仅可以提高仓库管理的透明度和效率，还可以为企业决策提供有力支持。

4.2.4　WMS 系统基本功能

通过应用 WMS 系统，用户可以优化从货物入库到出库的所有仓储活动，以及延伸至扩展供应链的活动，包括收货、存储、拣配、包装和装运等。WMS 系统的基本功能主要包括基本信息管理、上架管理、库存管理、订单处理、拣选与发货管理、报表与数据分析、集成与协同等，如图 4.13 所示。

1. 基本信息管理

WMS 系统支持对物料（含半成品、成品）基本信息进行设置，如品名、规格、生产厂家、产品批号、生产日期、有效期和包装规格等。

此外，WMS 系统还能对所有货位进行编码并将其存储在系统的数据库中，使系统能有效的追踪商品所处位置，便于操作人员根据货位号迅速定位到目标货位在仓库中的物理位置。

2. 上架管理

WMS 系统可以根据商品的属性、仓库的布局，以及存储策略等因素，自动计算出最佳上架货位，可以确保商品能够被高效、准确地存储，并最大限度地利用仓库空间。

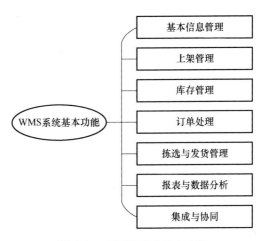

图 4.13　WMS 系统基本功能

WMS 系统在自动计算最佳上架货位的基础上，还支持人工干预，提供已存放同品种的货位、剩余空间，并根据避免存储空间浪费的原则给出建议的上架货位并按优先度排序，操作人员可以直接确认或人工调整。

3. 库存管理

WMS 系统能够实时监控仓库的库存情况，包括各种物料（含半成品、成品）的数量、位置、状态等信息，可以确保企业随时了解库存状况，以便及时做出补货、调拨等决策。WMS 系统具备自动补货功能，能够根据预先设定的库存阈值，自动发出预警信息，提醒管理人员及时补货。WMS 系统还支持自动补货功能，当库存量低于设定值时，自动触发补货任务，确保库存充足。

另外，WMS 系统还可以对库存进行全面的管理，主要包括库存查询、库存预警、库存盘点等功能，确保库存数据的准确性和实时性。

4. 订单处理

WMS 系统可以通过接口与外部销售系统（如电商平台、ERP 系统等）对接，自动接收销售订单信息，系统会对接收到的订单进行验证和确认，确保订单信息的准确性和完整性。在订单确认后，WMS 系统会根据仓库的库存情况和订单需求，自动进行库存分配并锁定相应的库存，确保订单能够按时发货。如果库存不足，系统会发出预警信息，提醒管理人员及时处理。

5. 拣选与发货管理

WMS 系统能够根据订单详情自动生成拣货任务，并优化拣货路径，拣货员按照系统指示进行拣选操作，可以提高拣选效率。另外，系统还支持对商品进行打包操作，生成相应的发货清单和包裹标签。同时，在拣选和发货过程中，WMS 系统能够实时监控作业进度，发现异常情况（如缺货、拣货错误、发货延误等）并及时进行预警和处理。

WMS 系统通过对拣选和发货作业的相关数据（如拣货时间、行走距离、发货准确率等）进行收集和分析，并提供针对性的优化建议，如调整货位布局、优化拣货路径、改进打包方式等，以提高拣选和发货效率。

6. 报表与数据分析

WMS 系统具备强大的报表与数据分析功能，它能够实时收集和整合仓库操作和物流数据（包括入库、出库、库存变动、订单处理等信息），并根据用户需求生成各种数据报表，如库存报表、订单报表、出入库报表、拣货报表等，这些报表以图表或表格的形式进行展示，方便仓库管理员进行查看和分析。

WMS 系统内置了数据分析工具，可以对收集到的数据进行深入挖掘和分析，例如，通过趋势分析、对比分析、占比分析等手段，可以发现仓库运营中的瓶颈、异常情况和优化机会，以帮助企业持续提升仓储管理水平。

7. 集成与协同

WMS 系统可以通过标准的 API 接口或特定的数据交换格式（如 EDI、XML 等）与外部其他工业软件系统（如 ERP、SCM、OMS 以及电商平台等）进行集成。通过这种集成，WMS 系统可以实时接收来自外部工业软件系统的数据（如销售订单、采购订单、发货通知等），并相应地更新仓库库存和作业状态。

WMS 系统还可以与企业内部的其他系统进行协同，如 WMS 系统与 TMS 系统的协同可以实现仓库与物流运输之间的无缝对接，确保订单及时配送；WMS 系统与 WMS 系统之间的协同可以支持多仓库、多区域的库存管理和调拨作业；WMS 系统与自动化设备（如自动拣货系统、自动分拣线）的协同可以提高仓库作业的自动化水平。

WMS 系统的集成与协同功能通过与外部系统和内部系统的连接和协同，实现了数据的共享、流程的优化和作业的协同，提高了企业的运营效率和竞争力。

除以上七项基本功能外，WMS 系统还具有退货管理、批次与序列号管理、费用管理等基本功能。这些基本功能共同构成了 WMS 系统强大的功能体系。

4.2.5　WMS 系统技术架构

WMS 系统的技术架构十分复杂，且没有统一、固定的标准。不同的 WMS 供应商和实施者可能会根据自己的需求和技术栈对 WMS 系统的技术架构进行不同的组织和命名。因此，在具体的实现中，结构层次划分和命名可能会有所差异。

本书以最典型的 WMS 系统的技术架构为例进行阐述。典型的 WMS 系统的技术架构一般分为五层，分别是用户界面层、应用逻辑层、数据管理层、集成与接口层和基础设施层，如图 4.14 所示。

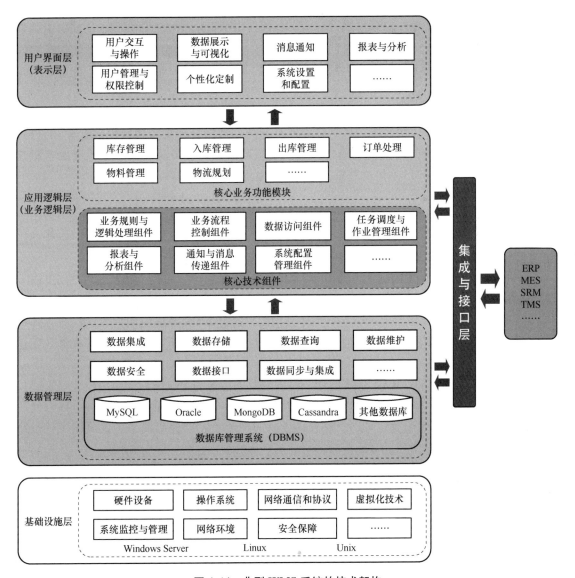

图 4.14　典型 WMS 系统的技术架构

在图 4.14 中，用户界面层、应用逻辑层、数据管理层、集成与接口层和基础设施层之间存在着紧密的关系和依赖。

用户界面层负责展示信息和接收用户输入，是用户与系统直接交互的界面。应用逻辑层处理用户界面层传递的请求，执行相应的业务逻辑，并将结果返回给用户界面层进行展示。这两层之间紧密协作，确保用户能够流畅地使用系统。

应用逻辑层在执行业务逻辑时，需要从数据管理层获取数据或向其存储数据。数据管理层负责数据的存储、检索、更新和删除等操作，确保数据的完整性、安全性和一致性。这两层之间的交互涉及大量的数据读写操作，是 WMS 系统核心功能的关键部分。

基础设施层提供底层硬件、网络和操作系统等基础设施资源，支持 WMS 系统的运行。所有其他层次都运行在基础设施层之上，依赖于它提供的计算、存储和网络连接等资源。基础设施层是 WMS 系统稳定运行的基石，其性能和安全性对整个系统的运行至关重要。

集成与接口层负责 WMS 系统与其他外部系统或平台之间的集成，通过 API、Web 服务等方式实现系统间的数据交换和通信。同时，它与应用逻辑层交互，将外部系统的请求转发给应用逻辑层处理，并将处理结果返回给外部系统；也与数据管理层直接交互，实现数据的同步和共享。这一层在 WMS 系统中扮演着"桥梁"的角色，确保系统能够与外部世界顺畅地交互。

上述这五个层次相互依赖、相互协作，共同构成了 WMS 系统的完整技术架构。用户界面层与用户直接交互；应用逻辑层处理核心业务逻辑；数据管理层负责数据的存储和管理；集成与接口层实现系统间的集成和通信；基础设施层提供底层资源支持。这些层次各司其职，相互配合，确保 WMS 系统的正常运行和高效性能。

1. 用户界面层

用户界面层（也称表示层），是 WMS 系统技术架构的最上层，负责提供直观、易用的操作界面，使用户能够方便地与 WMS 系统进行交互并完成各种仓库管理任务。用户界面层包括多种客户端类型，如 Web 浏览器、移动应用、桌面应用等。

WMS 系统用户界面层的核心功能组件主要包括用户交互与操作、数据展示与可视化、消息通知、报表与分析、用户管理与权限控制、个性化定制、系统设置和配置等。

（1）用户交互与操作　用户交互与操作是指用户通过 WMS 系统的用户界面执行各种仓库管理任务，并与系统进行实时的信息交流。这些任务主要包括入库操作、出库操作、库存查询、订单处理、数据录入等。

1）在用户交互方面，WMS 系统的用户界面层具备清晰的导航结构，使用户能够快速找到所需的功能和信息。同时，界面提供直观的交互元素，如按钮、链接、表单等，以方便用户进行操作。WMS 系统还能够对用户操作给予及时的反馈，如弹出消息、更改按钮状态或显示进度条等，以确保用户了解操作的结果和系统的状态。

2）在操作方面，WMS 系统的用户界面层提供灵活的数据录入方式，如手动输入、扫描条码、选择预设选项等，以满足不同场景下的操作需求。同时，WMS 系统还支持批量操作和自动化流程，以提高工作效率和减少人为错误。对于复杂的操作或任务，用户界面层还可以提供向导或步骤指引，以帮助用户逐步完成操作。

（2）数据展示与可视化　在 WMS 系统技术架构中，用户界面层负责数据展示与可视化，即将系统中的数据和信息以直观、易懂的方式呈现给用户。数据展示与可视化是 WMS

系统用户界面层的核心功能之一，它帮助用户快速获取所需信息，做出决策，并监控系统状态。

1）数据展示可以实时反映 WMS 系统中的最新数据。比如，当用户进行入库、出库操作时，库存数据可以立即更新，确保用户看到的是最新、最准确的信息。

对于大量数据，数据展示具备分页功能，可避免一次性加载过多数据导致界面卡顿，还提供搜索功能，可帮助用户快速定位到特定数据。除了概览数据外，用户界面层还具备数据详情展示功能。用户可以通过单击某条数据记录，查看该记录的详细信息，如订单明细、商品属性等。

同时，用户界面层具备对展示的数据进行筛选和排序功能，用户能够根据自己的需求查看特定条件下的数据。例如，用户可以筛选某一时间段的订单数据，或按照库存量从高到低排序商品列表。

2）用户界面层还具备数据可视化功能，可以将数据以图表、图形、图像等形式展示，如库存量柱状图、订单趋势折线图等。可视化能够帮助用户更直观地理解数据，发现数据中背后的趋势。

（3）消息通知　在 WMS 系统技术架构中，用户界面层具备消息通知功能，确保用户可以及时获得关于仓库操作、任务变更、库存状态等重要信息。消息通知是提升系统交互性和用户响应速度的关键环节。

1）消息通知具有实时性。消息通知可以实时推送给用户，确保用户能够第一时间获取相关信息，这对于及时处理紧急事件、避免延误至关重要。

2）消息通知具有多样性。消息通知方式多种多样，可以满足不同场景和用户的偏好。例如，系统可以通过弹窗、声音提示、短信、电子邮件等方式发送消息通知。

3）消息通知具有定制性。WMS 系统用户界面层允许用户根据自己的需求定制消息通知，用户可以设置通知的接收方式、频率、重要性等参数，以便更好地管理自己的工作流程。

4）消息通知具有可配置性。对于不同类型的消息通知，WMS 系统管理员能够进行配置和管理，例如，设置通知的触发条件、接收人员、通知内容等参数。

5）消息通知可以根据重要性和紧急程度进行分类和排序。例如，缺料预警、补料通知等紧急消息应该优先显示，以便用户能够迅速做出反应。

6）消息通知的历史记录可以保存在 WMS 系统中，方便用户随时查看过去的通知信息。这对于追溯问题、了解仓库运营情况非常有帮助。

（4）报表与分析　WMS 系统用户界面层负责将系统收集的大量数据转化为对用户有意义的报表和分析结果，以帮助用户做出更明智的决策，优化仓库运营。

WMS 系统用户界面层可以提供多种类型的报表，以满足不同用户的需求，这些报表主要包括库存报表、出入库报表、订单处理报表、员工绩效报表等。每种报表都以清晰、直观的方式展示数据，便于用户理解。为了满足用户特定的需求，用户界面层还允许用户自定义报表。用户可以选择他们想要查看的数据字段、设置报表的布局和样式，甚至可以定义自己的计算公式和逻辑。

除了静态报表外，用户界面层还支持交互式数据分析，用户可以通过界面上的控件（如筛选器、滑块、下拉菜单等）动态地改变报表的数据视图，以便更深入地了解数据背后的原因。

另外，用户界面层应允许用户将报表和分析结果导出为常见的文件格式（如 Excel、PDF、CSV 等），以便在其他系统或应用程序中使用。

（5）用户管理与权限控制　在 WMS 系统技术架构中，用户界面层在用户管理与权限控制方面扮演着关键角色，它负责确保只有经过授权的用户能够访问系统，并且每个用户只能根据其被赋予的权限执行相应的操作。用户管理与权限控制是保障 WMS 系统安全性和数据完整性的重要环节。

1）用户界面层负责用户的身份认证，主要是用户名和密码的验证，通过认证的用户才能够登录系统并获得访问权限。

用户界面层还具备用户界面定制功能，根据不同角色和用户的需求，用户界面层可以提供定制化的视图和布局。这样，用户只能看到与其工作相关的信息和功能，提高了工作效率和用户体验。

另外，对于大型企业或需要与其他系统集成的情况，WMS 系统的用户界面层可以支持单点登录功能。这意味着用户在使用 WMS 系统时无须重复输入凭据，提高了系统的可用性和便捷性。

2）用户界面层支持基于角色的权限管理。不同的角色（如仓库管理员、仓库操作员、物料配送员等）被赋予不同的权限集合，这些权限定义了用户可以执行的操作和可以访问的数据范围。

用户界面层具备权限分配的功能，允许 WMS 系统管理员为每个用户或角色分配适当的权限。权限可以细化到具体的功能点，如查看库存、执行出库操作、生成报表等。

（6）个性化定制　用户界面层负责提供灵活的用户界面定制选项，以满足不同用户的个性化需求和工作习惯。通过个性化配置，用户可以根据自己的喜好和工作流程定制系统界面，提高工作效率和用户体验。

通过实施个性化配置策略，WMS 系统用户界面层可以提供更灵活、更贴近用户需求的界面体验，有效提高用户的工作效率和满意度，同时降低系统的使用难度和培训成本。

（7）系统设置和配置　WMS 系统用户界面层提供了丰富的系统设置和配置功能，以满足用户根据自身需求进行个性化调整的需求。这些设置和配置不仅关乎系统的外观和操作感受，还直接关系到仓库管理的实际业务流程和执行效率。

1）在系统设置方面，用户可以根据个人喜好选择不同的界面风格或主题，比如深色模式、浅色模式或特定节日主题等，以提升工作时的视觉舒适度；可以自定义打印模板、打印纸张大小、打印方向（横向/纵向）等，以确保打印出的文档符合实际业务需求；还可以设置系统通知的方式和频率，如新订单到达时的声音提示、库存量低于警戒线时的邮件通知等。

2）在系统配置方面，用户可以配置仓库的具体地址、联系方式等基本信息，这些信息对于后续的物流管理至关重要；可以根据仓库的实际布局和存储需求，自定义货位的划分和命名规则，以实现更高效的货物存储和检索；还可以根据所管理货物的特性选择合适的计量单位（如件、箱、托盘等）。

通过系统设置和配置，WMS 系统的用户界面层不仅提供了个性化的用户体验，还确保了系统能够灵活地适应各种仓库管理场景和业务需求。

在 WMS 系统技术架构用户界面层，除以上功能组件外，一般还有任务与工作流程管理、搜索与过滤、帮助与支持、数据导入导出等功能组件，以满足 WMS 系统的具体需求和业务场景。这些功能组件共同构成了 WMS 用户界面层的功能基础，它们不仅提供了用户与系统交互所需的界面和工具，还确保了用户能够高效、准确地执行各种仓库管理任务。

需要注意的是，以上关于用户界面层的描述是基于典型的 WMS 系统技术架构进行的，但实际的实现可能因具体的软件供应商、软件版本和客户特定需求的不同而有所不同。在实际应用中，用户界面层可能会有更多的自定义选项和高级功能，以满足不同用户的特定需求。

另外，用户界面层的设计需要考虑到用户的操作习惯、易用性和可定制性，以提供最佳的用户体验。同时，用户界面层还需要与应用逻辑层紧密集成，确保用户输入的数据和命令能够正确地传递给下一层进行处理，并将处理结果以直观的方式展示给用户。

2. 应用逻辑层

应用逻辑层也称业务逻辑层，是 WMS 系统技术架构的核心部分，主要负责处理 WMS 系统的业务逻辑和数据交互。它位于用户界面层和数据管理层之间，起到了承上启下的作用，接收来自用户界面层的请求，并根据业务规则进行处理，然后将结果返回给用户界面层。

通常，WMS 系统的应用逻辑层可以被细分为两大部分：核心业务功能模块、核心技术组件。

（1）核心业务功能模块　主要包括库存管理、入库管理、出库管理、订单管理、物料管理、物流规划等。

1）库存管理。核心功能包括实时库存更新、库存状态监控、库存预警和通知、库存查询和报表、库存优化和策略管理、多仓库和库区管理等。

应用逻辑层负责实时更新库存信息。每当有入库、出库、移库或盘点等操作时，应用逻辑层会立即更新库存数据，确保库存信息的准确性和实时性。同时，监控库存的各种状态，如可用库存、预留库存、在途库存等，以帮助仓库管理人员及时了解库存情况，做出合理的库存决策。

应用逻辑层可以根据设定的库存阈值，自动触发库存预警和通知。当库存量低于最低阈值或高于最高阈值时，WMS 系统会通过界面提示、短信或电子邮件等方式及时通知相关人员，以便他们及时采取措施。

应用逻辑层提供强大的库存查询功能，支持按商品名称、编码、批次号、库位等多种条件进行查询。同时，还可以生成各类库存报表，如库存明细表、库存汇总表、库存预警报表等，帮助用户全面了解库存情况。

应用逻辑层还可以结合仓库的实际情况和业务需求，制定并执行库存优化策略，例如，根据商品的销售情况和库存周转率，自动调整库存上下限；根据先进先出或后进先出等原则，指导拣货和发货操作。

对于拥有多个仓库或库区的企业，应用逻辑层还能够提供集中式的库存管理功能。用户可以方便地切换不同的仓库或库区，查看和管理其库存信息。同时，系统还支持仓库之间的库存调拨和转移操作。

2）入库管理。应用逻辑层负责处理入库操作，包括接收货物、验收、上架等流程，它根据预设的规则和算法，确定货物在仓库中的存储位置，并生成相应的入库单和库存记录。

应用逻辑层负责接收并管理入库任务。这些任务可以来自于系统内部（如销售订单、生产订单等）或外部（如供应商发货通知等），应用逻辑层会对任务进行验证、分类和优先级排序，确保入库操作的顺利进行。同时，应用逻辑层根据仓库的实际情况和业务需求，制定并执行相应的入库策略，例如，确定货物的存储位置、上架顺序、批次管理规则等，这些策略有助于优化仓库空间利用率、提高入库效率和准确性。

应用逻辑层还可以监控入库操作的执行过程，包括接收货物、验收、打印入库标签、上架等环节。通过与自动化设备（如 RFID 读写器、条形码扫描器、堆高机等）的集成，应用逻辑层可以实现自动化、智能化的入库操作，减少人工错误和提高工作效率。

在入库操作完成后，应用逻辑层会立即更新库存信息，确保库存数据的准确性和实时性，以帮助仓库管理人员及时了解库存变化，为后续的出库、移库等操作提供准确的数据支持。当入库出现异常时，应用逻辑层还具备入库异常处理功能。在入库过程中，如果遇到异常情况（如货物损坏、数量不符、标签错误等），应用逻辑层会及时发出预警并通知相关人员进行处理。同时，系统还会记录异常处理过程和结果，为后续追溯提供依据。

另外，应用逻辑层提供丰富的入库报表和分析功能。用户可以方便地查询和统计入库数据，了解入库操作的效率、准确性及存在的问题。这些报表和分析结果有助于用户优化入库流程、提高仓库管理水平。

3）出库管理。在 WMS 系统技术架构中，应用逻辑层负责处理出库管理，根据订单信息或发货指令，验证订单的有效性，检查库存可用性，从仓库中挑选、打包和发货，并更新库存记录以反映出库操作。

应用逻辑层负责接收并管理出库任务。这些任务通常来自于销售订单、发货通知或其他出库需求。应用逻辑层会对任务进行验证、分解和优先级排序，确保出库操作按照正确的顺序和优先级进行。

应用逻辑层会根据订单的要求、库存状况、仓库布局等因素，制定并执行相应的出库策略，主要包括确定拣货路径、出库顺序、批次选择规则等，以优化出库效率和准确性。

应用逻辑层指导并监控出库操作的执行过程，包括拣货、打包、装载等环节。通过与自动化设备（如拣货机器人、输送带系统、称重设备等）的集成，应用逻辑层可以实现自动化、智能化的出库操作，减少人工错误和提高工作效率。

在出库操作完成后，应用逻辑层会实时更新库存信息，确保库存数据的准确性和实时性，以避免库存积压、缺货等问题，并为后续的入库、移库等操作提供准确的数据支持。当出库过程中出现异常时，例如，遇到异常情况（如货物损坏、数量不符、标签错误等），应用逻辑层会及时发出预警并通知相关人员进行处理，同时，系统还会记录异常处理过程和结果，为后续追溯提供依据。

应用逻辑层提供丰富的出库报表和分析功能，用户可以方便地查询和统计出库数据，了解出库操作的效率、准确性以及存在的问题。这些报表和分析结果有助于用户优化出库流程、提高仓库管理水平。

4）订单管理。应用逻辑层与订单管理系统集成，接收和处理订单信息。它验证订单的有效性，将订单分解为仓库任务，并跟踪订单的状态和进度，直到订单完成。

应用逻辑层负责接收来自不同渠道的订单，如销售平台、ERP 系统或手动输入等，并会对接收到的订单进行验证,确保订单信息的完整性和有效性。同时,应用逻辑层根据仓库的实际情况和业务流程,可以将大订单分解为多个小订单,或将多个小订单合并为一个大订单进行处理,以优化仓库作业效率和资源利用。

应用逻辑层具备库存分配与预留功能,会根据订单需求和库存情况,进行库存分配和预留操作,并根据设定的规则(如先进先出、后进先出)为订单分配相应的库存。

应用逻辑层可以实时更新订单状态,并提供订单跟踪功能。用户可以随时查询订单的状态、位置和预计交付时间等信息,以便及时了解订单处理进度。如果在订单处理过程中出现异常情况,如库存不足、订单取消、发货延误等,应用逻辑层会及时发出预警通知,并采取相应的处理措施,确保订单能够按时、准确地完成。

应用逻辑层提供丰富的订单报表和分析功能,可以帮助用户了解订单处理效率、准确性及存在的问题,帮助用户优化订单处理流程、提高客户满意度。

5)物料管理。在 WMS 系统应用逻辑层中,物料管理模块负责仓库中所有物料的基础信息管理和维护,允许用户添加、编辑和删除物料信息,包括物料的名称、编号、规格、品牌、型号、单位、分类等。通过维护准确的物料信息,可以确保仓库中的物料能够被正确识别和分类。

物料管理模块支持对物料进行多级分类,以便更好地组织和检索。用户可以根据物料的属性、用途或其他标准创建分类,并将物料分配到相应的分类中。

物料管理模块提供强大的查询功能,使用户能够根据各种条件(如物料名称、编号、规格等)快速检索到所需的物料信息。它支持模糊查询、精确查询和组合查询等多种查询方式,以满足用户不同的查询需求。

物料管理模块还可以跟踪物料的状态,如正常、损坏、过期等。当物料状态发生变化时,系统会自动更新状态信息,并可能需要触发相应的业务流程(如报废处理、重新采购等)。

在 WMS 系统中,物料信息与库存数据紧密关联,物料管理模块可以显示物料的当前库存量、所在位置等信息。当物料发生入库、出库操作时,库存数据会实时更新,确保物料信息与库存数据的一致性。

根据用户需求,物料管理模块可以生成各种物料报表,如物料清单、分类统计报表、库存报表等。这些报表可以帮助用户更好地了解仓库中物料的分布、使用情况等信息,为决策提供数据支持。

6)物流规划。应用逻辑层可以根据仓库的布局、货物的属性和订单的要求,进行物流规划,确定最佳的拣货路径、出库顺序和装载方案,优化仓库作业流程,提高物流效率。

应用逻辑层具备路径优化功能,可以根据仓库的布局、货物的存储位置及订单的要求,计算出最佳的拣货路径,通过减少拣货员在仓库中的行走距离,提高拣货效率。

应用逻辑层可以根据订单的紧急程度、货物的存储位置等因素,确定出库的优先级和顺序,确保紧急订单能够优先处理,同时减少仓库内部的混乱。

对于需要运输的货物,应用逻辑层根据货物的尺寸、重量及运输工具的容量等因素,可以制订出合理的装载计划,确保运输工具的空间得到充分利用,降低运输成本。

通过与仓库内的自动化设备(如自动拣货系统、输送带、堆高机等)进行集成,应用逻辑层可以实现对这些设备的智能控制,提高仓库的物流处理效率。

应用逻辑层具备实时库存与物流信息更新功能，确保在进行物流规划时使用的是最新的数据，避免因为信息滞后而导致的物流规划错误。在物流规划过程中，如果遇到异常情况（如设备故障、库存不足等），应用逻辑层能够及时调整物流规划，确保仓库作业能够顺利进行。

需要注意的是，除了上述核心业务功能模块，WMS 系统应用逻辑层还有任务管理、数据同步与集成、用户权限管理等其他业务功能模块，以满足 WMS 系统的具体需求和业务场景。所有业务功能模块共同构成了 WMS 系统应用逻辑层的功能基础。

另外，不同的 WMS 系统可能具有不同的功能模块划分和命名方式，上述仅是一些常见的核心业务功能模块阐述。在实际应用中，WMS 系统的功能模块还可能根据特定行业的需求进行定制和扩展。

（2）核心技术组件　为了以上业务功能的实现，WMS 系统应用逻辑层封装了多个核心技术组件，主要包括业务规则与逻辑处理组件、业务流程控制组件、数据访问组件、任务调度与作业管理组件、报表与分析组件、通知与消息传递组件、系统配置管理组件等。

1）业务规则与逻辑处理组件。WMS 系统应用逻辑层的业务规则与逻辑处理组件是确保系统按照既定的业务规则和逻辑进行操作的核心技术组件之一。它负责解析、执行和管理与仓库运营相关的各种规则和流程。这些规则和逻辑可能涉及入库、出库、库存管理、订单处理、货位分配、拣货策略等多个方面。

业务规则与逻辑处理组件能够解析系统中定义的业务规则，并根据这些规则执行相应的操作。例如，当收到一个新的入库订单时，组件会根据库存情况、货位分配规则等确定最佳的存储位置。

同时，业务规则与逻辑处理组件能够管理和控制 WMS 中的业务流程，确保各个流程环节按照正确的顺序和条件执行。例如，在出库流程中，组件会检查库存是否充足、订单状态是否正确等，然后才会触发拣货、打包、发货等后续操作。

在执行业务规则和逻辑之前，业务规则与逻辑处理组件会对输入的数据进行验证和处理，确保数据的准确性和完整性。例如，验证入库订单的数量、规格等信息是否符合要求。

当在业务规则和逻辑的执行过程中遇到异常情况时，业务规则与逻辑处理组件能够进行相应的处理，如记录错误信息、触发告警通知等。

WMS 系统应用逻辑层的业务规则与逻辑处理技术组件能够提高仓库管理的效率和准确性，降低人为错误和成本。

2）业务流程控制组件。在 WMS 系统应用逻辑层，业务流程控制组件是确保 WMS 系统内部各个业务流程能够高效、准确地执行的核心技术组件之一。

业务流程控制组件负责管理和控制 WMS 系统中的业务流程，确保各个流程环节能够按照正确的顺序和条件执行。它通过对业务流程进行建模、监控和调度，实现对 WMS 系统内部各种复杂业务流程的有效管理，提高了仓库管理的效率和准确性。

业务流程控制组件支持对 WMS 系统中的业务流程进行建模和定义。通过图形化界面或配置文件等方式，用户可以描述业务流程的各个环节、环节之间的关系及执行条件等。

在业务流程执行过程中，业务流程控制组件会对各个环节的执行状态进行实时监控。它可以追踪流程实例的执行进度，记录关键节点的状态信息，并提供可视化的流程监控界面，方便用户随时了解流程的执行情况。

业务流程控制组件负责根据流程定义和业务规则对流程实例进行调度和执行。它会根据当前的系统状态、资源情况等因素，智能地安排流程实例的执行顺序和时间，确保各个流程能够高效、有序地进行。

当业务流程执行过程中遇到异常情况时（如数据错误、操作失败等），业务流程控制组件能够进行相应的异常处理。它可以触发异常处理流程，记录错误信息，并通知相关人员进行问题排查和解决。

3）数据访问组件。在 WMS 系统应用逻辑层，数据访问组件是负责与数据存储层交互，实现数据读取、写入、更新和删除等操作的核心技术组件之一。

数据访问组件在 WMS 系统中扮演着桥梁的角色，它连接应用逻辑层和数据存储层，使应用逻辑层能够方便地访问和操作数据库或其他数据存储系统中的数据。该组件封装了底层数据访问的细节，为应用逻辑层提供了统一、简化的数据访问接口。

数据访问组件能够根据应用逻辑层的请求，从数据库或其他数据存储系统中读取所需的数据。它支持各种查询方式，如条件查询、排序查询、聚合查询等，以满足不同的业务需求。

当应用逻辑层需要向数据库或其他数据存储系统中写入数据时，数据访问组件负责将数据正确地写入指定的存储位置。它处理数据的插入、更新等操作，并确保数据的完整性和一致性。

数据访问组件支持对数据库或其他数据存储系统中的已有数据进行更新操作。它可以根据应用逻辑层的请求，修改指定数据的值或状态，以满足业务处理的需要。

当某些数据不再需要时，数据访问组件负责从数据库或其他数据存储系统中删除这些数据，并确保被删除的数据不会影响系统的正常运行和其他数据的完整性。

在多个数据操作需要同时完成时，数据访问组件提供事务管理功能。它确保一系列的数据操作要么全部成功，要么全部失败回滚，以保持数据的一致性。

4）任务调度与作业管理组件。在 WMS 系统应用逻辑层，任务调度与作业管理组件是负责协调、管理和执行系统内部各种任务和作业的核心技术组件之一。

在 WMS 系统中，许多操作和流程都需要被划分为一系列的任务和作业来执行，如库存盘点、订单处理、货物搬运等。任务调度与作业管理组件负责对这些任务和作业进行调度、分配、监控和管理，确保它们能够按照既定的计划、顺序和优先级高效执行。

任务调度与作业管理组件能够根据系统当前的资源状况、任务的优先级和依赖关系等因素，智能地对任务进行调度和分配，确保各个任务能够在合适的时间、由合适的资源来执行，避免资源的浪费和冲突。

作业是任务的具体执行单元，一个任务可能包含多个作业。任务调度与作业管理组件负责创建、分配、监控和结束作业，确保作业能够按照既定的流程和顺序执行，并在执行过程中收集相关的数据和状态信息。

任务调度与作业管理组件能够实时监控任务和作业的执行状态，包括执行进度、是否成功、异常信息等。当发现异常或错误时，它能够及时触发相应的处理机制，如重试、回滚或通知管理员。

为了便于问题的追踪和排查，任务调度与作业管理组件会详细记录任务和作业的执行日志，包括执行时间、执行人员、执行结果等信息，这些执行日志可以用于后续分析。

不同的任务和作业可能具有不同的优先级，任务调度与作业管理组件能够根据优先级对任务和作业进行排序和调度，确保高优先级的任务能够优先得到处理。

WMS 系统应用逻辑层中的任务调度与作业管理组件确保系统内部各种任务和作业能够高效、有序执行，它通过对任务和作业进行智能调度和管理，提高了 WMS 系统的整体运行效率和可靠性。

5）报表与分析组件。WMS 系统应用逻辑层中的报表与分析组件是负责生成、展示和分析仓库运营数据的核心技术组件之一。

在 WMS 系统中，报表与分析组件通过收集、整合和处理仓库运营数据，生成各种统计报表和分析结果，帮助用户了解仓库的运营状况、识别问题和优化机会，提高仓库管理的效率和准确性。这些报表和分析结果可以以图表、表格、仪表板等形式展示，提供直观、清晰的数据视图。

报表与分析组件能够从 WMS 系统的各个模块中收集运营数据，如入库、出库、库存、订单、作业等，并进行整合和清洗，确保数据的准确性和一致性。

基于收集到的数据，报表与分析组件能够生成各种标准或定制的报表，如库存报表、出入库报表、订单统计报表等。这些报表可以按照不同的时间周期（如日、周、月、年）和维度（如商品、货位、客户等）进行汇总和展示。

除了基本的报表生成功能外，报表与分析组件还提供数据分析功能，如趋势分析、对比分析、关联分析等。这些分析可以帮助用户深入了解仓库的运营趋势、识别潜在问题和提出改进措施。

为了方便用户直观地了解数据和分析结果，报表与分析组件提供丰富的数据可视化工具，如图表、地图、仪表板等。用户可以根据需要选择合适的可视化方式展示数据和分析结果。

为了满足不同用户的个性化需求，报表与分析组件通常提供自定义和扩展性支持。用户可以根据自己的需要定义报表的格式、内容和展示方式，或者通过编程接口（API）扩展组件的功能。

6）通知与消息传递组件。在 WMS 系统应用逻辑层，通知与消息传递组件是负责在系统内部及系统与外部实体之间传递信息和通知的核心技术组件之一。

在 WMS 系统的日常运作中，及时、准确地传递信息对于确保流程的顺畅和协同工作的效率至关重要。通知与消息传递组件负责生成、管理、发送和接收各种类型的通知和消息，这些通知和消息可能涉及任务状态更新、库存变动、订单处理进展、系统异常提醒等。该组件提供 WMS 系统中的协同工作、流程监控和异常处理等功能。

通知与消息传递组件能够根据系统事件、用户操作或业务规则自动生成相应的消息，包括文本、数字、状态代码或其他格式的数据。

通知与消息传递组件负责管理通知的发送、接收和确认过程。通知可以通过电子邮件、短信、系统内部通知等多种方式发送给用户或其他系统。

通知与消息传递组件使用消息队列技术来异步处理消息，确保即使在高负载情况下，消息的传递也不会丢失或被阻塞。

通知与消息传递组件可以根据消息的类型、目的地和优先级，智能地将消息路由到正确的接收者。

通知与消息传递组件可以记录所有消息和通知的发送、接收和处理日志,用于后续的审计和故障排查。

通知与消息传递组件提供 API 或插件机制,以便与其他系统进行集成或扩展消息传递功能。

7)系统配置管理组件。WMS 系统应用逻辑层中的系统配置管理组件是负责 WMS 系统的配置、初始化、参数设置及系统级功能的核心技术组件之一。

系统配置管理组件在 WMS 系统中扮演着至关重要的角色,它负责管理和维护系统的各项配置信息,确保系统能够根据这些配置信息正确地运行和响应各种业务场景。这些配置信息主要包括系统的基础设置、用户权限、业务流程规则、数据映射关系等。

该组件是确保 WMS 系统能够根据配置信息正确运行和响应各种业务场景的关键。它通过提供完整的配置参数管理、用户与权限管理、业务流程配置等功能,确保 WMS 系统的灵活性、可配置性和安全性。

除了上述核心技术组件外,WMS 系统应用逻辑层还包含其他技术组件,如用户权限管理、事务管理、集成与接口、日志管理等,以满足系统的具体需求和业务场景。

所有组件相互关联、相互作用、协同工作,共同构成了 WMS 系统的核心功能,确保 WMS 系统能够准确、高效地执行仓库管理任务,并提供所需的数据支持和决策依据。

需要注意的是,不同软件厂商、不同版本的 WMS 系统可能会有不同的技术架构和技术组件划分,上述内容只是一种典型的划分方式。在实际应用中,应根据具体的 WMS 系统设计需求来确定其应用逻辑层的核心技术组件。

3. 数据管理层

在 WMS 系统技术架构中,数据管理层主要负责数据的存储、管理、查询、安全及与其他系统的数据交互。

WMS 系统数据管理层的核心功能模块主要包括数据集成、数据存储、数据查询、数据维护、数据安全、数据接口、数据同步与集成等。

(1)数据集成 数据集成是指将来自不同源头、格式和性质的数据有效地整合到一起,使这些数据能够在统一的平台或系统中被处理和利用。

数据管理层负责将来自不同模块、系统或设备的数据进行集成,确保数据的统一性和一致性,以便进行后续的数据处理和分析。

在数据集成过程中,数据管理层需要能够识别不同数据源中的相同或相关数据实体,并建立它们之间的映射关系。当进行数据查询、报表生成或数据分析时,系统能够准确地关联和展示这些数据。

数据管理层具备实现数据同步和更新机制,能够监控数据源的变化,及时将最新的数据同步到集成系统中,并更新已集成的数据,以确保集成后的数据始终保持最新状态。

另外,在进行数据集成时,数据管理层采用加密技术、访问控制等措施,确保在数据传输和存储过程中数据的安全不被泄露。

通过数据集成功能,WMS 系统的数据管理层能够将分散在不同系统和设备中的数据进行有效整合,为仓库管理提供全面、准确的数据支持,帮助企业实现仓库运营的数字化、智能化和高效化,提升仓库管理的水平和效率。

(2)数据存储 数据管理层负责数据存储,确保数据的安全性、可靠性、高效性和可扩展性。

数据管理层需要根据 WMS 系统的需求选择合适的数据库系统，常用的关系型数据库主要有 MySQL、Oracle 等，非关系型数据库主要有 MongoDB、Cassandra 等。

对于大规模数据，数据管理层采用数据分区或分片技术，将数据分散存储在多个数据库或服务器上，可以提高数据处理的并行性，减少单个数据库或服务器的负载，提升整体性能。

数据管理层提供数据备份策略和数据恢复机制，定期备份重要数据以防数据丢失，同时还能够在数据损坏或丢失时迅速恢复数据，确保业务的连续性。

（3）数据查询 数据管理层提供高效、灵活的数据查询功能，使用户能够检索、访问和获取存储在 WMS 系统中的各种数据，以支持仓库管理和物流运营等业务流程。

数据管理层通常支持 SQL（结构化查询语言）或类似的查询语言，使用户能够编写灵活且强大的查询语句，以满足不同场景下的数据需求。对于需要即时响应的查询请求，数据管理层能够实时查询处理，即能够迅速检索数据、处理查询请求，并返回结果，以满足用户对实时数据的需求。

对于涉及大量数据或多个数据表的复杂查询，数据管理层采用查询优化技术，如索引使用、查询重写和查询计划优化等，以提高查询性能并减少查询响应时间。

数据管理层支持根据特定条件对数据进行过滤，以返回符合条件的数据子集。同时，用户还可以根据需要对查询结果进行排序，以便更好地分析和理解数据。

对于需要进行数据分析和统计的场景，数据管理层提供聚合和分组功能。用户可以对数据进行求和、平均值、最大值、最小值等聚合操作，并将数据按照特定字段进行分组，以便更好地理解数据分布和趋势。

为了提高查询性能，数据管理层采用缓存机制，对于频繁查询的数据，系统将其缓存在内存中，以便快速响应后续的相同查询请求，减少数据库访问次数。

（4）数据维护 数据维护是数据管理层的核心功能之一，它涵盖了数据的整个生命周期，从数据创建到数据退役，主要负责数据的定期备份、恢复、清理和优化，确保数据库的性能和稳定性，以及数据的准确性和完整性。

在数据录入或导入 WMS 系统之前，数据管理层进行数据验证和校验，确保数据的准确性和合规性，主要包括检查数据格式、数据类型、数据范围及与其他数据的一致性等方面。

数据管理层具备数据清洗与整理功能，可以清洗和整理数据，去除重复、无效或错误的数据，填充缺失值，并对数据进行规范化处理，以确保数据的质量和一致性，提高后续数据分析和决策的准确性。

对于需要追踪数据变更的场景，数据管理层提供数据版本控制功能，它记录数据的每次变更历史，包括变更时间、变更内容和变更者等信息，以便后续追溯。

数据管理层还具备数据归档与退役功能，可以根据业务需求和数据保留策略，对数据进行归档和退役处理。归档是将不再频繁使用的数据移动到低成本的存储介质中，以释放系统资源。退役是在数据生命周期结束时，对数据进行彻底删除或匿名化处理，以确保数据安全和隐私保护。

另外，数据管理层还往往具备数据监控机制，实时监控数据的状态、性能和异常情况。一旦发现数据异常或潜在问题，它会触发报警通知，以便相关人员及时介入处理，保障数据的稳定性和可靠性。

（5）数据安全　在 WMS 系统技术架构中，数据安全是确保 WMS 系统中数据的完整性、机密性和可用性的关键要素，对于保护企业敏感信息和业务连续性至关重要。数据管理层通过访问控制、加密传输、数据审计等机制，确保数据的安全性和保密性，防止数据泄露和非法访问。

数据管理层实施严格的访问控制机制，确保只有经过授权的用户才能访问敏感数据。通过身份验证和授权机制，对数据的访问进行严格的限制和监控，防止未经授权的访问和数据泄露。

为了保护数据在传输和存储过程中的安全，数据管理层采用加密技术对数据进行加密处理。通过使用加密算法对敏感数据进行加密，确保数据在传输过程中不被窃取或篡改，以及在存储时保持机密性。

另外，为了保护 WMS 系统免受网络攻击和恶意入侵，数据管理层通常会配置防火墙和入侵检测系统。防火墙用于监控和控制进出 WMS 系统的网络流量，阻止未经授权的访问。入侵检测系统则用于实时监测和分析系统日志和网络流量，检测并响应潜在的安全威胁。

（6）数据接口　数据接口是 WMS 系统与其他系统或组件进行数据交互的桥梁，它负责数据的传输、格式转换和协议适配等功能。

数据管理层提供标准的数据接口和 API，方便与其他系统进行数据交互和集成，实现数据的共享和流通。

数据接口支持 WMS 系统与其他系统之间的数据传输，包括从外部系统接收数据，如采购订单、销售订单等，以及将 WMS 系统内的数据发送给外部系统，如库存状态、发货通知等。数据接口需要确保数据的准确、可靠和高效传输。

由于不同的系统可能采用不同的数据格式和标准，数据接口负责将数据从一种格式转换为另一种格式，以满足不同系统之间的数据交互需求，主要包括数据类型的转换、数据结构的调整及数据编码的转换等。

另外，数据接口支持多种通信协议，以适应不同的系统环境和需求。它可以处理各种标准的和自定义的通信协议，确保 WMS 系统能够与其他系统进行顺畅的数据交互。

数据接口还具备良好的可扩展性和灵活性，可以方便地添加新的接口以适应新的业务需求和系统变化。同时，数据接口支持定制化的开发，以满足特定系统的特殊需求。

（7）数据同步与集成　在 WMS 系统技术架构中，数据管理层数据同步与集成功能模块是确保 WMS 与其他工业软件系统（如 ERP、CRM、SCM 等）之间实现数据一致性和信息流畅的关键组件。

数据同步与集成功能模块负责 WMS 系统与其他相关系统之间的数据交换、共享和同步，确保各个系统使用的数据保持最新、准确和一致。它通过多种同步机制和集成技术，实现数据的无缝对接和流转。

该功能模块确保当 WMS 系统中的任何数据发生变化时（如库存变动、订单处理、物流更新等），相应的更新都能实时地反映到其他相关系统中，从而保持数据的实时性。

对于不需要实时更新的数据或出于性能优化的考虑，支持定期（如每小时、每日或每周等）进行批量数据同步。

通过 API 接口、Web 服务、消息队列（如 Kafka、RabbitMQ 等）或中间件（如 ETL 工具）等技术，数据同步与集成功能模块可以实现 WMS 与其他工业软件系统的数据集成和交换，包括数据的导入、导出、转换和映射等过程。

由于不同系统可能使用不同的数据格式和标准，该模块还负责将数据从一种格式转换为另一种格式，并确保数据字段的正确映射。

除以上核心功能模块外，WMS 数据管理层还可能包含其他功能模块，如数据事务管理模块、数据报表与分析模块等，以满足 WMS 系统的具体需求和业务场景。

所有功能模块共同构成了 WMS 系统技术架构中的数据管理层，它们协同工作以满足系统的数据存储、访问、查询、安全、同步和报表等需求。需要注意的是，具体实现时，可能会因不同的 WMS 系统和业务需求而有所差异。

在 WMS 系统技术架构中，数据管理层通常与应用程序逻辑层、用户界面层等紧密协作，以提供完整的仓库管理解决方案。

4. 集成与接口层

集成与接口层主要负责 WMS 系统与其他工业软件系统的集成和接口管理，实现数据的共享和流程的协同。通过与其他工业软件系统（如 ERP、MES、SRM、TMS 等）进行集成，WMS 系统可以更加高效地完成仓库管理任务，提高整个供应链的协同效率。

集成与接口层与应用逻辑层交互，将外部系统的请求转发给应用逻辑层处理，并将处理结果返回给外部系统；同时，也与数据管理层直接交互，实现数据的同步和共享。

（1）集成层　集成层的主要功能是将 WMS 系统与各种外部工业软件系统（如 ERP、MES、SRM、TMS 等）进行连接和整合。通过集成层，WMS 系统能够接收来自外部工业软件系统的数据，如采购订单、销售订单、库存变动等，并将处理后的结果数据发送回相应的系统，实现信息的共享和协同工作。

（2）接口层　接口层则主要提供与外部系统进行数据交互的具体方式和规范，它定义了数据交换的格式（如 XML、JSON 等）、通信协议（如 REST、SOAP 等）和接口标准，确保不同系统之间能够正确理解和解析数据。接口层支持多种通信方式，如 API（应用程序接口）、Web 服务、消息队列等，以满足不同系统之间的数据交互需求。

通过科学设计集成与接口层，WMS 系统能够与其他系统实现高效、可靠的数据交互和集成，提升仓库管理的整体效率和协同能力。同时，也为企业提供了更好的数据可见性和决策支持，促进了供应链的优化和业务的持续发展。

集成与接口层可以位于应用逻辑层的旁边或下方，具体取决于集成需求。

5. 基础设施层

WMS 系统技术架构的基础设施层是整个 WMS 系统的基础，它提供了 WMS 系统所需的硬件和软件基础设施，包括服务器、存储设备、网络设备、操作系统等，确保 WMS 系统的稳定运行和高效性能。

基础设施层的主要组成部分和功能包括硬件设备、网络环境、操作系统、虚拟化技术和安全保障等。

（1）硬件设备　基础设施层中的硬件设备主要有服务器、存储设备和网络设备等，是支撑整个 WMS 系统运行的物质基础，这些硬件设备为系统提供了必要的计算、存储、网络通信和数据传输等功能。

基础设施层中的服务器一般主要有两种，应用服务器和数据库服务器。应用服务器主要负责运行 WMS 系统的应用程序逻辑，处理来自客户端的请求，并与数据库服务器进行交互，执行相应的业务逻辑操作。数据库服务器专门用于存储、管理和维护 WMS 系统的数据库，包括商品信息、库存状态、订单数据等，数据库服务器需要具备高性能的处理器、大容量的内存和高速的存储设备，以应对大量的数据读写操作。

基础设施层中用到的存储设备主要有磁盘阵列（RAID）、固态驱动器（SSD）和磁带库等。磁盘阵列通过多个硬盘的组合和冗余技术，提供数据的高可用性和容错能力，同时提高数据的读写性能。与传统的机械硬盘相比，固态驱动器具有更快的读写速度和更低的延迟，适用于对性能要求较高的场景。而磁带库则主要用于长期备份和归档大量数据，成本较低但访问速度较慢。

基础设施层中用到的网络设备主要有交换机、路由器等。交换机主要用于构建局域网（LAN），连接 WMS 系统内部的各个服务器、工作站和其他网络设备，提供高速、稳定的数据传输通道。路由器则主要负责连接 WMS 系统与其他网络（如互联网、广域网等），实现不同网络之间的通信和数据传输。

（2）网络环境　基础设施层网络环境是确保 WMS 系统内部各个组件之间及系统与外部实体之间能够顺畅通信的关键要素。一个稳定、高效的网络环境对于 WMS 系统的整体性能和可用性至关重要。

基础设施层网络环境考虑的主要因素包括内部网络连接、外部网络连接、网络安全等。

1）内部网络连接。WMS 系统内部的服务器、工作站、打印机等设备通常通过局域网连接。局域网可以提供高带宽、低延迟的数据传输，确保系统内部操作的实时性和响应速度。对于需要移动性的场景，如仓库内的手持终端、叉车上的计算机等，网络接入方式则一般选用无线局域网（WLAN）。

2）外部网络连接。选用广域网（WAN）用于连接分布在不同地理位置的仓库或分支机构，实现跨地域的数据共享和协同工作。因工作需要，WMS 系统可能需要与企业外部系统（如供应商、客户、物流服务商等）进行通信，通信方式一般选用互联网。

3）网络安全。网络安全方面，一般配有防火墙、入侵检测系统/入侵防御系统（IDS/IPS）和 VPN（虚拟私人网络）。防火墙主要是部署在网络边界处的安全系统，用于监控和过滤进出网络的数据流量，防止未经授权的访问和潜在的网络攻击。入侵检测系统/入侵防御系统能够实时监测网络流量，发现异常行为并采取相应的防御措施。VPN 则为远程用户提供安全的网络连接，确保数据传输的机密性和完整性。

（3）操作系统　操作系统是 WMS 系统运行的基础平台，主要负责管理和控制硬件资源，为 WMS 应用程序提供统一的接口和服务。操作系统的主要功能包括资源管理、进程管理、设备管理和安全性管理。

1）资源管理。操作系统可以管理计算机的内存、处理器、硬盘等硬件资源，确保 WMS 系统能够高效地使用这些资源。

2）进程管理。操作系统负责创建、调度和终止 WMS 系统的各个进程，保证系统的并发性和实时性。

3）设备管理。操作系统提供设备驱动程序，使 WMS 系统能够方便地与各种硬件设备进行交互。

4）安全性管理。操作系统提供访问控制、加密和审计等安全机制，保护 WMS 系统的数据和应用程序免受未经授权的访问和攻击。

WMS 系统常用的操作系统主要有 Windows Server、Linux、Unix 等。在选择操作系统时，需要考虑 WMS 系统的需求、硬件兼容性、性能和安全性等因素。

（4）虚拟化技术　虚拟化技术是一种将物理硬件资源（如服务器、存储设备、网络设备等）抽象化为虚拟资源的技术，它允许在单一物理服务器上运行多个虚拟服务器，从而提高硬件资源的利用率，还可以让硬件资源分配和管理更加灵活，例如，可以根据 WMS 系统的需求动态调整虚拟服务器的配置和数量。

另外，虚拟化技术还可以提供故障切换和负载均衡等功能，确保 WMS 系统的高可用性和容错能力，还可以方便地备份和恢复 WMS 系统的虚拟机和数据，提高系统的灾难恢复能力。

WMS 系统常用的虚拟化技术包括 VMware、Hyper-V、KVM 等。在选择虚拟化技术时，需要考虑其与操作系统的兼容性、性能、管理工具和成本等因素。

（5）安全保障　基础设施层通过严格的访问控制、数据加密、网络安全、备份恢复、物理安全及安全审计和监控等措施，保护 WMS 系统的数据和应用程序免受未经授权的访问和攻击，能够确保 WMS 系统的基础设施层安全、稳定、可靠地运行。

在 WMS 系统技术架构中，基础设施层是确保系统稳定运行和高效性能的关键，它提供了所需的硬件、网络、存储和计算资源，并通过各种安全措施保护系统的数据和应用程序。一个稳定、可靠的基础设施层是 WMS 系统成功实施和持续稳定运行的基础。

需要注意的是，以上阐述的是典型的 WMS 系统五层技术架构，不同厂商或不同实施项目的 WMS 系统技术架构可能会有所差异，具体取决于企业的业务需求、技术选型和实施策略。因此，在实际应用中，应根据企业的实际情况对 WMS 系统的技术架构进行定制和优化。

4.2.6　WMS 系统应用的关键技术

WMS 系统集成了信息技术、无线射频技术、条码技术、电子标签技术、数据接口技术、WEB 技术及计算机应用技术等先进技术，将仓库管理、无线扫描、电子显示、WEB 应用有机的组成一个完整的仓储管理系统。其中的关键技术主要有无线射频技术、电子标签技术、数据接口技术等，如图 4.15 所示。

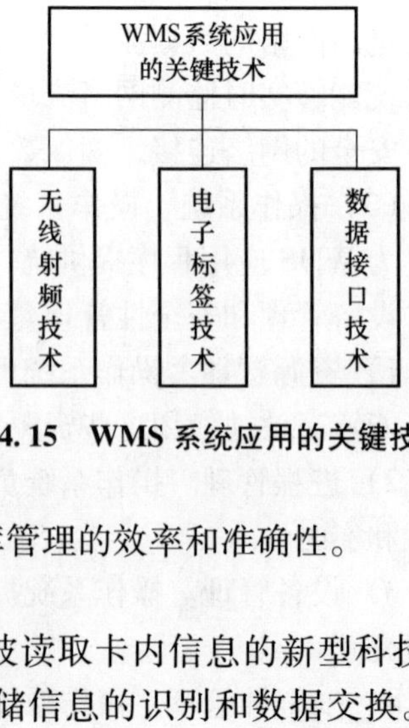

图 4.15　WMS 系统应用的关键技术

1. 无线射频技术

无线射频技术是一种非接触式的自动识别技术，它通过射频信号自动识别目标对象并获取相关数据，而且识别工作无须人工干预，可以工作于各种恶劣环境。无线射频技术使 WMS 系统实时数据处理成为可能，从而大大简化了传统的工作流程。在 WMS 系统中，无线射频技术被广泛应用于货物跟踪、快速盘点、出库管理等方面，提高了仓库管理的效率和准确性。

2. 电子标签技术

电子标签即射频卡，又称为感应卡，是一种通过无线电波读取卡内信息的新型科技 IC 卡，它成功地解决了无源和免接触这一难题，实现了标签存储信息的识别和数据交换。在

WMS 系统中，电子标签附着在待识别物体的表面，阅读器可以无接触地读取并识别电子标签中保存的信息，从而达到自动识别的目的。

3. 数据接口技术

数据接口技术是 WMS 系统与外部工业软件系统进行数据交换的关键。WMS 系统需要与上游的 TMS 系统、下游的 ERP 系统等进行数据对接，确保数据的实时性和准确性。数据接口技术负责定义数据格式、传输协议等，以实现不同系统之间的无缝对接。

除上述关键技术外，WMS 系统应用的关键技术还有物联网技术、系统集成技术等。这些关键技术共同构成了 WMS 系统的技术核心，使 WMS 系统在智能仓储管理领域发挥了巨大的作用。随着科技的不断发展，WMS 系统应用的关键技术也在不断更新和优化，以适应更复杂的智能仓储管理需求。

4.2.7 WMS 系统主要应用领域

目前，WMS 系统广泛应用于多个领域，不仅涵盖了电商企业仓库管理、智能制造，还广泛应用于销售物流和供应物流等场景。

1. 电商类存储仓库

随着电商的兴起，WMS 系统在电商类存储仓库中的应用越来越广泛。

（1）实时库存监控　WMS 系统可以实时监控仓库中的库存情况，包括库存数量、库存位置、库存状态等信息，可以帮助电商企业实时、准确掌握库存状况，避免库存积压和缺货现象，提高库存周转率。

（2）订单处理与拣货　WMS 系统可以自动接收并处理来自电商平台的订单信息，根据订单需求进行智能拣货，可以大大提高订单处理速度和拣货效率，缩短消费者等待时间。

（3）出库与发货管理　WMS 系统可以管理出库流程，确保货物按照正确的数量和地址进行发货。同时，WMS 系统还可以与 TMS 系统对接，实时跟踪货物的运输状态，为消费者提供准确的物流信息。

（4）退货与售后管理　WMS 系统可以处理退货请求，对退货商品进行检验、入库和退款等操作。此外，WMS 系统还可以提供售后服务支持，帮助电商企业解决售后问题，提高客户满意度。

（5）数据分析与决策支持　WMS 系统可以收集并分析仓库运营数据，为电商企业提供数据驱动的决策支持。例如，通过分析库存数据和销售数据，电商企业可以制定更合理的采购策略和促销策略。

2. 制造业仓库

在制造业领域，WMS 系统可以帮助企业管理生产线上的物料及成品仓库，从而实现对整个生产过程的精细化管理，可以帮助制造型企业提高生产率，减少废品和库存积压。

（1）原材料管理　WMS 系统能够追踪原材料的到货、入库、存储和发放过程，确保原材料供应的及时性和准确性。这对于制造型企业来说至关重要，因为原材料的稳定供应是生产顺利进行的基础。

（2）生产调度与协同　WMS 系统可以协助制造型企业进行生产计划和调度，实现生产线的平衡和优化。通过与生产管理系统（如 MES）的集成，WMS 系统可以实时获取生产订单和工艺路线信息，智能生成拣货、备料等任务，提高生产协同效率。

（3）库存管理　WMS 系统能够实时监控和管理库存水平，提供精确的库存数据，避免因库存过多或过少而导致的生产中断或资金浪费。通过设定安全库存、最大库存等参数，WMS 系统可以帮助企业制定合理的库存策略，优化库存结构。

（4）产品追溯与质量控制　WMS 系统可以跟踪产品的生产过程，从原材料到最终产品的出库，确保产品的可追溯性和质量控制。这对于需要满足严格质量要求的制造型企业来说尤为重要。

（5）集成与协同　WMS 系统可以与其他相关系统（如 ERP、TMS、SRM 等）进行集成，实现数据共享和协同作业，帮助制造型企业打破信息孤岛，实现业务流程的自动化和智能化，提高工作效率和准确性。

3. 零售业仓储管理

WMS 系统可以帮助零售商管理多个店铺的库存，同时优化商品采购、销售、配送等流程，提高库存周转率，降低库存成本。

（1）库存精确管理　WMS 系统可以精确管理零售业的库存，包括各类商品的数量、位置、状态等信息。通过实时更新库存数据，系统可以确保库存信息的准确性和及时性，从而避免库存积压和缺货现象。

（2）高效出入库管理　WMS 系统能够优化出入库流程，实现自动化、智能化的出入库操作。通过扫描商品条码或 RFID 标签，系统可以快速完成出入库任务，减少人工操作错误，提高工作效率。

（3）订单处理与配送　WMS 系统可以高效处理来自门店或线上平台的订单，包括订单的接收、确认、分配、拣货、打包、发货等流程。通过与配送系统的集成，WMS 系统还可以实现仓库与配送环节的无缝衔接，提高配送效率和准确性。

（4）数据分析与决策支持　WMS 系统能够收集并分析仓库运营过程中产生的各种数据，如库存周转率、订单满足率、出入库量等。通过对这些数据的分析，零售业管理者可以更好地了解市场需求和仓库运营情况，制定更合理的仓储策略和采购计划。

（5）环境监控与安全保障　WMS 系统还可以集成环境监控功能，实时监测仓库内的温度、湿度、烟雾等环境因素，确保货物的安全存储。这对于存放有特殊要求的货物（如食品、化妆品等）尤为重要。

4. 医药仓库

WMS 系统在医药仓库中的应用主要是对药品进行精准管理，确保药品的质量和安全。它可以帮助医药仓库管理药品库存、出入库流程、批次管理等，提高药品管理效率和安全性。

（1）药品批次与有效期管理　WMS 系统能够针对每一批次药品进行精细化管理，记录每个批次的入库时间、有效期等信息，并能及时提醒库存管理员关注即将过期的药品，帮助避免药品浪费，确保药品的安全和有效使用。

（2）供应链协同与追溯　WMS 系统可以实现供应链上的实时追踪和监控，准确掌握每个环节的库存情况，确保药品在运输过程中的安全性。同时，系统支持药品追溯，满足对药品的追溯需求，有助于保障公众健康和安全。

（3）库存优化与补货策略　WMS 系统能够根据实际需求对库存进行合理规划和控制，避免库存积压或缺货现象。WMS 系统还支持自动补货功能，当库存数量低于设定的安全警戒线时，会自动触发警报提醒，以便及时补充库存。

（4）质量管理与认证支持　WMS 系统拥有独立完善的质量管理功能模块，能对抽样送检、近效期管理等药品质量作业环节严格管控。此外，WMS 系统还支持医药认证，遵循国际国内的各类管理规范，满足企业对医药 GMP、GSP 等认证要求。

（5）集成与协同作业　WMS 系统可以与其他相关系统（如 ERP、TMS 等）进行集成，实现数据共享和协同作业，帮助提高医药仓储的自动化、信息化和智能化水平，降低人工成本，提高工作效率。

综上所述，WMS 系统在医药仓储中的应用有助于实现更高效、更智能的仓库管理，保障药品的质量和安全，提高药品的可追溯性及优化药品供应链。

5. 第三方物流仓库

作为供应链的重要组成部分，第三方物流仓库需要进行精细化管理。WMS 系统可以帮助第三方物流企业管理仓库的库存、出入库流程、运输管理等，提高企业运营效率和客户服务质量。

（1）提高作业效率　WMS 系统通过自动化和智能化的管理，能够优化仓库的作业流程，提高作业效率。例如，系统可以支持快速入库、出库、盘点等操作，减少人工干预和错误，提高操作准确性。

（2）精细化管理　WMS 系统可以实现仓库的精细化管理，包括库位管理、批次管理、序列号管理等。通过这些管理功能，第三方物流仓库可以更好地跟踪货物的流动情况，确保货物的准确性和可追溯性。

（3）库存优化　WMS 系统能够根据实际需求对库存进行合理规划和控制，确保库存量既满足需求，又不过度积压。系统可以支持多种库存优化策略，如安全库存、最大库存等，帮助第三方物流仓库降低库存成本，提高资金周转率。

（4）数据分析与决策支持　WMS 系统能够收集并分析仓库运营过程中产生的各种数据，为管理者提供有力的决策支持。例如，WMS 系统可以生成各类报表和图表，帮助管理者了解仓库的运营情况、问题所在和优化方向。

（5）协同与集成　WMS 系统可以与其他相关系统（如 TMS、ERP 等）进行无缝集成，实现数据共享和协同作业，帮助提高整个供应链的协同效率，降低运营成本。例如，WMS 系统可以与 TMS 系统集成，实现仓库与运输环节的无缝衔接，提高物流效率。

4.3　高级计划与排程系统（APS）

4.3.1　APS 的概念

APS（Advanced Planning and Scheduling），即高级计划与排程系统，是一种基于供应链管理和约束理论的生产控制类工业软件系统。APS 主要用于解决生产计划和调度的优化问题，通过对生产过程中的各种资源进行合理配置，提高生产率和降低生产成本。

APS 在考虑物料、设备、人员、供应商、客户需求和运输等影响计划的因素基础上，利用先进的规划管理技术（如限制理论、运筹学、遗传算法等），在有限资源下，寻求供给与需求之间的平衡规划。

1. 广义 APS 和狭义 APS 的概念

广义的 APS 不仅包含了专门用于生产排程和生产调度的系统（即狭义的 APS），还涵盖了更高层次的管理功能，如 ERP 系统的相应功能模块及通过固定格式设置好的电子表格。这样的系统能够处理更大规模和更复杂的生产计划和调度问题，同时也需要更全面和准确的数据支持。在实际应用中，广义的 APS 系统能够提供更广泛的功能和更灵活的定制选项，以满足企业的多样化需求。但需要注意的是，由于涵盖了更多的管理层面和功能模块，广义的 APS 系统在实施和运维上也可能面临更大的挑战和复杂性。

狭义的 APS 是指专门用于生产排程和生产调度的软件系统，主要用于对生产过程中的各种资源进行均衡和优化，以制订出最优的生产计划和排程，从而实现快速响应需求变化、提高生产率和资源利用率的目标。在实际应用中，狭义的 APS 系统通常需要结合企业的具体业务环境和需求进行定制和优化。

请注意，无论是广义还是狭义的 APS，其目标都是优化生产过程、提高效率，并实现更好的资源利用。在实际应用中，需要根据企业的具体需求和业务环境来选择合适的 APS 系统。

本书论述的对象主要是狭义的 APS，即 APS 软件系统，以下简称"APS 系统"。

2. APS 系统在实践应用中的作用与价值

APS 系统在实践应用中的作用与价值主要包括快速适应订单变化、优化生产计划、提高现场管理水平、控制库存、快速预测交期等。

（1）快速适应订单变化　APS 系统能够快速响应订单的变更，包括交货期变化、增减单变化、产品种类的变更及紧急插单等。APS 系统通过快速自动优化计划的能力，重新制订生产计划，在几分钟内就可以重新安排生产与采购供应计划，为变化留下调整余地。

（2）优化生产计划　APS 系统的核心引擎可根据多种优化依据（如颜色、模具、产品工艺属性等）自动对生产计划进行优化，从而能够在短时间内形成接近最优生产计划的可行方案，降低损耗并提高产能。与手工或 ERP 等系统相比，APS 系统在优化生产计划方面具有更高的效率和准确性。

（3）提高现场管理水平　APS 系统可以根据生产计划和排程，将生产任务明确到具体的设备、人员和时间段，能够避免任务分配不清、工作优先级混乱等问题，有效提高现场工作的有序性和效率。另外，APS 系统还可以实时监控生产过程中的关键指标和数据（如生产进度、设备利用率、生产效率等），并及时反馈给现场管理人员，帮助管理人员随时了解生产状态和问题，并做出相应的调整和决策，提高现场管理的响应速度和处理能力。

（4）控制库存　APS 系统能够通过对生产计划和实际生产情况的监控，实现对原材料、半成品和成品库存的精确控制。它可以根据生产需求自动计算原料和在制品的供应需求，并考虑库存周转率和安全库存水平，生成合理的采购和生产计划，从而避免库存积压和浪费。

（5）快速预测交期　根据企业的当前生产计划、执行情况和客户要求，APS 系统可以合理调配订单生产的优先级别。在充分考虑生产能力和生产瓶颈的条件下，APS 系统能够快速根据生产机制计算出订单的交货期。在计算过程中，APS 系统可以自动计算产能负荷，平衡产能分配，并以直观的方式显示产能负荷状况，从而为订单调整提供决策依据。

4.3.2 APS 系统分类

APS 系统的分类方式可以按照不同的维度进行划分。一般来说，APS 系统的分类方法主要有按照应用领域分类、按照软件功能分类、按照软件架构分类、按照算法类型分类四种，如图 4.16 所示。

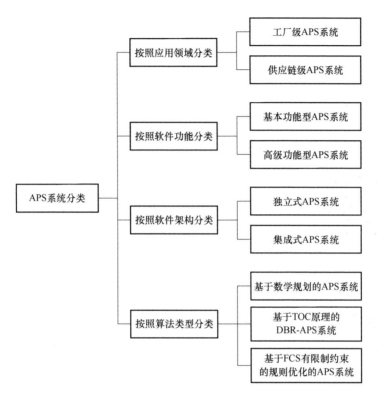

图 4.16 APS 系统分类

1. 按照应用领域分类

按照应用领域不同，APS 系统可以分为工厂级 APS 系统和供应链级 APS 系统。

（1）工厂级 APS 系统 工厂级 APS 系统主要解决生产排程和生产调度问题，侧重于订单交货期的承诺、计划与排产、加工顺序调度、物料的准时配送等方面的优化。工厂级 APS 系统通过对生产现场的计划与排程，将生产任务分配给具体的资源（如设备、人员等），并确定每个任务的开始时间和结束时间。

工厂级 APS 系统可以帮助企业快速适应订单的变化，优化生产计划，提高生产率，降低成本，并能够实时监控生产现场的各种数据，及时发现问题并采取相应措施。

（2）供应链级 APS 系统 供应链级 APS 系统主要解决供应链计划与调度问题，侧重于供应链计划的优化，包括需求计划、库存计划、采购计划、多工厂计划、物流计划等方面的优化，旨在通过协同和优化供应链各个环节的计划，实现供应链的高效运作和降低成本。

供应链级 APS 系统可以帮助企业快速预测交期，降低库存，提高产能利用率，增强生产计划的灵活性，使企业更好地应对市场的变化。

2. 按照软件功能分类

按照软件功能分类，APS 系统可以分为基本功能型 APS 系统和高级功能型 APS 系统。

（1）基本功能型 APS 系统　基本功能型 APS 系统主要提供生产计划、排程、调度等功能，适用于较小规模或较简单的生产环境，其中生产流程和资源相对固定，不需要过于复杂的优化算法和决策支持。基本功能型 APS 系统通常易于使用和部署，成本也相对较低。

（2）高级功能型 APS 系统　与基本功能型 APS 系统相比，高级功能型 APS 系统提供了更多高级的工具（例如先进的优化算法、实时数据集成、高级分析和报告工具等）和功能（例如生产预测、产能规划、质量控制等），以满足更复杂、动态和多变的生产环境需求。高级功能型 APS 系统能够处理更大规模的生产计划、更复杂的生产流程和资源约束，并提供更高级别的决策支持。然而，它们也可能需要更多的定制化和实施工作，并且成本相对较高。

需要注意的是，这种分类方式并不是绝对的，而且在实际应用中可能存在重叠和交叉。另外，随着 APS 系统技术的不断发展和进步，一些基本功能型软件可能会逐渐增加高级功能，而一些高级功能型软件也可能会提供简化和易用的界面和工具，以适应更广泛的市场需求。

3. 按照软件架构分类

按照软件架构分类，APS 系统可以分为独立式 APS 系统和集成式 APS 系统。

（1）独立式 APS 系统　独立式 APS 系统是作为一个独立的软件系统存在的，它不与其他工业软件系统（如 ERP、CRM、PDM 等）直接集成。独立式 APS 系统通常具有自己的用户界面和数据管理功能，并可以通过数据导入导出与其他工业软件系统进行数据交换。

独立式 APS 系统的优势在于其灵活性和独立性，可以较为容易地在不同的环境中进行部署和调整。然而，由于需要手动进行数据交换和同步，可能会增加数据一致性和准确性的风险。

（2）集成式 APS 系统　集成式 APS 系统是与企业的其他工业软件系统（如 ERP、CRM、PDM 等）进行紧密集成的。这种集成可以通过各种方式实现，如 API 接口、中间件或直接的数据库连接。集成式 APS 系统可以实时地获取其他工业软件系统中的数据，并将其用于生产计划和排程。同时，它也可以将 APS 系统的计划和排程结果反馈到其他工业软件系统中，以实现数据的双向流动和一致性。

集成式 APS 系统的优势在于其能够实现数据的实时性和准确性，提高工作效率和决策质量。然而，集成式 APS 系统的部署和实施可能更为复杂，并需要与其他工业软件系统的供应商进行协调和合作。

需要注意的是，独立式 APS 系统和集成式 APS 系统并不是绝对的分类方式，有些 APS 系统可能介于两者之间，或者同时具有独立式和集成式的特点。在选择 APS 系统时，企业应根据自身的需求和业务环境来评估哪种类型的软件更为适合。例如，对于已经有完善 ERP 系统的企业来说，选择集成式 APS 系统可能更为合适；而对于需要快速部署和调整 APS 系统的企业来说，选择独立式 APS 系统可能更为灵活。

4. 按照算法类型分类

APS 系统可以分为基于数学规划的 APS 系统、基于 TOC 原理的 DBR-APS 系统和基于 FCS 有限制约束的规则优化的 APS 系统等类型。

（1）基于数学规划的 APS 系统　基于数学规划的 APS 系统利用数学规划方法（如线性规划、整数规划或混合整数规划等）来求解生产计划和排程问题。它通过建立数学模型，将生产计划和调度问题转化为数学问题，并使用优化算法求解，可以处理具有多个优化目标和约束条件的复杂问题（如最小化总成本、最大化准时交货等）。

基于数学规划的 APS 系统具有较好的全局优化能力，但通常需要较高的计算能力和较长的计算时间，适用于中大型企业和复杂生产环境。

（2）基于 TOC 原理的 DBR-APS 系统　TOC（Theory of Constraints，约束理论）是一种管理哲学，旨在识别并利用系统中的约束（瓶颈）来提高整体性能。DBR（Drum-Buffer-Rope，鼓—缓冲—绳子方法）是 TOC 在生产环境中的一种应用方法，其中"Drum"代表系统的约束节拍，"Buffer"用于保护约束前的工序不受上游波动影响，"Rope"则协调上游工序按照约束节拍进行生产。

基于 TOC 原理的 DBR-APS 系统采用 TOC 理论进行优化，侧重于识别和利用生产系统中的瓶颈。它通过分析生产过程中的约束条件，找出瓶颈环节，并优化生产计划和调度，以提高整体生产效率。

基于 TOC 原理的 DBR-APS 系统具有快速响应和局部优化的特点，但在全局优化方面较弱。

（3）基于 FCS 有限制约束的规则优化的 APS 系统　FCS（Finite Capacity Scheduling，有限能力排程）考虑生产资源的有限能力，并根据一组预定义的规则和约束进行排程。

基于 FCS 有限制约束的规则优化的 APS 系统通常采用启发式算法或元启发式算法（如遗传算法、模拟退火算法等），以在合理的时间内找到近似最优解。它通过定义一系列的规则和约束条件，对生产计划和调度进行优化，适用于对排程速度和灵活性有较高要求的生产环境，尤其是那些需要快速响应市场变化的企业。

基于 FCS 有限制约束的规则优化的 APS 系统具有简单易用、计算速度快的特点，但优化效果依赖于规则和约束条件的设定。

4.3.3　APS 系统发展历程

APS 系统发展历程可以追溯到 20 世纪 60 年代的 MRP（Material Requirement Planning，物料需求计划）系统出现。随着计算机技术的不断发展，MRP、MRP Ⅱ（Manufacturing Resource Planning，制造资源计划）及 ERP 等信息化系统的出现和应用使生产计划和调度逐渐走向信息化和自动化，APS 系统逐渐成熟并在全球得到广泛应用。

1. APS 系统国外发展历程

APS 系统国外的发展历程主要包括 APS 思想萌芽阶段、与计算机技术相结合阶段、MRP 与闭环 MRP 发展阶段、与 OPT（Optimized Production Technology，最佳生产技术)/MRP Ⅱ/ERP 结合发展阶段、APS 系统成熟与应用扩展阶段、集成化与全球化发展阶段六个阶段，如图 4.17 所示。

（1）APS 思想萌芽阶段（20 世纪初至 20 世纪 40 年代）　高级计划与排程的一些主要思想在 20 世纪初就开始出现，其中，对 APS 系统贡献最大的有两个方面，一是在 20 世纪初出现的甘特图，让人们可以直观地看到事件进程的时间表，并且可以进行交互式更新；二是运用数学规划模型解决计划问题，20 世纪 40 年代，美国和苏联的科学家开始应用最优化线

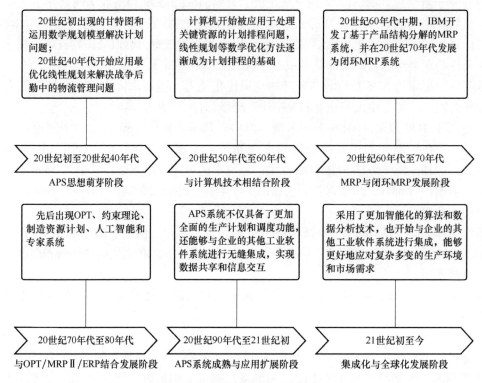

图 4. 17 APS 系统国外发展历程

性规划来解决战争后勤中的物流管理问题。这些思想和方法对于 APS 思想萌芽起到了奠基性的作用。

（2）与计算机技术相结合阶段（20 世纪 50 年代至 60 年代）　20 世纪 50 年代至 60 年代，计算机开始被应用于处理关键资源的计划排程问题，线性规划等数学优化方法逐渐成为计划排程的基础。这个阶段，很多大公司开始配置计算机，用来观察生产中存在的计划排程问题，小型的计划试算表开始出现。

（3）MRP 与闭环 MRP 发展阶段（20 世纪 60 年代至 70 年代）　随着跨国公司在世界各地的发展，制造业问题变得越来越复杂，需要计算的变量大小由 20 世纪 60 年代初期的数以百计发展到 20 世纪 70 年代末的数以万计。虽然线性规划等技术也扩展成可以处理更加复杂的问题，但仍然不能满足企业的需要。

20 世纪 60 年代中期，IBM 开发了基于产品结构分解的 MRP 系统，并在 20 世纪 70 年代发展为闭环 MRP 系统。该阶段，除了物料需求计划外，还将生产能力需求计划、车间作业计划和采购作业计划也全部纳入 MRP 系统，形成一个封闭的 MRP 系统。这为 20 世纪 80 年代 MRP Ⅱ 系统的出现奠定了基础。

（4）与 OPT/MRP Ⅱ/ERP 结合发展阶段（20 世纪 70 年代至 80 年代）　20 世纪 70 年代末，以色列物理学家 Eli Goldratt 博士提出了 OPT，后发展为 TOC，为生产计划与排程提供了新的视角和方法。

20 世纪 80 年代初，美国管理学家 Oliver W. Wight 在物料需求计划 MRP 的基础上提出了制造资源计划 MRP Ⅱ。MRP Ⅱ 把生产、财务、销售、工程技术、采购等各个子系统集成为一个一体化的系统。MRPⅡ系统引入了西方标准成本制度的思想和方法,不但加强了产品成本管理,还被用来有效地规划控制企业的生产经营目标。

20世纪80年代后期,出现了人工智能(Artificial Intelligence,AI)和专家系统。杜邦公司和IBM积极把人工智能和已存在的APS技术与应用结合起来。IBM开发了批处理的排程系统。人工智能对后来的基于约束的规划和遗传的运算法则在技术上做出了重要贡献。

(5)APS系统成熟与应用扩展阶段(20世纪90年代至21世纪初) 20世纪90年代,随着计算机技术的飞速发展和ERP系统的普及,APS系统开始与其进行集成和融合,APS系统逐渐成熟并在制造业中得到广泛应用。20世纪末,APS系统采用了更加先进的算法和数据处理技术,功能和应用范围也得到了进一步扩展,包括需求计划、库存计划、采购计划、物流计划等多个方面,成为供应链管理的重要组成部分。

这个时期的APS系统不仅具备了更加全面的生产计划和调度功能,还能够与企业的其他工业软件系统进行无缝集成,实现数据共享和信息交互。同时,随着计算机技术的不断发展,APS系统的性能和稳定性也得到了进一步提升。此外,随着市场竞争的加剧,企业对于生产计划和调度的要求也越来越高,APS系统开始成为企业生产管理的重要工具之一。

(6)集成化与全球化发展阶段(21世纪初至今) 进入21世纪,随着云计算、大数据和人工智能等技术的不断发展,APS系统开始进入新的发展阶段。这个时期的APS系统采用了更加智能化的算法和数据分析技术,也开始与企业的其他工业软件系统(如WMS、CRM等)进行集成,实现数据的共享和协同工作,能够更好地应对复杂多变的生产环境和市场需求。同时,随着全球企业对于生产率和生产质量的要求越来越高,APS系统的功能和性能也在不断升级和完善,APS系统的应用范围也逐渐从单个工厂扩展到全球供应链网络。

2. APS系统国内发展历程

APS系统国内发展历程主要包括初始引入阶段、本土化发展及自主研发阶段、广泛应用与集成深化发展阶段、创新发展与智能化阶段四个阶段,如图4.18所示。

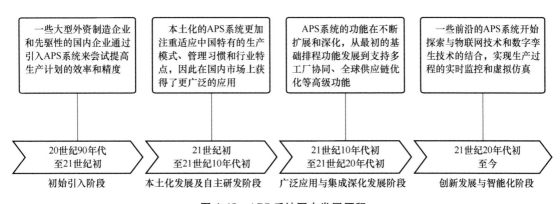

图4.18 APS系统国内发展历程

(1)初始引入阶段(20世纪90年代至21世纪初) 20世纪90年代初期,国内企业开始接触并了解APS系统。该阶段,APS系统在国内的应用相对较少,主要集中在一些大型外资制造企业和先驱性的国内企业。这些企业通过引入APS系统来尝试提高生产计划的效率和精度。

(2)本土化发展及自主研发阶段(21世纪初至21世纪10年代初) 21世纪初至21世

纪 10 年代，随着国内软件技术的进步和制造业的发展，一些国内软件企业开始针对中国市场的特定需求进行 APS 系统的本土化研发和定制。这些本土化的 APS 系统更加注重适应中国特有的生产模式、管理习惯和行业特点，因此在国内市场上获得了更广泛的应用。同时，国家政策的支持也推动了 APS 系统在制造业信息化和智能化方面的发展。

（3）广泛应用与集成深化发展阶段（21 世纪 10 年代初至 21 世纪 20 年代初） 21 世纪 10 年代初至 21 世纪 20 年代初，随着智能制造和工业 4.0 概念的普及，APS 系统在国内的应用范围迅速扩大。越来越多的企业意识到 APS 系统在提升生产率和降低成本方面的重要作用，开始积极采用并推广 APS 系统。此外，APS 系统的功能也在不断扩展和深化，从最初的基础排程功能发展到支持多工厂协同、全球供应链优化等高级功能。同时，APS 系统开始与其他工业软件系统（如 ERP、MES、WMS 等）进行深度集成，实现数据共享和流程协同，进一步提高了企业的整体运营效率。

（4）创新发展与智能化阶段（21 世纪 20 年代初至今） 21 世纪 20 年代初至今，在大数据、人工智能、云计算等先进技术的推动下，APS 系统开始进入智能化和创新发展阶段。利用机器学习算法和实时数据分析技术，APS 系统能够实现更精确的预测性排程和优化决策支持，帮助企业更好地应对市场变化和生产挑战。同时，一些前沿的 APS 系统开始探索与物联网技术和数字孪生技术的结合，实现生产过程的实时监控和虚拟仿真，进一步提高企业的生产率和响应速度。此外，随着开源技术的普及和社区的发展，一些基于开源框架的 APS 系统也开始出现并得到了广泛的应用和推广。

3. APS 系统的发展方向与趋势

APS 系统未来的发展方向与趋势主要体现在智能化、集成化、定制化、数据分析化、全球化与多工厂协同等几个方面，如图 4.19 所示。

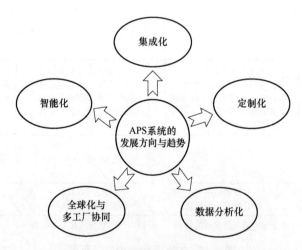

图 4.19 APS 系统的发展方向与趋势

（1）智能化 APS 系统的智能化发展趋势是近年来制造业和供应链管理领域的重要发展方向之一。随着人工智能、机器学习、大数据分析等先进技术的不断发展和应用，APS 系统的智能化水平正在不断提高，为企业带来更高效、精准和灵活的生产计划与排程解决方案。

APS 系统通过引入更先进的智能算法（如遗传算法、神经网络、深度学习等），对生产计划和排程进行优化。这些算法能够自动学习和调整排程规则，以适应不断变化的生产环境和需求，可以有效提高计划的准确性和效率。

未来，智能化的 APS 系统将具备自适应和自学习能力，能够根据实时生产数据和反馈信息进行自动调整和优化，可以更好地适应生产过程中的不确定性和变化，提高生产率和灵活性。

（2）集成化　近年来，随着 MES、WMS、PDM、SCM 等工业软件系统的快速发展和企业数字化转型的加速，APS 系统正朝着与其他企业管理系统（如 ERP、MES、WMS、PDM、SCM 等）的深度集成方向发展。

APS 系统与 ERP 系统的集成可以实现生产计划和排程与企业资源管理的紧密结合，确保生产活动与企业战略目标的一致性。APS 系统与 MES 系统的集成可以实现生产计划和排程与生产现场执行的无缝对接，提高生产执行的准确性和效率。APS 系统与 WMS 系统的集成可以实现生产计划和排程与仓库管理的协同，确保原材料和产品的及时供应和存储。APS 系统与 PDM 系统的集成可以实现生产计划和排程与产品设计和研发的协同，提前考虑生产可行性和效率。APS 系统与 SCM 系统的集成可以实现生产计划和排程与供应链管理的全面协同，优化供应链的响应速度和成本。

通过集成化，可以实现数据共享，避免数据重复录入和不一致性，提高数据的准确性和可靠性；可以实现流程协同，增强跨部门和跨系统流程协同的便捷性，提高工作效率和响应速度，以实现更高效、协同和全面的生产管理。

（3）定制化　近年来，随着制造业多样性和个性化需求增加，APS 系统的定制化发展趋势是一个重要方向。由于不同企业在规模、产品类型、生产流程和市场策略等方面存在显著差异，对 APS 系统的需求也呈现出高度定制化的特点。定制化的 APS 系统将能够更好地适应企业的实际需求和业务流程，减少系统与实际运作之间的不匹配。

未来，APS 系统定制化主要体现在业务流程定制、用户界面定制、数据集成定制和算法模型定制等几个方面。

通过业务流程定制，企业可以根据自身的生产流程和业务模式，定制 APS 系统中的计划、排程、优化和其他相关功能，确保 APS 系统能够紧密地适应企业的实际运作方式，提高生产率和响应速度。

未来，APS 系统的用户界面也可以根据企业的使用习惯和需求进行定制，包括布局、菜单、报表和图表等，从而能够提供更直观、易用和符合企业标准的操作体验。

由于 APS 系统需要与其他工业软件系统（如 ERP、MES、SCM 等）进行深度集成，定制化的数据集成可以确保 APS 系统能够顺畅地获取和交换必要的数据，实现信息的共享和协同工作。

不同企业在排程和优化方面可能有特定的算法需求，APS 系统的算法模型可以根据企业的特定场景和需求进行定制，以提供更精确和符合实际情况的排程和优化结果。

（4）数据分析化　APS 系统的数据分析化发展趋势是近年来随着大数据和人工智能技术的快速发展而逐渐增强的。数据分析在 APS 系统中扮演着至关重要的角色，它能够帮助企业更好地理解市场需求、优化生产计划、提高生产率并降低运营成本。

随着物联网技术和传感器技术的普及，企业能够实时收集生产线上的各种数据，APS 系统的数据分析功能将逐渐实现实时化，以便企业能够迅速响应生产过程中的变化，及时调整计划和排程。同时，利用机器学习和统计模型，APS 系统将能够基于历史数据进行预测性分析，预测未来市场需求、产品趋势和供应链风险，这将使企业能够提前做出适应性调整，优化库存管理和生产计划。

数据分析将为 APS 系统提供更强大、更精确的优化算法，以支持更复杂的生产场景和排程需求。通过对比 APS 系统提供的不同排程方案的数据模拟结果，企业能够制订出更科学合理的生产计划与排程策略，提高生产率和资源利用率。

（5）全球化与多工厂协同　APS 系统的全球化与多工厂协同发展趋势是现代制造业应对全球市场竞争和复杂供应链环境的重要方向。随着企业业务范围的扩大和国际化程度的加深，实现全球化运营和多工厂之间的协同成为迫切需求。

未来，APS 系统需要具备全球视野，能够支持企业在全球范围内进行统一的生产计划和排程。通过 APS 系统集中管理功能，企业可以对分布在不同地域的工厂进行统一的资源调配、订单分配和产能规划，确保全球供应链的高效运作。

另外，APS 系统还需要支持多工厂之间的协同工作，实现资源的共享和优化利用。通过协同排程和智能分配算法，系统可以自动考虑各工厂的产能、地理位置、成本等因素，将生产任务合理分配到各个工厂，实现整体效益的最大化。

4.3.4　APS 系统基本功能

APS 系统的功能非常全面，能够为企业提供全面、高效的生产计划和调度解决方案。根据不同的系统供应商和用户需求，APS 系统的具体功能模块会有所不同。在离散行业，APS 生产排产软件是为解决多工序、多资源的优化调度问题；而在流程行业，APS 生产排产软件则是为解决顺序优化问题。

典型的 APS 系统的基本功能主要包括基础资料管理、智能排产、异常状况管理、统计报表等，如图 4.20 所示。

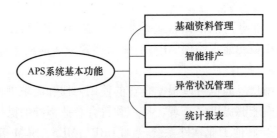

图 4.20　APS 系统基本功能

1. 基础资料管理

基础资料管理功能主要涉及对生产相关的基础数据进行管理，如物料清单（Bill of Materials，BOM）、工艺路线、工作中心、资源、日历等。这些数据是制订生产计划和进行排程的基础，为后续的生产计划和排程提供准确、可靠的数据支持。

2. 智能排产

作为 APS 系统的核心基本功能之一，旨在通过高级算法和技术实现生产计划的智能生成和优化。APS 系统基于先进的算法和模型，结合企业的实际生产资源和需求，综合考虑设备能力、物料供应、工艺要求、人员安排等多种因素，进行高效、精准的生产计划和排程。智能排产功能通过接收来自 ERP、MES 等系统的订单数据和生产信息，利用内置的排程引擎和优化算法，自动生成详细的生产计划和排程方案。

此外，智能排产功能还支持多种排产模式和策略，如正向排产、逆向排产、有限能力排产等，以满足企业不同的生产场景和需求。

3. 异常状况管理

在生产过程中，难免会遇到各种异常状况，如设备故障、物料短缺、人员缺勤、质量问题等。APS 系统的异常状况管理功能能够对这些异常进行及时的响应和处理，如调整生产计划、重新分配资源等，以确保生产过程的顺利进行。

4. 统计报表

统计报表功能是 APS 系统的一个重要基本功能模块，它能够为企业提供详尽的生产数据和统计分析，帮助企业全面了解和监控生产计划的执行情况、资源利用状况及生产率等关键业务指标。通过 APS 系统的统计报表功能，企业可以实时追踪生产进度，对比计划与实际之间的差异，及时发现潜在问题并采取相应措施进行调整。此外，这些报表还能够为企业决策层提供有力的数据支持，帮助他们做出更加明智和精准的决策，从而优化生产流程、提高资源利用率、降低成本并增强市场竞争力。

除上述四项基本功能外，APS 系统还具有订单与需求管理、变更管理、报警与通知等基本功能。这些基本功能共同支持着企业的生产计划和排程工作，帮助提高生产率、优化资源配置并增强市场响应能力。

4.3.5　APS 系统技术架构

APS 系统技术架构是一个复杂而综合的体系，不同的 APS 系统供应商和实施者可能会根据自己的需求和技术栈对技术架构进行不同的组织和命名。因此，在具体的实现中，层次划分和命名可能会有所差异。

常见的典型 APS 系统的技术架构共有五层，分别是用户界面层、应用逻辑层、数据管理层、集成与接口层和基础设施层（见图 4.21），层与层之间存在着紧密的关系和依赖。

用户界面层是用户与系统直接交互的层次，负责展示信息并接收用户的输入，其设计应直观、易用，使用户能够方便地访问系统的各种功能。

应用逻辑层负责处理系统的核心业务逻辑，包括生产计划的制订、排程优化、资源分配等。应用逻辑层会根据用户界面层的输入和数据管理层提供的数据进行计算和分析，得出优化的生产计划和排程方案。

数据管理层负责存储和管理 APS 系统所需的各种数据，包括基础数据（如物料信息、工艺路线、设备信息等）、计划数据（如生产订单、销售计划等）及实际执行数据（如生产进度、设备状态等）。数据管理层需要确保数据的准确性、一致性和安全性，为应用逻辑层提供可靠的数据支持。

集成与接口层负责 APS 系统与其他工业软件系统（如 ERP、WMS、CRM、SRM）的集成和数据交换。同时，它与应用逻辑层交互，将外部系统的请求转发给应用逻辑层处理，并将处理结果返回给外部系统；也与数据管理层直接交互，实现数据的同步和共享。集成与接口层需要定义和维护系统间的数据接口，确保数据的准确传输和同步更新。

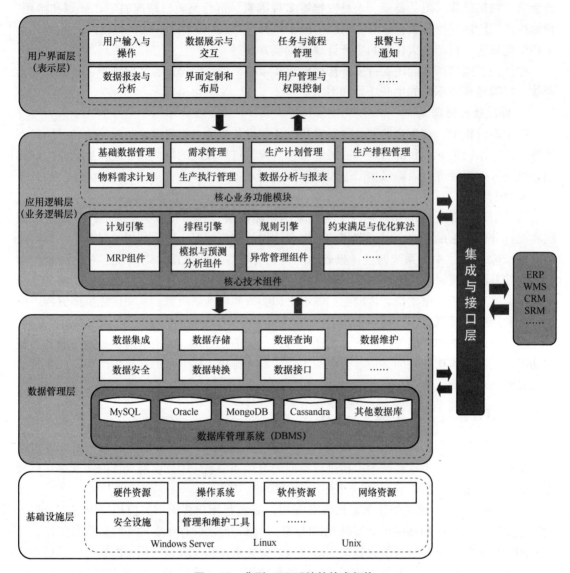

图 4.21　典型 APS 系统的技术架构

基础设施层是整个 APS 系统运行的底层支撑，包括硬件服务器、存储设备、网络设备等。基础设施层需要确保系统的稳定运行和高可用性，提供必要的计算资源和存储资源。

1. 用户界面层

用户界面层（也称表示层），位于 APS 系统技术架构的最上层，直接与用户进行交互，负责提供用户与 APS 系统交互的界面。

APS 系统用户界面层的核心功能组件主要包括用户输入与操作、数据展示与交互、任务与流程管理、报警与通知、数据报表与分析、界面定制和布局、用户管理与权限控制等。用户可以通过用户界面层与应用逻辑层进行交互，发起计划和排程请求。

（1）用户输入与操作　用户输入与操作功能组件提供输入字段、按钮、下拉菜单等控件，使用户能够输入必要的数据、选择选项、触发操作等，它接收用户的输入，并将其传递给应用逻辑层进行处理。另外，用户输入与操作功能组件还负责验证用户输入的合法性和准确性，并提供即时的反馈和错误提示。

（2）数据展示与交互　数据展示与交互功能组件负责展示来自 APS 系统的数据和信息，如生产计划、排程结果、库存状态等，它通过各种图形界面元素（如表格、图表、仪表板等）将数据以直观、易懂的方式呈现给用户。

同时，数据展示与交互功能组件还提供交互功能，使用户能够方便地浏览、搜索、过滤和排序数据。

（3）任务与流程管理　任务与流程管理功能组件支持用户创建、编辑和管理生产任务和流程，它提供任务列表、甘特图、工作流视图等工具，帮助用户可视化地跟踪任务的进度、依赖关系和资源分配。用户可以通过用户界面层进行任务的调度、优先级设置、任务分配等操作，以满足生产需求。

（4）报警与通知　报警与通知功能组件能够让用户界面及时显示来自 APS 系统的报警和通知信息，如设备故障、物料短缺、生产延误等，它通过弹出窗口、声音提示、图标闪烁等方式吸引用户的注意，并提供相关的详细信息和操作建议。同时，用户可以根据需要配置报警规则，自定义通知方式和接收人。

（5）数据报表与分析　数据报表与分析功能组件提供丰富的数据报表和分析工具，能够帮助用户进行生产数据的统计、分析和趋势预测。同时，还可以生成各种生产报表，如生产效率报告、成本分析报告、质量统计报告等，以支持用户决策制定和持续改进。

（6）界面定制和布局　APS 系统用户界面层的界面定制和布局组件功能强大且灵活，旨在满足用户个性化的界面需求。

通过该组件，用户可以轻松调整系统界面的布局、样式和数据展示方式，以适应不同的工作场景和个人偏好。其具体功能主要包括自定义仪表盘、调整菜单和工具栏、灵活布局调整、主题和皮肤选择、数据展示个性化设置、快捷键和右键菜单配置，以及保存和共享布局配置等。这些功能共同提升了 APS 系统的用户体验和工作效率，使用户能够根据自己的需求和习惯来优化系统界面。

（7）用户管理与权限控制　用户管理与权限控制功能组件负责用户账户的管理和访问权限的控制。它提供登录、注册、密码管理等功能，确保只有授权用户才能访问系统。用户管理与权限控制功能组件还可以根据用户的角色和权限设置，限制或允许其对特定功能、数据和操作进行访问。

除上述核心功能组件外，APS 系统用户界面层还可能包含系统参数设置、数据导入导出配置、系统集成和 API 配置等功能组件，以满足 APS 系统的具体需求和业务场景。

以上这些功能组件相互关联、相互作用、协同工作，共同构成了 APS 系统的用户界面层。这些功能组件不仅提供了用户与系统交互所需的界面和工具，还确保了用户能够高效、准确地执行生产计划与排程任务。

需要注意的是，以上关于用户界面层的描述是基于典型的 APS 系统技术架构进行的，但实际的实现可能因具体的软件供应商、软件版本和客户特定需求不同而有所不同。在实际应用中，用户界面层可能会有更多的自定义选项和高级功能，以满足不同用户的特定需求。

另外，用户界面层的设计需要考虑到用户的操作习惯、易用性和可定制性，以提供最佳的用户体验。同时，用户界面层还需要与应用逻辑层紧密集成，确保用户输入的数据和命令能够正确地传递给下一层进行处理，并将处理结果以直观的方式展示给用户。

2. 应用逻辑层

应用逻辑层，也称业务逻辑层。在 APS 系统技术架构中，应用逻辑层位于用户界面层之下，数据管理层之上，起到了承上启下的作用，负责处理用户界面层传递的请求，执行计划排程算法，生成生产计划和排程结果，并将生产计划和排程结果反馈给用户界面层。

通常，APS 系统应用逻辑层可以被细分为两大部分：核心业务功能模块和核心技术组件。

（1）**核心业务功能模块** 主要包括基础数据管理、需求管理、生产计划管理、生产排程管理、物料需求计划、生产执行管理、数据分析与报表等模块。

1）基础数据管理。在 APS 系统应用逻辑层中，基础数据管理模块是整个 APS 系统的基石，它为生产计划、排程、物料需求计划等高级功能提供必要的基础数据支持。该模块负责物料信息（如物料编码、名称、规格等）、工艺路线、设备信息（如设备编码、名称、规格、生产能力等）、工作中心（如生产线、车间、工段等），以及其他与生产相关的核心数据的管理和维护。

基础数据管理功能模块通过集中管理和维护生产相关的基础数据，为 APS 系统的其他模块提供了准确、一致的数据支持。

2）需求管理。在 APS 系统应用逻辑层中，需求管理模块是生产计划与排程的关键起点，它负责接收、处理、跟踪和分析来自市场、销售部门或其他来源的订单需求，并可以根据订单的紧急程度、数量、交货期等要素进行分类和优先级排序。

需求管理模块在 APS 系统中扮演着至关重要的角色，确保生产计划与市场需求保持一致，同时优化资源利用和满足交付承诺。

3）生产计划管理。生产计划管理模块是 APS 系统确保生产活动按计划、有序进行的核心组件。它接收来自需求管理模块的信息，并结合企业的资源状况、生产能力以及约束条件，生成主生产计划和详细的车间级生产计划。生产计划可以是长期计划、中期计划和短期计划，以满足不同时间尺度的需求。

另外，该模块还支持计划的调整、资源的平衡与优化及多层次计划管理。

4）生产排程管理。在生产计划确定后，生产排程管理模块负责将生产计划具体化为每个工序、每台设备、每个班次的详细排程。它需要考虑设备的可用性、人员的排班、物料的供应等因素，以确保生产的顺利进行。

5）物料需求计划。物料需求计划模块根据生产计划计算出所需的原材料、零部件等物料的数量和需求时间，以确保物料供应的及时性和准确性。它与库存管理、采购管理等模块紧密集成，实现物料流的顺畅。

6）生产执行管理。生产执行管理模块负责监控生产现场的执行情况，包括设备的运行状态、人员的操作情况、产品的质量状况等。它实时收集生产数据，为生产调度和决策提供实时支持。

7）数据分析与报表。数据分析与报表功能模块对 APS 系统产生的数据进行挖掘和分析，提供各类生产报表和统计分析结果，如生产进度报表、设备利用率报表、人员效率报表等。这些报表和分析结果可以帮助企业管理人员了解生产状况，发现潜在问题，制定改进措施。

需要注意的是，除了上述核心业务功能模块，APS 系统应用逻辑层还有物料管理、数集成和扩展、用户权限管理等其他业务功能模块，以满足 APS 系统的具体需求和业务场景。

上述业务功能模块共同协作，构成了 APS 系统应用逻辑层的功能基础。

另外，不同厂商或不同版本的 APS 系统可能具有不同的功能模块划分和命名方式，上述仅是一些常见的业务功能模块阐述。在实际应用中，APS 系统的业务功能模块还可能根据特定行业的需求进行定制和扩展。

（2）核心技术组件　为了以上业务功能的实现，APS 系统应用逻辑层封装了多个核心技术组件，主要包括计划引擎、排程引擎、规则引擎、约束满足与优化算法、MRP 组件、模拟与预测分析组件、异常管理组件等。

1）计划引擎。计划引擎是 APS 系统应用逻辑层的核心技术组件之一，在 APS 系统中扮演着"大脑"的角色，它负责生成、优化和管理生产计划，确保生产过程的高效、顺畅进行。

计划引擎会根据订单需求、资源可用性、产能约束等多个因素，运用先进的算法和技术，计算出最优的生产计划。这个计划不仅满足客户的需求，同时也充分考虑了企业的生产能力和资源限制，实现了生产效益的最大化。

此外，计划引擎还具备实时响应和动态调整的能力。当生产过程中出现意外情况或需求变化时，计划引擎能够迅速做出反应，对生产计划进行实时调整和优化，确保生产过程的连续性和稳定性。

计划引擎通过对各种数据和信息的综合分析，生成最优的生产计划，并指导生产过程的顺利进行。同时，计划引擎也是 APS 系统与其他企业信息系统（如 ERP、WMS、CRM、SRM 等）进行集成和交互的重要桥梁，实现信息的共享和业务流程的协同。

2）排程引擎。在 APS 系统应用逻辑层，排程引擎是一个关键技术组件，它负责将生产计划具体化为详细的作业排程。

排程引擎会根据生产计划的指导，确定每个作业的开始时间、结束时间及所使用的资源，确保生产过程的顺利进行；会综合考虑多个因素，如作业间的依赖关系、资源冲突、交货期等，运用先进的优化算法和技术，生成最优的作业排程方案；会根据生产线的实际情况和资源的可用性，合理安排作业的顺序和时间，以提高生产率和资源利用率。

此外，排程引擎还具备实时调整和动态响应的能力。当生产过程中出现意外情况或需求变化时，排程引擎可以迅速做出反应，对作业排程进行实时调整和优化，确保生产过程的连续性和稳定性。通过与计划引擎的紧密配合，排程引擎可以确保生产计划和作业排程的一致性和协同性。

3）规则引擎。APS 系统应用逻辑层的规则引擎是一个非常重要的技术组件，它允许企业在 APS 系统中定义和执行各种业务规则。这些规则可以基于企业的特定需求、生产策略、资源约束及其他相关因素来制定，并在计划和排程过程中被应用。

规则引擎允许用户通过友好的界面或脚本语言定义复杂的业务规则。这些规则可以是关于优先级、资源分配、订单合并、分批规则、替代策略等。

在生产计划和排程过程中，规则引擎会根据定义的规则自动执行相应的操作。例如，当某个订单的交货期非常紧急时，规则引擎可以自动提升该订单的优先级，确保它能够在最短的时间内完成。当多个规则之间存在冲突时（例如，两个订单都需要同一资源，但资源不足），规则引擎会根据预定义的策略来解决这些冲突，如优先级排序、先到先得等。

另外，规则引擎允许用户在系统运行过程中动态地更新或添加新的规则，以适应市场变化、客户需求或生产策略的调整。

通过规则引擎，APS 系统可以更加灵活和智能地适应企业的业务需求和生产环境，提高生产计划的准确性和执行效率。

4）约束满足与优化算法。在 APS 系统应用逻辑层，约束满足与优化算法是实现高效计划和排程的核心。这些算法在处理复杂的生产计划和排程问题时发挥着至关重要的作用。

约束满足算法主要负责确保生成的计划和排程满足各种约束条件，这些约束条件可能来自生产设备的能力限制、物料的可用性、工艺要求、交货期限等。例如，某些设备可能只能在特定的时间段内运行，或者某些产品可能需要特定的生产顺序。约束满足算法通过综合考虑这些因素，确保生成的计划和排程在实际操作中是可行的。

而优化算法则负责在满足约束条件的前提下，寻找最优的计划和排程方案。优化目标包括最小化生产成本、最大化设备利用率、最小化交货延迟等。优化算法会利用各种数学方法和搜索策略，如线性规划、整数规划、遗传算法、模拟退火等，来寻找最优解。

在 APS 系统中，约束满足与优化算法通常紧密集成，共同工作。首先，约束满足算法会生成满足所有约束条件的可行计划和排程方案。然后，优化算法会在这些可行方案中寻找最优解。通过这种方式，APS 系统能够为企业提供既满足生产要求，又具有高度优化性的计划和排程方案。

5）MRP 组件。在 APS 系统应用逻辑层，MRP 组件是一个核心技术组件，它负责根据生产计划、产品结构和库存信息，计算出所需物料的需求量和需求时间。

MRP 组件首先会获取主生产计划（MPS，Master Production Schedule）中的产品需求信息，这些需求信息通常包括产品数量、需求日期等。

接着，MRP 组件会检查现有库存情况，包括原材料、零部件和半成品的库存量、预计入库量及已分配量等信息。

在获取需求和库存情况后，MRP 组件会计算出每种物料的净需求。净需求是考虑了现有库存、预计入库量和已分配量等因素后的实际需求量。

基于净需求，MRP 组件会生成计划订单，这些订单详细说明了需要采购或生产的物料种类、数量和时间。

最后，MRP 组件还会与 SRM 系统、MES 系统等其他工业软件系统进行交互，确保计划订单得到正确执行，并在必要时进行调整。

MRP 组件在 APS 系统中扮演着至关重要的角色，它能够确保生产所需的物料能够在正确的时间、正确的地点以正确的数量被供应，从而避免了生产中断和浪费。同时，MRP 组件还能够帮助企业实现库存的优化管理，降低了库存成本和资金占用。

6）模拟与预测分析组件。在 APS 系统应用逻辑层技术组件中，模拟与预测分析组件扮演着非常重要的角色。模拟与预测分析组件利用先进的算法和模型，对生产计划和排程方案进行模拟和预测分析，帮助企业评估不同方案的效果，并做出更明智的决策。

通过模拟实际生产环境，模拟与预测分析组件可以对生产计划和排程方案进行虚拟执行，帮助企业在实际投入生产之前，了解生产过程的潜在问题和瓶颈，并及时进行调整和优化。

基于历史数据和当前的生产状况，模拟与预测分析组件可以预测未来的产能趋势，帮助企业提前规划生产资源，确保生产过程的连续性和稳定性。

另外，该组件还可以对生产计划和排程方案进行风险评估，识别潜在的风险因素，并提供相应的应对措施，帮助企业降低生产风险，提高生产率和产品质量。

通过模拟和预测分析，企业可以获得关于不同生产计划和排程方案的详细数据和信息。这些数据和信息可以作为决策支持，帮助企业选择最优的生产方案，实现生产效益的最大化。

模拟与预测分析组件是 APS 系统中不可或缺的一部分，它利用先进的技术和算法，为企业的生产计划和排程提供强大的模拟、预测和分析能力。

7）异常管理组件。异常管理组件是 APS 系统应用逻辑层的核心技术组件之一，负责监控、识别、响应和处理生产过程中出现的各种异常情况，以确保生产过程的稳定性和连续性。

异常管理组件会实时监控生产过程中的各项数据，如设备状态、生产进度、物料消耗等，以便及时发现潜在的异常情况。当监控到异常数据时，异常管理组件会迅速识别出异常的类型和原因。这通常通过预设的规则、阈值或机器学习算法来实现。一旦识别出异常，异常管理组件会立即触发相应的响应机制，包括自动调整生产计划、暂停或重启设备、通知相关人员等。

另外，异常管理组件还会提供工具和支持，帮助用户处理异常，包括提供详细的异常信息、建议的解决方案或与其他系统的协作，以便用户能够迅速解决异常并恢复生产。除了处理已发生的异常外，异常管理组件还会分析历史异常数据，以识别常见的异常模式和原因，帮助企业采取预防措施，降低未来发生类似异常的风险。

在 APS 系统中，异常管理组件与其他技术组件紧密配合，共同确保生产过程的顺利进行。通过实时监控、快速识别和响应异常，以及提供处理和支持工具，异常管理组件有助于企业提高生产率和产品质量，降低生产成本和风险。

除了上述核心技术组件外，APS 系统应用逻辑层还包含其他技术组件，如产能管理组件、数据管理组件、集成与接口组件、通知与警报组件、用户权限管理组件等，以满足 APS 系统的具体需求和业务场景。

以上这些技术组件相互关联、相互作用、协同工作，共同构成了 APS 系统的核心功能，确保 APS 系统能够准确、高效地执行生产计划与排程任务，并提供所需的数据支持和决策依据。

需要注意的是，不同软件品牌、不同版本的 APS 系统可能会有不同的技术架构和技术组件划分，上述内容只是一种典型的划分方式。在实际应用中，应根据具体的 APS 系统设计需求来确定其应用逻辑层的核心技术组件。

3. 数据管理层

在 APS 系统的技术架构中，数据管理层是整个 APS 系统的重要组成部分，主要负责数据的存储、管理、维护和优化。

APS 系统数据管理层的核心功能模块主要包括数据集成、数据存储、数据查询、数据维护等。

（1）数据集成　在 APS 系统数据管理层中，数据集成功能模块是整个系统中非常关键的一个部分，它负责将分散在各个数据源的数据进行收集、整合和转换，以确保数据在 APS 系统中的一致性、准确性和可用性。

数据集成功能模块的主要任务是从企业的各个数据源（如 ERP、WMS、CRM、SRM 等系统，数据库，文件，传感器等）中抽取数据，经过清洗、转换和加载等处理过程，将数据整合到 APS 系统的数据库中，以供后续的分析、决策和计划使用。

在 APS 系统中，数据集成的过程主要包括数据提取、数据转换、数据加载、数据验证等几个步骤。

1）数据提取，是指从源系统中提取需要集成的数据，主要包括访问数据库、文件或其他数据源，并使用适当的查询或工具来提取数据。

2）数据转换，是指将从其他工业软件系统中提取的数据转换为 APS 系统所需的格式和结构，主要包括数据清洗（去除重复、无效或错误数据）、数据映射（将源数据字段映射到目标数据字段）和数据转换（例如数据类型转换、日期格式转换等）。

3）数据加载，是指将转换后的数据加载到 APS 系统的数据存储中，主要有批量加载、增量加载或实时加载等几种形式，具体取决于系统的需求和性能要求。

4）数据验证。在数据加载后，要进行数据验证以确保数据的准确性和完整性，主要包括对比源数据和目标数据、运行数据质量检查或使用其他验证机制。

通过数据集成，APS 系统能够获取所需的生产数据、销售数据、库存数据等关键信息，以进行准确的需求预测、资源分配和生产调度。

（2）数据存储 在 APS 系统技术架构中，数据管理层的核心职责之一是确保所有关键业务数据和元数据的持久化存储。为了实现这一目标，数据管理层的数据存储功能模块通常会采用高效、可靠的数据库管理系统。这种数据库管理系统不仅能够确保数据的安全性，还能提供快速的数据检索和处理能力，以满足 APS 系统对实时性和准确性的高要求。

因此，数据存储功能模块需要根据 APS 系统的需求选择合适的数据库系统。在 APS 系统设计中，常用的关系型数据库主要有 MySQL、Oracle 等，非关系型数据库主要有 MongoDB、Cassandra 等。

在 APS 系统数据管理层中，存储的数据主要有生产数据、销售数据、库存数据、元数据等。

1）生产数据，主要包括与生产计划、工艺流程、设备状态、原材料使用等相关的所有数据，它们是 APS 系统进行生产排程和优化的基础。

2）销售数据，主要包括销售订单、客户需求、市场趋势等数据，这些数据对于预测未来需求、调整生产计划和库存管理至关重要。

3）库存数据，主要包括原材料、在制品和成品的库存水平等，是 APS 系统进行库存优化和避免库存积压的关键。

4）元数据，除了上述关键业务数据外，数据管理层还存储了系统配置、用户信息、权限设置等元数据，这些数据对于系统的正常运行和用户管理同样重要。

对于大规模数据，数据存储功能模块通常采用数据分区或分片技术，将数据分散存储在多个数据库或服务器上，可以提高数据处理的并行性，减少单个数据库或服务器的负载，提升整体性能。

另外，数据存储功能模块还提供数据备份策略和数据恢复机制，定期备份重要数据以防数据丢失，同时还能够在数据损坏或丢失时迅速恢复数据，确保业务的连续性。

数据存储功能模块为 APS 系统提供了稳定、可靠的数据存储和管理能力。通过优化数据库性能、确保数据的持久性和安全性，该模块为企业的生产计划制订和资源分配提供了坚实的数据基础。

（3）数据查询　在 APS 系统中，用户经常需要查询各种数据来支持决策制定、监控生产进度、分析销售趋势等。因此，在 APS 系统技术架构的数据管理层中，数据查询是一个至关重要的功能，它帮助用户能够高效、准确地检索存储在 APS 系统中的数据。

数据查询功能模块旨在为用户提供一种高效、灵活的方式来检索存储在 APS 系统中的数据。用户可以通过该功能模块输入查询条件，系统会根据这些条件检索数据库中的相关数据，并将结果返回给用户，帮助用户快速获取所需信息，支持决策制定和业务操作。

数据查询通常通过数据库查询语言（如 SQL）来实现，用户可以通过编写查询语句或使用图形化查询工具来执行查询操作。查询语句在数据库管理系统上执行，并返回符合条件的数据集。

为了提高查询性能，数据查询模块一般会采用多种查询优化技术，如建立索引、缓存查询结果、优化查询语句等，这些技术可以减少数据库访问时间，提高查询效率。

另外，在 APS 系统中，数据查询功能模块通常与其他功能（如数据报告、数据分析等）紧密集成。用户可以通过查询功能获取原始数据，然后使用报告和分析工具对数据进行进一步的处理和分析。

数据查询功能模块为 APS 系统用户提供了强大的数据检索和分析能力。

（4）数据维护　在 APS 系统技术架构的数据管理层中，数据维护功能模块负责 APS 系统中数据的日常维护和管理，包括数据的添加、修改、删除和更新等操作，以确保系统数据的准确性、及时性和可靠性，满足企业生产计划和排程需求。

数据维护功能模块负责数据的更新、备份、恢复和安全性管理等方面的工作，其主要功能包括数据更新与修改、数据备份与恢复、数据清洗与校验、数据归档与历史数据管理、数据安全与权限管理等。

另外，在 APS 系统中，数据可能来源于多个不同的系统或数据库。数据维护功能模块负责确保这些不同来源的数据能够准确、及时地同步到 APS 系统中，并保持数据的一致性和完整性。

通过数据维护功能模块，企业可以确保 APS 系统中的数据始终保持准确、完整和一致，以提高生产计划的准确性和可行性，减少因数据错误或不一致而导致的生产延误和浪费。

除以上核心功能模块外，APS 数据管理层还可能包含其他功能模块，如数据安全功能模块、数据转换功能模块、数据接口功能模块、数据同步与集成功能模块等，以满足 APS 系统的具体需求和业务场景。

以上这些功能模块共同构成了 APS 系统技术架构中的数据管理层，它们协同工作以满足系统的数据存储、访问、查询、安全、同步和报表等需求。需要注意的是，具体实现时，可能会因不同的 APS 系统和业务需求而有所差异。

在 APS 系统技术架构中，数据管理层与应用逻辑层紧密配合，为生产计划、排程、调度等核心功能提供强大的数据支持。通过高效的数据管理和优化技术，数据管理层能够确保系统在各种复杂场景下实现快速、准确的数据处理和分析，为企业的生产决策提供有力支持。

4. 集成与接口层

APS 系统技术架构中，集成与接口层是一个关键层次，主要负责与其他工业软件系统、应用程序或平台之间的数据交换和通信。集成接口层的设计和实现对于确保 APS 系统的顺畅运行、实现与其他系统的无缝集成及提供灵活可扩展的解决方案至关重要。

集成与接口层与应用逻辑层交互，将外部系统的请求转发给应用逻辑层处理，并将处理结果返回给外部系统；同时，也与数据管理层直接交互，实现数据的同步和共享。

集成与接口层的主要功能模块包括数据交换、通信协议支持、接口管理、安全性保障、错误处理和日志记录等。

（1）数据交换　在 APS 系统中，数据交换至关重要，因为它涉及生产计划、库存管理、销售数据等多个核心业务流程，这些数据需要在不同系统间进行传输和同步，以确保整个企业运营的高效和协调。

在 APS 系统技术架构中，集成与接口层负责在不同系统之间传输数据，包括从外部系统接收数据和向外部系统发送数据，主要包括数据的格式转换、映射和同步等，以确保数据的一致性和准确性。

集成与接口层数据交换的方式主要有四种，分别是 API 调用、中间件集成、文件交换和数据库集成。

通过提供 API，集成与接口层允许其他系统或应用程序以编程方式访问 APS 系统的功能和数据。API 可以是基于 RESTful 风格的 Web API，也可以是传统的 SOAP API，具体取决于系统的需求和架构。

另外，集成与接口层可以利用消息队列、企业服务总线（ESB）等中间件技术来实现与其他系统的异步通信和数据交换，这种方式可以提高系统的可扩展性和灵活性，降低系统间的耦合度。

对于一些特定的数据交换场景，集成与接口层还支持通过文件交换的方式进行数据传输。这包括 CSV、XML、JSON 等常见文件格式的支持和处理。

如果 APS 系统需要与其他数据库系统进行集成，集成与接口层可以提供数据库连接和查询功能，以实现数据的实时同步和交换。

（2）通信协议支持　为了确保 APS 系统与其他系统、平台或应用程序的顺畅集成，集成与接口层需要支持多种通信协议。

在 APS 系统中，常用的通信协议主要有 HTTP/HTTPS、SOAP、REST、消息队列协议以及其他专有协议。

（3）接口管理　由于 APS 系统需要与其他多个系统、平台或应用程序进行集成和数据交换，因此必须有一个统一的接口管理机制来确保所有接口的正常运行和高效协同，因此，接口管理至关重要。

接口管理的主要功能包括接口创建与配置、接口监控、接口安全与权限控制、接口版本管理、接口测试与验证、接口文档管理等。通过接口管理，可以确保接口的稳定性和可靠性，并及时发现和解决潜在的问题。

（4）安全性保障　在数据传输和通信过程中，集成与接口层需要实施相应的安全措施，如数据加密、身份验证和访问控制，以保护数据的安全性和隐私性。

（5）错误处理和日志记录　集成与接口层应具备错误处理和日志记录功能，以便在出现问题时能够迅速定位和解决。同时，日志记录还可以用于系统的性能分析和优化。

集成与接口层在 APS 系统技术架构中扮演着桥梁和纽带的角色，它提供了 APS 系统与其他工业软件系统（如 ERP、MES、WMS 等）的集成接口，支持数据交换、信息共享和业务流程集成。通过集成与接口层，APS 系统可以获取其他工业软件系统的数据，如订单信息、物料库存等，并将排程结果发送给其他工业软件系统进行执行。

集成与接口层可以位于应用逻辑层的旁边或下方，具体取决于集成需求。

5. 基础设施层

在 APS 系统技术架构中，基础设施层位于最底层，主要提供硬件、软件和网络等基础设施资源，为上层应用提供稳定的运行环境和资源支持，是支撑整个 APS 系统运行的基础。

APS 系统基础设施层主要包括服务器、存储设备、网络设备（如路由器、交换机）、操作系统、网络资源、安全设施（如防火墙、入侵检测系统）等组件，为应用逻辑层、数据管理层、集成与接口层的正常运行提供了必要的资源和环境支持。

（1）硬件资源　基础设施层硬件资源主要包括服务器、存储设备、网络设备等硬件资源，为 APS 系统提供可靠的计算、存储和通信能力。

（2）软件资源　基础设施层还包括操作系统（Windows、Linux、Unix 等）、中间件等基础软件，这些软件为 APS 系统提供了必要的运行环境和支持。同时，这些软件组件经过优化和配置，确保 APS 系统能够充分利用硬件资源，并提供高效、安全的数据处理和业务逻辑支持。

（3）网络资源　网络资源是 APS 系统基础设施层中不可或缺的组成部分，负责数据的传输、系统的互联互通及服务的远程访问等。一个稳定、高效和安全的网络环境对于 APS 系统的正常运行至关重要。

基础设施层网络资源主要包括有线网络（如以太网电缆，用于稳定、高速的数据传输）、无线网络（如 Wi-Fi、无线接入点（WAPs）和无线桥接器，提供灵活的网络连接）、网络服务与协议等。

（4）安全设施　安全设施在 APS 系统基础设施层中扮演着至关重要的角色，负责保护系统的机密性、完整性和可用性，确保敏感数据不被未经授权的人员访问或篡改。

安全设施组件主要包括防火墙、入侵检测系统（Intrusion Detection Systems，IDS)/入侵防御系统（Intrusion Prevention System，IPS）、漏洞管理系统等。

（5）管理和维护工具　基础设施层提供硬件和软件的管理和维护工具，方便系统管理员对 APS 系统的运行环境进行性能监控和优化、资源管理和调度等，以确保 APS 系统的稳定运行和持续的业务支持。

综上所述，基础设施层是 APS 系统技术架构中的底层，为整个系统提供了稳定、可靠的基础支持。一个强大和灵活的基础设施层可以确保 APS 系统的高效运行和顺畅通信，为企业提供更快速、准确和可靠的业务处理和服务能力。因此，在 APS 系统的设计和实施过程中，需要充分考虑基础设施层的需求和特点，选择适当的硬件、软件和网络组件，并进行合理的配置和优化。

需要注意的是，以上阐述的是典型的 APS 系统五层技术架构，不同软件品牌或不同实施项目的 APS 系统技术架构可能会有所差异，具体取决于企业的业务需求、技术选型和实施策略。因此，在实际应用中，应根据企业的实际情况对 APS 系统的技术架构进行定制和优化。

4.3.6 APS 系统应用的关键技术

APS 技术架构中应用了多种关键技术来实现应用程序性能监控、管理和优化，主要包含数学建模与优化技术、人工智能技术、仿真模拟技术、集成与接口技术、大数据处理与分析技术、云计算与分布式计算技术等，如图 4.22 所示。

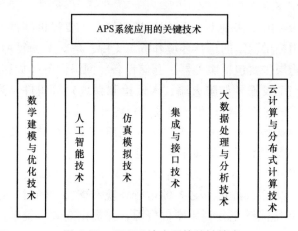

图 4.22　APS 系统应用的关键技术

1. 数学建模与优化技术

数学建模与优化技术是 APS 系统用到的核心关键技术之一。APS 系统需要对复杂的生产环境和流程进行精确建模，即应用数学模型对生产流程和资源进行精确描述，通过优化算法找到满足各种约束条件的最优生产方案。这涉及线性规划、整数规划、非线性规划、混合整数规划等多种数学优化技术。利用这些技术，APS 系统能够描述生产过程中的各种约束条件，并找到满足这些约束的最优生产方案。

2. 人工智能技术

人工智能技术在 APS 系统中发挥着重要作用，尤其是当生产环境存在大量不确定性和动态变化时。APS 系统用到的人工智能技术主要包括专家系统、机器学习、深度学习、遗传算法、模拟退火算法等。这些技术能够处理不确定性问题，学习过去的排程经验，并不断改进未来的排程策略。

在 APS 系统中，专家系统可以根据生产环境、资源状况和历史数据等信息，提供智能化的排程建议和优化方案。机器学习算法可以挖掘和分析历史数据中的隐藏模式和规律，预测未来的生产需求和资源利用率，从而优化生产计划和排程。深度学习可以用于处理复杂的非线性问题，如生产过程中的设备故障预测、产品质量控制等。通过深度学习，APS 系统可以更加准确地预测生产过程中的各种情况，并提前采取相应的措施。遗传算法可以用于搜索最优的生产计划和排程方案，通过模拟自然选择和遗传机制，遗传算法可以在复杂的解空间中快速找到近似最优解，提高生产率和资源利用率。模拟退火算法可以用于处理具有多个局部最优解的生产计划和排程问题。

3. 仿真模拟技术

APS 系统通常具有强大的仿真模拟功能，能够模拟生产流程、设备运行、物料流动等实际情况，其中应用的关键技术之一就是仿真模拟技术。

APS 系统首先利用仿真模拟技术对生产流程（包括对生产设备、物料流动、人员操作等各个方面的详细描述）进行精确建模，构建一个虚拟的生产环境，可以准确地反映实际生产中的各种条件和约束。

在构建了生产流程的仿真模型之后，APS 系统可以模拟执行各种生产排程方案，通过在虚拟环境中运行这些方案，可以观察和分析它们对核心生产指标（如产量、效率、成本等）的影响，帮助企业管理者能够在不影响实际生产的情况下测试和优化排程策略。

4. 集成与接口技术

APS 系统需要与企业的其他工业软件系统（如 ERP、MES、WMS 等）进行集成，以实现数据的共享和交换，这涉及各种集成技术和接口标准，如 API（应用程序接口）、Web 服务、中间件等。集成与接口技术确保了 APS 能够获取准确、及时的数据，并将排程结果有效传递给其他工业软件系统执行。

为了实现与其他工业软件系统的数据交换，APS 系统通常提供标准的数据交换接口，如 API、Web Services 等。这些接口支持数据格式的转换和通信协议的适配，使 APS 系统能够与其他工业软件系统进行高效、可靠的数据交换。

中间件是一种独立的系统软件或服务程序，位于客户机/服务器的操作系统之上，负责管理计算机资源和网络通信。在 APS 系统的集成中，中间件技术可以起到数据转换、消息传递、负载均衡等作用，提高系统集成的稳定性和性能。

对于需要共享数据库信息的情况，APS 系统可以通过数据库集成技术与其他工业软件系统进行数据交换。这包括使用相同的数据库表格、共享数据库视图、数据库触发器等方式，实现数据的实时同步和共享访问。

5. 大数据处理与分析技术

随着生产规模的扩大和数据量的增加，APS 系统需要能够处理和分析这些数据以支持决策，因此，大数据处理和云计算技术在 APS 系统中的应用也越来越重要。

大数据处理技术包括数据清洗、整合、转换、存储和查询等，可以帮助 APS 系统高效地处理和分析海量数据，提取有价值的信息以支持决策。

数据分析技术则涉及数据挖掘、预测分析、可视化展示等，可以帮助用户更好地理解数据并做出决策。

6. 云计算与分布式计算技术

APS 系统在处理复杂的生产计划和排程问题时，为了提高计算效率和处理能力，经常采用云计算和分布式计算技术。

APS 系统可以利用云计算的基础架构，如 IaaS（基础设施即服务）、PaaS（平台即服务）和 SaaS（软件即服务），来实现弹性的资源管理和扩展。通过云计算平台，APS 系统可以根据需求动态地分配计算资源，如 CPU、内存和存储，以满足不同规模和复杂度的生产计划和排程需求。

为了处理大规模的数据和计算任务，APS 系统常采用分布式计算框架，如 Hadoop、

Spark 等。这些框架可以将计算任务拆分成多个子任务，并在多个计算节点上并行处理，从而加快计算速度和提高处理能力。分布式计算框架还可以提供容错和负载均衡机制，确保计算任务的可靠性和稳定性。

除上述关键技术外，APS 系统应用的关键技术还有多目标优化技术、物联网技术等。这些关键技术共同构成了 APS 系统的技术核心，使 APS 系统在生产计划与排程领域发挥了巨大的作用。随着科技的不断发展，APS 系统应用的关键技术也在不断更新和优化，以适应更复杂的生产计划与排程需求。

4.3.7　APS 系统主要应用领域

APS 系统是一种先进的计划和排程工具，主要用于优化生产计划和排程，广泛应用于在制造型企业（不管是离散型制造企业，还是流程型制造企业，都适用）。它可以帮助企业提高资源利用率、降低生产成本，并确保产品按时交付，如图 4.23 所示。

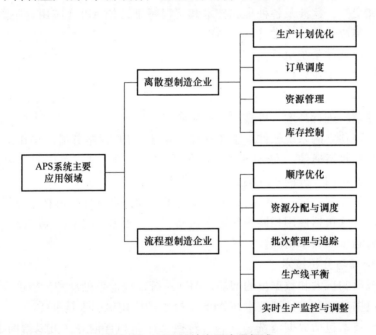

图 4.23　APS 系统主要应用领域

1. APS 系统在离散型制造企业中的应用

在离散型制造企业中，由于存在产品种类繁多、生产工艺复杂、生产环节离散等特点，因此生产计划与调度变得尤为复杂。APS 系统的应用可以帮助企业实现精细化生产管理，提高生产率、降低生产成本、优化资源配置，从而增强市场竞争力。

APS 系统在离散型制造企业中的应用主要体现在生产计划优化、订单调度、资源管理、库存控制等几个方面。

（1）生产计划优化　APS 系统可以基于订单、库存、资源可用性等因素，生成优化后的生产计划。通过考虑多种约束条件，如产能、工时、人力资源等，APS 系统可以帮助企业制订合理的生产计划，以更大程度地满足市场需求。

（2）订单调度　APS 系统可以自动分配订单到适当的生产批次和时间段，以实现生产调度，这有助于避免生产线闲置和过载，提高生产线的利用率。

（3）资源管理　APS 系统可以有效地管理生产所需的资源，如人力、原材料、机器设备等。它可以帮助确定何时及如何调配这些资源，以满足生产计划的要求。

（4）库存控制　通过分析生产计划和订单需求，APS 系统可以帮助企业合理规划库存水平，避免过多或过少的库存，这有助于降低库存成本，同时确保及时满足客户需求。

APS 系统还可以支持离散型制造企业的多品种、小批量生产模式，实现快速响应市场需求的变化。它可以通过智能算法和优化技术，对生产计划进行实时调整和优化，以适应市场需求的波动和生产过程中的不确定性。

2. APS 系统在流程型制造企业中的应用

在流程型制造企业中，APS 系统的应用同样具有显著的重要性和实际价值，主要体现在顺序优化、资源分配与调度、批次管理与追踪、生产线平衡、实时生产监控与调整等几个方面。

（1）顺序优化　流程型制造企业涉及连续的生产过程，原料需要经过一系列加工步骤，才能转化为最终产品。APS 系统能够针对这种连续生产环境，优化生产顺序，确保生产流程的高效运行。

（2）资源分配与调度　流程型制造企业通常涉及多种资源的分配，如原材料、能源、人力和设备等。APS 系统能够根据实时生产需求和资源可用性，智能地分配和调度这些资源，以企业提高资源利用率和生产效率。

（3）批次管理与追踪　流程型制造企业往往涉及大量的批次生产，其中每批产品可能需要不同的生产参数和质量控制。APS 系统能够提供强大的批次管理功能，确保每批产品的正确生产和质量追溯。

（4）生产线平衡　在流程型制造企业中，保持生产线的平衡至关重要，以避免出现瓶颈和造成浪费。APS 系统能够分析生产线的性能数据，识别潜在的瓶颈，并提出优化建议，以实现生产线的平衡和最大化产能。

（5）实时生产监控与调整　流程型制造企业需要对生产过程进行实时监控和调整，以确保生产按计划进行并满足质量和安全管理要求。APS 系统能够与生产过程控制系统（如 SCADA、DCS 等）进行集成，提供实时的生产数据和分析，使企业管理人员能够迅速做出决策和调整。

APS 系统在流程型制造企业中的应用涵盖了顺序优化、资源分配与调度、批次管理与追踪、生产线平衡及实时生产监控与调整等方面，这些功能共同帮助流程型制造企业实现更高效、灵活和可持续的生产运营。

4.4　数据采集与监视控制系统（SCADA）

4.4.1　SCADA 的概念

SCADA（Supervisory Control And Date Acquisition），即数据采集与监视控制系统，是一种用于监控和控制工业、基础设施或其他类型设施的自动化控制系统。SCADA 系统收集并处理来自远程终端单元（RTU）或可编程逻辑控制器（PLC）的数据，这些数据通常通过传感器测量并传输到中央控制系统。

SCADA 系统主要用于工业生产过程的控制和监测，是一种以计算机为基础的生产过程控制和调度自动化系统，通过对分布式系统的数据采集、处理、存储和传输等操作，实现生产过程的监测、控制和优化，以提高生产率和安全性。

1. 广义 SCADA 和狭义 SCADA 的概念

从广义上讲，凡是具有系统监控和数据采集功能的软件，都可称为 SCADA 软件。这意味着，任何能够收集、处理并显示实时数据的系统，无论其应用领域或具体功能如何，都可以被归类为广义的 SCADA 系统。

而从狭义上讲，SCADA 系统特指那些用于工业和基础设施领域的自动化控制系统，通常包括位于监控中心的 SCADA 软件系统、位于现场监控站的各远程终端单元及连接它们的通信系统。它们能够实现对现场设备的监视和控制，执行数据采集、测量、各类信号报警、设备控制和参数调节等各项功能。

简言之，广义的 SCADA 系统是一个更广泛的概念，涵盖了所有具有系统监控和数据采集功能的软件，而狭义的 SCADA 系统则是专门针对工业生产领域的监控系统。广义和狭义的 SCADA 系统在功能和应用上存在一定的差异，但它们的核心都是对实时数据的采集、处理和控制。

本书论述的对象主要是狭义上的 SCADA，以下简称"SCADA 系统"。

2. SCADA 系统在实践应用中的作用与价值

SCADA 系统在生产自动化控制领域发挥着十分重要的作用。SCADA 系统在实践应用中的作用与价值主要体现在实时数据采集与监控、优化生产过程、提高生产可靠性、提高管理效率、促进工业信息化等几个方面。

（1）实时数据采集与监控　SCADA 系统可以对各种工业设备运行过程进行实时数据采集和监控，包括温度、压力、流量、液位等参数。这些数据通过 SCADA 系统进行实时显示和处理，使企业设备系统操作人员能够及时了解设备系统运行状态，发现异常情况并进行处理，保证设备系统的安全稳定运行。

（2）优化生产过程　SCADA 系统通过对采集到的数据进行处理和分析，可以发现生产过程中的问题和瓶颈，提出优化建议和方案。这些优化措施可以提高生产率和产品质量，降低能耗和成本，提高企业的竞争力。

（3）提高生产可靠性　SCADA 系统具有数据可视化和报警功能，能够将复杂的数据以图表、曲线等形式直观展示给设备系统操作人员，帮助他们更好地了解现场情况并做出决策。当设备出现故障或参数超出正常范围时，SCADA 系统能够及时发出报警信息，提醒操作人员进行处理，避免问题扩大。另外，SCADA 系统还可以实现对设备系统的远程监控和操作，减少现场人员的工作量和风险，提高生产过程的可靠性和安全性。同时，SCADA 系统还可以对设备系统的故障进行预测和预警，提前进行处理和维护，减少故障发生和停机时间。

（4）提高管理效率　SCADA 系统可以将生产现场的数据实时传输到企业管理层，使管理层能够及时了解生产情况和企业运营状态，制定更加科学和合理的决策，提高企业的管理效率和经营效益。

（5）促进工业信息化　SCADA 系统是工业信息化的一部分，通过将设备和系统的数据采集、处理、存储和传输等操作实现数字化和智能化，推动工业信息化的发展。此外，SCADA 系统还能够与其他工业软件系统（如 MES、APS 等）集成和互联互通，进行数据交换和共享，实现企业信息化和智能化，这有助于打破信息孤岛，提高企业信息化与数字化水平。

4.4.2　SCADA 系统分类

SCADA 系统的分类方式可以按照不同的维度进行划分。一般来说，SCADA 系统的分类方法主要有按应用领域分类、按通信方式分类、按数据采集方式分类、按监控范围分类四种，如图 4.24 所示。

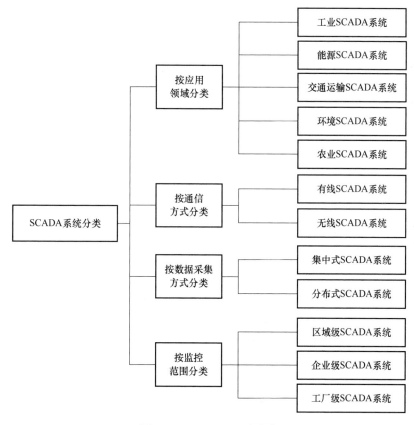

图 4.24　SCADA 系统分类

1. 按应用领域分类

根据应用领域的不同，SCADA 系统可以分为工业 SCADA 系统、能源 SCADA 系统、交通运输 SCADA 系统、环境 SCADA 系统、农业 SCADA 系统等。这种分类方法主要是根据系统的实际应用和行业特点来进行划分，有助于更好地理解和应用不同类型的 SCADA 系统。

（1）工业 SCADA 系统　工业 SCADA 系统主要用于对生产过程进行监控和数据采集，包括生产设备、仪器、传感器等的数据，并对其进行处理和存储。它可以实现生产过程的自动化、智能化和可视化，提高生产率和质量。

（2）能源 SCADA 系统　能源 SCADA 系统主要用于对电力、水务、燃气等能源供应系统进行监控和数据采集，包括各种传感器、计量表、阀门等的数据，并对其进行处理和存储。它可以实现能源供应的自动化、智能化和可视化，提高能源利用效率和管理水平。

（3）交通运输 SCADA 系统　交通运输 SCADA 系统主要用于对交通运输系统进行监控和数据采集，包括各种交通工具、交通信号、交通流量等的数据，并对其进行处理和存储。它可以实现交通运输的自动化、智能化和可视化，提高交通运输效率和管理水平。

（4）环境 SCADA 系统　环境 SCADA 系统主要用于对环境进行监测和数据采集，包括各种环境参数、气象数据等，并对其进行处理和存储。它可以实现环境的自动化、智能化和可视化，提高环境保护和治理水平。

（5）农业 SCADA 系统　农业 SCADA 系统主要用于对农业生产进行监控和数据采集，包括土壤湿度、气象数据、作物生长情况等数据，并对其进行处理和存储。它可以实现农业生产的自动化、智能化和可视化，提高农业生产率和管理水平。

2. 按通信方式分类

根据通信方式的不同，SCADA 系统可以分为有线 SCADA 系统和无线 SCADA 系统两种。

（1）有线 SCADA 系统　有线 SCADA 系统是一种通过有线方式进行数据采集、传输和监控的系统，通常由传感器、执行器、中央处理器和通信线路等组成，通过电缆、光缆等有线介质进行数据传输。

有线 SCADA 系统的优点包括传输速率高、稳定性好、可靠性高、维护方便等。但其缺点也很明显，由于通信线路的建设需要铺设线缆等基础设施，有线 SCADA 系统的初期投资成本较高。

在应用方面，有线 SCADA 系统广泛应用于电力系统、石油天然气、水处理等领域的数据采集与监控。它可以实现对管网的远程监控和数据采集，提供管网的运行状态和参数信息，帮助企业实现生产过程的自动化和智能化管理。

（2）无线 SCADA 系统　无线 SCADA 系统是一种通过无线方式进行数据采集、传输和监控的系统，通常由传感器、执行器、中央处理器和通信模块等组成，通过无线电波进行数据传输。

无线 SCADA 系统的优点包括无须铺设线缆、灵活性高、可移动性强、便于维护、建设成本低等，适用于一些需要快速部署或不易铺设线缆的场景。但其也有缺点，就是传输速率和稳定性可能会受到一定限制。

在应用方面，无线 SCADA 系统广泛应用于电力系统、石油天然气、城市管网等领域的数据采集与监控。它可以实现对输油管道、输气管道、供水管网的远程监控和数据采集，提供管网的运行状态和参数信息，帮助企业实现生产过程的自动化和智能化管理。

此外，随着物联网技术的发展，无线 SCADA 系统与物联网技术的结合越来越紧密。通过物联网技术，无线 SCADA 系统可以与智能设备、智能仪表等实现更广泛的数据采集和监控，推动企业的数字化转型和智能化升级。

需要注意的是，随着新一代信息技术的发展，有线 SCADA 系统与无线 SCADA 系统之间的界限逐渐模糊，许多有线 SCADA 系统都支持无线传输方式，以提供更大的灵活性和便利性。因此，在实际应用中，可以根据实际需求选择适合的 SCADA 系统。

3. 按数据采集方式分类

根据数据采集方式的不同，SCADA 系统可以分为集中式 SCADA 系统和分布式 SCADA 系统两种。

（1）集中式 SCADA 系统　集中式 SCADA 系统是一种将所有监控功能集中在一台主机上的系统。这种系统采用广域网连接现场远程终端单元和主机，网络协议比较简单，功能较弱且系统不具有开放性，因而系统维护、升级及与其他设备联网构成很大困难。

另外，在集中式 SCADA 系统中，所有数据处理和监控功能都由一台主机完成，因此系统的处理能力和存储能力有限，难以扩展和维护。同时，由于所有数据都经过主机进行中转和处理，因此，数据传输的延迟较大，实时性较差。

随着技术的发展，集中式 SCADA 系统在实际应用中的比例逐渐减少，但仍然在一些特定场景中具有一定的应用价值。

（2）分布式 SCADA 系统　分布式 SCADA 系统是一种将数据采集、处理和监控功能分散到多个站点进行的系统。这种系统采用局域网（LAN）技术将各个站点连接起来，实现数据的实时共享和传输。

在分布式 SCADA 系统中，每个站点都具有一定的数据处理和存储能力，可以独立完成特定的任务，如数据采集、处理、存储和监控等。这种系统将数据处理和监控功能分散到多个站点中，可以充分利用各个站点的处理能力，提高系统的整体性能。

在实际应用中，分布式 SCADA 系统广泛应用于工业自动化领域，如电力、石油、化工等，可以实现对生产过程的实时监控和数据采集，提供生产状态和参数信息，帮助企业实现生产过程的自动化和智能化管理。

4. 按监控范围分类

根据监控范围的不同，SCADA 系统可以分为区域级 SCADA 系统、企业级 SCADA 系统和工厂级 SCADA 系统。

（1）区域级 SCADA 系统　区域级 SCADA 系统监控范围通常覆盖较大的地理区域，如城市、地区或国家的一部分。这类系统被广泛应用于公共设施监控，包括电力、水利、交通和天然气分配系统等。

区域级 SCADA 系统的主要功能包括实时数据采集、远程监控、参数调节及各类信号报警等。它能够整合多种通信协议，并具备强大的数据处理和存储能力，以满足对大范围监控和控制的需求。

此外，区域级 SCADA 系统通常具备高扩展性和高可靠性，能够适应不断增长和变化的监控需求。它还能够提供直观的图形用户界面（GUI），方便操作员进行监控和控制操作。

在实际应用中，区域级 SCADA 系统对于确保公共设施的安全、稳定和高效运行起着至关重要的作用。例如，在电力系统中，区域级 SCADA 系统可以实现对电网的实时监控和调度，提高电网的可靠性和经济性；在水利系统中，它可以实现对水库、河流和供水系统的远程监控和调节，保障水资源的合理分配和利用。

总的来说，区域级 SCADA 系统是一种功能强大、应用广泛的自动化控制系统，对于提高公共设施的运行效率和管理水平具有重要意义。

（2）企业级 SCADA 系统　企业级 SCADA 系统是一种应用于企业层面的数据采集与监视控制系统。它通常覆盖整个企业或跨多个工厂和设施，用于监控和协调企业内部的多个生产流程、物流系统和能源管理。

企业级 SCADA 系统的主要功能包括实时数据采集、远程监控、数据处理和存储、报警和事件管理、趋势分析和报告等。这些功能使企业能够实时了解生产现场的情况，及时发现和解决问题，优化生产流程，提高生产率和产品质量。

此外，企业级 SCADA 系统还具备高度的集成性和可扩展性。它可以与企业的其他管理系统（如 ERP、MES 等）进行集成，实现信息的共享和协同工作。同时，随着企业规模的不断扩大和业务需求的不断变化，企业级 SCADA 系统也能够进行灵活的扩展和升级，满足企业的长期发展需求。

在实际应用中，企业级 SCADA 系统对于提高企业的生产管理水平、降低运营成本、增强市场竞争力具有重要意义。它可以帮助企业实现生产过程的可视化、可控化和智能化，提高企业的决策水平和响应速度，为企业的可持续发展提供有力支持。

（3）工厂级 SCADA 系统　工厂级 SCADA 系统是一种应用于工厂层面的数据采集与监视控制系统。它主要用于监控工厂内的生产线、机器设备、工艺流程及环境参数等，以确保生产的安全和效率。

工厂级 SCADA 系统的主要功能包括实时数据采集、设备监控、参数调节、报警和事件管理、生产调度等。通过收集和分析现场数据，工厂级 SCADA 系统能够提供有关生产过程的实时信息和趋势分析，帮助操作员及时发现和解决问题，优化生产流程。

此外，工厂级 SCADA 系统通常具备高度的实时性和响应性，能够与生产设备进行直接接口和集成。它还可以提供直观的图形用户界面（GUI），方便操作员进行监控和控制操作。有些系统还支持移动设备和远程访问，使监控和管理更加灵活和便捷。

工厂级 SCADA 系统在工业自动化领域中扮演着重要角色。它能够提高生产率、降低能耗、减少故障停机时间，并提升产品质量。同时，通过对生产过程的可视化和透明化，工厂级 SCADA 系统还能够支持生产追溯、质量管理和决策支持等高级功能。

需要注意的是，在选择和实施工厂级 SCADA 系统时，需要考虑工厂的特定需求、设备兼容性、扩展性、数据安全性和系统集成等因素。确保系统的稳定性、可靠性和易用性对于实现长期的生产效益至关重要。

4.4.3　SCADA 系统发展历程

SCADA 系统的发展历程是一个不断演进的过程，随着技术的不断进步和应用需求的不断提高，SCADA 系统的功能和性能也在不断提升。

1. SCADA 系统国外发展历程

SCADA 系统国外发展历程主要包括初始应用阶段、通用计算机阶段、分布式与联网阶段、智能化与集成化阶段四个阶段，如图 4.25 所示。

（1）初始应用阶段（20 世纪 60 年代末至 70 年代）　20 世纪 60 年代末，在国外，SCADA 系统开始应用于电力、水利和交通等基础设施领域。这些系统主要基于当时的专用计算机和专用操作系统，用于实现对远程设备的监控和数据采集。

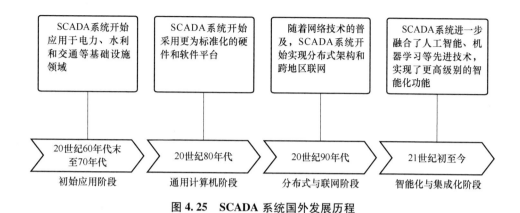

图 4.25　SCADA 系统国外发展历程

（2）通用计算机阶段（20 世纪 80 年代）　20 世纪 80 年代，随着通用计算机技术的发展，SCADA 系统开始采用更为标准化的硬件和软件平台。UNIX 操作系统成为这一时期 SCADA 系统的常见选择，因为它提供了相对开放和稳定的环境。在这一阶段，SCADA 系统的功能得到了显著扩展，开始与经济运行分析、自动发电控制（Automatic Generation Control，AGC）及网络分析等高级应用相结合。

（3）分布式与联网阶段（20 世纪 90 年代）　20 世纪 90 年代初期，随着网络技术的普及，特别是局域网（LAN）和广域网（WAN）技术的发展，SCADA 系统开始实现分布式架构和跨地区联网。这一时期，开放系统和标准化成为 SCADA 系统发展的重要趋势。SCADA 系统开始支持多种通信协议，并采用关系数据库技术来管理和存储数据。

（4）智能化与集成化阶段（21 世纪初至今）　进入 21 世纪，SCADA 系统进一步融合了人工智能、机器学习等先进技术，实现了更高级别的智能化功能，如预测性维护、故障自诊断等。近年来，随着云计算和物联网技术的兴起，SCADA 系统开始向云端迁移，实现了数据的集中存储和处理，同时支持海量设备接入和实时数据分析。

2. SCADA 系统国内发展历程

SCADA 系统国内发展历程主要包括引入与应用初期阶段、自主研发起步阶段、开放系统与标准化阶段、智能化与集成化阶段四个阶段，如图 4.26 所示。

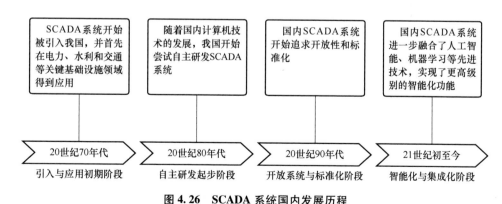

图 4.26　SCADA 系统国内发展历程

（1）引入与应用初期阶段（20 世纪 70 年代）　20 世纪 70 年代，SCADA 系统开始被引入我国，并首先在电力、水利和交通等关键基础设施领域得到应用。这一时期，这些系统主要依赖进口，且基于当时的专用计算机和专用操作系统。

（2）自主研发起步阶段（20世纪80年代）　20世纪80年代，随着国内计算机技术的发展，我国开始尝试自主研发SCADA系统。例如，电力自动化研究院为华北电网开发的SD176系统，标志着国内SCADA系统研发的起步。

（3）开放系统与标准化阶段（20世纪90年代）　20世纪90年代，国内SCADA系统开始追求开放性和标准化。基于分布式计算机网络和关系数据库技术的SCADA系统开始出现，支持多种通信协议，使系统之间的互联互通成为可能。随着网络技术和通信技术的发展，国内SCADA系统开始实现大规模联网，广泛应用于电力、水利、石油、化工等多个行业。

（4）智能化与集成化阶段（21世纪初至今）　进入21世纪，国内SCADA系统进一步融合了人工智能、机器学习等先进技术，实现了更高级别的智能化功能。同时，SCADA系统开始与其他工业软件系统（如ERP、MES等）进行集成，实现信息的共享和协同工作。另外，随着云计算和物联网技术的兴起，国内SCADA系统开始向云端迁移，支持海量设备接入和实时数据分析。同时，物联网技术的应用使得SCADA系统能够实现对更广泛设备和环境的监控与管理。

3. SCADA系统的发展方向与趋势

SCADA系统未来的发展方向与趋势主要体现在智能化、云计算赋能、边缘计算赋能、与物联网深度集成、移动性与远程访问、大数据分析赋能等几个方面，如图4.27所示。

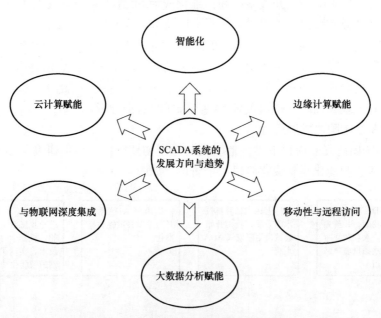

图4.27　SCADA系统的发展方向与趋势

（1）智能化　随着大数据和机器学习技术的发展，SCADA系统正在变得越来越擅长处理和分析大量数据。未来，SCADA系统将能够利用这些数据来预测设备故障、优化维护计划、提高能源效率等。这种高级数据分析功能将使SCADA系统从简单的数据收集者转变为能够为企业提供有价值见解的智能助手。

同时，智能化的 SCADA 系统将逐渐具备自主决策能力。通过结合实时数据、历史数据和预测模型，SCADA 系统能够自动调整控制参数、优化运行策略，甚至在特定情况下自主启动或停止设备。这种自主决策和自动化控制功能将大大提高运营效率，减少人工干预的需求。

未来，智能化的 SCADA 系统将更加擅长检测和诊断设备故障。通过集成先进的传感器技术和智能算法，SCADA 系统能够实时监测设备状态，及时发现潜在问题，并提供详细的故障诊断信息。这将有助于企业快速响应并处理故障，减少停机时间，提高生产率。

（2）云计算赋能　未来，通过云计算，SCADA 系统可以实现集中化的数据管理和系统维护，企业可以将多个分散的多个 SCADA 系统整合到一个统一的云平台中，从而简化管理流程、降低维护成本，并提高系统的可扩展性和可靠性。

另外，云计算为 SCADA 系统提供了强大的数据分析和处理能力、弹性可扩展的计算及存储资源，企业可以根据实际需求动态调整资源分配，以满足不同时间段和数据量的处理需求。这种弹性资源分配方式有助于提高资源利用率，降低成本。

借助云计算，SCADA 系统还可以实现全球范围内的数据访问和协作，企业能够实时监控和管理分布在世界各地的设备和资产，加强跨部门、跨地域的协同工作能力。

（3）边缘计算赋能　边缘计算可以将计算任务从云端推向网络的边缘，即设备或终端，使 SCADA 系统能够实现对实时数据的快速处理和响应，降低数据传输延迟，提高系统的实时性和可靠性。

未来，通过在设备或终端上部署边缘计算节点，SCADA 系统可以实现本地化的数据存储和处理，有助于减轻云端的负担，降低对网络带宽的依赖，并保护数据的隐私和安全。

另外，边缘计算有助于实现智能设备的集成和管理。通过将计算和分析能力下沉到设备端，SCADA 系统可以更加灵活地与各种智能设备进行通信和协作，实现对设备的智能监控和控制。

在某些场景下，如当网络不稳定或中断时，边缘计算可以使 SCADA 系统具备离线运行和自治能力，SCADA 系统可以在没有云连接的情况下继续运行，并根据本地数据做出决策和调整，以保证生产的连续性和稳定性。

（4）与物联网深度集成　物联网技术的高速发展使越来越多的设备和传感器能够连接到网络当中并共享数据。未来，SCADA 系统通过与物联网技术的深度集成，可以实现对更广泛设备和环境的监控与管理，帮助企业及时获取设备状态信息，提高生产率，降低维护成本。

另外，物联网技术为 SCADA 系统提供了更加高效和灵活的数据采集与传输方式。通过与物联网集成，SCADA 系统可以实时收集来自各种设备和传感器的数据，并将其传输到中央控制室或云端进行分析和处理，帮助企业更加全面地了解生产现场情况，优化生产流程。

（5）移动性与远程访问　未来，随着移动设备的普及和移动互联网的发展，SCADA 系统的移动性将会得到显著增强。用户可以通过智能手机、平板计算机等移动设备随时随地访问 SCADA 系统，实现对生产现场的实时监控和管理。这种移动性的提升不仅提高了用户的工作效率，还使企业能够更加快速地响应生产现场的变化。

另外，远程访问将成为可能。通过远程访问功能，用户可以在不同地点、不同时间访问 SCADA 系统，获取实时数据和控制设备。

（6）大数据分析赋能　随着工业设备和传感器的不断增多，SCADA 系统面临的数据量呈指数级增长。为了更好地利用这些数据，SCADA 系统需要具备强大的数据集成和整合能力，将来自不同设备和系统的数据汇集到统一的数据平台中。这将有助于消除数据孤岛，提高数据质量，为后续的大数据分析奠定坚实基础。

未来，为了更好地挖掘数据价值，SCADA 系统需要引入机器学习、深度学习等大数据分析技术，帮助企业从海量数据中提取出有价值的信息，为决策提供支持。

4.4.4　SCADA 系统基本功能

SCADA 系统的基本功能是数据采集和监视控制。

具体来说，SCADA 系统可以与现场运行的各种设备进行通信，实现对现场设备的数据采集、控制、测量、参数调节及各类信号报警等功能，从而为车间安全生产、调度、管理、优化和故障诊断提供必要和完整的数据及手段。

SCADA 系统的基本功能主要包括实时数据采集功能、监视功能、显示功能、远程操作与控制功能、报警功能、事件管理功能、故障诊断与恢复功能、接口功能、集成功能等，如图 4.28 所示。

图 4.28　SCADA 系统的基本功能

1. 实时数据采集功能

实时采集数据功能是 SCADA 系统最核心的基本功能之一。它能够从各种传感器和设备中实时采集数据，包括温度、压力、流量、电流等过程变量，确保数据采集的及时性和准确性，对于需要实时监测和控制的生产过程尤为重要。SCADA 系统不但能够实时采集数据，还能够采集多种类型的数据，包括模拟量（如温度、压力、流量等）和数字量（如开关状态、设备运行状态等），能够全面地了解现场设备的运行状况。

另外，SCADA 系统不仅能够采集原始数据，还能够对数据进行处理，如滤波、转换、计算等，有助于提高数据的质量和可用性。

2. 监视功能

监视功能也是 SCADA 系统最核心的基本功能之一。SCADA 系统能够实时监视现场设备的运行状态和参数，包括设备的开关状态、工作模式、运行时间、故障信息等，帮助企业及时发现设备异常和故障，并及时处理，确保生产过程的顺利进行。通过网络连接，用户可以在中央控制室或远程监控中心对现场设备进行监视，无须亲临现场，提高了监视的便捷性和效率。

另外，SCADA 系统能够设定报警阈值和条件，当设备参数超过预设范围或发生故障时，系统会自动触发报警，提醒用户及时处理，帮助企业避免潜在的生产事故和损失。

3. 显示功能

显示功能在 SCADA 系统中非常重要，是其基本功能之一。SCADA 系统提供图形化用户界面（GUI），能够以图表、曲线、动画等形式直观展示现场设备的运行状态和参数，降低了用户的使用难度，提高了信息的可读性。SCADA 系统还能够生成各种报表，如设备运行报表、故障统计报表等，方便企业对设备运行情况进行分析和评估，帮助企业及时掌握设备的性能状况、故障趋势等，为决策提供数据支持。

另外，SCADA 系统能够对历史数据进行分析和处理，以趋势图的形式展示设备参数的变化趋势，帮助企业预测设备的未来状态，提前进行维护和调整，提高生产稳定性。

4. 远程操作与控制功能

远程操作与控制功能是 SCADA 系统重要的一项基本功能。SCADA 系统允许用户通过网络连接对现场设备进行远程操作，如开关设备、调整参数、控制设备运行模式等，企业可以在中央控制室或远程监控中心对现场设备进行实时控制，无须安排人员亲临现场，提高了操作的准确性、便捷性和效率。例如，在电力系统中，SCADA 系统可以通过远程操作与控制功能，实现对变电站、输电线等设施的监控和控制。

除了对单个设备的操作外，SCADA 系统还支持对多个设备进行集中控制，企业可以通过系统设定控制策略和逻辑，实现对设备群的自动控制和调度，帮助企业提高生产率和能源利用效率。

5. 报警功能

报警功能是 SCADA 系统的基本功能之一。根据不同的异常情况，SCADA 系统可以设置多种报警类型，如声音报警、视觉报警、邮件报警等，这些报警类型可以根据实际情况进行选择和配置，以满足不同场景的需求。SCADA 系统报警信息主要包含异常情况的描述、设备位置、报警级别等关键信息，以便操作人员迅速了解并能够及时处理异常情况。

SCADA 系统可以对所有站点所有参数数据进行报警分类分级管理，再结合实际情况设置系统中各参数点的报警限值。常见的紧急 SCADA 警报触发器包括设备故障、系统停机时间和所需设备指标的偏差等。SCADA 系统可以根据异常情况的紧急程度设置不同的报警级别，如一般、重要、紧急等，帮助操作人员快速判断异常情况的严重程度，并采取相应的措施。

6. 事件管理功能

事件管理功能也是 SCADA 系统的一项基本功能。SCADA 系统能够自动记录发生的所有事件，包括操作人员的操作、设备状态变化、报警触发等，这些事件记录有助于后续的问题追溯和分析。同时，SCADA 系统提供便捷的事件查询功能，允许操作人员根据时间、设备、事件类型等条件查询历史事件，有助于操作员了解过去发生的情况，为未来的操作和维护提供参考。

另外，SCADA 系统还能够对历史事件进行分析。通过对历史事件的分析，操作人员可以发现潜在的问题和趋势，从而提前采取预防措施，避免类似事件的再次发生。

7. 故障诊断与恢复功能

SCADA 系统具备故障诊断与恢复功能，能够实时监测设备的运行状态和参数。当设备出现故障或异常时，SCADA 系统能够及时发现并触发相应的报警，帮助操作人员快速了解设备的故障情况。同时，SCADA 系统能够准确地定位故障发生的位置和原因，提供详细的故障信息，如设备名称、故障类型、故障时间等，帮助操作人员迅速找到故障点，提高故障排除的效率。

通过对故障数据的分析，SCADA 系统能够诊断出故障的性质和严重程度，为操作人员提供针对性的解决方案和建议，帮助操作人员快速制订维修计划，减少停机时间。对于一些常见的、简单的故障，SCADA 系统能够自动采取预设的恢复措施，如重起设备、切换备用设备等，使设备尽快恢复正常运行，提高设备的自愈能力。

8. 接口功能

接口功能是 SCADA 系统基本功能之一，包含硬件接口、软件接口、通信接口。

SCADA 系统能够与各种硬件设备（如传感器、执行器、PLC 等）进行连接和通信，实现数据的采集和控制指令的传输，可以将不同的现场设备纳入统一的监控和控制系统中。

同时，SCADA 系统提供开放的软件接口，支持与其他软件系统（如 MES、ERP 等）进行数据交换和集成，实现不同工业软件系统之间的信息共享和协同工作，提高企业工业自动化水平。

另外，SCADA 系统支持多种通信协议和标准（如 Modbus、OPC 等），能够与不同厂商和型号的设备进行通信，实现设备的互操作性和可扩展性。

9. 集成功能

集成功能也是 SCADA 系统的基本功能之一，包含数据集成、功能集成、系统集成。

1）数据集成。SCADA 系统能够将来自不同数据源的数据进行集成和整合，形成统一的数据平台，在此基础上对数据进行全面分析和处理，提高数据利用率和决策水平。

2）功能集成。SCADA 系统能够将不同的功能模块（如数据采集、监控、报警等）进行集成和整合，形成一个完整的自动化控制系统，实现 SCADA 系统各个功能的协同和优化，提高系统的整体性能和稳定性。

3）系统集成。SCADA 系统能够与其他相关工业软件系统进行集成和整合，如与 EMS（Energy Management System，能源管理系统）进行集成，实现能源数据的采集、监控和优化；与 ERP 系统进行集成，共享生产数据和管理信息，提升整体运营效率；与调度指挥系统进行整合，共享实时生产过程数据和设备状态信息，以支持更精确和有效的生产调度。此外，SCADA 系统还可以与现场总线系统进行连接，共享设备运行参数和故障信息，以实现对生产过程的及时监控和快速响应。

需要注意的是，不同的 SCADA 系统可能会在某些功能上有所差异，具体的功能取决于 SCADA 系统的设计和应用领域。

4.4.5 SCADA 系统技术架构

SCADA 系统具有采集、控制分散、管理集中的"集散控制系统"的特征，典型的 SCADA 系统技术架构一般分为场站端和管理端，如图 4.29 所示。

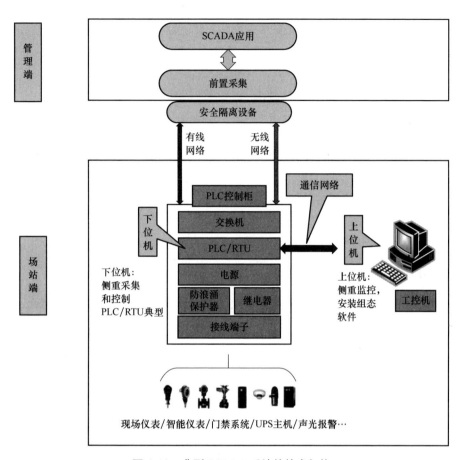

图 4.29 典型 SCADA 系统的技术架构

1. 场站端

场站端主要包括三部分：下位机、通信网络、上位机。

（1）下位机　下位机侧重于数据采集和设备控制，一般由 RTU（Remote Terminal Unit，远程测控终端）、PLC（Programmable Logic Controller，可编程逻辑控制器）、智能仪表及其他现场设备组成。下位机负责将状态信号转换为数字信号，通过通信网络传递到上位机系统，并接受上位机的监控指令。

RTU 是一种针对通信距离较长和工业现场环境恶劣而设计的具有模块化结构的、特殊的计算机测控单元，它将末端检测仪表和执行机构与远程调控中心的主计算机连接起来，具有远程数据采集、控制和通信功能，能接收主计算机的操作指令，控制末端的执行机构动作。RTU 通常安装在远程现场，用来监测远程现场的传感器和其他电子设备，负责对现场信号、工业设备进行监测和控制。

PLC 是一种具有微处理器的用于自动化控制的数字运算控制器，可以将控制指令随时载入内存进行储存与执行，它通过可编程存储器的内部运算和数字量模拟量的输入输出来控制各种设备和生产过程。

RTU 适应恶劣环境的能力强，可在室外现场安装。PLC 一般用于厂站内工业流水线的控制，多安装在室内，工作环境要求较高。RTU 相较于 PLC 来说，数据存储量大，模拟量采集能力强，一个 RTU 最多可以采集数百个 I/O 点的数据。由于 RTU 要将采集到的大量数据传输给远距离的控制中心，所以要求它具有强大的远程通信功能。PLC 的通信功能则仅限于厂站内部近距离传送数据，其通信功能与 RTU 相比较弱。PLC 的逻辑运算能力相较于 RTU 更强，且程序更改更为方便，能更好地控制本地设备。

RTU 侧重于远程控制，适用于各种恶劣环境。PLC 则侧重于本地控制。一般远距离 SCADA 系统下位机采用 RTU，其他采用 PLC。

智能仪表是以微型计算机（单片机）为主体，将计算机技术和检测技术有机结合，组成的新一代"智能化仪表"。智能仪表内部嵌入有通信模块和控制模块，可以完成数据采集、数据处理和数据通信功能。在一些侧重于数据采集和远程监督的 SCADA 系统中，对远程控制功能要求较低，多使用各种智能仪表作为下位机。

在 SCADA 系统中，各下位机之间一般通过现场总线进行连接。

（2）通信网络　通信网络是实现上位机与下位机之间数据交换的关键部分，是 SCADA 系统的重要组成部分，一般使用以太网进行通信。它负责传输实时数据、控制指令及系统配置信息。

通信网络可以采用多种协议，如 Modbus、DNP3、Profibus、EtherNet/IP 等，以确保数据的可靠和高效传输。如今，在 SCADA 系统中，普遍采用适配标准 TCP/IP 协议的以太网通信方案，结合已经采用以太网通信的上层 MES、ERP 架构，可以实现以太网一网到底。以太网通信具有诸多优势，如通信距离长、数据传输量大、成本低、施工简单等。

在 SCADA 系统中，各下位机之间通过现场总线进行连接，各上位机之间则通过局域网络进行连接，还可以通过设置 WEB 服务器，用于提供远程监控网络。

（3）上位机　上位机通常由计算机、人机界面（HMI）软件、数据库和其他相关应用程序组成，侧重于监控功能，主要起到远程监控、报警处理、数据存储及与其他系统结合的作用。它通过通信网络从下位机接收数据，对数据进行处理、分析和存储。

另外，上位机还负责提供用户友好的界面，使操作员能够监视系统状态、发送控制指令以及管理报警和事件。

在 SCADA 系统中，各上位机之间一般通过局域网络进行连接。

2. 管理端

管理端，也称为中心端，通常包括前置采集和 SCADA 应用两个主要部分。

（1）前置采集　前置采集负责各种采集设备的协议解析和转换。

由于现场设备可能来自不同的厂商，因此会使用不同的通信协议。前置采集的任务就是将这些不同协议的数据统一转换成 SCADA 系统可以处理的标准格式。这样，SCADA 系统就能够对各种设备进行统一的管理和控制。

（2）SCADA 应用　SCADA 应用主要负责设备数据的存储和监控。

它接收并存储来自前置采集的数据，对数据进行处理和分析，然后通过监控界面展示给用户。用户可以通过 SCADA 应用实时查看设备的运行状态，了解生产过程的实时数据，还可以根据需要发送控制指令给现场设备。

4.4.6　SCADA 系统应用的关键技术

SCADA 系统应用的技术有很多，其中关键技术主要包括通信技术、计算机网络技术、数据库技术、人机界面技术、组态技术、安全与加密技术等，如图 4.30 所示。

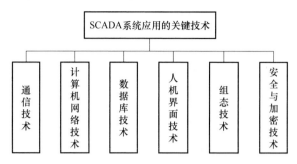

图 4.30 SCADA 系统应用的关键技术

1. 通信技术

SCADA 系统需要支持多种通信协议和通信方式，以实现与现场设备、传感器、执行器等的数据交换和控制指令的传输。常见的通信协议包括 Modbus、DNP3（Distributed Network Protocol 3）、OPC（OLE for Process Control）等，通信方式可以是有线或无线方式。

（1）有线通信技术　SCADA 系统用常用的有线通信技术主要包括以太网、串行通信和现场总线。

1）以太网是最常用的局域网技术之一，它提供了高速、稳定的数据传输，支持多种拓扑结构和通信协议，广泛应用于 SCADA 系统中。

2）串行通信是一种逐位传输数据的方式，常用的接口有 RS-232、RS-422、RS-485 等。串行通信虽然传输速度较慢，但在远距离传输和简单设备连接方面仍然有广泛应用。

3）现场总线是一种用于工业自动化领域的通信系统，它允许多个设备在同一条物理总线上进行通信。常见的现场总线有 Profibus、Modbus、DeviceNet 等。

（2）无线通信技术　SCADA 系统用常用的无线通信技术主要包括无线局域网、蜂窝移动通信技术、短距离无线通信技术等。

1）无线局域网（WLAN）是基于 IEEE 802.11 标准的无线局域网技术，提供较高速度和较大范围的无线通信。

2）蜂窝移动通信技术是一种采用蜂窝无线组网方式，在终端和网络设备之间通过无线通道连接起来，进而实现用户在活动中可相互通信的技术，如 GSM、GPRS、UMTS、LTE 等都属于蜂窝移动通信技术。蜂窝移动通信技术可以使 SCADA 系统能够通过公共移动通信网络进行远程通信。

3）短距离无线通信技术是一种利用电磁波在短距离内进行通信的技术，主要包括无线局域网（WLAN）、蓝牙、无线个人局域网（WPAN）、近场通信（NFC）和射频识别（RFID）等，短距离无线通信技术可以用于实现传感器、执行器和控制器之间的无线连接和数据传输。

（3）通信协议　SCADA 系统用常用的通信协议主要包括 Modbus、DNP3、Profibus、EtherNet/IP 等。

1）Modbus 是一种串行通信协议，广泛应用于工业自动化领域。它分为 Modbus RTU（二进制表示）和 Modbus ASCII（ASCII 表示）两种模式，以及基于以太网的 Modbus TCP/

IP。Modbus 支持主从通信模式，其中主设备发起通信请求，从设备响应请求并提供数据。Modbus 协议简单、易于实现，并且被许多厂商的设备所支持，使其成为 SCADA 系统中最常用的通信协议之一。

2）DNP3 是一种用于电力自动化系统的通信协议，适用于 SCADA 系统和其他自动化控制应用。它支持多种传输介质，包括串行通信和以太网，提供了可靠的数据传输和通信功能。DNP3 协议具有高度的安全性和可靠性，能够满足电力 SCADA 系统对通信的严格要求。

3）OPC 是一种基于 Microsoft 的 COM 技术的通信标准，用于实现不同厂商设备和应用程序之间的数据交换。OPC 客户端可以与 OPC 服务器进行通信，获取实时数据和历史数据，并发送控制指令。OPC 标准广泛应用于工业自动化领域，为 SCADA 系统与其他设备和系统进行集成提供支持。

需要注意的是，以上列举的通信协议在 SCADA 系统中发挥着重要作用，确保了数据的实时传输、远程监控和控制功能的实现，但这只是 SCADA 系统中常用的一部分，实际上还有其他协议和标准也在工业自动化领域中得到应用。选择合适的通信协议取决于 SCADA 系统的具体需求、通信介质、数据传输速率、可靠性要求及与其他系统的集成需求。

2. 计算机网络技术

SCADA 系统需要构建稳定、可靠的网络架构，以实现数据的实时传输和远程监控。SCADA 系统常用的计算机网络技术主要包括局域网、广域网、串口通信和网络技术、TCP/IP 协议栈、网络安全技术等，可以确保数据的快速、准确传输。

（1）局域网（Local Area Network，LAN）技术　局域网是连接同一区域内（如工厂、办公楼）计算机和其他设备的网络。在 SCADA 系统中，局域网常用于连接控制中心与本地设备，实现高速、稳定的数据传输。

常见的局域网技术包括以太网（Ethernet）、令牌环（Token Ring）和光纤分布式数据接口（FDDI）等，其中以太网因其低成本、高速度和广泛的支持而成为最常用的局域网技术。

（2）广域网（Wide Area Network，WAN）技术　广域网用于连接地理位置上分散的计算机网络，如集团公司不同厂区的控制中心或远程站点。

在 SCADA 系统中，广域网技术（如 Internet VPN、专用线路）为实现远程监控和数据传输提供支持，以实现集中管理和分布式控制。

（3）串口通信和网络技术　串口通信是一种逐位传输数据的通信方式，常用于连接计算机与外设或老旧的工业设备。

串口转网络技术（如串口服务器）可以将串口通信转换为网络通信，从而将这些设备集成到 SCADA 系统的网络架构中。

（4）TCP/IP 协议栈　TCP/IP（Transmission Control Protocol/Internet Protocol，传输控制协议/互联网协议）是 Internet 的基础协议，也是大多数网络应用的标准。

在 SCADA 系统中，TCP/IP 协议栈支持各种网络服务和应用，如 HTTP（Hypertext Transfer Protocol，用于 Web 浏览器访问）、FTP（File Transfer Protocol，文件传输）、DNS（Domain Name System，域名解析）等，确保数据的可靠传输和网络服务的可用性。

（5）网络安全技术　由于 SCADA 系统通常涉及关键基础设施的控制和监视，因此，网络安全至关重要。

网络安全技术包括防火墙、入侵检测系统（Intrusion Detection System，IDS）、加密技术

（如 Transport Layer Security/Secure Sockets Layer，TLS/SSL）和访问控制列表（Access Control Lists，ACL）等，用于保护 SCADA 系统免受未经授权的访问和潜在的网络攻击。

以上这些计算机网络技术为 SCADA 系统提供了稳定、可靠和安全的网络通信环境，确保了数据的实时传输、远程监控和控制功能的实现。

3. 数据库技术

SCADA 系统需要处理和存储大量的实时数据和历史数据，因此数据库技术是关键。数据库可以高效地组织、存储和管理数据，并提供数据检索、分析和报表生成等功能。SCADA 系统常用的数据库技术主要有关系型数据库技术、实时数据库技术、分布式数据库技术和内存数据库技术等。

（1）关系型数据库技术　关系型数据库（Relational Database Management System，RDBMS）是 SCADA 系统中常用的数据库类型，它以表格的形式组织数据，并通过关系（如主键和外键）来维护数据之间的一致性。常见的关系型数据库管理系统包括 Oracle、MySQL、Microsoft SQL Server、PostgreSQL 等。

关系型数据库提供了高效的数据存储、检索和管理功能，支持复杂的查询操作和事务处理，适用于大规模数据处理和实时性要求较高的 SCADA 系统。

（2）实时数据库技术　实时数据库（Real-time Database）是专为实时应用设计的数据库系统，它能够快速响应数据变化并提供实时数据访问。

实时数据库在 SCADA 系统中常用于存储和处理实时采集的数据，支持高频率的数据更新和查询操作，以满足对实时性和数据一致性的要求。

（3）分布式数据库技术　分布式数据库（Distributed Database）是将数据分散存储在多个地理位置或计算机节点上的数据库系统。

在 SCADA 系统中，分布式数据库技术可以支持多个控制中心或远程站点之间的数据共享和协同工作，提高了系统的可扩展性和可靠性。

（4）内存数据库技术　内存数据库（In-Memory Database）是将全部或主要数据存储在计算机的内存中的数据库系统，以提供更快的数据访问速度。

在需要高性能和快速响应的 SCADA 系统中，内存数据库技术可以用于缓存实时数据或频繁访问的数据，以减少磁盘 I/O 操作和提高系统的吞吐量。

以上列举的数据库技术只是 SCADA 系统中常用的一部分，这些数据库技术为 SCADA 系统提供了稳定、高效和安全的数据存储和管理环境。它们能够支持大量的实时数据采集、存储、处理和查询操作，并确保数据的完整性、一致性和可靠性。

4. 人机界面技术

SCADA 系统需要提供直观、易用的人机界面，以便操作员能够方便地监视系统状态、发送控制指令和查看报警信息。人机界面技术包括图形用户界面技术、触摸屏技术、报警和事件处理、数据可视化技术等。

（1）图形用户界面（Graphical User Interface，GUI）技术　GUI 提供了直观的图形表示，使操作人员能够通过图标、按钮、菜单和文本框等图形元素来监控和控制 SCADA 系统。

（2）触摸屏技术　触摸屏作为一种输入设备，在 SCADA 系统的 HMI（Human Machine Interface，人机接口）中广泛应用，它允许操作人员直接触摸屏幕上的图形元素来发出控制指令或获取信息。

触摸屏技术提供了直观、高效的操作方式，特别适用于工业环境中的实时控制和监控。

（3）报警和事件处理　SCADA 系统的 HMI 通常具备报警和事件处理功能，能够实时显示系统状态、警告信息和重要事件。操作人员可以通过 HMI 快速响应报警事件，并采取相应的措施来确保系统的安全和稳定运行。

（4）数据可视化技术　HMI 通过图表、曲线、仪表盘等可视化元素，将 SCADA 系统采集的数据以直观的方式呈现给操作人员。数据可视化有助于操作人员迅速理解系统状态和运行趋势，做出准确的决策。

这些人机界面技术为 SCADA 系统提供了直观、高效和灵活的操作环境，有助于实现工业自动化控制和监控。

5. 组态技术

组态技术是 SCADA 系统中的关键部分之一，SCADA 系统中常用的组态技术主要有画面组态技术、数据库组态技术、设备组态技术和报表组态技术。

（1）画面组态技术　通过图形化界面设计和配置监控画面，使操作人员能够直观地了解系统状态和操作设备。画面组态通常包括布局设计、图形元素选择、数据绑定等步骤，以创建符合实际需求的监控界面。

（2）数据库组态技术　数据库组态主要用来配置和管理 SCADA 系统中使用的数据库，定义数据点、数据类型、数据范围等参数，并建立数据库与现场设备之间的连接关系，以支持 SCADA 系统实现数据的实时采集、存储和处理。

（3）设备组态技术　设备组态主要用来配置和管理与 SCADA 系统连接的现场设备，包括设备的参数设置、通信协议配置、输入输出映射等。设备组态确保 SCADA 系统能够正确地与各种设备进行通信和控制。

（4）报表组态技术　报表组态技术用来设计和配置报表，用于展示历史数据、统计信息和分析结果。报表组态可以根据实际需求创建自定义的报表格式，并定义数据源和报表生成规则，以便对系统数据进行有效分析和利用。

以上这些组态技术支持 SCADA 系统开发工程师能够根据实际需求和现场环境，灵活配置 SCADA 系统的各个组成部分，以实现自动化控制和监控功能。通过合理的组态设计，可以提高系统的实时性、稳定性和易用性，满足工业自动化领域的多样化需求。

6. 安全与加密技术

由于 SCADA 系统涉及对工业过程的监控和控制，安全性和保密性非常重要。安全与加密技术可以确保数据的安全传输和存储，防止未经授权的访问和操作。SCADA 系统常用的安全与加密技术主要有认证与加密技术、主机系统安全防护技术、安全域划分及边界防护技术、安全通信及密钥管理技术和数据安全防护技术。

（1）认证与加密技术　应用认证与加密技术，采用纵向通信认证，在控制中心和站控中心（负责控制和管理具体的站点或设备）之间实现双向身份认证，确保通信双方的合法身份，防止未经授权的访问和潜在的安全威胁。根据纵向传输通道中数据的保密性要求，SCADA 系统可以选择不同的加密算法来实现不同强度的加密机制，保护数据在传输过程中的机密性和完整性。

（2）主机系统安全防护技术　应用主机系统安全防护技术，对 SCADA 系统的主机操作系统、数据库管理系统、通用应用服务等进行安全配置，以解决由于系统漏洞或不安全配置所引入的安全隐患，提高系统的整体安全性。

（3）安全域划分及边界防护技术　应用安全域划分与边界防护技术，对复杂的 SCADA 系统进行安全域划分，并在安全域之间边界部署安全防护装置，实现物理隔离或逻辑隔离，以限制潜在攻击者的活动范围，降低安全风险。还可以通过部署防火墙来监控和过滤进出网络的数据包，阻止未经授权的访问和恶意攻击，增强网络安全性。

（4）安全通信及密钥管理技术　应用安全通信技术，SCADA 系统采用安全通信协议来确保数据传输的安全性和可靠性，防止数据窃取、数据篡改、数据注入等攻击。

应用密钥管理技术，实施密钥管理方案，如 SKE 协议、SKMA 协议等，以确保密钥的安全存储、分发和更新，保护密钥的机密性，防止密钥泄露和非法使用。

（5）数据安全防护技术　应用数据安全防护技术，设计访问控制策略，只允许经过授权的用户访问特定的应用和数据，防止未经授权的访问和数据泄露。

以上这些安全与加密技术的应用可以提高 SCADA 系统的整体安全水平，降低潜在的安全风险。

除上述关键技术外，SCADA 系统应用的关键技术还有分布式处理技术、实时处理技术、数据挖掘与分析技术、物联网技术等。这些关键技术共同构成了 SCADA 系统的技术核心，使 SCADA 系统在工业自动化控制领域发挥了巨大的作用。随着科技的不断发展，SCADA 系统应用的关键技术也在不断更新和优化，以适应更复杂、更高效的工业自动化控制需求。

4.4.7　SCADA 系统主要应用领域

随着 SCADA 相关技术的不断发展，SCADA 系统功能越来越完善，其应用领域也越来越广泛，其主要应用领域等，如图 4.31 所示。

1. SCADA 系统在制造业中的应用

（1）生产流程监控　SCADA 系统能够实时监控生产线的运行状态，包括设备的工作状态、物料流动情况等，从而确保生产流程的顺畅进行。

（2）数据采集与分析　通过集成各种传感器和执行器，SCADA 系统能够实时采集生产线上的各种数据，如温度、压力、流量等，并对这些数据进行处理和分析，为生产优化提供有力支持。

（3）远程控制　SCADA 系统支持远程对生产线上的设备进行控制和调整，使操作人员可以在中央控制室内对生产现场进行管理和干预，提高了操作的便捷性和安全性。

（4）故障诊断与预警　SCADA 系统能够对生产线上的设备进行故障诊断和预警，及时发现潜在问题并采取措施，避免生产事故的发生。

在制造业中，SCADA 系统的应用可以大大提高生产率、降低运营成本，并提升企业的整体竞争力。

2. SCADA 系统在电力系统中的应用

SCADA 系统在电力系统中的应用最为广泛，技术发展也最为成熟。它可以对现场的运行设备进行监视和控制，实现数据采集、设备控制、测量、参数调节及各类信号报警等各项功能。

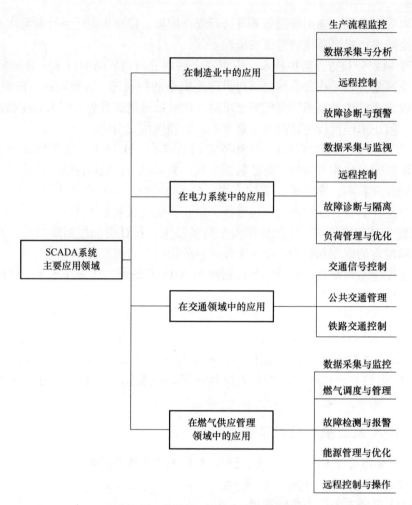

图 4.31　SCADA 系统主要应用领域

（1）数据采集与监视　SCADA 系统能够实时采集电力系统的各种运行数据，包括电压、电流、功率、频率等，并对这些数据进行处理、存储和显示，使调度人员能够随时了解电力系统的运行状态。

（2）远程控制　SCADA 系统可以对电力系统中的开关、变压器、电容器等设备进行远程控制，实现遥控、遥调等操作，提高了操作的便捷性和安全性。

（3）故障诊断与隔离　当电力系统发生故障时，SCADA 系统能够迅速诊断出故障的位置和原因，并自动隔离故障区域，防止故障扩大，保证电力系统的稳定运行。

（4）负荷管理与优化　SCADA 系统可以对电力系统的负荷进行管理和优化，根据实时采集的数据，制定合理的负荷分配方案，避免负荷过重或过轻，提高电力系统的运行效率。

SCADA 系统在电力系统中的应用可以提高电力系统的可靠性、安全性和经济性，实现电力系统的自动化、智能化和现代化管理。

3. SCADA 系统在交通领域中的应用

SCADA 系统在交通领域的应用非常广泛，主要集中在交通信号控制和智能交通系统方面。

（1）交通信号控制　SCADA 系统可以实时监测交通流量，并根据交通流量的变化调整信号灯的时序，以优化交通流动性，减少交通拥堵。此外，它还可以检测乱序信号等交通问题，并及时进行处理。

（2）公共交通管理　在公共交通系统中，SCADA 系统可以跟踪和定位火车、公共汽车等交通工具，提供实时的车辆位置和到站时间等信息，帮助乘客更好地规划出行路线和时间。

（3）铁路交通控制　在铁路系统中，SCADA 系统可以自动化控制交通信号，监测铁轨上的列车运行状况，确保列车按照预定的时刻表安全、准时地运行。同时，它还可以控制铁路道口的安全通行。

SCADA 系统在交通领域的应用可以提高交通系统的效率、安全性和便利性，为乘客和管理部门提供更好的交通服务。

4. SCADA 系统在燃气供应管理领域中的应用

由于燃气供应对安全性要求非常高，SCADA 系统在燃气供应管理领域中得到了广泛的应用。

（1）数据采集与监控　SCADA 系统能够实时采集燃气管道、储气设施、调压站等关键设备的数据，包括压力、流量、温度、气体成分等，并将这些数据通过通信网络传输到数据中心或监控中心，实现对燃气系统的远程实时监测。

（2）燃气调度与管理　SCADA 系统可以根据实时采集的数据，结合燃气需求和供应情况，进行燃气调度和管理。它可以自动计算燃气的供需平衡，制定合理的调度方案，并通过控制燃气管道阀门、调整压缩机等设备，实现燃气的平衡供应。

（3）故障检测与报警　SCADA 系统能够实时监测燃气系统的运行状态，一旦发现异常情况或故障，如压力异常、泄漏等，系统会立即发出报警，通知相关人员及时处理，避免事态扩大，确保燃气系统的安全运行。

（4）能源管理与优化　通过 SCADA 系统，燃气公司可以实时监测和控制燃气的消耗，提供有关能源使用情况的详细数据，帮助用户进行能源管理，降低运营成本。同时，SCADA 系统还可以根据历史数据和实时数据，进行燃气使用的优化分析，提高燃气利用效率。

（5）远程控制与操作　SCADA 系统支持远程对燃气设备进行控制和调整，使操作人员可以在中央控制室内对燃气设备进行管理和干预，可以提高操作的便捷性和安全性。

在燃气供应管理领域，SCADA 系统的应用不仅提高了燃气供应的可靠性、安全性和经济性，还降低了运营成本，提升了燃气公司的管理水平和服务质量。

除了以上应用领域，SCADA 系统还广泛应用于水处理、环境监测、能源管理、公共设施监控等领域。随着物联网、云计算等技术的发展，SCADA 系统的应用领域还在不断扩大。

第 5 章
经营管理类工业软件

经营管理类软件又称为信息管理类软件或经营信息管理类软件,是制造信息化的顶层系统。经营管理类软件侧重于工业企业全生命周期的运营管理,主要用于提高企业的生产管理水平、信息和物流的协作效率,降低企业的管理成本。

经营管理类工业软件以 ERP、CRM、SRM 系统为代表,可以增强企业的市场竞争力和盈利能力。

ERP 系统是企业资源计划的核心工具,帮助企业实现资源的全面规划、优化和整合,提高资源利用效率,降低运营成本,并增强企业的市场响应速度和竞争力。

CRM 系统专注于企业与客户之间的关系管理,帮助企业更加全面地了解客户需求和市场动态,提供个性化的产品和服务,加强与客户之间的沟通和互动,从而提高客户满意度和忠诚度,增加销售收入。

SRM 系统侧重于企业与供应商之间的合作和关系管理,帮助企业与供应商建立长期稳定的合作关系,实现采购流程的自动化和规范化,提高采购效率和质量,降低采购成本,并优化供应链管理。

5.1 企业资源计划(ERP)系统

5.1.1 ERP 的概念

ERP(Enterprise Resource Planning),即企业资源计划,是一种建立在信息技术基础上,以系统化的管理思想为企业决策层及员工提供决策运行手段的管理平台。

ERP 融合了计算机最新的主流技术以及现代企业管理思想,是一种综合性的信息管理系统。ERP 系统能够集成企业的物资、人力、财务和信息等核心模块,通过综合平衡企业各种资源,实现对人、财、物、信息、时间和空间等多维度资源的统一管理,进而促使各业务之间的互联、互通和共享。

ERP 系统不仅提供了先进的管理思想,更通过优化企业资源和运作模式,达到项目进度、成本和质量的最佳组合，从而降低经营成本，提高核心竞争力，推动企业长期发展。

1. 狭义 ERP 和广义 ERP 的概念

ERP 是一种集成的信息系统，旨在优化企业内部的资源配置和管理流程。在概念上，ERP 可分为广义和狭义两种理解。

在狭义上，ERP 被理解为特指企业的"内部"信息系统，主要关注于企业内部的业务流程和功能模块，如财务、物流、采购、销售、生产等。这些功能模块在 ERP 系统中被整合和优化，以提高企业的运营效率和效益。

在广义上，ERP 则是指代表着整个企业"内、外部"信息的经营管理系统，也被称为扩展 ERP（Extended ERP，EERP）系统。它不仅包括了狭义 ERP 的所有功能，还进一步扩展了其功能范围，例如，加入了人力资源、客户关系管理等方面的模块。广义的 ERP 系统致力于在有效利用经营资源的基础上，实现企业的购买、物流、生产、会计等整体的功能，追求企业经营的最高效率。

简言之，狭义 ERP 主要关注企业内部的信息系统整合，而广义 ERP 则扩展到了整个企业的经营管理系统，涵盖了更广泛的功能和领域。

本书论述的对象主要是狭义上的 ERP，即 ERP 软件系统，以下简称"ERP 系统"。

2. ERP 系统在实践应用中的作用与价值

当前，ERP 系统在制造业、零售业、医疗服务业等各行业应用非常广泛。ERP 系统在实践应用中的作用与价值主要体现在优化资源配置与提升效率、精准数据管理与科学决策、资金监控与提升财务效率、客户关系管理与提升运营能力、推动企业标准化与规范化管理、增强部门透明度与消除冗余等几个方面。

（1）优化资源配置与提升效率　ERP 系统能够将企业的供应商、生产制造商、客户等资源有效融合到供应链资源中，实现资源的优化配置。同时，ERP 系统可以辅助合理安排供应商和生产制造厂商的相关活动，保证生产需求得到满足，进而提升企业整体的市场竞争力。此外，ERP 系统还可以加强企业各个部门的沟通与联系，及时处理问题，并提升企业整体的工作效率。

（2）精准数据管理与科学决策　ERP 系统可以对企业数据进行有效管理，确保数据的准确性和一致性。企业管理决策层可以随时随地了解企业运营情况，从而做出科学高效的决策。ERP 系统的精准计算能力有助于排除不必要的人为干扰因素，提升数据价值。

（3）资金监控与提升财务效率　ERP 系统能够对企业资金管理环节进行有效的监控，并及时提出预警，从而提升财务工作效率。ERP 系统的数据录入、查询检索功能强大，与传统的人工记账相比，工作效率更高。此外，它还可以智能生成报表，便于财务人员制作分析报告。

（4）客户关系管理与提升运营能力　ERP 系统通常包括客户档案、追踪订单、服务合同、售后服务等功能模块，增强企业与客户之间的交流，实现对整个销售、客户维护过程的动态管控，进一步提升企业运营能力和经济效益。

（5）推动企业标准化与规范化管理　ERP 系统的应用有助于企业实现管理的标准化和规范化，大大提高行业竞争力。同时，它还在企业形象改善、管理思维提升、员工积极性的激励方面都有所帮助。

（6）增强部门透明度与消除冗余　ERP 系统提高了企业各个部门间的透明度，确保信息和数据的安全性和完整性。此外，使用有效的 ERP 系统可以消除数据冗余问题，避免在企业中造成混乱和不一致。

5.1.2　ERP 系统分类

ERP 系统的分类方式可以按照不同的维度进行划分。ERP 软件常见的分类方法主要有按照软件架构分类、按照功能分类、按照部署方式分类三种，如图 5.1 所示。

1. 按照软件架构分类

按照软件架构分类，ERP 系统可以分为 C/S 架构 ERP 软件和 B/S 架构 ERP 软件。

（1）C/S 架构 ERP 软件　在 C/S 架构下，ERP 系统的操作功能被合理分配到 Client 端（客户端）和 Server 端（服务器端）。客户端需要安装专用的客户端软件，而数据的处理、存储和维护主要在服务器端进行。

C/S 架构 ERP 软件适用于小型企业或个人使用，通常需要安装专门的客户端软件，并通过局域网或互联网连接到服务器进行数据交换。它的优点在于保密性相对较强，用户界面可以根据需要进行定制，但可扩展性和灵活性较差，通常只适用于特定领域的应用。

（2）B/S 架构 ERP 软件　B/S 架构是基于 Web 技术的系统架构，用户的工作界面是通过 Web 浏览器来实现的。B/S 架构具有更好的跨平台性和可维护性，用户只需要通过浏览器就可以访问系统，无须安装额外的客户端软件。

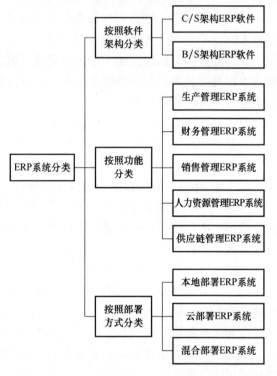

图 5.1　ERP 系统分类

B/S 架构 ERP 软件不仅适用于企业内部局域网络，也适用于外界的广域网，因此，在企业规模不断扩大和业务需求不断增长的情况下，具有更好的扩展性和灵活性。

总的来说，C/S 架构 ERP 软件适合于特定领域的应用，保密性较强，但可扩展性和灵活性较差；而 B/S 架构 ERP 软件则适用于大中型企业、跨国公司等组织管理，具有更好的扩展性和灵活性，是当前世界上最先进的网络体系结构。

2. 按照功能分类

按照软件功能分类，ERP 系统可以分为生产管理 ERP 系统、财务管理 ERP 系统、销售管理 ERP 系统、人力资源管理 ERP 系统和供应链管理 ERP 系统。

（1）生产管理 ERP 系统　生产管理 ERP 系统主要针对制造业企业，用于计划、管理和控制生产流程，其主要功能包括生产计划、物料需求计划（Material Requirement Planning, MRP）、生产排程、车间控制、质量管理及生产成本核算等。生产管理 ERP 系统通过优化资源配置和提高生产率，可以帮助企业降低生产成本，提升产品质量和交付能力。

（2）财务管理 ERP 系统　财务管理 ERP 系统主要用于管理企业的财务活动，其主要功能涵盖财务会计、管理会计、成本控制、预算管理、资产管理以及税务管理等。财务管理 ERP 系统有助于企业实现财务数据的集成、自动化和规范化，提高财务决策的准确性和效率。

（3）销售管理 ERP 系统　销售管理 ERP 系统专注于企业的销售和市场营销流程，其主要功能包括销售订单管理、客户管理、销售渠道管理、价格管理、销售预测及销售分析等。通过销售管理 ERP 系统，企业可以更有效地跟踪销售机会，优化销售策略，提高客户满意度和市场占有率。

（4）人力资源管理 ERP 系统　人力资源管理 ERP 系统主要用于管理企业的人力资源活动，其主要功能包括员工招聘、培训与发展、绩效管理、薪酬福利管理、员工关系管理及人力资源规划等。人力资源管理 ERP 系统有助于企业简化 HR 流程，提高员工满意度和保留率，优化人力资源配置和成本控制。

（5）供应链管理 ERP 系统　供应链管理 ERP 系统旨在优化企业的供应链运作，其主要功能包括采购管理、库存管理、物流管理、供应商管理及需求计划等。通过整合供应链信息，供应链管理 ERP 系统有助于企业提高供应链的透明度、灵活性和响应速度，降低库存成本和运营风险。

需要注意的是，以上这些功能分类并不是互斥的，许多 ERP 系统都包含多个功能模块，以支持企业内不同部门之间的协同工作。企业在选择 ERP 系统时，通常会根据自身的业务需求、行业特性和发展战略来评估不同系统的功能和适用性。

3. 按照部署方式分类

按照部署方式分类，ERP 系统可以分为本地部署 ERP 系统、云部署 ERP 系统和混合部署 ERP 系统。

（1）本地部署 ERP 系统　本地部署 ERP 系统是指将 ERP 系统部署在企业的内部服务器上，数据和系统都在企业内部进行管理。本地部署需要企业自行负责系统的安装、配置和维护工作，同时提供较高的数据控制和安全性。

（2）云部署 ERP 系统　云部署 ERP 系统是指将 ERP 系统部署在云服务提供商的平台上，企业可以通过互联网访问系统。云部署具有灵活性高、成本低、扩展性好等优势，同时由专业的服务商提供技术支持和维护服务。

（3）混合部署 ERP 系统　混合部署 ERP 系统是指结合本地部署和云部署的优势，将 ERP 系统中的部分功能部署在云端，部分功能部署在企业内部。混合部署可以根据企业的具体需求和资源情况进行灵活选择。

5.1.3　ERP 系统发展历程

ERP 系统的发展历程可以追溯到 20 世纪 60 年代，随着计算机技术和管理理念的发展，经历了多个阶段的演变。

1. ERP 系统国外发展历程

ERP 系统国外发展历程主要包括起源与初期发展阶段、成熟与扩展阶段、进化与创新阶段三个阶段，如图 5.2 所示。

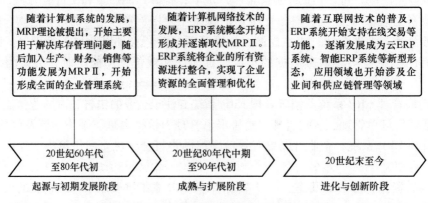

图 5.2　ERP 国外发展历程

（1）起源与初期发展阶段（20 世纪 60 年代至 80 年代初）　20 世纪 60 年代，随着计算机系统的发展，MRP 理论被提出，主要用于解决库存管理问题。这是 ERP 系统的雏形阶段，重点在于物料的计划和管理。

20 世纪 70 年代，闭环 MRP 系统开始出现，MRP 系统开始考虑生产能力，并增加了车间作业计划和采购作业计划等功能。此外，计算机技术的进一步普及推动了 MRP 系统的应用和发展。

20 世纪 80 年代初期，MRP 系统逐渐发展成为 MRP Ⅱ（Manufacturing Resources Planning，制造资源计划）系统，MRP Ⅱ系统集成了更多的功能，如财务、销售等，开始形成全面的企业管理信息系统。

（2）成熟与扩展阶段（20 世纪 80 年代中期至 90 年代初）　20 世纪 80 年代中期至 90 年代，随着计算机网络技术的发展，ERP 系统的概念开始形成，并逐渐取代了 MRP Ⅱ系统。

ERP 系统将企业的所有资源进行整合，包括物料、资金、信息等，实现了企业资源的全面管理和优化。此阶段，ERP 系统的应用范围也逐渐扩大，从大型企业向中小型企业延伸。

（3）进化与创新阶段（20 世纪末至今）　20 世纪末期，随着互联网技术的普及和电子商务的兴起，ERP 系统开始融入互联网思维，支持在线交易、供应链协同等功能。此外，云计算、大数据、物联网等新技术的发展也为 ERP 系统带来了新的变革和创新。

如今，ERP 系统不断进化，逐渐发展成为云 ERP 系统、智能 ERP 系统等新型形态，为企业提供更加灵活、高效、智能的资源管理解决方案。同时，ERP 系统的应用范围也进一步扩大，不再局限于企业内部管理，还开始涉及企业间的协作和供应链管理等领域。

2. ERP 系统国内发展历程

ERP 系统国内发展历程主要包括引入与起步阶段、发展与探索阶段、成熟与应用阶段等三个阶段，如图 5.3 所示。

（1）引入与起步阶段（20 世纪 80 年代初至 90 年代初）　1981 年，沈阳第一机床厂从德国工程师协会引进了我国第一套 MRP Ⅱ系统，标志着 ERP 系统正式进入中国。

随后，一些具有前瞻性的企业开始尝试引入和实施 MRP/MRP Ⅱ系统，主要集中在传统

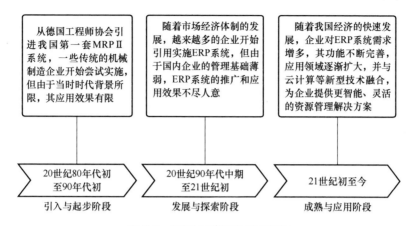

图 5.3　ERP 系统国内发展历程

的机械制造业。但由于当时市场环境和企业管理水平的限制，这些系统的应用效果有限。

（2）发展与探索阶段（20 世纪 90 年代中期至 21 世纪初）　20 世纪 90 年代中期，随着我国市场经济体制的建立和完善，企业开始面临更加激烈的市场竞争，对企业管理水平的提升提出了更高要求。因此，越来越多的企业开始关注和引入 ERP 系统。

在这一阶段，国内 ERP 市场逐渐兴起，出现了一批本土 ERP 厂商和解决方案提供商。同时，国外 ERP 厂商也纷纷进入我国市场，推动了 ERP 系统的应用和发展。然而，由于当时国内企业的管理基础相对薄弱，ERP 系统的实施成功率并不高。许多企业在实施过程中遇到了各种困难和挑战，ERP 系统推广应用效果不尽人意。

（3）成熟与应用阶段（21 世纪初至今）　进入 21 世纪后，随着我国经济的快速发展和全球化趋势的加强，企业对 ERP 系统的需求更加迫切。同时，经过多年的探索和实践，国内 ERP 市场逐渐走向成熟。

在这一阶段，ERP 系统的应用范围逐渐扩大，从大型企业向中小型企业延伸。同时，ERP 系统的功能也不断丰富和完善，涵盖了财务管理、销售管理、人力资源管理、供应链管理等多个方面。此外，随着云计算、大数据、物联网等新技术的发展和应用，ERP 系统开始与这些新技术进行融合和创新，为企业提供更加智能、高效、灵活的资源管理解决方案。

3. ERP 发展方向与趋势

未来，ERP 的发展方向与趋势主要体现在云端化、移动化、智能化、集成化、数字化等几个方面，如图 5.4 所示。

（1）云端化　随着云计算技术的成熟和普及，越来越多的企业将 ERP 系统迁移到云端，采用 SaaS（软件即服务）模式。这种模式可以降低企业的 IT 成本，提高系统的可用性和可维护性，同

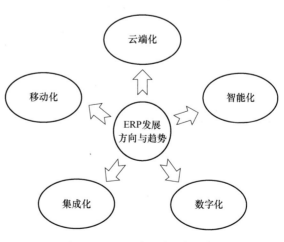

图 5.4　ERP 发展方向与趋势

时方便企业实现跨地域、跨平台的无缝连接和实时数据共享。

（2）移动化　移动化是 ERP 系统发展的重要趋势之一。随着智能手机和平板电脑的普及，用户希望能够随时随地访问和处理企业信息。因此，ERP 系统需要支持移动设备访问，提供便捷的移动应用界面和功能。

（3）智能化　随着人工智能和大数据技术的发展，ERP 系统将逐步实现智能化。系统能够自动进行数据分析和预测，为企业提供更加精准的决策支持，例如，通过智能数据分析功能，ERP 系统可以帮助企业洞察市场趋势、优化库存管理、提高生产率等。同时，智能化还将带来更加便捷的用户体验，如语音识别、自动化流程等。

（4）集成化　未来，ERP 系统的集成能力将越来越重要。随着企业业务的不断扩展和复杂化，ERP 系统需要能够与其他工业软件系统（如 MES、WMS、CRM、SRM 等）进行无缝集成，实现数据共享和流程协同，提高企业运营效率和决策能力。

（5）数字化　数字化转型是当前企业发展的重要趋势之一。ERP 系统需要支持企业的数字化转型需求，提供全面的数字化解决方案。例如，通过引入物联网（IoT）技术，ERP 系统可以实现对生产设备、仓储设施等资产的实时监控和管理。

5.1.4　ERP 系统基本功能

ERP 系统是一个综合性的企业信息管理系统，涵盖了多个功能模块，旨在帮助企业实现资源的有效整合和优化配置，提高经营效率和市场竞争力。ERP 系统的基本功能主要包括财务管理、销售管理、采购管理、库存管理、生产管理、人力资源管理等，如图 5.5 所示。

1. 财务管理

财务管理是 ERP 系统的基本功能之一。ERP 系统提供财务会计和管理会计的功能，包括总账、应收账款、应付账款、固定资产、成本管理等功能。这些功能可以帮助企业实现财务数据的自动化处理和分析，提高财务决策的准确性和效率。

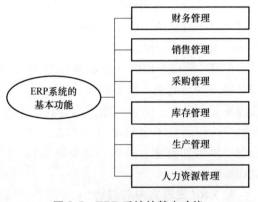

图 5.5　ERP 系统的基本功能

2. 销售管理

销售管理也是 ERP 系统的基本功能之一。ERP 系统支持销售流程的管理，包括销售订单、发货、退货、收款等环节的跟踪和管理。通过销售管理基本功能模块，企业可以及时了解销售情况和市场需求，制定销售策略，提高销售效率和客户满意度。

3. 采购管理

ERP 系统的另一项基本功能是采购管理，包括采购需求、供应商选择、采购订单、收货、付款等环节的跟踪和管理。采购管理功能可以帮助企业优化采购流程，降低采购成本，提高采购效率。

4. 库存管理

库存管理是 ERP 系统的一项基本功能，包括库存查询、入库、出库、盘点、调拨等功能。通过库存管理功能，企业可以实时了解库存情况，避免库存积压和缺货现象，提高库存周转率。

5. 生产管理

生产管理是 ERP 系统的非常重要的一项基本功能，主要包括生产计划、生产订单、生产进度、生产成本等环节的跟踪和管理。生产管理功能可以帮助企业实现生产资源的有效配置和生产进度的控制，提高生产率和产品质量。

6. 人力资源管理

ERP 系统还具备人力资源管理功能，能够提供员工招聘、培训、绩效管理、薪酬福利等人力资源管理功能。这些功能可以帮助企业实现人力资源的优化配置和管理，提高员工满意度和工作效率。

除了以上基本功能外，ERP 系统还可以根据企业的具体需求进行定制和扩展，例如添加供应链管理、客户关系管理、项目管理等功能，这些功能共同构成了 ERP 系统强大的功能体系，以满足企业不同业务领域的管理需求。

总的来说，ERP 系统的基本功能涵盖了企业的各个方面，通过信息化手段实现对企业资源的全面管理和优化，提高企业的整体竞争力和市场适应能力。

5.1.5 ERP 系统技术架构

ERP 系统技术架构一般指结构层次，十分复杂。不同软件厂商的 ERP 系统技术架构设计可能会有所差异，有些架构可能会合并某些层次或增加其他层次。

本书以最典型的 ERP 系统技术架构为例进行阐述。典型的 ERP 系统技术架构共有六层，分别是用户界面层、应用逻辑层、数据访问层、数据库层、集成与接口层和基础设施层，如图 5.6 所示，各层之间存在着紧密的关系，相互依赖。

用户界面层负责展示信息和接收用户输入，而应用逻辑层则处理这些输入并执行相应的业务逻辑。用户界面层通过与应用逻辑层的交互，将用户的操作转换为系统可以理解的指令，并将处理结果反馈给用户。

应用逻辑层在实现业务功能时，需要访问和操作数据库中的数据。数据访问层提供了与数据库进行交互的接口和组件，使得应用逻辑层可以方便地执行数据的增删改查等操作。应用逻辑层通过数据访问层与数据库层进行交互，实现了业务逻辑与数据存储的分离。

数据访问层是连接应用逻辑层和数据库层的桥梁。它负责将应用逻辑层的数据请求转换为数据库可以理解的查询语句，并将查询结果返回给应用逻辑层。数据库层则负责存储和管理系统的数据，确保数据的安全性和可靠性。

集成与接口层负责与其他工业软件系统（如 WMS、MES、APS、PDM 等）进行集成和交互，也与 ERP 系统应用逻辑层进行交互，以实现系统间的数据交换和业务协同。通过集成与接口层，ERP 系统可以与其他工业软件系统进行无缝对接，实现信息的共享和业务流程的协同。

基础设施层提供了系统运行所需的基础环境和服务，如服务器、网络、操作系统等。它是整个 ERP 系统技术架构的底层支撑，确保系统的稳定性和可用性。其他各个层次都依赖于基础设施层提供的资源和服务来正常运行。

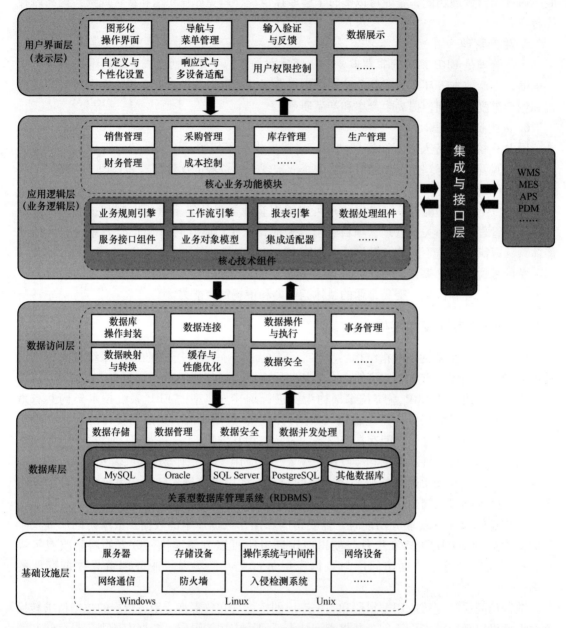

图 5.6　典型 ERP 系统的技术架构

综上所述，ERP 系统技术架构中的各个层次之间紧密相连、相互依赖，共同构成了一个完整的系统。每个层次都有其独特的功能和作用，通过与其他层次的交互和协作，实现了整个系统的业务处理和信息管理功能。

1. 用户界面层

在 ERP 系统技术架构中，用户界面层（也称表示层）是 ERP 系统与用户进行交互的重要部分，它负责与用户进行交互，并将用户的请求传递给应用逻辑层进行处理，同时将处理结果展示给用户。

用户界面层的核心功能组件主要包括图形化操作界面、导航与菜单管理、输入验证与反馈、数据展示、自定义与个性化设置、响应式与多设备适配、用户权限控制等。

（1）图形化操作界面　图形化操作界面功能组件包括各种窗口、按钮、菜单、工具栏等，使用户能够与 ERP 系统进行各种交互和执行各种功能，如创建订单、查看报告、输入数据等。

（2）导航与菜单管理　导航与菜单管理功能组件能够提供清晰的导航结构和菜单选项，使用户能够快速访问不同的功能模块和信息，能够提高工作效率，减少用户在系统中的迷失感。

（3）输入验证与反馈　输入验证与反馈功能组件负责对用户输入的数据进行验证，确保数据的准确性和完整性。同时，它还提供即时的反馈，如操作成功或失败的通知，以及可能的错误提示，帮助用户及时纠正输入错误。

（4）数据展示　数据展示功能组件通过表格和列表展示大量结构化数据，如订单详情、库存列表、客户信息等。这些表格通常支持排序、过滤和分页功能，以方便用户浏览和查找数据。

对于特定记录，数据展示功能组件提供详情页面，展示该记录的完整信息和相关字段。详情页面通常包括主数据、关联数据、历史记录等部分，以提供全面的业务视图。

（5）自定义与个性化设置　自定义与个性化设置功能组件支持用户根据个人偏好进行界面定制和个性化设置，包括调整界面布局、颜色主题、字体大小等，以提供更符合用户习惯的工作环境。

（6）响应式与多设备适配　响应式与多设备适配功能组件能够自适应不同屏幕尺寸和设备类型，确保用户在手机、平板电脑等终端上都能获得良好的操作体验。

（7）用户权限控制　用户界面层实现用户身份验证和权限控制功能，确保只有合法用户才能访问系统，并根据用户的角色和权限限制其可操作范围，保障系统数据的安全。

以上核心功能组件共同构成了 ERP 系统用户界面层的基础，为用户提供了直观、高效的操作体验。在实际应用中，这些组件可能会根据具体的业务需求和技术实现方式有所差异和扩展。

用户界面层是 ERP 系统技术架构中的一部分，与其他层次（如应用逻辑层、数据库层等）紧密关联。用户界面层的设计和实现对于提高用户体验、促进用户与系统之间的有效沟通至关重要。

2. 应用逻辑层

应用逻辑层也称业务逻辑层，是 ERP 系统技术架构中的核心组成部分，它位于用户界面层和数据访问层之间，负责处理与业务相关的逻辑和规则。

通常，ERP 系统应用逻辑层可以被细分为两大部分：核心业务功能模块、核心技术组件。

（1）核心业务功能模块　ERP 系统应用逻辑层封装了 ERP 系统的核心业务功能模块，主要包括销售管理、采购管理、库存管理、生产管理、财务管理与成本控制等。

1）销售管理。负责管理整个销售过程，包括销售订单的处理、客户关系的维护、销售机会的跟踪及销售绩效的分析，主要功能包括报价管理、合同管理、发货和物流跟踪、退货处理等。

2）采购管理。负责企业的采购活动，包括供应商的选择、询价、比价、合同管理、订单跟踪及收货和发票的匹配，其功能主要涵盖供应商信息管理、采购订单创建与审批、收货入库处理等。

3）库存管理。负责监控和管理企业的库存水平，确保库存的准确性，同时优化库存水平以减少资金占用，主要功能包括库存查询、库存调整、库存移动、库存预测及补货计划等。

4）生产管理。负责协调和管理企业的生产过程，包括生产计划的制订、生产订单的释放、车间作业控制及产品质量的监控，其主要功能包括物料需求计划、生产排程、能力计划、生产订单管理、在制品跟踪等。

5）财务管理与成本控制。负责管理企业的财务活动，包括总账、应收应付账款、固定资产、成本计算及财务报告的编制，功能包括日常记账、凭证管理、财务分析、预算编制和成本控制等。

需要注意的是，除了上述核心业务功能模块，ERP 系统应用逻辑层还有用户权限管理、项目管理等其他业务功能模块，以满足 ERP 系统的具体需求和业务场景。

以上功能模块在应用逻辑层中紧密集成，共同实现业务流程的自动化和企业资源的优化配置。它们通过与其他架构层（如用户界面层、数据访问层等）的交互，确保信息的准确传递和业务流程的顺畅执行。

另外，不同软件厂商、不同版本的 ERP 系统可能具有不同的功能模块划分和命名方式，上述仅是一些常见的核心业务功能模块阐述。在实际应用中，ERP 系统的功能模块还可能根据特定行业的需求进行定制和扩展。

（2）核心技术组件　为了以上核心业务功能的实现，ERP 系统应用逻辑层封装了多个的核心技术组件，主要包括业务规则引擎、工作流引擎、报表引擎、数据处理组件、服务接口组件、业务对象模型、集成适配器等。

1）业务规则引擎。在 ERP 系统技术架构中，业务规则引擎是应用逻辑层的核心技术组件之一，负责管理和执行系统中的业务规则和策略。

业务规则引擎允许用户创建、编辑、查询、更新和删除业务规则。这些规则主要包括企业的各种业务流程，如价格计算、库存管理、订单处理等。通过业务规则引擎，企业可以根据实际需求灵活地调整和优化业务规则。

业务规则引擎具备数据验证功能，可以对从用户界面层或其他系统接收的数据进行验证和处理。它可以确保输入数据的准确性和一致性，将数据转换为系统可以理解和处理的格式，并根据业务规则对数据进行计算或转换。

同时，业务规则引擎能够根据预设的业务规则，对输入的数据进行分析和判断，为企业的决策提供支持。例如，在订单处理过程中，业务规则引擎可以根据库存情况、客户信用等信息，自动判断订单是否可以被接受或需要进一步的审核。

另外，通过与工作流引擎等组件的协作，业务规则引擎可以实现企业业务流程的自动化。它可以根据业务规则自动触发相应的操作或任务，推动流程的执行，从而提高企业的运营效率和准确性。除此之外，业务规则引擎还具备规则版本控制、集成与交互等功能。

通过这些功能，业务规则引擎在 ERP 系统中发挥着至关重要的作用，可以帮助企业实现业务逻辑的自动化处理、优化决策流程、提高运营效率并降低错误率。

2）工作流引擎。在 ERP 系统应用层，工作流引擎负责管理和执行 ERP 系统中的业务流程。它可以根据预设的工作流模板和规则，自动推动任务的执行，确保业务流程的顺畅和高效。

工作流引擎允许用户通过图形化界面或其他方式定义和设计业务流程。这些流程包括一系列的任务、活动、决策节点等，以满足企业的实际需求。

一旦流程被定义和设计完成，工作流引擎负责按照定义的逻辑和规则执行这些流程。同时，它还提供对流程执行状态的实时监控功能，包括流程的当前状态、已完成任务、待执行任务等。

在流程执行过程中，工作流引擎会根据流程定义自动分配任务给相应的用户或角色，并调度任务的执行顺序，确保任务能够按照预定的顺序和条件进行。

工作流引擎支持在流程执行过程中进行动态的控制和调整。例如，根据实际情况，用户可以暂停、恢复、终止流程，或者修改流程中的某些参数和条件。

同时，工作流引擎还能够处理流程中的事件，如超时、异常等，并根据预设的规则进行相应的处理。此外，它还支持与其他系统或平台进行集成，以实现跨系统的流程协同和数据交换。

工作流引擎在 ERP 系统应用逻辑层中扮演着至关重要的角色，它负责流程的定义、执行、监控和优化，确保企业的业务流程能够高效、准确地运行。

3）报表引擎。报表引擎是 ERP 系统应用逻辑层的核心技术组件之一，主要负责数据的收集、处理、分析和展示，以生成用户所需的各类报表。

报表引擎是一种专门用于处理和生成报表的软件组件。它接收用户或系统发出的报表请求，根据预定义的报表模板和数据源，自动从数据库中提取、整合和处理数据，然后按照指定的格式生成报表。这些报表可以直观地展示企业的运营状况、销售业绩、库存情况等重要信息。

报表引擎通过自动化地处理数据和生成报表，大大提高了用户的工作效率和数据分析的准确性。同时，报表引擎的灵活性和可扩展性也使得它能够满足企业不断增长和变化的需求。

4）数据处理组件。数据处理组件是 ERP 系统应用逻辑层的核心技术组件之一，负责数据的接收、验证、转换、处理、存储和检索等关键任务，为企业的业务运营和决策支持提供坚实的数据基础。

数据处理组件负责接收来自用户界面层或其他外部系统的数据输入，并对接收到的数据进行验证，确保其完整性、准确性和格式的正确性。数据处理组件将不同来源的数据转换成 ERP 系统内部统一的格式或标准，实现数据字段之间的映射，确保数据在传输和存储过程中的一致性。

同时，该组件会根据 ERP 系统的业务规则和需求，对转换后的数据进行进一步的处理，如计算、分析、汇总等。除此之外，数据处理组件还提供数据存储与检索、数据同步与更新、数据安全性与完整性保障等功能。

数据处理组件是 ERP 系统实现数据驱动决策和精确业务管理的基础，通过高效、准确的数据处理，企业可以更好地了解业务运营情况，优化资源配置。

5）服务接口组件。在 ERP 系统的技术架构中，应用逻辑层服务接口组件是连接业务逻辑和前端应用程序或其他工业软件系统集成点的关键组件。这些服务接口定义了如何与应用逻辑层进行交互，以实现特定的业务功能或数据交换。

REST（Representational State Transfer）是一种软件架构风格和约束，常用于 Web 服务。在 ERP 系统中，应用逻辑层可以提供 RESTful API，允许前端应用程序或其他系统通过 HTTP 请求（如 GET、POST、PUT、DELETE 等）来访问和操作资源。

需要注意的是，虽然现在 RESTful 风格的服务更受欢迎，但某些遗留系统或特定集成场景可能仍使用 SOAP（Simple Object Access Protocol）和 Web Services。SOAP 是一种基于 XML 的协议，用于在 Web 上发送结构化信息。

同时，在 ERP 系统中，应用逻辑层可以使用 RPC 框架（如 Dubbo、gRPC 等）来提供远程服务接口。客户端可以像调用本地方法一样调用这些远程服务，而无须关心底层的通信细节。

另外，服务接口还需要实施适当的安全措施，如 HTTPS 加密、身份验证（如 OAuth、JWT 令牌等）和授权机制，以确保只有经过授权的用户或系统可以访问敏感数据或执行关键操作。

6）业务对象模型。在 ERP 系统技术架构中，业务对象模型是应用逻辑层的核心技术组件之一，它为系统提供了一个抽象化、结构化的视图来表示企业的业务实体和业务关系。

业务对象模型通常包括一系列的业务对象，这些对象代表了企业中的关键业务实体，如客户、供应商、产品、订单等。通过定义对象之间的关系和交互行为，业务对象模型能够实现复杂的业务流程自动化。

另外，业务对象模型提供了对企业业务实体的抽象表示，并定义了这些实体如何相互关联和协作以实现特定的业务目标。通过业务对象模型，ERP 系统能够更有效地管理企业的业务流程和数据，提高系统的灵活性、可扩展性和可维护性。

7）集成适配器。集成适配器在 ERP 系统的应用逻辑层中扮演着至关重要的角色，尤其是在实现系统间无缝集成和数据交互方面。

集成适配器是一种软件组件，用于连接 ERP 系统与其他外部系统或应用，实现数据共享、业务协同和系统互操作。它的主要功能包括协议转换、数据格式转换、接口映射、错误处理和安全性控制等。通过集成适配器，ERP 系统可以与其他系统进行高效、可靠的数据交换和业务处理。

集成适配器的技术实现通常涉及多种技术和标准，如消息队列、API 管理、SOAP/RESTful Web 服务、数据映射和转换工具等。

集成适配器是 ERP 系统应用逻辑层的核心技术组件之一，它实现了 ERP 系统与其他外部系统的无缝集成和数据交互。

除了上述核心技术组件外，ERP 系统应用逻辑层还封装有其他技术组件，如用户认证与授权组件、事件管理组件、通知服务组件、异常处理与错误管理组件等，以满足系统的具体需求和业务场景。

上述技术组件在应用逻辑层中相互协作，以实现 ERP 系统的业务逻辑和数据处理功能。它们确保 ERP 系统能够根据企业的需求执行各种业务操作，并与其他层次和外部系统进行无缝集成。

需要注意的是，不同软件厂商、不同行业的 ERP 系统可能会有不同的技术架构和功能组件划分，上述内容只是一种典型的划分方式。在实际应用中，应根据具体的 ERP 系统设计需求来确定其应用逻辑层的核心技术组件。

3. 数据访问层

在 ERP 系统技术架构中，数据访问层是负责与数据库或其他数据存储进行交互的关键层次。

数据访问层在 ERP 架构中位于应用逻辑层与数据库层之间，起到了一个中间层的作用，使应用逻辑层可以与数据库层进行交互，而无须直接处理数据库的底层细节。数据访问层的主要职责是封装数据库操作，提供统一的数据访问接口给应用层使用。

数据访问层的核心功能模块主要包括数据库操作封装、数据连接、数据操作与执行、事务管理、数据映射与转换、缓存与性能优化、数据安全等。

（1）数据库操作封装　数据库操作封装功能模块封装了所有与数据库的交互操作，如数据的查询、插入、更新和删除等。

（2）数据连接　ERP 系统的数据访问层中，数据连接功能模块是核心组件之一，负责建立、管理和维护 ERP 系统与底层数据库或其他数据存储系统之间的连接。

数据连接模块负责根据配置信息（如数据库类型、服务器地址、端口号、数据库名、用户名和密码等）建立与数据库的连接，包括创建连接对象、验证连接参数的有效性及处理可能的连接错误。

数据连接模块需要持续监控数据库连接的状态，包括连接的可用性、稳定性及性能。它能够实现自动重连机制，以在连接中断时重新建立连接，并确保事务的完整性。此外，数据连接模块还可能提供性能监控和日志记录功能，以帮助开发人员识别和解决潜在的性能问题。

（3）数据操作与执行　在 ERP 系统数据访问层中，数据操作与执行模块是其核心功能之一，负责执行对数据库的增、删、改、查（CRUD）等操作及其他复杂的数据处理任务。

数据操作与执行模块封装了对数据库的常见操作，如插入（Insert）、更新（Update）、删除（Delete）和检索（Retrieve）。它提供了一组标准的接口或方法，使 ERP 系统的业务逻辑层可以无须直接编写 SQL 语句就能完成数据库操作。

除了基本的 CRUD 操作外，数据操作与执行模块还支持更复杂的查询和报表功能，包括多个表之间的连接（JOIN）、聚合函数的使用（如 SUM、AVG 等）、分组（GROUP BY）和排序（ORDER BY）等操作。

当执行数据库操作时发生错误（如语法错误、约束违反等），数据操作与执行模块能够捕获并处理这些错误，并提供详细的错误信息给上层应用逻辑层或日志记录系统。

（4）事务管理　事务管理功能模块能够确保数据库事务的完整性和一致性。它提供了事务的开启、提交、回滚以及隔离级别的管理功能，以处理并发访问和保持数据的一致性。

（5）数据映射与转换　在 ERP 系统的数据访问层中，数据映射与转换功能模块扮演着至关重要的角色。该功能模块主要处理从一种数据格式或结构到另一种的转换，确保数据在传输、存储和处理过程中的准确性和一致性。

在 ERP 系统中，由于不同模块或子系统可能使用不同的数据结构和命名规范，数据映射能够确保这些不同源的数据能够正确对应和关联。

数据转换是指将数据从一种格式或结构转换为另一种的过程，以满足目标系统的要求。

在 ERP 系统中，主要是指将数据从旧系统或外部系统迁移到 ERP 系统，或在不同模块之间进行数据交换。

ERP 系统数据访问层的数据映射与转换功能模块是确保数据在不同系统和模块之间准确、一致地传输和处理的关键环节。

（6）缓存与性能优化　在 ERP 系统的数据访问层中，缓存与性能优化功能模块对于提升系统响应速度、减少数据库负载以及改善用户体验至关重要。

缓存与性能优化功能模块通过缓存管理、查询优化、数据库连接池、批量操作、数据分页与懒加载（是一种按需加载数据的策略）、监控与调优及异步处理等技术手段，能够显著提升 ERP 系统的数据访问性能和用户体验。这些功能是构建高效、可扩展和响应迅速的 ERP 系统的重要组成部分。

（7）数据安全　ERP 系统数据访问层需要实施适当的安全措施，数据安全功能模块是确保系统数据完整性、保密性和可用性的关键组件。

ERP 系统数据访问层的数据安全功能模块涵盖了身份验证、访问控制、加密、审计、备份恢复、漏洞管理、入侵检测预防以及数据脱敏等多个方面。这些功能共同协作，确保 ERP 系统中的数据得到全面保护。

除以上核心功能模块外，ERP 系统数据访问层还可能包含其他功能组件，如错误处理与日志记录、并发控制等，以满足系统的具体需求和业务场景。

注意，具体的数据访问层实现可能因 ERP 系统的技术架构、使用的数据库技术及开发团队的偏好而有所不同。上述功能模块提供了一个通用的框架，但在实际应用中可能需要根据具体情况进行调整和扩展。同时，随着技术的发展和 ERP 系统的演进，数据访问层的功能模块也可能会有所变化。

4. 数据库层

数据库层是 ERP 系统的技术架构中的重要组成部分，负责存储、管理和维护企业的业务数据。

数据库层提供了高效的数据存储和查询机制，确保数据的完整性、一致性和安全性。它还支持事务处理、并发控制和数据恢复等功能，以满足应用层对数据管理的需求。

ERP 系统中，用到的数据库主要有关系型数据库、数据仓库、OLAP 多维数据库、文档存储、时序数据库等。

数据库层主要功能模块包括数据存储、数据管理、数据安全、数据并发处理等。

（1）数据存储　数据存储是数据库最基础也是最重要的功能之一。ERP 系统需要存储大量的数据，包括客户订单、生产计划、物料需求、采购订单、仓库管理、销售发货等各种业务数据。这些数据需要以结构化的方式存储在数据库中，支持快速的数据检索和查询，以便后续的查询和分析。

ERP 系统的数据库通常采用关系型数据库管理系统（Relational Database Management System，RDBMS），以结构化的方式存储数据。数据被组织成表格的形式，每个表格包含特定的字段和记录，使数据易于查询、检索和分析。

常用的关系型数据库管理系统主要包括 MySQL、Oracle、SQL Server、PostgreSQL 和 DB2 等。

（2）数据管理　在 ERP 数据库层，数据管理功能模块包括数据的定义、组织、存储和访问控制以及数据的创建、更新、删除和查询操作。它支持数据表的创建、索引的设计、数据完整性约束的设定等，以确保数据的一致性和准确性。

（3）数据安全　ERP 系统数据库层的数据安全功能模块通过访问控制、数据加密、审计和日志记录、数据库漏洞扫描和修复、数据备份和恢复及数据库安全策略管理等手段，确保企业数据的安全性、完整性和可用性。这些功能共同构成了 ERP 系统数据库层数据安全的坚固防线。

（4）数据并发处理　在 ERP 系统中，多个用户可能同时访问和修改数据，这就需要数据库具备处理并发操作的能力。

数据并发处理功能模块通过实施并发控制机制、事务管理、连接池管理、缓存管理、负载均衡与分片以及监控与调优等手段，确保在多个用户同时访问和修改数据时能够保持数据的一致性、完整性和高效性。

上述四大功能模块共同构成了 ERP 系统数据库层的核心架构，为企业的数据处理和管理提供了强大的支持。

需要注意的是，上述功能模块构成是一种典型的构成，数据库层在具体实现时，可能会因 ERP 系统和数据库技术的不同而有所差异。

5. 集成与接口层

集成与接口层是 ERP 系统技术架构中实现不同系统、应用和数据之间集成的关键部分，负责 ERP 系统与其他企业应用、外部系统或服务之间的集成与数据交换，以实现数据的集成、流程的协同和数据的共享。

集成与接口层负责与其他系统进行集成和交互。它可以与用户界面层、应用逻辑层或数据库层进行交互，实现系统间的数据交换和业务协同。通过集成与接口层，ERP 系统可以与其他企业应用系统进行无缝对接，实现信息的共享和业务流程的协同。

集成与接口层提供了各种集成工具和中间件，如企业服务总线（Enterprise Service Bus，ESB）、API 网关、消息队列等，以支持应用逻辑层与其他系统的可靠通信和数据转换。

集成与接口层的主要功能模块包括数据集成、应用集成、流程集成、数据交换与格式转换、API 和 Web 服务等。

（1）数据集成　集成与接口层负责将来自不同数据源的数据进行集成和整合，可以处理各种数据格式和数据交换标准，确保数据在传输和转换过程中的准确性和一致性。通过数据集成，ERP 系统能够获取来自其他业务系统（如 WMS、MES、APS、PDM 等）、外部供应商或合作伙伴的重要数据，并在整个组织中实现数据的共享和协同工作。

（2）应用集成　ERP 系统通常需要与其他工业软件系统（如 WMS、MES、APS、PDM 等）进行集成。集成与接口层支持将不同的工业软件系统集成到 ERP 系统中，实现各工业软件系统之间的无缝连接和交互。它提供了应用程序接口（API）或中间件等技术手段，使各个工业软件能够相互通信、共享数据和功能，从而提高了业务流程的效率和协同性。

（3）流程集成　集成与接口层支持跨组织和跨部门的业务流程集成。它可以将分散在不同工业软件系统（如 WMS、MES、APS、PDM 等）中的应用和流程进行连接和协调，实现流程的自动化和连续性。通过流程集成，企业能够优化业务流程、减少重复工作和提高整体运营效率。

（4）数据交换与格式转换　不同系统之间经常需要进行数据交换，集成与接口层提供必要的数据映射和格式转换功能，以确保不同系统之间数据的兼容性和可读性。集成与接口层需要将 ERP 系统中的数据转换为其他系统可以理解的格式，如 XML、JSON、EDI（电子数据交换）等。

（5）API 和 Web 服务　集成与接口层通过提供 API（应用程序编程接口）和 Web 服务来实现系统间的通信。这些 API 和 Web 服务可以基于 REST、SOAP 或其他协议，允许外部系统通过 HTTP/HTTPS 请求访问 ERP 系统的功能和数据。

综上所述，集成与接口层在 ERP 系统技术架构中扮演着桥梁和纽带的角色，将各个组件和系统紧密地连接在一起，实现了数据的共享和流程的协同。一个强大和灵活的集成与接口层可以为企业提供更高效、准确和可靠的业务运营支持，帮助企业实现资源的优化配置和业务目标的达成。

集成与接口层可以位于应用逻辑层的旁边或下方，具体取决于集成需求。

6. 基础设施层

ERP 系统技术架构中的基础设施层是整个 ERP 系统的底层支撑，主要包括硬件设施、软件设施和网络通信等核心组件，负责为整个 ERP 系统提供必要的硬件、软件和网络通信等基础设施支持。

（1）硬件设施　基础设施层硬件设施主要包括服务器、存储设备、网络设备等。服务器用于处理和存储数据，存储设备提供数据的持久化存储，而网络设备则负责数据的传输和通信。这些硬件设施经过合理的配置和部署，能够为 ERP 系统提供可靠的计算、存储和通信能力，确保 ERP 系统能够高效运行，以满足企业的业务需求。

（2）软件设施　基础设施层软件设施主要包括操作系统与中间件等基础软件。操作系统（Windows、Linux、Unix 等）为 ERP 系统提供基本的运行环境，中间件则可以帮助实现不同系统之间的集成和通信。同时，这些软件组件经过优化和配置，确保 ERP 系统能够充分利用硬件资源，并提供高效、安全的数据处理和业务逻辑支持。

（3）网络通信　基础设施层提供稳定的网络连接、网络通信和数据传输服务，确保 ERP 系统与其他系统、用户之间的通信畅通无阻，包括内部网络和外部网络的连接、网络安全和流量控制等方面的支持。

此外，基础设施层还需要考虑安全性、可用性和可扩展性等因素。安全性可以通过防火墙、入侵检测系统等办法来保障；可用性可以通过冗余设计、负载均衡等技术手段来实现；而可扩展性则需要考虑系统的架构设计和硬件软件的配置是否能够支持未来业务的发展。

以上设施共同构成了 ERP 系统的基础设施层，为整个 ERP 系统的运行提供了必要的底层支撑，为企业的稳定运营和高效管理提供了坚实的基础。需要注意的是，不同软件厂商、不同版本的 ERP 系统技术架构中的基础设施层可能会有较大差异。在 ERP 系统的设计和实施过程中，需要充分考虑基础设施层的需求和特点，选择适当的硬件、软件和网络组件，并进行合理的配置和优化。

需要注意的是，以上阐述的是典型的 ERP 系统六层技术架构，不同软件厂商、不同行业的 ERP 系统的技术架构可能会略有差异，具体取决于系统的设计理念、功能需求和技术选型。

5.1.6 ERP 系统应用的关键技术

企业 ERP 系统开发的难度较高，必须依靠稳定的关键技术，才能成功应用到企业资源计划中，一方面促进企业的稳定发展，另一方面落实 ERP 系统的实践应用，体现企业 ERP 系统开发中关键技术的价值。

ERP 系统应用的关键技术主要包括网络技术、数据存储技术、数据库技术、数据处理技术、业务流程重组技术、集成技术等，如图 5.7 所示。

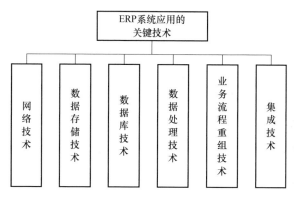

图 5.7 ERP 系统应用的关键技术

1. 网络技术

ERP 系统需要实现各个部门之间的数据共享、协作和管理，网络技术是 ERP 系统用到的关键技术之一。在实际操作中，ERP 系统需要基于 TCP/IP 协议的网络实现内部局域网和互联网之间的数据传输，同时还需要网络拓扑建设、网络协议、网络安全等基础技术的支持。

2. 数据存储技术

ERP 系统需要处理大量的数据，包括各种交易数据、库存数据、生产数据等，因此需要安全、可靠、高效的数据存储技术，主要涉及数据库的设计、优化和管理，以及数据备份和恢复策略的制定。

3. 数据库技术

数据库技术是 ERP 系统的核心，用于存储、检索和管理 ERP 系统中的数据。ERP 系统通常采用关系型数据库，如 Oracle、SQL Server 等，这些数据库提供了高效的数据处理能力和丰富的数据管理功能，以保证系统对各个功能模块的数据进行高效的管理。

4. 数据处理技术

ERP 系统利用计算机技术强大的数据运算能力，将企业的动、静态基础数据、销售订单、采购任务、仓储数据、物流、生产资料数据、财务数据等信息进行整合、分析与综合，以时间轴、部门架构、金额等属性作为统计标准，将庞大的数据群进行计算，生成符合目标企业决策需要的统计报表。

5. 业务流程重组技术

ERP 系统实施通常需要进行业务流程重组，以优化企业的业务流程和管理模式，比如，ERP 系统通过重新设计和整合传统业务流程，解决企业管理中由于信息孤岛和数据分散造成的问题。利用业务流程重组技术，企业可以实现从订单、生产、物流、库存、供应链、销售到财务等各个环节的信息实时共享和流畅传递，提高整体的管理效率和企业的反应速度。

6. 集成技术

ERP 系统需要与其他工业软件系统进行集成，如 PDM 系统、MES 系统等，以实现数据的共享和交换。集成技术主要包括数据集成、应用集成和过程集成等，确保不同系统之间的顺畅通信和数据一致性。集成技术的应用，确保了 ERP 系统数据的准确性和一致性，提高了企业的运营效率。

除上述关键技术外，ERP 系统应用的关键技术还有中间件技术、用户界面技术、大数据分析技术等。这些关键技术共同构成了 ERP 系统的技术核心，使 ERP 系统在企业资源计划管理领域发挥了巨大的作用。随着科技的不断发展，ERP 系统应用的关键技术也在不断更新和优化，以适应更复杂的企业资源计划管理需求。

5.1.7 ERP 系统主要应用领域

ERP 系统的应用领域非常广泛，在制造业、零售业、医疗服务业应用较多，如图 5.8 所示。

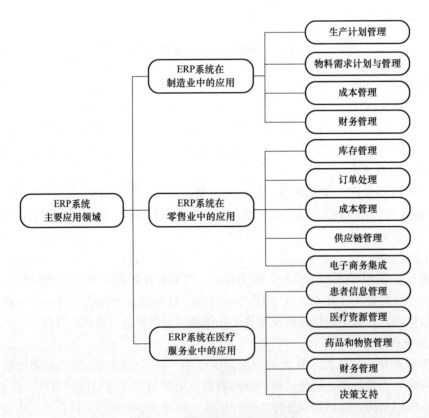

图 5.8 ERP 系统主要应用领域

1. ERP 系统在制造业中的应用

ERP 系统可以帮助制造型企业实现生产、销售、采购等流程的协同管理，优化生产计划、提高生产率、降低库存成本，并加强对供应链的控制。这对于需要进行复杂生产和供应链管理的制造业企业尤为适用。

（1）生产计划管理　ERP 系统可以帮助制造型企业制定准确的生产计划和精准排程，并根据市场需求、销售订单、库存情况等因素进行动态调整，主要包括生产资源的分配、工艺的分析、生产任务的制定，以及材料采购计划的生成等。它还可以对生产过程进行全面监控，确保生产按照计划进行，提高生产率和产品质量。

（2）物料需求计划与管理　ERP 系统能够根据生产计划自动生成物料需求计划，并对物料进行全面管理，包括采购、入库、库存、出库等环节，帮助制造型企业优化库存管理，降低库存成本，避免物料浪费和缺料现象。

（3）成本管理　ERP 系统可以对制造型企业生产过程中的各项成本进行监控和管理，包括原材料成本、人工成本、设备成本、制造成本等。它可以帮助企业精确核算成本，分析成本构成，挖掘成本降低的潜力，提高企业的成本竞争力。

（4）财务管理　ERP 系统提供了全面的财务管理功能，包括会计核算、财务分析、预算管理等。它可以帮助企业实现财务的集中管理和控制，提高财务透明度和决策效率。

2. ERP 系统在零售业中的应用

ERP 系统可以帮助零售企业管理商品、协调销售、管理库存、处理订单和客户关系等，实施对整个供应链和销售网点的管控。这对于产品种类繁多，需要管理大量商品、订单和客户信息的零售业企业非常重要。

（1）库存管理　ERP 系统可以跟踪库存，根据销售历史和需求预测，建议正确的采购量，并自动更新库存水平。它还可以帮助管理定期的盘点和准确的货架标记，从而确保所有产品都得到恰当的管理。这有助于减少库存积压和缺货现象，提高库存周转率。

（2）订单处理　ERP 系统可以更好地管理订单和客户信息，协调各个部门之间的工作，从而促进订单流程更加顺畅高效。与人工操作不同，ERP 系统可以自动识别数据问题，有效减少错误订单，节省时间和金钱，以提高客户满意度和忠诚度。

（3）成本管理　ERP 系统可以对主要成本项进行分析，帮助零售商降低成本，提高利润率并提高盈利能力。例如，它可以协调费用计划和成本管理，了解具体下单成本、运输成本等，从而过滤出月度和年度成本差异并确定实施价格变动以及其他策略的最佳时间，以更好地控制成本，提高盈利能力。

（4）供应链管理　ERP 系统可以帮助零售商管理其供应链的方方面面，从货物的进出库，到供应商管理，甚至是质量控制流程。由于 ERP 系统可以集成数据，这样的系统可以帮助零售商发现供应链中的瓶颈问题，提供促销和决策支持。

（5）电子商务集成　对于从事电子商务的零售企业来说，ERP 系统可以与电子商务解决方案或数字商务平台无缝集成，将企业的财务、采购和库存数据与其收入系统和面向客户的网站连接起来。这有助于零售商整合订单、自动化履行流程、简化工作流程等。

3. ERP 系统在医疗服务业中的应用

ERP 系统可以协调医疗服务的各个环节，包括患者信息管理、医疗资源管理、预约管理和账单管理等。它有助于提高医疗服务的质量和效率，提升患者就诊体验，并实现医疗资源的优化配置。

（1）患者信息管理　ERP 系统可以集中管理患者的基本信息、病历记录、预约信息、药物过敏信息等，提高医院对患者的个性化关注和服务。医疗机构通常需要维护庞大的患者数据库，而 ERP 系统可以实现患者信息的集中化管理，方便医生查看和管理。

（2）医疗资源管理　ERP 系统可以协调医疗机构内不同科室的资源，包括医生、护士、设备等，以提高资源的利用率，帮助医疗机构优化资源配置，提高医疗服务的质量和效率。

（3）药品和物资管理　医疗机构需要管理大量的药品和物资，而 ERP 系统可以帮助实现药品库存控制、供应链协调，避免药品过期或缺货的情况，以确保药品和物资的稳定供应，降低运营成本。ERP 系统还可以对物资的采购、库存、销售等环节进行全面的管理，提高物资管理的效率和质量。

（4）财务管理　ERP 系统可以帮助医疗机构对财务资源进行全面的管理，包括收入、支出、成本等方面的管理。ERP 系统可以自动生成各种财务报表，方便管理人员进行财务分析和决策。

（5）决策支持　ERP 系统可以提供强大的商业智能和决策支持功能，帮助医疗机构进行数据分析和决策。系统可以自动生成各种报表和图表，方便管理人员进行数据分析和预测。

除了以上行业领域，ERP 系统还可以应用于其他行业，如商业、服务业、教育业等。不同的行业和企业可以根据自己的需求选择或定制适合的 ERP 系统，以提高管理效率、优化资源利用和推动业务发展。

5.2　客户管理系统（CRM）

5.2.1　CRM 的概念

CRM（Customer Relationship Management），即客户关系管理，是一种商业策略和管理机制。它旨在通过有效地组织企业资源，培养以客户为中心的经营行为以及实施以客户为中心的业务流程，来提高企业的盈利能力、利润以及顾客满意度。

对于 CRM 的概念，至今还没有一个统一的表述，不同的研究机构、专家学者和相关企业都有不同的表述。Gartner Group 公司认为 CRM 是代表增进利益、收入和客户满意度而设计的企业范围的商业战略，其强调 CRM 是一种商业战略而不是一套系统。Carlson Marketing Group 则认为 CRM 是通过培养企业的每一个员工、经销商或客户对该企业更积极的偏爱，留住他们以此提高企业业绩的一种营销策略。Hurwitz Group 提出 CRM 的焦点是自动化并改善与销售、市场营销、客户服务和支持等领域的客户关系有关的商业流程。而 IBM 公司所理解的 CRM 包括企业识别、挑选、获取、发展和保持客户的整个商业过程。

综合来看，CRM 是一个获取、保持和增加可获利客户的方法和过程，是企业利用 IT 技术和互联网技术实现对客户的整合营销，是"以客户为核心"的企业营销的技术实现和管理的实现。同时，CRM 也是一种以信息技术为手段，对客户资源进行集中管理的经营策略，该策略的顺利实施需要相关 CRM 软件的支持。企业以追求最大赢利为最终目的，进行客户关系管理是达到上述目的的手段，CRM 的应用是立足企业利益的，同时方便了客户，让客户满意。在企业管理中，CRM 将首当其冲地应用于各企业的销售、销售组织和服务组织，为企业带来长久增值和竞争力。

1. 广义 CRM 和狭义 CRM 的概念

据 CRM 应用的范围和深度，其概念可以被划分为广义和狭义两种。

广义的 CRM 是一种管理理念和方法，包括企业的组织文化、流程，以及与客户互动的方方面面。广义的 CRM 强调以客户为核心，通过了解客户需求、优化服务等方式，提升客户满意度和忠诚度。此外，它还可以包含客户需求管理与开发、客户满意与忠诚管理、服务响应与开发、服务产品开发与实现等多个主要活动领域。

而狭义的 CRM 则是指一套软件系统，包括客户信息管理、销售管理、市场营销管理等，用于支持和辅助企业的客户关系管理。狭义的 CRM 通过集成各项功能，帮助企业进行客户关系的规划和执行。

简言之，广义的 CRM 更注重战略和理念层面，而狭义的 CRM 则更侧重于具体的软件系统。

本书论述的对象主要是狭义上的 CRM，即 CRM 软件系统，以下简称"CRM 系统"。

2. CRM 系统在实践应用中的作用与价值

当前，越来越多的企业开始重视 CRM 系统的应用。CRM 系统在实践应用中的作用与价值主要体现在提高客户服务水平、提升企业市场竞争力、有效管理客户信息、提高销售率、降低企业成本、提高管理效率等几个方面。

（1）提高客户服务水平　CRM 系统是企业与客户进行互动的平台，帮助企业更深入地了解客户需求，并为客户提供更加个性化、有针对性的服务，从而提高客户的满意度，增加客户忠诚度。

（2）提升企业市场竞争力　通过 CRM 系统，企业的销售人员能够更富感知地了解客户，并为客户提供更加个性化、高质量的产品和服务，从而在市场上形成竞争优势，增强企业的市场竞争力。

（3）有效管理客户信息　CRM 系统能够整合客户名单、历史订单、交易记录、客户意见等重要信息，帮助企业更好地了解客户对其产品和服务的反应，从而对企业未来的经营计划进行规划。

（4）提高销售率　通过 CRM 系统，企业可以快速地了解客户的需求、兴趣和购买意向，从而进行精准的产品推广和销售，提高销售率。

（5）降低企业成本　CRM 系统可以管理企业的营销活动，使销售活动自动化，降低企业的销售和营销成本。同时，CRM 系统有助于企业与客户建立长期的业务关系，从而降低获得新客户的成本。

（6）提高管理效率　CRM 系统的权限自定义管理功能有助于完善企业客户资料管理体系，防止因销售人员变动导致的客户资料流失。此外，CRM 的数据分析系统能够从多个维度、多个方面对数据进行分析，帮助管理人员了解企业的经营状况以及主要客户的特征，进而提高企业的管理效率。

5.2.2　CRM 系统分类

CRM 系统的分类方式可以按照不同的维度进行划分。一般来说，CRM 系统的分类方法主要有按照功能分类、按照部署方式分类、按照开放程度分类、按照业务模式分类等，如图 5.9 所示。

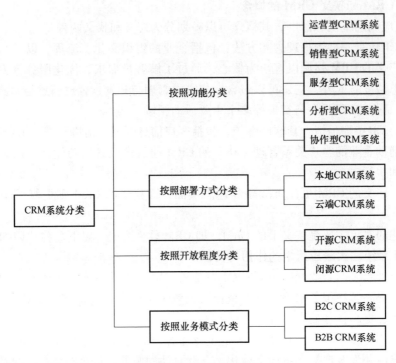

图 5.9　CRM 系统分类

1. 按照功能分类

按照功能分类，CRM 可以分为运营型 CRM 系统、销售型 CRM 系统、服务型 CRM 系统、分析型 CRM 系统、协作型 CRM 系统等。

（1）运营型 CRM 系统　运营型 CRM 系统，也称为操作性 CRM 系统、"前台" CRM 系统，是最常见和基本的 CRM 系统类型之一，是用以支持企业前台业务流程的客户关系管理系统，包括销售、市场及客服等方面的业务流程。它通过将每一次与客户的交互过程存入客户数据库，使企业内的各个员工，无论是否是初次接触该客户，都能方便地调用这些客户信息，实现与客户的无缝对接。

运营型 CRM 系统的核心在于数据集成、数据分析和客户管理。它能够全面、系统地搜集、整合、分析和管理客户数据，使企业能够更好地了解客户需求，把握市场动向，从而提供更具针对性的产品或服务。

同时，运营型 CRM 系统还包括销售管理和服务管理等功能，可以帮助企业更好地管理销售团队，提高销售效率和准确度，也可以帮助企业建立完善的客户服务管理体系，提高客户服务满意度，降低客户流失率。

（2）销售型 CRM 系统　销售型 CRM 系统是一种专注于支持销售流程、提高销售业绩和客户满意度的系统。该系统将所有与销售相关的信息进行集成和汇总，旨在帮助销售团队更有效地跟踪和管理潜在客户，优化销售流程，提高销售业绩。

销售型 CRM 系统的核心功能包括线索管理、销售机会管理、销售预测及销售报告和分析等。这些功能共同构成了一个综合的销售管理平台，为销售团队提供了全面的支持。例如，线索管理功能可以帮助销售团队收集、整理和跟踪潜在客户的线索，确保及时响应和处理；销售机会管理功能则可以对销售机会进行全程跟踪和管理，包括机会的识别、评估、分配和跟进等。

此外，销售型 CRM 系统还可以与其他系统集成，如市场营销自动化系统和客户服务系统等。这种集成实现了信息的共享和协同工作，从而提高了整个销售流程的效率和效果。

（3）服务型 CRM 系统　服务型 CRM 系统是一种专注于提供卓越客户服务的系统。该系统将客户服务作为核心，通过整合多种服务渠道和资源，旨在帮助企业提高客户满意度和忠诚度，进而提升企业的服务品质和竞争优势。

服务型 CRM 系统的主要功能包括客户服务管理、投诉处理、服务请求管理、客户反馈管理等。这些功能共同构成了一个综合的客户服务管理平台，为企业提供了全面的服务支持。例如，客户服务管理功能可以帮助企业建立客户服务档案，记录客户的服务历史和需求，以便更好地了解客户并提供个性化的服务；投诉处理功能则可以及时响应和处理客户的投诉，提高客户满意度和忠诚度。

此外，服务型 CRM 系统还可以与其他系统集成，如销售型 CRM 系统和市场营销自动化系统等。这种集成可以实现信息的共享和协同工作，从而提高整个客户服务流程的效率和效果。

（4）分析型 CRM 系统　分析型 CRM 系统是一种专注于客户数据分析和洞察的 CRM 系统。它主要通过收集、整理和分析大量的客户数据，提供深入的洞察和预测，帮助企业更好地了解客户需求、行为和趋势，从而实现更精细化的市场营销和客户管理。

分析型 CRM 系统的主要功能包括数据整合与分析、预测和预测建模、客户细分和个性化营销、销售机会识别和优化等。它可以帮助企业识别潜在的销售机会，预测销售成功率，并提供优化建议和指导，从而提高销售团队的效率和业绩。

总体来说，分析型 CRM 系统借助数据分析和洞察，为企业提供重要的信息和见解，帮助企业做出更明智的决策，优化市场营销策略，提升销售业绩，实现客户关系的持续改进和增长。

（5）协作型 CRM 系统　协作型 CRM 系统是一种综合性的 CRM 系统解决方式，强调企业与客户之间的直接互动和协作。它旨在实现全方位地为客户交互服务和收集客户信息，形成与多种客户交流的渠道。

协作型 CRM 系统的参与对象包括企业客户服务人员和客户，他们共同参与并协作完成任务。例如，支持中心人员通过电话指导客户修理设备，这个活动需要员工和客户共同参与，他们之间是协作关系。与传统的运营型 CRM 系统和分析型 CRM 系统相比，协作型 CRM 系统更注重实时的互动和协作，而不仅仅是企业员工单方面的业务工具。

2. 按照部署方式分类

按照部署方式分类，CRM 系统可以分为本地 CRM 系统和云端 CRM 系统两种类型。

（1）本地 CRM 系统　本地 CRM 系统，也称为 On-Premises CRM 系统，是一种将 CRM 系统软件部署在企业自己内部的服务器上，并通过本地网络进行访问和使用的客户关系管理系统。与云端 CRM 系统不同，本地 CRM 系统的数据和应用程序都存储在企业的本地服务器或硬件设备上，由企业自己负责管理和维护。

在功能方面，本地 CRM 系统涵盖了传统 CRM 系统的基本功能，如客户管理、销售管理、市场营销管理和客户服务管理等。企业还可以根据自身需求选择适合的功能模块，并通过定制和配置来实现个性化的业务流程。

本地 CRM 系统通常提供更高的定制性和灵活性，企业可以根据自己的特定需求对系统进行定制和配置，以满足其独特的业务流程和需求。与云端 CRM 系统相比，本地 CRM 系统的初始投资可能较高，因为企业需要购买和维护自己的服务器和硬件设备。此外，企业还需要承担系统升级和维护的额外费用。

对于一些对数据隐私和安全性要求极高的企业，本地 CRM 系统可能是一个更合适的选择，因为它允许企业在自己的网络环境中控制和管理数据。

（2）云端 CRM 系统　云端 CRM 系统是一种基于云计算的客户关系管理系统。它利用云计算技术，将 CRM 系统软件和数据存储在远程服务器上，用户可以通过互联网访问和使用这些服务，而无须在本地安装和维护复杂的 IT 基础设施。

在功能方面，云端 CRM 系统涵盖了传统 CRM 系统的各项基本功能，如客户管理、销售管理、市场营销管理、客户服务管理等。此外，云端 CRM 系统还提供了数据分析、报表生成、工作流自动化等高级功能，帮助企业更好地了解客户需求、优化业务流程、提升销售业绩和客户满意度。

相比本地 CRM 系统，云端 CRM 系统可以根据企业的需求进行定制和扩展，企业可以根据实际业务情况灵活调整系统的功能和规模。云端 CRM 系统采用订阅模式，企业只需按需支付所使用的服务费用，降低了初始投资和运营成本。另外，云端 CRM 系统支持移动设备访问，用户可以随时随地通过手机、平板电脑等设备访问系统，实现移动办公和客户服务。

3. 按照开放程度分类

按照开放程度分类，CRM 系统可以分为开源 CRM 系统和闭源 CRM 系统两种类型。

（1）开源 CRM 系统　开源 CRM 系统（Open Source CRM 系统）是基于开源技术和开放源代码的客户关系管理系统。其核心特点是源代码的公开性和免费性，这意味着任何人都可以获取、使用和修改系统的源代码，为企业提供了更高的灵活性和自主性。

开源 CRM 系统具有独特优势。与传统的商业 CRM 系统相比，开源 CRM 系统通常是免费的，企业可以节省大量的软件购买和维护成本。由于开源 CRM 系统的源代码是公开的，企业可以根据自己的需求和业务流程自由定制和修改系统，以满足特定的业务需求。开源 CRM 系统通常由开发者社区共同维护和开发，企业可以得到社区的支持和帮助，包括技术支持、问题解决和软件更新等。

当然，开源 CRM 系统也存在一些潜在的问题和挑战。与商业 CRM 系统相比，开源 CRM 系统的功能可能较为有限，因为它们通常是由开发者社区开发和维护的，而不是由专业的软件公司支持。由于任何人都可以修改和使用开源 CRM 系统的源代码，可能存在一些安全问题，企业需要仔细考虑安全问题，并采取相应的安全措施，如加密和认证等。使用开源 CRM 系统需要一定的技术知识和经验，企业可能需要额外的培训和支持，这可能会增加成本。

总体来说，开源 CRM 系统是一种经济、灵活和可定制的客户关系管理解决方案，适合那些希望降低成本、自主定制系统并愿意投入一定技术资源的企业。然而，企业在选择开源 CRM 系统时需要权衡其潜在的功能限制、安全问题和技术要求等因素。

（2）闭源 CRM 系统　闭源 CRM 系统（Closed Source CRM 系统）是一种不公开源代码的客户关系管理系统。与开源 CRM 系统相反，闭源 CRM 系统的源代码是由软件供应商或开发商掌控的，并不对外公开。用户购买闭源 CRM 系统的许可证或使用权，以获得系统的功能和支持。

闭源 CRM 系统通常由专业的软件开发公司提供，这些公司拥有丰富的经验和专业知识，可以提供全功能的 CRM 系统解决方案，满足企业的各种需求。购买闭源 CRM 系统的企业可以获得软件供应商提供的技术支持和维护服务，包括系统更新、问题解决和培训等，确保系统的稳定运行和持续优化。另外，由于源代码不公开，闭源 CRM 系统在一定程度上可以提供更高的安全性。软件供应商会采取各种安全措施来保护系统的数据和访问权限。

与开源 CRM 系统相比，闭源 CRM 系统的定制性可能受到一定限制，企业需要根据软件供应商提供的功能和模块来适应自己的业务流程，可能无法完全满足特定的定制需求。另外，闭源 CRM 系统通常需要购买许可证或支付使用权费用，而且可能涉及额外的技术支持和维护成本。这些成本可能会成为一些中小企业的考虑因素。

总体来说，闭源 CRM 系统是一种专业、全功能且相对安全的客户关系管理解决方案，适合那些对系统功能和专业支持有较高要求的企业。然而，企业在选择闭源 CRM 系统时需要权衡其潜在的定制性限制和成本等因素。

4. 按照业务模式分类

按照业务模式分类，CRM 系统还可以分为 B2C CRM 系统和 B2B CRM 系统。

（1）B2C CRM 系统　B2C CRM 系统（Business-to-Consumer Customer Relationship Management）是一种专注于企业与个体消费者之间客户关系管理的系统，它的核心目标是帮助企业更好地理解和满足消费者需求，提升客户满意度和忠诚度，从而推动销售增长。

B2C CRM 系统能够整合多个渠道的客户信息，包括购买历史、偏好、行为等，形成 $360°$ 全方位的客户视图，帮助企业更加精准地洞察消费者需求，为个性化营销和服务提供数据支持。B2C CRM 系统通常具备市场营销自动化功能，如自动化邮件营销、短信营销、社交媒体营销等，这些功能能够帮助企业高效地执行营销活动，提高市场覆盖率和响应率。同时，B2C CRM 系统强调快速响应和解决客户问题，提供多渠道的客户服务支持，如在线客服、电话支持、自助服务等，有助于企业提升客户服务质量，增强客户忠诚度。

此外，B2C CRM 系统还需要处理大量数据，因此其内部搜索引擎应该非常高效，数据的细分也应该结构良好。同时，B2C CRM 系统还需要能够处理批量电子邮件活动，这与 B2B CRM 系统中电子邮件通信通常是在个人层面上有所不同。

总体来说，B2C CRM 系统是一种针对企业与个体消费者之间客户关系管理的解决方案，旨在帮助企业更好地理解和满足消费者需求，提升客户满意度和忠诚度。通过整合客户信息、市场营销自动化、销售管理和客户服务与支持等功能，B2C CRM 系统为企业提供了全面的客户关系管理工具和支持。

（2）B2B CRM 系统　B2B CRM 系统（Business-to-Business Customer Relationship Management）是一种专注于企业与企业间客户关系管理的系统。与 B2C（Business-to-Consumer）CRM 系统不同，B2B CRM 系统主要关注企业与企业之间的交互和销售过程。

B2B CRM 系统可以帮助企业管理与其他企业的客户关系，包括客户信息的存储、跟踪和更新，使得企业能够更好地了解客户的需求、偏好和购买历史，以便提供更具个性化的服务和解决方案。B2B CRM 系统也支持市场营销活动的管理和执行，如市场调研、目标市场营销、营销活动策划和跟踪等，可以帮助企业制定精准的市场营销策略，提高营销效果和投资回报率。另外，B2B CRM 系统还提供服务与支持管理功能，包括客户支持请求的处理、服务合同的跟踪以及客户满意度调查等，帮助企业提供高质量的客户服务，增强客户满意度和忠诚度。

总体来说，B2B CRM 系统是一种专注于企业与企业间客户关系管理的解决方案，旨在帮助企业更好地管理与其他企业的交互和销售过程，提高客户满意度和销售业绩。它涵盖了客户管理、销售管理、市场营销管理和服务与支持管理等多个方面，为企业提供了全面的客户关系管理工具和支持。

此外，还有一些其他的分类方式，如根据行业应用划分、根据用户规模划分、根据管理平台和应用工具、传统 CRM 系统和社交性 CRM 系统等进行分类。这些分类方式体现了对 CRM 系统的不同诉求，而企业的实际选择往往是基于其特定的业务需求和发展阶段。

5.2.3 CRM 系统发展历程

CRM 系统发展历程可以追溯到 20 世纪 80 年代，随着信息技术的进步，CRM 系统逐渐成为企业经营管理中不可或缺的一部分。

1. CRM 系统国外发展历程

CRM 系统在国外的发展历程可以追溯到 20 世纪 80 年代，主要包括客户关系管理理念萌芽阶段、CRM 系统初步形成与发展阶段、CRM 系统成熟与扩展阶段、CRM 系统云端化与智能化阶段四个阶段，如图 5.10 所示。

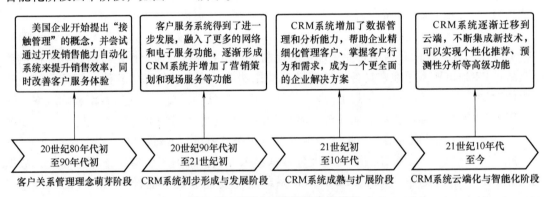

图 5.10 CRM 系统国外发展历程

（1）客户关系管理理念萌芽阶段（20 世纪 80 年代初至 90 年代初） 在 20 世纪 80 年代初，美国企业开始提出"接触管理"的概念，即收集并记录公司与客户之间的所有联系信息。随后，在 20 世纪 90 年代初，企业开始意识到客户信息的重要性，并尝试通过开发销售能力自动化系统（Sales Force Automation，SFA）来提升销售效率，同时改善客户服务体验。

（2）CRM 系统初步形成与发展阶段（20 世纪 90 年代初至 21 世纪初） 进入 20 世纪 90 年代后，客户服务系统（Consumer Self-Service，CSS）得到了进一步发展，企业开始注重提升客户服务质量。在 1996—2000 年期间，随着互联网的普及和快速发展，SFA 和 CSS 两个系统开始合并，并融入了更多的网络和电子服务功能，逐渐形成 CRM 系统。这一阶段的 CRM 系统不仅涵盖了客户管理、客户服务支持、销售自动化，还增加了营销策划和现场服务等功能。

（3）CRM 系统成熟与扩展阶段（21 世纪初至 10 年代） 进入 21 世纪后，随着全球经济的加速发展和市场变化，企业开始更加注重对线索数据进行分析以及商业智能分析。CRM 系统增加了数据管理和分析能力，帮助企业精细化管理客户、掌握客户行为和需求。

这一阶段，在 CRM 系统中还加入了更多资源，如人力资源、财务、供应商管理、仓库等，使其成为一个更全面的企业解决方案。

（4）CRM 系统云端化与智能化阶段（21 世纪 10 年代至今）　从 2010 年左右开始，CRM 系统逐渐迁移到云端，利用云计算技术提供灵活、可扩展的解决方案。随着云计算、大数据、人工智能、物联网等新兴技术的发展，CRM 系统不断集成新技术，实现更高效、更智能的客户交互和服务。例如，通过人工智能和机器学习技术，CRM 系统可以实现个性化推荐、预测性分析等高级功能。

2. CRM 系统国内发展历程

CRM 系统在国内的发展历程可以追溯到 20 世纪 90 年代末，当时随着全球化的进程，CRM 理念开始进入我国。CRM 系统在国内的发展历程主要包括引入阶段、发展阶段、成熟与专业化阶段，如图 5.11 所示。

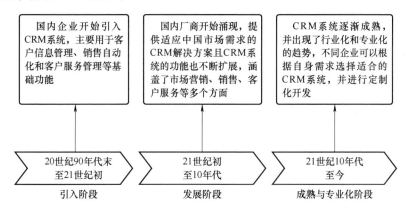

图 5.11　CRM 系统国内发展历程

（1）引入阶段（20 世纪 90 年代末至 21 世纪初）　20 世纪 90 年代末，国内企业开始引入 CRM 系统，主要用于客户信息管理、销售自动化和客户服务管理等基础功能。当时的 CRM 市场主要由国外厂商提供产品，如 Siebel、Microsoft Dynamics 等。

（2）发展阶段（21 世纪初至 10 年代）　进入 21 世纪，随着国内市场经济的不断发展和竞争的加剧，企业对 CRM 系统的需求逐渐增加。国内 CRM 系统厂商开始涌现，提供适应中国市场需求的 CRM 解决方案。同时，CRM 系统的功能也不断扩展，涵盖了市场营销、销售、客户服务等多个方面。

（3）成熟与专业化阶段（21 世纪 10 年代至今）　2010 年后，CRM 系统逐渐成熟，并出现了行业化和专业化的趋势。不同行业和规模的企业开始根据自身需求选择适合的 CRM 系统，并进行定制化开发。同时，随着云计算、大数据、人工智能等技术的发展，CRM 系统逐渐实现了云端化、智能化和移动化，提高了企业的运营效率和客户满意度。

3. CRM 系统的发展方向与趋势

CRM 系统未来的发展方向与趋势主要体现在智能化、数字化、云端化、集成化、客户体验优化等几个方面，如图 5.12 所示。

（1）智能化　随着人工智能和机器学习技术的不断发展，CRM 系统将更加智能化，能够自动处理大量数据、识别客户行为模式，并为企业提供有价值的见解。例如，人工智能技

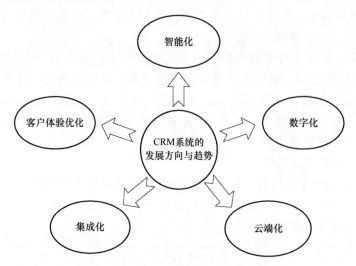

图 5.12　CRM 系统的发展方向与趋势

术可以用于预测客户需求、优化销售流程、自动化客户服务响应等，从而提高企业的运营效率和客户满意度。

（2）数字化　当前，数据已经成为现代企业竞争的核心资源之一。未来，CRM 系统将更加注重数据分析功能，通过深入挖掘客户数据，发现隐藏的趋势和模式，帮助企业做出更准确的预测和决策，帮助企业更好地了解客户需求、优化产品设计和定价策略，提升市场竞争力。

（3）云端化　随着云计算技术的普及，越来越多的 CRM 系统将迁移到云端，实现数据集中存储、按需扩展和灵活定制，有效降低企业的 IT 成本，提高系统的可用性和可维护性，同时使企业能够更快速地响应市场变化。同时，SaaS（软件即服务）模式也使得企业能够按需使用 CRM 功能，无须承担昂贵的硬件和软件维护费用。

（4）集成化　为了打破企业内部各部门之间的信息孤岛和数据孤岛，提高协同效率，CRM 系统将进一步强化与其他工业软件系统（如 ERP、MES 等）的集成能力，实现数据共享和业务流程的协同。此外，CRM 系统的扩展性也将得到增强，支持通过插件、API 等方式进行功能扩展和定制开发，满足企业不断变化的业务需求。

（5）客户体验优化　未来，提升客户体验已经成为企业竞争的关键因素之一。因此，提升客户体验将成为 CRM 系统发展的重要方向。CRM 系统将更加注重界面设计、操作流程的简化和个性化功能的提供，以提高用户的使用体验和满意度。同时，CRM 系统还将关注多渠道客户互动管理，整合线上线下的客户触点，提供一致、连贯的服务体验。

综上所述，未来 CRM 系统的发展方向将更加注重智能化、数字化、云端化、集成化、客户体验优化等方面。这些趋势将有助于企业更好地管理客户关系、提升运营效率并增强市场竞争力。

5.2.4　CRM 系统基本功能

当前，CRM 系统越来越受到企业的重视。CRM 系统的基本功能主要包括客户管理、联系人管理、销售管理、市场营销管理、客户服务与支持等几个方面，如图 5.13 所示。

1. 客户管理

客户管理功能是 CRM 系统核心功能之一。CRM 系统能够整合和记录客户的基本信息，如姓名、地址、联系方式等，并保存在一个统一的数据库中，企业人员可以随时访问和更新这些信息，确保客户数据的准确性和完整性。CRM 系统支持根据客户的属性、购买历史、行为等进行分类和分组，帮助企业能够更有针对性地制定市场营销策略、提供个性化的产品或服务，并优化客户沟通和管理流程。通过 CRM 系统的数据分析功能，企业可以对客户数据进行深入挖掘和分析，包括客户购买行为分析、客户价值评估、客户流失预警等，从而帮助企业发现潜在商机、识别高价值客户，并制定相应的业务策略。

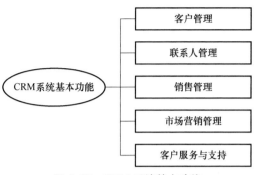

图 5.13　CRM 系统基本功能

另外，CRM 系统提供客户关怀和维护的功能，如定期发送问候邮件、生日祝福、促销活动信息等，以保持与客户的良好关系。

2. 联系人管理

联系人管理功能是 CRM 系统的重要功能之一，该功能主要集中在管理与客户或其他业务相关的联系人信息。CRM 系统允许用户记录和存储联系人的详细信息，如姓名、地址、电子邮件地址、电话号码等，并支持分类或分组，用户可以根据需要随时检索和访问这些信息，以便快速找到并与联系人进行沟通。CRM 系统的联系人管理功能通常还包括提醒和任务管理功能，用户可以在 CRM 系统中设置提醒，以确保在关键时刻与重要联系人保持联系，并可以分配任务给团队成员，以跟进与联系人的相关工作。

另外，CRM 系统能够跟踪和记录与联系人的各种活动，如电话通话、会议、邮件往来等，这些记录可以帮助用户了解与联系人的沟通历史，并提供有关联系人需求和偏好的有价值信息。

3. 销售管理

销售管理也是 CRM 系统的核心基本功能之一。CRM 系统能够跟踪和记录每一个销售机会，包括潜在客户的信息、需求、购买意向等，销售人员可以通过系统对销售机会进行分类和评估，确定优先级，以便更有效地分配资源和时间。CRM 系统可以根据历史销售数据、市场趋势等信息，对未来的销售情况进行预测，帮助企业制定更准确的销售计划。

CRM 系统还能够记录和管理销售订单的全过程，包括订单的创建、审批、发货、收款等，销售人员可以在 CRM 系统中实时查看订单状态，及时处理问题，确保订单的顺利完成。同时，CRM 系统还可以自动生成销售报告和分析数据，帮助企业了解销售情况和市场动态。

4. 市场营销管理

CRM 系统市场营销管理功能旨在帮助企业更有效地规划和执行市场营销活动，同时跟踪和分析这些活动的效果。CRM 系统允许用户规划和创建各种市场活动，如促销、广告、邮件营销、线上和线下活动等，用户可以在系统中设定目标、预算、时间表和其他关键参数，确保活动的顺利进行。CRM 系统支持通过多个渠道进行营销，如电子邮件、社交媒体、短信、电话等，用户可以根据不同渠道的特点和受众偏好，选择合适的营销方式。

另外，CRM 系统提供了丰富的分析工具和数据报表，可以帮助用户评估各种市场活动的效果，用户可以根据这些数据调整营销策略，提高营销水平。

5. 客户服务与支持

客户服务与支持功能也是 CRM 系统的基本功能之一。CRM 系统允许客服人员记录和跟踪客户的问题、请求和投诉，并可以提供问题分类、优先级设定和分配给相应的客服人员，确保这些问题得到及时、准确的解决。CRM 系统可以管理客户的服务合同和保修信息，包括合同期限、服务范围、保修条款等，帮助客服人员提供准确的服务，并确保客户在合同和保修期内得到相应的权益保障。

另外，CRM 系统能够收集、整理和分析客户的反馈意见，包括满意度调查、产品评价等，还支持通过电话、电子邮件、在线聊天、社交媒体等多种渠道与客户进行沟通和支持，确保客户可以通过他们偏好的渠道获得及时、便捷的服务。

除上述五项基本功能外，CRM 系统还具有时间管理、数据分析与报告、潜在客户管理等基本功能。这些基本功能共同构成了 CRM 系统强大的功能体系。

总体来说，CRM 系统是一种功能强大的企业管理信息系统，旨在帮助企业更好地管理客户关系、优化销售和市场营销流程、提供优质的客户服务与支持。通过有效使用 CRM 系统，可以帮助企业实现业务的持续增长和发展。

5.2.5 CRM 系统技术架构

CRM 系统的技术架构是一个多层次、模块化的结构，它涵盖了从用户界面到数据存储的所有技术组件和层次。

常用的典型 CRM 系统技术架构为六层架构，包括用户界面层、应用逻辑层、数据访问层、数据库层、集成与接口层和基础设施层，如图 5.14 所示，各层之间存在着紧密的关系。

用户界面层负责展示信息和接收用户操作，是用户与系统直接交互的入口。应用逻辑层处理用户界面层传递过来的请求，执行相应的业务逻辑，并将处理结果返回给用户界面层进行展示。

应用逻辑层在处理用户请求时，经常需要从数据库中读取数据或写入数据。数据访问层为应用逻辑层提供了访问数据库的接口和方法，抽象了底层数据库的复杂性。应用逻辑层通过调用数据访问层提供的接口，实现对数据库的增删改查等操作。

数据访问层是连接应用逻辑层和数据库层的桥梁，它负责将应用逻辑层的请求转换为数据库能够理解的 SQL 语句或其他查询语言。

数据库层存储和管理着系统的所有数据，它根据数据访问层的请求执行相应的数据库操作，并返回结果给数据访问层。

集成与接口层负责 CRM 系统与其他工业软件系统（如 ERP、MES）或服务平台（如电子邮件、社交媒体平台、支付网关等）以及 CRM 系统应用逻辑层的集成和交互。它提供了 API 接口、数据交换格式和通信协议等，使得 CRM 系统能够与外部系统进行数据交换和业务协同。

基础设施层为整个 CRM 系统提供了硬件和基础设施的支持。所有其他层次都运行在基础设施层提供的环境之上，依赖于基础设施层的稳定性和安全性。

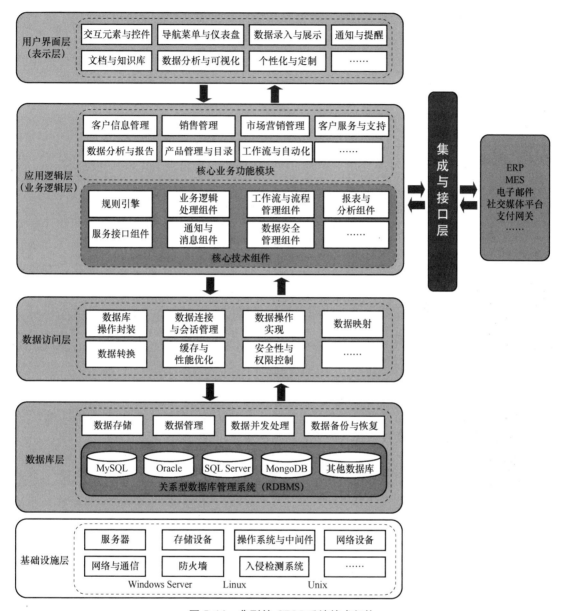

图 5.14 典型的 CRM 系统技术架构

CRM 系统的六层架构中各层次之间存在着紧密的依赖和交互关系。这些关系确保了数据的一致性、系统的稳定性和业务的连续性。同时，这种分层架构也使得系统更加模块化、可维护和可扩展。

1. 用户界面层

在 CRM 系统技术架构中，用户界面层（也称表示层）位于最上层，负责与用户进行直接交互。用户界面层通过 Web 界面、移动应用界面、客户端界面等多种形式，向用户提供直观、友好的操作界面，方便用户在不同的终端上使用 CRM 系统。

CRM 系统用户界面层主要功能组件包括交互元素与控件、导航菜单与仪表盘、数据录入与展示、通知与提醒、文档与知识库、数据分析与可视化、个性化与定制等。

（1）交互元素与控件　交互元素与控件是构成用户界面基础的重要组成部分，它们允许用户与 CRM 系统进行有效的交互，完成各种操作和任务。

常见的 CRM 系统用户界面层的交互元素与控件主要有文本框、下拉菜单（选择框）、单选按钮和复选框、按钮、日期选择器和滑块等，允许用户执行各种操作，如搜索、过滤、排序等。

（2）导航菜单与仪表盘　CRM 系统用户界面层的导航菜单与仪表盘功能组件是用户与系统交互的关键部分，它们提供了用户访问系统功能和数据的主要入口。

导航菜单通常位于 CRM 系统用户界面的顶部或侧边，它包含了一系列链接或按钮，允许用户快速访问系统的各个模块和功能。通过导航菜单，用户可以轻松访问客户信息管理、销售管道管理、任务与活动管理、文档与知识库等核心功能。

仪表盘是 CRM 系统用户界面中的一个重要组件，它提供了一个集中的视图，用于展示关键业务指标和数据。通过仪表盘，用户可以直观地了解销售趋势、客户活动统计、业务目标完成情况等重要信息。这些信息对于指导用户的工作、制定策略和做出决策具有重要价值。

（3）数据录入与展示　数据录入功能组件提供用户数据录入和编辑功能以及数据展示功能。它允许用户录入和编辑数据，如客户信息、销售数据等，同时，也会以各种方式展示系统中的数据，包括表格、图表、报告等，这些数据可视化工具帮助用户更好地理解数据，发现相关趋势。

（4）通知与提醒　在 CRM 系统用户界面层中，通知与提醒功能是确保用户能够及时获取系统更新、任务进展、待办事项以及其他重要业务信息的关键组件。通知与提醒功能不仅增强了用户与系统之间的交互，还有助于提高工作效率和响应速度。

当系统中发生重要事件、数据更新或需要用户关注的情况时，通知功能会及时将相关信息推送给用户。这些通知可以通过多种方式传达，如系统内部消息、电子邮件、短信或移动应用推送等。通知的内容通常包括事件类型、发生时间、相关数据以及可能需要的操作等。

与通知功能相辅相成的是提醒功能。提醒功能主要用于帮助用户及时处理待办事项或记忆重要日期。在 CRM 系统中，提醒功能可以应用于多个场景，如客户回访、合同续签、任务截止日期等。当到达设定的提醒时间时，系统会通过界面提示、声音提醒或推送通知等方式提醒用户。

（5）文档与知识库　CRM 系统用户界面层的文档与知识库功能是为用户提供便捷的文件管理和知识共享服务的重要组件。

文档管理功能组件负责在 CRM 系统中实现文档的集中存储、高效检索和权限控制。知识库功能组件则专注于在 CRM 系统中实现知识的创建、共享、检索和更新。

（6）数据分析与可视化　在 CRM 系统用户界面层中，数据分析与可视化功能组件是帮助用户深入理解业务数据、发现潜在机会和问题的强大工具。

数据分析功能组件允许用户通过 CRM 系统对业务数据进行深入分析，以发现数据中的模式、趋势和关联，主要功能包括报告与仪表板、数据查询与过滤等。

数据可视化功能组件将复杂的数据转化为直观、易理解的图形和图表，帮助用户快速把握数据要点，主要功能包括图表与图形展示、动态数据更新等。

（7）个性化与定制　个性化与定制功能组件允许用户根据个人偏好和业务需求，对

CRM 系统的用户界面进行一定程度的个性化设置和调整，如调整界面布局、选择显示哪些字段、设置默认视图等。

除以上核心功能组件外，CRM 用户界面层还包括其他功能组件，如通信与协作工具、帮助与支持、安全与权限管理、多平台支持等，以满足 MES 系统的具体需求和业务场景。

以上功能组件共同构成了 CRM 系统用户界面层的核心，使用户能够高效地管理客户关系、优化销售流程并提供卓越的客户服务。需要注意的是，不同软件厂商、不同版本的 CRM 系统可能会根据目标用户群和市场需求在功能和界面设计上有所差异，但上述功能组件是大多数现代 CRM 系统用户界面层的标准配置。

另外，用户界面层的设计需要考虑到用户的操作习惯、易用性和可定制性，以提供最佳的用户体验。同时，用户界面层还需要与应用逻辑层紧密集成，确保用户输入的数据和命令能够正确地传递给下一层进行处理，并将处理结果以直观的方式展示给用户。

2. 应用逻辑层

在 CRM 系统的技术架构中，应用逻辑层（也称业务逻辑层）是整个 CRM 系统的核心部分，负责处理业务逻辑和功能，实现 CRM 系统的各种业务需求。

应用逻辑层响应用户界面层的请求，执行相应的业务操作，并反馈给用户界面层。另外，应用逻辑层依赖于数据库层来存储、检索和管理业务数据。当用户在用户界面层执行操作时，应用逻辑层会与数据库层进行交互，以获取或更新数据。

通常，CRM 系统应用逻辑层可以被细分为两大部分：核心业务功能模块、核心技术组件。

（1）核心业务功能模块　CRM 系统应用逻辑层封装了 CRM 系统的核心业务功能模块，主要包括客户信息管理、销售管理、市场营销管理、客户服务与支持、数据分析与报告等，这些核心功能模块共同协作以实现企业的各种业务需求。

1）客户信息管理　在 CRM 系统的应用逻辑层中，客户信息管理功能模块是其核心组成部分，是 CRM 系统的基石，主要负责管理与客户相关的所有信息和活动，包括对客户数据的收集、存储、处理、分析和保护。

客户信息管理功能模块主要功能包括客户信息管理、客户分类、客户关系管理、客户沟通管理、客户数据分析与挖掘、客户安全与隐私保护等。

客户管理模块通过集中管理和分析客户数据，帮助企业建立更紧密、更个性化的客户关系，提高客户满意度和忠诚度。同时，它也为企业的市场营销、销售和服务团队提供了强大的数据支持，帮助他们更好地理解客户需求、制定更有效的策略并优化业务流程。

2）销售管理　销售管理功能模块是应用逻辑层的一个关键组成部分，它负责协调、处理和管理与销售相关的所有活动和数据。

销售管理功能模块主要功能包括销售机会管理、客户与联系人管理、销售报价与订单处理、销售预测与业绩分析、销售流程自动化、多渠道销售管理、销售数据集成与报告等。

通过与用户界面层、数据访问层以及其他业务支持系统的紧密集成，应用逻辑层的销售管理模块为 CRM 系统提供了一个强大而灵活的销售管理平台，有助于企业提高销售效率、优化销售策略并提升客户满意度。

3）市场营销管理　市场营销管理功能模块主要负责协调、整合和管理与市场营销相关的所有活动和数据，是专门为企业的市场营销活动而设计的核心功能模块。

市场营销管理功能模块在 CRM 系统技术架构中发挥着核心作用，它整合了市场营销的各个方面，包括市场活动策划与执行、市场分析与趋势预测、客户细分与目标定位、营销渠道管理、营销预算管理、营销效果评估与优化以及自动化营销工具等。

市场营销管理功能模块为企业提供了一个全面而高效的市场营销管理平台，可以帮助企业更好地了解市场、定位目标客户、优化市场策略并提升营销效果。

4）客户服务与支持　CRM 系统应用逻辑层的客户服务与支持功能模块是专门为提高客户满意度和忠诚度而设计的。

客户服务与支持功能模块是确保 CRM 系统提供卓越客户体验的关键，它整合了客户服务的各个方面，包括客户服务请求管理、工单管理与分配、知识库与自助服务、客户满意度调查、多渠道客户服务、服务级别管理与报告、客户反馈与持续改进等。

通过客户服务与支持功能模块，企业能够提供更高效、更个性化的客户服务，从而增强客户忠诚度、提高客户满意度并降低客户流失率。同时，这些功能还有助于企业优化服务流程、提高服务团队的工作效率并降低运营成本。

5）数据分析与报告　CRM 系统应用逻辑层的数据分析与报告功能模块是企业在客户关系管理中实现数据驱动决策的关键部分。

在 CRM 系统应用逻辑层，数据分析与报告功能模块负责生成、整合和呈现关于客户、销售、市场营销以及客户服务等各个方面的数据报告和深入分析。

数据分析与报告模块提供强大的数据分析与报告功能，允许企业根据各种数据指标和维度生成自定义的报告和仪表盘。通过数据分析与报告功能模块，企业能够更深入地了解客户行为、市场趋势和业务绩效，从而做出更明智的决策，优化资源配置，提升客户满意度和忠诚度，最终实现业务增长和盈利能力的提升

除以上核心功能模块外，CRM 系统应用逻辑层还有产品管理与目录、工作流与自动化、集成与接口等功能模块，这些功能模块共同构成了 CRM 系统应用逻辑层的功能基础。

需要注意的是，不同的 CRM 系统可能具有不同的功能模块划分和命名方式，上述仅是一些常见的核心业务功能模块阐述。在实际应用中，CRM 系统的功能模块还可能根据特定行业的需求进行定制和扩展。

（2）核心技术组件　为了上述业务功能的实现，CRM 系统应用逻辑层封装了多个核心技术组件，主要包括规则引擎、业务逻辑处理组件、工作流与流程管理组件、报表与分析组件、服务接口组件、通知与消息组件、数据安全管理组件等。

1）规则引擎。在 CRM 系统应用逻辑层，规则引擎是一个重要的技术组件，负责处理和管理复杂的业务规则。规则引擎能够根据预设的规则和数据条件，自动执行相应的业务逻辑，从而实现灵活的业务处理。

在 CRM 系统中，规则引擎组件的应用场景非常广泛。例如，它可以用于实现自动化的客户分类、基于规则的折扣计算、个性化的产品推荐、复杂的审批流程等。通过规则引擎，企业能够更灵活地应对市场变化和客户需求，提高业务处理效率和客户满意度。

2）业务逻辑处理组件。业务逻辑处理组件是 CRM 系统应用逻辑层中的核心技术组件之一，负责处理 CRM 系统中与业务直接相关的逻辑。

业务逻辑处理组件是 CRM 系统中专门处理业务规则和业务流程的技术组件。它接收来自用户界面层或其他外部系统的请求，根据预设的业务规则对数据进行处理，并将处理结果

返回给请求方。

业务逻辑处理组件提供数据验证功能，确保输入数据的完整性和准确性，避免无效或错误的数据进入系统。然后，业务逻辑处理组件可以根据业务规则对数据进行处理，如计算折扣、确定客户等级、分配销售资源等。

同时，该组件具备数据计算与转换功能，能够对数据进行必要的计算和转换，以满足业务需求和报表分析的要求。并可以进行业务流程控制，管理业务流程的推进，如销售机会的跟进、客户服务的流程处理等。

3）工作流与流程管理组件。在 CRM 系统应用逻辑层中，工作流与流程管理组件负责 CRM 系统中业务流程的建模、监控和执行。它能够定义、管理和优化各种业务流程，如销售流程、客户服务流程、审批流程等。

工作流与流程管理组件允许用户通过图形化界面或脚本语言等方式定义业务流程，包括流程的步骤、条件、参与者、时间限制等。

工作流与流程管理组件提供实时的流程监控功能，让用户能够查看流程的执行状态、进度和性能，以便及时发现问题并进行调整。

工作流与流程管理组件还能够与其他系统或应用进行集成，实现跨系统的流程协同。同时，提供丰富的 API 和插件机制，方便用户根据需求进行定制和扩展。

工作流与流程管理组件在 CRM 系统中有广泛的应用场景，如销售流程管理、客户服务流程管理、审批流程管理等。通过该组件，企业可以实现业务流程的自动化和标准化，提高工作效率，减少人为错误，提升客户满意度。

4）报表与分析组件。在 CRM 系统应用逻辑层，报表与分析组件是帮助企业进行数据驱动的决策和性能监控的关键技术组件之一。报表与分析组件负责收集、整合和展示 CRM 系统中的数据，以提供对用户、销售、市场、客户服务等方面深入的观察和分析。它能够将原始数据转化为有价值的业务信息，帮助企业做出更明智的决策。

报表与分析组件能够从 CRM 系统的各个模块和外部数据源中收集数据，进行清洗、整合和格式化，以确保数据的准确性和一致性；同时可以提供预定义的报表模板，允许用户根据需求选择特定的数据字段和指标，生成各种类型的报表，如销售报表、客户分析报表、市场活动效果报表等。另外，该组件还提供数据分析工具，如趋势分析、对比分析、预测分析等，帮助用户发现数据中的模式、趋势和异常。通过图表、图形等可视化工具，报表与分析组件将数据以直观、易理解的方式展示给用户，提高数据的可读性和易用性。

另外，报表与分析组件还允许用户根据企业的特定需求自定义报表和分析视图，并提供 API 和插件机制，方便与其他系统进行集成和扩展。

报表与分析组件在 CRM 系统中有广泛的应用场景，如销售业绩分析、客户行为分析、市场活动效果评估、业务决策支持等。通过该组件，能够帮助企业充分利用数据资源，提高决策效率和业务性能。

5）服务接口组件。在 CRM 系统应用逻辑层，服务接口组件是确保系统内部与外部系统、应用程序或服务之间顺畅交互的关键技术组件。

服务接口组件负责在 CRM 系统中定义、实现和维护与外部系统或应用程序进行交互的接口。这些接口可以是 API（应用程序编程接口）、Web 服务、消息队列等，用于实现数据的共享、流程的协同和功能的集成。

服务接口组件通常与 CRM 系统的其他组件紧密集成，如业务逻辑处理组件等。当外部系统或应用程序通过接口发起请求时，服务接口组件会调用相应的业务逻辑处理组件来处理请求，并将处理结果返回给外部系统或应用程序。

同时，服务接口组件还需要与数据库层交互，以获取或更新存储在 CRM 系统中的数据。这种交互可能包括查询、插入、更新或删除数据库中的记录等操作。

通过服务接口组件，CRM 系统可以与企业的 ERP 系统进行集成，实现客户数据、订单数据、库存数据等的共享和协同处理。

当企业需要在不同系统之间实现流程协同时，如销售流程中的审批流程可能涉及多个系统。服务接口组件可以确保这些系统之间的顺畅交互和数据一致性。

企业可能需要将 CRM 系统与第三方应用程序进行集成，如市场调研工具、邮件营销工具等。通过服务接口组件，这些第三方应用程序可以获取 CRM 系统中的数据或调用其功能，实现更丰富的业务场景。

6）通知与消息组件。在 CRM 系统应用逻辑层，通知与消息组件是确保系统内部及与外部实体之间及时、有效地传递信息的核心技术组件。

通知与消息组件负责在 CRM 系统中生成、管理和发送各种类型的通知和消息，以确保用户、系统或其他相关实体能够及时获取所需的信息。这些通知和消息主要包括关于系统事件、业务状态变更、待办事项提醒等。

通知与消息组件能够根据预设的规则或触发条件自动生成通知和消息。这些规则可以基于时间、事件、数据变更等多种因素。它支持多种通知方式，如电子邮件、短信、系统内部通知、移动应用推送等，以满足不同用户的需求和偏好。

通知与消息组件能够提供灵活的消息模板功能，允许用户根据业务需求自定义通知和消息的内容和格式。

另外，通知与消息组件还提供通知和消息的管理功能，包括查看历史记录、搜索、分类、标记已读/未读等，以帮助用户更好地组织和跟踪通知和消息。

通知与消息组件在 CRM 系统中有广泛的应用场景，如任务提醒与分配、业务状态更新、系统事件通知、协作与沟通等。

7）数据安全管理组件。CRM 系统应用逻辑层的数据安全管理组件是保障系统数据安全的重要技术组件之一。

数据安全管理组件通过身份验证、访问控制、数据加密、审计日志、数据备份、漏洞管理以及应急响应等手段，确保系统中的数据在传输、存储和处理过程中始终保持安全、完整和保密，有效降低了数据泄露、被篡改和损坏的风险，为企业的客户关系管理提供了可靠的安全保障。

除了上述核心技术组件外，CRM 系统应用逻辑层还包含其他技术组件，如集成适配器组件、事务管理组件、用户权限管理、事件处理组件、日志管理组件等，以满足系统的具体需求和业务场景。

以上技术组件相互关联、相互作用、协同工作，共同构成了 CRM 系统的核心业务功能，确保 CRM 系统能够准确、高效地执行客户关系管理任务，并提供所需的数据支持和决策依据。

需要注意的是，不同软件厂商、不同版本的 CRM 系统可能会有不同的技术架构和功能组件划分，上述内容只是一种典型的划分方式。在实际应用中，应根据具体的 CRM 系统设计需求来确定其应用逻辑层的核心功能组件。

3. 数据访问层

CRM 系统数据访问层是 CRM 系统技术架构中负责与底层数据库进行交互的重要部分，其主要功能是实现对数据库的访问和操作，包括数据的查询、插入、更新和删除等操作。

数据访问层位于业务逻辑层和底层数据库之间，起到了一个桥梁的作用，将业务逻辑层的数据请求转化为数据库能够理解和执行的操作。

CRM 系统数据访问层主要功能模块包括数据库操作封装、数据连接与会话管理、数据操作实现、数据映射与转换、缓存与性能优化等。

（1）数据库操作封装　数据库操作封装功能模块封装了 CRM 系统中所有与数据库层的交互操作，如数据的查询、插入、更新和删除等。它提供简化的接口供上层应用逻辑层调用，这使得应用逻辑层应用代码可以专注于业务逻辑处理，而不必直接处理数据库的底层细节。

（2）数据连接与会话管理　数据连接与会话管理功能模块主要负责建立、维护和关闭数据库连接，以及管理数据库会话的生命周期。它确保系统能够稳定地访问数据库，并避免潜在的资源泄露和连接问题。

当 CRM 系统需要与数据库层进行交互时，数据连接与会话管理模块负责建立与数据库层的连接，包括配置连接参数（如数据库地址、端口、用户名和密码等），以及处理连接建立过程中的身份验证和授权。

在连接建立后，该模块负责维护数据库连接的稳定性和可用性。它监控连接的状态，处理连接中断、超时等异常情况，并确保连接池中的连接得到有效利用，避免资源浪费。

数据连接与会话管理模块还负责管理数据库会话的生命周期。会话是指数据库与客户端之间的一系列交互操作，包括执行 SQL 语句、处理结果集等。该模块负责创建、使用和关闭会话，确保每个会话在完成后得到正确清理，避免会话泄漏和资源浪费。

在建立连接和会话时，该模块还负责实施安全性控制措施，如身份验证、加密通信等，以确保数据库访问的安全性，防止未经授权的访问和数据泄露，保护数据库中的敏感信息。

数据连接与会话管理功能模块通过提供连接建立、连接维护、会话管理、安全性控制等功能，为 CRM 系统提供可靠、安全的数据访问支持。

（3）数据操作实现　在 CRM 系统的数据访问层中，通过插入、更新、删除和查询等操作以及事务管理和异常处理机制的支持，它为 CRM 系统提供了稳定、可靠的数据访问能力。负责将 CRM 系统的业务逻辑转化为数据库能够理解的 SQL 语句或 ORM（Object Relational MApping，对象关系映射）操作，确保数据的正确性、一致性和完整性。它提供了对数据库表的基本操作，包括插入、更新、删除和查询等。

当 CRM 系统中的数据需要修改时，数据操作实现模块负责生成更新 SQL 语句或 ORM 操作，对数据库表中的相应记录进行更新。

当 CRM 系统中的某些数据不再需要时，数据操作实现模块负责生成删除 SQL 语句或 ORM 操作，从数据库表中删除指定的记录。在执行删除操作前，它可能会进行必要的验证和确认，以确保不会误删重要数据。

数据操作实现功能模块还提供了丰富的查询功能，允许 CRM 系统根据各种条件检索数据库中的数据。它可以根据用户的输入或系统的需求生成复杂的查询 SQL 语句或 ORM 操作，获取所需的数据结果集。查询操作还支持排序、分页、聚合等高级功能，以满足不同业务场景的需求。

另外，数据操作实现功能模块还提供事务管理、异常处理等功能。

数据操作实现功能模块通过插入、更新、删除和查询等操作以及事务管理和异常处理机制的支持，为 CRM 系统提供稳定、可靠的数据访问能力。

（4）数据映射与转换　在 CRM 系统的数据访问层中，数据映射与转换功能模块承担着将业务实体或对象与数据库表结构之间建立对应关系，并进行数据类型转换、格式化等处理的重要任务。

数据映射与转换功能模块通过数据映射、类型转换、空值处理、数据格式化以及复杂类型的处理等功能，为 CRM 系统提供强大而灵活的数据处理能力。

（5）缓存与性能优化　在 CRM 系统的数据访问层中，缓存与性能优化功能模块在提高系统响应速度和降低数据库负载方面发挥着重要作用。

缓存与性能优化功能模块通过实现缓存管理、查询优化、数据库连接池管理、数据预处理与批量操作以及监控与调优等功能，能够显著提升系统的性能和响应速度。这些优化措施共同确保 CRM 系统能够在高并发场景下稳定、高效地运行。

除以上核心功能模块外，数据访问层还具有异常处理与日志记录、安全性与权限控制等功能模块。

以上这些模块共同协作，使得 CRM 系统能够通过数据访问层高效、安全地与数据库层进行交互，满足各种业务需求。请注意，实际应用中，具体功能模块的实现可能因 CRM 系统的架构和设计而有所不同。上述功能模块提供了一个通用的框架，可以根据实际情况进行调整和扩展。

4. 数据库层

CRM 系统的技术架构中，数据库层是存储和管理 CRM 系统数据的核心层次，负责管理和控制数据库的所有方面，包括数据存储、数据安全性、备份和恢复等。

数据库层具备高效的数据存储、数据管理功能，以及数据并发处理、数据备份与恢复等功能，可以确保数据的完整性、一致性和安全性，满足应用逻辑层对数据管理的要求。

（1）数据存储　在 CRM 系统数据库层中，数据存储功能模块是整个 CRM 系统数据处理和管理的核心部分，它负责数据的存储、检索、更新和删除等操作，以确保数据的完整性、安全性和可用性。

数据库层存储的数据是 CRM 系统支持各种业务功能的基础，如客户管理、销售机会跟踪、市场活动管理、产品目录维护等。通过对存储的数据进行分析和挖掘，CRM 系统能够揭示出隐藏在数据背后的业务趋势，支持管理决策和战略规划。

在 CRM 系统中，数据存储用到的数据库系统可以是关系型数据库管理系统（Relational Database Management System，RDBMS），如 MySQL、Oracle、SQL Server 等，也可以是非关系型数据库（Not Only SQL，NoSQL），如 MongoDB 等，具体选择取决于 CRM 系统的需求和特点。

（2）数据管理　CRM 系统数据库层具备强大的数据管理功能，该功能为整个 CRM 系统的有效运行提供了基础支持。

CRM 系统数据库层数据管理功能模块主要包括数据定义、数据存储、数据检索、数据更新、数据删除等功能。

数据定义方面，CRM 系统数据库层允许用户定义数据的结构和组织方式，包括创建表、字段、索引等数据库对象，用来存储和管理客户信息、销售数据、市场活动数据等各类业务数据。通过数据定义功能，用户可以根据业务需求灵活地构建数据库模式。

数据存储方面，数据库层提供了持久化的数据存储机制，确保 CRM 系统中的数据能够长期保存并随时可访问。无论是客户的基本信息、交易记录还是市场活动数据，都可以被安全地存储在数据库中，供后续的业务处理和分析使用。

数据检索方面，CRM 系统数据库层支持高效的数据检索功能，使用户能够根据特定的查询条件快速找到所需的数据。通过 SQL 查询语句或其他查询工具，用户可以灵活地检索数据库中的数据，满足各种业务查询和分析需求。

数据更新方面，随着业务活动的进行和市场环境的变化，CRM 系统中的数据需要不断更新。数据库层提供了数据更新功能，允许用户修改已存储的数据值或插入新的数据记录，确保 CRM 系统中的数据能够实时反映最新的业务状态。

数据删除方面，当某些数据不再需要时，数据库层提供了数据删除功能，以释放存储空间并保持数据的清洁。用户可以删除过时的、无效的或不再需要的数据记录，以确保数据库中的数据准确性和一致性。

数据管理功能模块通过灵活的数据定义、可靠的数据存储、高效的数据检索、实时的数据更新以及合理的数据删除等数据管理功能，可以确保 CRM 系统中数据的完整性、安全性和可靠性，为整个 CRM 系统的有效运行提供坚实的数据基础。

（3）数据并发处理　在高并发的环境中，如果不对数据访问进行妥善管理，就可能导致数据不一致、冲突或性能下降。

CRM 系统的数据库层数据并发处理功能模块是确保系统在高并发场景下能够稳定、高效地处理数据请求的关键部分。

并发处理功能模块通过实现并发控制、事务管理、连接池管理、查询优化与缓存、死锁检测与处理以及监控与调优等功能，确保系统在高并发场景下能够稳定、高效地处理数据请求。这些功能共同构成了 CRM 系统数据库层强大而灵活的并发处理能力。

（4）数据备份与恢复　CRM 系统数据库层的数据备份和恢复功能对于保护企业的数据安全和业务的连续性至关重要，能够确保在数据丢失、损坏或发生其他意外情况时，企业能够迅速恢复数据并继续正常运营。

数据备份与恢复功能模块通过实现定期自动备份、备份策略管理、备份数据加密、备份数据验证以及快速恢复、恢复策略管理、恢复演练和恢复数据验证等功能，确保系统数据的安全性和业务连续性。这些功能共同构成了 CRM 系统数据库层强大而可靠的数据备份与恢复能力。

上述四大功能模块共同构成了 CRM 系统数据库层的核心架构，为企业的数据处理和管理提供了强大的支持。

需要注意的是，上述功能模块构成是一种典型的构成，数据库层在具体实现时，可能会因 CRM 系统和数据库技术的不同而有所差异。

5. 集成与接口层

在 CRM 系统技术架构中，集成与接口层是负责与其他系统或外部服务进行集成和交互的关键层次。

CRM 集成与接口层提供了各种集成工具和中间件，如企业服务总线（Enterprise Service Bus，ESB）、API 网关、消息队列等，以支持 CRM 系统与其他企业应用系统和外部数据源的高效集成。这些工具和中间件在 CRM 集成层中扮演着重要角色，确保数据的准确交换、系统的顺畅通信以及业务流程的自动化执行。

集成与接口层主要功能包括数据集成、应用集成、接口管理、消息传递、安全与认证等。

（1）数据集成　数据集成（主要是与工业软件系统的集成、与外部数据源的集成），是指将 CRM 系统与其他的工业软件系统（如 ERP、MES 等）或外部数据源（如市场数据提供商）连接起来。但是，这种连接不是简单的数据交换，而是需要确保数据的共享、准确性、一致性和实时性。

与工业软件系统的集成，意味着 CRM 中的数据可以与其他工业软件系统的关键业务流程中的数据保持同步。例如，当销售部门在 CRM 中更新一个订单的状态时，集成与接口层能够确保这个状态也同步更新到 ERP 系统中，从而保持库存、财务和其他相关信息的实时性。

与外部数据源的集成，可以为 CRM 系统注入更多的外部情报，如竞争对手的动态、市场趋势等。这些数据可以丰富 CRM 中的客户视图，帮助企业更全面地了解市场和客户，从而做出更精准的业务决策。

（2）应用集成　应用集成在 CRM 系统技术架构中的集成与接口层扮演着至关重要的角色，它使得 CRM 系统能够与其他关键应用程序（如电子邮件系统、社交媒体平台、支付网关等）无缝地协作，从而提供更全面、更高效的客户管理和业务流程支持。

首先，与电子邮件系统的集成使得 CRM 用户能够直接在 CRM 界面中发送、接收和跟踪与客户相关的电子邮件。这种集成确保了所有的客户沟通记录都集中存储在 CRM 系统中，为销售团队提供了完整的客户交互历史视图，提高了沟通效率和客户满意度。

其次，与社交媒体平台的集成允许 CRM 系统捕捉和分析来自不同社交媒体渠道的客户反馈和互动数据。这使得企业能够更深入地了解客户的偏好、需求和情感倾向，及时调整市场策略和产品方向。同时，通过在社交媒体上直接响应客户问题或提供个性化服务，企业可以进一步提升品牌形象和客户忠诚度。

此外，与支付网关的集成使得 CRM 系统能够处理客户的付款事务，包括订单支付、退款和发票管理等。这种集成简化了企业的收款流程，提高了财务处理效率，同时为客户提供了便捷、安全的支付体验。

除了上述应用之外，集成与接口层还支持 CRM 系统与各种其他应用程序的集成，如客户服务系统、营销自动化工具、数据分析平台等。这些应用集成进一步扩展了 CRM 系统的功能边界，使其成为一个全面、集成的客户管理平台，为企业提供全方位的客户视图和业务洞察。

（3）接口管理　CRM 系统集成与接口层提供统一的接口管理功能，定义和管理与其他工业软件系统或服务进行交互的接口标准和协议，以保证 CRM 系统的灵活性和可扩展性，并支持快速、可靠的数据传输和通信。

通过统一的接口管理，CRM 系统可以更容易地适应和连接新的其他工业软件系统或服务。当企业需要引入新的数据源、应用或服务时，只需按照既定的接口标准和协议进行对接，无须对整个 CRM 系统进行大规模改造。

随着企业业务的增长和变化，统一的接口管理功能使得 CRM 系统能够轻松扩展其数据交换和通信能力。无论是增加新的数据交换通道，还是提高数据传输的速率和容量，都可以通过调整接口配置来实现。

另外，在 CRM 系统与其他工业软件系统或服务进行交互时，为了保障数据的完整性、准确性和安全性，需要采用先进的通信协议、错误处理机制和数据加密技术，以确保数据传输和通信的可靠性。

（4）消息传递　CRM 系统集成与接口层使用消息传递机制（如消息队列、企业服务总线等）来实现异步通信和数据传输，可以提高 CRM 系统可靠性，减少实时依赖。

传统的同步通信方式在处理大量请求或数据传输时，往往会因为等待响应而阻塞，导致系统性能下降。而消息传递机制允许系统以异步方式进行通信，发送方将消息放入消息队列或企业服务总线后，无须等待接收方的响应即可继续处理其他任务。这种异步处理方式大幅提高了 CRM 系统的吞吐量和响应速度。

消息传递机制通常具有持久化存储和重试机制，即使接收方暂时不可用或发生故障，消息也不会丢失。一旦接收方恢复正常，它可以从消息队列中重新获取并处理这些消息。这种机制显著增强了数据传输的可靠性，降低了因系统故障或网络问题导致的数据丢失风险。

在 CRM 系统中，通过集成与接口层使用消息队列、企业服务总线等中间件技术，可以轻松地实现跨不同物理节点或微服务的数据传输和通信。这种架构支持 CRM 系统的横向扩展，即通过增加更多的节点或服务来处理不断增长的数据量和用户请求。

（5）安全与认证　CRM 系统集成与接口层在确保与其他工业软件系统或服务进行集成时的安全性和认证方面扮演着至关重要的角色。由于 CRM 系统通常涉及大量的敏感数据（如客户信息、合同金额、交易记录等），因此在与其他系统进行集成时，必须采取严格的安全措施来保护这些数据的机密性、完整性和可用性。

安全与认证功能模块是 CRM 系统集成与接口层保障系统间数据传输和交互安全性的核心组件，它通过实施加密、身份验证、访问控制等安全策略，确保只有经过授权的用户和系统能够安全地访问和交换数据，从而有效防止数据泄露和非法访问。

除了上述基本的安全措施外，集成与接口层还应该实施其他安全策略，如定期的安全审计和漏洞扫描、安全事件的监控和响应等，以及时发现和解决潜在的安全问题。同时，与集成的外部系统或服务提供商之间也应该建立明确的安全责任和协议，共同维护整个集成环境的安全性。

综上所述，集成与接口层在 CRM 系统技术架构中扮演着桥梁和纽带的角色，将各个功能组件和功能模块紧密地连接在一起，实现了数据的共享和流程的协同。一个强大和灵活的集成与接口层可以为企业提供更高效、准确和可靠的业务运营支持，帮助企业实现资源的优化配置和业务目标的达成。

集成与接口层可以位于应用逻辑层的旁边或下方，具体取决于集成需求。

6. 基础设施层

CRM 系统技术架构的基础设施层是整个 CRM 系统的最底层和基石，为上层提供基础支持和服务，它负责提供计算、存储和网络等基础资源，确保系统的稳定、高效运行。

基础设施层通常包括硬件资源〔服务器、存储设备、网络设备（如路由器、交换机）〕、操作系统与中间件、网络与通信、安全设施与备份（如防火墙、入侵检测系统）等组件，为应用逻辑层、数据访问层、数据库层、集成与接口层的正常运行提供必要的资源和环境。

（1）硬件资源　基础设施层包括各种物理服务器、存储设备及网络设备等硬件资源，这些硬件资源为 CRM 系统提供必要的计算和存储能力，确保系统能够处理大量的数据和用户请求。

（2）操作系统与中间件　基础设施层提供操作系统（如 Windows、Linux、Unix 等）和中间件（如 Web 服务器、应用服务器等）支持，这些组件为上层应用提供了运行环境，并处理底层的系统管理和资源分配任务。

（3）网络与通信　基础设施层负责建立和维护 CRM 系统与其他工业软件系统、用户或外部服务之间的网络连接和通信，包括局域网、广域网、互联网等，确保数据快速、可靠传输。

（4）安全设施与备份　基础设施层需要确保 CRM 系统的安全性，采取适当的安全措施，如防火墙、入侵检测、数据加密等，以保护系统和数据不受未经授权的访问和攻击。同时，基础设施层还负责数据的备份和恢复，以防止数据丢失或损坏。

（5）系统扩展性支持　基础设施层需要支持 CRM 系统的扩展性需求。随着企业业务的增长，CRM 系统可能需要更多的计算和存储资源，基础设施层需要能够方便地添加新的服务器、存储设备或网络设备，以满足 CRM 系统的扩展需求。

以上这些设施共同构成了 CRM 系统的基础设施层，为整个 CRM 系统的运行提供了必要的底层支撑，为企业的稳定运营和高效管理提供了坚实的基础。需要注意的是，不同软件厂商、不同版本的 CRM 系统技术架构中的基础设施层可能会有较大差异。在 CRM 系统的设计和实施过程中，需要充分考虑基础设施层的需求和特点，选择适当的硬件、软件和网络组件，并进行合理的配置和优化。

需要注意的是，以上阐述的是典型的 CRM 系统六层技术架构，不同 CRM 系统的技术架构可能会略有差异，具体取决于系统的设计理念、功能需求和技术选型。

5.2.6　CRM 系统应用的关键技术

CRM 系统应用的关键技术非常多样化，涵盖了从数据处理到客户互动的各个方面。CRM 系统应用的关键技术主要包括数据库技术、数据挖掘技术、业务流与业务规则技术、移动技术和集成技术等，如图 5.15 所示。

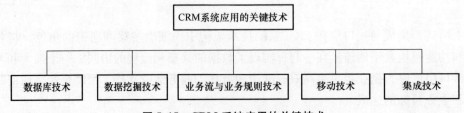

图 5.15　CRM 系统应用的关键技术

1. 数据库技术

CRM 系统需要使用数据库来存储和管理客户信息、销售数据、产品信息等大量业务数据。CRM 系统应用的关键技术中，数据库技术是非常重要的一项。

数据库技术可以帮助 CRM 系统高效地存储、管理和检索大量的客户数据，确保数据的安全性和完整性。通过数据库技术，CRM 系统可以快速检索和查询客户数据，提高数据访问的速度和效率。

数据库技术支持 CRM 系统进行数据分析和挖掘，帮助企业了解客户需求、市场趋势和业务情况，从而制定更加精准的营销策略。

2. 数据挖掘技术

CRM 系统应用的关键技术中，数据挖掘技术起到了至关重要的作用。

数据挖掘技术包括关联规则挖掘、聚类分析、决策树分析等，可以帮助系统发现数据中的隐含模式和规律。在 CRM 系统中，数据挖掘技术能够帮助 CRM 系统深入了解客户需求和行为，以及市场趋势，进而支持企业的决策和营销策略。

通过数据挖掘技术，CRM 系统可以构建预测模型，预测客户的未来行为。例如，根据客户的购买历史和行为模式，预测他们可能感兴趣的产品或服务，从而进行个性化的推荐和营销。

数据挖掘技术可以发现不同数据项之间的关联关系，例如对购物篮中经常一起购买的商品组合进行分析，这种关联分析可以帮助企业了解客户的购买习惯和偏好，进而优化产品组合和促销策略。

数据挖掘技术还可以用于异常检测，识别出与常规模式不符的数据点。在 CRM 系统中，这可以帮助企业发现潜在的欺诈行为、客户流失预警等，从而及时采取相应的措施。

3. 业务流与业务规则技术

业务流与业务规则技术是 CRM 系统中的关键技术之一，它们能够帮助企业实现业务流程的自动化和优化，确保数据的一致性和准确性，以及业务流程的合规性。

业务流技术主要关注于企业业务流程的自动化和优化。在 CRM 系统中，业务流技术能够帮助企业实现各种业务流程的自动化处理，如客户信息管理流程、销售流程、市场营销流程、客户服务流程等。通过将这些流程自动化，企业可以大大提高工作效率，减少人为错误，并为客户提供更加快速和优质的服务。

业务规则技术则关注于定义和管理业务过程中的各种规则。在 CRM 系统中，业务规则可以确保数据的一致性和准确性，以及业务流程的合规性。例如，当销售人员录入客户信息时，业务规则可以确保必填字段的完整性，以及数据格式的正确性。此外，业务规则还可以用于定义企业的销售策略、市场活动规则等，从而确保所有业务活动都符合企业的战略和目标。

4. 移动技术

在 CRM 系统中，移动技术是一项至关重要的关键技术。移动技术的广泛应用，使得企业能够在任何时间、任何地点与客户进行互动，有效地提升了客户关系管理的效率和便捷性。

移动技术使得 CRM 系统具备了移动性。通过移动设备，如智能手机和平板电脑，用户可以轻松地访问 CRM 系统，随时随地查看和更新客户信息、销售数据以及业务流程。这种移动性不仅提高了用户的工作效率，还使得他们能够在第一时间内响应客户需求，从而提升了客户满意度。

同时，移动技术为 CRM 系统带来了丰富的交互方式。利用触摸屏、语音识别等移动设备的特性，用户可以更加直观、便捷地与 CRM 系统进行交互。这不仅降低了用户的学习成本，还提高了他们的工作体验。

此外，移动技术还推动了 CRM 系统的创新发展。例如，基于位置的服务（LBS）可以帮助企业了解客户的实时位置信息，从而为他们提供更加精准的服务；增强现实（AR）和虚拟现实（VR）技术则可以为企业创造全新的营销和客户体验方式。

5. 集成技术

CRM 系统的目标是整合和管理企业与客户之间的所有交互和信息，而集成技术则是实现这一目标的关键手段。

CRM 系统可以与其他系统共享数据，确保客户信息的准确性和一致性。当客户在其他系统中进行交易或操作时，这些信息可以自动同步到 CRM 系统中，避免了数据重复录入和不一致的问题。

通过集成技术，CRM 系统可以与其他工业软件系统（如 ERP、MES 等）的业务流程进行整合和优化。例如，当销售人员在 CRM 系统中创建销售订单时，该订单可以自动传输到 ERP 系统中进行处理，无须手动操作，提高了工作效率和准确性。

除上述关键技术外，CRM 系统应用的关键技术还有大数据分析技术、人工智能与机器学习技术、社交媒体与在线营销技术等。这些关键技术共同构成了 CRM 系统的技术核心，使得 CRM 系统在客户关系管理领域发挥了巨大的作用。随着科技的不断发展，CRM 系统应用的关键技术也在不断更新和优化，以适应更复杂的客户关系管理需求。

5.2.7 CRM 系统主要应用领域

CRM 系统的应用行业领域非常广泛，几乎涵盖了所有需要管理和维护客户关系的行业，如图 5.16 所示。

1. CRM 系统在制造型企业中的应用

（1）客户管理　CRM 系统可以帮助制造型企业建立完整的客户资料库，对客户进行细分，并通过数据分析了解客户的购买行为、需求和偏好。这样，企业可以更加精准地制定营销策略，提供个性化的产品和服务，从而提升客户满意度和忠诚度。

（2）销售管理　通过 CRM 系统，制造业企业可以跟踪销售线索，管理销售机会，自动化销售流程，并提高销售团队的协作效率。此外，CRM 系统还可以提供销售预测功能，帮助企业预测未来销售趋势，从而制定合理的生产计划。

（3）市场活动与竞争分析　CRM 系统能够整合和分析各种市场活动的数据，帮助企业评估不同市场策略的效果，并调整优化。同时，通过竞争对手分析，企业可以了解市场动态和竞争态势，为决策提供有力支持。

（4）售后服务管理　制造型企业通过 CRM 系统可以建立高效的售后服务流程，及时处理客户投诉和问题，提高客户满意度。此外，CRM 系统还可以帮助企业建立客户回访机制，收集客户反馈，持续改进产品和服务质量。

（5）业务协同　CRM 系统可以实现与 ERP、MES 等系统的无缝集成，促进企业内部各部门之间的业务协同。

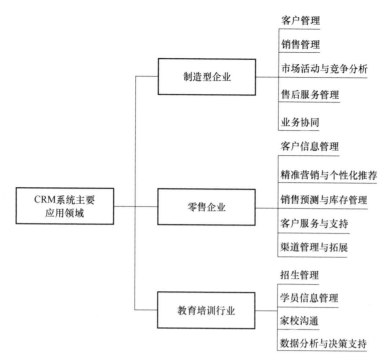

图 5.16 CRM 系统主要应用领域

2. CRM 系统在零售企业中的应用

（1）客户信息管理 CRM 系统可以帮助零售企业建立完整的客户数据库，记录客户的基本信息、购买历史、偏好特征等，从而更加全面地了解客户需求，为后续的精准营销和服务提供数据支持。

（2）精准营销与个性化推荐 通过对客户数据的分析，CRM 系统可以帮助零售企业识别不同客户群体的特征和需求，制定针对性的营销策略，并通过个性化推荐、优惠券等手段，引导客户购买更多符合其需求的产品，提高销售转化率和客户满意度。

（3）销售预测与库存管理 CRM 系统可以根据历史销售数据和客户购买行为，预测未来一段时间内的销售趋势和需求量，从而帮助零售企业制定合理的库存计划和采购策略，避免库存积压和缺货现象，提高库存周转率和资金利用率。

（4）客户服务与支持 CRM 系统可以提供多渠道的客户服务支持，如电话、邮件、在线聊天等，及时响应客户的问题和投诉，并提供解决方案和跟进服务，提高客户满意度和忠诚度。同时，CRM 系统还可以记录客户的服务历史和反馈意见，为企业改进产品和服务提供参考。

（5）渠道管理与拓展 对于拥有多个销售渠道的零售企业来说，CRM 系统可以帮助其统一管理各个渠道的销售数据和客户信息，实现渠道之间的协同和整合。此外，CRM 系统还可以帮助零售企业评估不同渠道的销售效果和投入产出比，为渠道拓展和优化提供决策支持。

3. CRM 系统在教育培训行业中的应用

（1）招生管理 CRM 系统可以帮助教育培训机构管理招生流程，包括潜在学员的跟踪、咨询、试听、报名等环节。通过自动化的招生流程，可以提高招生效率，减少人工操作的错误和疏漏。

（2）学员信息管理　教育培训机构可以利用 CRM 系统建立完善的学员信息数据库，记录学员的基本信息、学习情况、课程进度等，方便教育培训机构对学员进行全面了解和管理。

（3）家校沟通　CRM 系统可以提供多种家校沟通方式，如短信通知、邮件通知、在线咨询等，方便教育培训机构与家长进行及时有效的沟通，共同关注学员的成长和学习情况。

（4）数据分析与决策支持　CRM 系统具备强大的数据分析功能，可以帮助教育培训机构对学员数据、教学数据等进行分析和挖掘，为教育培训机构的决策提供支持。例如，可以通过分析学员的学习情况，发现教学中存在的问题和不足，及时进行教学改进。

除此之外，CRM 系统还广泛应用于其他行业，如医疗、金融服务、汽车销售与服务、房地产等。这些行业都可以从 CRM 系统的客户关系管理功能中受益，提升客户满意度和忠诚度，实现业务增长和竞争优势。

5.3　供应商管理系统（SRM）

5.3.1　SRM 的概念

SRM（Supplier Relationship Management），即供应商关系管理，是一种致力于实现与供应商建立和维持长久、紧密伙伴关系的管理思想和软件技术的解决方案，是一种全方位的企业管理应用软件系统。

SRM 旨在改善企业与供应链上游供应商的关系，从供应商分类选择、战略关系发展、供应商谈判和供应商绩效评价等方面进行全面管理。通过 SRM 系统，企业可以更有效地进行供应商信息的管理、采购计划的制定、采购流程的优化以及供应商合作的加强等，从而实现企业与供应商之间稳定、长期的合作关系，提高采购效率和降低采购成本。

1. 广义 SRM 和狭义 SRM 的概念

广义的 SRM 可以看作是一种全面的供应商管理策略和方法，它不仅包括与供应商的采购和交易活动，还涉及与供应商建立长期、互利、协同的关系。这种关系旨在提高整个供应链的效率和效果，包括采购流程的优化、供应商合作与协同、供应商绩效评估等多个方面。广义的 SRM 强调在整个供应链中实现信息共享、风险共担和利益共享，以达到整体最优。

狭义的 SRM 更侧重于具体的软件技术解决方案，即 SRM 软件系统。SRM 软件系统通常覆盖从采购寻源到交付结算、供应商评估的整个生命周期，能够对企业主营物资、非主营物资进行不同颗粒度的管理。

本书论述的对象主要是狭义的 SRM，即 SRM 软件系统，以下简称"SRM 系统"。

2. SRM 系统在实践应用中的作用与价值

SRM 系统在实践应用中的作用与价值主要体现在提高供应链管理效率、降低采购成本、加强与供应商的合作、提高企业竞争力、协同供应链上下游等几个方面。

（1）提高供应链管理效率　SRM 系统可以帮助企业实现对供应商信息的全面管理和监

控，及时发现并解决供应链中存在的问题，从而确保供应链的稳定和可持续发展。这不仅可以提高企业的运营效率，还有助于降低因供应链问题导致的风险。

（2）降低采购成本　通过应用 SRM 系统对供应商进行评估和监控，企业可以选择更优质的供应商，并在采购过程中获得更有竞争力的价格。此外，SRM 系统还可以帮助企业优化采购流程，降低采购成本，提高企业的盈利能力。

（3）加强与供应商的合作　SRM 系统有助于企业与供应商建立更紧密的合作关系，提高双方的沟通效率和协作能力。通过 SRM 系统，企业可以与供应商共享信息、协同工作，共同应对市场变化，实现互利共赢。

（4）提高企业竞争力　SRM 系统可以帮助企业建立供应商关系管理机制，提高企业与供应商的合作效率和质量，从而为企业带来更大的利润和竞争优势。企业可以通过该系统实现对供应商的全面管理和监控，保证供应链的稳定和可持续发展，从而提高企业的市场竞争力。

（5）协同供应链上下游　SRM 系统是连接内部供应链与外部供应商的桥梁，内部需求的传递、采购与内部的协同、采购与供应商的协同等，SRM 系统可以有效协同内外部的供应链，使得供应链有效运转。

综上所述，SRM 系统的应用对于企业来说具有多方面的积极意义，能够提高企业的管理效率、降低成本、增强竞争力等。因此，越来越多的企业开始重视 SRM 系统的应用和实施，以优化供应链管理，提升企业的整体运营水平。

5.3.2　SRM 系统分类

SRM 系统的分类方式可以按照不同的维度进行划分。一般，SRM 系统的分类方法主要有按照部署方式分类、按照定制化程度分类两种，如图 5.17 所示。

1. 按照部署方式分类

按照 SRM 系统的部署方式来分类，可以分为本地部署 SRM 系统和云部署 SRM 系统。

（1）本地部署 SRM 系统　本地部署 SRM 系统安装在企业的自有服务器上，所有的数据和应用程序都存储在企业内部的硬件设备上。企业拥有对系统的完全控制权，包括数据的管理、系统的维护和升级等。

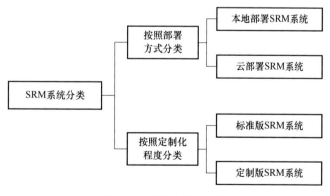

图 5.17　SRM 系统分类

本地部署提供了更高的数据安全性和隐私保护，因为数据存储在企业的内部网络中，不易受到外部攻击。此外，本地部署可以根据企业的特定需求进行定制，满足个性化要求。

本地部署 SRM 系统主要缺点是企业需要购买和维护服务器等硬件设备，增加了 IT 成本。同时，企业需要自己负责系统的更新、维护和备份，可能需要专业的 IT 团队来支持。

（2）云部署 SRM 系统　云部署 SRM 系统运行在云服务提供商的服务器上，企业通过网络访问系统。数据存储在云服务提供商的数据中心中，由云服务提供商负责数据的安全、备份和系统的维护。

云部署 SRM 系统降低了企业的 IT 成本，因为企业无须购买和维护服务器等硬件设备。云服务提供商通常提供弹性的资源扩展和按需付费的模式，使企业能够根据实际需求灵活调整资源。此外，云服务提供商会负责系统的更新、维护和备份，减轻了企业的 IT 负担。

但是，云部署 SRM 系统的缺点也是显而易见的，云部署可能引发数据隐私和安全性方面的担忧，因为数据存储在云服务提供商的数据中心中，企业需要与云服务提供商建立信任关系。此外，云部署可能无法满足企业的某些特定需求，因为云服务通常提供标准化的功能。

企业在应用 SRM 系统时，是选择本地部署还是云部署，企业应根据自身的业务需求、技术能力和预算等因素进行综合考虑。例如，对于数据安全性和隐私保护要求较高的企业，本地部署 SRM 系统可能更适合；而对于希望降低 IT 成本并快速上线的企业，云部署 SRM 系统可能更具优势。

2. 按照定制化程度分类

SRM 系统按照定制化程度进行分类，可以分为标准版 SRM 系统和定制版 SRM 系统。

（1）标准版 SRM 系统　标准版 SRM 系统通常基于通用的业务流程和行业需求设计，具有较为固定的功能模块和界面布局。它们能够满足大多数企业的基本需求，实施周期相对较短，成本较低。

标准版 SRM 系统适用于业务流程相对标准、对个性化需求不高的企业。这些企业通常希望通过 SRM 系统快速实现供应商管理的基础功能，如供应商信息管理、采购流程管理等。

（2）定制版 SRM 系统　定制版 SRM 系统根据企业的特定需求进行定制开发，具有高度的灵活性和可扩展性。企业可以根据自身的业务流程、管理模式和行业特点，定制功能模块、界面布局和报表体系等。定制版 SRM 系统的实施周期较长，成本较高，但能够更好地满足企业的个性化需求。

定制版 SRM 系统适用于业务流程复杂、对个性化需求较高的企业。这些企业通常希望通过 SRM 系统实现更深层次的供应商管理，如供应商协同、风险管理、绩效评估等，并希望系统能够与企业的其他业务系统进行集成。

企业是选择标准版 SRM 系统还是定制版 SRM 系统，需要综合考虑自身的业务需求、实施成本和实施周期等因素。如果企业的业务流程相对标准且对个性化需求不高，可以选择标准版 SRM 系统以降低成本和缩短实施周期；如果企业的业务流程复杂且对个性化需求较高，则可以选择定制版 SRM 系统以满足更深层次的管理需求。

5.3.3　SRM 系统发展历程

SRM 系统经历了从初步形成到技术成熟、功能丰富，再到智能化的发展过程。

1. SRM 系统国外发展历程

SRM 系统国外发展历程主要包括起源与发展阶段、快速发展与功能丰富阶段、智能化发展阶段三个阶段，如图 5.18 所示。

（1）起源与发展阶段（20 世纪 80 年代至 90 年代）　20 世纪 80 年代，随着 ERP 系统的兴起，采购管理开始作为 ERP 系统的一个重要模块受到关注。然而，随着业务的发展，企业逐渐发现传统的 ERP 系统采购模块难以满足日益复杂的供应商管理需求，这为 SRM 系统的出现创造了条件。

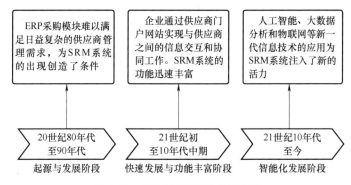

图 5.18　SRM 系统国外发展历程

20 世纪 90 年代，随着互联网技术的快速发展和普及，以及 SRM 理论和设计的进一步完善，第一批专注于供应商管理的独立软件解决方案开始出现。这些解决方案构成了 SRM 系统的雏形，并开始为企业提供基础的供应商信息管理和采购流程自动化功能。

（2）快速发展与功能丰富阶段（21 世纪初至 10 年代中期）　21 世纪初，互联网技术的迅猛发展推动了 SRM 系统的快速进步。企业开始通过供应商门户网站实现与供应商之间的信息交互和协同工作。

这一阶段，SRM 系统的功能迅速丰富，不仅涵盖了供应商信息管理、采购协同、供应商绩效评估等基础功能，还开始涉及供应链风险管理、战略供应商发展等更高级别的管理活动。

同时，SRM 系统开始与其他企业管理系统（如 ERP、CRM、MES 等）进行集成，实现跨部门、跨企业的信息协同和流程对接。

（3）智能化发展阶段（21 世纪 10 年代至今）　近年来，人工智能、大数据分析和物联网等新一代信息技术的应用为 SRM 系统注入了新的活力。智能化 SRM 系统能够利用先进的数据分析工具进行供应商的智能评估、风险预警和采购决策优化，进一步提升了供应链管理的效率和效果。

2. SRM 系统国内发展历程

SRM 系统国内发展历程主要包括引入与起步阶段、本土化与自主发展阶段、智能化发展阶段三个阶段，如图 5.19 所示。

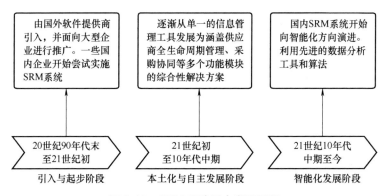

图 5.19　SRM 系统国内发展历程

（1）引入与起步阶段（20世纪90年代末至21世纪初）　20世纪90年代末，随着国外SRM概念的兴起和成熟，国内开始引入SRM系统。初期，这些系统主要由国外软件提供商引入，并面向大型企业进行推广。

21世纪初，一些国内企业开始尝试实施SRM系统，用于改善与供应商之间的关系管理，提高采购效率和降低采购成本。

（2）本土化与自主发展阶段（21世纪初至10年代中期）　2005年前后，随着国内对SRM系统需求的增长，一些本土软件企业开始自主研发SRM系统，以满足国内市场的特定需求。

这一阶段，SRM系统逐渐从单一的信息管理工具发展为涵盖供应商全生命周期管理、采购协同、供应商绩效评估等多个功能模块的综合性解决方案。

同时，国内SRM系统开始与其他工业软件系统（如ERP、CRM、MES等）进行集成，实现信息的共享和流程的对接。

（3）智能化发展阶段（21世纪10年代中期至今）　2015年以后，随着云计算、大数据、人工智能等技术的快速发展，国内SRM系统开始向智能化方向演进。智能化SRM系统利用先进的数据分析工具和算法，能够帮助企业进行供应商的智能评估、风险预警和采购决策优化。

5.3.4　SRM系统基本功能

SRM系统是企业用来管理和优化与供应商之间关系的重要工具，其基本功能主要包括采购管理、供应商管理、采购合同管理、物流管理、供应商质量管理、数据分析等几个方面，如图5.20所示。

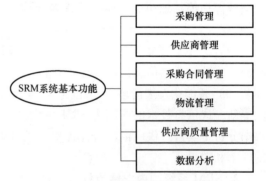

图5.20　SRM系统基本功能

1. 采购管理

SRM系统的采购管理是其核心功能之一，涵盖了编制采购计划、生成采购订单、采购确认、采购发票管理等采购流程的各个环节，旨在提高采购效率、降低采购成本并优化供应商关系。

SRM系统可以帮助企业根据生产计划和销售预测，结合库存状况和安全库存水平，编制采购计划。并根据供应商的评价结果、供货能力、价格等因素，分配采购订单给合适的供应商。

另外，SRM系统与企业的ERP、MES、WMS等系统集成，可以实现数据的共享和流程的衔接，确保采购计划与生产计划、销售计划、库存管理等其他业务活动的协调一致。

SRM系统还可以帮助企业生成采购订单，采购订单中会包含详细的采购信息，如物料或服务的名称、数量、价格、交货日期等，企业可以通过系统将采购订单发送给供应商，并进行后续的订单跟踪和管理，实现采购流程的自动化和标准化。

2. 供应商管理

供应商管理是SRM系统基本功能之一。该功能涵盖了供应商信息的全面管理，包括供应商基本资料、资质认证、分类与评级等信息的录入、更新和维护。

此外，它还支持对供应商绩效的评估，通过设定关键绩效指标（Key Performance Indicator，KPI）并定期进行评价，确保供应商的服务质量持续提升。SRM 系统能够自动从多个数据源（如 ERP、MES、WMS 等）收集与供应商绩效相关的数据，根据设定的绩效指标对供应商进行评分，并根据评分结果进行排名，自动生成详细的供应商绩效报告，以便企业快速识别表现优秀和需要改进的供应商。

3. 采购合同管理

采购合同管理是 SRM 系统中的一个关键功能模块，主要帮助企业实现采购合同的全面管理和优化。该功能支持从合同的创建、审批、签署到执行和归档的全生命周期管理，确保合同内容的准确性和合规性。同时，采购合同管理功能还提供了合同履行情况的跟踪和监控，包括订单与合同的匹配、交货期管理、付款管理等，以便企业及时了解合同执行情况并处理出现的偏差。

此外，该功能还支持合同数据的统计和分析，帮助企业评估供应商绩效、优化采购策略并降低采购成本。

4. 物流管理

SRM 系统在物流管理方面发挥着重要作用，主要帮助企业实现对供应链中物流环节的全面把控和优化。它涵盖了从采购订单的物流需求计划、运输安排、货物跟踪到收货入库的整个流程，确保物流信息的准确性和实时性。同时，物流管理功能还提供了与供应商之间的物流协同，包括订单物流信息的共享、运输进度的实时更新等，以提高供应链的透明度和协同效率。

此外，该功能还支持对物流成本的统计和分析，帮助企业识别成本节约的潜在机会，优化物流策略，降低整体物流成本。

5. 供应商质量管理

供应商质量管理是 SRM 系统基本功能之一，主要确保从供应商处采购的产品或服务符合既定的质量标准。该功能包括对供应商所提供物品的质量进行全面监控和管理，包括制定质量检验标准、进行来料检验、处理质量问题以及跟踪改进措施等。

具体来说，SRM 系统的供应商质量管理功能支持设定明确的质量指标和验收标准，以便对供应商的交货进行逐批或抽样检验。一旦发现质量问题，该功能提供流程化的处理方式，如发起质量异议、通知供应商整改、记录质量问题并跟踪改进结果等。

此外，该功能还支持对供应商的质量绩效进行评估和反馈，将质量数据与供应商评分、采购决策等相结合，确保只有质量可靠的供应商持续获得合作机会。这样，企业不仅能保证采购物品的质量，还能持续优化供应链，降低因质量问题带来的风险和成本。

6. 数据分析

数据分析是 SRM 系统一个强大的功能，它利用先进的数据分析工具和技术，对系统中大量的采购、供应商、合同和物流等数据进行深入挖掘和分析，为企业提供有价值的信息和洞察。数据分析内容主要包括采购成本分析、供应商绩效分析、市场趋势预测、供应链风险评估等。

通过数据分析，企业可以更好地理解其采购行为和供应商绩效，从而做出更明智的决策。

除上述六项基本功能外，SRM 系统还具有供应商风险管理、供应商目录与寻源管理、采购策略与计划管理等基本功能。这些基本功能共同构成了 SRM 系统强大的功能体系。通过 SRM 系统的应用，企业可以实现采购流程的自动化和标准化，优化供应商管理，降低采购成本，提高采购效率，加强供应链管理等方面的工作。

5.3.5 SRM 系统技术架构

SRM 系统技术架构是一个复杂的多层结构，旨在实现企业内部与外部供应商之间的高效协同和数据交互。不同的 SRM 供应商和实施者可能会根据自己的需求和技术栈对 SRM 系统技术架构进行不同的组织和命名。因此，在具体的实现中，结构层次划分和命名可能会有所差异。

本书以最典型的 SRM 系统技术架构为例进行阐述。典型的 SRM 系统技术架构一般分为六层，包括用户界面层、应用逻辑层、数据访问层、数据库层、集成与接口层、基础设施层，如图 5.21 所示。

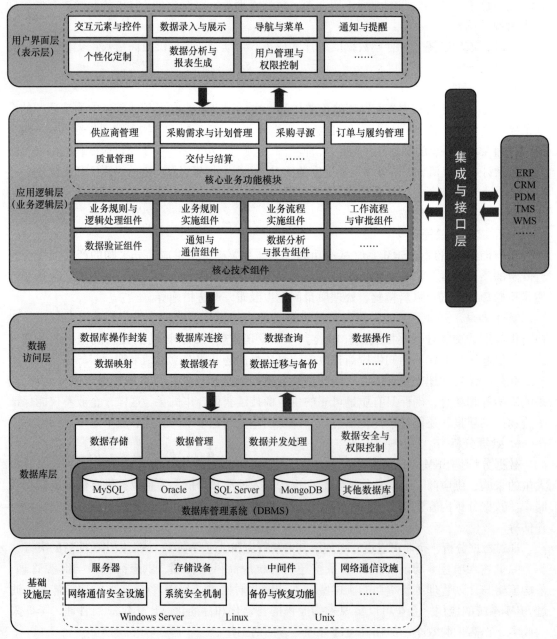

图 5.21 典型的 SRM 系统技术架构

在图 5.21 中，用户界面层、应用逻辑层、数据访问层、数据库层、集成与接口层、基础设施层之间存在着紧密的关系。

用户界面层是用户与系统直接交互的层次。它接收用户的输入请求，并将其传递给应用逻辑层进行处理。同时，用户界面层也负责显示应用逻辑层返回的数据和结果。

应用逻辑层是 SRM 系统的核心，负责处理所有业务逻辑和规则。它接收来自用户界面层的请求，并根据业务规则进行处理。处理完成后，应用逻辑层将结果传递给数据访问层进行数据存储或检索。

数据访问层充当应用逻辑层和数据库层之间的桥梁。它提供了访问数据库的接口和方法，使应用逻辑层能够与数据库进行交互。数据访问层隐藏了底层数据库的复杂性，为应用逻辑层提供了统一、简化的数据访问方式。

数据库层负责存储和管理 SRM 系统的所有数据。它接收来自数据访问层的请求，并执行相应的数据库操作（如插入、更新、删除、查询等）。数据库层可以确保数据的完整性、一致性和安全性。

集成与接口层负责与其他系统进行集成和交互。它提供了 API 接口、消息队列、中间件等机制，使 SRM 系统能够与其他企业应用（如 ERP、CRM、PDM、TMS、WMS 等）进行数据交换和协作。集成与接口层确保了系统之间的无缝连接和高效通信。

基础设施层是整个系统的底层支撑，包括服务器、网络、操作系统、存储等基础设施资源。基础设施层为上层应用提供了稳定、可靠的运行环境。它确保系统的可用性、可扩展性和安全性。

综上所述，各层次之间通过接口和协议进行通信和协作，共同支持 SRM 系统的正常运行。每个层次都有其特定的职责和功能，它们相互依赖、相互支持，共同构成一个完整、高效的 SRM 系统技术架构。

1. 用户界面层

用户界面层是整个 SRM 系统技术架构的最上层，负责与用户进行直接交互。用户界面层通过 Web 界面、移动应用界面、客户端界面等多种形式，向用户提供直观、友好的操作界面，方便用户在不同的终端上使用 SRM 系统。

用户界面层核心功能组件主要包括交互元素与控件、数据录入与展示、导航与菜单、通知与提醒、个性化定制、数据分析与报表生成、用户管理与权限控制。

（1）交互元素与控件　交互元素与控件功能组件提供表单、按钮、文本输入框和区域、下拉框和选择列表、复选框和单选按钮等交互元素，提供日历和日期选择器、滑块和调节器等交互控件，供用户输入数据或发出指令。

用户通过这些交互元素与控件与系统进行交互，执行各种操作，并获取所需的信息，例如，创建新订单、修改供应商信息、搜索特定商品或服务等。

（2）数据录入与展示　在 SRM 系统用户界面层中，数据录入与展示功能组件是确保用户能够高效、准确地输入和查看供应商信息、采购订单等关键业务数据的关键组件。

在 SRM 系统用户界面层中，数据录入功能组件主要有表单设计、数据验证、批量录入、历史记录和撤销等；数据展示功能组件主要有列表视图、数据导出、自定义视图、实时更新和动态加载等。

这些功能组件共同构成了 SRM 系统用户界面层中数据录入与展示的基础架构，它们通过提供直观、高效的用户界面和强大的数据处理能力，帮助用户轻松管理供应商信息、采购订单和其他相关数据。

（3）导航与菜单　SRM系统用户界面层的导航与菜单功能组件是确保用户能够轻松浏览和访问系统不同部分的关键要素。

在SRM系统用户界面层中，导航功能组件主要有主导航栏、侧边栏导航、面包屑导航（一种常用的导航组件）等；菜单功能组件主要有下拉菜单、右键菜单、个性化菜单等。

通过这些导航与菜单功能组件，SRM系统的用户界面层为用户提供了一个直观、易用的导航体验，确保他们能够快速、准确地访问所需的功能和数据。这有助于提高工作效率，减少操作错误。

（4）通知与提醒　在SRM系统用户界面层中，通知与提醒功能组件在确保用户及时获取关键信息和系统更新方面起着至关重要的作用。

通知功能组件主要提供系统通知和自定义通知等功能。系统通知是指按照系统规则自动通知，无须人为操作；自定义通知是指用户可以根据自己的需求设置特定事件或条件的通知，如当某个供应商的库存低于预设阈值时接收通知。

提醒功能组件主要提供待办事项提醒、会议与活动提醒、重要日期提醒等功能。

通知与提醒的展示方式主要包括弹窗提示、邮件通知、短信/应用消息推送等。

通过这些通知与提醒功能组件，SRM系统的用户界面层能够确保用户始终掌握与供应商相关的最新动态和重要信息，从而提高工作效率、减少遗漏和延误。

（5）个性化定制　在SRM系统用户界面层，个性化定制功能组件允许用户根据个人偏好或工作需要自定义界面布局、配色方案、字体大小等。

此外，用户还可以配置系统通知、默认设置等选项，以满足个性化需求。

（6）数据分析与报表生成　在SRM系统用户界面层中，数据分析与报表生成功能组件是支持用户对供应商数据、采购活动、合同执行情况等进行深入观察和决策支持的关键工具。

数据分析与报表生成功能组件具有直观的数据可视化工具和强大的交互式分析能力。通过这些数据分析与报表生成功能组件，用户可以查看和分析供应商的相关数据，如采购金额、交货准时率等，并生成相应的报表，为决策提供数据支持。

（7）用户管理与权限控制　SRM系统用户界面层的用户管理与权限控制功能组件是确保系统安全性和数据保密性的重要组件。这些功能组件不仅允许管理员有效地管理用户账户，还能精确控制每个用户对系统功能和数据的访问权限。

用户管理功能组件主要提供用户账户管理、用户身份验证、用户信息维护等功能。权限控制功能组件主要提供角色管理、权限设置、访问日志与审计等功能。

通过这些用户管理与权限控制功能组件，SRM系统的用户界面层确保了只有经过授权的用户才能访问系统功能和数据，从而有效保护企业资产的安全性和机密性。同时，这些功能也提高了系统的灵活性和可维护性，使管理员能够轻松管理大量用户账户和复杂的权限结构。

除上述核心功能组件外，SRM系统用户界面层还有多语言支持、帮助与支持、数据导出与打印等功能组件。

上述功能组件共同构成了SRM用户界面层的功能基础。

需要注意的是，以上关于用户界面层的描述是基于典型的 SRM 系统技术架构进行的，但实际的实现可能因具体的软件供应商、软件版本和客户特定需求不同而有所不同。在实际应用中，用户界面层可能会有更多的自定义选项和高级功能，以满足不同用户的特定需求。

另外，用户界面层的设计需要考虑到用户的操作习惯、易用性和可定制性，以提供最佳的用户体验。同时，用户界面层还需要与应用逻辑层紧密集成，确保用户输入的数据和命令能够正确地传递给下一层进行处理，并将处理结果以直观的方式展示给用户。

2. 应用逻辑层

SRM 系统技术架构中的应用逻辑层，是整个系统的"大脑"，负责处理复杂的业务逻辑和数据交互，确保系统的正常运行和满足企业的采购管理需求。

应用逻辑层位于用户界面层和数据访问层之间，起到了承上启下的作用。应用逻辑层接收来自用户界面层的请求，并根据业务规则和逻辑进行处理，然后将结果返回给用户界面层。

通常，SRM 系统应用逻辑层可以被细分为两大部分：核心业务功能模块、核心技术组件。

（1）核心业务功能模块　SRM 系统应用逻辑层封装了 SRM 系统的核心业务功能模块，主要包括供应商管理模块、采购需求与计划管理模块、采购寻源模块、订单与履约管理模块、质量管理模块、交付与结算模块等。

1）供应商管理模块。供应商管理功能模块是 SRM 系统应用逻辑层的核心组成之一，主要负责管理供应商信息、供应商关系以及供应商绩效等方面。

供应商管理功能模块主要提供供应商信息管理、供应商关系管理、供应商绩效管理、供应商风险管理、供应商分类与分级管理、供应商沟通与协作等功能。

通过这一模块，用户可以系统地掌握供应商的动态，优化供应商选择，提高采购效率和质量，进而实现供应链的整体优化。

2）采购需求与计划管理模块。在 SRM 系统应用逻辑层中，采购需求与计划功能模块主要负责管理企业的采购需求和计划。

采购需求与计划功能模块首先接收并整合来自不同部门或业务单元的采购需求，这些需求一般是基于生产计划、销售计划、库存水平或其他业务需求。

然后，采购需求与计划功能模块会根据企业的采购策略、供应商能力和库存策略等因素，对采购需求进行分析和优化，包括确定采购的数量、时间、预算和优先级等，以制订符合企业整体战略的采购计划。

此外，该功能模块还支持采购计划的审批和修改流程。一旦采购计划制订完成，它需要经过相关人员的审批才能生效。同时，如果后续有任何变更或调整，也需要在该模块中进行更新和重新审批。

SRM 系统应用逻辑层的采购需求与计划模块是一个综合性的解决方案，它集成了采购需求管理、计划制订、审批流程等多个方面，旨在帮助企业制订合理、高效的采购计划。

3）采购寻源模块。SRM 系统应用逻辑层的采购寻源功能模块是专门用于支持企业采购过程中的供应商寻找、评估和选择的关键功能模块。

采购寻源功能模块通过集成多种寻源策略和工具，如询报价、招投标、竞价等，帮助企业根据采购需求快速定位并筛选出潜在的供应商。这些策略可以根据不同的采购场景和需求进行灵活配置和调整，确保寻源过程的准确性和高效性。

采购寻源功能模块提供全面的供应商信息管理和评估工具。企业可以在该模块中记录供应商的详细信息，包括公司背景、产品目录、价格水平、质量标准等。同时，通过设定评估标准和权重，对供应商的资质、能力、信誉等方面进行综合评估，为后续的供应商选择提供决策支持。

另外，该功能模块还支持与供应商进行在线沟通和协作。企业可以通过系统向供应商发送询价单、招标文件等采购信息，并接收供应商的报价和投标文件。双方可以在线进行谈判和协商，直至达成最终的采购协议。这一过程不仅提高了采购效率，还降低了沟通成本和误差率。

采购寻源功能模块还提供了丰富的数据分析和报表功能。企业可以利用这些工具对寻源过程中的数据进行深入挖掘和分析，如供应商响应速度、报价水平、历史合作情况等，为未来的采购决策提供数据支持。

SRM 系统应用逻辑层的采购寻源功能模块通过集成多种寻源策略、供应商信息管理和评估工具、在线沟通和协作平台以及数据分析和报表功能，为企业提供了一套全面、高效、智能的采购寻源解决方案。

4）订单与履约管理模块。在 SRM 系统应用逻辑层中，订单与履约管理功能模块是确保采购过程中订单创建、确认、跟踪以及供应商履约情况监控的核心模块。

订单与履约管理模块支持采购订单的创建和编辑。企业可以根据采购计划和寻源结果，在 SRM 系统中生成详细的采购订单，包括订单数量、价格、交货期限等关键信息。这些订单随后会发送给供应商进行确认。

订单与履约管理功能模块提供订单确认和反馈机制。供应商收到订单后，可以在 SRM 系统中进行确认，并就订单细节提供必要的反馈，如确认交货日期、提出修改建议等。这种双向沟通有助于确保订单信息的准确性和一致性。

另外，订单与履约管理功能模块还具备订单跟踪和监控功能。企业可以实时查看订单的状态，包括已确认、生产中、已发货、已接收等各个阶段。同时，系统还会监控供应商的履约情况，如交货准时性、产品质量等，确保供应商按照合同条款履行义务。

在订单执行过程中，如果出现任何变更或异常情况，如数量调整、交货延期等，该模块也支持相应的变更管理和异常处理流程，帮助企业及时应对不确定性，确保采购活动的顺利进行。

SRM 系统应用逻辑层的订单与履约管理功能模块通过自动化、标准化的流程，能够提高采购订单的处理效率，降低人工错误和沟通成本。

5）质量管理模块。SRM 系统应用逻辑层的质量管理功能模块，主要负责对采购过程中的产品质量进行监控和管理，以确保所采购的产品或服务符合既定的质量标准和要求。

质量管理功能模块支持制定和管理质量标准。企业可以在系统中定义各种质量标准、检测方法和验收准则，以确保采购的物料或服务满足生产或销售的需求。这些标准可以基于行业标准、企业内部规范或客户要求来设定。

该模块提供了质量检验与控制的工具。在采购的物料到货后，企业可以利用这些工具对物料进行质量检验，如外观检查、性能测试等。如果物料不符合质量标准，系统可以触发相应的处理流程，如退货、换货或要求供应商进行整改。

另外，质量管理功能模块还支持对供应商的质量绩效进行评估。企业可以根据供应商提供的产品质量数据、退货率、整改情况等指标，对供应商的质量能力进行评价。这些评价结果可以作为后续供应商选择、合作和持续改进的依据。

该模块还与其他功能模块（如供应商管理、订单管理等）紧密集成，实现数据的共享和协同工作。例如，当发现质量问题时，系统可以自动通知供应商并触发相应的处理流程；同时，质量问题的记录和分析也可以为采购决策和供应商管理提供有价值的信息。

SRM 系统应用逻辑层的质量管理功能模块通过制定质量标准、实施质量检验与控制、评估供应商质量绩效以及与其他模块的集成协同，为企业提供了一套全面、高效的质量管理解决方案。

6）交付与结算模块。SRM 系统应用逻辑层的交付与结算功能模块，主要涉及采购过程中的产品交付、验收以及财务结算等环节。

交付与结算功能模块支持对产品交付流程的管理，包括跟踪供应商的发货状态、物流信息，确保产品按时、按量、按质地到达指定地点。

该模块还提供验收管理的功能。当产品到达后，企业可以根据事先设定的验收标准和流程，对产品进行质量检查、数量核对等工作。验收结果将记录在系统中，作为后续结算和供应商评价的依据。

在结算方面，交付与结算功能模块支持与财务系统的集成，实现采购订单的自动结算，包括根据采购合同、验收结果以及发票等信息，生成应付账款和付款计划。同时，也支持对结算过程中的异常情况进行处理，如发票错误、付款延期等问题的协调与解决。

另外，该模块还支持与供应商之间的在线支付和结算功能，提高了支付效率和准确性，降低了支付风险。

需要注意的是，除以上核心功能模块外，SRM 系统应用逻辑层还有其他功能模块，如合同管理模块、库存管理模块、风险管理模块等。

以上这些功能模块共同构成了 SRM 系统应用逻辑层的功能基础，支持企业实现采购流程的自动化、标准化和智能化，提高采购效率和质量，降低采购成本和风险。

另外，不同的 SRM 系统可能具有不同的功能模块划分和命名方式，上述仅是一些常见的核心业务功能模块阐述。在实际应用中，SRM 系统的功能模块还可能根据特定行业的需求进行定制和扩展。

（2）核心技术组件　为了以上核心业务功能的实现，SRM 系统应用逻辑层封装了多个的核心技术组件，主要包括业务规则与逻辑处理组件、业务规则实施组件、业务流程实施组件、工作流程与审批组件、数据验证组件、通知与通信组件、数据分析与报告组件等。

1）业务规则与逻辑处理组件。SRM 系统应用逻辑层的业务规则与逻辑处理组件是 SRM 系统中的一个关键组件，它负责处理系统中的业务规则和逻辑，以确保整个系统的业务操作符合既定的规范和流程。

业务规则与逻辑处理组件通常包含一系列预定义的规则和逻辑，这些规则和逻辑是基于企业的业务需求、业务流程以及行业标准来设定的。例如，在采购流程中，业务规则可能包括供应商资质要求、采购订单审批流程、价格计算方式等。这些规则被编码到系统中，并在相应的业务操作中自动执行，以确保采购活动的合规性和效率。

另外，业务规则与逻辑处理组件还负责处理系统中的业务逻辑，包括根据输入的数据和系统状态进行逻辑判断、计算和处理，以生成相应的输出或触发后续的业务操作。例如，在接收到采购请求时,该组件可能会根据库存情况、供应商价格和交货期等因素进行综合判断,并选择合适的供应商生成采购订单。

SRM 系统应用逻辑层的业务规则与逻辑处理组件是确保系统业务操作合规、高效和可靠的关键部分,它通过处理预定义的规则和逻辑来驱动整个系统的业务流程。

2)业务规则实施组件。在 SRM 系统应用逻辑层中,业务规则实施组件是确保系统中预定义的业务规则能够在实际业务操作中得到正确应用的关键技术组件。

业务规则实施技术组件主要负责将系统中定义的业务规则转化为具体的业务操作指令,并在适当的时机触发这些指令,以确保业务流程的顺利进行。这些业务规则一般包括供应商资质审核、采购策略选择、订单审批流程、价格计算方式等多个方面。

当用户在 SRM 系统中进行业务操作时,业务规则实施技术组件会根据当前的操作上下文和系统状态,判断需要应用哪些业务规则。然后,它会将这些规则转化为具体的操作指令,如数据验证、流程控制、权限检查等,并传递给相应的执行模块进行处理。

业务规则实施技术组件通过将业务规则转化为具体的操作指令,并在适当的时机触发这些指令,来驱动整个系统的业务流程,从而实现企业供应商关系管理的目标。

3)业务流程实施组件。SRM 系统应用逻辑层的业务流程实施组件主要负责协调、控制和管理整个采购流程中的各个环节,确保业务流程的顺畅、高效和规范。

业务流程实施组件通过定义、执行和监控一系列的业务流程,将企业的采购活动与供应商的管理紧密地结合起来。这些业务流程包括采购需求的提出与审批、供应商的寻源与选择、采购订单的生成与确认、货物的交付与验收、发票的核对与付款等。

具体来说,该组件首先根据企业的业务需求,定义一套完整的采购流程模板,包括流程的各个节点、节点的输入输出、节点间的流转关系等。然后,在实际的业务操作中,该组件会根据当前的采购需求和系统状态,动态地生成相应的采购流程实例,并按照预定义的流程模板进行执行。

在执行过程中,业务流程实施组件会实时地监控流程的状态和进度,确保各个环节都能够按照既定的业务规则和时间要求完成。如果遇到异常情况或需要人工干预,该组件会及时地发出提醒或通知,以便相关人员能够及时处理。

4)工作流程与审批组件。SRM 系统应用逻辑层中的工作流程与审批组件,是确保系统中各项任务和流程能够按照既定的规则和步骤进行的关键技术组件。该组件通常提供了一套灵活的工作流管理机制,用于定义、执行和监控各种业务流程和审批过程。

工作流程与审批组件允许管理员或业务分析师通过图形化界面或代码定义业务流程,包括流程的各个环节、参与角色、条件判断、数据输入输出等。这些定义可以根据企业的实际业务需求进行定制。

当某个具体业务触发流程时,该组件会创建一个流程实例,并按照定义好的流程逻辑进行处理。管理员可以监控和管理所有正在运行或已完成的流程实例。

根据流程定义,工作流程与审批组件会自动将任务分配给相应的用户或角色,并通过通知与通信组件发送提醒,确保相关人员能够及时参与和处理任务。

在流程中涉及审批的环节,该组件会提供审批界面和逻辑处理,支持单人审批、多人会签、按级别审批等多种审批模式。审批结果会实时更新到流程实例中,并影响流程的后续走向。

通过有效地利用工作流程与审批组件，SRM 系统能够确保各项业务流程的规范化和自动化，提高工作效率和准确性，减少人为错误和延误。

5）数据验证组件。在 SRM 系统应用逻辑层中，数据验证组件是确保输入系统中的数据准确、完整且符合规定的关键功能模块。

数据验证组件负责对输入 SRM 系统中的数据进行验证和过滤，以确保数据的准确性和完整性。它会对数据的格式、类型、范围、关联性等进行检查，以确认数据是否符合系统的要求和业务规则。

在数据输入时，数据验证组件会根据预定义的数据验证规则对数据进行逐一检查。例如，对于采购订单中的数量字段，该模块会验证其是否为正数；对于供应商信息中的联系电话字段，该模块会验证其是否符合电话号码的格式要求。如果数据不符合规则，该模块会拒绝数据的输入并给出相应的错误提示，要求用户重新输入或修改数据。

另外，数据验证功能模块还会对数据的关联性进行检查。例如，在采购订单生成时，该模块会验证所选的供应商是否为已注册的供应商、订单中的物料是否为已维护的物料等。这种关联性的检查可以确保数据的一致性和业务的连贯性。

除了输入时的实时验证外，数据验证功能模块还支持对系统中已存在的数据进行定期或不定期的批量验证，以帮助企业发现历史数据中存在的问题并进行相应的处理。

数据验证功能模块通过对数据的格式、类型、范围、关联性等进行检查和验证，来确保数据的准确性和完整性，从而为企业的采购活动提供可靠的数据支持。

6）通知与通信组件。在 SRM 系统应用逻辑层，通知与通信组件是负责实现系统内部以及与外部实体之间的信息交互和通知传递的关键技术组件。该组件通常提供了一套机制，用于发送和接收通知、警报、提醒和其他重要信息，以确保相关人员能够及时获得所需的信息并做出响应。

通知与通信组件能够监听系统中发生的事件（如订单状态变更、库存警戒线达到、供应商合同到期等），并在这些事件发生时触发相应的通知。

为了灵活地发送不同类型的通知，通知与通信组件通常支持通知模板的管理。模板定义了通知的格式、内容和接收者，可以根据需要进行定制和修改。

通知与通信组件支持通过多种渠道发送通知，如电子邮件、短信、系统内部消息、移动应用推送等。系统管理员可以配置哪些渠道用于哪些类型的通知。

同时，通知与通信组件维护了一个接收者列表，用于确定哪些用户或角色应该接收特定的通知，可以根据用户的职责、偏好或系统配置来动态确定。

另外，通知与通信组件还具备通知发送与跟踪功能，一旦确定了需要发送的通知和接收者，该组件就负责实际发送通知，并跟踪通知的发送状态（如已发送、已接收、已读等）。

通过有效地利用通知与通信组件，SRM 系统能够确保用户及时获得关于供应商、订单、库存、合同等方面的关键信息，从而提高供应链的透明度和响应速度。这对于维护良好的供应商关系、优化库存管理、减少供应链中断等方面都具有重要意义。

7）数据分析与报告组件。数据分析与报告组件是 SRM 系统的重要组成部分，它负责收集、处理和分析系统中的数据，生成各种报告和统计信息，以支持企业的决策和供应商管理活动。

数据分析与报告组件通过收集 SRM 系统中的各种数据，如供应商信息、采购订单数据、交货记录、质量数据等，对数据进行清洗、整合和转换，使其适合于进一步的分析和处理。

在数据分析方面，该模块利用各种数据分析方法和算法，对整合后的数据进行深入分析。例如，它可以对供应商的历史绩效进行评估，包括交货准时率、质量合格率、服务响应速度等指标；还可以对采购订单的执行情况进行跟踪和分析，如订单数量、金额、交货周期等。通过这些分析，企业可以了解供应商的表现和采购活动的状况，为供应商的选择、管理和优化提供依据。

在报告生成方面，数据分析与报告组件可以根据企业的需求和预设的模板，生成各种形式的报告和统计信息。这些报告可以包括供应商绩效报告、采购订单执行报告、质量分析报告等，它们可以以表格、图表、图形等多种形式展示数据和分析结果。通过这些报告，企业可以直观地了解供应商和采购活动的情况，及时发现问题和机会，为决策提供支持。

另外，数据分析与报告组件还支持自定义查询和数据分析功能。用户可以根据自己的需求，灵活地定义查询条件和数据分析方法，获取所需的数据和分析结果。这为企业的个性化需求提供了强大的支持。

数据分析与报告组件通过收集、处理和分析系统中的数据，生成各种报告和统计信息，为企业的决策和供应商管理活动提供有力的支持。

除了上述核心技术组件外，SRM 系统应用逻辑层还可能包含其他技术组件，如事务管理、数据安全管理、用户权限管理、系统配置管理、接口管理、日志管理等，以满足系统的具体需求和业务场景。

以上这些技术组件相互关联、相互作用、协同工作，共同构成了 SRM 系统的业务功能框架，确保 SRM 系统能够准确、高效地执行采购和供应商管理任务，并提供所需的数据支持和决策依据。

需要注意的是，不同软件厂商、不同版本的 SRM 系统可能会有不同的技术架构和技术组件划分，上述内容只是一种典型的划分方式。在实际应用中，应根据具体的 SRM 系统设计需求来确定其应用逻辑层的核心功能组件。

3. 数据访问层

SRM 系统技术架构中的数据访问层是负责与数据库层进行交互的组件，它提供了对数据库操作的抽象和封装，使得上层应用逻辑层能够与数据库层进行高效、安全的交互。

SRM 系统数据访问层核心功能模块主要有数据库操作封装、数据库连接、数据查询、数据操作、数据映射、数据缓存、数据迁移与备份等。

（1）数据库操作封装　在 SRM 系统的数据访问层中，数据库操作封装功能模块是一个至关重要的组成部分，它提供了对数据库操作的统一接口和封装，使得上层应用可以更加便捷、安全地与数据库进行交互。

通过这些封装和抽象，数据库操作封装功能模块能够为 SRM 系统的上层应用提供稳定、高效、安全的数据访问服务。

在 SRM 系统中，数据库操作封装功能模块被广泛应用于各种与数据库交互的场景，如供应商信息管理、采购订单处理、库存管理、财务分析等。

（2）数据库连接　在 SRM 系统的数据访问层中，数据库连接功能模块是负责管理与数据库之间的连接的关键模块。

数据库连接功能模块主要提供连接建立、连接池管理、连接状态监控、连接分配与释放、安全性与加密、错误处理与日志记录等功能。

通过实现这些功能，数据库连接功能模块可以确保 SRM 系统能够可靠、高效地与数据库进行通信，从而支持各种数据访问需求，如查询、插入、更新和删除操作等。同时，它也有助于提高系统的整体性能和可扩展性，特别是在处理大量并发数据库请求时。

（3）数据查询　在 SRM 系统数据访问层中，数据查询功能模块是其核心组成部分之一，主要负责根据用户业务需求构建并执行参数化查询语句，从数据库中安全、高效地检索信息，并将结果转换为应用程序可用的格式，同时提供异常处理和性能优化机制，以确保系统的稳定性和响应速度。

数据查询功能模块主要提供查询构建、参数化查询、查询执行、结果处理、缓存支持、性能优化、异常处理等功能。

通过实现这些功能，数据查询功能模块为 SRM 系统提供了强大而灵活的数据检索能力，支持各种复杂的查询场景和需求。

（4）数据操作　SRM 系统的数据访问层中的数据操作功能模块，负责执行对数据库的增删改等操作，通过事务管理确保数据的一致性和完整性，同时提供错误处理和性能优化机制，以确保系统在进行数据操作时的高效性和稳定性。

当需要在数据库中添加新记录时，如新增供应商信息、采购订单等，数据操作功能模块负责构建并执行相应的插入语句，确保数据被正确、完整地添加到数据库中。

对于数据库中已有的记录，如供应商信息的变更、订单状态的更新等，数据操作功能模块负责构建并执行更新语句，以确保数据库中的数据与实际应用中的数据保持同步。

当需要从数据库中移除某些记录时，如删除过期的供应商信息、取消的订单等，数据操作功能模块负责构建并执行删除语句，确保这些记录被安全、彻底地从数据库中移除。

在进行数据操作时，为了保证数据的一致性和完整性，数据操作功能模块通常需要在事务的上下文中执行。这意味着一系列的数据操作要么全部成功提交，要么在发生错误时全部回滚，以确保数据库始终处于一致状态。

如果在执行数据操作过程中发生错误，该功能模块需要能够捕获这些错误，记录详细的日志信息，并向上层应用提供有用的错误反馈，以便及时发现问题并进行处理。

通过实现以上功能，数据操作功能模块为 SRM 系统提供了强大而灵活的数据处理能力，支持各种复杂的数据操作场景和需求。同时，它也有助于维护数据库的完整性和一致性，确保系统能够稳定、高效地运行。

（5）数据映射　在 SRM 系统的数据访问层中，数据映射功能模块负责在不同数据源间建立映射关系，确保数据在传输和转换中的一致性，通过配置与管理映射规则，实现系统间的数据流畅交互。

数据映射功能模块主要提供数据源识别、数据模型映射、数据转换、数据验证、错误处理与日志记录、映射配置与管理等功能。

通过实现以上功能，数据映射功能模块在 SRM 系统中扮演着桥梁的角色，确保数据能够在不同的系统或数据源之间流畅传输，并保持数据的完整性和准确性。这对于实现系统间的集成、数据同步以及支持复杂的业务流程至关重要。

（6）数据缓存　在 SRM 系统的数据访问层中，数据缓存功能模块通过高效管理缓存策略，快速读取和更新缓存数据，确保与数据库数据的一致性，并监控优化缓存性能，从而显著提升系统响应速度和整体性能。

数据缓存功能模块主要提供缓存策略管理、数据读取与写入、缓存失效与更新、缓存性能监控与优化、高可用性支持等功能。

通过实现以上功能，数据缓存功能模块能够显著提升 SRM 系统在处理供应商数据、采购订单、库存信息等关键业务数据时的性能和响应速度，为用户提供更好的使用体验。同时，它也有助于减轻数据库负载，提高系统的整体可扩展性和稳定性。

（7）数据迁移与备份　在 SRM 系统的数据访问层中，数据迁移与备份功能模块负责数据的迁移、定期备份及恢复，通过加密和日志监控确保数据的安全性和可追溯性，为系统提供强大的数据保障和灾难恢复能力。

数据迁移与备份功能模块主要提供数据迁移、定期备份、恢复策略、数据验证与完整性检查、安全性与加密、日志记录与监控等功能。

通过实现以上功能，数据迁移与备份功能模块为 SRM 系统提供了强大的数据保护机制，确保系统在面对各种潜在风险时能够快速恢复并继续提供关键业务服务。

除以上核心功能模块外，数据访问层还具有事务管理、异常处理与日志记录、数据安全与访问控制等功能模块。

以上这些模块共同协作，使得 SRM 系统能够通过数据访问层高效、安全地与数据库层进行交互，满足各种业务需求。请注意，实际应用中，具体功能模块的实现可能因 SRM 系统的架构和设计而有所不同。以上描述提供了一个通用的框架，可以根据实际情况进行调整和扩展。

4. 数据库层

SRM 系统技术架构中，数据库层是存储和管理 SRM 系统数据的核心层，负责管理和控制数据库的所有方面。

SRM 系统数据库层核心功能模块主要包括数据存储、数据管理、数据并发处理、数据安全与权限控制等。

（1）数据存储　数据存储功能模块是 SRM 系统数据库层中最基础且核心的功能模块。

数据存储功能模块负责将系统产生的所有数据进行持久化保存，包括供应商信息、采购订单、合同详情、交货记录等。为了确保数据的高效存取，数据存储模块通常会设计合理的数据库表结构和索引，以确保数据的存储效率、查询速度和安全性。

数据存储功能模块主要提供结构化数据存储、非结构化数据存储、数据完整性维护、备份与恢复、性能优化、安全性保障等功能。

通过实现以上功能，数据存储功能模块为 SRM 系统提供了一个稳定、可靠、高效的数据存储基础，支持 SRM 系统的日常运行和业务发展。

在大多数 SRM 系统中，数据库层一般采用关系型数据库管理系统（Relational Database Management System，RDBMS），如 MySQL、Oracle、SQL Server 等，也可以采用非关系型数据库（Not Only SQL，NoSQL），如 MongoDB、Cassandra、Redis 等，具体选择哪种数据库系统取决于企业的需求、技术栈和预算等因素。这些系统支持事务处理、数据完整性约束和复杂的查询功能，适用于管理大量结构化数据。

（2）数据管理　在 SRM 系统数据库层，数据管理模块在数据存储的基础上，提供对数据库中的数据进行增加、删除、修改和查询的基本功能，用户可以通过这些操作来维护供应商信息、采购订单、合同详情、交货记录等关键业务数据。

另外，数据管理功能模块还负责提供数据完整性校验、数据导入与导出、数据备份与恢复、数据审计与日志记录等功能。

通过实现以上功能，能够确保 SRM 系统数据的完整性、准确性和可靠性，为企业的供应商关系管理提供可靠的数据支撑。

（3）数据并发处理　SRM 系统数据库层的数据并发处理功能模块是确保在多用户同时访问和修改数据时，系统能够保持数据一致性、完整性和高效响应的关键功能模块。

数据并发处理功能模块通过实施事务管理、锁机制、乐观锁和悲观锁、并发控制协议等一系列并发控制机制和技术，协调并管理多个并发事务的执行，以防止数据冲突、保证事务的隔离性，并提供良好的系统性能。

简而言之，数据并发处理功能模块确保了 SRM 系统在高并发场景下的数据稳定性和处理效率。

（4）数据安全与权限控制　SRM 系统数据库层的数据安全与权限控制功能模块是保障系统数据安全性、防止未授权访问以及确保数据完整性的关键功能模块。

数据安全与权限控制功能模块通过实施身份验证、访问控制、数据加密和审计日志等技术手段，为数据库中的数据提供全面的安全保护。同时，它还能够根据用户的角色和职责，为不同用户分配不同的数据访问权限，确保只有经过授权的用户才能访问和修改相应的数据。

简而言之，数据安全与权限控制功能模块在 SRM 系统中扮演着数据守护者的角色，为企业的数据安全提供了可靠的保障。

数据存储和管理是基础，数据并发处理是应对多用户同时操作的关键，而数据安全与权限控制则是保护企业数据不被非法访问或篡改的重要保障。这四大功能共同协作，为 SRM 系统提供了一个稳定、高效、安全的数据环境。

需要注意的是，上述功能模块构成是一种典型的构成，数据库层在具体实现时，可能会因 SRM 系统和数据库技术的不同而有所差异。

5. 集成与接口层

在 SRM 系统技术架构中，集成与接口层是负责与其他系统或外部服务进行集成和交互的关键层。

集成与接口层旨在确保 SRM 系统能够顺畅地与企业内部的其他工业软件系统（如 ERP、CRM、PDM、TMS、WMS 等）以及外部供应商系统进行数据交换和流程协同。通过集成，实现信息的共享、业务流程的自动化和供应链的优化。

SRM 系统集成与接口层提供了各种集成工具和中间件，如企业服务总线（Enterprise Service Bus，ESB）、API 管理工具、消息队列、ETL（Extraction-Transformation-Loading，抽取、转换和加载）工具等，以支持 SRM 系统与企业其他工业软件系统和外部数据源的高效集成。这些工具和中间件在 SRM 系统集成与接口层中扮演着重要角色，确保数据的准确交换、系统的顺畅通信以及业务流程的自动化执行。

集成与接口层主要功能包括数据集成、应用集成、接口管理、消息传递等。

（1）数据集成　数据集成在 SRM 系统的集成与接口层中主要承担着将分散在各个系统中的数据进行整合、转换和传输的任务。它通过建立稳定的连接和映射关系，确保数据在

SRM 系统和其他工业软件系统（如 ERP、CRM、PDM、TMS、WMS 等）之间能够准确、一致地传递，确保关键业务数据在多个系统之间保持同步和一致。

数据集成首先需要建立与外部数据源或系统的连接。这些数据源可能包括企业的 ERP 系统、CRM 系统、财务系统等，它们存储着与供应商相关的各种信息。通过稳定的连接，数据集成可以实时或定期地从这些数据源中获取数据。

然后，数据集成进行数据的抽取、转换和加载（ETL）等过程。在这个过程中，数据从外部数据源被抽取出来，经过一系列的转换和清洗操作，以适应 SRM 系统的数据格式和质量要求。转换后的数据被加载到 SRM 系统中，供后续的业务处理和分析使用。

此外，数据集成还需要处理数据映射的问题。由于不同系统可能采用不同的数据模型和字段定义，因此需要在数据集成过程中建立映射关系，确保数据能够正确无误地从源系统传输到目标系统。

（2）应用集成　在 SRM 系统技术架构集成与接口层中，应用集成是指将 SRM 系统与企业其他工业软件系统（如 ERP、CRM、PDM、TMS、WMS 等）进行整合，以实现业务流程的自动化、协同和优化。

SRM 系统与 ERP 系统的集成是 SRM 应用集成的核心部分。ERP 系统是企业内部各个业务部门共享数据的中心平台，SRM 与 ERP 的集成能够实现采购、库存、财务等关键业务数据的实时交互和同步。通过应用集成，采购订单可以直接从 SRM 系统传输到 ERP 系统进行处理，同时 ERP 系统中的库存和财务信息也可以实时更新到 SRM 系统，帮助采购人员做出更明智的决策。

SRM 系统与 CRM 系统的集成能够提供更全面的客户视图，包括客户的购买历史、偏好和反馈等信息。这种集成可以帮助采购团队更好地了解客户需求，优化供应商选择，提高客户满意度。

SRM 系统与 PDM 系统的集成在产品设计和开发阶段尤为重要。通过集成，SRM 系统可以获取 PDM 系统中的产品设计数据和规格要求，从而更准确地评估供应商的能力和符合性。

SRM 系统与供应链执行系统（如 TMS、WMS）等的集成能够实现物流和仓储信息的共享和协同。通过集成，SRM 系统可以实时获取物流状态和库存信息，帮助采购人员合理安排采购计划和调度。同时，供应商也可以及时获取发货和收货信息，提高物流效率和准确性。

除了内部系统外，SRM 集成与接口层还需要考虑与外部系统的集成，如供应商的 ERP 系统、电子商务平台等。通过与外部系统的集成，企业可以实现与供应商的在线协作、自动数据传输和电子化交易等，提高采购效率和透明度，降低交易成本。

（3）接口管理　在 SRM 系统集成与接口层中，接口管理是一个核心组件，它负责管理和协调 SRM 系统与其他外部系统或服务之间的交互，其主要目标是确保系统间数据交换的顺畅、安全和可靠。接口管理在 SRM 系统中扮演着"桥梁"和"守门人"的角色。

首先，作为"桥梁"，接口管理确保 SRM 系统能够与其他关键业务系统（如 ERP、CRM、PDM、TMS、WMS 等）进行数据交换和业务协同。这种连接是通过定义、开发和维护一系列标准化的接口来实现的，这些接口遵循特定的通信协议和数据格式，确保系统间能够准确、高效地进行信息传递。

其次，作为"守门人"，接口管理负责确保交互的安全性。它实施严格的安全措施，如身份验证、访问控制和数据加密，以防止未经授权的访问和数据泄露。同时，接口管理还负责监控和记录所有的接口活动，包括请求、响应和错误信息，以便在出现问题时能够迅速定位和解决。

此外，接口管理还定义了清晰的错误处理策略，以确保在接口调用失败时能够妥善处理，避免对业务流程造成不必要的中断。

最后，接口管理还负责接口的版本控制。随着业务需求和系统功能的不断变化，接口可能需要进行升级或修改。为了确保平滑过渡和兼容性，接口管理实施严格的版本控制策略，并提供详细的升级指南和迁移支持。

（4）消息传递　在 SRM 系统技术架构的集成与接口层中，消息传递是确保系统间顺畅通信和数据交换的关键机制。

消息传递在 SRM 系统的集成与接口层中扮演着信息"搬运工"的角色，它负责将数据和业务指令从一个系统或组件准确、高效地传递到另一个系统或组件。常用的传递方式有两种，异步消息传递或同步消息传递，到底选用哪种消息传递方式，取决于具体的业务需求和系统架构。

在异步消息传递中，发送方将消息发送到消息队列或中间件，而不需要等待接收方的响应。这种方式适用于那些不需要立即反馈的业务场景，如批量数据处理或后台任务。异步消息传递可以提高系统的吞吐量和响应速度，因为它允许发送方和接收方独立地处理消息，从而实现了解耦合并行处理。

同步消息传递则需要发送方等待接收方的响应后才能继续处理。这种方式适用于需要实时交互和即时反馈的业务场景，如在线交易或实时查询。同步消息传递可以确保数据的实时性和一致性，因为它要求接收方在处理完消息后立即返回结果。

综上所述，集成与接口层在 SRM 系统技术架构中扮演着桥梁和纽带的角色，将各个功能组件和功能模块紧密地连接在一起，实现了数据的共享和流程的协同。一个强大和灵活的集成与接口层可以为企业提供更高效、准确和可靠的业务运营支持，帮助企业实现资源的优化配置和业务目标的达成。

集成与接口层可以位于应用逻辑层的旁边或下方，具体取决于集成需求。

6. 基础设施层

在 SRM 系统技术架构中，基础设施层是整个系统的底层支撑，它为整个 SRM 系统提供了必要的硬件、软件和网络环境，确保系统稳定和高效运行。

基础设施层主要包括硬件设施、软件设施、网络通信设施、网络通信安全设施和系统安全机制、备份与恢复功能等，为应用逻辑层、数据访问层、数据库层、集成与接口层的正常运行提供必要的资源和环境。

（1）硬件设施　硬件设施主要包括服务器、存储设备、网络设备（如路由器、交换机）等硬件资源，这些硬件为 SRM 系统的运行提供了强大的计算能力和数据存储能力，确保系统能够高效、稳定地处理大量的供应商数据和业务信息。

（2）软件设施　软件设施主要包括操作系统、中间件、系统监控和管理软件等软件资源，这些软件为 SRM 系统的开发、部署和运行提供必要的支持。

基础设施层的服务器通常运行着稳定、安全的操作系统，如 Linux、Windows Server 等。这些操作系统为 SRM 系统提供了基础的运行平台，确保系统的稳定性和安全性。

在 SRM 系统中，常见的中间件包括应用服务器（如 Tomcat、WebLogic 等）、消息队列（如 Kafka、RabbitMQ 等）和分布式缓存（如 Redis 等）。这些中间件为 SRM 系统提供了高效、可靠的服务支持，提升了系统的性能和可扩展性。

为了保障 SRM 系统的稳定性和可靠性，基础设施层还提供全面的系统监控和管理软件。这些软件可以实时监控系统的运行状态、性能指标、资源利用率等，以便及时发现并解决潜在的问题。同时，这些软件还可以提供方便的系统管理工具，简化日常的运维工作。

（3）网络通信设施　SRM 系统基础设施层的网络通信设施是支撑整个系统高效、稳定运行的重要基石。网络通信设施负责构建和维护系统内部各组件之间以及与外部实体之间的数据传输通道，确保信息的顺畅流通。

网络通信设施采用先进的加密技术和身份验证机制，保障数据传输的安全性，防止未授权访问和数据泄露。同时，该设施还具备强大的性能优化和监控能力，能够实时调整通信策略，确保数据传输的高效性和稳定性。

（4）网络通信安全设施　网络通信安全设施是确保 SRM 系统免受网络威胁、保护数据安全和维持系统稳定运行的重要组成部分。

网络通信安全设施主要包括防火墙、入侵检测系统（IDS）等，用于保护 SRM 系统免受网络攻击和数据泄露的风险。

这些网络通信安全设施可以监控网络流量、检测异常行为，并采取必要的防御措施，确保 SRM 系统的安全性。

（5）系统安全机制　除了网络通信安全外，SRM 系统基础设施层还提供了身份验证、授权、数据加密等安全机制，这些机制能够控制对 SRM 系统的访问权限，保护数据的机密性和完整性，防止未经授权的访问和数据泄露。

（6）备份与恢复功能　为了防止数据丢失或系统故障，SRM 基础设施层还提供了备份和恢复功能。通过定期备份数据，并在必要时进行数据恢复，可以确保 SRM 系统的连续性和可用性，降低因意外事件导致的损失。

以上这些设施共同构成了 SRM 系统的基础设施层，为整个 SRM 系统的运行提供了必要的底层支撑，为企业的稳定运营和高效管理提供了坚实的基础。

需要注意的是，不同软件厂商、不同版本的 SRM 系统技术架构中的基础设施层可能会有较大差异。在 SRM 系统的设计和实施过程中，需要充分考虑基础设施层的需求和特点，选择适当的硬件、软件和网络组件，并进行合理的配置和优化。

另外，以上阐述的是典型的 SRM 系统六层技术架构，不同 SRM 系统的技术架构可能会略有差异，具体取决于系统的设计理念、功能需求和技术选型。

5.3.6　SRM 系统应用的关键技术

SRM 系统应用的关键技术主要包括数据仓库技术、数据挖掘技术、联机分析处理技术、电子数据交换技术和集成技术，如图 5.22 所示。

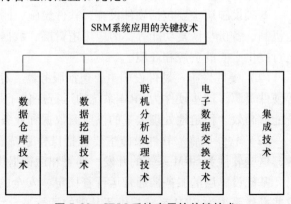

图 5.22　SRM 系统应用的关键技术

1. 数据仓库技术

数据仓库是一个集成了多个数据源的数据存储系统，可以对数据进行清洗、整合和转换，使得数据更加规范化和易于分析。

SRM 系统需要处理来自不同部门和外部供应商的大量数据。在 SRM 系统中，数据仓库技术可以帮助企业对供应商信息进行整合和存储，将这些数据整合到一个统一的数据存储系统中，确保数据的一致性和准确性以便进行后续的数据分析和决策支持。

数据仓库技术支持灵活的数据查询和分析操作（对数据进行切片、切块、聚合等），用户可以通过 SRM 系统获取有关供应商绩效、采购趋势和其他关键业务指标的有价值信息。

2. 数据挖掘技术

SRM 系统中，数据挖掘技术是一项至关重要的技术，它能够从大量数据中提取出有价值的信息和知识，帮助企业更好地管理供应商关系，优化采购流程，降低采购成本，并提升企业的竞争力。

通过数据挖掘技术，企业可以应用 SRM 系统对供应商进行分类和评估。例如，利用聚类分析等方法，将具有相似特征的供应商分为不同的群体，然后针对不同群体的供应商采取不同的管理策略。此外，SRM 系统还可以利用关联规则挖掘等方法，发现供应商之间的潜在联系和规律，为企业的供应商选择和管理提供决策支持。

应用数据挖掘技术建立预测模型，SRM 系统可以根据历史数据对供应商的交货时间、质量、价格等关键指标进行预测，从而及时发现潜在问题并采取相应的措施，帮助企业降低采购风险，提高采购效率。

利用数据挖掘技术，企业可以通过 SRM 系统对市场趋势进行分析和预测。例如，通过对采购数据的分析，发现某种原材料的价格波动趋势，从而及时调整采购策略，降低采购成本。

另外，数据挖掘技术可以帮助企业检测异常情况和风险。例如，SRM 系统通过对供应商的交易数据进行分析，发现某个供应商的交货时间突然延长或质量出现问题，系统可以自动发出预警信号，提醒企业及时采取相应的措施，帮助企业降低采购风险，确保供应链的稳定运行。

3. 联机分析处理技术

联机分析处理技术（On-line Analytical Processing，OLAP）是一种基于数据仓库的商业智能分析技术，可以对数据进行多维度、多层次的分析和查询。

在联机分析处理技术支持下，SRM 系统可以对供应商数据进行多维度的分析，如时间、地域、产品类型等，可以帮助分析人员从不同角度对数据进行切片、切块、聚合等操作，深入了解供应商绩效、采购趋势等关键业务指标，对供应商数据进行趋势分析、对比分析和关联分析等，以便更好地了解供应商情况和市场趋势。

需要注意的是，在 SRM 系统中，联机分析处理技术的应用需要依赖于数据仓库或数据集市等基础设施。这些设施负责对原始数据进行清洗、整合和转换，使得数据更加规范化和易于分析。同时，联机分析处理技术的应用也需要专业的分析人员和工具支持，以确保分析结果的准确性和有效性。

4. 电子数据交换技术

电子数据交换技术（Electronic Data Interchange，EDI）是一种在企业之间传输标准化商业文件的技术，可以实现不同系统之间的数据交换和共享。

在 SRM 系统中，EDI 技术可以帮助企业与供应商之间实现订单、发票等信息的自动化传输和处理，提高采购流程的效率和准确性。

应用电子数据交换技术，SRM 系统能够实现企业与供应商之间数据的自动化、无纸化传输，包括订单、发票、收货通知、库存报告等关键业务文档。通过电子数据交换技术，这些数据可以直接在 SRM 系统中传输，无须人工干预，大幅提高效率和准确性。

另外，电子数据交换技术支持实时或近乎实时的信息交换，这意味着企业通过 SRM 系统可以更快地获取供应商关键业务信息，更及时地做出决策。

5. 集成技术

集成技术是实现 SRM 系统内部各组件以及与其他企业系统之间高效协同和数据共享的重要手段。

应用集成技术，SRM 系统可以从其他工业软件系统（如 ERP、CRM 等）中抽取供应商相关数据，经过清洗、转换和标准化处理后加载到 SRM 系统中，保持 SRM 系统与其他系统中的数据实时或定期同步，实现数据集成，确保数据准确性和最新性。

应用集成技术，SRM 系统可以通过预定义的 API（Application Programming Interface，应用程序编程接口），实现与其他工业软件系统之间的功能调用和数据交换。

通过集成技术，企业可以实现 SRM 系统与其他系统的无缝连接，提高工作效率，降低运营成本。

此外，SRM 系统还应用到一些其他的关键技术，如云计算、大数据处理、人工智能等，这些关键技术共同构成了 SRM 系统的技术核心，使得 SRM 系统在生产智能管理领域发挥了巨大的作用。随着科技的不断发展，SRM 系统应用的关键技术也在不断更新和优化，以适应更复杂的供应商管理需求。

5.3.7 SRM 系统主要应用领域

SRM 系统主要应用于企业与供应商之间的关系管理，旨在提高采购效率、降低采购成本并实现双赢的企业管理模式。SRM 系统主要应用领域包括制造业、零售业和服务业，如图 5.23 所示。

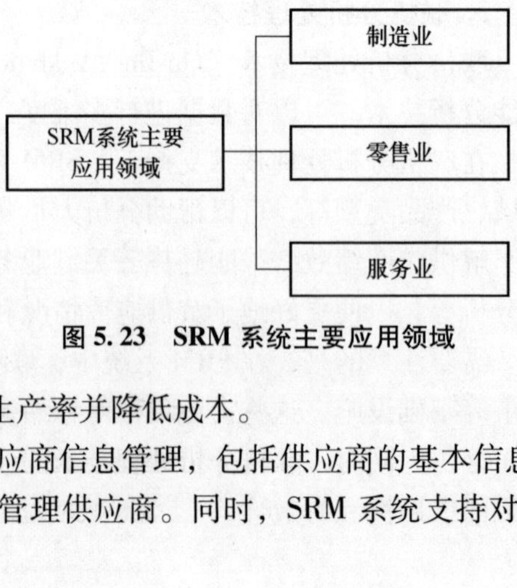

1. 制造业

制造业是 SRM 系统的主要应用领域之一。在制造业中，企业与供应商之间的合作至关重要，涉及原材料采购、零部件供应等多个环节。SRM 系统可以帮助制造业企业建立和维护与供应

图 5.23　SRM 系统主要应用领域

商的长期合作关系，确保供应链的顺畅运作，提高生产率并降低成本。

（1）供应商信息管理　SRM 系统提供全面的供应商信息管理，包括供应商的基本信息、资质认证、供货历史等，有助于企业更好地了解和管理供应商。同时，SRM 系统支持对供

应商进行分类和评估，以便企业选择更合适的供应商并建立长期合作关系。

（2）采购管理 SRM 系统支持在线采购、采购订单的自动化处理、采购跟踪等功能，有助于企业实现采购流程的自动化和标准化，提高采购效率和管理水平。此外，SRM 系统还可以帮助企业完成分析采购数据、控制采购成本、优化采购计划等方面的工作。

（3）协同与沟通 SRM 系统提供供应商协作平台，支持企业与供应商之间的在线协作和沟通，包括订单确认、交货进度跟踪、质量反馈等，帮助企业与供应商之间建立更紧密的合作关系，提高供应链的协同效率。

（4）风险管理 SRM 系统通过对供应商交货时间、质量、价格等关键指标进行监控和预警，帮助企业及时发现潜在风险并采取相应的措施。此外，SRM 系统还支持对供应商进行风险评估和分类管理，以便企业更好地控制供应链风险。

2. 零售业

SRM 系统在零售业中也得到广泛应用。零售型企业通常需要与大量供应商合作，以满足不同产品的采购需求。SRM 系统可以帮助零售型企业优化供应商选择和管理流程，确保采购到高质量、低成本的商品，并提高库存周转率。

（1）供应商合作与信息管理 SRM 系统可以帮助零售型企业与供应商建立紧密的合作关系，并管理供应商的基本信息、资质、供货能力等综合信息，帮助零售型企业更好地了解供应商，确保与可靠、高质量的供应商进行合作。

（2）采购流程优化 通过 SRM 系统，零售型企业可以实现采购流程的自动化和标准化，包括采购需求的发布、供应商的筛选和匹配、采购合同的签订等，大大提高了采购效率，减少了人工干预和错误，并降低了采购成本。

（3）供应商绩效评估 SRM 系统可以对供应商的交货时间、质量、价格等关键绩效指标进行评估和监控。这有助于零售型企业及时发现供应商的问题，采取相应措施进行改进或调整供应商合作策略，确保供应链的稳定性和高效性。

（4）协同与信息共享 SRM 系统提供了协同平台，零售型企业可以与供应商实时共享销售数据、市场需求、库存信息等重要数据，增强了企业与供应商之间的协同能力，促进了快速响应市场变化，提高了整体供应链的灵活性和竞争力。

3. 服务业

服务型企业，如酒店、餐饮等，也需要与供应商合作以提供优质的服务。SRM 系统可以帮助服务型企业建立和维护与供应商的良好关系，确保及时获得所需的物资和服务，提高客户满意度。

（1）供应商信息管理 通过 SRM 系统，服务型企业可以集中管理供应商的基本信息，包括资质、服务范围、历史合作情况等，帮助企业全面了解供应商的能力和信誉，为后续的供应商选择和合作提供数据支持。

（2）采购流程优化 通过 SRM 系统，服务型企业可以实现采购流程的标准化和自动化。从服务需求的提出、供应商的筛选和匹配，到合同的签订和执行，整个过程都可以在系统中高效完成。这大大提高了采购效率，降低了采购成本，并确保了采购过程的透明和可追溯性。

（3）供应商绩效评估 SRM 系统支持对供应商的绩效进行全面评估。服务型企业可以根据设定的评估标准，如服务质量、响应速度、合作态度等，对供应商的表现进行客观评价，帮助企业及时发现并解决与供应商合作中的问题，提升合作效果。

（4）协同与沟通　SRM系统提供了协同平台，支持服务型企业与供应商之间的在线协作和沟通。双方可以实时共享信息、协同解决问题，提高合作效率和服务响应速度。此外，SRM系统还支持与供应商进行电子化的文档交换和确认，进一步简化了合作流程。

（5）风险管理　SRM系统还具备风险管理功能，帮助服务型企业识别和评估与供应商合作中的潜在风险。通过设定风险预警和应对措施，服务型企业可以及时应对供应链中的不确定性因素，确保服务的连续性和稳定性。

第**6**章
嵌入式工业软件与新型架构工业软件

随着新型工业服务的崛起，工业软件的发展趋势已经发生了重大变化，在今后很长一段时间内，传统架构的工业软件（嵌入式软件和非嵌入式软件）与基于新型架构、基于微服务的工业软件将长期并存。

嵌入式工业软件是指嵌入在工业装备、控制器、通信装置、传感装置等工业领域相关硬件设备之中，且与硬件紧密相连的软件。这类软件的主要作用是实现对特定硬件设备的控制和监测，以提高工业生产的自动化程度和智能化水平。嵌入式工业软件的重要性在于，它能够提升工业产品的制造效率和智能化程度，是智能制造和物联网中的关键环节。在我国工业软件市场中，嵌入式工业软件占据了相当大的比重。

新型工业软件更加注重工业互联网、云计算、大数据、人工智能等技术的集成和应用，侧重于数字化、网络化、智能化等方面的发展，以满足现代工业生产中的复杂需求。新型工业软件通常采用先进的技术和算法，以实现高效、精准、可靠的生产和管理，为工业领域的数字化转型提供强有力的支持，同时具有平台化、模块化、可定制化等特点，能够为企业提供更加灵活、便捷的解决方案。新型工业软件的应用范围十分广泛，包括研发设计、生产制造、企业管理等各个环节，对于提升工业生产率和竞争力具有重要意义。

嵌入式工业软件和新型工业软件在工业领域中的应用是相辅相成的。嵌入式工业软件为新型工业软件提供了硬件支持和底层数据采集能力，而新型工业软件则通过对数据的分析和处理，为嵌入式工业软件提供了更加智能化的决策和控制能力。二者的结合将推动工业生产向更加智能化、高效化的方向发展。

未来，随着工业互联网、云计算、大数据、人工智能等技术的不断发展和应用，嵌入式工业软件与新型架构工业软件的功能和应用范围将不断扩大。

6.1　嵌入式工业软件

6.1.1　嵌入式工业软件概述

嵌入式工业软件是特定类型的嵌入式软件，主要应用于工业领域。嵌入式工业软件通常嵌入在工业装备、控制器、通信装置、传感装置等相关硬件设备中，与这些硬件紧密相连，实现对特定硬件设备的控制和监测。

嵌入式工业软件的主要功能包括数据采集、控制、通信等，旨在提高工业生产的自动化程度和智能化水平。由于嵌入式工业软件与硬件紧密相关，因此它通常具有实时性、稳定性和可靠性等要求，以确保工业生产的正常运行。

在工业领域中，嵌入式工业软件发挥着至关重要的作用，它是智能制造与物联网的重要组成部分，能够推动工业生产向更加智能化、高效化的方向发展。

1. 嵌入式工业软件的概念

嵌入式工业软件，是指嵌入在工业设备、机械或系统中的软件，它是这些设备和系统智能化、自动化的关键。由于嵌入式工业软件与特定的硬件设备紧密集成，因此它通常具有实时性、可靠性和稳定性等要求。

在制造、采掘、能源等行业中，嵌入式工业软件的应用非常广泛。在制造业中，嵌入式工业软件被用于控制机械臂、自动化生产线、数控机床等设备，实现生产过程的自动化和智能化。在采掘业中，嵌入式工业软件被用于控制采矿设备、监测矿井环境等任务。在能源行业中，嵌入式工业软件被用于智能电网、风力发电、太阳能发电等领域，实现能源的高效管理和利用。

嵌入式工业软件的主要功能包括数据采集、逻辑判断和控制运行等。数据采集是指通过传感器等设备采集现场的各种数据，如温度、压力、流量等。逻辑判断是指根据采集到的数据进行分析和处理，做出相应的决策和控制。控制运行是指根据逻辑判断的结果，对工业设备或系统进行控制，实现预定的操作和目标。

此外，嵌入式工业软件还需要与硬件紧密耦合，以确保软件的正确运行和设备的稳定工作。

2. 嵌入式工业软件在实践应用中的作用与价值

嵌入式工业软件在实践应用中的作用与价值主要体现在提升生产率、降低成本、提高产品质量、增强灵活性和促进创新等几个方面。

（1）提升生产率　嵌入式工业软件可以自动化处理大量生产任务，避免人为错误，从而提升生产率。此外，它们还可以优化生产流程，使工业过程精确高效地进行。

（2）降低成本　嵌入式工业软件能够降低人力成本，提高资源的利用率。同时，它们可以减少工业事故的发生，降低质量损失成本，从而为企业节约大量资金。

（3）提高产品质量　嵌入式工业软件通过精确控制制造过程，可以确保产品的一致性和高质量，帮助企业树立良好的品牌形象，提高客户满意度。

（4）增强灵活性　嵌入式工业软件可以进行灵活的编程，以满足各种工业过程的需求，能够助力企业迅速适应市场变化，满足客户的个性化需求。

（5）促进创新　嵌入式工业软件的应用为企业提供了更加智能化、高效化的生产手段，可以帮助企业不断推出新产品、新技术，从而在激烈的市场竞争中保持领先地位。

总之，嵌入式工业软件的这些优势使得企业在激烈的市场竞争中更具竞争力，为实现可持续发展奠定坚实基础。

6.1.2　嵌入式工业软件分类

嵌入式工业软件的分类方式可以按照不同的维度进行划分。嵌入式工业软件的分类方式主要有两种，一种是按照不同的功能和应用领域进行分类，另一种是按照实时性要求进行分类，如图 6.1 所示。

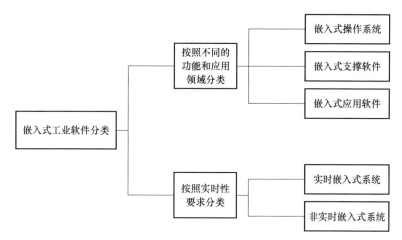

图 6.1　嵌入式工业软件分类

1. 按照不同的功能和应用领域分类

按照不同的功能和应用领域进行分类，嵌入式工业软件可以分为嵌入式操作系统、嵌入式支撑软件、嵌入式应用软件。

（1）嵌入式操作系统　嵌入式操作系统（Embedded Operating System，EOS）是嵌入式工业软件的重要组成部分，它是用于嵌入式系统的专用操作系统。嵌入式操作系统通常包括与硬件相关的底层驱动软件、系统内核、设备驱动接口、通信协议、图形界面等，负责嵌入式系统的全部软、硬件资源的分配、任务调度、控制协调并发活动。

与通用计算机操作系统相比，嵌入式操作系统具有可裁剪性、强实时性、统一的接口、操作方便、简单、提供强大的网络功能等特点。嵌入式操作系统必须体现其所在系统的特征，能够通过装卸某些模块来达到系统所要求的功能。

常见的嵌入式操作系统有 VxWorks、RT-Linux、FreeRTOS 等。

（2）嵌入式支撑软件　嵌入式支撑软件是嵌入式工业软件中的重要组成部分，主要用于帮助和支持嵌入式应用软件的开发和运行。嵌入式支撑软件通常包括数据库、开发工具、中间件等，它们为嵌入式系统提供了必要的软件基础设施，使得开发者可以更加高效地进行嵌入式应用的设计、开发、调试和部署。

嵌入式数据库是嵌入式支撑软件中的重要部分，它提供了数据存储和管理功能，支持嵌入式应用对数据的高效访问和处理。嵌入式数据库需要满足嵌入式系统的特定要求，如实时性、可靠性、资源受限等。

开发工具则是为了帮助开发者更便捷地进行嵌入式应用的开发，提供了代码编辑、编译、调试、仿真等功能。这些工具可以大大提高开发效率，减少开发难度。

中间件是一种独立的系统软件或服务程序，它位于嵌入式操作系统和嵌入式应用软件之间，为应用软件提供统一、标准的接口和服务，使得应用软件可以更加专注于业务逻辑的实现，而无须过多关注底层硬件和操作系统的细节。

（3）嵌入式应用软件　嵌入式应用软件是嵌入式工业软件中的一类，是针对特定工业应用场景开发的软件，用于实现特定的功能和任务。例如，在工业控制系统中，可能有用于监控和控制生产线的嵌入式应用软件；在智能制造中，可能有用于机器人控制和管理的嵌入式应用软件。

嵌入式应用软件通常被嵌入到硬件中，与硬件紧密集成，用于实现对硬件设备的控制、数据采集、处理、通信等功能。

嵌入式应用软件的设计和开发需要充分考虑嵌入式系统的硬件环境、资源限制、实时性要求等因素。因此，嵌入式应用软件通常具有代码精简、高效、稳定和可靠等特点。它们被广泛应用于各种工业控制、自动化设备、通信设备、智能家居、医疗设备等领域。

嵌入式应用软件的开发过程包括需求分析、系统设计、编码实现、测试调试等环节。在开发过程中，开发者需要选择合适的嵌入式操作系统、开发工具和编程语言，以确保软件能够满足特定的应用需求。

嵌入式支撑软件是针对特定工业应用场景开发的软件，用于实现特定的功能和任务。例如，在工业控制系统中，可能有用于监控和控制生产线的嵌入式应用软件；在智能制造中，可能有用于机器人控制和管理的嵌入式应用软件。

2. 按照实时性要求分类

根据实时性要求，嵌入式工业软件还可以分为实时嵌入式系统和非实时嵌入式系统。实时嵌入式系统对时间要求非常严格，必须在规定的时间内完成响应和处理，常用于工业自动化、航空航天等领域。非实时嵌入式系统则对时间要求相对较低，常用于消费电子、智能家居等领域。

（1）实时嵌入式系统　实时嵌入式系统（Real-Time Embedded Systems，RTES），是指那些必须在确定的时间内对外部事件做出响应的计算机系统。实时嵌入式系统通常用于控制或监测物理环境中的过程，例如工业控制、航空航天、医疗设备等。

实时嵌入式系统可以进一步分为硬实时系统和软实时系统。在硬实时系统中，超过截止时间可能会导致灾难性的后果；而在软实时系统中，超过截止时间可能会导致性能下降，但不会造成灾难性后果。

实时嵌入式系统需要特殊的操作系统支持，例如实时操作系统（Real-Time Operating System，RTOS），这些操作系统能够确保任务在预定的时间内完成。

实时操作系统通常提供任务调度、优先级管理、时间管理和中断管理等服务。

（2）非实时嵌入式系统　非实时嵌入式系统（Non Real-Time Embedded Systems，NRTES），没有严格的实时性要求，它们可以在任意时间内完成任务，只要最终结果是正确的。非实时嵌入式系统通常用于消费电子产品、信息家电、智能仪表等领域，这些应用对响应时间的要求不如工业控制或航空航天应用那么严格。

非实时嵌入式系统可能使用通用的嵌入式操作系统，如嵌入式 Linux，或者不使用操作系统，直接在裸机上运行应用程序。非实时嵌入式系统更注重功能性和易用性，而不是实时性。

6.1.3　嵌入式软件发展历程

嵌入式软件是嵌入式工业软件的前身，它的发展历程可以追溯到 20 世纪 60 年代，随着计算机技术、电子信息技术的发展，嵌入式软件的各项技术得到了蓬勃发展，市场也迅猛扩大。

1. 嵌入式软件国外发展历程

嵌入式软件在国外的发展历程主要包括早期计算机时代、第一代嵌入式软件、微控制器兴起阶段、应用扩大阶段、嵌入式软件多样化阶段和快速发展阶段，如图 6.2 所示。

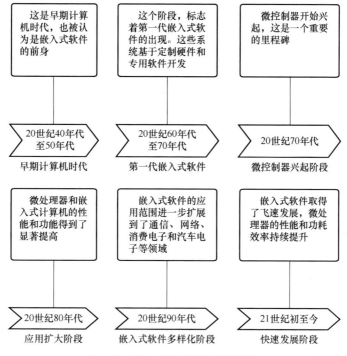

图 6.2　嵌入式软件国外发展历程

（1）早期计算机时代（20 世纪 40 年代至 50 年代）　20 世纪 40 年代至 50 年代，是早期计算机时代，也被认为是嵌入式软件的前身。早期计算机系统是为特定用途而设计的，比如军事控制、科学研究和工业自动化等。尽管它们并非真正的嵌入式软件，但它们为嵌入式软件的发展奠定了基础。

（2）第一代嵌入式软件（20 世纪 60 年代至 70 年代）　20 世纪 60 年代至 70 年代，嵌入式软件主要基于定制硬件和专用软件开发，主要用于特定的控制、测量和监视应用，如航空航天、汽车电子、工业自动化和医疗设备等领域，被称为第一代嵌入式软件。这个时期，嵌入式软件在工业自动化领域的应用，属于最早的嵌入式工业软件。

（3）微控制器兴起阶段（20 世纪 70 年代）　20 世纪 70 年代，微控制器开始兴起，这是一个重要的里程碑。微控制器集成了处理器内核、存储器和外设接口，极大地简化了嵌入式软件的设计和开发过程。微控制器使得嵌入式软件变得更加易于访问。

（4）应用扩大阶段（20 世纪 80 年代）　20 世纪 80 年代，微处理器和嵌入式计算机的性能和功能得到了显著提高。由此，更多的嵌入式计算机被开发出来，用于自动化、通信和控制应用。嵌入式软件的应用领域开始迅速扩大，嵌入式工业软件发展加速。

（5）嵌入式软件多样化阶段（20 世纪 90 年代）　20 世纪 90 年代，嵌入式软件进入多样化时代，嵌入式软件的应用范围进一步扩展到了通信、网络、消费电子和汽车电子等领域。同时，嵌入式软件开始广泛使用更强大的处理器和操作系统，进一步提高了它们的性能和功能。

（6）快速发展阶段（21世纪初至今）　进入21世纪，嵌入式软件取得了飞速发展，微处理器的性能和功耗效率持续提升。嵌入式软件开始涵盖物联网（IoT）领域，如智能手机、智能家居、无人机、医疗设备和自动驾驶汽车等。此外，嵌入式软件在智能城市、智能制造和智能农业等领域也发挥着关键作用。特别是在智能制造领域的应用，意味着嵌入式工业软件进入了高速发展时期。

2. 嵌入式软件国内发展历程

嵌入式软件在国内的发展历程主要包括起步阶段、逐渐应用阶段和快速发展阶段，如图6.3所示。

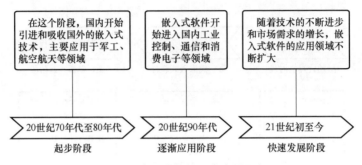

图6.3　嵌入式软件国内发展历程

（1）起步阶段（20世纪70年代至80年代）　20世纪70年代至80年代，是我国嵌入式软件的起步阶段。在这个阶段，国内开始引进和吸收国外的嵌入式技术，主要应用于军工、航空航天等领域。由于技术和资源的限制，这个阶段的嵌入式软件主要以定制化的解决方案为主，软件的开发和应用相对较少。

（2）逐渐应用阶段（20世纪90年代）　进入20世纪90年代，随着微处理器和微控制器技术的快速发展，嵌入式软件开始进入国内工业控制、通信和消费电子等领域。嵌入式软件在工业控制领域的应用，意味着国内嵌入式工业软件的萌芽。这个时期，国内嵌入式软件的开发和应用逐渐增多，但仍然以简单的控制和监测功能为主。

（3）快速发展阶段（21世纪初至今）　进入21世纪后，国内嵌入式软件迎来了快速发展的阶段。随着物联网、云计算、大数据等技术的不断进步和市场需求的增长，嵌入式软件的应用领域不断扩大。国内嵌入式软件的开发和应用水平也得到了显著提升，涉及工业自动化、智能家居、智能交通、医疗设备等多个领域。特别是在工业自动化领域的应用越来越多、越来越深入，代表着国产嵌入式工业软件越来越成熟，进入到了一个新的发展阶段。

3. 嵌入式工业软件发展方向与趋势

未来，嵌入式工业软件的发展方向和趋势将紧密围绕智能化、物联网整合、实时性和安全性增强、云端集成与数据分析、跨平台兼容性以及开源和生态合作等方面展开。这些趋势将推动嵌入式工业软件在各个领域的应用不断扩展和深化，为工业发展和数字化转型提供有力支持，如图6.4所示。

（1）智能化　随着人工智能技术的不断进步，嵌入式工业软件正朝着智能化的方向发展。通过将人工智能算法和嵌入式工业软件相结合，可以实现更高级别的自动化、智能控制和智能决策，提高生产率和产品质量。

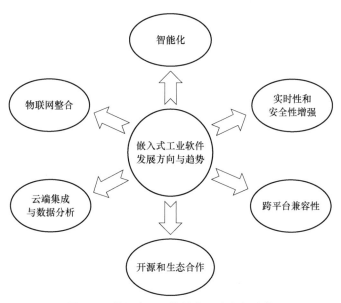

图 6.4 嵌入式工业软件发展方向与趋势

（2）物联网整合 物联网技术的快速发展为嵌入式工业软件提供了更广阔的应用场景。嵌入式工业软件作为物联网的核心组成部分，将与传感器、通信网络等技术进行深度融合，实现设备之间的互联互通和智能化管理。

（3）实时性和安全性增强 随着工业控制系统对实时性和安全性要求的不断提高，嵌入式工业软件将更加注重实时响应和安全防护。采用实时操作系统、加密技术和安全协议等手段，能够确保工业控制系统的稳定运行和数据安全。

（4）云端集成与数据分析 云计算和大数据技术的兴起为嵌入式工业软件带来了新的发展机遇。通过将嵌入式工业软件与云端平台进行集成，可以实现数据的实时上传、存储和分析，为企业提供更准确的决策支持和优化方案。

（5）跨平台兼容性 为了适应不同设备和系统的需求，嵌入式工业软件将更加注重跨平台的兼容性。采用标准化的软件开发框架和接口，使得嵌入式工业软件能够在多种硬件平台和操作系统上无缝运行。

（6）开源和生态合作 开源技术和生态合作在嵌入式工业软件领域的应用将逐渐增多。通过开源技术和生态合作，可以降低开发成本、提高开发效率，并促进技术创新和产业升级。

6.1.4 嵌入式工业软件基本功能

嵌入式工业软件的基本功能主要包括数据采集与处理、控制与执行、通信与网络、设备故障诊断与维护、可视化与界面交互、安全与防护等，如图 6.5 所示。

1. 数据采集与处理

数据采集与处理功能是嵌入式工业软件的基本功能之一。嵌入式工业软件能够实时采集

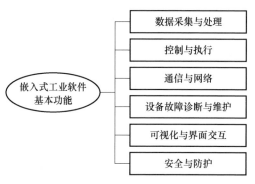

图 6.5 嵌入式工业软件基本功能

来自各种传感器和设备的数据，并进行处理、分析和转换，以提取有用的信息和知识。

数据采集与处理功能主要包括数据采集、数据预处理、数据处理和数据传输等。

数据采集与处理功能使得嵌入式工业软件在实时数据采集和处理方面有着广泛的应用，能够满足各种工业场景的需求，提高生产率、降低运营成本，并推动产业的升级和发展。同时，随着物联网、云计算和大数据等技术的不断发展，嵌入式工业软件在数据采集与处理方面的功能将更加强大和智能化。

2. 控制与执行

控制与执行功能也是嵌入式工业软件基本功能之一。嵌入式工业软件能够根据预设的控制逻辑和算法，对各种执行器进行精确的控制，以实现对物理过程的自动调节和优化。嵌入式工业软件通过控制逻辑与算法实现、实时性与响应性、设备驱动与接口支持、故障检测与处理、自动化与优化算法等控制与执行功能，实现对工业设备和系统的精确控制，确保其按照预设要求和流程运行。

这些功能使得嵌入式工业软件成为工业自动化和智能制造领域的重要组成部分，推动了工业的高质量发展和进步。

3. 通信与网络

嵌入式工业软件具备强大的通信与网络功能，支持多种通信协议和网络技术，能够实现设备之间的互联互通，以及与上位管理系统和其他相关系统的数据交换。通信与网络功能主要包括设备与设备通信、实时数据传输、远程监控与管理、网络安全保障、云计算与大数据集成、标准化与开放性等。

这些通信与网络功能使得嵌入式工业软件能够连接和管理工业网络中的各种设备和系统，实现高效的数据传输、远程监控和安全管理，从而推动工业自动化和智能制造的发展。

4. 设备故障诊断与维护

嵌入式工业软件具备设备故障诊断和维护功能，主要包括设备故障诊断、设备故障预防、设备维护管理、远程维护与支持等，能够实时监测设备的运行状态，及时发现并处理设备故障，确保设备的稳定运行，提高生产率、保障设备安全。

5. 可视化与界面交互

嵌入式工业软件通常提供友好的用户界面，用户界面主要包括图形化显示、实时监控、交互式操作、报警与提示、多语言支持、定制化界面等，能够直观地显示设备的运行状态、工艺流程和数据信息，方便操作人员与工业系统进行交互和监控，以提高操作效率、降低误操作风险，并提升用户体验。

6. 安全与防护

安全性和防护能力是嵌入式工业软件的一项基本功能。嵌入式工业软件采用访问控制、加密与数据保护、防火墙与网络安全、漏洞管理与安全更新、安全审计与监控、容错与恢复等手段保护系统免受恶意攻击和数据泄露的风险，确保工业系统的安全性、完整性和可靠性。这些功能对于保护关键基础设施、防止潜在的安全威胁和维护生产稳定至关重要。

6.1.5 嵌入式工业软件技术架构

嵌入式工业软件技术架构的分层可以因不同的设计理念、系统需求和项目复杂度而有所差异。

典型的嵌入式工业软件技术架构通常可分为五层，分别是应用层、中间件/框架层、嵌入式操作系统层、硬件抽象层和硬件平台层，如图 6.6 所示。

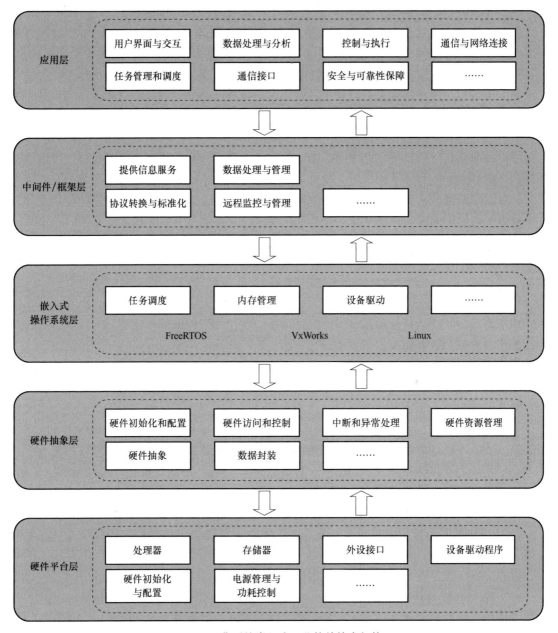

图 6.6　典型的嵌入式工业软件技术架构

在图 6.6 中，应用层、中间件/框架层、嵌入式操作系统层、硬件抽象层和硬件平台层之间存在着紧密的关系。

应用层是嵌入式系统技术架构的最顶层，包含用户需要的各种功能和特性。

中间件/框架层位于应用层之下，提供各种通用的服务和接口，以方便应用层与底层硬件进行交互。应用层通过调用中间件/框架层提供的 API 来实现特定的功能，无须直接与底层硬件交互。

中间件/框架层建立在嵌入式操作系统层之上，利用操作系统提供的功能和服务来实现更高级别的服务。

嵌入式操作系统层负责管理系统资源，提供计算机服务，同时也是中间件/框架层与硬件之间的接口。中间件/框架层通过调用嵌入式操作系统层提供的系统调用来实现其服务。

嵌入式操作系统层通过硬件抽象层与底层硬件进行交互。硬件抽象层为操作系统提供了一组统一的接口，用于访问和控制底层硬件。这使得嵌入式操作系统可以在不同的硬件平台上运行而无须修改。嵌入式操作系统层调用硬件抽象层提供的接口来实现对硬件的管理和控制。

硬件抽象层位于硬件平台层之上，为上层软件提供了一个与硬件平台的接口。硬件抽象层屏蔽了底层硬件的具体实现细节，使得上层软件可以在不同的硬件上运行而无须关心硬件的具体配置和特性。

硬件平台层包括嵌入式处理器、存储器、I/O设备等硬件组件，是嵌入式系统的最底层。

综上所述，各层次之间通过调用和被调用的关系相互连接，形成一个完整的嵌入式工业软件技术架构。每一层都利用下一层提供的服务和接口来实现其功能，同时为上一层提供必要的支持和接口。这种分层结构有助于降低系统的复杂性，提高可维护性和可扩展性。

1. 应用层

应用层是嵌入式工业软件技术架构的最顶层，直接与用户或其他系统交互。它包含应用程序的用户界面和业务逻辑，负责实现特定的工业功能和应用逻辑，满足用户的需求。

嵌入式工业软件应用层通常包含各种功能模块和任务，这些功能模块根据特定的工业领域和应用需求进行开发。例如，在一个工业控制系统中，应用层可能包括监控界面、控制逻辑、数据处理和报告生成等功能模块。这些功能模块通过调用下层提供的接口和服务来实现所需的功能，比如，与中间件层进行通信、数据管理和图形界面展示等。

嵌入式工业软件应用层通常包含各种功能模块和任务，以满足特定的工业应用需求。常用的功能模块主要包括用户界面与交互、数据处理与分析、控制与执行、通信与网络连接、任务管理和调度、通信接口、安全与可靠性保障等，这些功能模块可以根据不同的行业和场景进行定制。

（1）用户界面与交互　嵌入式工业软件应用层通常提供用户界面，使操作人员能够轻松地与系统进行交互，包括图形用户界面（GUI）或命令行界面（CLI），用于显示实时数据、设置参数、发送控制命令以及查看报警和日志信息等。

（2）数据处理与分析　嵌入式工业软件应用层需要处理从传感器、执行器和其他数据源中获取的大量数据，包括数据的采集、预处理、滤波、转换和存储等操作，以提取有用的信息并进行实时分析。这些数据可以用于监控工业过程的状态、检测故障、优化生产流程等。

（3）控制与执行　嵌入式工业软件应用层生成控制信号，驱动执行器进行动作或调整参数，以实现工业自动化和控制，包括电机控制、阀门调节、温度控制等，确保工业设备按照预定的逻辑和参数运行。

（4）通信与网络连接　嵌入式工业软件应用层需要与其他设备、系统或云平台进行通信和数据交换。主要涉及多种通信协议和网络接口，如串口通信、以太网通信、无线通信

（Wi-Fi、蓝牙等）以及工业以太网协议（Modbus、Profinet 等）。嵌入式工业软件应用层负责处理通信协议的实现、数据包的封装和解封装、连接管理等任务，以确保可靠的数据传输和交互。

（5）任务管理和调度　嵌入式工业软件通常需要同时处理多个任务，应用层负责管理和调度这些任务，确保它们按照优先级和时序要求正确执行。任务管理和调度可以基于实时操作系统提供的机制，或者自定义的任务调度算法。

（6）通信接口　应用层需要实现与外部系统的通信接口，以便与其他设备、传感器、执行器或上位管理系统进行数据交换和控制指令的传输。通信接口可以基于标准的通信协议（如 Modbus、OPC UA 等）或自定义的通信协议。

（7）安全与可靠性保障　嵌入式工业软件应用层在设计和实现过程中需要考虑安全性和可靠性问题，包括访问控制、身份验证、数据加密等安全机制，以防止未经授权的访问和数据泄露。同时，应用层还需要处理错误检测、异常处理、容错机制等，以提高系统的稳定性和可靠性。

需要注意的是，以上列举的功能只是一些常见的示例，并不涵盖所有可能的情况。具体的嵌入式工业软件应用层设计应根据实际需求进行定制和开发，以满足特定工业领域的需求。随着工业物联网和智能制造的快速发展，嵌入式工业软件应用层的功能也在不断演化和扩展中。

2. 中间件/框架层

中间件/框架层是嵌入式工业软件技术架构中的一个关键层次，位于应用层和嵌入式操作系统层之间。它可以被理解为一种独立的系统软件或服务程序，提供了一组通用的功能和接口，用于支持应用层的开发和运行，并简化与底层硬件的交互。

中间件/框架层在嵌入式工业软件中起着至关重要的作用，它管理系统资源，提供计算机服务，并作为应用层与硬件之间的接口。

中间件/框架层核心功能模块包括提供通信服务、数据处理与管理、协议转换与标准化、远程监控与管理等。

（1）提供通信服务　中间件/框架层能够提供通信服务（网络连接、消息传递和远程调用等）功能，以支持应用层与其他系统或设备之间的通信，包括串行通信、网络通信等。它提供了统一的通信接口和协议栈，确保应用程序能够与其他程序或服务器进行顺畅的通信。这对于实现分布式系统中的数据传输和协同工作至关重要。

（2）数据处理与管理　中间件/框架层负责数据的处理、缓冲、过滤、转换和管理等任务，以满足应用程序对数据处理的各种需求，以确保数据的一致性、完整性和可用性，提高嵌入式工业软件系统的整体数据处理效率。

（3）协议转换与标准化　为了实现不同协议和标准的应用程序之间的相互通信，中间件/框架层提供了协议转换和标准化的功能，可以消除不同设备和系统之间的兼容性问题，促进了整个系统的互联互通。

（4）远程监控与管理　为了方便系统管理员对系统进行实时监控和管理，中间件/框架层还提供远程监控和管理功能，帮助系统管理员及时发现和解决系统问题，提高嵌入式工业软件系统的可维护性和可靠性。

需要注意的是，除了上述核心业务功能模块，嵌入式工业软件中间件/框架层还有设备管理与配置模块、任务调度与负载均衡模块、故障检测与恢复模块等其他业务功能模块，以满足嵌入式工业软件的具体需求和业务场景。

以上这些功能模块在中间件/框架层中紧密集成，共同构成了中间件/框架层的功能体系。

另外，不同软件厂商、不同版本的嵌入式工业软件可能具有不同的功能模块划分和命名方式，上述仅是一些常见的核心业务功能模块阐述。在实际应用中，嵌入式工业软件的功能模块还可能根据特定行业的需求进行定制和扩展。

3. 嵌入式操作系统层

嵌入式操作系统层是嵌入式工业软件技术架构的核心层之一，位于硬件抽象层之上，中间件/框架层之下。嵌入式操作系统层负责管理嵌入式系统的硬件和软件资源，为应用程序提供一个统一的运行环境。

嵌入式操作系统层的主要功能包括任务调度、内存管理、设备驱动、文件系统管理等。这些功能共同协作，确保嵌入式系统能够高效、稳定地运行。

（1）任务调度　嵌入式操作系统负责管理和调度系统中的多个任务。它根据任务的优先级和实时性要求，合理分配处理器时间，确保各个任务能够按照预定的顺序和时间要求执行。

（2）内存管理　嵌入式操作系统负责管理系统的内存资源。它采用各种内存管理技术，如分区管理、页式管理、段式管理等，确保应用程序能够合理地使用内存空间，避免内存泄漏和冲突等问题。

（3）设备驱动　嵌入式操作系统包含各种硬件设备的驱动程序，这些驱动程序负责与硬件设备进行通信和控制。通过设备驱动程序，应用程序可以方便地访问和控制硬件设备，实现各种功能。

（4）文件系统管理　嵌入式操作系统通常支持文件系统，负责管理存储设备中的文件和目录。它提供文件读写、文件属性设置、目录操作等功能，确保应用程序能够安全、可靠地访问文件数据。

此外，嵌入式操作系统层还提供网络通信、图形界面、标准化浏览器等服务和功能，以满足不同应用领域的需求。

嵌入式操作系统可以是实时操作系统，如 FreeRTOS、VxWorks 等，也可以是通用的嵌入式 Linux。这些操作系统在实时性、可靠性、安全性等方面有各自的特点和优势，适用于不同的嵌入式应用场景。

4. 硬件抽象层

在嵌入式工业软件技术架构中，硬件抽象层（Hardware Abstraction Layer，HAL）是一个关键层，它位于嵌入式操作系统层与硬件平台层之间。

硬件抽象层的主要目标是将硬件相关的细节与操作系统和应用程序隔离开来，使得上层软件能够在不同的硬件平台上移植和运行，而不会受底层硬件的复杂性和差异性的影响。

硬件抽象层通过提供一组统一的接口和数据结构来实现硬件的抽象。这些接口和数据结构是硬件无关的，即它们不依赖于具体的硬件实现细节。硬件抽象层的实现通常包括与硬件通信的驱动程序和底层硬件相关的代码，但这些细节被封装在硬件抽象层内部，对上层软件是透明的。

硬件抽象层的主要功能包括硬件初始化和配置、硬件访问和控制、中断和异常处理、硬件资源管理、硬件抽象和数据封装。

（1）硬件初始化和配置　硬件抽象层负责在系统启动时初始化硬件设备，并配置它们的工作模式和参数，确保硬件能够正确地与操作系统和应用程序进行交互。

（2）硬件访问和控制　硬件抽象层提供访问和控制硬件设备的接口。这些接口允许上层软件发送命令给硬件，并接收来自硬件的响应和数据。硬件抽象层负责将上层软件的请求转换为硬件能够理解的指令，并将硬件的响应转换为上层软件能够处理的数据格式。

（3）中断和异常处理　硬件抽象层管理硬件产生的中断和异常。当中断或异常发生时，硬件抽象层负责将控制权从硬件转移到相应的中断或异常处理程序，并确保在处理完成后恢复正常的执行流程。

（4）硬件资源管理　硬件抽象层管理硬件资源，如处理器、内存和外设等。它负责分配和释放资源，确保不同的应用程序和任务能够按照优先级和需求访问硬件资源。

（5）硬件抽象和数据封装　硬件抽象层提供了硬件相关的数据结构和抽象，使得上层软件可以以统一的方式处理不同的硬件平台。这种抽象和数据封装简化了上层软件的开发和维护工作。

在嵌入式工业软件技术架构中，硬件抽象层的设计和实现对于系统的可移植性、可扩展性和稳定性至关重要。通过硬件抽象层，开发人员可以更加专注于应用程序的功能开发，而无须过多关注底层硬件的实现细节，从而提高了开发效率和质量。

5. 硬件平台层

硬件平台层是嵌入式工业软件技术架构中最底层的部分，直接与硬件设备相关。它是嵌入式工业软件的基石，提供了与硬件交互的接口和支持。

硬件平台层的主要功能包括处理器与存储器支持、外设接口与驱动支持、硬件初始化与配置、电源管理与功耗控制等。

（1）处理器与存储器支持　硬件平台层包含了嵌入式工业软件的处理器和存储器资源。处理器是执行嵌入式工业软件指令的核心部件，而存储器则用于存储数据和程序代码。硬件平台层确保这些资源能够正确地与操作系统和应用程序进行交互。

（2）外设接口与驱动支持　嵌入式工业软件通常与外部设备（如传感器、执行器、通信接口等）进行交互。硬件平台层提供了与这些外设的接口，并包含相应的设备驱动程序。这些驱动程序负责控制和管理外设的通信和操作，使得操作系统和应用程序能够方便地访问和控制这些设备。

（3）硬件初始化与配置　硬件平台层负责在嵌入式工业软件启动时进行硬件的初始化和配置工作，包括设置处理器的工作模式、配置存储器的映射、初始化外设等。通过这些操作，硬件平台层确保硬件能够正确地被操作系统和应用程序使用。

（4）电源管理与功耗控制　嵌入式工业软件通常对功耗有严格的要求，特别是在能源受限的环境中。硬件平台层提供了电源管理和功耗控制的功能，通过合理的电源配置和功耗优化，确保系统在满足性能需求的同时，也能够有效地降低功耗。

硬件平台层的设计和实现对于嵌入式工业软件的性能、稳定性和可靠性具有重要影响。合理的硬件平台层设计可以提供高效的资源利用、稳定的硬件支持和灵活的扩展性，从而满足工业应用对嵌入式工业软件的各种需求。

需要注意的是，硬件平台层与具体的硬件设备和系统配置紧密相关，因此在不同的嵌入式工业软件中，硬件平台层的具体实现可能会有所差异。

综上所述，各层次之间相互依赖、相互支持，共同构成一个完整的嵌入式工业软件系统。从硬件平台层到应用层，每一层都为上一层提供了必要的支持和接口，使得整个系统能够高效、稳定地运行。

6.1.6 嵌入式工业软件应用的关键技术

嵌入式工业软件用到的关键技术主要有处理器技术、设备驱动技术、硬件接口技术、实时性技术、可靠性技术、网络通信技术和低功耗设计技术等，如图 6.7 所示。

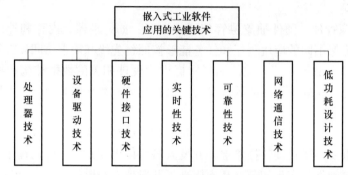

图 6.7 嵌入式工业软件应用的关键技术

1. 处理器技术

处理器是嵌入式工业软件的核心，负责执行系统的指令和处理数据。处理器的性能、功耗和集成度等方面对于嵌入式工业软件的整体性能至关重要。

处理器技术是嵌入式工业软件中用到的核心关键技术之一，主要涉及不同类型的处理器设计和应用。嵌入式工业软件常用的处理器包括通用处理器、单用途处理器、专用处理器和嵌入式微处理器。

（1）通用处理器　通用处理器适用于多种不同类型的嵌入式工业软件，它具备存储程序和通用数据路径的功能。通用处理器通常包含大量的寄存器和一个或多个通用的算术逻辑单元，用于执行各种计算任务。在嵌入式工业软件中使用通用处理器具有设计灵活性高、上市时间快和单位成本低等优势，尤其当生产数量较少时。然而，当生产数量大时，其单位成本可能相对较高，且可能包含不必要的处理器硬件，导致系统体积和功耗增加。

（2）单用途处理器　单用途处理器是为执行特定程序而设计的数字电路，常用于如 JPEG 编码解码器等特定应用场景。在嵌入式工业软件中，单用途处理器可能提供更高的性能和更小的体积与功耗。但是，单用途处理器也有其明显的缺点，就是它的设计时间和单位成本较高，且灵活性较差。

（3）专用处理器　专用处理器（Application Specific Instruction-set Processor，ASIP）是一种可编程处理器，针对某一特定类型的应用进行优化，如嵌入式控制或数字信号处理。专用处理器在嵌入式工业软件中可以在提供良好的性能、功耗和体积的同时，保持一定的灵活性。但是，开发专用处理器需要相当高的非经常性工程成本（Non-Recurring Engineering，NRE）来建立处理器本身和相应的编译器。

（4）嵌入式微处理器　嵌入式微处理器（Embedded Microprocessor Unit，EMPU）也是处理器技术的一部分，它是基于通用计算机中的 CPU 构建的，但为了适应嵌入式应用的特殊要求，在工作温度、抗电磁干扰和可靠性等方面进行了增强。

处理器技术的选择对嵌入式工业软件系统的性能、功耗、体积和成本等方面具有重要影响。因此，在设计和开发嵌入式工业软件时，需要根据具体的应用场景和需求，选择适当的处理器技术，以实现最佳的系统性能和资源利用率。

2. 设备驱动技术

设备驱动技术是嵌入式工业软件中用到的关键技术之一，主要负责实现软件与硬件之间的有效通信和控制。

（1）设备驱动程序　设备驱动程序是一种软件组件，它充当了操作系统或应用程序与硬件设备之间的桥梁。设备驱动程序提供了与设备相关的接口和功能，使得操作系统和应用程序能够方便地发送指令给硬件设备，并从设备接收数据。

（2）设备驱动开发　设备驱动开发是指根据硬件设备的规格和需求，编写、调试和优化设备驱动程序的过程。开发者需要深入了解硬件的工作原理、通信协议和接口规范，以确保驱动程序能够正确地与设备进行交互。

（3）设备驱动与操作系统　在有操作系统的嵌入式工业软件中，设备驱动程序必须符合操作系统内核的接口规定。驱动程序就成为连接硬件和内核的桥梁，对外呈现为操作系统的 API（应用程序接口），应用程序通过系统调用或其他方式间接操作驱动设备接口。

（4）设备驱动与无操作系统环境　在没有操作系统的嵌入式工业软件中，设备驱动接口直接提供给应用软件工程师。应用软件没有跨越任何层次就直接访问了设备驱动的接口，这种情况下，设备驱动的设计和实现更加直接。

（5）可移植性和兼容性　由于嵌入式工业软件的多样性，设备驱动技术需要考虑可移植性和兼容性。这意味着驱动程序应能够在不同的硬件平台和操作系统上运行，而无须进行大量修改。

综上所述，设备驱动技术在嵌入式工业软件中具有重要作用。它实现了软件与硬件之间的有效通信和控制，为嵌入式工业软件的稳定运行和功能实现提供了基础保障。因此，在设计和开发嵌入式工业软件时，需要注重设备驱动技术的选择和应用。

3. 硬件接口技术

硬件接口技术也是嵌入式工业软件中用到的关键技术之一，它主要负责软件与硬件之间的通信和数据传输。

（1）接口标准与规范　硬件接口技术遵循各种接口标准和规范，如串行接口（RS-232、RS-485）、并行接口、USB 接口、以太网接口、I2C、SPI 等。这些接口标准和规范定义了数据传输速率、信号电平、接线方式等参数，确保不同设备之间的兼容性和互操作性。

（2）接口电路设计　接口电路设计是硬件接口技术的核心部分，它主要包括信号的电平转换、缓冲、驱动和接收等方面。设计合理的接口电路能够确保数据的稳定传输，并减少信号干扰和噪声。

（3）接口协议实现　硬件接口技术需要实现相应的接口协议，以支持设备之间的通信。接口协议定义了数据传输的格式、命令和响应等规则，确保设备能够正确地解析和响应来自其他设备的指令。

（4）中断处理与 DMA 传输　在嵌入式系统中，硬件接口技术还需要处理中断和 DMA（Direct Memory Access，直接内存访问）传输。中断处理允许设备在数据到达时及时通知 CPU 进行处理，而 DMA 传输则允许设备直接读写内存，减轻 CPU 的负担。

（5）调试与测试　硬件接口技术的调试和测试是确保接口正确性和可靠性的重要步骤。通过使用示波器、逻辑分析仪等工具，可以对接口信号进行捕获、分析和验证，确保数据传输的准确性和稳定性。

硬件接口技术在嵌入式工业软件中具有重要作用。它实现了软件与硬件之间的有效通信和数据传输，为嵌入式系统的正常运行和功能实现提供了基础保障。因此，在设计和开发嵌入式工业软件时，需要注重硬件接口技术的选择和应用，以确保系统的稳定性和可靠性。

4. 实时性技术

实时性指的是系统在特定时间内对外部输入做出反应的能力，以满足实时任务的时间约束。实时系统被设计为在确定的或可预测的时间内对事件进行响应，这对于许多嵌入式应用至关重要，如控制系统、自动化设备和监测系统等。

实时性技术是嵌入式工业软件中用到的关键技术之一，主要关注系统在外部事件发生时能够在最短的时间内做出响应和处理。

（1）任务调度　任务调度是实时性技术的核心部分，它负责管理和分配系统资源，确保实时任务按照优先级和时间要求得到执行。任务调度算法可以根据任务的紧急程度、执行时间和资源需求等因素进行动态或静态的调度。

（2）中断处理　中断处理是实时性技术中的另一个重要方面。外部事件或内部定时器中断可以触发中断处理程序，该程序会立即执行以响应事件。中断处理的效率和响应时间对于确保系统的实时性能至关重要。

（3）优先级管理　实时系统通常具有多个任务，每个任务都有不同的优先级。优先级管理确保高优先级的任务能够优先执行，以满足其时间约束。这可以通过使用优先级队列、抢占式内核机制和多级中断等方法来实现。

（4）时钟同步和时间管理　实时系统需要精确的时钟同步和时间管理功能，以确保任务按照预定的时间计划执行。这可以通过使用硬件定时器、实时时钟（RTC）和时间戳等技术来实现。

（5）资源访问控制　实时系统还需要对共享资源进行访问控制，以避免资源冲突和其他潜在问题。这可以通过使用互斥锁、信号量、自旋锁等同步机制来实现。

实时性技术在嵌入式工业软件中具有重要作用。它确保了系统在关键时刻能够及时响应和处理外部事件，从而保证了系统的可靠性和性能。因此，在设计和开发嵌入式工业软件时，需要注重实时性技术的选择和应用，以满足实时任务的要求。

5. 可靠性技术

可靠性技术是嵌入式工业软件中用到的关键技术之一，主要关注系统在长时间运行过程中能够保持稳定的性能，以及对外部干扰和故障的容错能力。

（1）可靠性设计和分析　在嵌入式工业软件系统设计阶段，应采用可靠性设计和分析技术，以预测和评估嵌入式工业软件系统的可靠性，包括故障模式与影响分析（Failure Mode and Effects Analysis，FMEA）、故障树分析（Fault Tree Analysis，FTA）和可靠性框图（Reliability Block Diagrams，RBD）等技术，用于识别潜在的故障模式、分析其对系统的影响，并确定改进措施。

（2）容错和冗余设计　为了提高嵌入式工业软件系统的可靠性，一般采用容错和冗余设计技术。容错设计通过在嵌入式工业软件系统中添加冗余组件或功能，以便在某个组件发生故障时，嵌入式工业软件系统仍然能够正常工作。而冗余设计则是通过增加系统的冗余度，以减少单点故障的可能性，提高嵌入式工业软件系统的可用性。

（3）软件容错技术　在嵌入式工业软件中，可以采用多种软件容错技术，如检查点技术、恢复块技术和 N 版本程序设计（一种静态的故障屏蔽技术，采用前向恢复的策略）等。这些技术可以在软件发生错误时，通过回滚到之前的状态、使用备份代码或执行其他恢复措施来保持系统的正常运行。

（4）异常处理和故障恢复　嵌入式工业软件应具备异常处理和故障恢复能力，以便在发生异常情况时能够及时响应并采取措施，包括异常检测、异常隔离、异常报告和异常恢复等机制，以确保嵌入式工业软件系统能够在最短的时间内恢复正常工作状态。

（5）系统测试和验证　在系统开发和部署过程中，应进行全面的测试和验证，以确保嵌入式工业软件系统的可靠性，包括单元测试、集成测试、系统测试和验收测试等各个阶段，以及使用仿真测试环境和实际硬件环境进行验证。

可靠性技术确保了嵌入式工业软件系统在长时间运行过程中能够保持稳定的性能，提高了嵌入式工业软件系统的可用性和可维护性。因此，在设计和开发嵌入式工业软件时，需要注重可靠性技术的选择和应用，以满足工业应用对系统可靠性的高要求。

6. 网络通信技术

网络通信技术是嵌入式工业软件中实现设备间通信和数据传输的基础。随着物联网和工业互联网的发展，嵌入式设备需要与其他设备、服务器或云平台进行高效、可靠的数据交换，以实现远程监控、控制和管理等功能。因此，网络通信技术的选择和应用对于嵌入式工业软件的成功实现至关重要。

（1）有线通信技术　有线通信技术包括串口通信、USB 通信、CAN 总线通信和以太网通信等。这些技术通过物理线路传输数据，具有传输稳定、带宽较高等特点。其中，以太网通信是最常用的有线通信技术之一，它支持高速数据传输和多个设备之间的网络通信。

（2）无线通信技术　无线通信技术包括 Wi-Fi、蓝牙、ZigBee、LoRa 等。这些无线通信技术无须物理线路连接，具有灵活性和便利性。无线通信技术广泛应用于嵌入式设备的无线联网、传感器数据采集和远程控制等场景。

网络通信技术在嵌入式工业软件中具有重要作用。在选择和应用网络通信技术时，需要综合考虑传输距离、速率、功耗、成本以及可靠性和稳定性等因素，以满足嵌入式工业软件的实际需求。

7. 低功耗设计技术

低功耗设计技术是嵌入式工业软件中用到的关键技术之一，尤其在移动设备和电池供电的应用中，其重要性更加凸显。低功耗设计技术旨在降低系统的功耗，从而延长电池寿命、提高设备的可靠性和性能。

（1）硬件低功耗设计技术　在硬件设计时，应尽量选用具有低功耗特性的器件，如低功耗的单片机、存储器和外围电路等，这些器件在降低系统功耗方面起着直接的作用。

针对特定的应用需求，应选择高度集成的专用器件，如专用于测量体温的单片机，这些器件内部集成了所需的功能模块，减少了外部组件的使用，从而降低了功耗。

根据系统需求和任务负载，动态调整处理器的时钟频率和电压，当时钟频率降低时，可以同时降低处理器的供电电压，以达到节能的目的。

（2）软件低功耗设计技术　通过优化软件算法，可以降低应用对整体嵌入式工业软件系统的负载，从而减少功耗。例如，使用优化的逻辑和算法来处理数据和执行任务，以减少不必要的计算和存储操作。

根据系统的运行状态和任务需求，合理管理系统的低功耗模式。例如，在空闲或休眠状态下，关闭或降低未使用的外设和模块的功耗，以减少系统的总功耗。

在系统运行时，根据任务的优先级和执行时间，可以合理调度任务以实现节能。例如，将高功耗任务集中在一起执行，然后让系统进入低功耗模式，以减少系统的总功耗。

通过合理的硬件和软件设计，可以降低系统的功耗，提高设备的可靠性和性能。在面对功耗和性能的矛盾时，应采取系统级低功耗设计和功耗与性能的平衡策略来解决问题。

除了上述关键技术外，嵌入式工业软件还用到了其他很多重要的技术，如嵌入式数据库技术、图形用户界面开发技术等。这些技术的综合应用使得嵌入式工业软件能够满足各种复杂的应用需求，并在各个领域得到广泛应用。

6.1.7　嵌入式工业软件主要应用领域

嵌入式工业软件是特定的嵌入式软件，主要应用于工业领域。嵌入式工业软件在工业领域的主要应用包括自动化生产线控制、设备预测性维护和远程监控、实时数据处理和分析等，如图 6.8 所示。

1. 自动化生产线控制

嵌入式工业软件在自动化生产线控制中发挥着核心作用，被用于控制和监测生产过程中的各种设备和机器，确保设备和机器按照预定的流程和参数运行。通过嵌入式工业软件，可以实现精确的定时控制、顺序控制和反馈控制，从而提高生产线的效率和产品质量。

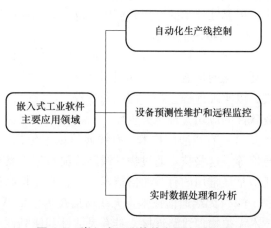

图 6.8　嵌入式工业软件主要应用领域

2. 设备预测性维护和远程监控

通过在设备或机器中嵌入传感器和嵌入式工业软件，企业可以实时监测其运行状态和性能参数。当发现异常时，可以及时采取维护措施，避免设备故障和生产中断。

此外，远程监控允许用户从远程位置访问数据和分析结果，提高维护效率和维护质量。

3. 实时数据处理和分析

在工业环境中，产生大量数据，需要快速、准确地进行分析处理。嵌入式工业软件能够实时收集、处理和分析这些数据，并将结果传输到上位机或云平台进行进一步的处理和分析，帮助企业提高生产过程的可视化和可优化性，为决策提供有力支持。

然而，嵌入式工业软件的应用范围远不止于数据采集、控制和通信等基本功能，它还广泛应用于包括数控装置、全自动柔性生产线、智能测量仪表、可编程序控制器、分布式控制系统、现场总线设备及控制系统、工业机器人以及机电一体化设备等多个领域。这类软件不单单提升了单个设备的运行效能，而且是推进整个工业生产体系朝向更高级别的智能化与自动化的关键因素。在工业软件市场中，嵌入式工业软件扮演着极其重要的角色，对于促进智能制造与物联网技术的深度融合和进步具有决定性影响。因此，加深对嵌入式工业软件的研究和开发，不仅对于提高工业产品的智能化水平至关重要，也是推动工业生产向现代化进程的关键途径。

6.2 新型架构工业软件——工业 App

当前，新兴工业软件正逐渐聚焦于融合工业互联网、云计算、大数据、人工智能等尖端技术，以应对现代工业生产中的多样化和复杂性需求。这类软件的发展倾向于强化数字化、网络化及智能化特性，旨在通过采用先进技术和算法实现更高效、精确和可靠的生产管理流程，为工业界的数字化转型提供坚实支撑。同时，新型工业软件展现出平台化、模块化和可定制化的特征，为企业带来更加灵活和便利的解决方案。

6.2.1 工业 App 的概念

工业 App，作为工业互联网的关键应用，承担了传递工业知识与经验的重要任务，响应了特定工业需求。这一概念体现了将企业的专业知识与技术秘籍通过模型化、模块化、标准化及软件化的过程，有效地促进了工业知识的可见性、共享性、组织性和系统性，从而极大地简化了知识的应用与再利用过程。

工业 App 通过对工业领域中流程、方法、数据、信息及其他技术要素进行数据建模分析、系统化整理和抽象提炼，并依托统一标准进行封装，形成了一套高效可复用且易于传播的工业应用程序，专门用于解决特定的问题并满足特定需求。

在当前社会生产力快速发展的背景下，企业亟须通过软件化手段来积累和沉淀工业技术知识，以增强其创新能力。工业 App 恰恰应运而生，顺应了这一发展趋势，为企业在追求技术创新和提升竞争力的道路上提供了新的工具和平台。

1. 狭义工业 App 和广义工业 App 的概念

工业 App 的概念没有严格意义上的狭义与广义之分，本书根据应用场景的不同简要阐述一下狭义工业 App 和广义工业 App 概念的区别。

狭义的工业 App 通常指的是针对特定工业场景或问题，基于平台的技术引擎、资源、模型和业务组件，将工业机理、技术、知识、算法与最佳工程实践相结合形成的应用程序。这些应用程序通常是针对某一具体任务或功能进行开发的，例如设备监控、故障诊断、生产优化等。它们通过系统化的组织、模型化的表达、可视化交互等方式，帮助用户解决具体的工业问题。

广义的工业 App 则涵盖了更广泛的范围，不仅包括针对特定工业场景的应用程序，还包括与工业相关的各种软件工具、平台和服务。这些广义的工业 App 可能涉及工业设计、仿真、制造、管理、销售等各个环节，旨在提高工业生产率、降低成本、优化资源配置等。

广义的工业 App 更加强调工业互联网平台的作用，通过连接人、机、物、系统等各种要素，构建起覆盖全产业链、全价值链的制造和服务体系。

总的来说，无论是狭义还是广义的工业 App，它们都是工业技术软件化的重要成果，有助于推动工业领域的数字化转型和智能化升级。

目前，关于工业 App 的概念，比较统一的说法是：工业 App 是基于松耦合、组件化、可重构、可重用思想，面向特定工业场景，解决具体的工业问题，基于平台的技术引擎、资源、模型和业务组件，将工业机理、技术、知识、算法与最佳工程实践按照系统化组织、模型化表达、可视化交互、场景化应用、生态化演进原则而形成的应用程序，是工业软件发展的一种新形态。

简单来说，工业 App 是为了解决特定的具体问题、满足特定的具体需要而将被实践证明可行和可信的工业技术知识封装固化后所形成的一种工业应用程序。

2. 工业 App 在实践应用中的作用与价值

工业 App 可以让工业技术经验与知识得到更好的保护与传承、更快地运转、更大规模地应用，从而放大工业技术的效应，推动工业知识的沉淀、复用和重构。

工业 App 在实践应用中的作用与价值主要体现在以下几个方面。

（1）推动工业技术经验的沉淀、复用和重构　工业 App 可以将工业技术经验以软件化的形式进行封装和固化，使其更易于传承和应用。同时，通过对这些技术经验的复用和重构，可以推动工业技术的不断创新和发展，提升企业的技术水平和竞争力。

（2）加速工业知识的显性化、公有化、组织化、系统化　工业 App 可以将隐性的工业知识以显性的形式表达出来，并使其公有化、组织化、系统化，从而更易于传播和应用。帮助打破知识壁垒，促进知识的共享和普及，提高企业的知识管理水平和创新能力。

（3）促进工业软件的解耦、重用和协同　工业 App 基于松耦合、组件化、可重构、可重用等思想进行开发，可以实现工业 App 的解耦重用，提高工业 App 的开发效率和质量。同时，通过协同开发和应用，可以实现不同工业 App 之间的互联互通和互操作，提高企业的协同效率和整体效益。

（4）降低企业运营成本和提高效率　工业 App 可以实现远程监控、预测性维护、优化生产流程等功能，从而降低企业的运营成本，提高生产率和产品质量。此外，工业 App 还可以帮助企业实现数字化转型和智能化升级，提高企业的市场竞争力和盈利能力。

（5）赋能产业和区域经济数字化转型　工业 App 作为工业互联网价值实现的最终出口，对提升我国制造业发展起点和国际竞争力，赋能产业和区域经济数字化转型具有重要意义。通过工业 App 的应用和推广，可以推动整个产业链的数字化转型和智能化升级，促进区域经济的持续发展。

总体来说，工业 App 在实践应用中的作用与价值主要体现在推动技术创新、提高知识管理水平、促进软件开发和应用、降低运营成本和提高效率以及赋能产业和区域经济数字化转型等方面。

6.2.2　工业 App 的分类

工业 App 的分类方式可以按照不同的维度进行划分。在实际应用中，工业 App 的分类主要有按照业务环节的维度分类、按照知识来源的维度分类、按照功能分类等三种分类方式，如图 6.9 所示。

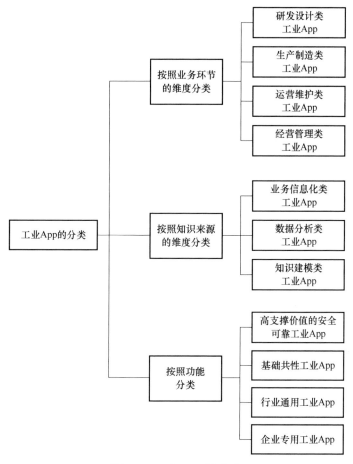

图 6.9　工业 App 的分类

1. 按照业务环节的维度分类

按照业务环节的维度分类，工业 App 大致分为研发设计类、生产制造类、运营维护类和经营管理类。这种分类方式基于工业场景的业务环节，有助于企业根据自身业务需求选择适合的工业 App。

（1）研发设计类工业 App　研发设计类工业 App 是专门针对工业产品研发设计阶段开发的一类应用软件，它将研发设计过程中的知识、技术、经验和最佳实践进行封装，以软件化的形式提供给用户，帮助他们更高效地进行产品研发和设计工作。

研发设计类工业 App 通常具备三维建模与仿真、CAD/CAE/CAM 集成、参数化设计、优化设计、协同设计等功能。

研发设计类工业 App 的应用范围广泛，包括但不限于机械、电子、汽车、航空航天、船舶、建筑等工业领域。通过使用这类 App，企业可以缩短产品研发周期、降低设计成本、提高设计质量，从而提升企业的竞争力和市场地位。

（2）生产制造类工业 App　生产制造类工业 App 是专门针对工业产品生产制造阶段开发的一类应用软件，它将生产制造过程中的知识、技术、经验和最佳实践进行封装，以软件化的形式提供给用户，帮助他们更高效地进行产品的生产制造工作。

生产制造类工业 App 通常具备生产计划与调度、物料管理、设备管理、质量管理、工艺管理、数据采集与分析、协同制造等功能。

生产制造类工业 App 的应用范围广泛，包括但不限于机械制造、电子制造、汽车制造、航空航天制造等工业领域。通过使用这类 App，企业可以实现生产过程的数字化、智能化和精细化管理，提高生产率、降低生产成本、提升产品质量，从而增强企业的市场竞争力和盈利能力。

（3）运营维护类工业 App 运营维护类工业 App 是专门针对工业产品运营维护阶段开发的一类应用软件，它将运营维护过程中的知识、技术、经验和最佳实践进行封装，以软件化的形式提供给用户，帮助他们更高效地进行产品的运营和维护工作。

运营维护类工业 App 通常具备远程监控、预测性维护、故障诊断与排除、资产管理、维修工单管理、能耗管理、数据分析与报表等功能。

运营维护类工业 App 的应用范围广泛，包括但不限于电力、石油化工、钢铁、水泥、造纸等工业领域。通过使用这类 App，企业可以实现设备的远程监控、预测性维护、故障诊断与排除、资产管理等功能，提高设备的可靠性和稳定性，降低运营成本，提升企业的运营效率和市场竞争力。

（4）经营管理类工业 App 经营管理类工业 App 是专门针对工业企业经营管理需求开发的一类应用软件，它将经营管理过程中的知识、技术、经验和最佳实践进行封装，以软件化的形式提供给用户，帮助他们更高效地进行企业的经营管理工作。

经营管理类工业 App 通常具备财务管理、供应链管理、客户关系管理、人力资源管理、办公自动化、数据分析与决策支持等功能。

经营管理类工业 App 的应用范围广泛，适用于各类工业企业，包括制造业、物流业、商贸业等。通过使用这类 App，企业可以实现经营管理的数字化、智能化和精细化，提高工作效率、降低管理成本、优化资源配置，从而增强企业的市场竞争力和盈利能力。

2. 按照知识来源的维度分类

按照知识来源的维度分类，工业 App 可以分为业务信息化类、数据分析类和知识建模类。

（1）业务信息化类工业 App 业务信息化类工业 App 是专门针对工业企业业务流程优化和信息化需求而开发的一类应用软件，将企业的实际业务场景、管理规范、业务流程以及信息流转等以信息化的手段进行封装，旨在实现业务的高效管理和流程的自动化。

业务信息化类工业 App 通常具备流程管理、数据管理、业务协同、移动办公、报告与分析等功能。

业务信息化类工业 App 的应用范围广泛，适用于各类希望提升业务管理效率和信息化水平的工业企业。通过使用这类 App，企业可以实现业务流程的标准化、自动化和信息化，提高工作效率、减少人为错误、加强业务协同，从而提升企业整体运营效率和市场竞争力。

（2）数据分析类工业 App 数据分析类工业 App 是专门为工业企业提供数据分析功能的一类应用软件，它基于企业各业务环节中所产生数据的集成，将数据挖掘、数据分析、数据处理等方法封装为工业 App，帮助企业从海量数据中提取有价值的信息，为企业的决策和优化提供数据支持。

数据分析类工业 App 通常具备数据集成、数据处理、数据可视化、数据挖掘、实时监控、决策支持等功能。

数据分析类工业 App 的应用范围广泛，适用于各类希望利用数据驱动决策的工业企业。通过使用这类 App，企业可以更好地了解市场和客户需求、监控生产过程和质量控制、预测和应对风险，从而提升企业的竞争力和盈利能力。

（3）知识建模类工业 App　知识建模类工业 App 是专门为工业企业提供知识管理和建模功能的一类应用软件，它基于特定应用场景下归纳提炼的工业经验或机理，通过建立问题求解模型形成工业 App。知识建模类工业 App 旨在帮助企业有效地组织、管理和应用其知识资源，以提升企业的创新能力和竞争力。

知识建模类工业 App 通常具备知识库管理、知识建模、知识检索与推荐、知识共享与协作、知识创新与应用、权限与安全管理等功能。

知识建模类工业 App 适用于各类注重知识管理和创新的工业企业。通过使用这类 App，企业可以有效地管理和应用其知识资源，提升员工的知识水平和创新能力，加快新产品研发和市场响应速度，从而增强企业的核心竞争力和市场地位。

3. 按照功能分类

按照功能分类，工业 App 可以分为高支撑价值的安全可靠工业 App、基础共性工业 App、行业通用工业 App 和企业专用工业 App。

（1）高支撑价值的安全可靠工业 App　高支撑价值的安全可靠工业 App 是指那些能够为工业企业提供关键业务支撑，同时保证数据安全和系统可靠性的应用软件。这类 App 通常涉及企业的核心业务流程，需要具备高度的可用性和稳定性，以确保企业的正常运营和业务发展。

高支撑价值的安全可靠工业 App 通常具备高可用性、数据安全性、系统可靠性、可扩展性等特点。

高支撑价值的安全可靠工业 App 主要包括工业控制系统 App、资产管理和维护 App、质量管理和追溯 App、供应链协同 App、能源管理和优化 App 等类型。

（2）基础共性工业 App　基础共性工业 App 是从学科维度出发，将结构、强度、动力、材料、化学等各行业共同需要的共性知识和经验进行软件化的一类工业 App。这些 App 主要发挥对工业行业的基础性支撑作用，通过对各行业共同面临的问题进行抽象和提炼，形成具有普适性、复用性的解决方案。

基础共性工业 App 的特点主要包括基础性、共性、复用性等特点。

在实际应用中，基础共性工业 App 可以涵盖多个领域，如机械、电子、化工、材料等。例如，在机械领域，可以开发用于机械设计、结构优化、动力学模拟等方面的基础共性工业 App；在电子领域，可以开发用于电路设计、电磁场模拟、信号处理等方面的基础共性工业 App。

此外，随着工业互联网和智能制造的发展，基础共性工业 App 还可以与云计算、大数据、人工智能等先进技术相结合，提供更加智能化、高效化的服务。例如，利用云计算和大数据技术，可以对海量数据进行处理和分析，为基础共性工业 App 提供更加准确和全面的数据支持；利用人工智能技术，可以实现更加智能化的决策和优化，提高基础共性工业 App 的实用性和竞争力。

（3）行业通用工业 App　行业通用工业 App 是基于特定行业的工业知识和经验，通过软件化手段形成的具有行业普遍适用性的应用软件。这类 App 旨在满足行业内企业的共同需求，提供标准化、模块化的解决方案，以推动行业的数字化、智能化升级。

行业通用工业 App 的特点主要包括行业针对性、通用性、模块化、集成性等。

在实际应用中，行业通用工业 App 可以涵盖多个领域，如能源、制造、物流等。例如，在能源领域，可以开发用于能源监控、能效优化、新能源管理等方面的行业通用工业 App；在制造领域，可以开发用于生产计划、质量管理、设备维护等方面的行业通用工业 App。

（4）企业专用工业 App　企业专用工业 App 是针对特定企业内部的生产、管理、服务等环节进行定制开发的工业应用软件。这类 App 基于企业的实际业务需求和工作流程，将企业的工业知识和经验进行软件化，旨在提高企业的生产率、管理水平和服务质量。

企业专用工业 App 的特点主要包括定制化、专用性、集成性、安全性等。

在实际应用中，企业专用工业 App 可以涵盖企业的各个业务领域，如生产管理、质量管理、设备管理、仓储管理等。例如，在生产管理领域，企业可以开发用于生产计划、生产调度、生产监控等方面的专用工业 App，以提高生产率和降低生产成本；在设备管理领域，企业可以开发用于设备巡检、设备维护、设备故障预警等方面的专用工业 App，以保障设备的稳定运行和延长设备寿命。

6.2.3　工业 App 发展历程

工业 App 的发展历程可以追溯到 20 世纪 90 年代，随着工业互联网技术的发展，经历了多个阶段的演变。

1. 工业 App 国外发展历程

工业 App 在国外发展历程可以分为起始阶段、初步发展阶段、快速发展阶段、成熟与创新阶段，如图 6.10 所示。

图 6.10　工业 App 国外发展历程

（1）起始阶段（20 世纪 90 年代）　20 世纪 90 年代，随着互联网技术的迅速发展和普及，一些发达国家开始探索将互联网技术与工业生产相结合。虽然尚未形成明确的工业 App 概念，但一些初步的应用实践已经开始出现，主要集中在信息共享和远程监控等领域。

（2）初步发展阶段（20 世纪末至 21 世纪初）　20 世纪末至 21 世纪初，智能手机和移动互联网技术的快速发展为工业 App 的兴起提供了基础。一些国外工业企业开始尝试开发针对特定业务流程的工业 App，如设备管理、生产调度等，以提高生产率和管理水平。同时，部分国家也开始出台相关政策，推动工业互联网的发展。

（3）快速发展阶段（21 世纪初至 10 年代中期） 在此阶段，工业互联网概念逐渐明确并得到广泛认可。一些国际知名的工业企业纷纷推出自己的工业互联网平台和工业 App，以加速数字化转型和智能化升级。同时，随着云计算、大数据等技术的快速发展和应用，工业 App 开始实现跨平台、跨设备的数据共享和协同工作，功能和应用范围不断扩大。

（4）成熟与创新阶段（21 世纪 10 年代中期至今） 自 2015 年开始，工业 App 市场逐渐趋于成熟，形成了较为完善的产业链和生态系统。一些领先的工业互联网平台开始提供丰富的 API 和支持第三方开发者开发 App，进一步推动了工业 App 的繁荣和创新。同时，随着人工智能、物联网等技术的融入和发展，工业 App 开始向智能化、个性化方向发展，为企业提供更加精准、高效的服务。

2. 工业 App 国内发展历程

工业 App 在国内发展历程可以分为探索与起步阶段、初步发展阶段、快速发展与创新阶段、成熟与生态构建阶段，如图 6.11 所示。

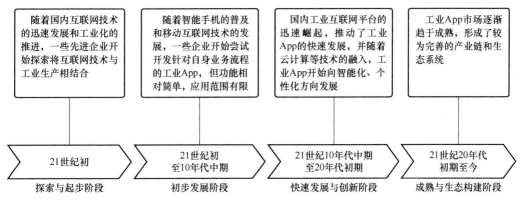

图 6.11　工业 App 国内发展历程

（1）探索与起步阶段（21 世纪初） 21 世纪初，随着国内互联网技术的迅速发展和工业化的推进，一些先行的企业开始探索将互联网技术与工业生产相结合。然而，由于技术限制和市场认知度不高，我国工业 App 的应用相对较少，主要集中在一些大型企业和特定行业。

（2）初步发展阶段（21 世纪初至 10 年代中期） 随着智能手机的普及和移动互联网技术的快速发展，App 成为日常生活中不可或缺的一部分。国内工业企业开始意识到 App 在提升生产率、加强设备管理和优化供应链管理等方面的重要性。一些企业开始尝试开发针对自身业务流程的工业 App，但由于技术水平和市场需求的限制，这些工业 App 的功能相对简单，应用范围有限。

（3）快速发展与创新阶段（21 世纪 10 年代中期至 20 年代初期） 这一时期，国内工业互联网平台迅速崛起，推动了工业 App 的快速发展。政府也出台了一系列支持政策，鼓励企业加快数字化转型。在这个阶段，工业 App 的数量和功能都得到了大幅提升，覆盖了更广泛的业务领域，如智能制造、能源管理、远程维护等。同时，随着云计算、大数据、人工智能等技术的融入，工业 App 开始向智能化、个性化方向发展。

（4）成熟与生态构建阶段（21世纪20年代初期至今） 21世纪20年代初期至今，工业App市场逐渐趋于成熟，形成了较为完善的产业链和生态系统。一些领先的工业互联网平台开始提供开放API和支持第三方开发者开发App，进一步推动了工业App的繁荣和创新。同时，随着5G、物联网等新技术的普及和应用，工业App在实时数据分析、远程监控、智能决策等领域的应用更加广泛和深入。此外，国内工业App也开始与国际市场接轨，参与全球竞争。

3. 工业App发展方向与趋势

未来，工业App的发展方向与趋势将更加注重平台化、智能化、定制化与个性化、跨平台与跨设备协同、融合新技术创新应用等方面的发展，如图6.12所示。

（1）平台化 随着工业互联网平台的不断推广和完善，工业App正逐渐从单一的、独立的应用软件向平台化的方向发展。工业互联网平台可以提供丰富的API和支持第三方开发者开发App，使得工业App的种类和数量得到快速增长，同时提高了应用的灵活性和可扩展性。

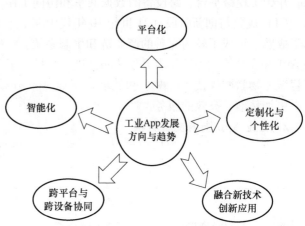

图6.12 工业App发展方向与趋势

（2）智能化 人工智能、机器学习等技术的融入使得工业App具备更强的智能化功能。这些工业App能够实时分析海量数据，提供精准决策支持，帮助工业企业实现自动化、智能化生产和管理。

（3）定制化与个性化 随着市场需求的多样化，工业App开始向定制化、个性化方向发展。企业可以根据自身业务流程和需求定制开发符合要求的工业App，提高生产率和管理水平。

（4）跨平台与跨设备协同 未来工业App将更加注重跨平台、跨设备的协同工作能力。不同的工业App之间可以实现数据共享和互通，提高整体工作效率和协同性。

（5）融合新技术创新应用 5G、物联网、区块链等新一代信息技术的不断涌现为工业App的发展提供了更广阔的空间。未来工业App将积极融合这些新技术，创新应用模式和场景，推动工业领域的持续变革和发展。

总之，未来工业App的发展方向与趋势将更加注重平台化、智能化、定制化、跨平台协同、安全性与隐私保护以及融合新技术创新应用等方面的发展。这些趋势将共同推动工业App市场的繁荣和创新，为工业企业带来更加广阔的发展空间和机遇。

6.2.4 工业App基本功能

目前，常用的工业App基本功能主要包括设备管理与监控、生产流程控制、数据分析与优化、协同与集成等，是推动工业智能化转型和数字化升级的重要工具，如图6.13所示。

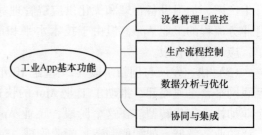

图6.13 工业App基本功能

1. 设备管理与监控

工业 App 可以实现对设备的远程监控和管理，包括设备状态监测、故障诊断、预测性维护等。通过实时数据采集和分析，工业 App 能够及时发现设备故障并提供相应的解决方案，提高设备运行效率和可靠性。

2. 生产流程控制

工业 App 可以对生产流程进行精确控制，包括生产计划管理、生产调度、工艺流程优化等。通过工业 App，企业可以实现生产流程的自动化、智能化和灵活调整，提高生产率和产品质量。

3. 数据分析与优化

工业 App 具备强大的数据分析功能，可以对生产过程中产生的海量数据进行实时分析和处理，挖掘数据中的潜在价值。通过数据分析，工业 App 能够为企业提供生产优化建议、降低能耗和成本等，提高企业的经济效益和市场竞争力。

4. 协同与集成

工业 App 可以实现不同设备、不同系统之间的协同工作和数据共享，打破信息孤岛，提高企业内部和供应链之间的协同效率。同时，工业 App 还可以与其他企业级应用进行集成，如 ERP、CRM 等，实现业务流程的无缝对接。

除了以上基本功能外，工业 App 还包括报警与通知、可视化与报表、远程操作与控制等功能。这些功能共同构成了工业 App 系统强大的功能体系，以满足企业的应用需求。

6.2.5 工业 App 技术架构

工业 App 的技术架构图通常是一个四层结构，应用层（SaaS）、平台层（PaaS）、基础设施层（IaaS）和边缘层。典型的工业 App 技术架构如图 6.14 所示。

应用层（SaaS）位于整个架构的最顶层，直接面向用户提供各种工业 App 应用服务。应用层利用下层提供的能力和资源，开发出满足用户需求的各类工业 App，帮助用户实现业务流程的优化、生产率的提升以及产品质量的改进等目标。应用层是工业互联网平台的最终价值体现。

平台层（PaaS）位于基础设施层（IaaS）之上，是工业互联网平台的核心部分。平台层基于通用 PaaS 架构进行二次开发，叠加了大数据处理、工业数据分析、工业微服务等创新功能，构建了可扩展的开放式云操作系统。平台层不仅提供了丰富的工业数据管理能力和微服务组件库，还为开发者提供了应用开发环境，加速了工业 App 的开发和部署。

基础设施层（IaaS）位于边缘层之上，它利用虚拟化技术将计算、存储、网络等资源池化，向用户提供可计量、弹性化的资源服务。基础设施层为整个工业互联网平台提供稳定、高效的基础设施支持，确保平台和应用的顺畅运行。

边缘层位于整个架构的最底层，它主要负责与工业现场的设备、系统和产品进行连接和交互，采集各种数据，并通过协议转换与边缘处理，为上层提供统一格式的数据输入。边缘层是工业互联网平台的数据基础，确保数据的准确性和实时性。

综上所述，这四个层次在工业 App 的技术架构中相互关联、相互支撑。边缘层为整个架构提供数据基础；基础设施层（IaaS）提供稳定、高效的基础设施支持；平台层（PaaS）是工业互联网平台的核心部分，为开发者提供强大的平台能力和开发工具；应用层（SaaS）

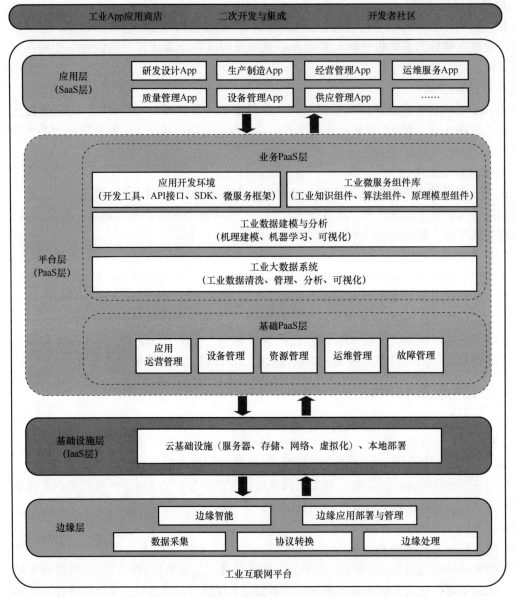

图 6.14 典型的工业 App 技术架构

则直接面向用户提供各种工业 App 应用服务。这四个层次共同构成了工业 App 技术架构的完整体系。

1. 应用层（SaaS 层）

应用层的主要功能包括提供丰富的工业 App，实现业务模型、技术、数据等软件化，提供便捷的用户访问接口等。

（1）提供丰富的工业 App 应用层基于平台层（PaaS 层）提供的各种能力和资源，开发出满足用户需求的各类工业 App，如研发设计 App、生产制造 App、经营管理 App、运维服务 App、质量管理 App 等，这些 App 涵盖了从研发设计、生产流程优化到质量控制等多个工业领域。

（2）实现业务模型、技术、数据等软件化　应用层通过将业务模型、技术、数据等转化为软件化的形式，使得这些资源能够以更加灵活、高效的方式被复用和创新。

（3）提供便捷的用户访问接口　应用层通常采用 Web 技术实现用户访问接口，用户只需通过浏览器或其他客户端设备即可轻松访问并使用各类工业 App，无须关心底层复杂的技术实现。

2. 平台层（PaaS 层）

平台层位于基础设施层（IaaS 层）之上，应用层（SaaS 层）之下，是工业 App 开发和运行的核心平台。平台层利用 IaaS 层提供的计算、存储和网络等基础设施服务，为工业 App 的开发和运行提供一个稳定、可靠的环境，它通常提供一系列的服务和功能来支持工业 App 的开发和部署。

在工业 App 技术架构中，PaaS 层发挥着承上启下的重要作用。它向下对接基础设施层（IaaS）层提供的计算、存储和网络等基础设施资源，向上支撑应用层（SaaS）各类工业 App 的开发和部署。通过平台层，开发者可以更加便捷地利用工业互联网平台的能力和资源，快速构建满足用户需求的工业 App。

平台层能够为工业 App 用户提供海量工业数据的管理和分析服务，并能够积累沉淀不同行业、不同领域内技术、知识、经验等资源，并通过实现业务模型、技术、数据等软件化、模块化、平台化，加速工业知识复用和创新。

平台层（PaaS 层）又分为业务 PaaS 层和基础 PaaS 层。

业务 PaaS 层为工业 App 开发提供了丰富的功能，主要包括应用开发环境、工业微服务组件库、工业数据建模与分析、工业大数据系统等，可以帮助工业 App 开发者快速构建、测试和部署工业 App。

（1）提供应用开发环境　平台层提供了完善的应用开发环境，包括开发工具、API 接口、SDK 等，借助微服务组件和工业应用开发工具，支持开发者快速构建、测试和部署定制化的工业 App，提高开发效率和质量。

（2）提供工业微服务组件库　平台层还将技术、知识、经验等资源固化为可移植、可复用的工业微服务组件库，供开发者调用。平台层通过构建工业微服务组件库，提供一系列可复用的微服务组件（工业知识组件、算法组件、原理模型组件），这些组件涵盖了设备连接、数据处理、业务逻辑等多个方面，能够加速工业 App 的开发和部署。

（3）提供工业数据建模与分析　平台层为工业 App 开发与应用提供工业数据建模与分析支持，主要包括机理建模、机器学习和可视化等，可以帮助制造型企业构建工业数据分析能力，实现数据价值挖掘。

（4）提供工业大数据系统（工业数据清洗、管理、分析、可视化）　平台层为工业 App 开发与应用提供工业大数据系统，具有强大的工业数据管理能力（工业数据清洗、管理、分析、可视化等），能够实现对海量工业数据的采集、存储、处理和分析，挖掘数据价值，为上层应用提供数据支持。

基础 PaaS 层主要为工业 App 开发提供应用运营管理、设备管理、资源管理、运维管理、故障管理等支持。

3. 基础设施层（IaaS 层）

基础设施层（IaaS 层）是整个工业 App 技术架构的基础，为平台层（PaaS 层）和应用层（SaaS 层）提供必需的硬件和软件资源，确保工业 App 的稳定运行。

基础设施层（IaaS 层）主要功能包括提供存储资源、提供网络资源、提供计算资源、提供安全性与可靠性保障等。

（1）提供存储资源　基础设施层提供各种类型的存储服务，包括块存储、文件存储、对象存储等，满足平台层和应用层对数据存储的需求，确保数据的可靠性和持久性。

（2）提供网络资源　基础设施层负责管理和调度网络资源，包括 IP 地址、带宽、负载均衡等，确保平台和应用之间的网络通信畅通无阻。

（3）提供计算资源　基础设施层通过虚拟化技术，将物理硬件的计算能力转化为虚拟的计算资源，根据应用需求进行动态分配和管理，确保平台层和应用层获得足够的计算能力。

（4）提供安全性与可靠性　基础设施层通过采用一系列安全措施，如访问控制、数据加密、备份恢复等，确保整个工业互联网平台的安全性和可靠性。

在工业 App 技术架构中，基础设施层（IaaS）发挥着至关重要的作用。它不仅是整个架构的基础，还为上层平台和应用提供了稳定、高效的基础设施支持。

4. 边缘层

边缘层是工业 App 技术架构的重要组成部分，它位于整个工业 App 技术架构的最底层，主要负责与工业现场的设备、系统和产品进行连接和交互。

边缘层的主要功能包括数据采集、协议转换与边缘处理、边缘智能等。

（1）数据采集　边缘层通过各种通信手段接入不同设备、系统和产品，采集海量数据，包括设备状态、生产流程、产品质量等各种信息。

（2）协议转换与边缘处理　由于工业现场的设备、系统和产品使用不同的通信协议和数据格式，边缘层需要具备协议转换能力，将不同协议的数据转换为统一的格式，便于后续的处理和分析。同时，边缘层还需要在数据源附近进行实时数据处理和分析，减轻网络传输负载和云端计算压力。

（3）边缘智能　边缘层可以利用边缘计算技术实现错误数据剔除、数据缓存等预处理以及边缘实时分析，提供实时响应和决策支持，促使工业 App 能够更快速地响应现场变化。

在工业 App 技术架构中，边缘层发挥着承上启下的重要作用。它向上对接平台层和应用层，提供实时、准确的数据输入和智能支持；向下与工业现场的设备、系统和产品进行连接和交互，实现数据的采集和传输。通过边缘层，工业 App 能够更好地适应复杂的工业环境和需求，推动制造型企业数字化、网络化和智能化高质量发展。

以上四个层次相互关联、相互支撑、相互协作，共同构成了工业 App 的技术架构。

6.2.6　工业 App 应用的关键技术

工业 App 应用了许多关键技术，主要包括数据集成与边缘处理技术、云计算技术、大数据技术、物联网技术、网络安全技术等，如图 6.15 所示。

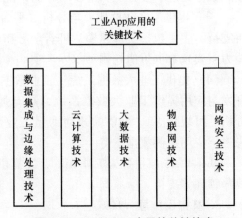

图 6.15　工业 App 应用的关键技术

1. 数据集成与边缘处理技术

数据集成与边缘处理技术是工业 App 应用的关键技术之一，主要包括设备接入技术、协议转换技术、边缘数据处理技术等。

（1）设备接入技术　设备接入技术可以通过基于工业以太网、工业总线等工业通信协议，以太网、光纤等通用协议，4G/5G、NB-IOT 等无线协议将工业现场设备接入到工业 App 硬件平台层。这些技术使得各种类型的工业设备能够顺利地与硬件平台层进行连接和数据交换。

（2）协议转换技术　工业现场存在大量的异构设备和系统，它们使用不同的通信协议和数据格式。为了实现数据的统一管理和处理，工业 App 需要运用协议解析、中间件等技术兼容 ModBus、OPC、CAN、Profibus 等各类工业通信协议和软件通信接口，将不同协议的数据转换成统一的格式。

（3）边缘数据处理技术　在靠近设备或数据源头的网络边缘侧，基于高性能计算芯片、实时操作系统、边缘分析算法等边缘数据处理技术支撑，进行数据预处理、存储以及智能分析应用，这种处理方式可以减少数据传输的延迟和带宽占用，提高操作响应的灵敏度，消除网络堵塞，并与云端分析形成协同。

数据集成与边缘处理技术的综合应用，可以实现工业现场设备的数据采集、协议转换、边缘计算等功能，为工业 App 提供稳定、高效的数据源，支撑上层应用的分析和决策。同时，这种技术也能够提高系统的可扩展性和可维护性，降低运营成本，推动工业领域的数字化转型和升级。

2. 云计算技术

云计算技术为工业 App 提供了弹性的、可伸缩的计算资源，使得工业 App 能够高效地处理和分析海量数据。

通过云计算平台，工业 App 可以实现数据的远程接入和共享，打破了传统工业应用中数据孤岛的限制。这意味着不同部门和地区的企业可以实时地获取和共享关键数据，提高生产协同和决策效率。

云计算技术还提供了灵活的应用部署和扩展能力。工业 App 可以根据实际需求快速部署到云计算平台上，并根据业务规模的变化进行弹性扩展或缩减。这为企业节省了大量的硬件和软件成本，同时提高了软件的可用性和可维护性。

另外，在工业 App 中，云计算技术还可以与大数据、人工智能等其他关键技术相结合，形成更强大的综合解决方案。例如，利用云计算平台进行数据存储和处理，结合大数据技术进行数据挖掘和分析，再通过人工智能算法进行智能决策和优化，从而实现生产过程的智能化和高效化。

3. 大数据技术

大数据技术能够处理和分析海量、多样化的工业数据，挖掘数据中的价值，为工业 App 提供数据支持和决策依据。

在工业 App 中，大数据技术的应用主要体现在数据采集与存储、数据处理与分析、预测与优化、可视化与监控等几个方面。

（1）数据采集与存储　大数据技术能够实时采集来自各种传感器、设备和系统的数据，并将其存储在分布式存储系统中，确保数据的安全性和可靠性。

（2）数据处理与分析　大数据技术能够对海量数据进行高效的处理和分析，包括数据清洗、数据整合、数据挖掘等，从而提取出有价值的信息和知识。

（3）预测与优化　基于大数据分析的结果，工业 App 能够实现对生产过程的预测和优化，提高生产率和产品质量，降低运营成本。

（4）可视化与监控　大数据技术还能够将数据以可视化的方式呈现出来，方便用户实时监控生产过程和设备状态，及时发现和解决问题。

4. 物联网技术

物联网技术可以实现设备间的互联互通，为工业 App 提供实时、准确的数据支持。

在工业 App 中，物联网技术的应用主要体现在设备连接与通信、远程监控与管理、数据分析与优化、智能化决策与控制等几个方面。

（1）设备连接与通信　物联网技术通过各种传感器和设备，将工业现场的各种设备和系统连接起来，实现了设备之间的实时数据交换和通信，打破了传统工业生产中设备之间的信息孤岛，提高了生产过程的透明度和协同性。

（2）远程监控与管理　物联网技术可以帮助工业 App 远程接入和监控设备状态和生产环境，实时获取设备的运行数据、故障信息等，为企业提供便捷的设备管理和维护手段，降低运营成本，提高生产率。

（3）数据分析与优化　物联网技术采集到的海量数据为工业 App 提供了丰富的数据源。通过对这些数据进行深入分析和挖掘，工业 App 能够发现生产过程中的优化点和改进空间，实现生产过程的优化和升级。

（4）智能化决策与控制　基于物联网技术采集的数据和分析结果，工业 App 能够实现智能化决策和控制。例如，根据设备状态和生产需求自动调整生产计划、优化设备配置等，提高了生产过程的智能化水平和响应速度。

5. 网络安全技术

随着工业互联网的快速发展，工业 App 面临的安全威胁也日益增多，网络安全技术成为确保工业 App 可靠运行的关键。

在工业 App 中，网络安全技术主要应用在数据加密与传输安全、访问控制与身份认证、漏洞扫描与修复、防火墙与入侵检测等几个方面。

（1）数据加密与传输安全　网络安全技术通过采用先进的加密算法，对工业 App 中的关键数据进行加密处理，确保数据在传输和存储过程中的安全性。同时，通过安全传输协议（如 HTTPS、SSL 等）保障数据在传输过程中的完整性和机密性。

（2）访问控制与身份认证　网络安全技术通过实施严格的访问控制策略，确保只有经过授权的用户才能访问工业 App 中的敏感数据和关键功能。同时，结合身份认证技术，验证用户的身份和权限，防止未经授权的访问和操作。

（3）漏洞扫描与修复　网络安全技术通过定期进行漏洞扫描，及时发现工业 App 中存在的安全漏洞和潜在风险。针对发现的漏洞，采取相应的修复措施，消除安全隐患，提高工业 App 的防御能力。

（4）防火墙与入侵检测　在工业 App 的部署环境中，网络安全技术通过配置防火墙和入侵检测系统（IDS/IPS），实时监控网络流量和异常行为，及时发现并阻止潜在的攻击行为，保障工业 App 的安全稳定运行。

网络安全技术的应用为工业 App 提供了全面的安全保障，确保了工业应用的稳定运行和数据安全。随着网络安全技术的不断发展和完善，工业 App 的安全防护能力将不断提升，为工业互联网的健康发展提供有力支撑。

除上述关键技术外，工业 App 应用的关键技术还有通信技术、人工智能与机器学习技术、区块链技术、高性能计算技术等。这些关键技术共同构成了工业 App 的技术核心。随着科技的不断发展，工业 App 应用的关键技术也在不断更新和优化，以适应更复杂的企业需求。

6.2.7 工业 App 主要应用领域

工业 App 在多个领域都有应用，主要应用领域有设备运维管理、生产管理、企业经营管理、能源管理等，如图 6.16 所示。

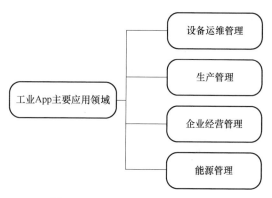

图 6.16　工业 App 主要应用领域

1. 设备运维管理

在设备运维管理领域，工业 App 主要用于远程监控与故障诊断、预测性维护、资产管理、维修管理、数据分析与优化等。例如，油气管道智能巡检、高铁转向架健康监测、飞机发动机技术状态管理、大型能源机组主设备指标检测等。

（1）远程监控与故障诊断　工业 App 可以实现设备的远程监控，实时收集设备的运行数据，并通过数据分析技术对设备的运行状态进行评估。一旦发现异常或故障，工业 App 可以迅速进行故障诊断，定位故障点并提供解决方案。可以大大减少设备停机时间和维修成本，提高设备的可用性和生产率。

（2）预测性维护　通过利用大数据和机器学习技术，工业 App 可以对设备的运行数据进行深度分析，预测设备的维护需求和寿命周期。在此基础上，企业可以提前安排维护计划，避免意外停机和生产中断，实现预测性维护。这不仅可以延长设备的使用寿命，还可以降低维护成本和提高生产率。

（3）资产管理　工业 App 可以帮助企业建立设备资产清单，跟踪设备的位置、状态和使用情况。通过工业 App，企业可以实时了解设备的资产状况，优化资产配置，提高资产利用率。

（4）维修管理　工业 App 可以提供维修管理功能，包括维修计划制订、维修任务分配、维修过程跟踪和维修结果反馈等。通过工业 App，企业可以更加高效地管理维修工作，确保设备及时得到维修并恢复正常运行。

（5）数据分析与优化　工业 App 可以对设备的运行数据进行深度分析，发现设备性能瓶颈和优化机会。企业可以根据工业 App 提供的数据和分析结果，对设备进行优化调整，提高设备的运行效率和生产质量。

2. 生产管理

工业 App 在生产管理领域的应用主要包括生产计划与调度、生产过程监控、质量管理、物料管理、人员管理和数据分析与决策支持等，实现生产管理信息化，提供企业生产管理水平。

（1）生产计划与调度　工业 App 可以协助企业制订精确的生产计划，并根据实时生产数据进行动态调整。通过算法优化生产排程，确保生产任务按时完成，同时最大化资源利用率。

（2）生产过程监控　利用工业 App，企业可以实时监控生产线的运行状态，包括设备效率、产品质量、物料消耗等关键指标。一旦发现问题，可以迅速响应，减少生产中断和质量问题的发生。

（3）质量管理　工业 App 支持对生产过程中的质量数据进行采集、分析和报告，可以帮助企业及时发现质量问题，追溯问题源头，并采取改进措施，从而确保产品的一致性和高品质。

（4）物料管理　通过工业 App，企业可以实时跟踪物料的库存情况、需求预测和供应商信息。帮助企业优化库存管理，减少库存积压和浪费，同时确保生产所需物料的及时供应。

（5）人员管理　工业 App 可以提供员工排班、绩效考核、技能培训等功能，帮助企业合理安排人力资源，提高员工的工作效率和满意度，同时降低人力成本。

（6）数据分析与决策支持　工业 App 可以对生产过程中的大量数据进行挖掘和分析，为企业提供关于生产率、成本、质量等方面的深入观察。这些分析结果可以辅助企业进行决策，推动持续改进和优化。

3. 企业经营管理

在企业经营管理领域，工业 App 主要用于销售与市场管理、财务管理、人力资源管理、供应链管理和决策支持等方面，帮助企业提高运营效率和市场竞争力。

（1）销售与市场管理　工业 App 可以帮助企业跟踪销售数据、市场趋势和客户反馈，从而优化销售策略、定价策略和市场推广策略。通过实时数据分析，企业可以更加精准地满足市场需求，提高客户满意度和市场份额。

（2）财务管理　工业 App 可以自动化处理财务报表、成本核算和预算管理等任务，提高财务管理的效率和准确性。通过实时财务数据分析，企业可以更加精确地掌握财务状况，做出更加明智的财务决策。

（3）人力资源管理　工业 App 可以提供员工信息管理、招聘与培训、绩效考核等功能，帮助企业优化人力资源配置，提高员工的工作效率和满意度。通过数据分析和预测，企业还可以更加科学地制定人力资源规划，满足未来的业务发展需求。

（4）供应链管理　工业 App 可以实现供应链的透明化和智能化管理，包括供应商信息管理、订单跟踪、库存管理、物流优化等。通过实时数据共享和分析，企业可以更加高效地协调供应链各环节的运作，降低库存成本、提高物流效率和客户满意度。

（5）决策支持　工业 App 可以利用大数据和人工智能技术，对企业经营管理的各个方面进行深入分析和预测，为企业决策提供有力支持。通过数据驱动的决策过程，企业可以更加科学地制订战略计划、优化业务流程和降低经营风险。

4. 能源管理

工业 App 在能源管理领域中的应用主要体现在能源监控与分析、能源效率评估、能源预测与调度、能源设备管理、能源成本核算以及碳中和与可持续发展等方面，帮助企业提高能源管理水平，降低能源成本，促进企业可持续发展。

（1）能源监控与分析　工业 App 可以实时监控企业的能源消耗情况，包括电、水、气等各类能源的使用数据和趋势。通过对这些数据的分析，企业可以了解能源使用的峰值时段、异常消耗等问题，从而优化能源使用计划，降低能源成本。

（2）能源效率评估　工业 App 可以对企业的能源效率进行评估，发现能源使用的瓶颈和改进空间。通过对比行业标准或历史数据，企业可以制定针对性的节能措施，提高能源利用率。

（3）能源预测与调度　利用大数据和人工智能技术，工业 App 可以预测企业的能源需求，并根据预测结果进行能源调度。这有助于企业合理安排能源采购计划，确保能源供应的稳定性，同时避免能源浪费。

（4）能源设备管理　工业 App 可以帮助企业跟踪和管理能源设备，包括设备的运行状态、维护记录和能效评估等。通过及时发现和解决设备问题，企业可以确保能源设备的正常运行，提高设备的可靠性和寿命。

（5）能源成本核算　工业 App 可以自动化处理能源成本的核算工作，包括能源消耗量的统计、能源价格的记录和成本分摊等，帮助企业准确掌握能源成本情况，为成本控制和预算制定提供数据支持。

（6）碳中和与可持续发展　对于关注环保和可持续发展的企业，工业 App 还可以提供碳中和相关的功能和数据支持。例如，计算企业的碳排放量、评估碳中和项目的可行性以及跟踪企业的环保目标进展等。

此外，工业 App 还可以应用于其他领域，如机械工程、智能物流、智能家居等。随着工业互联网的发展和普及，工业 App 的应用前景将更加广泛。

综上所述，嵌入式工业软件与新型架构工业软件在工业领域中的应用是相辅相成的。嵌入式工业软件为新型架构工业软件提供了硬件支持和底层数据采集能力，而新型架构工业软件则通过对数据的分析和处理，为嵌入式工业软件提供了更加智能化的决策和控制能力。二者的结合将推动工业生产向更加智能化、高效化的方向发展。

第 **7** 章
我国工业软件发展展望

当前，我国正在大力推进"制造强国"战略，高端化、智能化、绿色化是我国工业企业未来的主要发展方向。特别是新质生产力概念的提出，为我国工业软件产业的发展提供了更为广阔的发展空间，我国工业软件产业将面临巨大的市场需求和发展机遇。

7.1　工业软件发展趋势

产业革命驱动工业发展，工业需求引领工业软件，工业软件支撑工业进步。

高端化、绿色化、智能化是工业企业未来五到十年的技术主线，也是工业软件的主要发展趋势。当前，全球正处于工业软件技术变革的新时代，也是我国工业软件后来居上的历史机遇期。

利用人工智能、大数据、云计算等新一代信息技术，工业软件能够实现自主决策、自我优化，大大提高工作效率和工作质量，帮助企业打造新质生产力，实现高端化、绿色化、智能化。

下面，从技术发展趋势、开发模式、市场应用、服务方式等四个方面阐述未来工业软件发展趋势。

7.1.1　集成化、平台化、智能化

从技术趋势来看，工业软件未来发展趋势之一是逐步走向集成化、平台化、智能化。

1. 工业软件集成化发展

在过去，各个工业软件系统往往是独立开发的，各自有着明确的功能和边界。但随着工业企业对于跨部门、跨领域的协同工作需求的增加，这些传统界线开始变得模糊。

一方面，工业互联网、大数据、人工智能等技术的兴起，为工业软件之间的高度融合提供了技术基础。例如，通过云计算和应用程序编程接口（Application Programming Interface，API），不同的工业软件可以更方便地进行数据交换和共享，实现系统间的互联互通。

另一方面，市场需求的变化也推动了工业软件系统的深度融合。现代制造业需要更灵

活、更高效的生产方式，这就要求工业软件系统能够支持跨部门、跨领域的协同工作，实现从设计到生产再到运维的全流程数字化管理。

因此，我们可以看到，越来越多的工业软件系统开始走向集成化，系统之间的传统界线正在消失，取而代之的是更加开放、互联、协同的工业软件生态系统。这将为企业带来更高的效率、更好的用户体验和更强的市场竞争力。

💡 案例解析

传统机械设计与仿真软件、电子设计自动化软件 EDA，以及与其他工业软件如制造执行系统 MES、人机界面 HMI 等都在逐步融合。CAD 与 CAE 正在紧密地连接在一起，设计即仿真，将成为工业领域标配，这种融合的力度，正在得到空前的加强。传统的 CAD 和 CAE 分而治之的局面，正在由 CAD 厂商率先打破。

大型 CAD 设计公司 Autodesk 通过收购大型通用有限元分析软件 ALGOR、模具分析软件 MoldFlow，在 2016 年推出仿真分析 CFD 软件，在 CAE 市场上占据一席之地。

为了应对 CAD 与 CAE 的日渐一体化趋势，ANSYS 与 PTC 进行合作，联合开发"仿真驱动设计"的解决方案，为用户提供统一的建模和仿真环境，从而消除设计与仿真之间的界限。

波音公司、洛克希德·马丁公司通过设计、制造、管理软件的全面集成，在飞机型号研制中应用数字化制造技术进行飞机复合材料零件的设计、制造和管理，实现了数字化设计制造一体化。

2. 工业软件平台化发展

在现代工业领域，单一的工具或学科已经无法满足复杂的产品研发和生产需求。企业需要综合应用多个学科的知识和多种工具的功能，以实现更高效、更精准的产品设计和生产。因此，工业软件也在逐步向平台化发展。

国际工业软件巨头已经将竞争从单个工具拉到了数字化平台层面。当前越来越多工业产品是集机械、电子、电气等多学科领域子系统于一体的复杂系统，其创新开发从单领域到多领域，从单一应用软件工具到多种软件工具的综合应用，所涉及的团队成员、开发知识、数据资源更加广泛，开发过程的综合与协同更加复杂。

这就相应地要求将多学科领域的知识、技术和软件相关的信息整合到一个综合平台中，以便开展包括供货商在内的整个价值链的协同。在这种技术发展趋势下，国外工业软件巨头引导的工业软件竞争已经不是单个工具软件的比较，而是数字化研发平台的竞争和未来智能化研发设计工业软件的竞争。这种竞争模式的转变是由数字化、网络化、智能化等技术发展驱动的，也是工业企业数字化转型的必然结果。

数字化研发平台就是一个典型的工业软件平台化例子。数字化研发平台是一种基于云计算、大数据、人工智能等技术的研发平台，可以实现研发过程的数字化、协同化、智能化。数字化研发平台可以提供全面的研发工具链，覆盖需求分析、设计、仿真、测试、制造等各个环节，实现研发过程的数字化和一体化。通过数字化研发平台，企业可以更加高效地进行研发创新，缩短产品上市时间，提高产品质量和竞争力。

未来智能化研发设计工业软件则是一种基于人工智能技术的研发设计软件，可以实现自动化设计、智能化优化和预测性决策。这种软件可以利用机器学习、深度学习等技术，从海量数据中提取有用的信息，自动进行设计和优化，提供智能化的决策支持。通过未来智能化研发设计工业软件，企业可以更加快速地进行产品创新和升级，满足不断变化的市场需求。

💡 案例解析

法国达索 2006 年收购系统仿真软件 Dymola，推出以系统仿真为枢纽、整合 CAD/CAE/PLM 的全系统、全领域、全流程数字化研发平台 3DExperience，为数字化工业客户提供从产品生命周期管理到资产健康的软件解决方案组合。

西门子收购 UGS、CD-adapco、Mentor Graphics 等工业软件龙头公司，完善其产品链，在 Teamcenter 平台上集成产品数字孪生、生产数字孪生、性能数字孪生体系，贯穿产品设计、工艺、制造、服务的全数字链条，形成一个完整的解决方案体系。

3. 工业软件智能化发展

新一代信息技术，尤其是人工智能（Artificial Intelligence，AI）和虚拟现实（Virtual Reality，VR）技术等新技术的日益成熟，正在推动工业软件向智能化方向发展。这些新技术为工业软件带来了前所未有的创新和变革，使其能够更好地满足现代工业的需求。

通过机器学习和深度学习等技术，AI 技术可以帮助工业软件处理和分析海量数据，预测市场趋势、生产状况和风险，从而提供更准确、更及时的智能化决策支持。这种智能化的决策支持可以帮助企业更加准确地把握市场机遇，优化生产过程，提高产品质量和竞争力。

💡 案例解析

人工智能技术在计算机辅助设计中发挥的作用越来越重要。传统的 CAD 技术在工程设计中主要用于计算分析和图形处理等方面，对于概念设计、评价、决策及参数选择等问题的处理却颇为困难，这些问题的解决需要专家的经验和创造性思维。

将人工智能的原理和方法，特别是专家系统、知识图谱等技术，与传统 CAD 技术结合起来，从而形成智能化 CAD 系统，是工程 CAD 发展的必然趋势。

近几年，达索、西门子、Altair、ESI 等公司纷纷收购大数据人工智能相关的产品技术。计算机辅助技术和虚拟仿真技术的配合越来越紧密，模拟真实世界的能力越来越强，成为人与机械间管理、设计、评价以及反馈等工作的有效帮手。

VR 技术的应用为工业软件带来了沉浸式的交互体验。通过 VR 技术，企业可以构建虚拟的生产环境和设备，实现真实的操作体验和培训效果。这种沉浸式的交互体验可以帮助企业更加高效地进行员工培训、产品设计和生产规划，提高生产率和质量。

例如，虚拟仿真实验室利用 VR 在可视化方面的优势，可交互式实现虚拟物体的功能，减少实际验证中的材料消耗，大大降低了应用和使用过程中的成本。自 2013 年起，西门子试图在虚拟设计工业软件中采用虚拟现实（VR）来实现人机交互，先后收购了 LMS、VRcontext 和 Tesis 软件。

同时，AI 和 VR 技术的融合也为工业软件未来的发展带来了无限的可能性。例如，通过引入区块链技术，可以实现工业软件的数据安全和可信性；通过引入 5G 和物联网技术，可以实现工业软件的远程监控和维护；通过引入云计算和边缘计算技术，可以实现工业软件的弹性可扩展和资源优化。

7.1.2 标准化、开放化、生态化

从开发模式来看，工业软件未来发展趋势之一是逐步走向标准化、开放化、生态化。

1. 工业软件逐步走向标准化

随着工业软件的发展，越来越多的企业开始采用统一的平台和标准来开发和应用工业软件。这样可以确保不同系统之间的兼容性和互操作性，降低开发和维护成本，提高生产效率。未来，各类工业软件企业联合打造工业软件产品研发、集成实施、运维服务等一体化的解决方案逐步成为趋势，这对工业软件的标准化提出了更高要求。

首先，工业软件的标准化可以确保不同工业软件之间的兼容性和互操作性，使得不同的系统和应用可以顺畅地进行数据交换和共享，从而提高生产率和质量。其次，通过采用统一的标准和规范，工业软件的开发和维护成本可以得到有效的降低。标准化的组件和模块可以提高代码的复用性和可维护性，减少重复开发和维护的工作量。最后，标准化可以确保工业软件的质量和安全性。通过建立统一的质量和安全标准，可以对工业软件进行更加规范和严格的测试和评估，从而提高软件的可靠性和稳定性，降低潜在的安全风险。另外，标准化还可以推动工业软件的产业升级和转型。通过制定和推广统一的工业软件标准，可以促进整个产业链的协同发展，推动产业升级和转型，提高整个行业的竞争力。

💡 案例解析

在 CAD 技术不断发展的过程中，工业标准化问题越来越显示出其重要性。迄今已制定了许多标准，如计算机图形接口标准 CGI（Computer Graphics Interface）、计算机图形元文件标准 CGM（Computer Graphics Metafile）、计算机图形核心系统标准 GKS（Graphics Kernel System）、程序员层次交互式图形系统标准 PHIGS（Programmer's Hierarchical Interactive Graphics Standard）、初始化图形转换规范 IGES（Initial Graphics Exchange Specification）和产品数据交换标准 STEP（Standard for The Exchange of Product model data）等。

随着技术的进步和功能的需要，新标准还会不断地推出。目前三维 CAD 技术存在的最大问题就是设计还缺乏规范，在数据转换格式中存在一些误差，在设计之初存在误差问题会给后期的修改工作加大任务量。未来三维 CAD 技术的发展将会更加精确，在设计之初就需要一份精确的规范设计参考图，参考图里设计的数据都需要规范和精确。

2. 工业软件走向开源与开放

随着制造业数字化转型的不断提速，工业软件需要满足更高的灵活性、可扩展性和可定制性需求。开源和开放的模式允许用户根据自己的特定需求进行修改和定制，可以更好地满足这些需求。因此，工业软件逐步走向开源和开放是一个大的趋势。

首先，通过开源和开放，企业、研究机构、开源社区等各方可以共享彼此的技术知识、开发经验、计算资源等，也可以共同贡献代码、修复漏洞、优化性能，实现资源的互补和最大化利用。其次，开源与开放可以促进工业软件生态系统的建立。通过开放 API 和提供开发工具，企业可以吸引更多的第三方开发者参与进来，开发出更多的插件、扩展和集成方案。这不仅丰富了工业软件的功能和应用场景，还为企业带来了更多的商业机会。最后，开

源和开放可以降低工业软件的成本。通过采用开源的组件和工具，企业可以减少对专有软件的依赖，降低许可和维护成本。

目前来说，工业软件的开发环境已从封闭、专用的平台走向开放和开源的平台。部分厂商通过开发平台，聚集并对接了大量产业链伙伴，利用行业资源针对特定工业需求进行仿真软件的二次开发，实现了工业仿真功能的扩展。

💡 案例解析

PTC 在 2020 年 4 月发布开源空间计算平台 Vuforia Spatial Toolbox，能够快速开发出一套人机交互界面，提供一套虚实融合的人机交互方式，推进 AR 与空间计算、IoT 结合。

Intellicad Technology Consotium（ITC 组织）提供了一个类似 Auto CAD 的 CAD 开源平台，在全球吸引了很多软件开发商。

美国 Autodesk 公司推出工业制造仿真平台 fusion360，集成了来自多个合作伙伴的服务和应用，包括 Brite Hub 的服务、CADENAS 的 parts4cad 应用等，通过不断扩充优化工业模型与行业资源库，使其仿真软件应用范围从单一产品仿真扩展到工艺与生产线装配仿真等领域。

中望软件与浩辰软件通过早期阶段加入 ITC 联盟，应用 Intellicad 开源平台，实现了与 Auto CAD 的高度兼容。

3. 工业软件加快从本地部署向云化转型

云计算技术提供了高度灵活和可扩展的资源，可以根据企业的实际需求进行动态调整。工业软件正在迅速向平台化、可配置、云化和订阅模式转型，呈现向云端迁移的趋势，其部署模式从企业内部转向私有云、公有云以及混合云。

基于云平台，全社会可以进行合作开发，各项分工包括开发某种软件的架构、开发微服务、基于微服务开发应用软件、给予应用软件基于特定工业知识的增值开发。

一方面，供应商开发建设基于云方案的工业软件，改变原有的软件配置方式。另一方面，用户通过租用软件弹性访问工业云，可以选择直接在本地浏览器或通过 Web 及移动应用程序运行云化工业软件，从而释放服务器等硬件的资源空间，降低对硬件的维护成本。

💡 案例解析

Autodesk 2016 年推出 Fusion360 云平台，将"卖软件"改为"卖服务"。达索系统 2017 年推出云化版本的 3DExperience 平台。PTC2019 年 10 月宣布以 4.7 亿美元的价格收购 SaaS CAD 厂商 On shape，On shape 是基于云的架构，用户可以通过个人计算机、手机、平板等终端，在网络环境下打开浏览器登录到 Onshape 开展相关设计工作。西门子将 Simcenter Amesim 和 Simcenter3D 纳入到其 SaaS 产品中，为广大中小企业服务。

中国的软件企业也在迅速做出反应，山大华天控股的华云三维公司开发了基于 Web 的云端产品 CrownCAD 软件，浩辰、利驰等都加强了线上 CAD 的应用，北京云道、上海数巧、蓝威等国内 CAE 软件企业也正在加强云化部署。

4. 工业软件走向轻量化及低代码开发

现在的工业软件普遍存在专业性强、开发流程复杂和成本高的特点，导致门槛高，使得中小企业望而却步。

为扩大工业软件产品的应用广度，工业软件企业也在试图调整产品研发策略，拓宽产品系列。而低代码开发平台通过可视化的软件功能组件的装配及模型化驱动自动生成运行代码，无须编码或通过少量代码就可以快速生成应用程序，为工程师快速开发可用、好用的工业软件提供了良好的开发环境。

低代码开发平台可以降低企业应用开发人力成本，也可以将开发周期缩短至原来的几分之一，大幅提升工业流程业务应用的研发效率，从而帮助企业实现降本增效、灵活迭代的价值。

为了更好地适应广大中小企业数字化转型需要，工业软件会朝着轻量化、结构化以及低代码开发方向演进，形成新的产品系列。

据 Forrester 的报告预测，到 2020 年低代码开发平台市场规模将增长到 155 亿美元，75%的应用程序将在低代码平台中开发。低代码将成为主要的软件交付平台，是打造开发生态的关键支撑。

7.1.3 工程化、大型化、复杂化

从市场应用来看，工业软件未来发展趋势之一是逐步走向工程化、大型化、复杂化。

1. 应用场景行业化要求工业软件更高的工程化能力

随着产品、工艺以及需求的日趋复杂化，向行业系统解决方案提供商转型已成为工业软件企业的重要战略方向，懂行业和工程成为对软件企业的基本要求。

首先，懂行业是工业软件企业转型为行业系统解决方案提供商的基础。不同行业的生产流程、工艺要求、产品特点等存在很大的差异。只有深入了解行业的特点和需求，才能开发出符合行业标准的软件系统，并为客户提供有针对性的解决方案。因此，工业软件企业需要具备丰富的行业经验和对行业的深入理解，才能为客户提供高质量的服务。

其次，懂工程是工业软件企业向行业系统解决方案提供商转型的另一个必备要求。随着制造业的不断升级和智能化发展，工业软件系统的复杂性不断提高，需要具备更高的工程化能力。工业软件企业需要掌握先进的软件开发技术、系统集成技术、数据分析技术等，以确保软件系统的稳定性、可靠性和安全性。此外，工业软件企业还需要具备丰富的工程实践经验，能够为客户提供全方位的工程咨询和技术支持。

♡ 案例解析

达索系统可提供面向制造业、建筑业、医疗等 12 个行业的系统解决方案，公司编程人员只占 30%，其他人员均是工程背景出身。

Autodesk 面向电子、建筑、地理信息、土木、机械等领域推出了 AutoCAD Electrical、AutoCAD Architecture、AutoCAD Map 3D、AutoCAD Civil 3D、AutoCAD Mechanical 等不同的产品系列，不断完善工程化场景应用。

ANSYS 针对各个行业独特、持续发展变化的挑战，在航空航天与国防、汽车、建筑、生活消费品、能源、医疗、高科技、工业设备与旋转机械、材料与化学加工等领域，推出了不同的工程仿真解决方案，满足各个行业的独特要求。

2. 应用场景多样化推动工业软件日渐大型化、复杂化

CAD、CAE、系统设计仿真等复杂工业软件通常是几百万乃至几千万行代码、覆盖各种工业场景、长时间连续运行的复杂工程系统。

汽车、卫星、飞机、船舶等复杂装备数字化研制中，后期随着设备逐步集成会导致设计模型、仿真模型规模庞大，设计仿真计算量巨大，CAD 模型要支持几十万个零部件装配，有限元网络剖分后要进行几千万乃至上亿个离散方程的计算求解，系统仿真要处理几十万至几百万个混合方程系统的分析计算，而且各种工程场景会非常复杂。

这种大规模系统、复杂流程场景下，对大型复杂工程问题的处理能力直接决定了工业软件的可用性，也决定了商品化工业软件的能力与好坏。

7.1.4 定制化、柔性化、服务化

从服务方式来看，工业软件未来发展趋势之一是逐步走向定制化、柔性化、服务化。需求多样化促进工业软件企业提升定制化设计、柔性化生产和高效服务的能力。

1. 工业软件逐步走向定制化

随着制造业和其他工业领域的快速发展，客户的需求也变得越来越多样化和个性化，不同行业、不同企业甚至不同生产线都有其独特的需求和特点，不同的客户需要不同的软件功能、界面、性能和服务，通用的工业软件已经无法满足企业的全部需求。为了满足这些多样化的需求，工业软件需要提供定制化的服务，根据客户的具体需求进行软件的设计和开发。

另外，在工业领域，软件与硬件的深度融合是一个重要的趋势。工业软件需要与各种传感器、控制器、执行器等硬件设备紧密配合，实现数据的实时采集、传输和处理。这需要工业软件企业能够根据客户的硬件设备和接口要求，提供定制化的软件解决方案。

定制化的工业软件可以根据企业的具体需求进行设计和开发，实现业务流程的数字化和自动化，提高企业的生产率和管理水平。

2. 工业软件逐步走向柔性化

工业软件柔性化，是指工业软件企业能够根据客户的需求变化和市场环境调整，快速、灵活地提供相应的工业软件服务和解决方案。

随着市场竞争的加剧和技术的快速发展，客户的需求也在不断变化。工业软件需要具备快速响应客户需求变化的能力，能够根据客户需要及时调整软件性能，以满足客户的最新需求。这要求工业软件企业具备柔性的服务方式，能够快速响应并进行相应的调整。

另外，虽然定制化是满足客户需求的重要手段，但过度的定制化也会增加软件的开发和维护成本。因此，工业软件企业需要在定制化和标准化之间找到平衡，提供既能够满足客户特定需求，又具有一定通用性和可扩展性的软件解决方案。这要求企业具备柔性的软件开发和交付能力，能够根据客户的具体情况进行灵活调整。

3. 工业软件逐步走向服务化

传统的工业软件企业主要关注产品销售，即将工业软件作为产品卖给客户。然而，随着客户对工业软件认知的提升，客户对工业软件的需求也在发生变化，他们不再仅仅需要一款工业软件，更需要一款能够深度参与其业务流程、提供定制化解决方案的软件服务。

因此，工业软件企业需要从产品销售向服务转变，这意味着工业软件企业需要关注客户的使用体验和价值创造，提供持续的软件更新、技术支持和咨询服务等，以满足客户的实际需求。

7.2 我国工业软件产业发展机遇

随着我国制造业的升级转型，对数字化、智能化、高效化的工业软件需求不断增加。工业软件在制造业中的应用能够提高生产率，降低成本，增强企业的竞争力，因此制造业的转型将为工业软件产业提供广阔的市场空间。

同时，各级政府对工业软件产业给予了大力的支持，出台了一系列政策措施，鼓励创新和研发，推动产业发展。政策的引导和支持将为工业软件产业提供良好的发展环境和机遇。

云计算、大数据、人工智能等新一代信息技术的快速发展，为工业软件产业提供了新的技术手段和解决方案。这些技术的进步将推动工业软件的创新和应用，提升产业整体竞争力。

工业软件产业的发展需要整个产业链的协同合作。随着产业链上下游企业之间的沟通合作加强，形成产业链协同效应，将为工业软件产业创造更多的发展机遇。

7.2.1 数字化转型给工业软件发展带来历史机遇

企业对工业软件需求的深度，与工业化进程的深化密不可分。随着企业数字化转型的深入，数字化将会逐步覆盖渗透到所有工业领域，工业软件作为支撑和推动企业数字化转型的核心工具，其重要性逐渐凸显，这对我国工业软件发展是难得的历史机遇。

1. 企业数字化转型推动了对工业软件的需求增长

企业数字化转型过程中的企业需要借助工业软件来实现生产、管理、供应链等各个环节的数字化管理和优化。因此，工业软件市场将迎来更大的发展空间。

首先，随着企业数字化转型的推进，越来越多的企业开始意识到工业软件在提升生产率、降低成本、优化管理流程等方面的重要作用。因此，他们对工业软件的需求也随之增加，以满足数字化转型过程中的各种需求。

其次，企业数字化转型通常涉及复杂的数据处理和分析工作。这就需要强大而灵活的工业软件来支持，以便更好地整合、分析和利用数据，为企业决策提供准确依据。

再次，企业数字化转型往往要求工业软件具备更高的集成性、智能化和定制化程度。这意味着工业软件需要不断创新和进步，以更好地适应和满足企业的个性化需求。

企业数字化转型对工业软件的需求增长具有显著的推动作用。这一趋势不仅为工业软件产业带来了巨大的市场机遇，也对工业软件的技术创新和应用拓展提出了新的挑战和要求。

2. 每家企业的数字化转型需求和场景都不尽相同

每家企业都有其独特的业务模式、组织结构和发展战略，因此它们在数字化转型过程中的需求和场景也会有所不同。比如，一些企业可能更关注生产流程的数字化和自动化，以提高生产率和产品质量；而另一些企业可能更侧重于销售和市场营销环节的数字化，以便更好地了解客户需求和市场趋势。这种差异化需求促使工业软件提供商更加注重产品的定制化和灵活性，以满足企业的特定需求。

不同的企业需求和场景为工业软件提供了更多的市场细分机会。工业软件提供商可以针对特定行业、企业规模或特定需求开发专业化解决方案，以满足企业的具体要求。

为了满足不同企业的需求，工业软件提供商需要构建多样化的产品组合。这包括提供不同功能、不同部署方式和不同定价模式的工业软件产品，以适应各种企业的预算和业务需求。

多样化的企业需求和场景推动工业软件提供商不断进行技术创新。通过引入人工智能、大数据分析等先进技术，工业软件能够提供更智能、更高效的解决方案，满足企业不断提高的要求。

通过满足企业的特定需求和场景，工业软件提供商能够与企业建立更紧密的合作关系。这种合作关系有助于提高客户黏性，促使企业长期选择并使用工业软件解决方案，从而稳定工业软件的市场地位。

在这个机遇下，工业软件提供商需要保持敏锐的市场洞察力，及时了解不同行业和企业的需求变化，积极调整自身战略和产品规划。同时，要加强与企业的沟通与合作，建立紧密的客户关系，深入了解企业的实际需求，为企业提供个性化、高质量的解决方案和服务。这样才能抓住这个机遇，推动工业软件的持续发展。

3. 数字化转型让企业更加重视数据的价值

工业软件可以直接从企业的各种设备、传感器和数据库中采集数据。这种能力确保了数据的实时性和准确性，为企业提供了一个统一的数据获取平台。另外，企业内部的数据往往来源于不同的信息化系统和部门，这些数据格式各异、标准不一。工业软件能够对这些异构数据进行有效的整合，消除数据孤岛，形成一个统一的数据视图。同时，通过先进的数据分析算法和工具，工业软件可以对大量数据进行处理、挖掘和可视化，帮助企业发现数据中的价值，预测未来的趋势，评估潜在的风险。

基于上述的数据采集、整合和分析能力，企业可以实现真正的数据驱动决策。这种决策方式避免了传统决策的主观性和盲目性，提高了决策的科学性和准确性。

同时，随着大数据技术的不断发展，企业对数据的需求也在日益增长。这为工业软件提供了更多的机会，如：工业软件可以为企业提供实时的数据处理和分析能力，帮助企业迅速响应市场变化；可以基于历史数据，预测设备可能出现的故障，提前做好维护，降低生产成本；能够利用数据科学和机器学习技术，自动优化生产参数，提高生产率等。

工业软件作为数据采集、整合和分析的重要工具，可以帮助企业实现数据驱动决策，提高决策的科学性和准确性。这也为工业软件提供了更多与数据相关的功能和服务机会。

4. 企业数字化转型促进了新技术与工业软件的融合

在企业数字化转型的过程中，为了更高效地满足企业的需求，提升市场竞争力，工业软件需要不断汲取新技术。这种融合为工业软件带来了更多的创新机会、提升空间和广阔舞台。

近年来，新技术与工业软件的融合主要体现在人工智能技术与工业软件融合、大数据技术与工业软件融合、云计算技术与工业软件融合等几个方面。

（1）人工智能技术与工业软件融合　人工智能技术可以为工业软件提供更强大的数据处理、分析和预测能力。主要体现在以下两个方面。

一是工业软件通过深度学习技术对历史生产数据进行分析和学习，能够自主调整生产参数、优化设备配置，从而提高生产率、降低成本，并实现产品质量的提升。

二是人工智能技术与工业软件相融合，可以用于设备预测性维护。工业软件通过对设备运行数据的实时监测和分析，结合机器学习算法，能够预测设备可能出现的故障，并提前进行维护，避免生产中断，提高设备的运行可靠性和寿命。

通过结合人工智能技术，工业软件能够提供更智能、自适应的解决方案，帮助企业实现生产流程的自动化、智能化和优化。这种融合为企业带来了更高的生产率、更低的成本和更好的产品质量，推动了工业领域的数字化转型和升级。

（2）大数据技术与工业软件融合　大数据技术能够帮助工业软件处理海量数据，为企业提供更准确、全面的数据分析和决策支持。主要体现在以下几个方面。

一是大数据技术能够帮助工业软件处理、整合和分析海量的数据。通过数据采集、存储和处理技术，工业软件可以提供全面的数据视图，帮助企业洞察业务流程中的关键信息，实现更加准确和及时的决策。

二是基于大数据分析，工业软件可以运用统计学和机器学习算法进行数据建模和预测。这种预测能力可以帮助企业预测市场趋势、设备故障等，并实现生产过程的优化。例如，利用大数据分析，工业软件可以预测设备维护周期，提前进行维护，避免生产中断。

三是通过大数据技术，工业软件可以实现智能监控和质量控制。通过分析生产线上的实时数据，软件能够检测异常、诊断问题，并即时调整生产参数，确保产品质量的稳定和提高。

四是大数据技术可以与工业软件结合，实现供应链的可视化和优化。通过分析供应链中的数据，工业软件可以帮助企业优化库存管理、物流运输等，提高供应链的效率和响应速度。

通过大数据技术的支持，工业软件能够提供更强大、更智能的数据处理和分析能力，帮助企业更好地洞察业务、预测趋势、优化流程，实现数字化转型和升级。

（3）云计算技术与工业软件融合　通过云计算技术，工业软件可以实现数据的集中管理和按需服务，可以为企业提供更加灵活、高效和可扩展的解决方案。主要体现在以下几个方面。

一是通过云计算技术，工业软件可以实现云化部署，使企业无须购买和维护昂贵的硬件设备和基础设施。工业软件以云服务的形式提供，企业可以根据实际需求按需使用，灵活扩展或缩减资源，降低成本并提高效率。

二是云计算技术可以实现数据的集中管理和存储，使工业企业能够轻松实现多部门、多地点之间的数据共享和协同办公，提高了数据处理效率，促进了企业内部的协作和创新。

三是云计算提供了强大的计算和处理能力，可以满足工业企业对大规模数据处理和分析的需求。通过云计算的支持，工业软件能够更快速地处理复杂计算任务，提供更准确的分析结果。

四是云计算平台通常具备高可用性和完善的安全机制。工业软件在云计算环境下可以受益于这些特性，实现数据的可靠存储和传输，保护企业的核心数据和业务应用不受外部威胁和故障影响。

💡 案例解析

云化工业设计软件。通过融合云计算技术，工业设计软件可以实现云上设计和协同。设计师可以在任何时间、任何地点通过云服务访问设计软件，并进行实时协作。这种云化设计方式提高了设计效率，促进了团队之间的协作，并降低了硬件成本。

华天软件的CrownCAD。这是国内首款基于云架构的三维CAD平台，包含了CrownCAD、CrownCAD App、三维几何建模引擎DGM和几何约束求解器DCS四大产品，实现了多终端的协同设计功能，用户在任意地点和终端打开浏览器即可进行产品设计和协同分享，真正实现了"云端设计，协同分享"。

综上，云计算技术与工业软件的融合为工业企业带来了云化部署、按需服务、数据集中管理、强大的计算与处理能力以及高可用性与安全性等方面的优势。这种融合推动了工业软件的转型升级，并为企业提供了更灵活、智能且高效的解决方案，助力企业在数字化转型中取得成功。

新技术与工业软件的融合还可以帮助企业实现更智能化的生产、更精细化的管理和更个性化的服务，从而推动企业数字化转型向更高水平发展。这种融合不仅可以增强工业软件的性能，提升用户体验，也有助于工业软件提供商打造差异化竞争优势，抢占市场份额。因此，新技术与工业软件的融合是企业数字化转型背景下的一个重要趋势，也是工业软件提供商实现持续创新和发展的关键所在。

5. 企业数字化转型推动了工业软件生态系统的建设

工业软件生态系统是一个由工业软件及其相关组件、参与者和环境构成的互动系统。在这个生态系统中，不同的工业软件、服务提供商、开发者、用户和其他利益相关者相互作用，共同推动工业软件的发展和创新。

工业软件提供商可以与硬件设备制造商、云服务提供商、咨询服务机构等合作，共同打造一个完整的数字化转型生态系统。这种合作将为工业软件提供更多市场机会和合作伙伴。

企业数字化转型的需求复杂多样，单一的工业软件往往难以满足所有需求，工业软件提供商必须寻求与其他技术公司、科研机构等进行跨界合作，共同打造工业软件生态系统。这种合作促进了技术创新与集成，为企业提供更全面、一体化的解决方案。

为了构建生态系统，许多工业软件提供商开始打造开放平台，通过API接口与外部应用进行集成。这使得第三方开发者、合作伙伴能够基于开放平台进行二次开发，为企业提供更丰富的功能和服务，形成了一个共享、共赢的生态圈。

企业数字化转型过程中，数据被视为核心资源。工业软件生态系统内的各个参与方，通过数据共享和分析，能够挖掘出更多数据的价值，为企业提供更全面的决策支持。这也促使工业软件提供商注重数据的安全性、隐私性和互操作性，确保生态系统内的数据流动顺畅。

随着工业软件生态系统的建设，对人才的需求也日益增长。这推动了工业软件相关教育和培训的发展，为生态系统输送了更多的人才。而这些人才又为企业提供了更多的创新动力，促进了生态系统的繁荣和发展。

为了生态系统的健康发展，工业软件的标准化和互操作性变得至关重要。各方积极参与国际、国内标准制定，确保工业软件之间的互通与协作，为企业提供了更大的灵活性和选择空间。

综上所述，企业数字化转型的深入进行，确实推动了工业软件生态系统的建设和发展。这个生态系统以开放、共享、协作为核心，为企业提供更为全面、高效、创新的工业软件解决方案，助力企业在数字化时代取得更大的竞争优势。

7.2.2　我国重大创新工程为工业软件发展提供完整需求和试炼场

社会主义现代化强国的百年目标，一方面要求我国在作为工业核心支撑的工业软件产业上全面突破、全面自主并且进入国际第一梯队，另一方面为支撑强国梦建设，"十四五"乃至其后更长时间内我国将持续建设一批重大创新工程，如嫦娥工程四期、载人登月、新型大飞机、民用航空发动机等。

欧美诸多大型工业软件都是在重大型号工程中锤炼而成的，因此，可以说重大创新工程具有带动工业软件发展的属性和责任。重大型号工程对于工业软件提出了全面完整的需求，提供了深入打磨的试炼场和迭代机会。

首先，重大创新工程的实施需要用到各种类型的工业软件，如设计软件、仿真软件等，这为工业软件提供了实际应用的机会。同时，这些工程通常涉及多个学科领域，要求多学科协同设计，这也为工业软件提供了跨学科合作和集成测试的机会。

其次，在重大创新工程的实施过程中，工业软件可以不断接受实践检验和打磨。由于工程的高质量和高可靠性要求，工业软件需要在实践中不断优化和完善自身性能，提高稳定性和可靠性。这种检验和打磨可以帮助工业软件发现并解决存在的问题和不足，提升产品的成熟度和竞争力。

最后，重大创新工程的实施周期较长也为工业软件的迭代升级提供了充足的时间和机会。在工程的推进过程中，工业软件可以根据需求和应用反馈进行持续的版本升级和功能完善，更好地满足工程需求。

总之，重大创新工程为工业软件的发展提供了宝贵的机会和试炼场，对于推动工业软件的深入发展和产品创新具有重要意义。

7.2.3　国内外工业水平不一，蕴含工业软件市场新机遇

在工业发展水平不同的国家和地区，对工业软件的需求和应用也存在差异。发达国家通常拥有更先进的工业基础和技术水平，对工业软件的需求更加高端和个性化。而发展中国家则更注重工业软件的性能，以及适应本地化需求的能力。

这种差异为我国工业软件提供商带来了市场多元化的机会。他们可以根据不同国家和地区的工业发展水平，定制开发符合当地需求的工业软件解决方案。通过灵活调整产品功能、性能和价格策略，满足不同类型客户的需求，拓宽市场领域。

同时，国内外工业水平的不一致也促进了工业软件的技术交流和合作。发达国家的先进工业技术和管理经验可以为发展中国家的工业软件发展提供借鉴和启示。通过引进、消化、吸收再创新，发展中国家的工业软件水平可以得到快速提升，并逐步形成自身的特色和优势。

此外，国内外工业水平的不一致还激发了工业软件市场的竞争活力。面对来自不同国家和地区的竞争对手，工业软件提供商需要不断提高产品竞争力，进行技术创新和市场拓展。这种竞争推动了整个工业软件市场的繁荣和发展。

因此，国内外工业水平的不一致确实为工业软件市场带来了新的机遇。工业软件提供商需要抓住这些机遇，根据不同地区的工业发展水平，提供定制化的解决方案，并加强技术交流和合作，不断提升自身竞争力，实现市场的拓展和共赢。

从我国工业发展角度，一方面，国外软件虽然功能强大，但鉴于我国工业水平和需求所限，我国企业当前对国外工业软件的依赖尚未定型。另一方面，我国工业发展水平处于中高级水平，对于工业水平发展较低的国家，我国的工业软件更容易获得认可。

从我国工业软件企业发展角度，国外软件在开发我国市场的过程中，培育了大量具有技术服务能力的国内代理公司，这些公司有望成为国内工业软件推广和能力建设的咨询服务力量。

7.2.4 我国政策环境优化，工业软件产业发展环境持续改进

自 2015 年《中国制造 2025》提出后，全国稳步推进智能制造和工业软件领域的发展。

近年来，我国中央及地方政府先后出台了一系列支持工业软件发展的政策措施，引导工业软件产业高质量发展，见表 7.1、表 7.2。

表 7.1 国务院及相关部委颁布的相关政策

发布时间	发布部门	政策名称	主要内容
2017 年 7 月	国务院	新一代人工智能发展规划	鼓励大型互联网企业建设云制造平台和服务平台，面向制造企业在线提供关键工业软件和模型库，开展制造能力外包服务，推动中小企业智能化发展
2017 年 11 月	国务院	国务院关于深化"互联网+先进制造业"发展工业互联网的指导意见	提升产品与解决方案供给能力。加快信息通信、数据集成分析等领域技术研发和产业化，集中突破一批高性能网络、智能模块、智能联网装备、工业软件等关键软硬件产品与解决方案
2018 年 9 月	国务院	国务院关于推动创新创业高质量发展打造"双创"升级版的意见	推进工业互联网平台建设，形成多层次、系统性工业互联网平台体系，引导企业上云上平台，加快发展工业软件，培育工业互联网应用创新生态
2020 年 8 月	国务院	新时期促进集成电路产业和软件产业高质量发展的若干政策	聚焦高端芯片、集成电路装备和工艺技术、集成电路关键材料、集成电路设计工具、基础软件、工业软件、应用软件的关键核心技术研发，不断探索构建社会主义市场经济条件下关键核心技术攻关新型举国体制
2020 年 10 月	国务院办公厅	新能源汽车产业发展规划（2021—2035 年）	加快新能源汽车智能制造仿真、管理、控制等核心工业软件开发和集成，开展智能工厂、数字化车间应用示范
2021 年 7 月	工业和信息化部、科技部、财政部等部门	关于加快培育发展制造业优质企业的指导意见	推动产业数字化发展，大力推动自主可控工业软件推广应用，提高企业软件化水平
2021 年 10 月	中共中央国务院	成渝地区双城经济圈建设规划纲要	大力发展数字经济，推动数字产业化、产业数字化，促进软件、互联网、大数据等信息技术与实体经济深度融合，加快重点领域数字化发展，引领产业转型升级

（续）

发布时间	发布部门	政策名称	主要内容
2021 年 11 月	工业和信息化部	"十四五"信息化和工业化深度融合发展规划	通过产品试验、市场化和产业化引导，加快工业芯片、智能传感器、工业控制系统、工业软件等融合支撑产业培育和发展壮大，增强工业基础支撑能力
2022 年 1 月	国务院	"十四五"数字经济发展规划	协同推进信息技术软硬件产品产业化、规模化应用，加快集成适配和迭代优化，推动软件产业做大做强，提升关键软硬件技术创新和供给能力
2022 年 12 月	中共中央国务院	扩大内需战略规划纲要（2022—2035 年）	聚焦保障煤电油气运安全稳定运行，强化关键仪器设备、关键基础软件、大型工业软件、行业应用软件和工业控制系统、重要零部件的稳定供应，保证核心系统运行安全

表 7.2　我国地方政府颁布的相关政策

省份	发布时间	政策名称	主要内容
福建省	2021 年 7 月	福建省"十四五"制造业高质量发展专项规划	提升工业软件发展水平，推动工业软件、大数据和制造业深度融合。发挥福州作为国家工业互联网二级节点和全国新的数据交换口岸优势，促进工业软件和工业互联网协同发展
天津市	2021 年 8 月	天津市加快数字化发展三年行动方案（2021—2023 年）	实施"铸魂"工程，加快研发设计类、生产制造类等工业软件和关键工业控制软件，到 2023 年软件和信息技术服务业规模达到 2600 亿元
江苏省	2021 年 8 月	江苏省"十四五"制造业高质量发展规划	以工业知识软件化为方向，聚焦研发设计、生产管控、经营管理、运维服务等主要环节，重点突破实时操作系统、时序数据库、工程设计与模拟仿真软件、建筑信息模型/城市信息模型（BIM/CIM）、工业控制系统软件、嵌入式工业软件、设备运维软件、大型管理软件，以及工业互联网 App、工业智能软件、"5G+工业互联网"融合应用软件等新型工业软件，支持低代码、无代码开发工具研发以及基于数据模型驱动的工业软件集成，加快测试工具软件等工业支撑软件发展
江西省	2021 年 10 月	江西省"十四五"新型基础设施建设规划	支持企业运用智能控制系统、工业软件、能源管控软件、故障诊断软件等系统和通信技术对现有装备进行适应性改造，提升企业装备智能化水平

（续）

省份	发布时间	政策名称	主要内容
重庆市	2021年12月	重庆市数字经济"十四五"发展规划（2021—2025年）	依托两江数字经济产业园、重庆高新区软件园、渝北仙桃国际大数据谷、中国智谷（重庆）科技园等重点产业园区，加强名企名品培育，着力在工业软件、信息安全软件、基础软件等领域全面发力，推进行业应用软件、新兴技术软件、信息技术服务等优势领域提质增量，不断壮大软件产业规模
河南省	2022年2月	河南省"十四五"数字经济和信息化发展规划	推进工业软件发展"云化"新业态，鼓励企业开放应用开发平台，支持有条件的企业发展云原生产品
黑龙江省	2022年3月	黑龙江省"十四五"数字经济发展规划	充分利用现有工业制造基础优势，面向航空航天、船舶等关键行业，集中研发突破一批行业特色工业软件；面向装备制造、石油石化、汽车等重点行业，发展行业通用型工业软件，加大行业应用与试点示范力度；面向中小工业企业需求，发展平台型工业软件，实现对中小企业数字化转型普惠性支撑

《中华人民共和国国民经济和社会发展第十四个五年规划纲要》中明确提出了"制造业高端化、智能化、绿色化发展"的目标，并把"推动数字经济和实体经济深度融合，打造具有国际竞争力的数字产业集群"作为重点任务。这为工业软件产业的发展提供了重要的政策支持。

《中国制造2025》是我国政府提出的一项旨在提高制造业水平的重要计划。该计划强调了工业软件在制造业中的重要性，并提出了要加快工业软件的开发和应用，提高制造业的数字化、网络化和智能化水平。

《工业互联网创新发展行动计划（2021—2023年）》旨在推动工业互联网的发展，促进工业数据的互通互联和共享，为工业软件的发展提供了重要的平台和环境。

《加强工业互联网安全工作的指导意见》提出了要加强工业互联网的安全保障，为工业软件的安全稳定运行提供保障。

《"十四五"软件和信息技术服务业发展规划》提出了实现"产业基础新提升、产业链达到新水平、生态培育新发展、产业发展新成效"的"四新"发展目标。"十四五"期间要制定125项重点领域国家标准。到2025年，工业App要突破100万个。建设2到3个有国际影响力的开源社区，高水平建成20家中国软件名园。规模以上企业软件业务收入突破14万亿元，年均增长12%以上。有效解决产业链短板弱项，基础软件、工业软件等关键软件供给能力显著提升，形成具有生态影响力的新兴领域软件产品。

《国务院关于深化"互联网+先进制造业"发展工业互联网的指导意见》提出要着力提升数据分析算法与工业知识、机理、经验的集成创新水平，形成一批面向不同工业场景的工业数据分析软件与系统以及具有深度学习等人工智能技术的工业智能软件和解决方案。

这些政策文件明确了工业软件产业的发展方向和目标，提出了一系列政策措施，以推动工业软件产业的高质量发展。

7.2.5　新一代信息技术发展，催生工业领域新需求

人工智能、大数据、云计算等新一代信息技术的发展，为工业大数据、工业 App、云化工业软件等技术的实现提供了有力支撑，使得工业互联网平台成为工业软件领域快速发展的新赛道，催生了工业领域新需求。

新一代信息技术的快速发展，正在催生工业领域的新需求，为工业软件的发展提供了新的机遇。这些新需求包括更高效的生产管理、更智能的设备连接、更全面的数据分析和更安全的系统保障等。

首先，随着工业 4.0、智能制造等概念的提出，工业企业对于生产管理的要求越来越高。他们需要能够实时监控生产现场、精确控制生产过程、优化生产计划和调度等。这催生了对于工业软件的新需求，如生产管理系统的智能化升级、生产过程的可视化监控等。

其次，物联网技术的普及使得设备之间的连接变得更加智能和高效。工业企业需要通过物联网技术实现设备的互联互通，实现设备数据的实时采集和传输，以及设备的远程监控和维护。这为工业软件提供了新的发展机遇，如设备管理系统的物联网化、设备数据的智能分析等。

另外，大数据和人工智能技术的快速发展，使得工业企业能够更全面、深入地分析和利用生产数据。他们需要通过大数据技术实现海量数据的存储和处理，通过人工智能技术实现数据的智能分析和决策。这为工业软件提供了新的应用场景，如基于大数据的生产优化、基于人工智能的故障预测和维护等。

最后，随着网络安全风险的增加，工业企业对于系统安全性的要求也越来越高。他们需要能够保障工业软件系统的安全性、稳定性和可靠性，防止数据泄露和网络攻击。这为工业软件提供了新的发展机遇，如安全技术的创新和应用、安全服务的提供等。

总之，新一代信息技术的快速发展正在催生工业领域的新需求，为工业软件的发展提供了新的机遇。工业软件企业需要紧跟技术发展趋势，不断创新和升级产品，满足工业企业的新需求，推动工业数字化转型和升级。同时，政府和社会各界也需要加大对工业软件产业的支持和投入，为产业发展提供更好的环境和条件。

7.3　我国工业软件人才需求现状与培养路径

随着数字化、智能化转型的深入推进和数字经济的快速发展，工业软件在制造业、能源、交通等各个领域的应用不断扩展，对工业软件人才的需求也随之增加，我国工业软件人才需求情况呈现出快速增长的趋势。

目前，我国工业软件行业面临人才培养难、招聘难、留住难的三大"造血"难题。根据赛迪研究院 2021 年颁布的《关键软件人才需求预测报告》预测，到 2025 年，我国关键软件人才新增缺口将达到 83 万，其中工业软件人才缺口将达到 12 万，工业软件将成为人才紧缺度最高的领域之一。

为了满足工业软件人才的需求，我国政府和企业正在采取一系列措施，包括加大人才培养力度、推动产学研合作、引进国际先进技术和人才等。同时，高校和职业教育机构也在积极调整专业和课程设置，培养具备工业软件相关技能和知识的人才。

未来，随着我国工业软件市场的不断扩大和技术的持续创新，对工业软件人才的需求将继续保持旺盛态势。

7.3.1 我国经济社会对工业软件人才需求特点

现阶段，我国工业软件人才需求情况呈现出工业软件人才需求数量大、高端工业软件人才稀缺、工业软件人才培养周期长等几个显著特点。

1. 工业软件人才需求数量大

随着我国制造业的快速发展，特别是智能制造、数字化转型等领域的推进，工业软件作为支撑制造业转型升级的关键技术之一，其重要性日益凸显，导致经济社会对工业软件人才的需求持续增长。

同时，由于工业软件涉及的领域广泛，包括但不限于机械设计、电气控制、生产管理、工艺流程等，需要的人才类型也多样化，如软件开发工程师、算法工程师、测试工程师等。这种多样化的人才需求也增加了工业软件人才的总体需求数量。

另外，由于我国工业软件产业起步相对较晚，与发达国家相比在人才储备和培养方面还存在一定的差距。因此，为了满足国内工业软件市场的需求，需要大量的专业人才加入到工业软件的开发和应用中来。

2. 高端工业软件人才稀缺

虽然我国工业软件人才储备虽然已经有了一定的基础，但高端人才仍然相对稀缺，尤其是在人工智能、大数据、云计算等新一代信息技术领域，具备深厚技术功底和丰富实践经验的高端人才更是难求。导致我国高端工业软件人才稀缺的主要原因包括培养难度大、教育资源不足、高校人才培养与企业需求脱节等。

（1）培养难度大 工业软件领域需要的人才不仅要具备软件工程和计算机技术等基础知识，还需要对特定工业领域有深入的理解。这种跨学科的知识体系和学习难度都相对较大，导致高端人才的培养周期较长，难度较高。

（2）教育资源不足 尽管我国已经加大了对工业软件教育的投入，但与国际先进水平相比，我国在工业软件教育资源方面还有一定的差距。例如，一些高校和培训机构在工业软件领域的师资力量、课程设置和实践环节等方面还有待完善。

（3）高校人才培养与企业需求脱节 当前，很多高校在工业软件人才培养上注重理论知识的传授，但在实际应用、实践操作以及最新技术趋势方面相对滞后，导致培养出来的学生与企业的实际需求匹配度较差。企业需要的是能够迅速融入团队、具备实际项目经验和技能的人才，而不仅仅是具备理论知识的学生，这也限制了高端人才的培养和发展。

3. 工业软件人才培养周期长

由于工业软件领域涉及多个学科的知识和技能，因此人才培养周期相对较长。需要高校、企业和社会各界共同努力，加强人才培养和引进。导致我国工业软件人才培养周期长的主要原因包括知识体系复杂、实践经验要求高、培养体系不完善、跨界合作不足等。

（1）知识体系复杂 工业软件领域涉及计算机科学、工程学、数学等多个学科的知识，需要具备深厚的基础理论知识和实践经验。这要求从业者不仅要掌握相关的技术知识和工具，还需要理解工业流程和需求，因此培养周期相对较长。

（2）实践经验要求高　工业软件领域注重实践能力和问题解决能力，要求从业者具备丰富的实践经验。然而，实践经验的积累需要时间和实践机会，这也是导致培养周期较长的原因之一。

（3）培养体系不完善　目前，我国工业软件人才的培养体系还存在一些问题，如课程设置不够合理、实践环节不足、师资力量薄弱等。这些问题限制了人才培养的质量和效率，导致培养周期延长。

（4）跨界合作不足　工业软件领域需要与其他工业领域进行跨界合作，共同推动工业软件的应用和发展。然而，目前跨界合作还不够充分，这也增加了人才培养的难度和周期。

7.3.2　我国工业软件人才培养困境

1. 门槛高，培养难

从高等教育看，工业软件本身具有跨学科、跨专业属性，一方面需要人才具备软件工程、计算机科学与技术等学科知识，以及软件开发和测试能力；另一方面还需要具备高等院校物理、数学、光学等基础理论学科，以及机械工程、自动化、电子信息工程等学科知识，同时具备行业模型开发能力。

但实际情况是，目前我国高等院校大多未设置工业软件相关专业，成熟的复合型人才培养方案及课程配置比较缺乏，围绕工业软件的跨学科培养体系也没有建立起来。此外，由于校企合作缺乏长期性的互惠机制，联合培养动力不足，同时具备软件编程和工程开发能力的毕业生比较短缺。

从职业教育看，我国工业软件类职业教育"基本空白"。当前，除少数工业软件企业、制造企业以"企业大学"或独立教育培训部门等形式开展应用类职业教育外，针对工业软件的职业教育机构几乎没有，达内科技、千锋互联、北大青鸟等软件相关职业教育机构更多偏向于单一行业再教育，对复合型人才的培训缺乏体系化，工业软件培训内容更是少见。同时，工业软件行业缺乏职业教育认证和专业认证，致使人才的实战经验无法得到准确评价。

2. 储备少，招聘难

从社会储备看，纯软件开发人员有一定的社会储量，但工程开发复合型人才储备少，他们也成为企业争夺的核心对象。

当前，研发设计、生产控制类工业软件企业研发人员大多在 200~400 人左右，不及互联网企业研发团队的 10%。工业软件企业的核心研发人才 50%~80% 来自社招渠道，以市场平台招聘、海外华人引进、人才外包服务、内部招聘转岗等为主，校招占比较低。

从毕业生流向来看，纯软件开发人才大多流向互联网、游戏、电商、金融等高薪企业，具备工业知识的复合型人才大多流向对应的工业企业，工业软件人才"被分流"现象突出。

3. 收入低，留住难

当前，我国工业软件企业盈利水平有限，且企业内部人才成长动力普遍不足，国内工业软件人才收入远不如国外知名工业软件企业及国内互联网企业。

从企业盈利水平看，工业软件技术本身具有研发强度高、产品突破周期长、应用变现难度大等特点，国内除了运营管理类工业软件企业具备较强的盈利能力外，其他研发设计、生产控制类工业软件企业大多属专小特精型企业，其规模、产品盈利和市场影响力有限。

7.3.3 工业软件应用人才需求分析

1. 工业软件开发工程师

工业软件开发工程师主要负责工业软件的设计、开发、测试和维护等工作，是工业软件企业最重要的岗位之一，需要具备扎实的软件开发技能和工业领域知识。

工业软件开发工程师需要熟练掌握至少一种主流编程语言，如 Java、C++、Python 等，具备良好的编程基础和编码规范，熟悉软件开发流程，包括需求分析、设计、编码、测试和文档编写等。除此之外，还需要深入理解所服务的工业领域知识，如制造工艺、设备原理、生产流程等。

2. 工业软件实施与运维工程师

工业软件实施与运维工程师主要负责工业软件的安装、配置、调试、优化等工作，并为工业软件用户提供技术支持和服务，解决用户在使用过程中遇到的问题，确保软件系统能够在企业中稳定运行。他们需要熟悉各种工业软件系统的架构和原理，具备良好的系统集成和问题解决能力。

3. 工业数据分析工程师

随着大数据和人工智能技术在工业领域的应用，工业数据分析工程师的需求也在不断增加。他们需要掌握数据挖掘、数据可视化和机器学习等技术，能够从海量数据中提取有价值的信息，为企业的决策提供支持。

4. 工业自动化与控制工程师

工业自动化与控制工程师专注于工业自动化控制系统的设计和开发，需要熟悉 PLC 编程、SCADA 系统、传感器和执行器等相关知识，能够实现软硬件的无缝对接，能够参与自动化生产线、智能车间等项目的建设和实施。

5. 工业网络安全工程师

工业软件系统通常连接到企业网络，工业网络安全工程师负责设计和实施安全措施，保护系统免受恶意攻击和数据泄露，需要具备网络安全技能和知识。

6. 工业软件解决方案架构师

工业软件解决方案架构师主要负责设计工业软件系统的整体架构和解决方案，需要深入理解企业的业务流程和需求，并具备丰富的项目经验和强大的技术能力。

7. 工业 UI/UX 设计师

工业软件的易用性和用户满意度至关重要，工业 UI/UX 设计师负责设计用户界面和用户体验，提高软件的易用性和用户满意度，需要具备设计技能和用户体验研究能力。

8. 工业软件项目经理

工业软件项目经理主要负责工业软件项目的规划、组织、协调和管理，确保项目按时、按质、按量完成，需要具备项目管理技能和跨部门协作能力。

7.3.4 本科高校工业软件人才培养路径

工业软件是工业技术软件化的产物，其本身具有跨学科、跨专业属性，主要体现在学科知识要求和专业能力要求等两个方面。

学科知识方面，工业软件人才不仅需要软件工程、计算机技术等软件学科知识，还需要具备大学物理、高等数学、光学等基础理论学科知识以及机械工程、工业工程、电子信息工程等工科学科知识。

专业能力方面，工业软件人才不仅需要具备软件开发、软件测试和软件应用能力，还需要具备行业模型开发、工业机理模型开发和应用场景开发能力。

目前，我国高校现有国产工业软件人才培养主要存在以下问题。一是我国很少有高校建有专门的工业软件学院，大多未设置工业软件相关专业，绝大多数高校在专业设置上只是软件大类，没有工业软件专业（方向）；二是缺乏成熟的国产工业软件人才培养路径，围绕国产工业软件的跨学科培养体系没有建立起来；三是校企合作不深入，没有与国产工业软件企业建立长期的互利互惠合作机制，在人才联合培养、产品联合研发、关键技术联合攻关等方面合作不够深入。

以上问题，严重制约了我国国产工业软件人才的培养数量和培养质量，我国本科高校亟须探索构建一条高效、实用的国产工业软件人才培养路径，以提升高素质应用型、复合型、创新型工业软件人才供给能力。

1. 成立独立设置的工业软件学院

目前，绝大多数本科高校没有成立独立设置的工业软件学院，而是挂靠或依托传统的软件学院进行工业软件人才培养。由于工业软件的学科交叉属性，传统的软件学院以软件专业知识和技能培养为主，无法很好地将工业软件人才必备的工业知识、工业机理、工业模型等融入人才培养当中，导致工业软件人才培养质量不高。

本科高校应该紧紧围绕国产工业软件产业链或产业特定应用场景，紧密对接当前国产工业软件发展趋势和"卡脖子"关键技术，以服务国家制造业高质量发展对工业软件领域人才需求为出发点，以培养具有工业数据、工业知识、工业场景与工业软件深度融合应用能力和工程创新实践能力的高素质应用型、复合型、创新型国产工业软件人才为目标，成立独立设置的工业软件学院。

工业软件学院应用在本校优势工科学科专业基础上，根据国产工业软件发展趋势统筹布局工业软件相关学科专业或专业群，形成集群效应，提高工业软件人才培养质量。同时，本科高校还可以在工业软件学院的基础上，与国产工业软件头部企业、相关科研院所合作成立工业软件产业学院，通过产教融合、校企合作推动工业软件学科专业深度融合发展，提升工业软件人才工程实践创新能力，培养高素质应用型、复合型、创新型国产工业软件人才。

2. 构建"工业软件+"特色专业体系

工业软件学院应紧紧围绕制造业高质量发展对工业软件领域人才需求，紧密对接产业链和工业软件应用场景，构建"工业软件+"特色专业体系。

一是构建"工业软件+工科（专业方向）"特色专业体系，选择3~5个与工业软件相关的学校优势工科专业，开办工科（工业软件专业方向）特色专业，比如机械设计及其自动化专业开设数字化设计与制造方向、工业工程专业开设智能制造信息化方向。在现有工科专业培养定位基础上，以本专业技能培养为基础，增设Linux操作系统、Python程序设计等软件类课程，培养掌握两种以上主流国产工业软件开发、应用等相关技能，能够解决复杂实际工程问题的高素质应用型、复合型、创新型国产工业软件人才。

二是构建"工业软件+软件/计算机"特色专业体系，对学校现有软件工程、计算机科学与技术等专业进行升级改造，开办软件/计算机（工业软件专业方向）特色专业。以本专业技能培养为基础，增设工业知识、工业技术、工业机理、工业场景等工业类课程，培养具有良好的工业知识与技术背景，能够熟练使用工业软件开发工具，熟悉工业软件开发过程、工业软件项目管理方法、工业软件工程规范和工程标准，至少掌握一种主流国产工业软件底层开发或二次开发技能，能够针对复杂工程问题进行分析、设计并提供国产工业软件系统解决方案的高素质应用型、复合型、创新型国产工业软件人才。

3. 打造新型国产工业软件人才培养模式

本科高校传统的人才培养模式已不能适应工业软件人才培养的需求，工业软件学院需要在国有工业软件人才培养定位、课程内容设置、教学过程和教学实践等方面进行创新。

一是工业软件人才培养要紧密对接国产工业软件产业需求，实现国产工业软件人才培养供给侧与国产工业软件产业需求侧紧密互动。密切跟踪国产工业软件产业发展趋势、人才需求形势、创新驱动态势，动态调整专业学科设置、动态修订人才培养方案，提高工业软件学科专业设置的针对性、人才培养的契合性。以国产工业软件产业需求为导向，以工业软件工程实践能力和创新创业能力培养为重点、以产学结合为路径，建立产教融合、校企合作、工学交替、多元开放的人才培养长效机制，破解工业软件人才培养与国产工业软件产业需求脱节难题。

二是工业软件专业课程内容设置要与国产工业软件技术发展衔接。邀请国产工业软件领域头部企业、科研院所深度参与工业软件专业课程建设，重构课程内容、优化课程结构。密切跟踪国产工业软件行业先进技术与创新链条的动态发展，加快工业软件专业课程内容迭代优化，推动课程内容与国产工业软件行业标准、产品研发、产品应用、产品迭代等技术发展紧密衔接。以国产工业软件行业共性关键技术革新、技术升级需求为导向，紧密结合国产工业软件产业实际，创新丰富课程内容，增加项目型、设计性实践教学比重，把国产工业软件企业的真实项目、产品设计等作为毕业设计和课程设计等实践环节的选题来源，破解工业软件专业课程内容设置与国产工业软件技术发展脱节难题。

三是工业软件专业教学过程要与国产工业软件开发应用过程对接。推进工业软件专业教学过程改革，紧密对接国产工业软件开发应用过程，构建工业软件专业教学过程与国产工业软件开发应用过程融合模型，面向国产工业软件头部企业选聘高水平产业教师、实训导师，开展校企联合课程设计、理论授课、实训指导，把国产工业软件开发应用关键环节植入工业软件专业教学环节，把国产工业软件开发应用关键过程融入工业软件专业教学过程，同时增加现场教学、认知实习等教学环节比重，破解工业软件专业教学过程与国产工业软件开发应用过程脱节难题。

四是工业软件专业教学实践要与国产工业软件典型应用场景深度融合。一方面，依托国产工业软件企业真实项目，组建"老师+学生"项目团队，学生深度参与工业软件开发与项目交付，提高学生对国产工业软件产业的认知程度和利用国产工业软件解决复杂问题的能力；另一方面，依托工业企业真实的智能生产线、智能车间、智能工厂等国产工业软件典型应用场景开展浸润式实景、实操、实地教学，提升学生国产工业软件知识应用和动手实践能力。通过开发国产工业软件实践性教学资源和实际应用场景，实现"真项目、真环境"生产性实践教学，破解工业软件专业教学实践与国产工业软件典型应用场景深度融合难题。

4. 改革教育教学模式

"应用型、复合型、创新型"是国产工业软件产业对工业软件人才需求的最显著特征，必须打破传统教育教学模式，进行教育教学模式改革，深度开展产教融合、研教融合、创教融合。

（1）开展项目式教学 依托学校科研资源和实验室资源开展项目式教学，利用教师承担的真实项目、教师设计的虚拟项目、各类机构组织的创新创业竞赛项目进行项目式教学，通过项目锻炼，提升学生对工业软件知识的深度学习与实践运用能力。依托学校与国产工业软件企业合作设立的联合人才培养基地，选派学生进行项目制实习，以项目助理身份参与工业软件项目的调研论证、方案设计、产品开发、项目交付等，提升学生国产工业软件工程应用能力和实践创新能力。

（2）开展浸润式教学 依托学校实验室、合作企业生产车间，挖掘其隐含的工业软件实践应用价值，根据专业的不同创设若干个工业软件特定应用场景，打造"沉浸式"工业软件实景育人环境，并以浸润式课程为载体让学生们沉浸其中，唤醒学生的对工业软件相关工作体验，进而到达浸润的效果。通过浸润式教学，能够让学生更深入地感知工业软件真实的运行逻辑、运行架构、运行模式和运行特点，理解掌握其中的核心思想内涵，培养学生的调研观测、数据采集、数据分析、效果评估和持续改进等复合能力。

（3）开展虚拟仿真教学 依托智能工厂虚拟仿真教学系统，利用其良好的开放性、广域性、实时性和交互性，打造工业软件虚拟仿真教学示范案例，搭建工业软件（虚拟仿真）应用场景，开展虚拟仿真教学，提高学生对工业软件应用场景的深度认知，培养其利用国产工业软件解决复杂问题的工程应用能力和实践创新能力。

工业软件本身具有跨学科、跨专业属性，人才培养复杂程度高、难度大。因此，本科高校国产工业软件人才培养路径的构建不可能一蹴而就，必定是一个长期、循序渐进的过程，需要根据国产工业软件产业人才需求变化、国产工业软件产业发展最新形势等因素进行迭代优化，实现国产工业软件人才培养供给侧与国产工业软件产业需求侧的良性、紧密互动。

参 考 文 献

［1］中国工业技术软件化产业联盟. 中国工业软件产业白皮书 ［EB/OL］. http：//jnjxw. jinan. gov. cn/module/download/down.

［2］陈立辉，卞孟春，刘建. 求索：中国工业软件产业发展之策 ［M］. 北京：机械工业出版社，2021.

［3］田锋. 工业软件沉思录 ［M］. 北京：人民邮电出版社，2023.

［4］黄曙荣，等. 产品数据管理 PDM 原理与应用 ［M］. 镇江：江苏大学出版社，2014.

［5］汪应，杨莹，伍小兵. 工业软件 MES 基础应用（微课版）［M］. 北京：人民邮电出版社，2023.

［6］文森特·威尔斯，托恩·德·科克. 生产管理高级计划与排程 APS 系统设计、选型、实施和应用 ［M］. 刘晓冰，薛方红，王姝婷，译. 北京：机械工业出版社，2021.

［7］王华忠. 工业控制系统及应用 SCADA 系统篇 ［M］. 2 版. 北京：电子工业出版社，2023.

［8］杨峻. 营销和服务数字化转型 CRM3.0 时代的来临 ［M］. 北京：中国科学技术出版社，2020.

［9］茹炳晟，沈剑. 软件研发行业创新实战案例解析 ［M］. 北京电子工业出版社，2023.